中国畜禽绦虫与棘头虫形态分类彩色图谱

COLOR ATLAS OF CESTODE AND ACANTHOCEPHALAN MORPHOLOGICAL CLASSIFICATION FOR LIVESTOCK AND POULTRY IN CHINA

主　编　黄　兵　韩红玉　董　辉

副主编　刘光远　廖党金　李朝品　陶建平

科　学　出　版　社

北　京

内 容 简 介

本书收录了寄生于我国家畜家禽的绦虫和棘头虫168种，包括绦虫成虫144种、中绦期幼虫12种和棘头虫12种，隶属于4目10科56属，分别按绦虫和棘头虫的目、科、属、种的拉丁文字母顺序编排，收录的虫种数超过我国已记载的家畜家禽绦虫和棘头虫种类数的90%。书中列出了每种绦虫和棘头虫的中文与拉丁文名称、宿主范围与寄生部位、地理分布、形态结构等信息，介绍了每种绦虫和棘头虫所在科、属的宿主范围与寄生部位、形态结构，编制了部分科、属的分类检索表。141种绦虫成虫、10种绦虫幼虫和12种棘头虫配置了单张或多张形态结构绘图，82种绦虫成虫、11种绦虫幼虫和9种棘头虫配置了单张或多张彩色或黑白照片，全书共采用图片3149张，包括绘图1093张、照片2056张。

本书可供科研院所、高等院校、基层一线从事寄生虫检测和分类的科技人员参考，也是寄生虫学领域研究生、本科生的重要参考书。

图书在版编目（CIP）数据

中国畜禽绦虫与棘头虫形态分类彩色图谱 / 黄兵，韩红玉，董辉主编. —北京：科学出版社，2021.6

ISBN 978-7-03-068964-1

Ⅰ. ①中…　Ⅱ. ①黄…　②韩…　③董…　Ⅲ. ①家畜寄生虫学 - 蠕虫 - 中国 - 图谱　Ⅳ. ① S852.73-64

中国版本图书馆CIP数据核字（2021）第102974号

责任编辑：李秀伟 / 责任校对：郑金红
责任印制：肖　兴 / 封面设计：刘新新
设计制作：金舵手世纪

科学出版社 出版

北京东黄城根北街16号
邮政编码：100717
http://www.sciencep.com

北京九天鸿程印刷有限责任公司 印刷

科学出版社发行　各地新华书店经销

*

2021年6月第 一 版　开本：787×1092　1/16
2021年6月第一次印刷　印张：28 3/4
字数：682 000

定价：439.00 元

（如有印装质量问题，我社负责调换）

本书为国家科技基础性工作专项“中国畜禽寄生虫彩色图谱编撰”项目（编号：2012FY120400）的成果之一

项目主持单位：中国农业科学院上海兽医研究所

项目参加单位：中国农业科学院兰州兽医研究所

四川省畜牧科学研究院

“中国畜禽寄生虫彩色图谱”编撰委员会

《中国畜禽绦虫与棘头虫形态分类彩色图谱》
编写人员

主　编　黄　兵　韩红玉　董　辉

副主编　刘光远　廖党金　李朝品　陶建平

参加编写人员（按姓氏笔画排序）

王艳歌　河南省人民医院
叶勇刚　四川省畜牧科学研究院
吕志跃　中山大学中山医学院
朱顺海　中国农业科学院上海兽医研究所
刘　伟　湖南农业大学
刘光远　中国农业科学院兰州兽医研究所
江　斌　福建省农业科学院
孙恩涛　皖南医学院
李江凌　四川省畜牧科学研究院
李国清　华南农业大学
李朝品　皖南医学院
李榴佳　大理大学
杨建发　云南农业大学
邹丰才　云南农业大学

张厚双　中国农业科学院上海兽医研究所
周　杰　中国农业科学院上海兽医研究所
赵其平　中国农业科学院上海兽医研究所
陶建平　扬州大学
黄　兵　中国农业科学院上海兽医研究所
阎晓菲　新疆农业大学科学技术学院
梁思婷　中国农业科学院上海兽医研究所
董　辉　中国农业科学院上海兽医研究所
韩红玉　中国农业科学院上海兽医研究所
舒凡帆　大理大学
廖党金　四川省畜牧科学研究院

PREFACE

前　言

《中国畜禽绦虫与棘头虫形态分类彩色图谱》是《中国畜禽寄生虫彩色图谱》的5部专著之一，得到国家科技基础性工作专项（编号：2012FY120400）资助，也是国家科技基础性工作专项（编号：2000DEB10031）的延续，还是国家科技基础条件平台建设项目（编号：2004DKA30480、2005DKA21104）和上海市闵行区高层次人才基金专项（编号：2008RC15、2012RC30）等工作的积累。

我国畜禽寄生虫种类繁多，《中国家畜家禽寄生虫名录》（2014）记载有2397种，其中原虫219种、吸虫416种、绦虫163种、线虫416种、棘头虫12种、节肢动物1171种，隶属于8门13纲32目127科450属。本书收录了寄生于我国家畜家禽的绦虫和棘头虫168种，包括绦虫成虫144种、中绦期幼虫12种和棘头虫12种，绦虫包括圆叶目（Cyclophyllidea）的裸头科（Anoplocephalidae）、戴维科（Davaineidae）、囊宫科（Dilepididae）、双阴科（Diploposthidae）、膜壳科（Hymenolepididae）、中殖孔科（Mesocestoididae）、带科（Taeniidae）和假叶目（Pseudophyllidea）的双槽头科（Dibothriocephalidae）共计8科51属，棘头虫包括少棘吻目（Oligacanthorhynchida）的少棘吻科（Oligacanthorhynchidae）和多形目（Polymorphida）的多形科（Polymorphidae）共计2科5属，分别按绦虫和棘头虫的目、科、属、种的拉丁文字母顺序编排，收录的虫种数超过我国已记载的家畜家禽绦虫和棘头虫种类数的90%。书中列出了每种绦虫和棘头虫的中文与拉丁文名称、宿主范围与寄生部位、地理分布、形态结构等信息，介绍了每种绦虫和棘头虫所在科、属的宿主范围与寄生部位、形态结构，编制了部分科、属的分类检索表。除山东瑞利绦虫、尿胆瑞利绦虫、斯氏多头绦虫未配置图片外，有141种绦虫成虫、10种绦虫幼虫和12种棘头虫配置了单张或多张形态结构绘图，82种绦虫成虫、11种绦虫幼虫和9种棘头虫配置了单张或多张彩色或黑白照片，全书共采用图片3149张，包括绘图1093张、照片2056张。

本书的分类系统与《中国家畜家禽寄生虫名录》（2014）保持一致，少数科、属、种的分类地位与文献不一致时采用“注”的方式给予说明，参照形态特征和相关文献编制了部分科、属的分类检索表，部分种类的图片标注了形态结构名称的英文缩写字母。为方便读者查阅作者前期出版的与本书相关的专著，书中每个虫种设立了“关联序号”栏，由3组数组成，第一组数表示该种在《中国家畜家禽寄生虫名录》（2004）中的科、属、种编号，第二组括号内的数表示该种在《中国家畜家禽寄生虫名录》（2014）中的科、属、种编号，第三组斜线后的数表示该种在《中国畜禽寄生虫形态分类图谱》(2006)中的种类顺序号，缺少的数组则表示对应的专著未收录该虫种，有5种绦虫因未收录在对应的3部专著中，故无“关联序号”栏。

本书中的寄生虫及同物异名的中文名称，主要来自《中国家畜家禽寄生虫名录》(2014)、《拉汉英汉动物寄生虫学词汇》(1983)、《拉汉英汉动物寄生虫学词汇(续编)》(1986)、《英汉寄生虫学大词典》(2011)、《英汉汉英医学寄生虫学词汇》(2018)，少数由作者依据拉丁文名称进行意译或音译。

本书中收录的所有图片均在每个虫种的图释中标注了来源，除引用文献外，凡拍摄的虫体照片，均标注了照片拍摄标本所属单位的名称缩写或照片提供者的姓名，单位缩写与单位名称对照如下：

FAAS：福建省农业科学院(Fujian Academy of Agricultural Sciences)

HIAVS：湖南省畜牧兽医研究所(Hunan Institute of Animal and Veterinary Science)

LVRI：中国农业科学院兰州兽医研究所(Lanzhou Veterinary Research Institute, CAAS)

SASA：四川省畜牧科学研究院(Sichuan Animal and Sciences Academy)

SCAU：华南农业大学(South China Agricultural University)

SHVRI：中国农业科学院上海兽医研究所(Shanghai Veterinary Research Institute, CAAS)

WNMC：皖南医学院(Wannan Medical College)

YNAU：云南农业大学(Yunnan Agricultural University)

YZU：扬州大学(Yangzhou University)

本书的绘图主要引自《中国畜禽寄生虫形态分类图谱》(2006)、《四川畜禽寄生虫志》(2004)、《禽类寄生虫学》(1994)、*Keys to the Cestode Parasites of Vertebrates*(1994)、《湖南动物志·人体与动物寄生蠕虫》(2011)、《云南省家畜禽寄生蠕虫区系调查》(1988)、《畜禽寄生虫与防制学》(1996)、《中国草食家畜常见寄生蠕虫图鉴》(2012)及国内外相关文献，照片中有1809张彩色照片为作者根据保存的虫体标本实物拍摄并经加工而成，有10张照片分别为云南省畜牧兽医科学院的黄德生先生和Central Veterinary Research Laboratory of United Arab Emirates的Rolf K. Schuster先生惠赠，有237张彩色或黑白照片引自《医学寄生虫图鉴》(2012)、《畜禽寄生虫病诊治图谱》(2012)及国内外相关文献，多数引用图片均经原作者同意引用。在此，特向所有被引用文献的作者及提供虫体标本实物的单位表示衷心感谢！

绦虫是体形变化最大的一类寄生虫，体节的舒张程度、吻突的伸缩、制片时压片的厚薄等都会直接影响形态观测结果。因此，在编写本书过程中，作者尽可能多地查找相关文献，将各文献中的图片和数据汇入本书之中。由于部分虫种的资料甚少，或不能获得原始文献，导致有7种绦虫仅有1～2幅形态图和3种绦虫缺图，难以体现其全貌，有待今后进一步完善。限于作者的能力和知识水平，本书难免会有疏漏或不妥之处，敬请读者批评指正，以便今后修订。

黄　兵

2019年9月

图注英文缩略表

缩写字母	英文全称	中文全称
ah	anterior hook	前排钩
b	bursa	交合伞
bl	bladder	幼囊
c	cirrus	雄茎
cb	calcareous body	石灰质小体
cis	cirrus spine	雄茎棘
cm	circular muscle	环状肌
cp	cirrus pouch / cirrus-sac	雄茎囊
cr	cephalic rudiment	头部雏形
ct	cirrus stylet	交合刺
dec	dorsal excretory canal	背排泄管
dvm	dorso-ventral muscle	背腹肌
e	egg	虫卵
es	excretory system	排泄系统
esv	external seminal vesicle	外贮精囊
exc	excretory canal	排泄管
fp	fibrous pad	纤维垫
ga	genital atrium	生殖腔
gp	genital pore	生殖孔
h	hook	吻钩
hlp	hair-like processes	发样突
ifp	intersegmental fibrous pad	节间纤维垫
ilm	internal longitudinal muscle	内纵肌
isv	internal seminal vesicle	内贮精囊
iud	intrauterine duct	子宫间导管
lm	longitudinal muscle	纵肌
mg	mucous gland	黏液腺

续表

缩写字母	英文全称	中文全称
mgv	mucous gland vessel	黏液腺管
ml	muscle layer	肌层
n	nerve	神经
nc	nerve cord	神经干
ne	neck	颈部
o	ovary	卵巢
oc	oocapt	捕卵器
od	oviduct	输卵管
olm	outer longitudinal musculature	外纵肌
on	oncosphaera	六钩蚴
osc	osmoregulatory canal	排泄管
ot	ootype	卵模
ovi	ovarian isthmus	卵巢峡部
p	proboscis	吻部，吻突
pa	pyriform apparatus	梨形器
pg	prostate gland	前列腺
ph	posterior hook	后排钩
po	paruterine organ	副子宫器
pp	paruterine pouch	副子宫袋，宫腔袋
prh	proboscis hook	吻部钩
r	rostellum	吻突
rm	retractor muscles of cirrus pouch	雄茎囊牵拉肌
rp	rostellar pouch	吻突囊
rsdo	receptaculum seminis duct and oviduct	受精囊管与输卵管
s	scolex	头节
sa	sacculus accessorius	附性囊，附囊，附小囊
sd	sperm duct	输精管
sg	shell gland	梅氏腺
sp	spine	刺，棘
spms	spongy parenchyma and muscle strand	海绵薄壁组织和肌丝
sr	seminal receptacle	受精囊
ss	spines of the sucker	吸盘棘
str	strobilated region	节裂区
su	sucker	吸盘

续表

缩写字母	英文全称	中文全称
sv	seminal vesicle	贮精囊
t	testis	睾丸
te	transverse excretory canal	横排泄管
tm	transverse muscle	横肌
u	uterus	子宫
ub	uterus beginning	子宫起始部
up	uterus pore	子宫孔
v	vagina	阴道
vd	vas deferens	输精管
vec	ventral excretory canal	腹排泄管
vg	vitellarine gland，vitellarium，vitellaria，vitelline gland	卵黄腺
vid	vitelline duct	卵黄管
vp	vaginal pore	阴道孔
vr	vitelline reservoir	卵黄贮囊
vu	vulva	阴门，阴道腔

CONTENTS

目 录

1 裸头科

Anoplocephalidae Cholodkovsky, 1902

【宿主范围】成虫主要寄生于哺乳动物，有时寄生于禽类和爬行动物。幼虫为似囊尾蚴，寄生于节肢动物。

【形态结构】中型到大型绦虫。头节无顶突和吻钩，有4个大吸盘，吸盘无刺。分节明显，节片扁平，通常成熟节片和孕卵节片的宽度大于长度，有些种类的孕卵节片长大于宽，每个节片有生殖器官1套或2套。生殖孔位于节片边缘，当一个生殖孔时，为单侧排列或双侧交替排列。睾丸数目多，主要分布于节片两侧排泄管内侧的中央区，个别种类于排泄管外侧。卵巢具或不具浅裂。卵黄腺致密，位于卵巢后方，少数位于卵巢前方，有时缺卵黄腺。子宫为管状或囊状，具或不具浅裂，或网状或破裂成卵袋，或有1个到多个副子宫器。虫卵通常有梨形器。模式属：裸头属［*Anoplocephala* Blanchard, 1848］。

《中国家畜家禽寄生虫名录》（2014）记录裸头科绦虫8属18种，本书收录8属16种，参考Khalil等（1994）编制各属的分类检索表如下所示。

裸头科分属检索表

1. 子宫为管状、囊状 ………………………………………… 2
   子宫为1个或多个副子宫器 ………………………………… 6
2. 生殖器官1套 ………………………………………………… 3
   生殖器官2套 ………………………………………………… 4
3. 子宫为管状 …………………………… 1.1 裸头属 *Anoplocephala*
   子宫为囊状 ……………………… 1.6 副裸头属 *Paranoplocephala*
4. 睾丸呈散状分布于节片中 …………………………………… 5
   睾丸呈单带或2组分布于子宫后 ……………… 1.5 莫斯属 *Mosgovoyia*
5. 成熟节片和孕卵节片的子宫为囊状 …………… 1.4 莫尼茨属 *Moniezia*
   成熟节片子宫为管状，孕卵节片子宫为囊状 ……… 1.3 彩带属 *Cittotaenia*
6. 生殖器官1套，孕卵节片副子宫器多于1个 ………………………… 7
   生殖器官1套，孕卵节片副子宫器1个 ………… 1.2 无卵黄腺属 *Avitellina*

7. 孕卵节片副子宫器 2 个，呈囊状 ……………………………1.7 斯泰勒属 *Stilesia*
孕卵节片副子宫器小而多，呈串珠状 ……………… 1.8 曲子宫属 *Thysaniezia*

1.1 裸头属
Anoplocephala Blanchard, 1848

【同物异名】斜带属（*Plagiotaenia* Peters, 1871）。

【宿主范围】成虫寄生于哺乳动物。幼虫为似囊尾蚴，寄生于甲螨目（Oribatida）昆虫。

【形态结构】中型到大型绦虫，分节明显。头节较宽大，4 个吸盘的肌质发达，能内外伸缩，有的吸盘向后有耳垂状物。节片的宽度显著大于长度，每个节片生殖器官 1 套，生殖孔开口于节片单侧，生殖管从排泄管的背侧穿过，具内贮精囊和外贮精囊。睾丸数目多，散布于髓质区。卵巢呈两瓣，横向拉长，近生殖孔一侧瓣较小。卵黄腺位于卵巢后面中央腹侧髓质区。子宫位于节片髓质中，在成熟节片为单横管状，在孕卵节片呈囊状。阴道位于雄茎囊后面，开口于雄茎腹面，受精囊大。虫卵具发育良好的梨形器，内含六钩蚴。模式种：叶状裸头绦虫［*Anoplocephala perfoliata* (Goeze, 1782) Blanchard，1848］。

本书收录裸头属绦虫 2 种，依其形态特征编制分类检索表如下所示。

裸头属种类检索表

头节无耳状附属物 ……………………………… 大裸头绦虫 *Anoplocephala magna*
头节有耳状附属物 ………………………… 叶状裸头绦虫 *Anoplocephala perfoliata*

1 大裸头绦虫　*Anoplocephala magna* (Abildgaard, 1789) Sprengel, 1905

【关联序号】40.6.1（15.1.1）/ 282。

【宿主范围】成虫寄生于马、驴、骡的小肠，偶见于胃或大肠。

【地理分布】安徽、重庆、甘肃、广西、贵州、河北、河南、黑龙江、湖北、湖南、吉林、江苏、辽宁、内蒙古、宁夏、青海、山东、山西、陕西、四川、天津、新疆、云南。

【形态结构】虫体粗壮，体长 12.50～52.00 cm，最长可达 80.00 cm，节片宽 1.10～2.30 cm，最宽可达 2.50 cm，体节数可达 348 节，所有体节的宽度均大于长度。头节宽大，向前突出，略呈四方形，长宽为 3.000～7.500 mm×2.800～7.000 mm，无顶突和吻钩。头节顶端

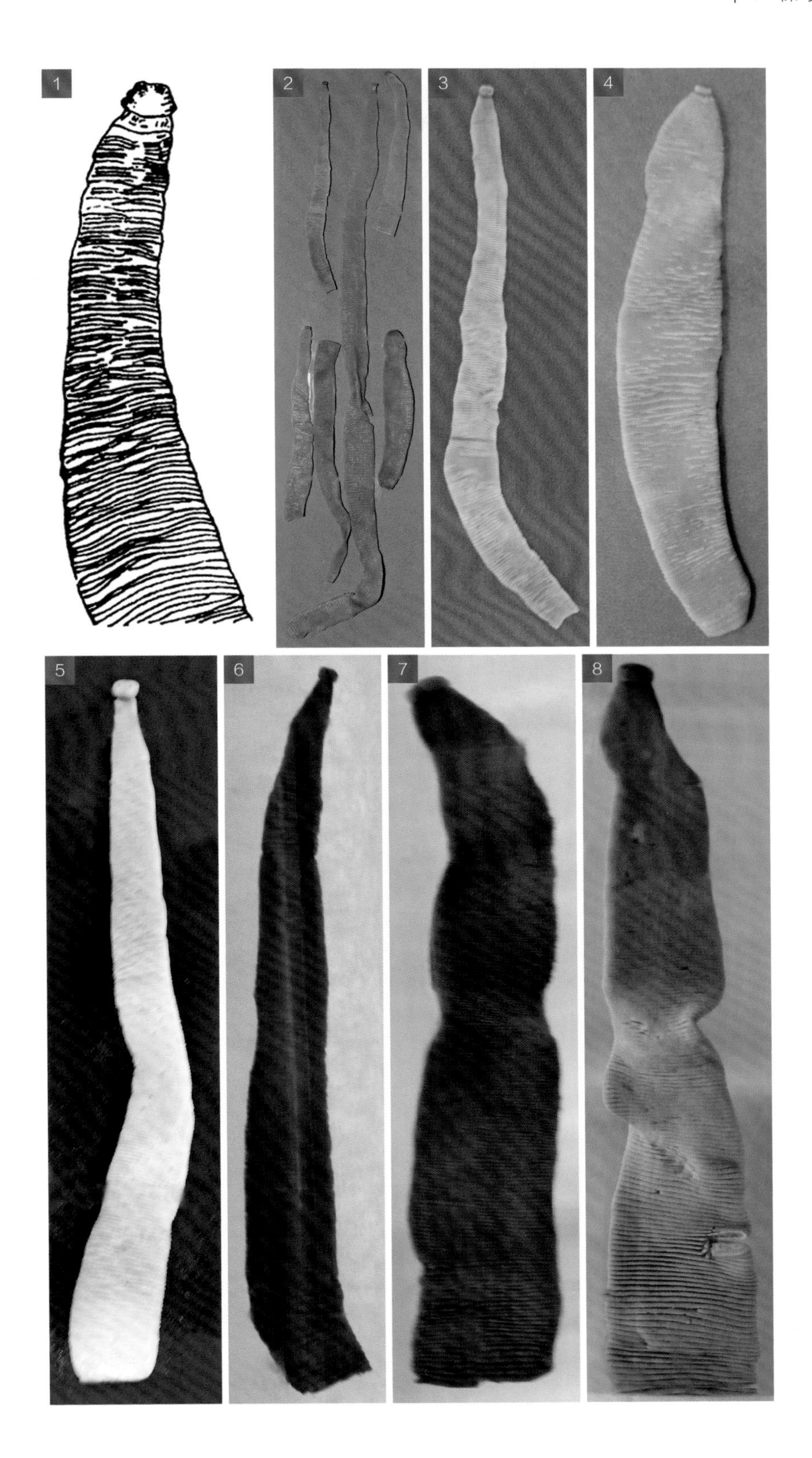
1
2
3
4
5
6
7
8

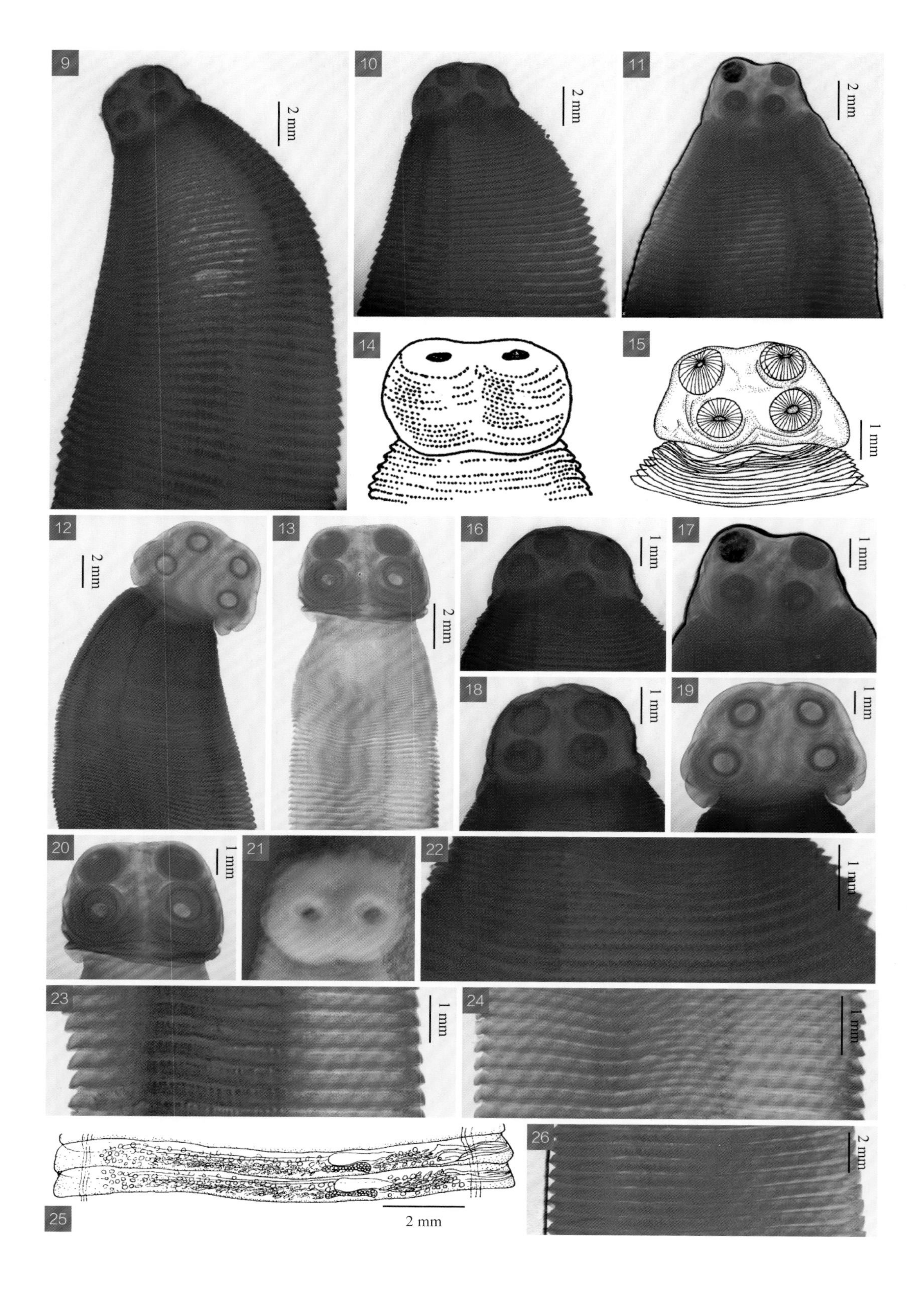
9
2 mm
10
2 mm
11
2 mm
14
15
1 mm
12
2 mm
13
2 mm
16
1 mm
17
1 mm
18
1 mm
19
1 mm
20
1 mm
21
22
1 mm
23
1 mm
24
1 mm
25
2 mm
26
2 mm

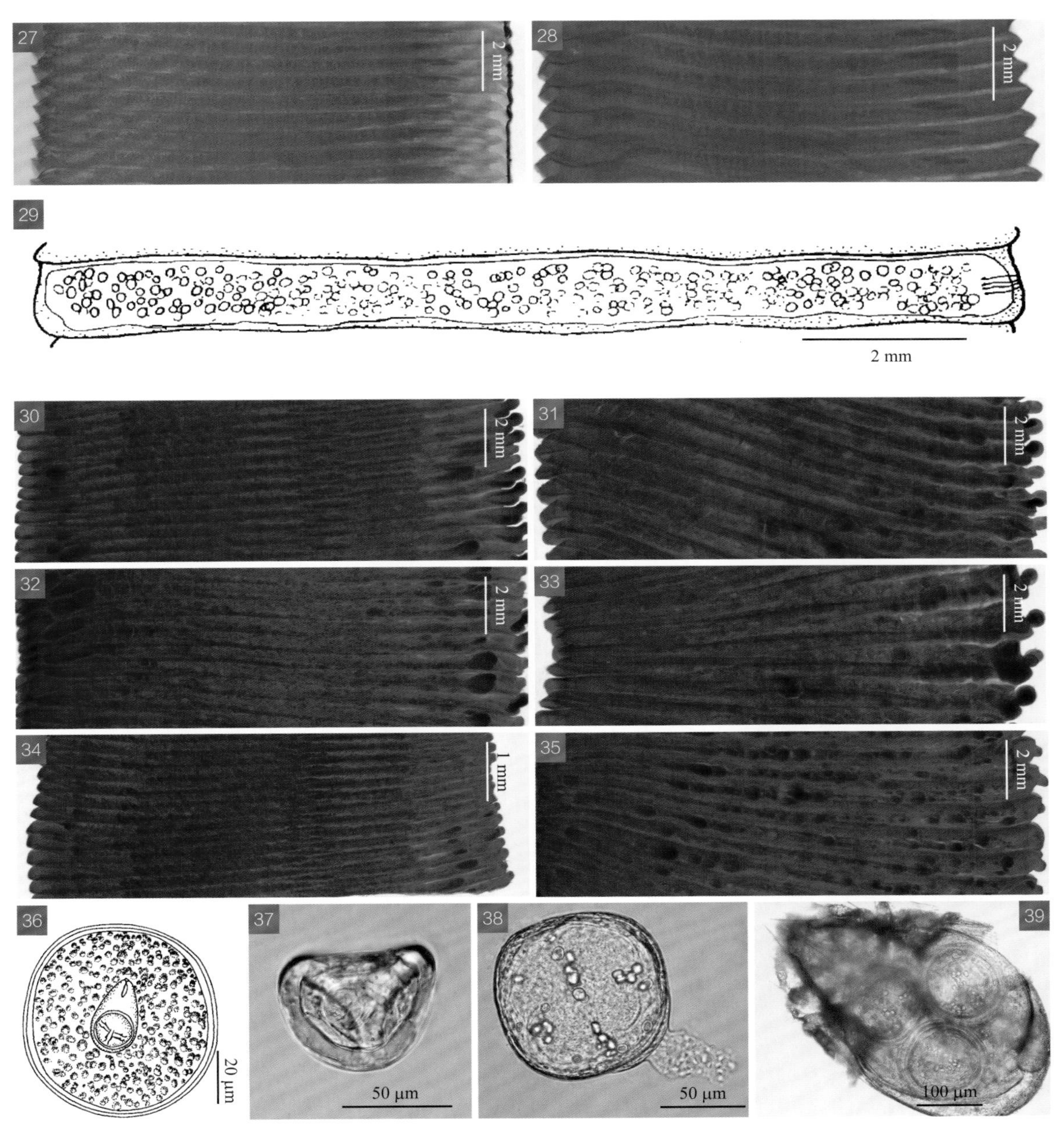

图 1　大裸头绦虫 *Anoplocephala magna*

图释

1～8. 虫体；9～13. 虫体前部；14～21. 头节；22～24. 未成熟节片；25～28. 成熟节片；29～35. 孕卵节片；36, 37. 虫卵；38. 囊蚴；39. 携囊蚴的甲螨

1, 14. 引自黄兵和沈杰（2006）；2～5, 21. 原图（LVRI）；6～8. 原图（SCAU）；9～13, 16～20, 22～24, 26～28, 30～35. 原图（SHVRI）；15. 引自蒋学良等（2004）；25, 29. 引自杨文川等（1997）；36. 引自成源达（2011）；37～39. 原图（Schuster R K 摄）

具有4个近圆形的肌质吸盘，吸盘大小为1.010～2.064 mm×1.200～2.064 mm。颈节短而不明显。成熟节片长0.516～0.774 mm，宽11.094～14.964 mm，长宽比约为1∶20。每个节片都有明显的缘膜，前一节片的后缘盖过后一节片的1/3。每个节片有生殖器官1套，生殖孔为单侧开口于节片侧缘近中部。睾丸近圆形，直径为0.086～0.103 mm，数目300～500枚，重叠分布于两侧排泄管之间的体节中央区髓质背面。输精管盘绕卷曲直接通入长梭形的雄茎囊，不形成外贮精囊。雄茎囊发达，大小为1.226～2.450 mm×0.168～0.194 mm，横跨背腹排泄管。雄茎呈杆状，表面具小棘。卵巢相当发达，呈左右两瓣，每瓣有叶状分支，近生殖孔侧瓣的大小约为反生殖孔侧瓣的1/2，近生殖孔侧卵巢的大小为2.129～2.193 mm×0.155～0.294 mm，反生殖孔侧卵巢的大小为4.515～4.902 mm×0.155～0.413 mm。卵黄腺为扁形团块状，横列于两瓣卵巢之间稍后方，大小为1.032～1.548 mm×0.181～0.194 mm。受精囊发达，位于卵黄腺正上方，或部分覆盖卵黄腺，大小为1.032～1.161 mm×0.387～0.452 mm。阴道为管状，位于雄茎囊腹侧的后方，远端膨大为受精囊。早期子宫呈细长横管状，横列于节片中央区前部；后期子宫逐渐呈高度盲管状分支，扩展至节片四周。孕卵节片长0.702～0.993 mm，宽21.300～23.500 mm，子宫呈囊袋状，内充满数量众多、发育成熟的虫卵。虫卵呈近圆形或近方形，直径为65～84 μm，具有明显的梨形器，内含1个卵圆形的六钩蚴，六钩蚴直径为12～15 μm。

2 叶状裸头绦虫 *Anoplocephala perfoliata* (Goeze, 1782) Blanchard, 1848

【关联序号】40.6.2（15.1.2）/ 283。

【宿主范围】成虫寄生于马、驴、骡的小肠、结肠、盲肠。

【地理分布】安徽、重庆、甘肃、广西、贵州、河北、河南、黑龙江、湖北、湖南、吉林、江苏、辽宁、内蒙古、宁夏、青海、山东、山西、陕西、四川、台湾、天津、新疆、云南。

【形态结构】虫体呈乳白色，体长2.00～5.00 cm，最长可达8.00 cm，节片宽0.80～1.20 cm，最宽可达1.40 cm，厚为0.25 cm。体节短而宽，前后体节仅以中央部相连，而侧缘游离。头节为圆形，长宽为1.000～1.500 mm×2.000～3.000 mm，无顶突和吻钩。正常虫体的头节上有4个杯状吸盘和2对耳垂体，1对在背面，另1对在腹面，均位于吸盘的后部，伸出并覆盖头节后的节片。异常虫体呈三面或四面体，其头节有6或8个吸盘和3或4对耳垂体，吸盘大小约为1.350 mm×1.100 mm，吸盘孔直径约为0.368 mm，耳垂体的长宽约为0.860 mm×0.710 mm。颈节不明显。成熟节片长0.160～0.200 mm，宽8.000～9.000 mm，有节片缘膜，缘膜长0.800～1.800 mm。每个节片有生殖器官1套，生殖孔开口于节片的单侧前半部，生殖腔十分发达。睾丸为圆形或卵圆形，数目150～200枚，分布在节片中央髓质区，自卵黄腺起横向分布至对侧排泄管的内侧。雄茎囊长0.800～1.200 mm，宽0.100～0.200 mm。雄茎细长，

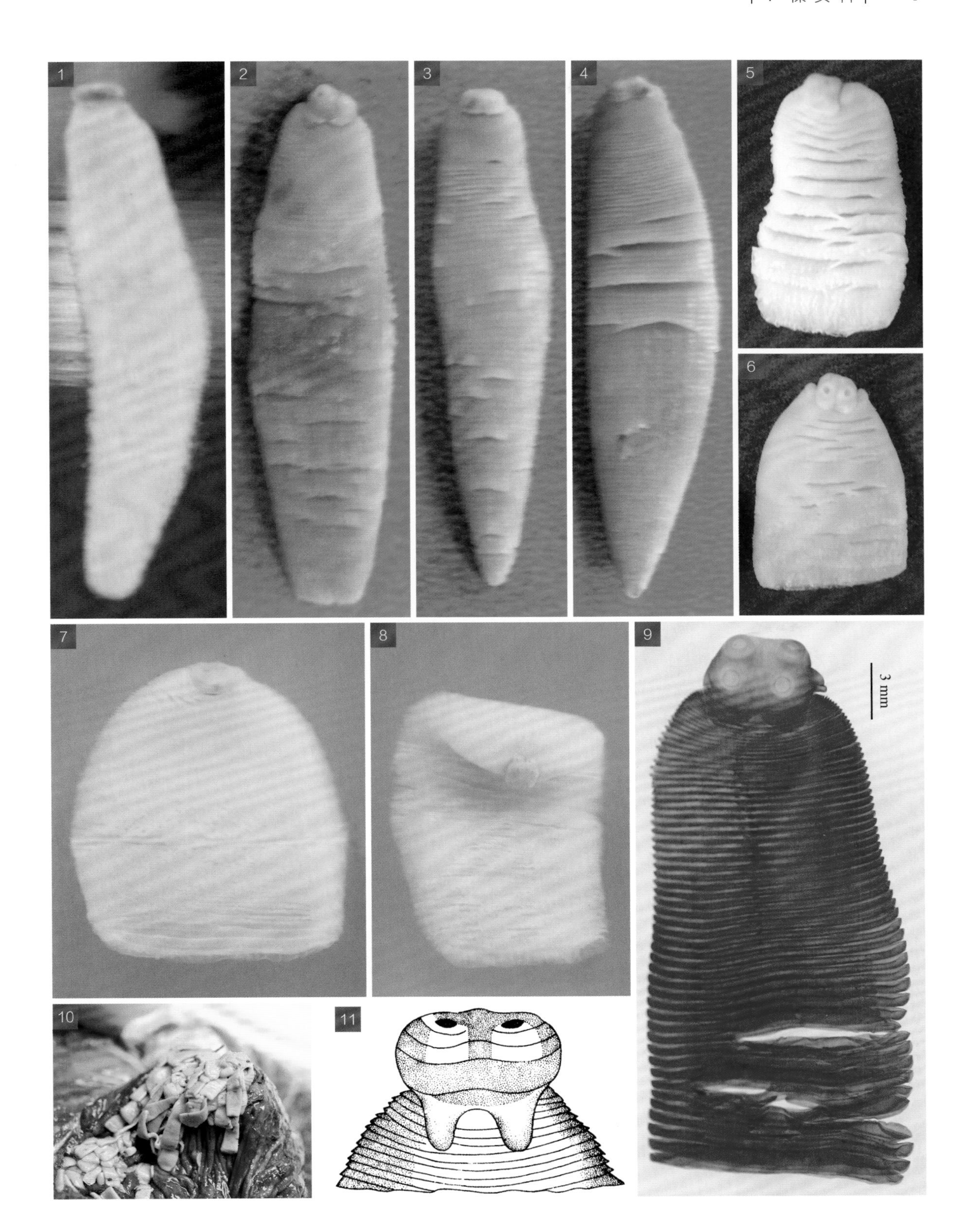
1
2
3
4
5
6
7
8
9
3 mm
10
11

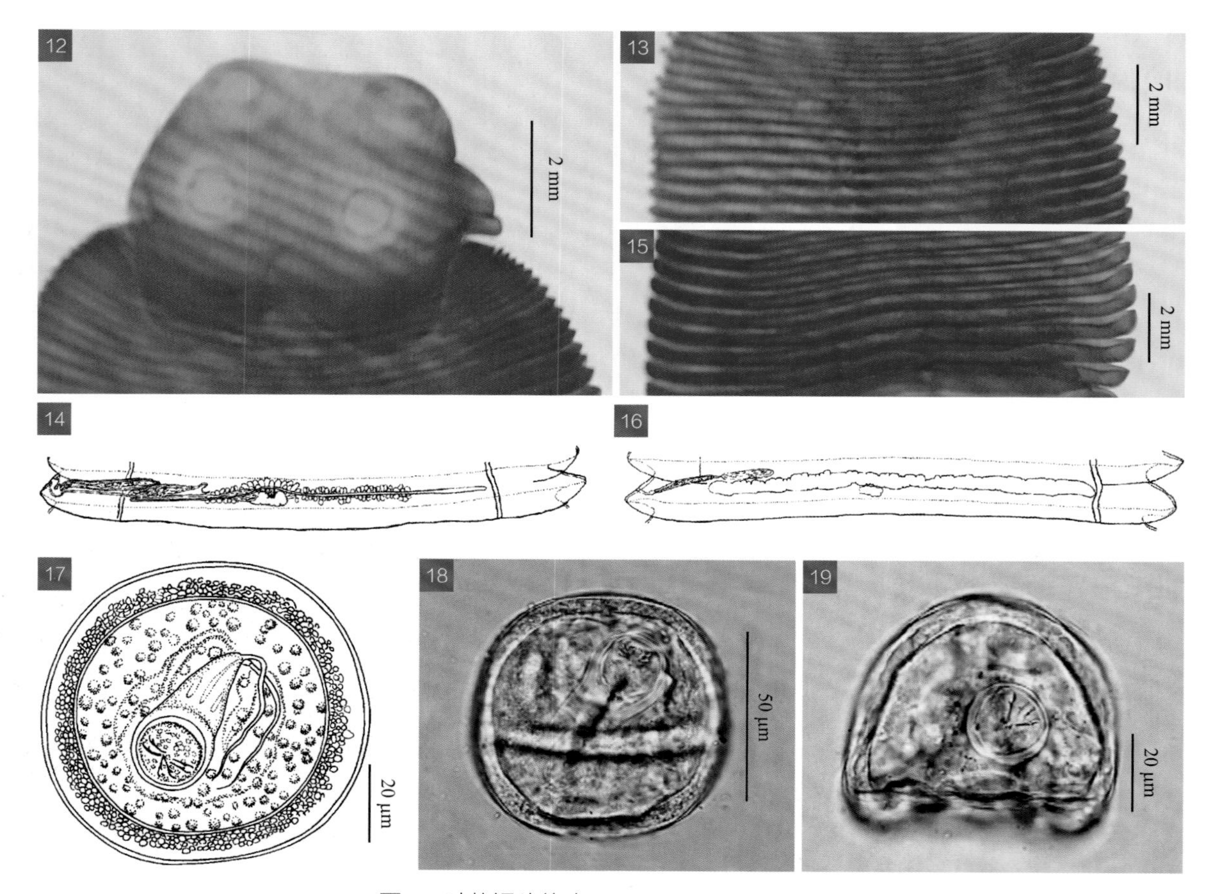

图 2 叶状裸头绦虫 *Anoplocephala perfoliata*

图释

1～9. 虫体；10. 马回盲肠连接处肠道中的虫体；11, 12. 头节；13. 未成熟节片；14, 15. 成熟节片；16. 孕卵节片；17～19. 虫卵

1. 原图（YNAU）；2～8. 原图（LVRI）；9, 12, 13, 15. 原图（SASA）；10, 18, 19. 引自 Nielsen（2016）；11. 引自黄兵和沈杰（2006）；14, 16. 引自 Khalil 等（1994）；17. 引自成源达（2011）

表面具小棘。卵巢位于近生殖孔侧的中央，分成左右两瓣，生殖孔侧瓣小于生殖孔反侧瓣，整个卵巢宽度约为 2.400 mm。卵黄腺位于卵巢中央的后方，呈横长圆形，宽达 0.420 mm。阴道膨大处为受精囊。早期子宫呈横管状，两端达两侧的排泄管；后期子宫呈不规则扩张突起，占满节片四缘，内含许多虫卵。虫卵近圆形，披有灰黑色外膜，中部较边缘薄，呈月饼状，大小为 65～76 μm×80～96 μm，具有较大的梨形器，约为虫卵直径的一半，内含六钩蚴，直径约为 15 μm。

1.2 无卵黄腺属

Avitellina Gough, 1911

【同物异名】六列睾属（*Hexastichorchis* Blei, 1921）；囊带属（*Ascotaenia* Baer, 1927）；无背管属（*Anootypus* Woodland, 1928）。

【宿主范围】成虫寄生于反刍动物。幼虫为似囊尾蚴，寄生于草场中的弹尾目（Collembola）昆虫。

【形态结构】大型绦虫，虫体狭窄细长，分节明显或不明显。每个节片生殖器官 1 套，生殖孔不规则地交替开口于节片两侧缘，生殖管位于排泄管和神经干的背面。睾丸数目较少，位于节片两侧，每侧的睾丸被神经干和纵排泄管分隔成内外 2 组，每组有 1～3 排睾丸。缺内贮精囊和外贮精囊，雄茎囊小。卵巢与卵黄腺融合为胚卵黄腺，位于节片生殖孔侧。子宫位于节片中间呈横囊状，后期子宫发育成 1 个副子宫器，内含许多纤维囊，每个囊内有数枚虫卵。模式种：中点无卵黄腺绦虫［*Avitellina centripunctata* Rivolta, 1874］。

本书收录无卵黄腺属绦虫 4 种，参考杨平等（1977）编制分类检索表如下所示。

无卵黄腺属种类检索表

1. 雄茎囊的长度小于 0.3 mm，阴道腔与雄茎囊长度之比小于 1：3…………2
   雄茎囊的长度等于或大于 0.3 mm，阴道腔与雄茎囊长度之比大于 1：3……
   ……………………………………………………塔提无卵黄腺绦虫 *Avitellina tatia*
2. 成熟节片的受精囊大小与卵巢相近 ……………………………………………… 3
   成熟节片的受精囊大于卵巢 1～2 倍…………………………………………………
   …………………………………………巨囊无卵黄腺绦虫 *Avitellina magavesiculata*
3. 成熟节片左侧的阴道腔位于雄茎囊背面，睾丸在外侧 2～5 列、内侧 5～9 列 ………………………………中点无卵黄腺绦虫 *Avitellina centripunctata*
   成熟节片左侧的阴道腔位于雄茎囊腹面，睾丸在外侧 2 列、内侧 2～3 列 ……………………………………………微小无卵黄腺绦虫 *Avitellina minuta*

3 中点无卵黄腺绦虫 *Avitellina centripunctata* Rivolta, 1874

【关联序号】40.2.1（15.2.1）/ 277。

【宿主范围】成虫寄生于骆驼、黄牛、水牛、牦牛、绵羊、山羊的小肠。

【地理分布】安徽、重庆、甘肃、广西、贵州、河北、湖北、湖南、吉林、江苏、江西、辽宁、内蒙古、宁夏、青海、山东、山西、陕西、四川、天津、西藏、新疆、云南、浙江。

【形态结构】虫体狭而细长，体长 112.00～300.00 cm，节片最宽为 0.18～0.30 cm，体节的宽度大于长度。头节近圆球形，长宽为 0.390～1.180 mm×0.640～1.420 mm，无顶突和吻钩，有 4 个发达的圆形吸盘，吸盘大小为 0.340～0.450 mm×0.210～0.470 mm。颈节细长，长宽为 12.000～14.800 mm×0.560～1.540 mm。未成熟节片宽为 0.860～2.450 mm，分节和内部器官均不明显。成熟节片在低倍显微镜下分节明显，平均长宽为 0.062 mm×1.730 mm，生殖器官分化完善。每个节片有生殖器官 1 套，生殖孔不规则地交替开口于节片两侧缘。睾丸呈圆形或椭圆形，直径为 0.050～0.078 mm，靠近未成熟节片处的节片睾丸数最多，节片越往后睾丸数目逐渐减少，而且轮廓变得模糊。睾丸分布于节片两侧纵排泄管的内外，外侧 2～5 列，内侧 5～9 列。雄茎囊为长椭圆形，大小为 0.100～0.184 mm×0.020～0.063 mm，偶见雄茎伸出生殖孔外。卵巢多数呈圆形，少数呈椭圆形，位于生殖孔侧的子宫与睾丸之间，圆形卵巢的直径为 0.068～0.085 mm，椭圆形卵巢的大小为 0.068～0.085 mm×0.034～0.051 mm。阴道越过排泄管和神经干的背面与膨大的阴道腔相接，阴道腔呈梨形，大小为 0.080～0.132 mm×0.020～0.060 mm。阴道腔与雄茎囊共同开口于生殖腔，在节片左侧的阴道腔位于雄茎囊背面，在节片右侧的阴道腔位于雄茎囊腹面，阴道腔与雄茎囊的长度之比为（1∶1.0）～（1∶2.0）。受精囊呈椭圆形，大小与卵巢相似，内侧与胚卵黄腺相连，外侧与纤细而弯曲的阴道相连。

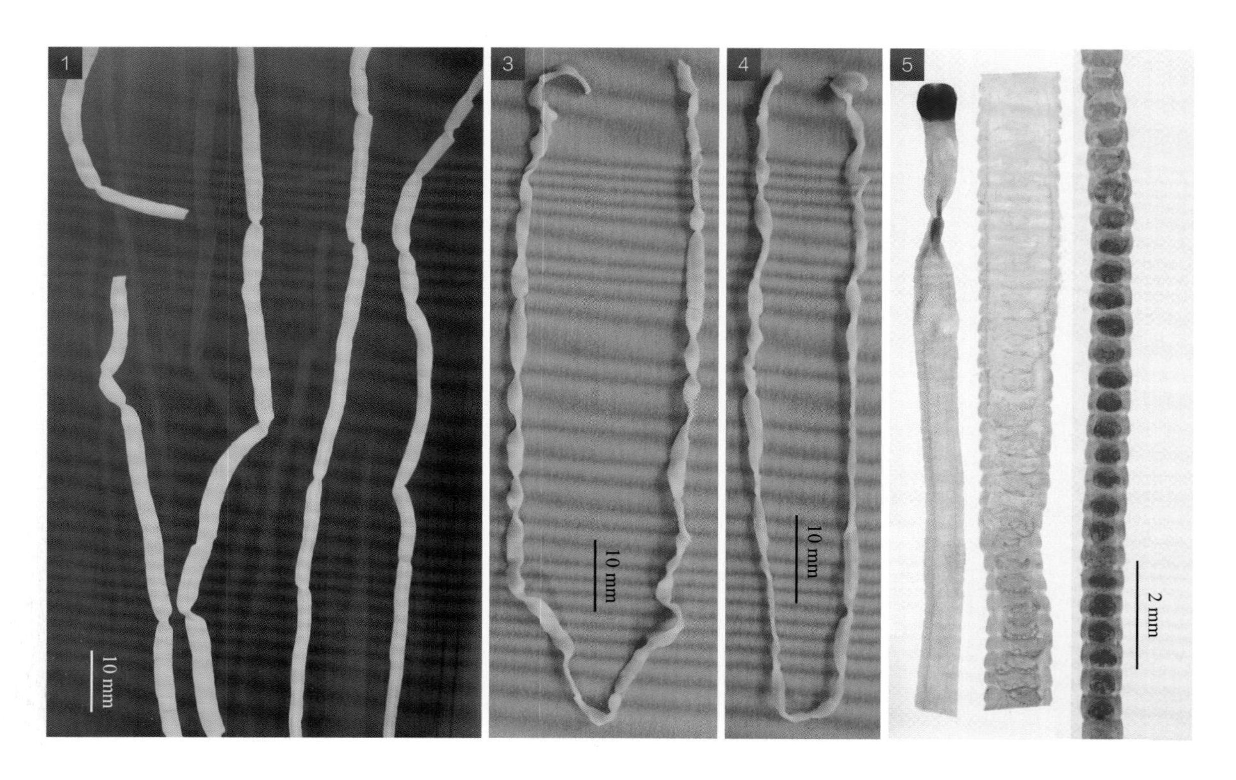

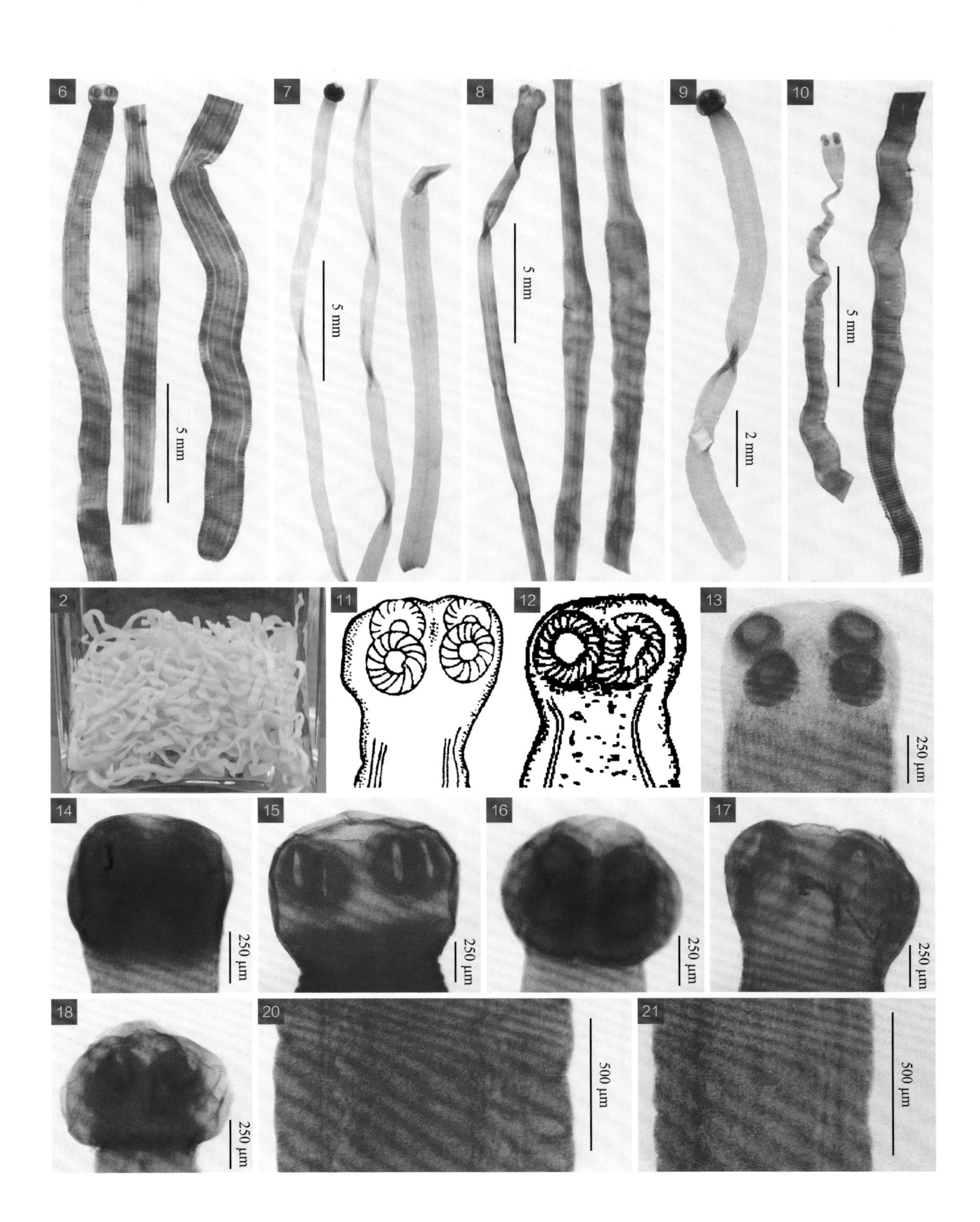
6
7
8
9
10
5 mm
5 mm
5 mm
2 mm
5 mm
2
11
12
13
250 μm
14
15
16
17
250 μm
250 μm
250 μm
250 μm
18
20
21
250 μm
500 μm
500 μm

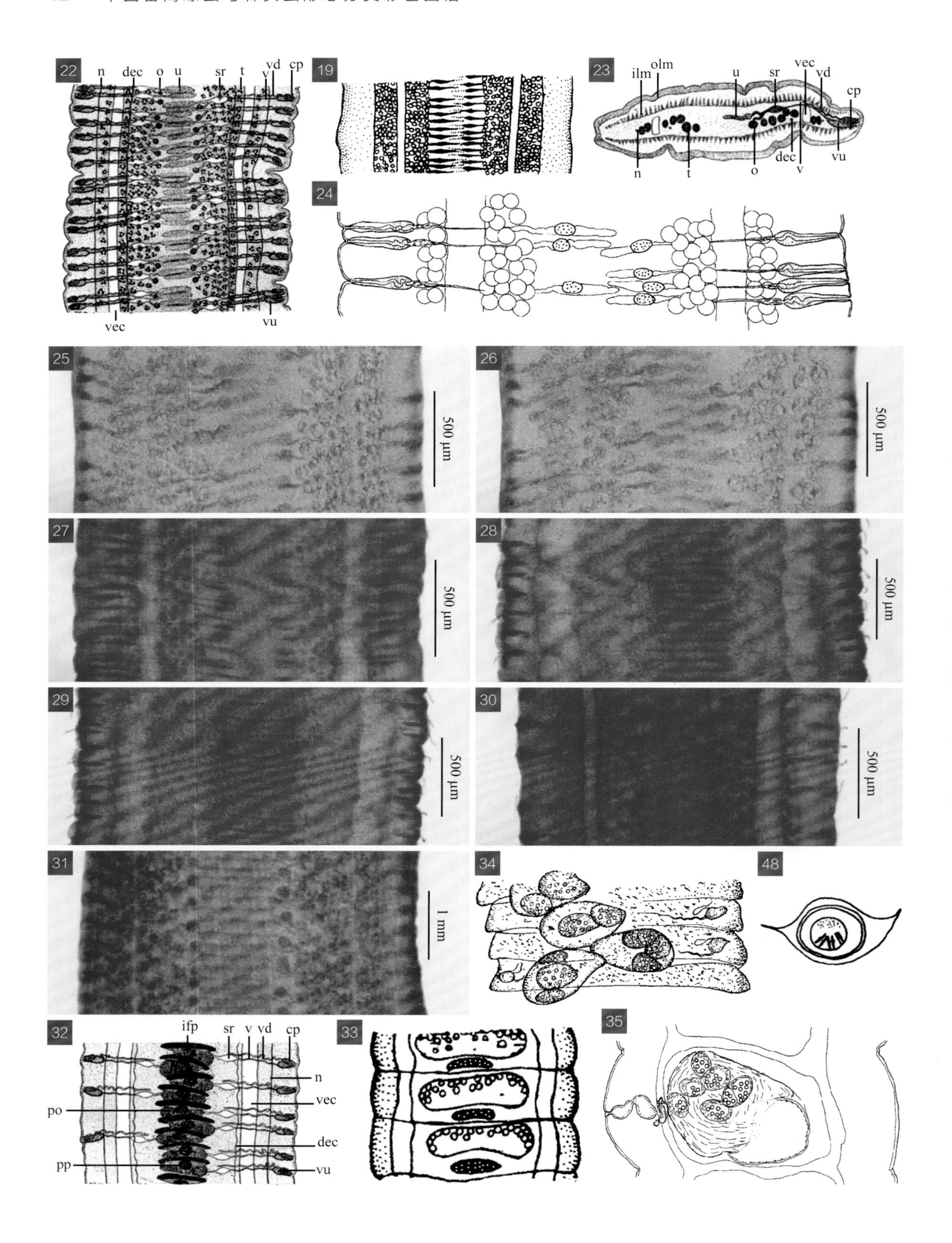
22
n
dec
o
u
sr
t
v
vd
cp
vec
vu
19
23
ilm
olm
u
sr
vec
vd
cp
n
t
o
dec
v
vu
24
25
500 μm
26
500 μm
27
500 μm
28
500 μm
29
500 μm
30
500 μm
31
1 mm
34
48
32
ifp
sr
v
vd
cp
n
vec
po
dec
pp
vu
33
35

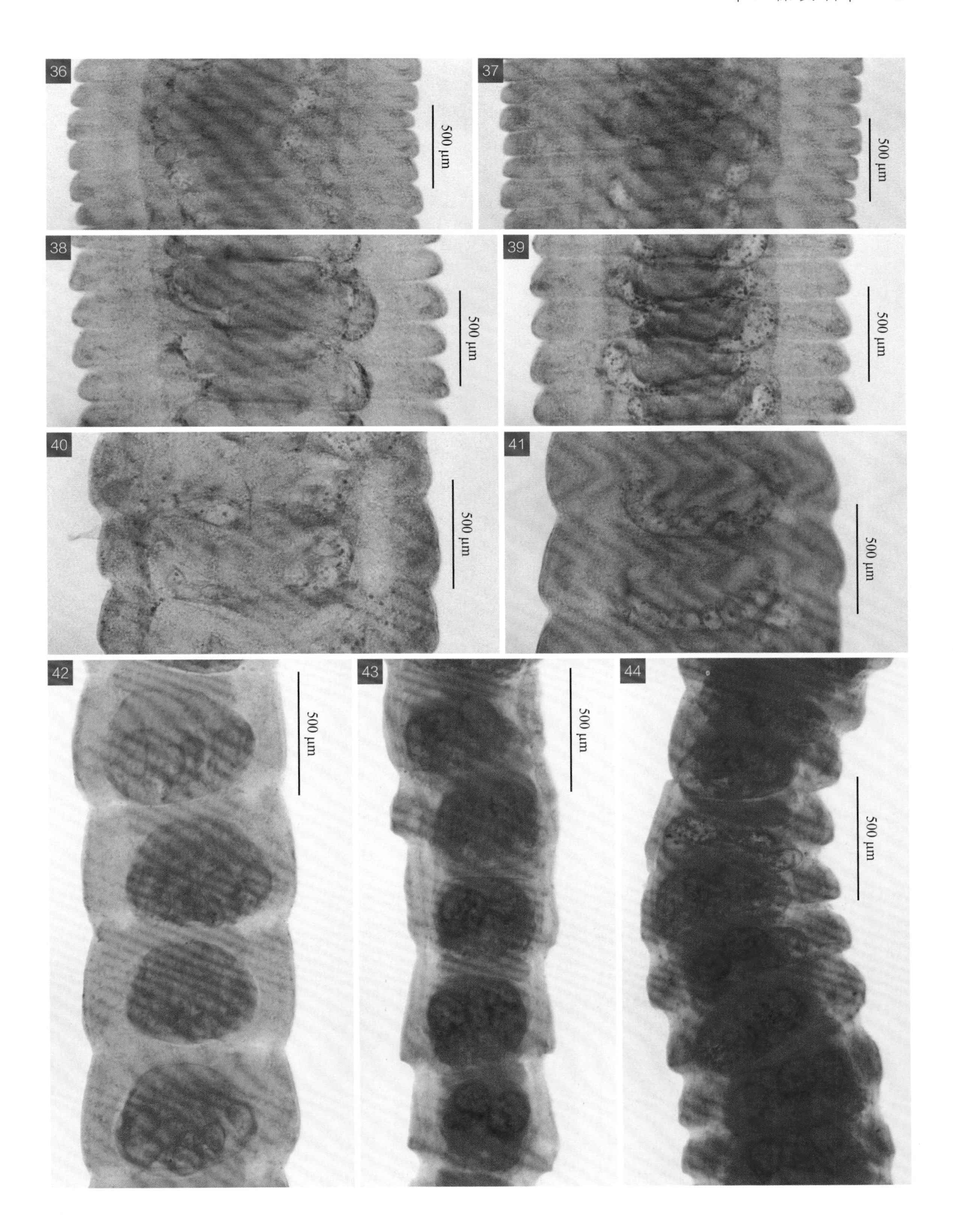
36
500 μm
37
500 μm
38
500 μm
39
500 μm
40
500 μm
41
500 μm
42
500 μm
43
500 μm
44
500 μm

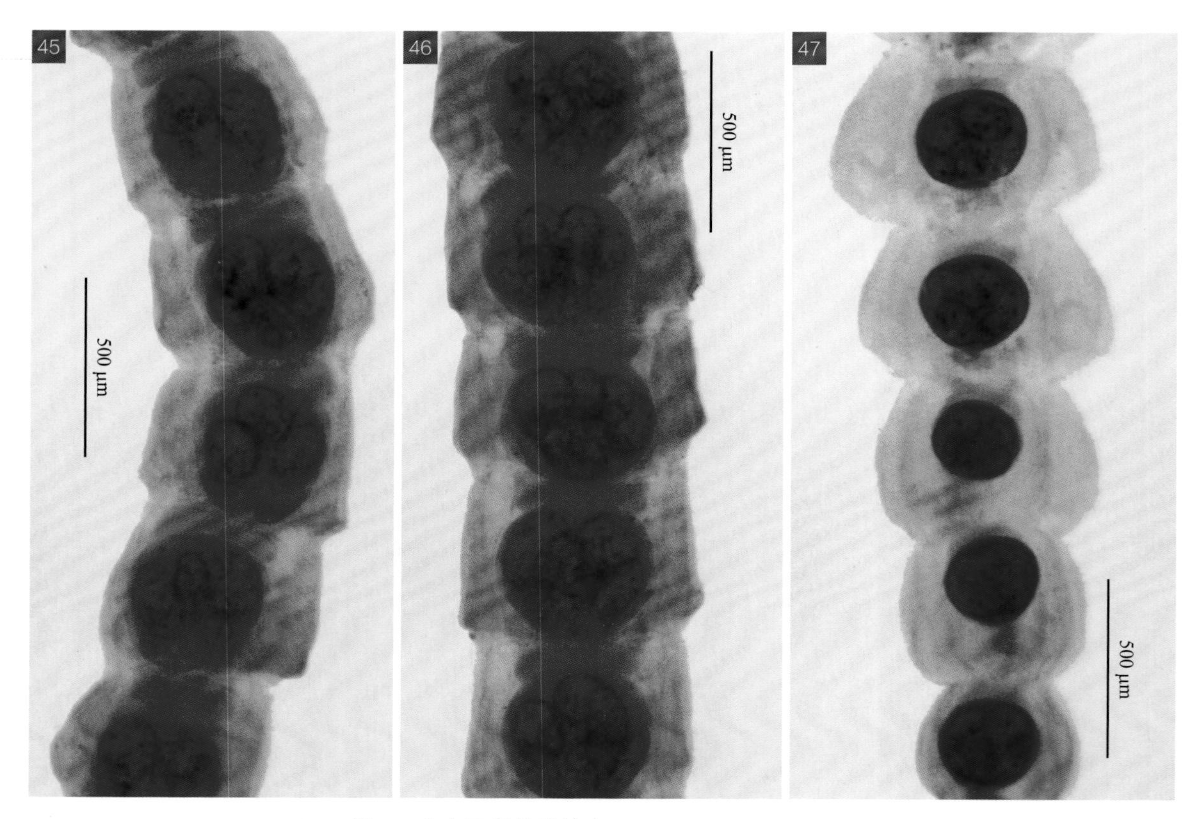

图 3 中点无卵黄腺绦虫 *Avitellina centripunctata*

图释

1～10. 虫体；11～18. 头节；19～21. 未成熟节片；22～31. 成熟节片（23 示横切面）；32～47. 孕卵节片；48. 虫卵

1～4. 原图（LVRI）；5～10, 13～18, 20, 21, 25～30, 36～47. 原图（SHVRI）；11, 19, 33. 引自齐普生和李靓如（2012）；12, 34. 引自杨平（1962）；22, 23, 32. 引自 Nagaty（1929）；24, 35. 引自 Khalil 等（1994）；31. 原图（YZU）；48. 引自黄兵和沈杰（2006）

子宫为横管状，大小为 0.240～0.460 mm×0.034～0.071 mm。孕卵节片分节明显，节片宽度缩小，但仍大于长度，长宽为 0.030～0.170 mm×0.920～2.450 mm。子宫前方有特殊的副子宫器原基，逐渐膨大，呈肾形，占据节片中央的大部分，平均大小为 0.610 mm×0.177 mm，而后子宫逐渐萎缩消失。副子宫器硕大，在纵轴上相互重叠，但不交替，随着节片成熟，副子宫器逐渐由重叠而分开。在完全成熟的孕卵节片中，除了副子宫器官外，其余生殖器逐渐退化消失，但腹排泄管特别膨大。副子宫器呈肾形、鞋底形、椭圆形、圆形或梨形不等，每个副子宫器内有囊袋 8～15 个，每个囊袋含虫卵 3～10 枚。虫卵为圆形，有 2 层囊膜，外层囊膜圆而薄，内层囊膜两头尖，虫卵大小为 56～91 μm×63～77 μm，虫卵内含六钩蚴，其大小为 18～20 μm×17～19 μm。

4 巨囊无卵黄腺绦虫 *Avitellina magavesiculata* Yang, Qian, Chen, *et al.*, 1977

【关联序号】40.2.2（15.2.2）/。

【宿主范围】成虫寄生于绵羊的小肠。

【地理分布】甘肃、青海。

【形态结构】虫体长 142.00～223.00 cm，最大宽度 0.15～0.25 cm，体节的宽度大于长度。头节近似圆球形，长宽为 0.320～0.410 mm×0.530～0.570 mm，从顶端观略呈四方形，无顶突，有 4 个肌肉组织发达的圆形吸盘，吸盘直径为 0.270～0.300 mm。颈节细长，长宽为 4.220～9.690 mm×0.420～0.510 mm。未成熟节片分节不明显，节片宽 1.020～1.080 mm。随着节片的发育，生殖器官逐渐出现，最初出现的是模糊不清的子宫，横列在节片的中央。随后的节片中出现子宫轮廓，同时还出现睾丸和其他生殖器官，此时睾丸的数目为排泄管外侧 1～2 列、内侧 2～3 列，雄茎囊、卵巢、受精囊、阴道腔均已显出轮廓。成熟节片分节不明显，节片宽 1.360～1.900 mm，节片内的生殖器官完全发育成熟。每个节片有生殖器官 1 套，生殖孔不规则地交替开口于节片两侧缘。睾丸呈圆形，粗大，直径为 0.051～0.068 mm，外侧 1～3 列、内侧 3～4 列，输精管细长而弯曲。雄茎囊为长圆筒形，长 0.190～0.250 mm，其前部突然缩小形成一短颈，然后又突然膨大，尖端与输精管相连。雄茎细长，往往伸出生殖孔外。卵巢呈圆形，为粗颗粒构造，直径 0.034～0.085 mm，位于节片生殖孔侧的偏中央，内侧与子宫相连。子宫为一横管，其长度和宽度随着节片发育阶段的不同而异。在充分发育成熟的节片中，子宫长 0.220～0.250 mm，宽 0.034～0.051 mm。受精囊膨大，呈卵圆形或圆形，比卵巢大 1～2 倍或更大，受精囊的外端几乎达到腹排泄管的内缘，与细而弯曲的阴道相连，阴道从排泄管和神经干的背面越过而通向膨大的阴道腔。阴道腔较短，外覆有粗颗粒状的腺体，外观似麦穗，大

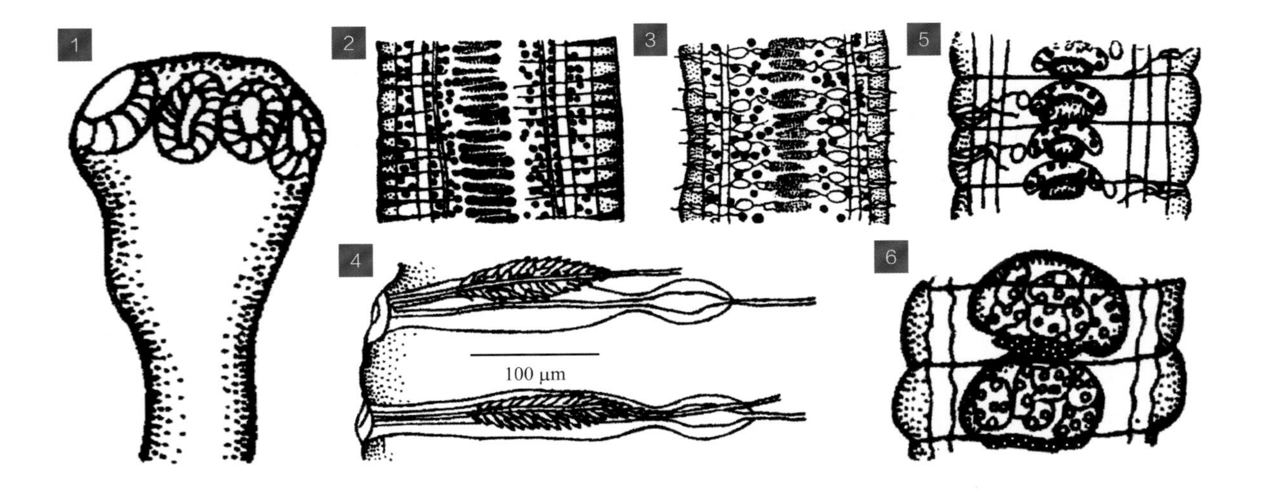

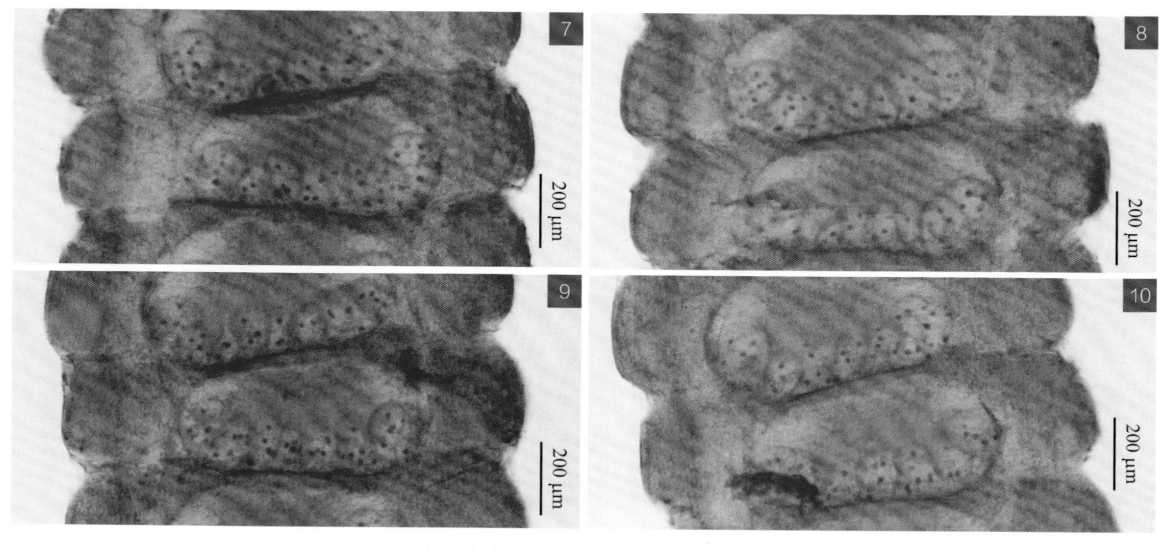

图 4 巨囊无卵黄腺绦虫 *Avitellina magavesiculata*

图释

1. 头节；2. 未成熟节片；3. 成熟节片；4. 阴道腔与雄茎囊；5～10. 孕卵节片

1～6. 引自齐普生和李靓如（2012）；7～10. 原图（SHVRI）

小为 0.114～0.151 mm×0.025～0.034 mm。阴道腔与雄茎囊共同开口于生殖腔，通常位于雄茎囊的腹侧面，阴道腔与雄茎囊的长度之比为（1：1.5）～（1：2.0）。成熟的孕卵节片较狭小，分节明显，几乎呈圆柱形，长宽为 0.170～0.250 mm×1.070～1.250 mm。背纵排泄管消失，腹纵排泄管明显，直径为 0.119～0.187 mm。节片中央充满副子宫器，其他生殖器官均退化，甚至消失。副子宫器呈长条状、肾形、梨形、椭圆形不等，大小为 0.380～0.590 mm×0.130～0.270 mm，内含多个囊袋，每个囊袋内有多枚虫卵。

5 微小无卵黄腺绦虫 *Avitellina minuta* Yang, Qian, Chen, *et al.*, 1977

【**关联序号**】40.2.3（15.2.3）/ 278。

【**宿主范围**】成虫寄生于牦牛、绵羊、山羊的小肠。

【**地理分布**】甘肃、贵州、青海、四川、云南。

【**形态结构**】虫体细小，体长 29.00～35.00 cm，最大宽度 0.05～0.10 cm，虫体分节不明显，孕卵节片的分节也需在低倍显微镜下才能看清楚。头节呈圆球形，平均长宽为 0.610 mm×0.710 mm，无顶突，前端略向外突出，并有一纵裂。吸盘近似圆形，平均大小为 0.470 mm×0.320 mm。颈节与未成熟节片很难区分。未成熟节片宽 0.480～0.780 mm，背纵排泄管不明

显，腹纵排泄管明显，为直管。随着节片的发育，节片中的卵巢先模糊不清，然后逐渐明显可见，轮廓完整，呈圆形，直径 0.038～0.047 mm。子宫开始出现，但轮廓不清。睾丸也开始出现，大小不均。雄茎囊和阴道腔分辨不清。成熟节片宽 0.789～0.830 mm，背纵排泄管不明显，

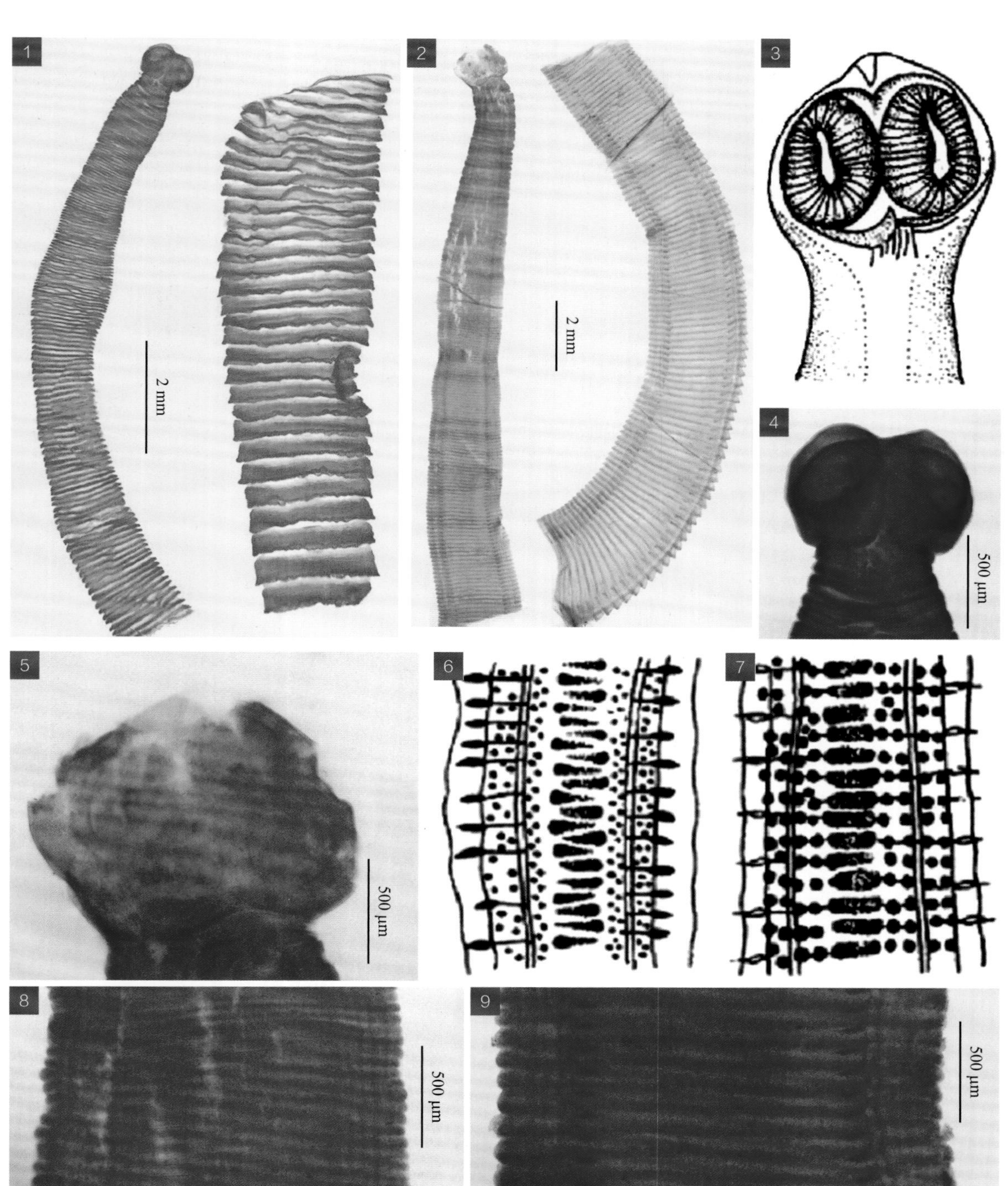

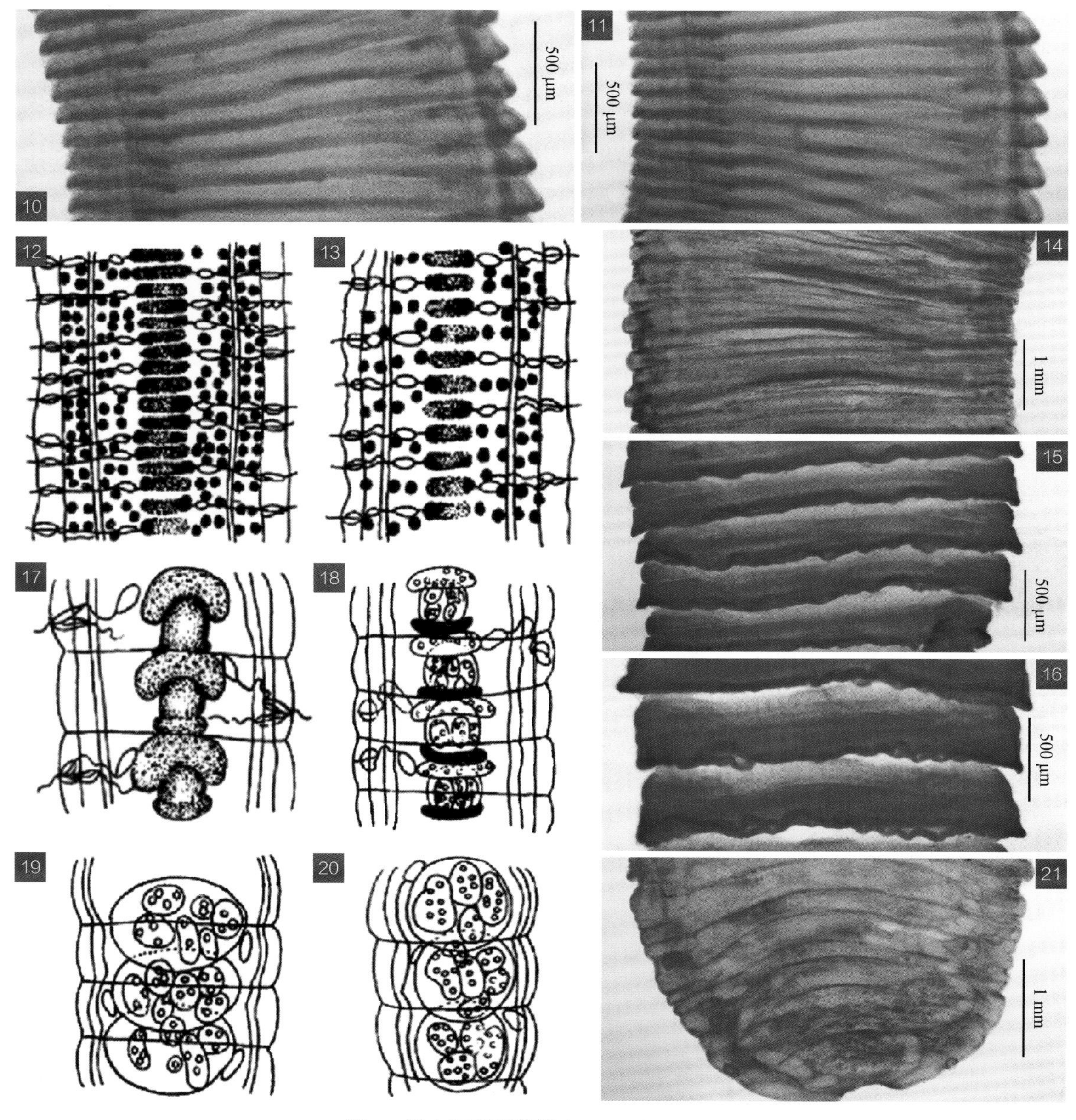

图 5　微小无卵黄腺绦虫 *Avitellina minuta*

图释

1, 2. 虫体；3～5. 头节；6～11. 未成熟节片；12～16. 成熟节片；17～20. 孕卵节片；21. 成熟节片到孕卵节片

1, 2, 4, 5, 8～11, 14～16, 21. 原图（SHVRI）；3, 6, 7, 12, 13, 17～20. 引自黄兵和沈杰（2006）

腹纵排泄管增大，神经干明显，生殖器官发育成熟。睾丸呈圆形，直径0.020～0.030 mm，排泄管外侧2列、内侧2列，个别节片为3列。输精管极细，弯曲，与雄茎囊相连。雄茎囊为长卵圆形，大小为0.076～0.114 mm×0.019～0.028 mm，雄茎通常伸出生殖孔外。卵巢呈圆形或椭圆形，平均大小为0.067 mm×0.038 mm。卵巢内侧与呈横管状的子宫相连，子宫长0.095～0.152 mm。卵巢外侧与膨大呈圆形或卵圆形的受精囊相连，受精囊大小与卵巢相似。受精囊外侧与细小的阴道相连，阴道越过排泄管和神经干的背面通向膨大呈长卵圆形的阴道腔。阴道腔大小为0.038～0.047 mm×0.012～0.019 mm，与雄茎囊共同开口于生殖孔内，位于雄茎囊的腹侧面，阴道腔与雄茎囊的长度之比为（1∶1.5）～（1∶2.0），生殖孔为圆形。未完全发育成熟的孕卵节片在显微镜下观察可见分节，节片长0.076～0.095 mm、宽0.57～0.67 mm，腹纵排泄管及神经干明显，睾丸完全退化消失，雄茎囊、阴道腔和生殖腔只留痕迹而不能区分，子宫变得宽大，子宫长0.170～0.190 mm、宽0.057～0.095 mm，副子宫器开始发育，受精囊显著增大呈圆形，直径0.076～0.114 mm。完全发育成熟的孕卵节片在显微镜下分节明显，长度增加，宽度减少，长宽为0.171～0.209 mm×0.345～0.570 mm。副子宫器已完全成熟，由蘑菇形逐渐变成椭圆形，大小为0.304～0.380 mm×0.190～0.228 mm。副子宫器较大，往往伸向另一节片中，造成副子宫器相互重叠。排泄管和神经干明显。除受精囊还留有一点痕迹外，其他各种生殖器官完全消失。即将脱落的孕卵节片几乎呈圆筒形，其长度与宽度大致相等，大小为0.304～0.382 mm×0.382～0.399 mm。排泄管和神经干均退化消失。副子宫器变成圆形，几乎充满整个节片，直径为0.323～0.342 mm，内含几个囊袋，每个囊袋内有数枚虫卵。

6 塔提无卵黄腺绦虫 *Avitellina tatia* Bhalerao, 1936

【**关联序号**】40.2.4（15.2.4）/。

【**宿主范围**】成虫寄生于绵羊、山羊的小肠。

【**地理分布**】甘肃、青海、西藏。

【**形态结构**】虫体为乳白色，体长121.00～165.00 cm，最大宽度位于成熟节片，宽0.23～0.33 cm，为无卵黄腺属绦虫中节片最宽的绦虫。头节近圆球形，长宽为0.570～0.589 mm×0.665～0.779 mm，无顶突，吸盘为圆形，直径0.361～0.380 mm。颈节长宽为1.140～2.560 mm×0.390～1.080 mm，纵神经干和腹、背纵排泄管明显。未成熟节片分节不明显，节片宽1.450～1.610 mm，神经干和腹纵排泄管明显而变粗，背纵排泄管变细。节片内的生殖器官最初只见到模糊不清的子宫，但节片越往后，子宫逐渐显示出轮廓，同时还出现小点状的睾丸颗粒。在即将发育成熟的节片中，节片显著增大，宽2.160～2.200 mm，节片的分节在放大镜下明显可见。睾丸颗粒增大，睾丸数目也最多，外侧3～4列，部分节片5～6列，内侧6～7列，

有的节片 8 列或更多。卵巢发育成熟，能看出其轮廓，但生殖管、雄茎囊、雄茎及阴道腔均模糊不清，生殖孔尚未出现。成熟节片分节明显，节片平均长 0.019 mm，宽 2.340～3.320 mm，生殖器官发育成熟，生殖孔为圆形，不规则地交替开口于节片的侧缘。睾丸呈近圆形，大小为 0.036～0.051 mm×0.027～0.051 mm，外侧 3～4 列，内侧 5～7 列。输精管较直而细，与生殖孔端的雄茎囊相连。雄茎囊呈长圆筒形，大小为 0.304～0.382 mm×0.038～0.047 mm，雄茎通常伸出生殖孔外。卵巢呈圆形，直径 0.057～0.095 mm，其内侧与横管状的子宫相连，外侧通过输卵管与受精囊相连。受精囊大小为 0.076～0.114 mm×0.038～0.076 mm，外侧与细而弯曲的阴道相连，阴道前端膨大形成梨形或长卵圆形的阴道腔。阴道腔大小为 0.076～0.114 mm×

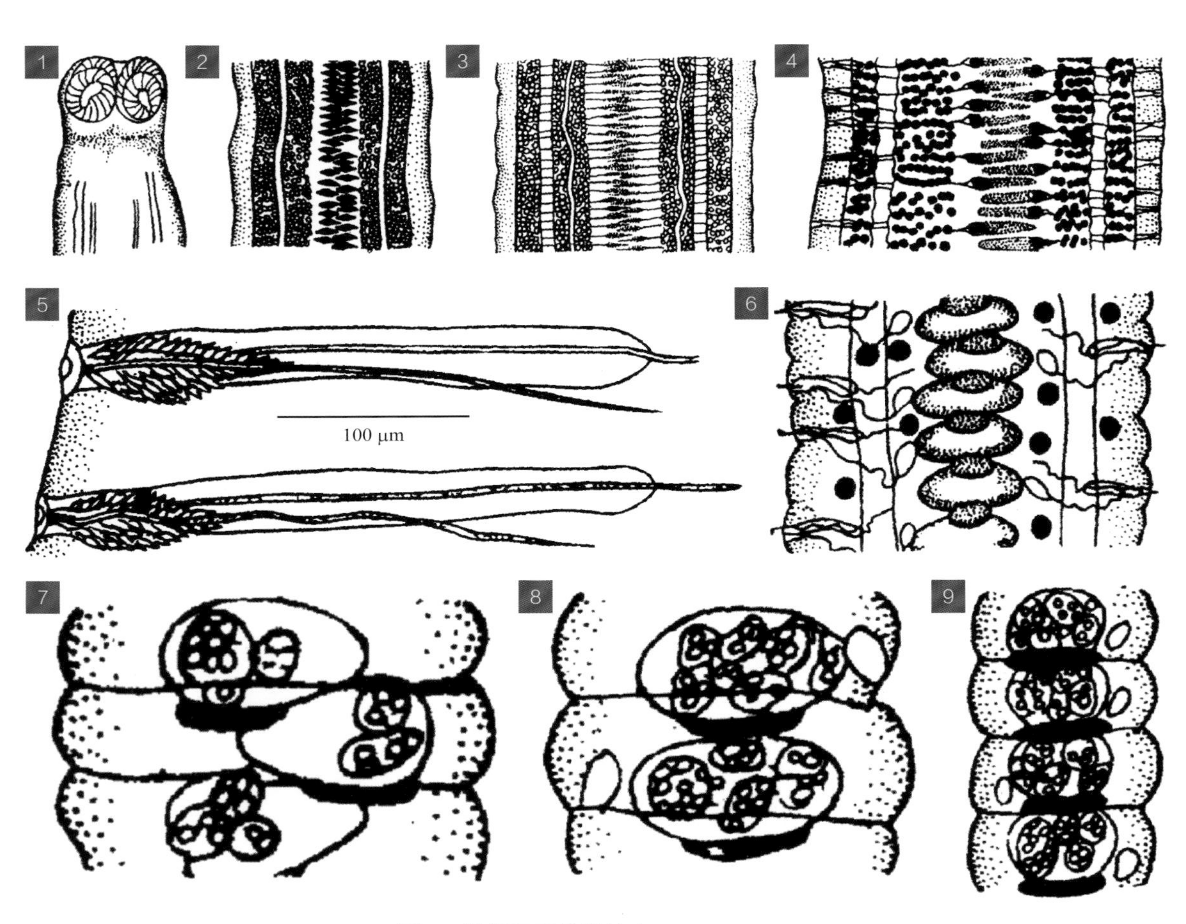

图 6　塔提无卵黄腺绦虫 *Avitellina tatia*

图释

1. 头节；2, 3. 未成熟节片；4. 成熟节片；5. 阴道腔与雄茎囊；6～9. 孕卵节片

1～9. 引自齐普生和李靓如（2012）

0.038～0.057 mm，被多层呈麦粒状的腺体包围，外观很像一根麦穗。阴道腔和雄茎囊共同开口于生殖腔，节片左侧的阴道腔位于雄茎囊的背面，右侧的阴道腔位于雄茎囊的腹面，阴道腔与雄茎囊的长度之比为 1∶3 以上。早期孕卵节片分节明显，节片的长宽为 0.057～0.076 mm×2.736～3.021 mm。随着子宫宽度的逐渐增加，卵巢变得模糊不清，受精囊较成熟节片中明显且变大，睾丸数逐渐变少且轮廓模糊不清。节片越向后，发育越成熟，分节更明显，节片的长度增加、宽度变小。完全成熟的孕卵节片，近圆筒形，节片的长宽为 0.340～0.380 mm×0.570～0.640 mm。副子宫器随着节片的发育，初为长圆筒形，后变为椭圆形、纽扣形、肾形、梨形等，在即将脱落的孕卵节片中的副子宫器变成亚圆形或圆形，每个成熟的副子宫器内含有虫卵 18～49 枚。

1.3 彩 带 属

Cittotaenia Riehm, 1881

【宿主范围】成虫寄生于啮齿动物和禽类。幼虫为似囊尾蚴，寄生于节肢动物。

【形态结构】中型绦虫。吸盘大而突出，节片宽度大于长度。每侧的背、腹排泄管在节片前后相通，两侧腹排泄管有横管相通。每个节片有生殖器官 2 套，生殖孔开口于节片两侧，生殖管从排泄管和神经干的背侧穿过。睾丸散布于节片的髓质区，或分为 2 组。雄茎囊很发达，有内贮精囊。卵巢呈多裂状，其后为紧凑的卵黄腺。阴道位于雄茎囊的后面，有受精囊。早期子宫为单横管，后期子宫逐渐发育为细长网状。虫卵有梨形器。模式种：齿状彩带绦虫［*Cittotaenia denticulata* Rudolphi, 1804］。

7 齿状彩带绦虫 ***Cittotaenia denticulata*** **Rudolphi, 1804**

【关联序号】40.8.1（15.3.1）/ 285。

【同物异名】细齿彩带绦虫；格氏带绦虫（*Taenia goezei* Baird, 1853）；宽阔彩带绦虫（*Cittotaenia latissima* Riehm, 1881）。

【宿主范围】成虫寄生于兔的肠道。

【地理分布】贵州、江苏。

【形态结构】中型绦虫。虫体分节明显，节片宽度大于长度，节片有缘膜。头节无吻突和吻钩，4 个吸盘大而明显。每侧的背、腹排泄管在节片前后相通，两侧腹排泄管有横管相通。每个节片有生殖器官 2 套，生殖孔开口于节片两侧的后 1/4。睾丸呈圆形或椭圆形，散布于节片

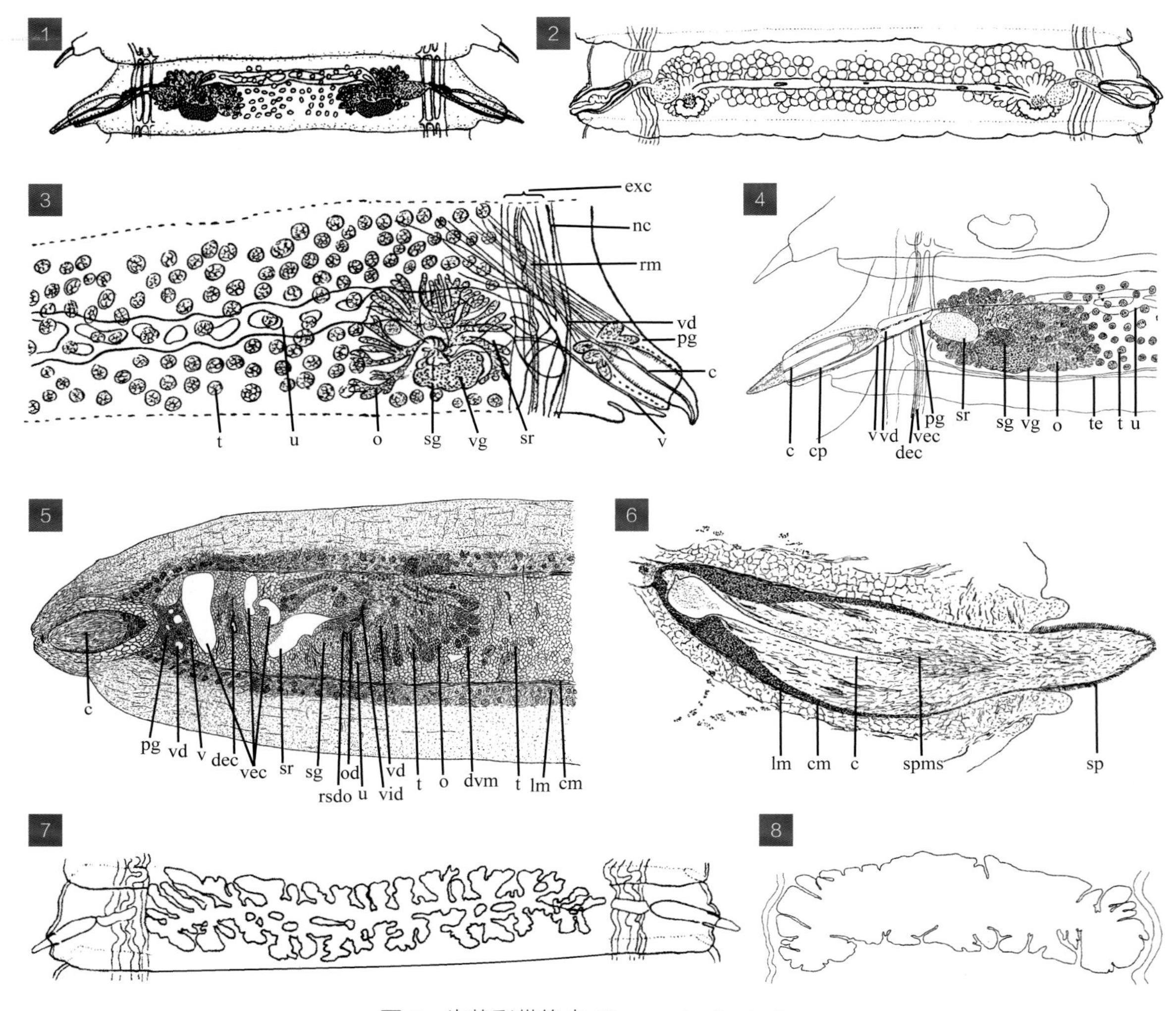

图 7　齿状彩带绦虫 *Cittotaenia denticulata*

图释

1～5. 成熟节片（3, 4 示生殖腺，5 示横切面）；6. 雄茎囊横切面；7, 8. 孕卵节片（7 示网状结构，8 示无网状结构）

1. 引自黄兵和沈杰（2006）；2, 7, 8. 引自 Khalil 等（1994）；3～6. 引自 John（1926）

的髓质区，每侧有 60～80 枚，输精管穿过纵排泄管和神经干与雄茎囊相连。雄茎囊发达，有内贮精囊，雄茎常从生殖孔伸出。卵巢呈多叶状，其后为致密的卵黄腺。受精囊发达，位于纵排泄管内侧，外接阴道。阴道位于雄茎囊的腹面，开口于生殖腔。成熟节片的子宫为横管状，后期子宫有大量突起或呈网状。虫卵呈球形，直径为 52～60 μm，虫卵内含梨形器和六钩蚴。

1.4 莫尼茨属

Moniezia Blanchard, 1891

【同物异名】小弗尔曼属（*Fuhrmannella* Baer, 1925）；贝里兹亚属（*Baeriezia* Skryabin et Schulz, 1937）；布兰查里兹亚属（*Blanchardiezia* Skryabin et Schulz, 1937）；埃朗属（*Eranuides* Semenova, 1972）。

【宿主范围】成虫可寄生于反刍动物、啮齿动物、灵长类动物和平胸类鸟。幼虫期为似囊尾蚴，寄生于土壤中的甲螨目（Oribatida）昆虫。

【形态结构】大型绦虫。头节呈略圆的四边形，颈节不分节。链体呈锯齿状，节片紧凑，宽度明显大于长度，通常有节间腺，少数种类无节间腺。每个节片有生殖器官 2 套，生殖孔开口于节片两侧缘，生殖管位于排泄管和神经干的背侧，排泄管有背、腹 2 对。睾丸数目多，分布于卵巢之间和卵巢后的髓质区，也可延伸到卵巢之前的区域。雄茎囊呈椭圆形或梨形，内含小的贮精囊，雄茎具很细小的刺。卵巢为花瓣状，位于排泄管的稍内侧。卵黄腺紧凑，位于卵巢之后。阴道位于雄茎囊后面，有受精囊。子宫初期为网状，后期为囊状，占据整个髓质区，可达排泄管。虫卵有梨形器，内含 1 个六钩蚴。模式种：扩展莫尼茨绦虫［*Moniezia expansa* (Rudolphi, 1810) Blanchard, 1891］。

本书收录莫尼茨属绦虫 4 种，依据其节间腺的特征编制分类检索表如下所示。

莫尼茨属种类检索表

1. 有节间腺 ………………………………………………………… 2
   无节间腺 ……………………………… 白色莫尼茨绦虫 *Moniezia alba*
2. 节间腺呈带状或密集的点状 ………… 贝氏莫尼茨绦虫 *Moniezia benedeni*
   节间腺呈圆形泡状稀疏分布 ……………………………………… 3
3. 节间腺单排 ………………………… 扩展莫尼茨绦虫 *Moniezia expansa*
   节间腺双排或前后重叠 …… 双节间腺莫尼茨绦虫 *Moniezia biinterprogologlands*

8 白色莫尼茨绦虫 *Moniezia alba* (Perroncito, 1879) Blanchard, 1891

【关联序号】40.1.1（15.4.1）/ 274。

【宿主范围】成虫寄生于水牛、牦牛、绵羊、山羊的小肠。

【地理分布】贵州、西藏、云南。

【**形态结构**】虫体呈白色，体长 40.00～150.00 cm。头节呈球形或近四角形，宽度约为 0.960 mm，无顶突和吻钩，有 4 个向前倾斜的圆形吸盘。颈节明显，长宽约 3.440 mm×0.500 mm。体节短而宽，其宽度明显大于长度，最大宽度 5.000～7.600 mm，节片之间没有节间腺。每个成熟节片具有生殖器官 2 套，生殖管从纵排泄管和神经干的背面穿过，两性生殖孔并列开口于节片两侧边缘的中部。睾丸较小，数目较多，分布于整个节片两侧纵排泄管内侧的髓质区。雄茎囊发达，呈纺锤形，有小的内贮精囊。雄茎较短，具细小刺。卵巢与梅氏腺排成花瓣状，位于两纵排泄管的内侧。卵黄腺呈块状，位于卵巢之后。子宫为网管状，内含虫卵。虫卵内有梨形器和 1 个六钩蚴。

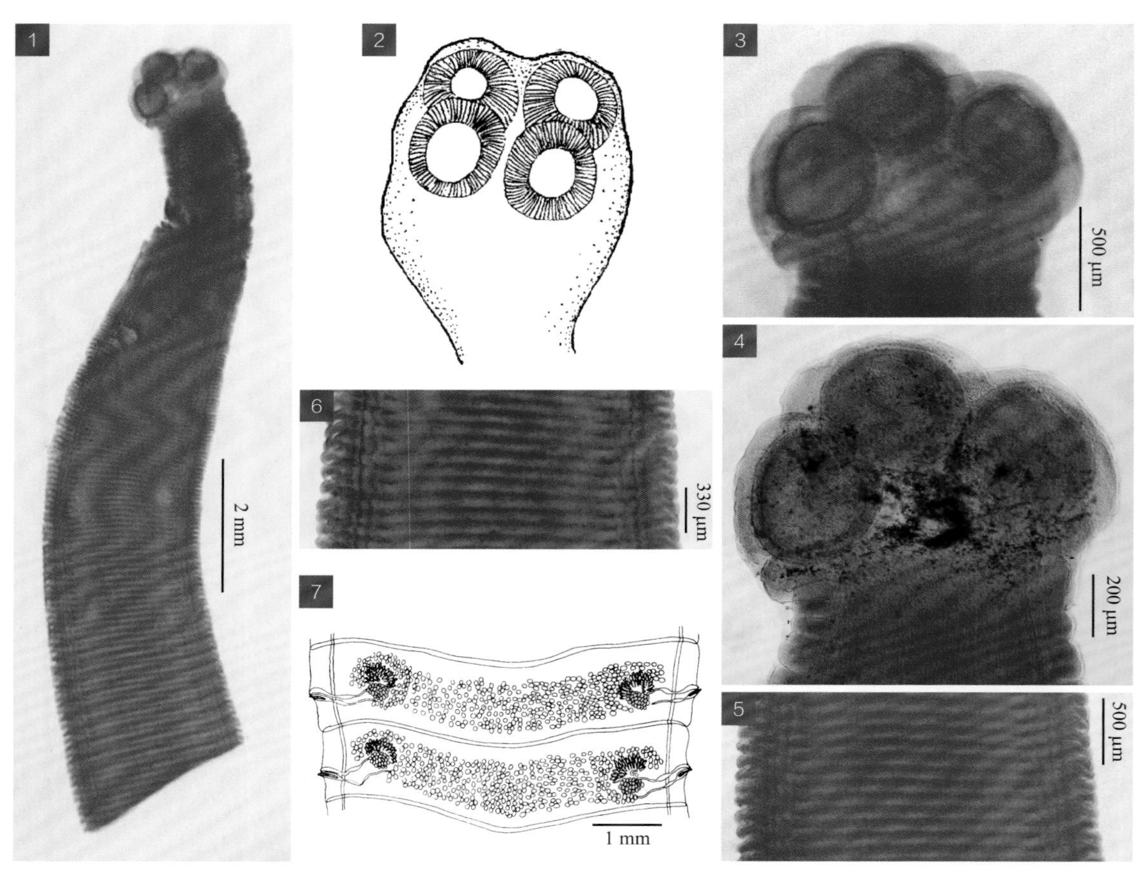

图 8　白色莫尼茨绦虫 *Moniezia alba*

图释

1. 虫体前部；2～4. 头节；5, 6. 未成熟节片；7. 成熟节片

1, 3～6. 原图（SHVRI）；2, 7. 引自黄德生等（1988）

9 贝氏莫尼茨绦虫 *Moniezia benedeni* (Moniez, 1879) Blanchard, 1891

【关联序号】40.1.2（15.4.2）/ 275。

【宿主范围】成虫寄生于黄牛、水牛、牦牛、绵羊、山羊、猪的小肠。

【地理分布】安徽、北京、重庆、福建、甘肃、广东、广西、贵州、海南、河北、河南、黑龙江、湖北、湖南、吉林、江苏、江西、辽宁、内蒙古、宁夏、青海、山东、山西、陕西、上海、四川、台湾、天津、西藏、新疆、云南、浙江。

【形态结构】虫体呈乳白色或黄白色，体长 51.00～402.00 cm，最大宽度 0.50～2.60 cm，有体节 1240～4280 节，体节的宽度大于长度。节片之间有节间腺，节间腺排列呈带状或密集的点状，分布于节片中央的前后缘。头节呈球形或椭圆形，长宽为 0.500～1.120 mm×0.540～1.980 mm，具有 4 个椭圆形或圆形吸盘，吸盘直径为 0.325～0.450 mm。颈节狭窄，分节不明显，其宽度小于头节，长宽为 2.400～3.500 mm×0.325～0.413 mm。颈节之后的宽度增大，分节逐渐明显。未成熟体节总长为 20.10～45.20 cm，其后段节片的长宽为 0.402～0.530 mm×2.800～4.625 mm，生殖器官逐渐出现，但未发育成熟。成熟体节总长为 16.90～65.00 cm，节片的长宽为 0.600～2.400 mm×3.360～16.250 mm，生殖器官发育成熟。每节有生殖器官 2 套，生殖孔对称开口于节片两侧缘的中线略前。睾丸呈圆球形，直径 0.050～0.080 mm，有 290～600 枚，分布于节片髓质区，占节片 2/3 的部位，可延伸到卵黄腺之后。输精管弯曲，雄茎囊呈梭形，大小为 0.140～0.350 mm×0.060～0.120 mm。卵巢 2 枚，各有叶状分瓣呈扇形，位于节片两侧的中央，大小为 0.780～2.160 mm×0.270～1.020 mm。卵黄腺呈桑葚形，大小为 0.120～0.520 mm×0.100～0.570 mm，位于卵巢的中央后方。阴道呈管状弯曲，末端膨大为受精囊，受精囊大小为 0.300～0.770 mm×0.070～0.450 mm。生殖腔明显，呈圆盘状，突

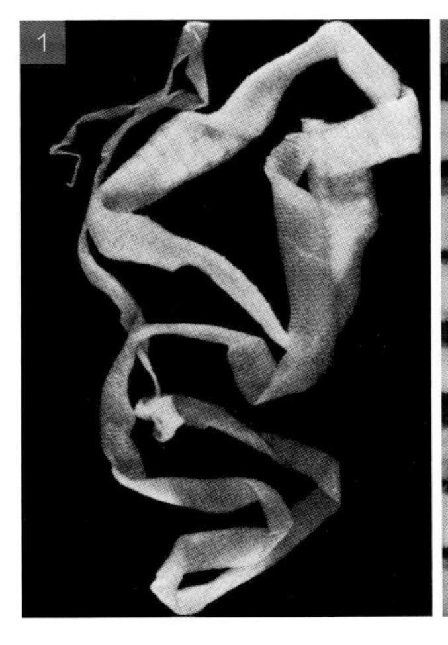

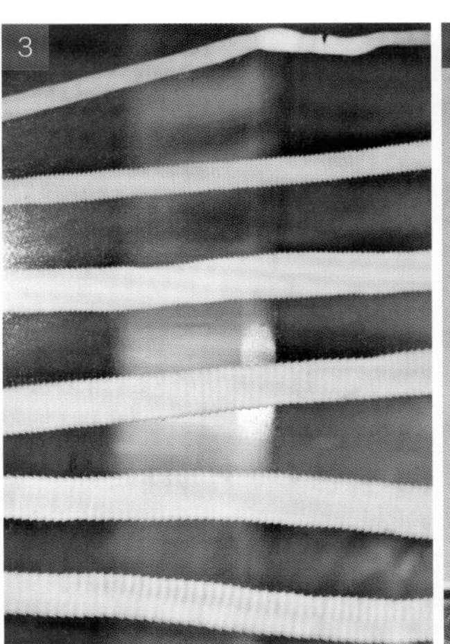

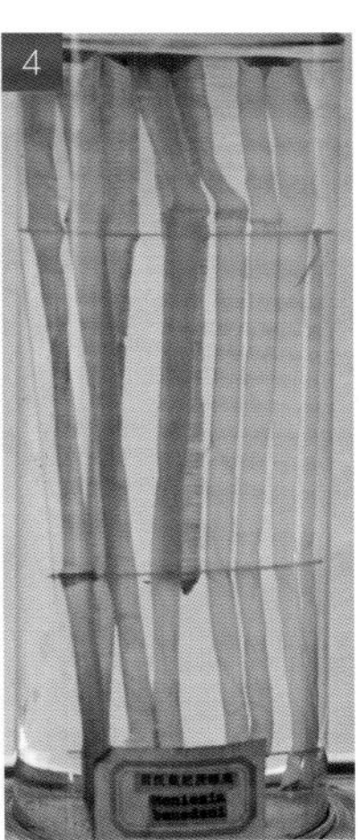

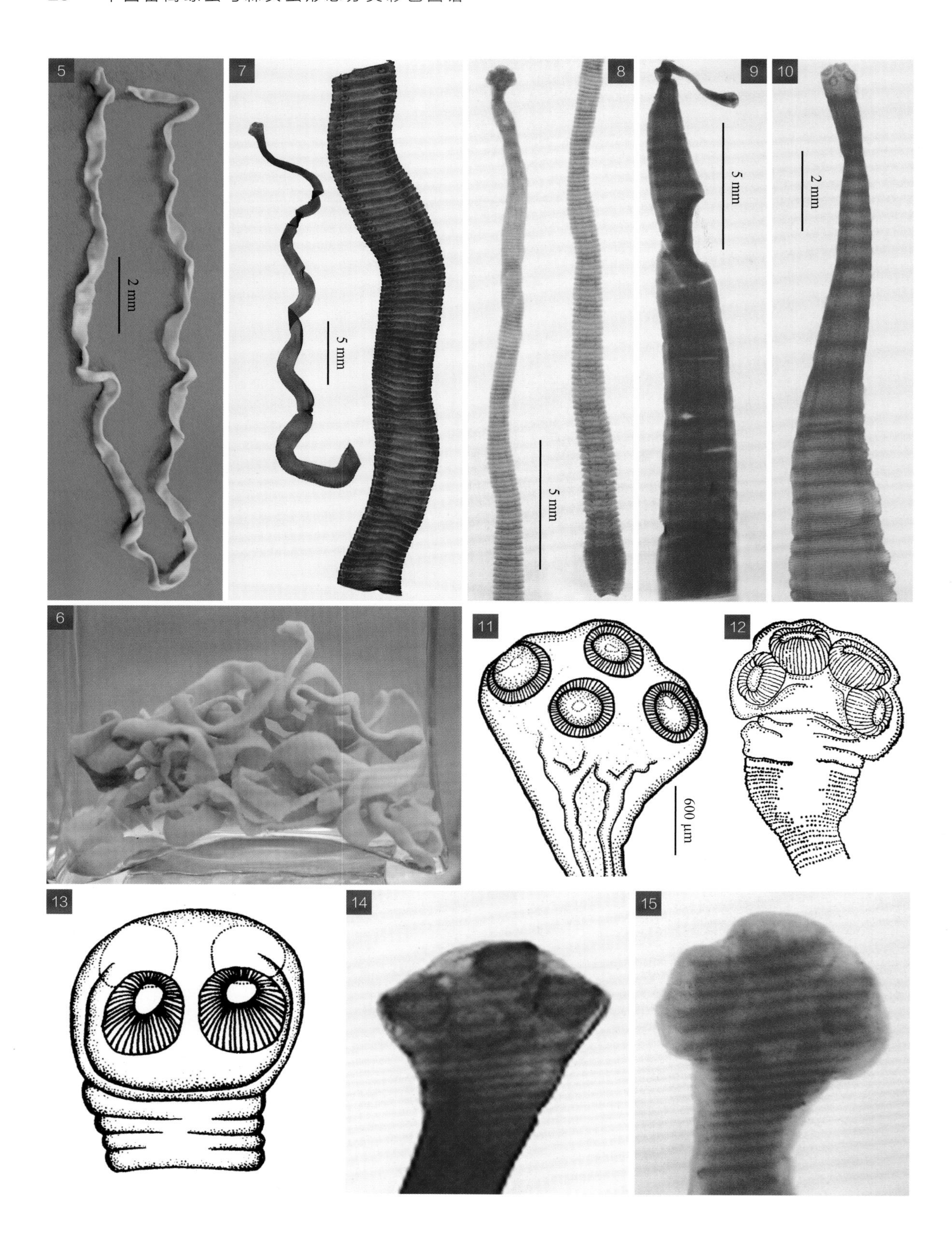
5
2 mm
7
5 mm
8
5 mm
9
5 mm
10
2 mm
6
11
600 μm
12
13
14
15

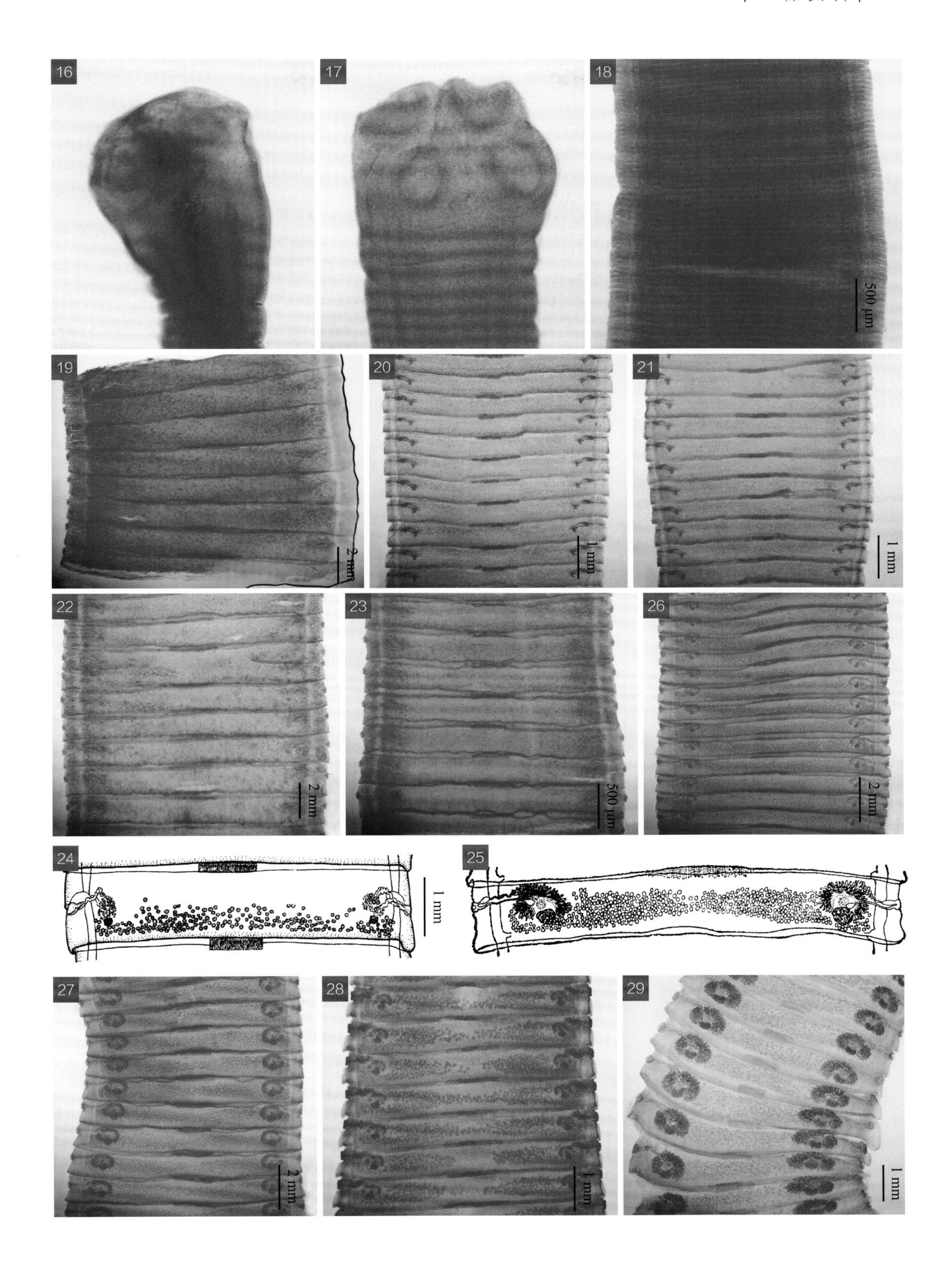
16
17
18
500 μm
19
2 mm
20
1 mm
21
1 mm
22
2 mm
23
500 μm
26
2 mm
24
1 mm
25
27
2 mm
28
1 mm
29
1 mm

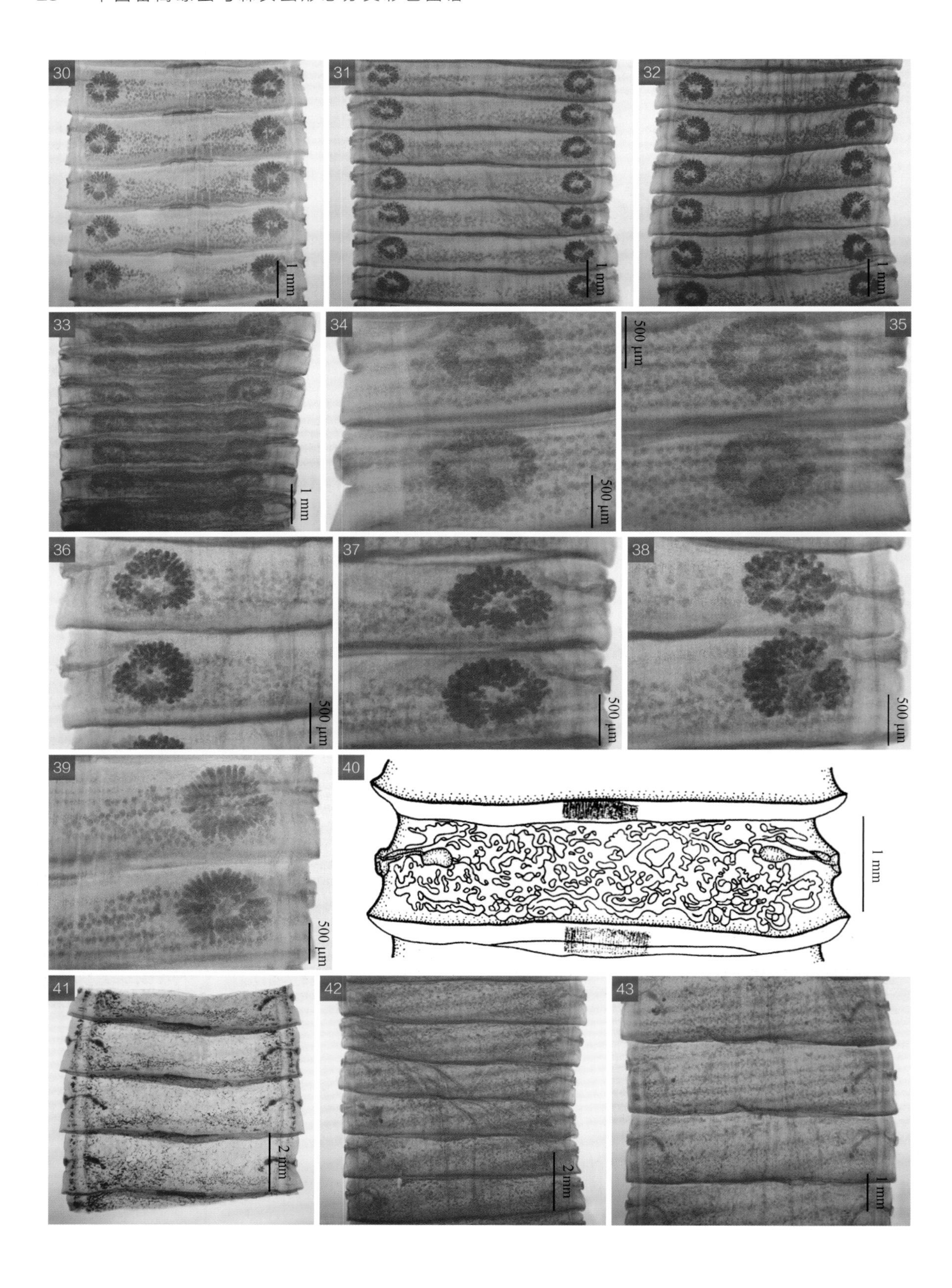
30
1 mm
31
1 mm
32
1 mm
33
1 mm
34
500 μm
35
500 μm
36
500 μm
37
500 μm
38
500 μm
39
500 μm
40
1 mm
41
2 mm
42
2 mm
43
1 mm

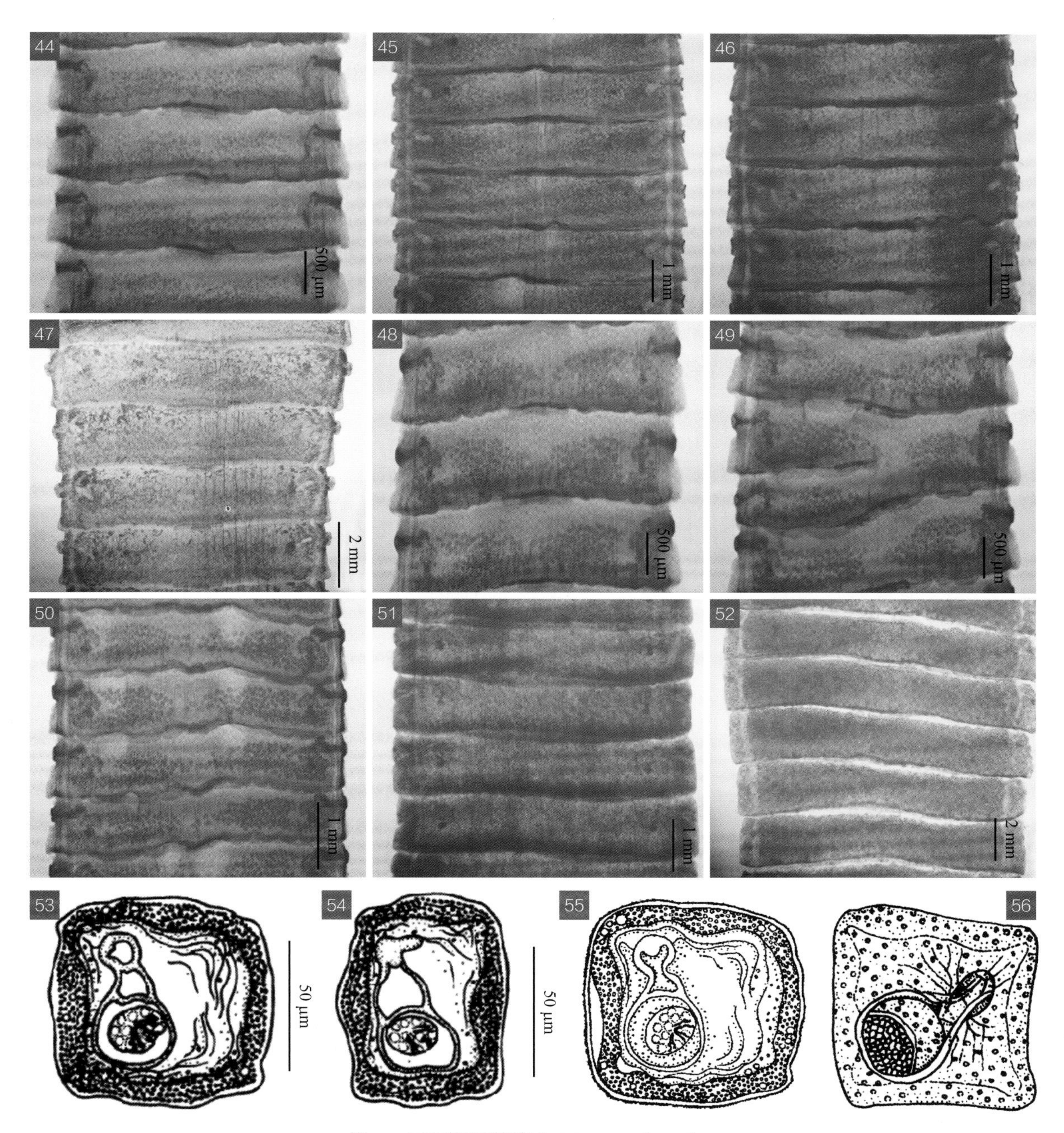

图 9 贝氏莫尼茨绦虫 *Moniezia benedeni*

图释

1～10. 虫体；11～17. 头节；18～23. 未成熟节片；24～33. 成熟节片；34～39. 成熟节片生殖器官；40～52. 孕卵节片；53～56. 虫卵

1. 引自 Alicata（1964）；2, 7, 14. 原图（SASA）；3. 原图（YNAU）；4. 原图（SCAU）；5, 6. 原图（LVRI）；8～10, 15～23, 26～39, 41～52. 原图（SHVRI）；11, 24, 40, 53, 54. 引自蒋学良等（2004）；12, 25, 55. 引自赵辉元（1996）；13, 56. 引自黄兵和沈杰（2006）

出于节片边缘，直径 0.230～0.290 mm。孕卵体节总长 55.10～142.50 cm，孕卵节片的长宽为 1.675～3.125 mm×3.925～9.750 mm，早期孕卵节片的子宫不明显，后期孕卵节片的子宫呈网状分支，布满整个节片，节片内充满虫卵。成熟的虫卵主要呈四方形，大小为 50～94 μm×50～85 μm，具有典型的梨形器，内含 1 个卵圆形的六钩蚴，直径为 22～28 μm。

10 双节间腺莫尼茨绦虫 *Moniezia biinterprogologlands* Huang et Xie, 1993

【关联序号】 40.1.3（15.4.3）/ 。

【宿主范围】 成虫寄生于黄牛、山羊的小肠。

【地理分布】 云南。

【形态结构】 虫体为扁平带状，新鲜虫体为白色，固定后为灰白色，体长 30.00～60.00 cm，节片最大宽度 0.80～1.32 cm，体节的宽度大于长度，越往后节片的宽长相差越小。成熟节片的前后缘附近各有 1 行节间腺，节间腺由 18～25 个排列稀疏的圆形或椭圆形泡状物组成，一直延伸到两侧卵黄腺与卵巢的前后方，有些节片因前后缘有重叠现象，常出现前节片的下缘节间腺与后节片的上缘节间腺重叠在一起。头节呈圆形，长宽为 0.500～0.540 mm×0.690～0.760 mm，无顶突和吻钩，有 4 个椭圆形吸盘，吸盘上无钩或小棘，吸盘大小为 0.250～0.270 mm×0.170～0.240 mm。每个成熟节片有生殖器官 2 套，对称分布于节片的两侧，生殖孔开口于节片两侧缘的中部或偏前方。睾丸有 250～300 枚，均匀分布在节片两侧纵排泄管之间的髓质区。输精管较直，

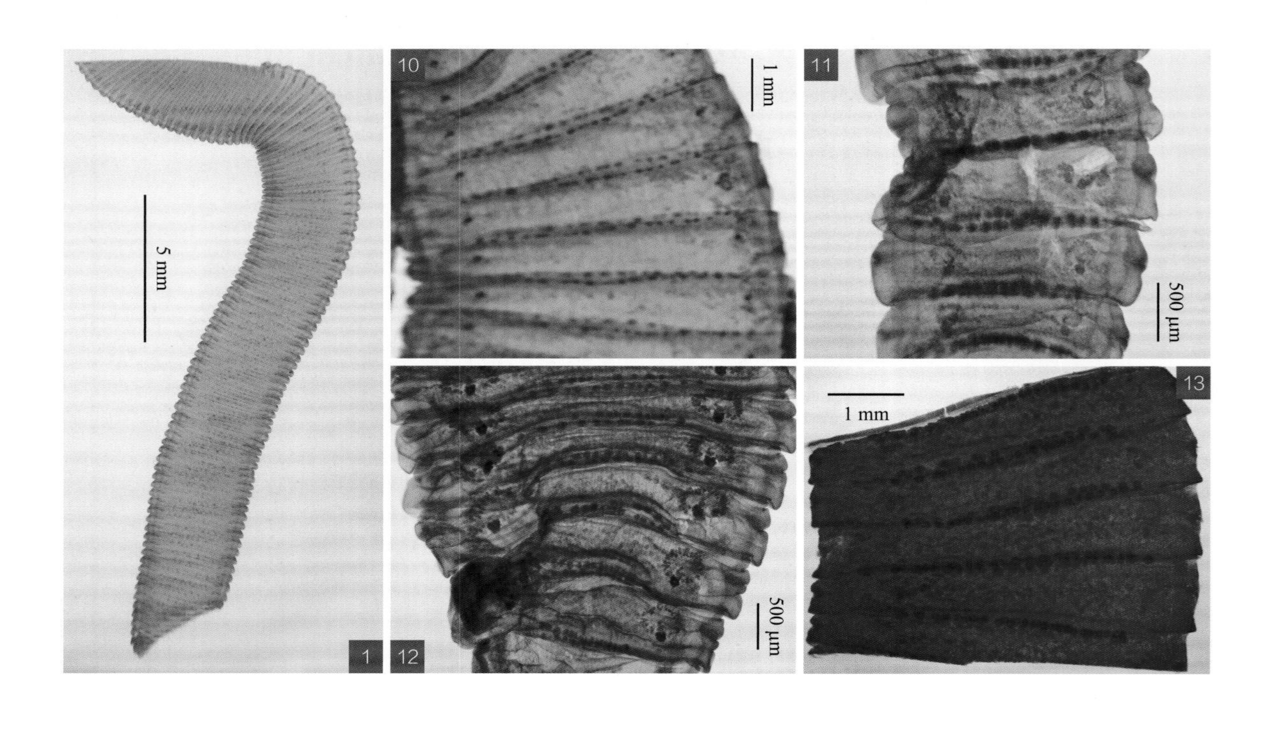

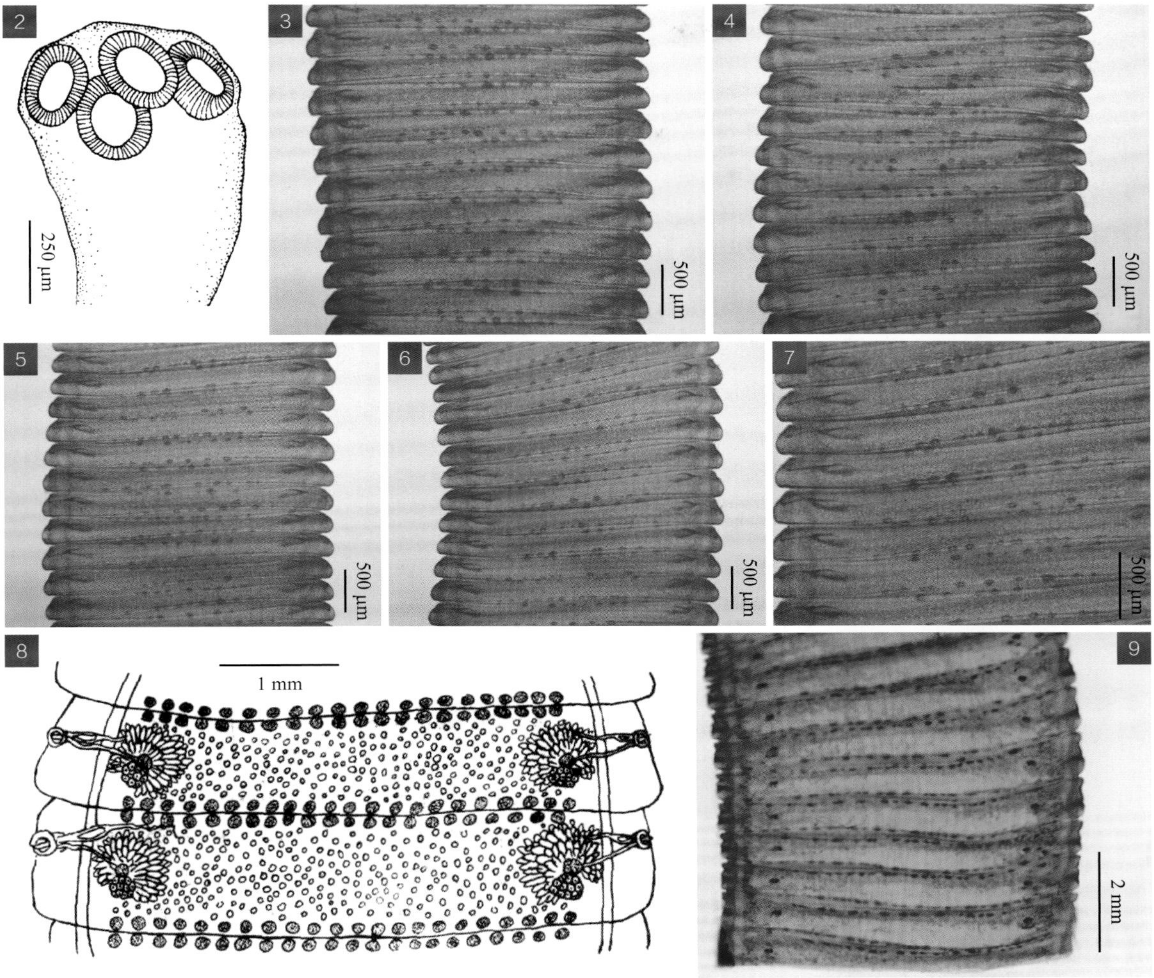

图 10　双节间腺莫尼茨绦虫 *Moniezia biinterprogologlands*

图释

1. 链体；2. 头节；3～7. 未成熟节片；8～12. 成熟节片；13. 孕卵节片

1, 3～7, 11～13. 原图（SHVRI）；2, 8. 引自黄德生和解天珍（1993）；9, 10. 原图（SASA）

雄茎囊呈纺锤状，雄茎较短而未见有刺，与雌性生殖管并列开口于节片侧缘的生殖孔内。卵巢 2 枚，分瓣呈圆形或椭圆形，位于两侧纵排泄管内侧附近。卵黄腺呈扇形分叶，外观为半圆形，位于卵巢前方。卵膜呈圆形，位于卵黄腺与卵巢之间。子宫为网管状，与阴道相连并开口于生殖孔。

11 扩展莫尼茨绦虫 *Moniezia expansa* (Rudolphi, 1810) Blanchard, 1891

【关联序号】40.1.4（15.4.4）/ 276。

【宿主范围】成虫寄生于骆驼、黄牛、水牛、牦牛、犏牛、绵羊、山羊的小肠。

【地理分布】安徽、北京、重庆、福建、甘肃、广东、广西、贵州、海南、河北、河南、黑龙江、湖北、湖南、吉林、江苏、江西、辽宁、内蒙古、宁夏、青海、山东、山西、陕西、上

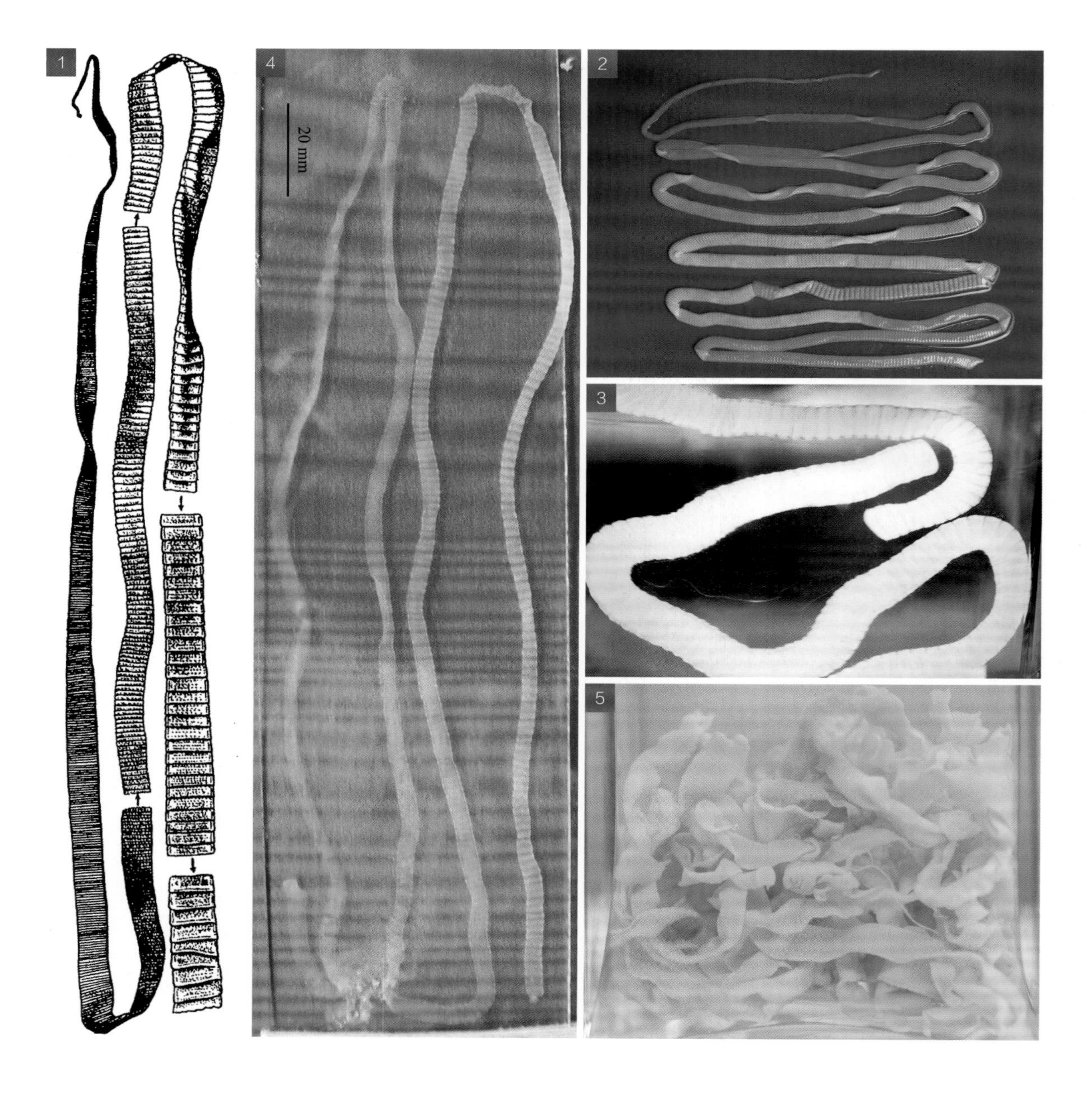

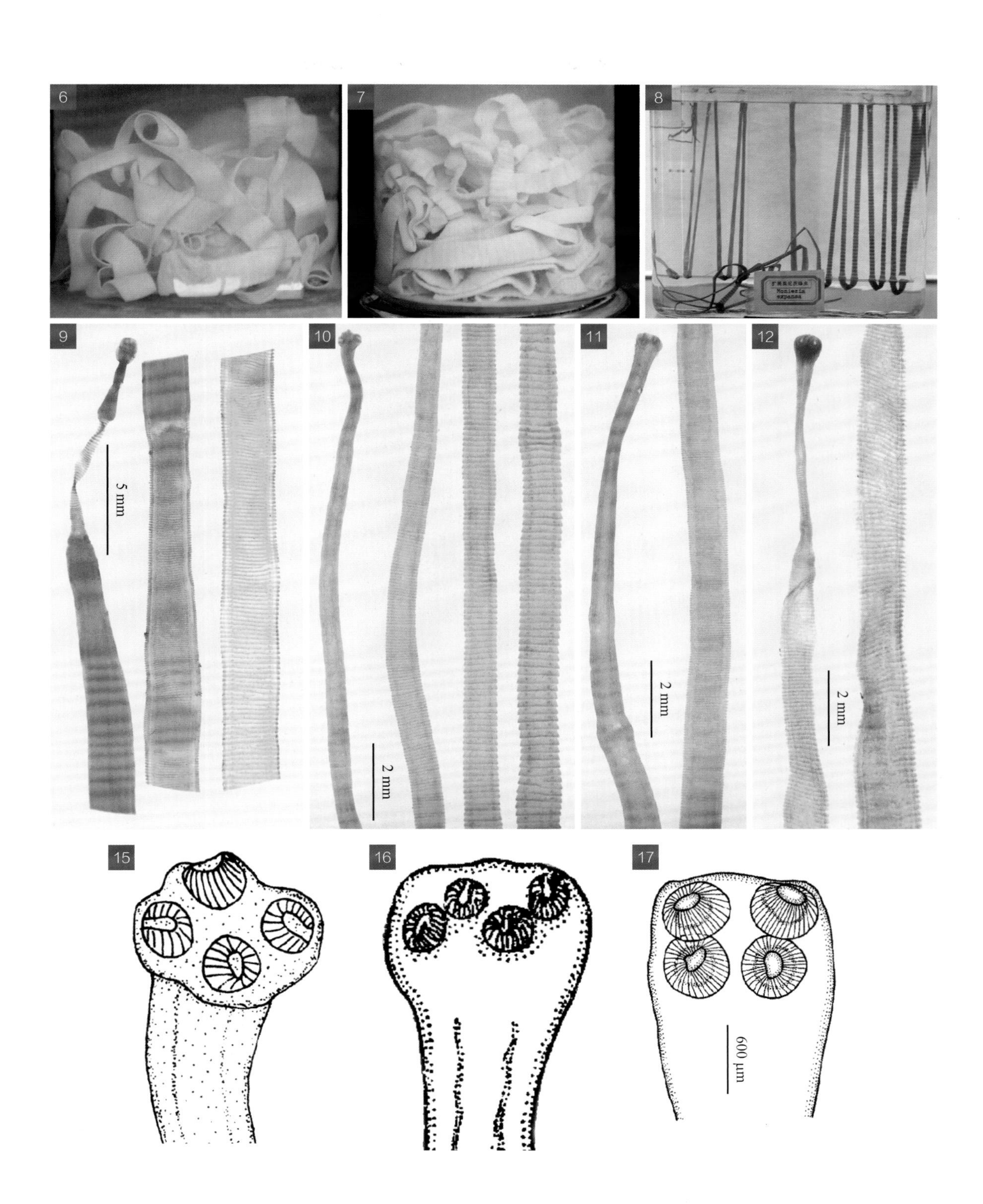
6
7
8
9
5 mm
10
2 mm
11
2 mm
12
2 mm
15
16
17
600 μm

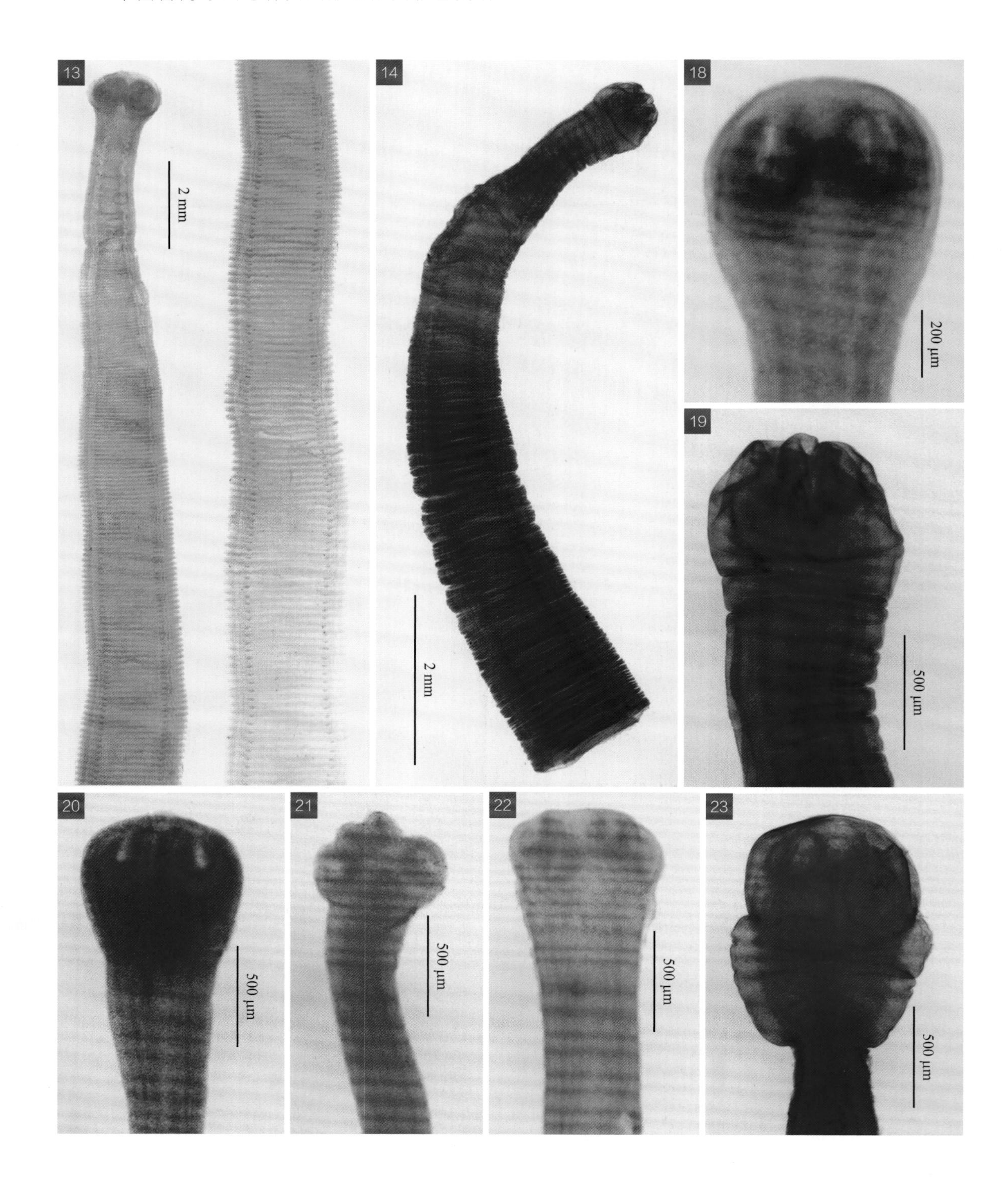
13
2 mm
14
2 mm
18
200 μm
19
500 μm
20
500 μm
21
500 μm
22
500 μm
23
500 μm

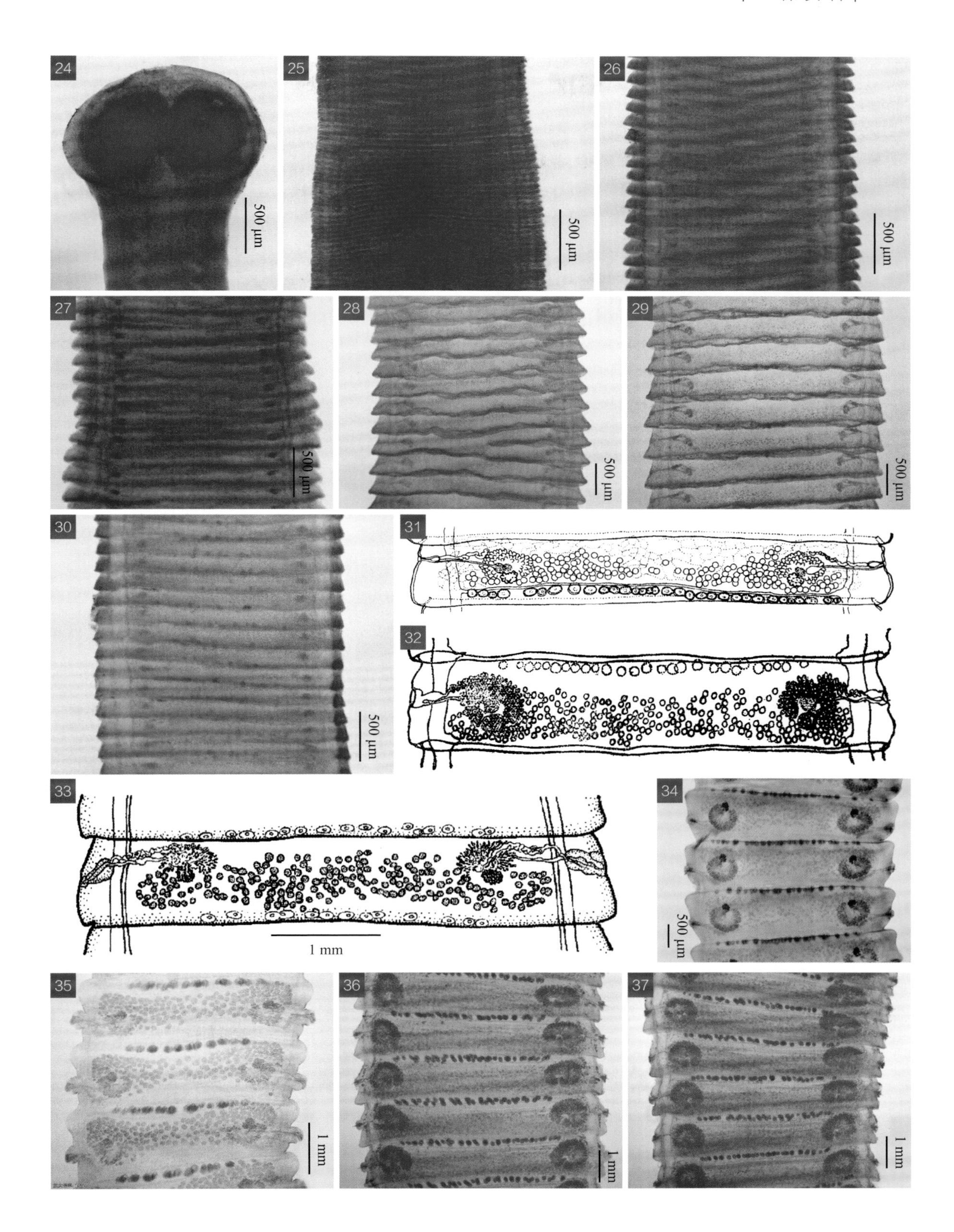
24
25
26
27
28
29
30
31
32
33
34
35
36
37
500 μm
1 mm

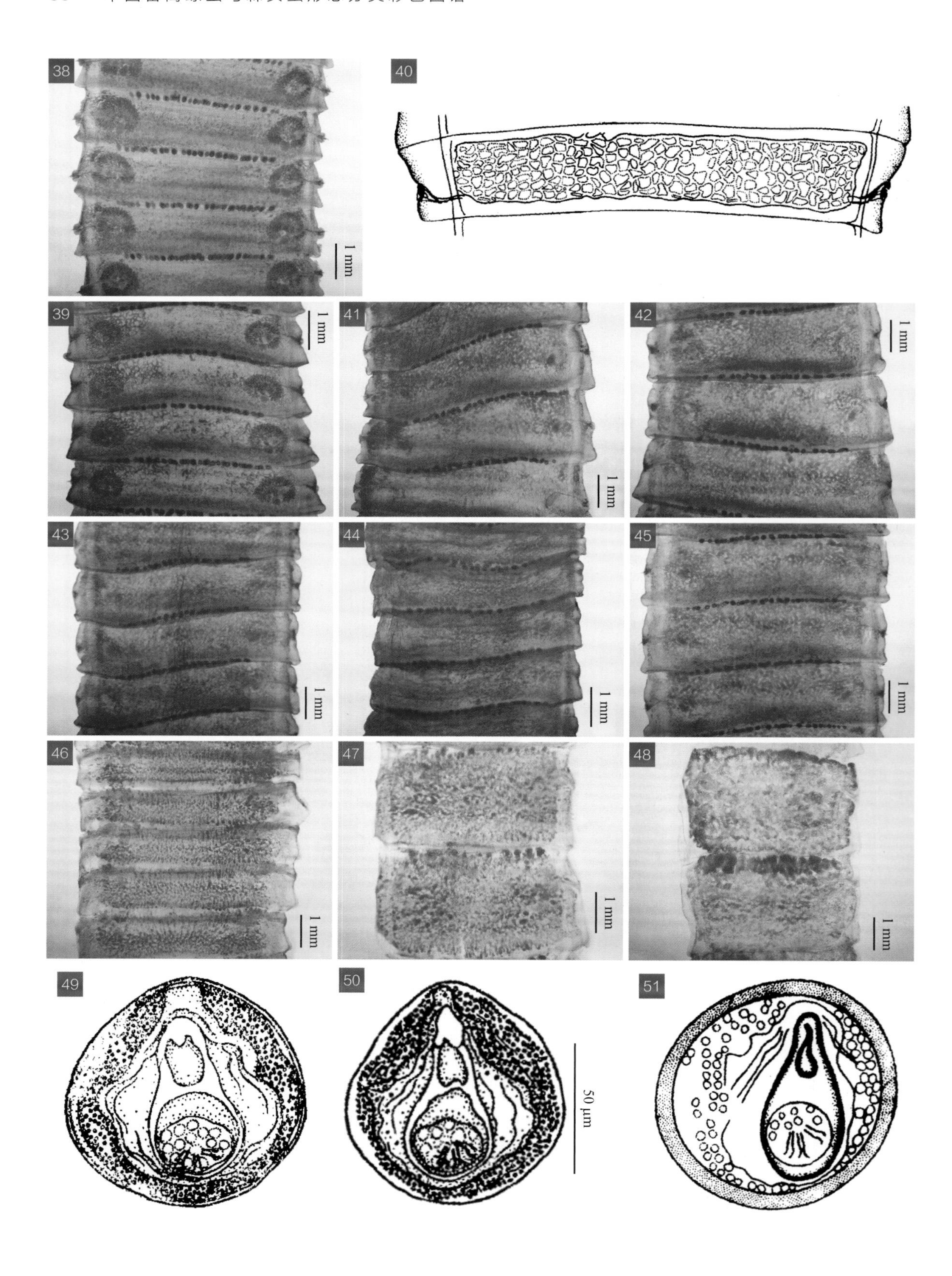
38
40
39
41
42
43
44
45
46
47
48
49
50
51
1 mm
50 μm

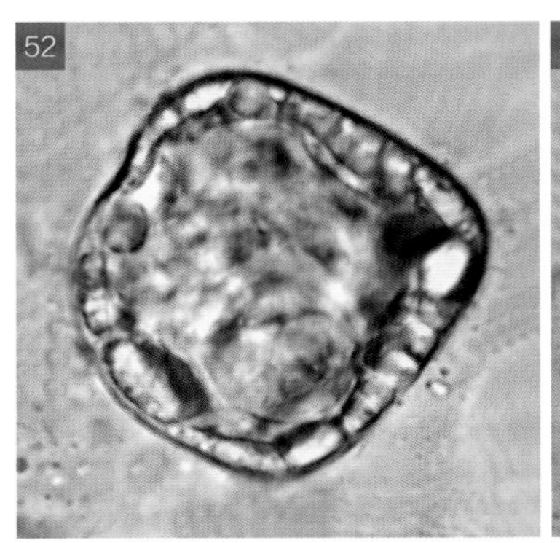

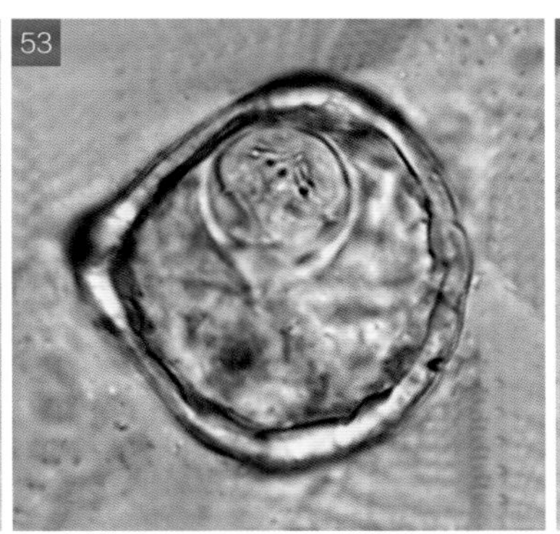

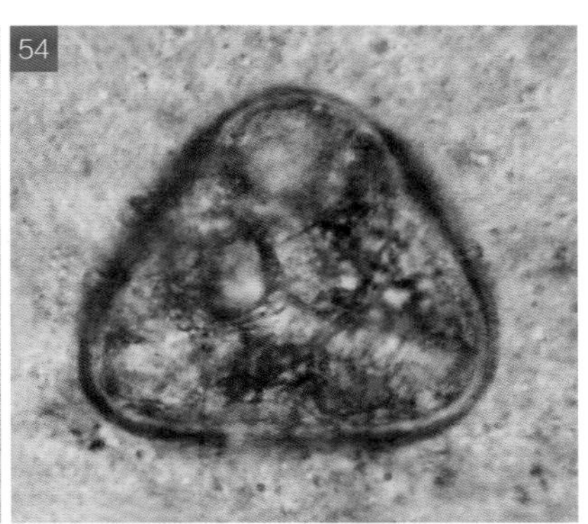

图 11　扩展莫尼茨绦虫 *Moniezia expansa*

图释

1～14. 虫体；15～24. 头节；25～30. 未成熟节片；31～39. 成熟节片；40～48. 孕卵节片；49～54. 虫卵

1. 引自 Stiles（1898）；2, 54. 引自江斌等（2012）；3. 原图（YNAU）；4, 5. 原图（LVRI）；6, 7. 原图（SASA）；8. 原图（SCAU）；9～14, 19～30, 35～39, 41～48. 原图（SHVRI）；15. 引自黄兵和沈杰（2006）；16, 32, 49. 引自赵辉元（1996）；17, 33, 50. 引自蒋学良等（2004）；18, 34, 52, 53. 原图（YZU）；31. 引自 Khalil 等（1994）；40, 51. 引自齐普生和李靓如（2012）

海、四川、天津、西藏、新疆、云南、浙江。

【形态结构】虫体扁平，新鲜时呈乳白色，体长 112.80～289.30 cm，节片最大宽度 0.39～1.20 cm，体节数 2091～5373 节，体节的宽度均大于长度。每一体节的后缘有 1 行横列的节间腺，节间腺由 8～31 个排列稀疏的圆形泡状物组成。头节细小呈球形，长宽为 0.320～0.900 mm×0.610～1.010 mm，缺顶突和吻钩，有圆形吸盘 4 个，吸盘大小为 0.219～0.435 mm×0.206～0.350 mm。颈节细长，长宽为 1.130～4.200 mm×0.170～0.674 mm。未成熟体节长 21.30～41.50 cm，其后段节片长宽为 0.375～0.456 mm×2.350～3.325 mm。成熟体节长 22.90～61.40 cm，节片长宽为 0.525～1.209 mm×2.085～8.354 mm。每个节片有生殖器官 2 套，对称分布于节片的两侧，生殖孔开口于节片两侧边缘的中线之前。睾丸呈圆球形，直径 0.050～0.070 mm，有 170～400 枚，分布于节片的中央区并伸展至卵黄腺之后。输精管卷曲于卵巢前缘，经纵排泄管背面进入雄茎囊。雄茎囊呈梨形，大小为 0.200～0.300 mm×0.070～0.100 mm，位于节片边缘的前半部。雄茎短小，具有小刺。卵巢 2 枚，位于节片两侧纵排泄管的内侧，由许多小叶组成扇形，大小为 0.330～0.530 mm×0.360～0.800 mm。卵黄腺呈卵圆形或肾形，位于卵巢之后，大小为 0.130～0.310 mm×0.120～0.250 mm。阴道有波状弯曲，开口于生殖腔，其远端膨大为受精囊，早期成熟节片的子宫不明显。受精囊在前段孕卵节片中增大为葫芦状，大小为 0.406～0.510 mm×0.190～0.250 mm。生殖腔多数较平坦，稍突出于节片边缘，直径为 0.125～0.150 mm；部分呈蘑菇状突出于节片边缘，直径为 0.200～0.250 mm。孕卵体节长 65.50～107.60 cm，节片长宽为 1.250～2.375 mm×3.315～7.250 mm，子宫呈网状，内有虫卵。

虫卵主要呈圆形、卵圆形，少数呈近三角形、近方形，大小为 69～84 μm×66～79 μm。虫卵内有梨形器和 1 个圆形六钩蚴，六钩蚴大小为 20 μm×22 μm。

1.5 莫 斯 属

Mosgovoyia Spasskii, 1951

【同物异名】新栉带属（*Neoctenotaenia* Tenora, 1976）；喜马拉雅属（*Himalaya* Malhotra, Sawada et Capoor, 1983）。

【宿主范围】成虫寄生于兔形目动物，偶尔寄生于啮齿动物。幼虫为似囊尾蚴。

【形态结构】大型绦虫。虫体宽大，长度中等，节片宽度大于长度，有节缘膜。生殖器官 2 套，生殖管从排泄管背面越过。睾丸较多，呈横带状，分布于子宫之后、两侧排泄管之间。雄茎囊呈棒状，有内贮精囊。卵巢 2 枚，位于两侧排泄管内的上半部。阴道位于雄茎囊之后，阴道末端有腺细胞。有受精囊。子宫早期呈管状横列，不越过排泄管，有的在节片中间隔断，后期高度分支扩展到孕卵节片的四周缘。虫卵具梨形器，内含圆形六钩蚴。模式种：梳状莫斯绦虫［*Mosgovoyia pectinata* (Goeze, 1782) Spasskii, 1951］。

12 梳状莫斯绦虫 *Mosgovoyia pectinata* (Goeze, 1782) Spasskii, 1951

【关联序号】40.5.1（15.5.1）/ 281。

【同物异名】栉状莫斯果夫绦虫；梳状带绦虫（*Taenia pectinata* Goeze, 1782）；梳状阿塞孔绦虫（*Alyselminthus pectinataus* (Goeze, 1782) Zeder, 1800）；兔带绦虫（*Taenia leporina* Rudolphi, 1810）；梳状海利绦虫（*Halysis pectinata* (Goeze, 1782) Zeder, 1810）；梳状复殖孔绦虫（*Dipylidium pectinataum* (Goeze, 1782) Riehm, 1881）；梳状莫尼茨绦虫（*Moniezia pectinata* (Goeze, 1782) Blanchard, 1891）；梳状栉带绦虫（*Ctenotaenia pectinata* (Goeze, 1782) Railliet, 1893）；袋形彩带绦虫（*Cittotaenia bursaria* Linstow, 1906）；梳状彩带绦虫（*Cittotaenia pectinata* (Goeze, 1782) Stiles et Hassall, 1896）。

【宿主范围】成虫寄生于兔的小肠。

【地理分布】安徽、甘肃、河南、青海、山东、陕西、四川、新疆。

【形态结构】虫体扁平呈带状，体长 8.50～25.60 cm，节片最大宽度 0.85～1.25 cm，节片数可达 221 节，全部节片的宽度大于长度。排泄系统除背、腹 2 对排泄管外，尚有多条小的排泄管自前向后纵列。头节钝圆，长宽为 0.180～0.260 mm×0.250～0.370 mm，无顶突和吻钩，有近圆形的吸盘 4 个，吸盘大小为 0.090～0.130 mm×0.090～0.120 mm。颈节与头节近等宽。成熟节片有生殖器官 2 套，生殖孔位于节片两侧缘中线略前。睾丸呈圆形颗粒状，有 100～190 枚，分布于子宫之后，在节片的后半部和两侧纵排泄管内侧。输精管早期呈细管状，后逐渐变粗而卷曲，但不形成外贮精囊。雄茎囊呈长条形，大小为 0.850～1.139 mm×0.068～0.090 mm，自生殖孔斜向前缘后稍又向后弯曲，内贮精囊占据雄茎囊的大部分。阴茎呈杆状，无小刺，未见伸出生殖孔外。卵巢由许多瓣状小叶组成呈扇形，大小为 0.289～0.400 mm×0.580～1.020 mm，位于节片两边的纵排泄管内侧。卵黄腺呈泡状肾形，大小为 0.100～0.140 mm×0.200～0.300 mm，位于卵巢后方。阴道位于雄茎囊的腹侧，从卵巢背侧越过后与受精囊相接。受精囊早期呈梭形，充分发育时呈椭圆形，大小为 0.595～0.765 mm×0.085～0.170 mm。成熟节片的子宫呈管状，横位于节片中线或上半部，两端至纵排泄管的内侧，有的子宫在节片中央隔断而形成左右 2 条子宫。孕卵节片的子宫呈前后两侧栉状分支，形成 27～35 个瓣状盲管，但每瓣不再分支，子宫内充满虫卵。成熟虫卵呈球形或略呈三角形，大小为 60～82 μm×55～

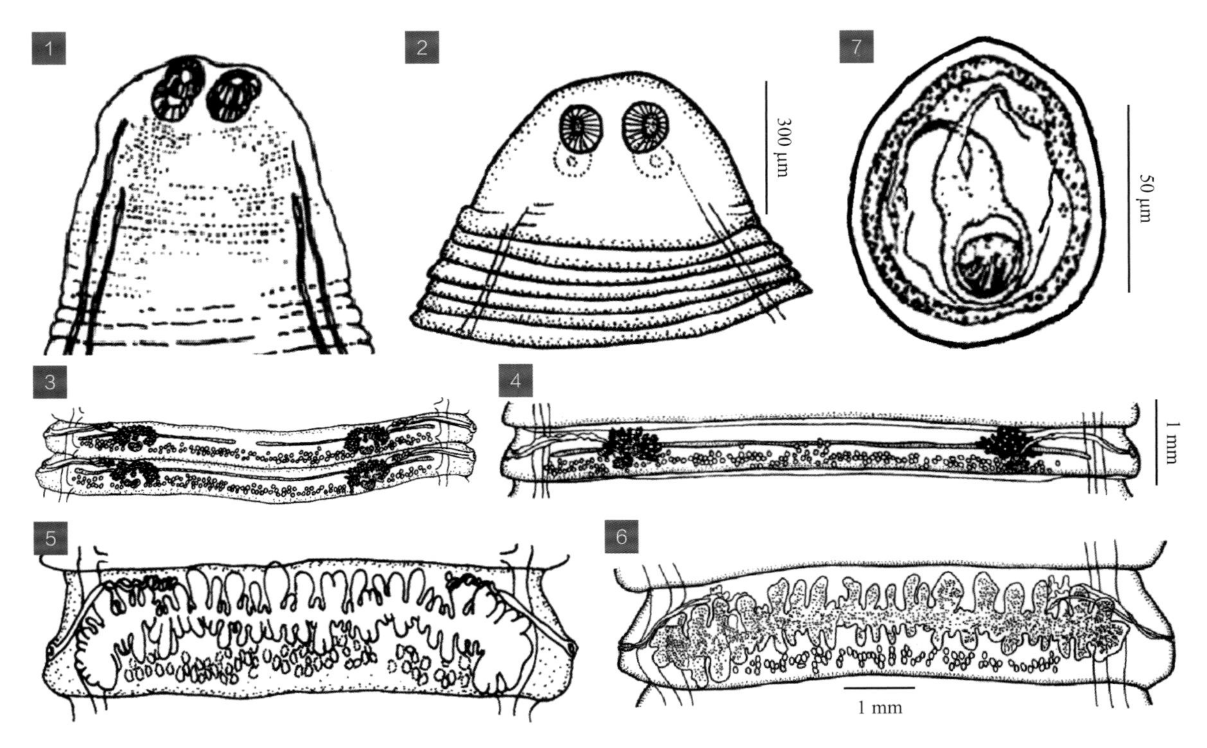

图 12　梳状莫斯绦虫 *Mosgovoyia pectinata*

图释

1, 2. 头节；3, 4. 成熟节片；5, 6. 孕卵节片；7. 虫卵

1. 引自黄兵和沈杰（2006）；2, 4, 6. 引自蒋学良等（2004）；3, 5, 7. 仿林宇光和洪凌仙（1986）

79 μm，虫卵的内外膜之间有1圈黑色颗粒层，内含梨形器和六钩蚴。梨状器发达，大小为46～63 μm×57～65 μm，双角交合一端有明显的游离丝体。六钩蚴呈卵圆形或球形，大小为18～21 μm×14～22 μm。

1.6 副裸头属

Paranoplocephala Lühe, 1910

【同物异名】类裸头属（*Anoplocephaloides* Baer, 1923）；无腺安德里属（*Aprostatandrya* Kirschenblatt, 1932）。

【宿主范围】成虫寄生于啮齿动物和奇蹄动物。幼虫为似囊尾蚴。

【形态结构】中小型绦虫。节片的宽度通常大于长度，个别情况其长度大于宽度。每节片有生殖器官1套，生殖管从排泄管和神经干的背侧越过，生殖孔不规则交替位于节片侧缘或位于单侧缘。睾丸较多，主要分布于生殖孔对侧的髓质区。雄茎囊发达，有内贮精囊和外贮精囊。卵巢位于近生殖孔一侧中央。卵黄腺位于背侧，阴道在雄茎囊之后，有受精囊。子宫早期单横管状，后期高度盲状分支，其盲囊扩展到节片四缘。虫卵呈圆形或卵圆形，具梨形器。模式种：脐状副裸头绦虫［*Paranoplocephala omphalodes* Hermann, 1783］。

13 侏儒副裸头绦虫 ***Paranoplocephala mamillana* (Mehlis, 1831) Baer, 1927**

【关联序号】40.7.1（15.6.1）/ 284。

【同物异名】侏儒带绦虫（*Taenia mamillana* Mehlis, 1831）；侏儒裸头绦虫（*Anoplocephala mamillana* (Mehlis, 1831) Blanchard, 1891）；侏儒类裸头绦虫（*Anoplocephaloides mamillana* (Mehlis, 1831) Rausch, 1976）。

【宿主范围】成虫寄生于马、驴、骡的小肠、胃。

【地理分布】重庆、甘肃、贵州、河北、黑龙江、吉林、山东、四川、台湾、天津、新疆。

【形态结构】虫体扁平，体长1.00～5.00 cm，节片最大宽度0.40～0.60 cm，体节数为30～50节，所有节片的宽度大于长度。头节略呈方形，宽0.700～1.100 mm，有4个吸盘，直径0.320～0.350 mm。颈节较短，长0.200 mm。有背、腹排泄管各1对，腹排泄管在每节后缘有一横管相连。成熟节片有生殖器官1套，生殖孔开口于节片的同一侧缘中部。睾丸60～100枚，分布于节片生殖孔对侧的中央髓质区，输精管卷曲。雄茎囊呈棍棒状跨越排泄管，大小为0.800～1.300 mm×0.200 mm，内有膨大的内贮精囊。雄茎表面具小刺。卵巢分叶，呈扇

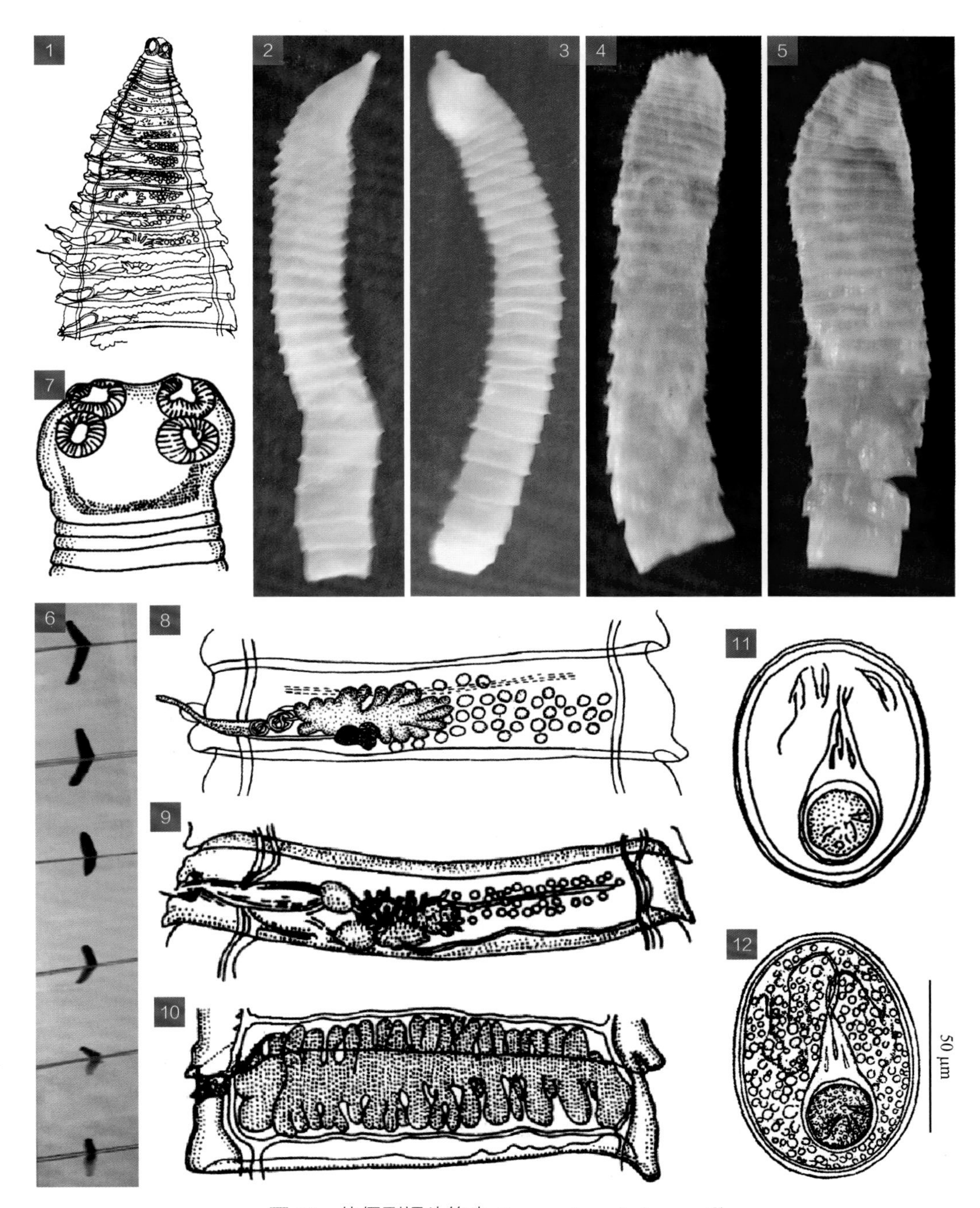

图 13　侏儒副裸头绦虫 *Paranoplocephala mamillana*

图释

1～6. 虫体；7. 头节；8, 9. 成熟节片；10. 孕卵节片；11, 12. 虫卵

1, 12. 引自齐普生和李靓如（2012）；2～5. 原图（LVRI）；6. 原图（SCAU）；7, 9～11. 引自黄兵和沈杰（2006）；8. 引自蒋学良等（2004）

形，位于生殖孔侧的中央髓质区。卵黄腺呈卵圆形，位于卵巢中后方。成熟节片的子宫呈横管状，孕卵节片的子宫为前后侧高度分瓣，并扩展到节片四周，内含虫卵。虫卵近圆形，直径为40～80 μm，具有明显的梨形器，内有一个直径约 22 μm 的六钩蚴。

［注：Schmidt（1986）将 *Anoplocephaloides mamillana* 作为本种正式名称］

1.7　斯泰勒属

Stilesia Railliet, 1893

【同物异名】阿勒扎属（*Aliezia* Shinde, 1969）。

【宿主范围】成虫寄生于反刍动物。幼虫为似囊尾蚴。

【形态结构】中大型绦虫。长而狭形，前部节片分节不明显。每节片有生殖器官 1 套，生殖管从排泄管与神经干背侧之间穿过，生殖孔不规则交叉分布于节片侧缘。睾丸数目较少，分成 2 个侧组，位于排泄管的外背侧。缺内贮精囊和外贮精囊。卵巢呈球形，位于生殖孔一侧后半部。有胚卵黄腺（卵巢与卵黄腺结合物），缺卵黄腺与卵模。阴道位于雄茎囊之后，缺受精囊。子宫早期为长而横向的哑铃形管，后期每端发育为副子宫器。虫卵内有 1 个六钩蚴。模式种：球状点斯泰勒绦虫［*Stilesia globipunctata* (Rivolta, 1874) Railliet, 1893］。

本书收录斯泰勒属绦虫 2 种，参照 Nagaty（1929）编制分类检索表如下所示。

斯泰勒属种类检索表

输精管在雄茎囊与腹排泄管外壁之间形成大量褶积 ……………………………………
…………………………………………………………………… 条状斯泰勒绦虫 *Stilesia vittata*

输精管在进入雄茎囊之前形成 3～4 个线圈样卷曲 ……………………………………
……………………………………………………… 球状点斯泰勒绦虫 *Stilesia globipunctata*

14　球状点斯泰勒绦虫　*Stilesia globipunctata* (Rivolta, 1874) Railliet, 1893

【关联序号】40.4.1（15.7.1）/ 280。

【同物异名】卵点带绦虫（*Taenia ovipunctata* Rivolta, 1874）。

【宿主范围】成虫寄生于牛、山羊、绵羊的小肠。

【地理分布】重庆、四川、台湾。

【形态结构】虫体扁平呈带状，新鲜时为乳白色，体长 16.30～47.00 cm，体节分节不明显，

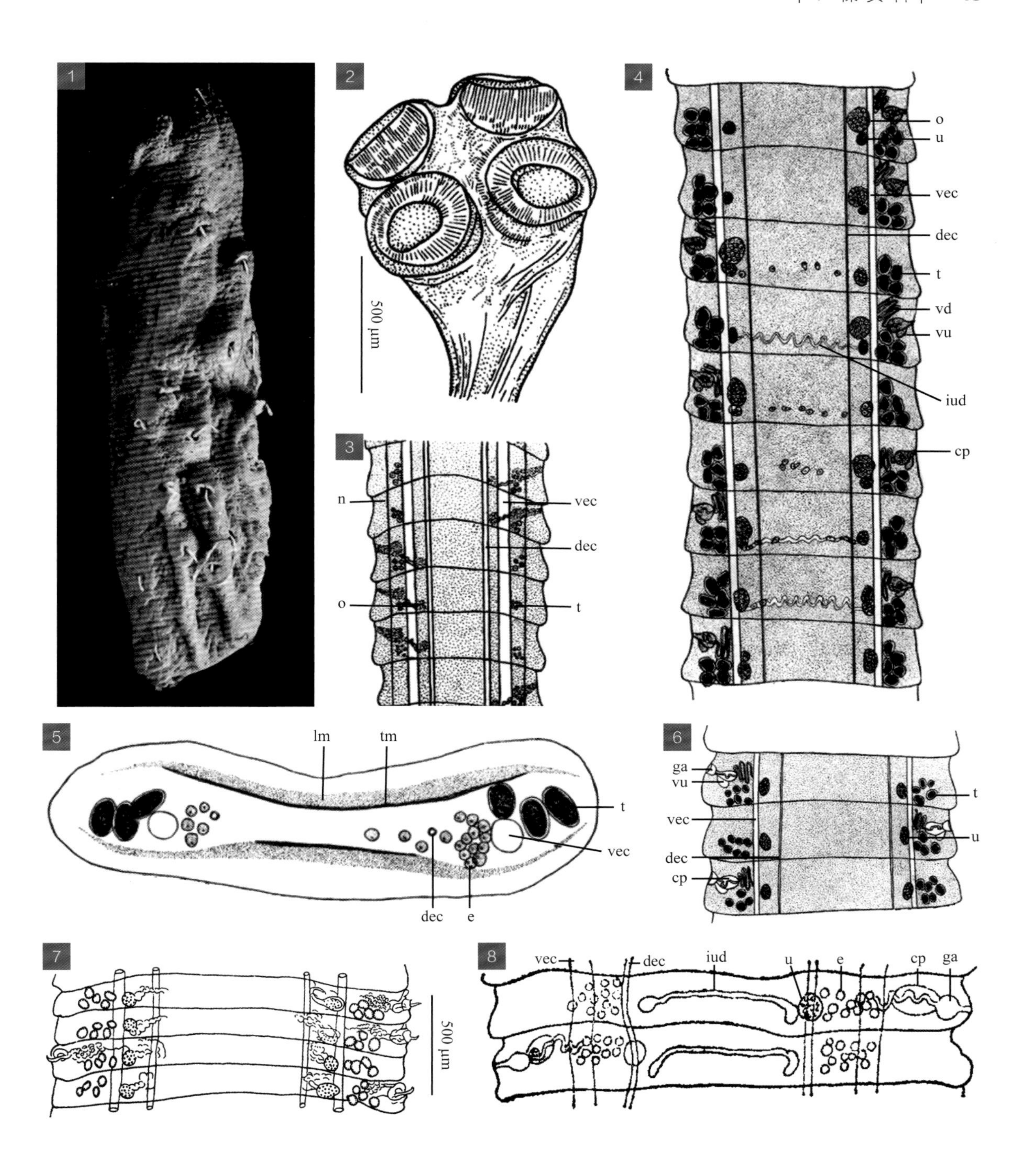
1
2
500 μm
3
n
vec
dec
o
t
4
o
u
vec
dec
t
vd
vu
iud
cp
5
lm
tm
t
vec
dec
e
6
ga
vu
vec
dec
cp
t
u
7
500 μm
8
vec
dec
iud
u
e
cp
ga

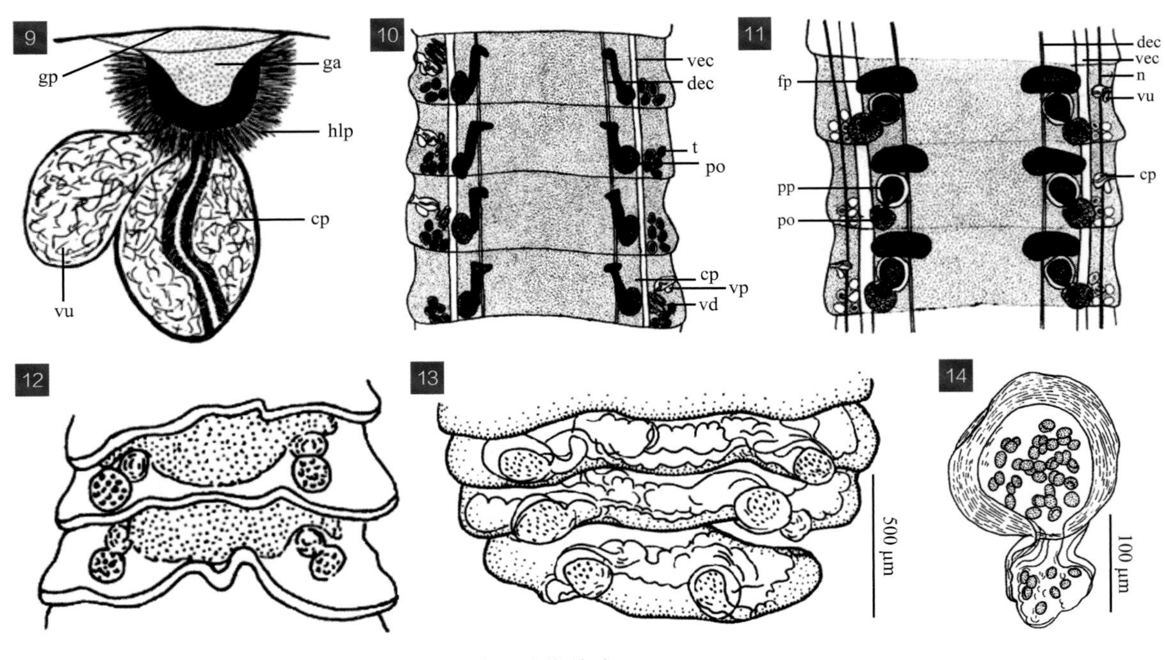

图 14　球状点斯泰勒绦虫 *Stilesia globipunctata*

图释

1. 寄生于绵羊小肠的虫体；2. 头节；3～8. 成熟节片（5 示横切面）；9. 生殖腔；10～13. 孕卵节片（11 示早期）；14. 副子宫器

1, 3～6, 9～11. 引自 Nagaty（1929）；2, 7, 13, 14. 引自蒋学良等（2004）；8. 引自赵辉元（1996）；12. 引自黄兵和沈杰（2006）

两侧边稍厚而中部较薄。有纵排泄管 2 对，其中背排泄管宽 0.012～0.017 mm，腹排泄管宽 0.025～0.028 mm。头节呈球形，长宽为 0.500～0.830 mm×0.700～0.850 mm，无顶突和吻钩，有圆杯状吸盘 4 个，大小为 0.310～0.350 mm×0.270～0.380 mm，深 0.150～0.190 mm。颈节较细，长宽为 2.500～4.000 mm×0.250～0.400 mm。未成熟节片长 0.080～0.090 mm，宽约 0.330 mm。成熟节片长 0.144～0.196 mm，宽约 0.864 mm。每个节片有生殖器官 1 套，生殖孔不规则地交叉开口于节片侧缘中部稍前方。睾丸呈圆形或纵椭圆形，大小为 0.038～0.063 mm×0.025～0.050 mm，排成 1～2 横列，分布于两侧腹排泄管的外侧，每侧 4～7 枚，生殖孔对侧的睾丸数通常比生殖孔侧的多，在生殖孔侧的睾丸总是位于雄茎囊和阴道腔（vulva）后面。输精管回旋弯曲，越过腹排泄管进入雄茎囊，在进入雄茎囊前形成 3～4 个线圈样盘曲。雄茎囊呈纺锤形或梨形，位于腹排泄管外侧、肠道腔的前腹面，大小为 0.054～0.088 mm×0.020～0.043 mm。雄茎为棒状，长 0.080～0.113 mm，具小刺。卵巢 1 枚，呈球形或椭圆形，大小为 0.032～0.058 mm×0.028～0.043 mm，位于生殖孔侧的背、腹排泄管之间。阴道为管状，后端稍膨大为阴道腔，开口于生殖腔，生殖腔大小为 0.030～0.037 mm×0.037～0.067 mm。早期子宫呈横管状，位于两侧腹排泄管之间。孕卵节片的子宫扩展到整个节片，在其两端形成 2 个囊状的副子宫器。副子宫器发育良好的节片，其宽度为 0.490～0.900 mm，较窄部分节片长约 0.220 mm，较宽部分节片长 0.110 mm。副子宫器大小为 0.017～0.026 mm×0.070～0.130 mm，外层富有肌纤维，内含许多虫卵。成熟虫卵呈椭圆形，大小为 20～28 μm×18～20 μm，无梨形器，内含 1 个六钩蚴，大小为 13～15 μm×10～13 μm。

15 条状斯泰勒绦虫 *Stilesia vittata* Railliet, 1896

【关联序号】40.4.2（15.7.2）/。

【宿主范围】成虫寄生于骆驼、水牛、绵羊、山羊的小肠。

【地理分布】安徽。

【形态结构】虫体呈灰白色，较薄，半透明，体长 10.00～23.00 cm，体宽 0.10～0.40 cm，全部节片的宽度大于长度。节片每侧有 2 根排泄管，小的背排泄管靠近节片内侧，大的腹排泄管靠

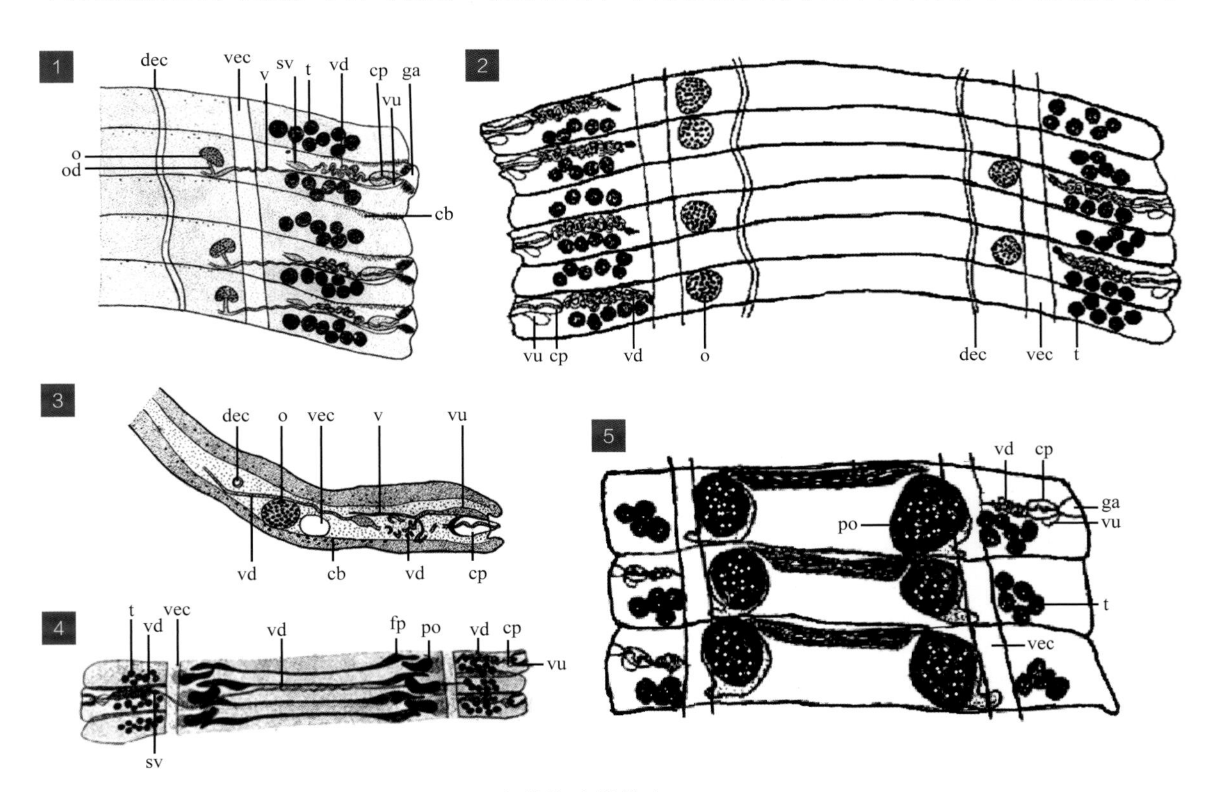

图 15 条状斯泰勒绦虫 *Stilesia vittata*

图释

1～3. 成熟节片（3 示生殖器官横切面）；4, 5. 孕卵节片

1, 3, 4. 引自 Nagaty（1929）；2, 5. 引自 Southwell（1930）

近节片外侧。头节长宽为 0.500 mm×0.500 mm。颈节明显，长宽为 2.000 mm×0.300 mm。未成熟节片长宽为 0.020 mm×0.500 mm。每个成熟节片有生殖器官 1 套，生殖孔不规则地交替开口于节片侧缘前 1/3。成熟节片长 0.150 mm，宽 1.000～1.300 mm，每个节片两侧边缘各有睾丸 5～10 枚，呈 2 行排列于腹排泄管的外侧。睾丸呈球形或卵圆形，直径约为 0.066 mm，在生殖孔侧因两性生殖管占据节片前半部，该侧的睾丸位于节片后半部，而在生殖孔对侧的睾丸更靠近节片中部，在副子宫器发育良好的节片也能见到睾丸。输精管为一薄管，直径约 0.007 mm，起于生殖孔对侧最内端的睾丸，从节片的前部穿过，在节片中部弯曲较多、着色明显，然后向生殖孔侧较直地延伸，越过生殖孔侧的副子宫器后缘，弯向睾丸前缘，在腹排泄管外壁与雄茎囊之间、进入雄茎囊之前形成大量褶积。雄茎囊呈卵圆形，大小约为 0.115 mm×0.066 mm。部分节片的雄茎伸出，长约 0.083 mm。卵巢 1 枚，略呈球形，大小约为 0.100 mm×0.066 mm，含 20～30 个卵子，位于生殖孔侧的腹排泄管与背排泄管之间，靠近腹排泄管，仅出现在副子宫器未发育的节片，且很快消退。阴道腔大小约为 0.082 mm×0.013 mm，位于雄茎囊的后背侧。生殖腔深约 0.066 mm，腔外壁覆盖有细长的毛发样细丝，细丝长约 0.033 mm。子宫为横向单管，两端膨胀，膨胀部分位于背排泄管与腹排泄管之间。连接两侧膨胀部分的子宫管迅速萎缩，每侧留下 1 个球形子宫腔，其直径约为 0.120 mm，发育成副子宫器，内含虫卵。

1.8 曲子宫属

Thysaniezia Skrjabin, 1926

【同物异名】旋宫属（*Helictometra* Baer, 1927）。

【宿主范围】成虫寄生于反刍动物。幼虫为似囊尾蚴，寄生于甲螨。

【形态结构】大型绦虫。有节缘膜，节片宽度大于长度，具 2 层纵向肌束。腹排泄管发达，位于背排泄管侧面，两侧排泄管在节片后部有横管相连。每个节片有生殖器官 1 套，生殖管从排泄管与神经干背侧之间穿过，生殖孔不规则地交替开口于节片侧缘。睾丸多，分布在腹排泄管外侧。输精管盘绕于腹排泄管外侧与雄茎囊之间，周围有前列腺细胞环绕。雄茎囊倾斜不达神经干，有内贮精囊。雄茎具刺。卵巢呈菊花状，位于生殖孔一侧。卵黄腺位于卵巢后面，小而紧凑，其结构类似于卵巢。阴道位于雄茎囊之后，有受精囊。子宫前期呈一横向波浪状管，几乎占据了节片前半部的整个宽度；后期发育为数量众多（250 个以上）的副子宫器，在排泄管之间向外延伸，每个副子宫器含 5～15 枚虫卵。模式种：羊曲子宫绦虫［*Thysaniezia ovilla* (Rivolta, 1878) Skrjabin, 1926］。

16 羊曲子宫绦虫 *Thysaniezia ovilla* (Rivolta, 1878) Skrjabin, 1926

【关联序号】40.3.1+40.3.2（15.8.1+15.8.2）/ 279。

【同物异名】羊带绦虫（*Taenia ovilla* Rivolta, 1878）；盖氏带绦虫（*Taenia giardi* Moniez, 1879）；有刺带绦虫（*Taenia aculeata* Perroncito, 1882）；布兰带绦虫（*Taenia brandti* Cholodkowsky, 1894）；羊莫尼茨绦虫（*Moniezia ovilla* (Rivolta, 1878) Moniez, 1891）；羊莫尼茨绦虫马西伦达变种（*Moniezia ovilla* var. *macilenta* Moniez, 1891）；盖氏繸体绦虫（*Thysanosoma giardi* (Moniez, 1879) Stiles, 1893）；羊繸体绦虫（*Thysanosoma ovilla* (Rivolta, 1878) Railliet, 1893）；盖氏旋宫绦虫（*Helictometra giardi* (Moniez, 1879) Baer, 1927）；盖氏曲子宫绦虫（*Thysaniezia giardi* (Moniez, 1879) Hudson, 1934）。

【宿主范围】成虫寄生于黄牛、水牛、牦牛、绵羊、山羊的小肠。

【地理分布】安徽、重庆、甘肃、贵州、河北、河南、黑龙江、湖北、吉林、江苏、江西、辽宁、内蒙古、宁夏、青海、山东、山西、陕西、上海、四川、天津、西藏、新疆、云南、浙江。

【形态结构】大型绦虫，体长 152.00～210.00 cm，最大宽度 0.36 cm，节片宽度大于长度。有纵排泄管 2 对，其腹排泄管粗大，在每个体节后缘有横管相连。头节为圆形，直径约 0.600 mm，有卵圆形吸盘 4 个，大小为 0.240～0.280 mm×0.140～0.240 mm。颈节短，宽约 0.500mm。未成熟节片长宽约为 0.350 mm×2.410 mm，成熟节片长宽约为 1.170 mm×3.180 mm。每个节片有生殖器官 1 套，生殖孔不规则地交替开口于节片侧缘后 1/3 处。睾丸呈卵圆形或圆形，分布于节片两侧；在生殖孔侧的睾丸，分布于腹排泄管外和雄茎囊的后方；在生殖孔对侧的睾丸，则沿着节片长度，从靠近前缘处向后分布，充满节片侧缘与腹排泄管之间；每个节片有睾丸 69～92 枚，生殖孔侧 25～40 枚，生殖孔对侧 40～52 枚。输精小管横跨两腹排泄管之间，通过节片中央，连接两侧睾丸，再与输精管相通。输精管位于生殖孔侧的腹排泄管外侧，靠近节片前缘，高度盘曲回旋，末端进入后方的雄茎囊。雄茎囊呈梨形或袋状，大小为 0.370 mm×0.156 mm，位于腹排泄管外侧，不与腹排泄管相交，斜向后方开口于生殖腔。内贮精囊呈椭圆形，大小为 0.206 mm×0.097 mm，占据雄茎囊的 1/2 以上。雄茎呈指状，具刺，常伸出节片外。卵巢呈扇形放射状排列，大小为 0.320 mm×0.146 mm，位于节片中央部分横中线之后，靠近生殖孔侧的排泄管内侧。卵黄腺呈卵圆形，位于卵巢后方。阴道为细长的“S”形管，位于雄茎囊后方，开口于生殖腔。阴道末端膨大为受精囊，受精囊呈卵圆形或梨形，位于卵巢与卵黄腺之间。早期子宫为横管状，位于节片横中线前方，两端均未达腹排泄管，在生殖孔侧有纵管与后方的卵巢相连。孕卵节片长宽约为 1.690 mm×3.750 mm。随着发育，子宫横管向后方出现曲折的旋瓣（caudal loop），每个节片有旋瓣 23～29 个，同时向前方伸出较短的旋瓣。

而后在每个子宫旋瓣表面逐步形成副子宫器，类似整串的念珠。副子宫器呈卵圆形，外层有厚实的肌纤维，内含虫卵。虫卵呈圆形，直径为 20～30 μm，内含六钩蚴，大小约为 20 μm×12 μm。

［注：《中国家畜家禽寄生虫名录》第一版（2004）和第二版（2014）均将“盖氏曲子宫绦虫”和“羊曲子宫绦虫”记录为 2 个虫种，且国内文献报道多为“盖氏曲子宫绦虫”，现按 Yamaguti（1959）、Schmidt（1986）和 Khalil 等（1994），将“盖氏曲子宫绦虫”列为“羊曲子宫绦虫”的同物异名］

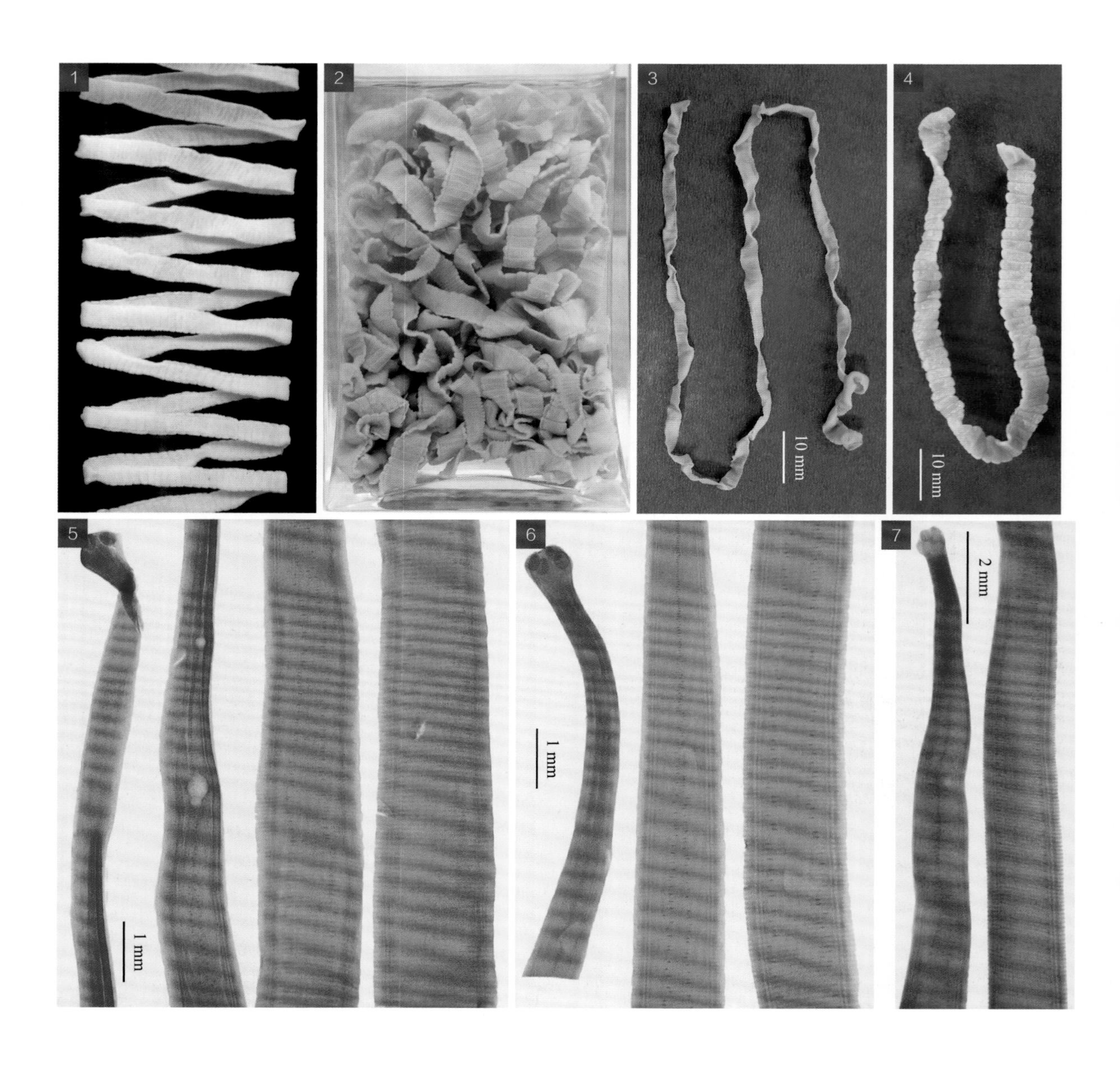

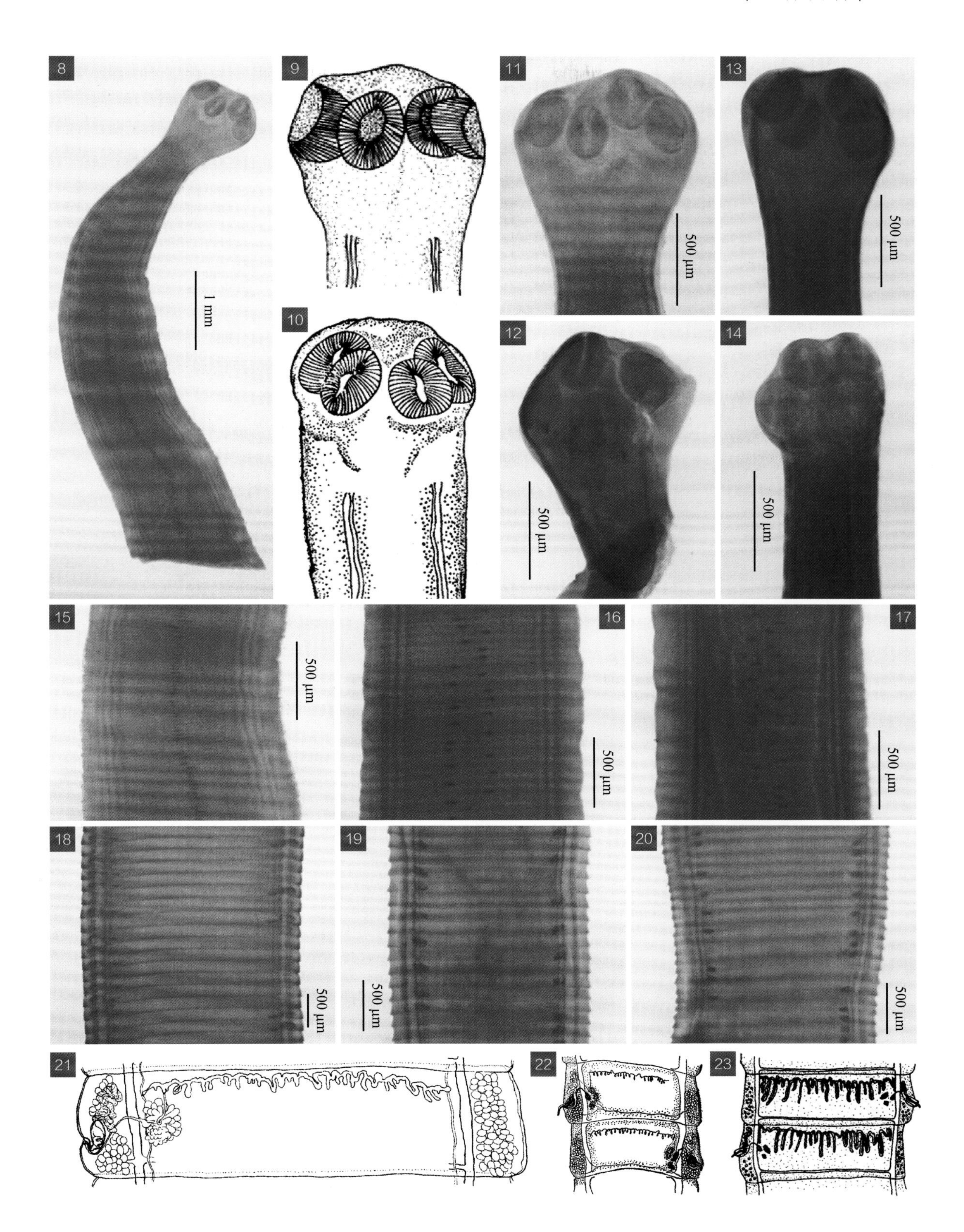
8
9
10
11
12
13
14
15
16
17
18
19
20
21
22
23
1 mm
500 μm
500 μm
500 μm
500 μm
500 μm
500 μm
500 μm
500 μm
500 μm
500 μm
500 μm

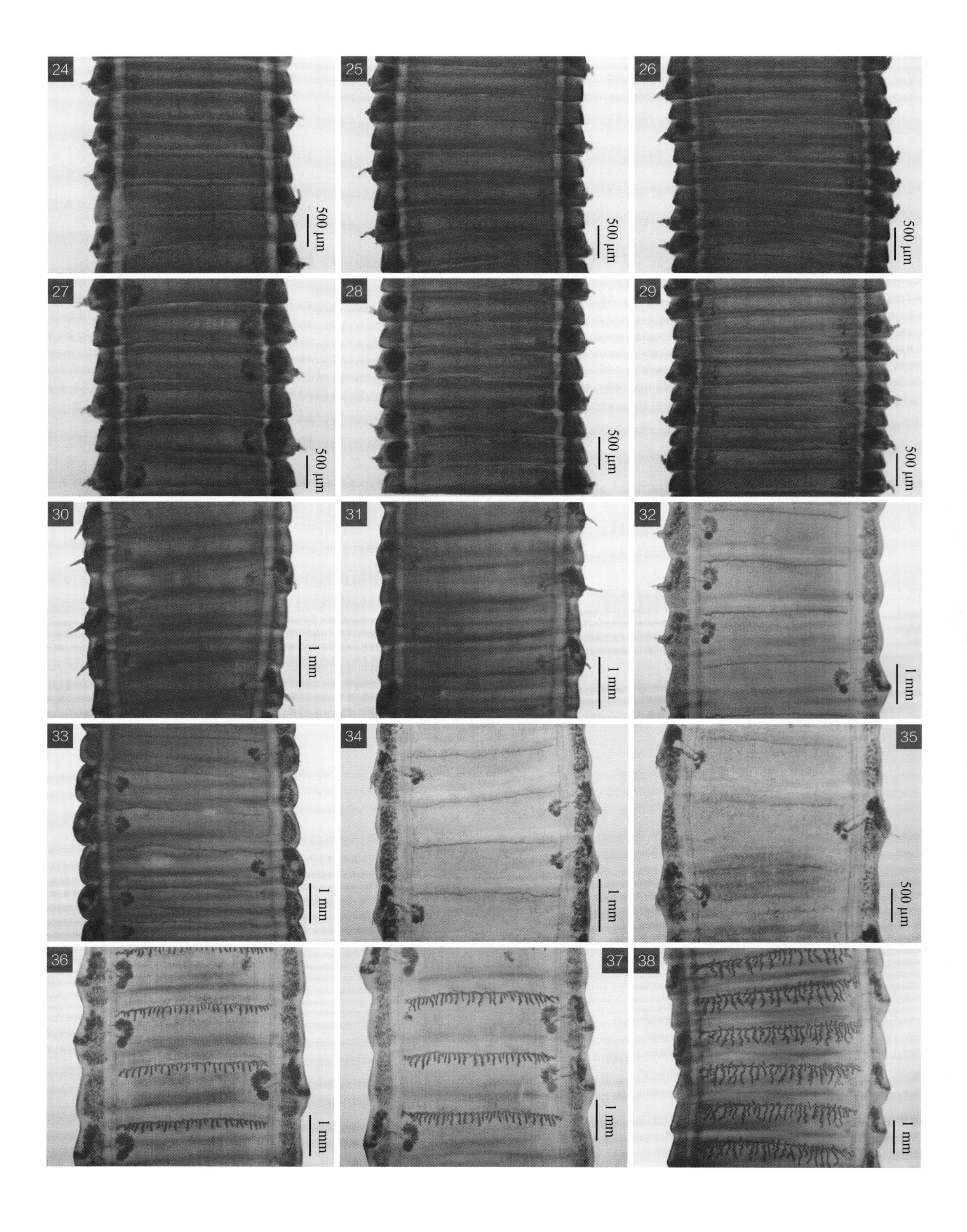
24
500 μm
25
500 μm
26
500 μm
27
500 μm
28
500 μm
29
500 μm
30
1 mm
31
1 mm
32
1 mm
33
1 mm
34
1 mm
35
500 μm
36
1 mm
37
1 mm
38
1 mm

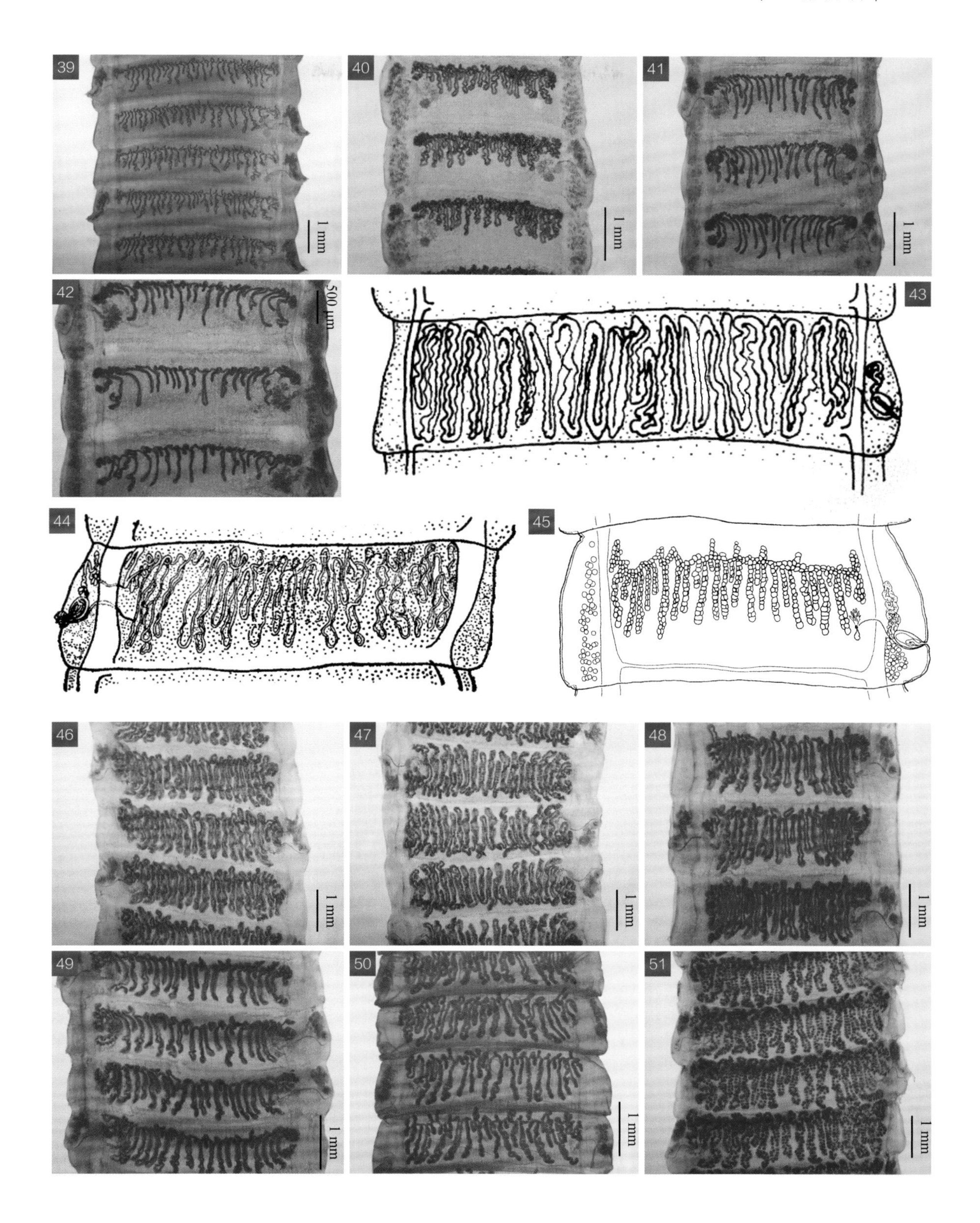
39
1 mm
40
1 mm
41
1 mm
42
500 μm
43
44
45
46
1 mm
47
1 mm
48
1 mm
49
1 mm
50
1 mm
51
1 mm

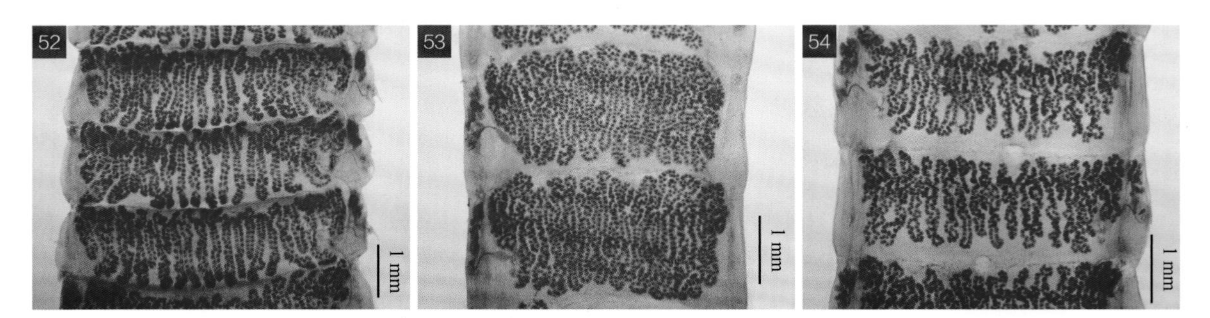

图 16 羊曲子宫绦虫 *Thysaniezia ovilla*

图释

1～8. 虫体；9～14. 头节；15～20. 未成熟节片；21～42. 成熟节片；43～54. 孕卵节片

1～4. 原图（LVRI）；5～8, 11～20, 24～42, 46～54. 原图（SHVRI）；9, 23, 43. 引自黄兵和沈杰（2006）；10, 22, 44. 引自赵辉元（1996）；21, 45. 引自 Khalil 等（1994）

2 戴维科

Davaineidae Fuhrmann, 1907

【同物异名】戴文科。

【宿主范围】成虫寄生于禽类和哺乳动物。幼虫为似囊尾蚴，中间宿主多为昆虫，少数为软体动物与环节动物。

【形态结构】小型或中型绦虫。具可伸缩的吻突，吻突具棘或无棘。吻突上常有吻钩2排，有时为1排、3排、5排或10～12排。吻钩排列呈圆形、卵圆形或波浪形，间断或不间断。吻钩数量多而小，呈“T”形。吸盘边缘通常有多列小刺。节片上的排泄管多为4根（背侧和腹侧各1对）或2根（腹侧1对）。每个节片的生殖器官多数为1套，少数为2套。生殖孔开口于节片单侧缘，或规则或不规则交替开口，或开口于节片双侧缘。睾丸数目不超过60枚，分布于雌性生殖器官周围。雄茎囊的大小与排泄管有关，一般不具贮精囊。卵巢多数1枚，少数2枚，呈瓣状分支，多位于节片中央。受精囊呈球形或纺锤形。卵黄腺呈块状或瓣状，位于卵巢之后或体节后缘之前。早期子宫有小管开口于体内髓质部，不久即被卵袋取代而消失，有或缺副子宫器，孕卵节片内含几十至数百个卵袋，每个卵袋内有1至几枚含六钩蚴的虫卵。模式属：戴维属［*Davainea* Blanchard, 1891］。

《中国家畜家禽寄生虫名录》（2014）记录戴维科绦虫3属20种，本书收录3属19种，依据各属的形态特征编制分类检索表如下所示。

戴维科分属检索表

1. 每个节片有生殖器官2套 ······ 2.1 卡杜属 *Cotugnia*
   每个节片有生殖器官1套 ······ 2
2. 雄茎囊大，囊底越过排泄管 ······ 2.2 戴维属 *Davainea*
   雄茎囊小，底部常不达排泄管 ······ 2.3 瑞利属 *Raillietina*

2.1　卡　杜　属

Cotugnia Diamare, 1893

【同物异名】杯首属；对殖属；叶殖属（*Erschovitugnia* Spasskii, 1973）；雀殖属（*Pavugnia* Spasskii, 1984）；吻殖属（*Rostelugnia* Spasskii, 1984）。

【宿主范围】成虫寄生于禽类。

【形态结构】中型绦虫。吻突明显，具2圈榔头形小钩。吸盘常无刺，偶尔有刺。节片数多而短，有缘膜。有腹排泄管1对，背排泄管1对有或无。节片有生殖器官2套，生殖管位于排泄管和神经干的背侧，生殖孔开口于节片两侧缘。睾丸数目多，分2群分布于节片两侧，或连续分布于整个节片，或可扩展到排泄管侧面。输精管卷曲，雄茎囊小，略呈圆柱形，无贮精囊。卵巢2枚，有浅裂，位于两侧纵排泄管中部内侧。卵黄腺位于卵巢后面，具受精囊。早期子宫呈树枝状，后期子宫呈网状，内含许多卵袋，每个卵袋含六钩蚴虫卵1枚。模式种：双性孔卡杜绦虫［*Cotugnia digonopora* Pasquale, 1890］。

本书收录卡杜属绦虫2种，依据其睾丸的分布特征编制分类检索表如下所示。

卡杜属种类检索表

睾丸呈连续分布 ……………………………… 双性孔卡杜绦虫 *Cotugnia digonopora*

睾丸呈2群分布 ……………………………… 台湾卡杜绦虫 *Cotugnia taiwanensis*

17　双性孔卡杜绦虫　***Cotugnia digonopora* Pasquale, 1890**

【关联序号】43.2.1（16.1.1）/ 333。

【同物异名】复孔对殖绦虫；双性孔对殖绦虫。

【宿主范围】成虫寄生于鸡、鸭的小肠。

【地理分布】福建、广东、海南、四川、台湾。

【形态结构】虫体扁平呈带状，乳白色，体长2.20～23.80 cm，节片最大宽度0.10～0.60 cm，节片的宽度均大于长度。腹排泄管比背排泄管宽，每个节片后缘有1条横管与两侧腹排泄管相连。头节发达，呈四方形，长宽为1.370～2.134 mm×1.050～2.014 mm。吻突位于头节顶部正中央，呈椭圆形，大小为0.130～0.199 mm×0.183～0.216 mm，其顶缘上有2圈小钩，有300～307个，钩长约0.012 mm。吸盘4个，呈圆形，无刺，大小为0.260～0.415 mm×0.250～0.480 mm。颈节宽1.110～1.190 mm。成熟节片的长宽为0.570～1.000 mm×2.130～2.550 mm。每个节片有生殖器官2套，生殖孔位于节片两侧缘的中部或稍前方。睾丸

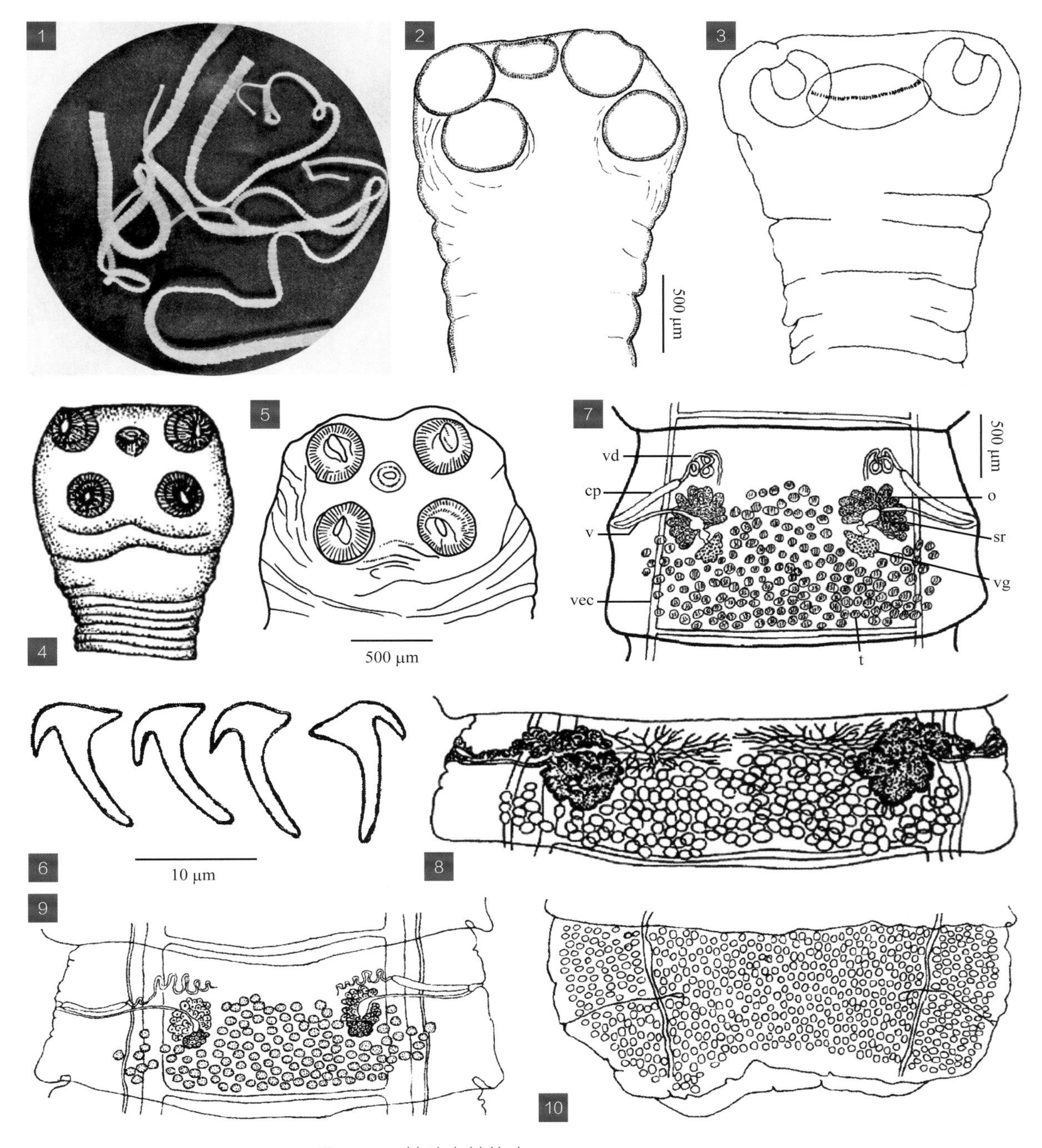

图 17 双性孔卡杜绦虫 *Cotugnia digonopora*

图释

1. 虫体；2～5. 头节；6. 吻钩；7～9. 成熟节片；10. 孕卵节片

1, 2, 7. 引自 Siddiqi（1960）；3, 9, 10. 引自 Khalil 等（1994）；4, 8. 引自黄兵和沈杰（2006）；5. 引自蒋学良等（2004）；6. 引自陈淑玉和汪溥清（1994）

100～250 枚，呈圆形或椭圆形，大小为 0.050～0.060 mm×0.045～0.060 mm，连续分布于整个节片的中后部，并延伸越过排泄管。雄茎囊呈椭圆形，位于腹排泄管的外侧，大小为 0.232～0.500 mm×0.040～0.050 mm。输精管高度回旋弯曲，位于卵巢前方。雄茎呈棒状，不具小刺，长可达 0.300 mm，可伸出节片外。卵巢 2 枚，位于节片两侧排泄管的内缘，呈花瓣状分支，大小为 0.200～0.415 mm×0.166～0.232 mm。卵黄腺呈不规则的分瓣，位于卵巢后方，大小为 0.090～0.133 mm×0.130～0.265 mm。阴道为一细管，位于雄茎囊后方，其远端膨大为卵圆形的受精囊，受精囊位于卵巢的背侧。成熟节片的子宫呈树枝状分支，分布于节片左右侧的前方。孕卵节片的子宫呈网状，扩展至整个节片，内含大量近圆形的卵袋，卵袋大小为 0.070～0.213 mm×0.060～0.212 mm，每个卵袋含虫卵 1 枚。虫卵内含六钩蚴 1 个，六钩蚴大小为 28～33 μm×24～28 μm。

18 台湾卡杜绦虫 *Cotugnia taiwanensis* Yamaguti, 1935

【关联序号】43.2.2（16.1.2）/ 。

【同物异名】台湾对殖绦虫。

【宿主范围】成虫寄生于鸡、鸭的小肠。

【地理分布】贵州、台湾。

【形态结构】虫体扁平，体长约 3.00 cm，节片最大宽度约 0.30 cm，节片的宽度大于长度。头节宽大，宽为 0.630～0.810 mm。具吻突，吻突大小为 0.130～0.180 mm×0.280～0.420 mm，分布有小钩约 400 个，钩长 0.015～0.017 mm。吸盘 4 个，直径为 0.150～0.180 mm。颈节较窄，宽 0.330～0.470 mm。每个成熟节片有生殖器官 2 套，生殖孔位于节片两侧的前缘。成熟节片有睾丸约 50 枚，分为 2 群，分布于节片两侧的中部。输精管卷曲，穿过腹排泄管与雄茎

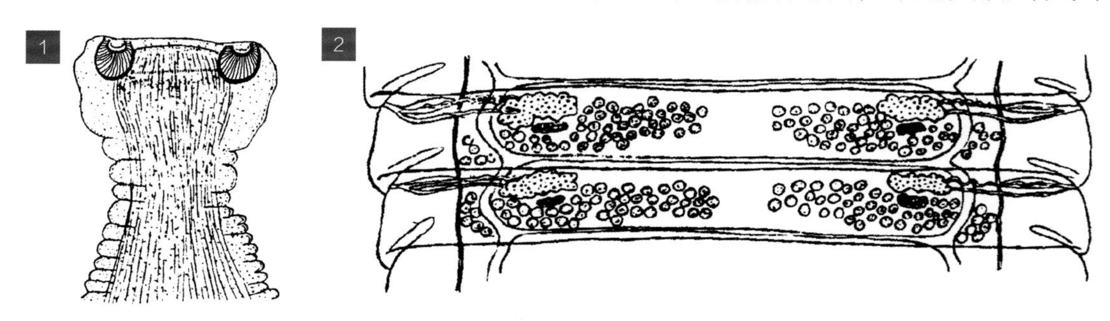

图 18 台湾卡杜绦虫 *Cotugnia taiwanensis*

图释

1. 头节；2. 成熟节片

1, 2. 引自陈淑玉和汪溥清（1994）

囊相连。雄茎囊长 0.150～0.260 mm，位于节片两侧腹排泄管外面。雄茎细长。卵巢 2 枚，呈块状分瓣，位于节片两侧腹排泄管的内前方。卵黄腺位于卵巢之后，宽约 0.150 mm。阴道粗长，位于输精管和雄茎囊后面，开口于生殖孔，内接受精囊。受精囊呈椭圆形，大小约为 0.084 mm×0.032 mm。成熟节片的子宫呈树枝状，孕卵节片的子宫呈网状，内含许多卵袋，卵袋大小为 0.062～0.110 mm×0.050～0.088 mm，每个卵袋含虫卵 1 枚。虫卵呈圆形，大小为 33～36 μm×33～34 μm，内含六钩蚴 1 个，六钩蚴大小为 24～27 μm×22～27 μm。

2.2 戴 维 属

Davainea Blanchard, 1891

【同物异名】戴文属；海曼属（*Himantaurus* Spasskaya et Spasskii, 1971）。

【宿主范围】成虫寄生于禽类和哺乳动物。

【形态结构】小型绦虫。节片数从几个到 20 余个不等，无颈节。吻突上有 2 圈“T”形小钩。吸盘 4 个，较小，有钩或无钩。每个节片有生殖器官 1 套，生殖孔位于单侧或不规则交替开口于节片一侧。睾丸数目较少，主要位于卵巢后面。雄茎囊大，呈棒状，越过排泄管，并常超过节片的中线。雄茎明显具刺。卵巢呈双叶状，位于节片中央或略靠生殖孔一侧。卵黄腺位于卵巢后面，有受精囊，阴道位于雄茎囊后面。孕卵节片的子宫呈网状，内含许多卵袋，每个卵袋含六钩蚴虫卵 1 枚。模式种：原节戴维绦虫［*Davainea proglottina* (Davaine, 1860) Blanchard, 1891］。

本书收录戴维属绦虫 3 种，依据各虫种的形态特征编制分类检索表如下所示。

戴维属种类检索表

1. 链体节片数少于 10 个 ························ 原节戴维绦虫 *Davainea proglottina*
   链体节片数多于 10 个 ··· 2
2. 雄茎囊为管状，不达节片的中线 ·············· 安氏戴维绦虫 *Davainea andrei*
   雄茎囊为袋状，达节片的中线 ·········· 火鸡戴维绦虫 *Davainea meleagridis*

19 安氏戴维绦虫 ***Davainea andrei* Fuhrmann, 1933**

【关联序号】43.1.1（16.2.1）/ 。

【宿主范围】成虫寄生于鸡、鸭的小肠。

【地理分布】安徽、贵州。

【形态结构】虫体长 0.20～0.50 cm，最大宽度 0.04～0.08 cm。链体由 11～21 个节片组成，节片由前向后逐渐增大，前一节片的后部覆盖后一节片的前部，在成熟节片中尤为明显。排泄系统由 1 对背纵排泄管和 1 对腹纵排泄管组成，背纵排泄管直径为 0.004～0.006 mm，腹纵排泄管直径为 0.012～0.016 mm，成熟节片的背纵排泄管缺失。头节长宽为 0.220～0.300 mm×0.340～0.580 mm，上有 1 个可伸缩的吻突和 4 个吸盘。吻突宽大，呈亚耳状，直径为 0.360～0.376 mm，上有 2 圈 "T" 形吻钩，吻钩数约 300 个，钩长 0.012～0.013 mm。吸盘呈圆形，直径 0.020～0.030 mm，上有小钩数百个。缺颈节。生殖腺出现在第 7～8 个节片，第 9 个节片发育成熟。成熟节片呈梯形，其宽度大于长度，长宽约为 0.140 mm×0.480 mm。每个节片有生殖器官 1 套，生殖孔无规律地交替开口于节片侧缘的前 1/3。睾丸近圆形，有 14～18 枚，大小为 0.024～0.032 mm×0.032～0.036 mm，在节片的后部排成 2 行。输精管呈陀螺状弯曲，位于卵巢前面。雄茎囊呈管状，横列于节片前部，其底部不达节片的中线。雄茎直径为 0.012 mm，具刺，常突出于节片的边缘。卵巢分叶明显，呈葡萄状，宽约 0.160 mm，位于睾丸前方节片的中央。卵黄腺位于卵巢后方，直径 0.040～0.064 mm。阴道为狭窄管状，位于雄茎囊后面，开口于生殖腔，其远端为受精囊。受精囊位于卵巢和卵黄腺之间的节片中央。生殖腔发育良好，呈梨形，大小约为 0.148 mm×0.076 mm，开口处为狭窄的管状，远端膨大，其底部可达排泄

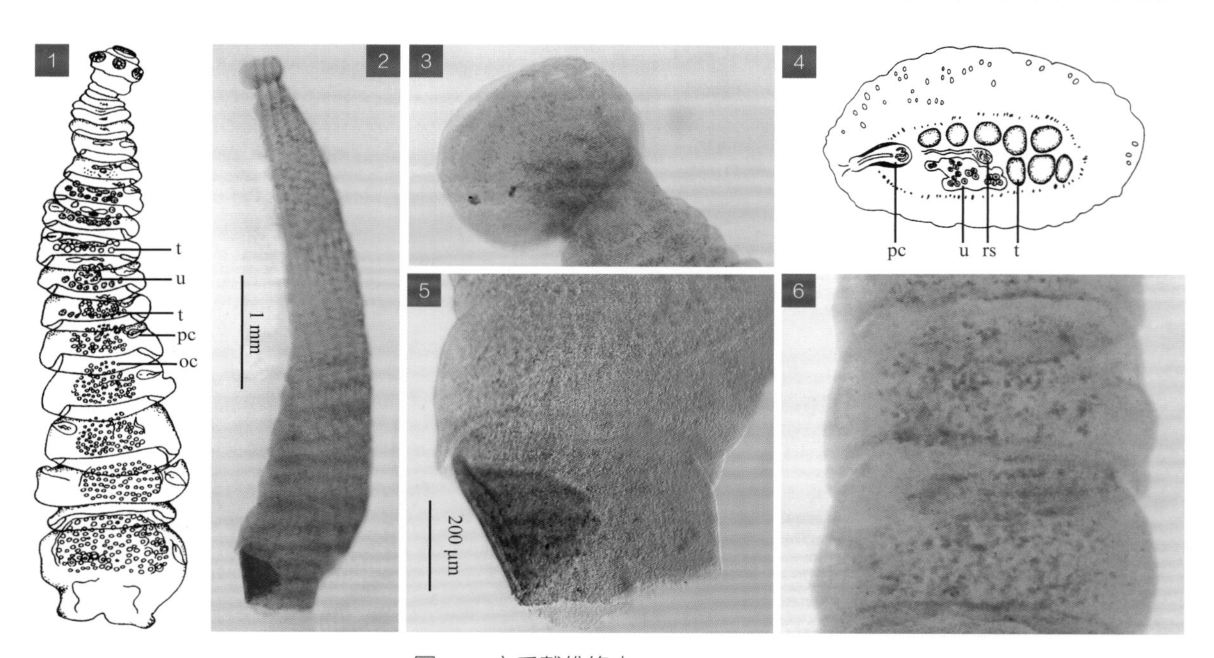

图 19 安氏戴维绦虫 *Davainea andrei*

图释

1, 2. 虫体；3. 头节；4. 成熟节片（横切面）；5, 6. 孕卵节片

1, 4. 引自 Fuhrmann（1933）；2, 3, 5, 6. 原图（SHVRI）

管。生殖管从排泄管的背侧穿过。孕卵节片易脱落，其长度大于宽度，长宽约为 1.120 mm×0.960 mm。孕卵节片内的子宫发育形成许多卵袋，卵袋彼此紧密相连，每个孕卵节片的卵袋数超过 100 个，卵袋大小为 0.060～0.064 mm×0.064～0.072 mm，每个卵袋有 1 枚含六钩蚴虫卵。虫卵大小为 22～32 μm×32～40 μm，六钩蚴直径为 10～15 μm。

20 火鸡戴维绦虫　*Davainea meleagridis* Jones, 1936

【关联序号】43.1.2（16.2.2）/ 。

【宿主范围】成虫寄生于鸡的小肠。

【地理分布】云南。

【形态结构】虫体长 0.40～0.50 cm，最大宽度 0.09～0.13 cm，前端较窄，后端较宽，链体由 17～22 个节片组成。头节长 0.180 mm，宽 0.147～0.175 mm，头节上有吻突和 4 个小吸盘。吻突宽 0.070～0.085 mm，上有 2 圈 100～130 个"T"形吻钩，吻钩长 0.080～0.014 mm。吸盘呈圆形，直径 0.042～0.050 mm，上有小钩 4～6 列，最长小钩约 0.005 mm。排泄管不突出，大多数横切面都看不见 4 个明确的纵向管。每个节片有生殖器官 1 套，生殖孔通常为有规律地交替开口于节片的侧前缘，少数标本为不规则交替开口。睾丸有 20～26 枚，其直径可达 0.070 mm，位于节片后半部。雄茎囊大，呈长袋状，横列于节片前部，其底部延伸到节片的中线，大小为 0.175～0.273 mm×0.087～0.098 mm，典型的大小为 0.245 mm×0.098 mm。雄

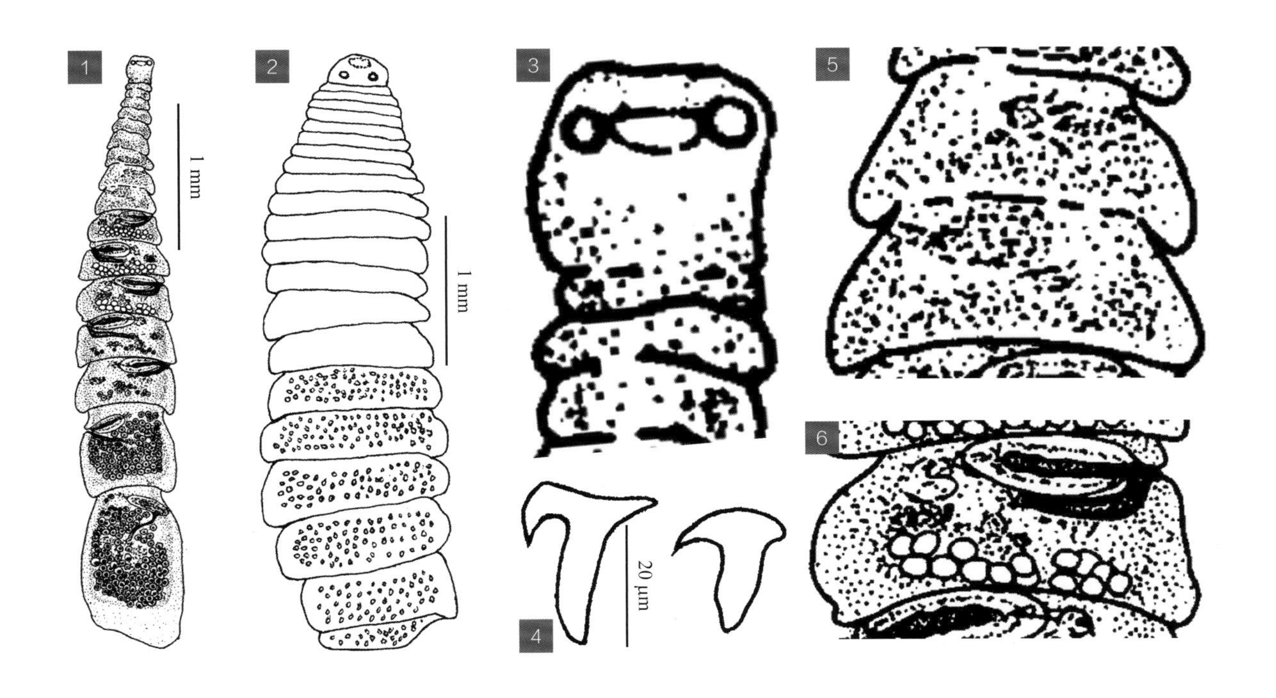

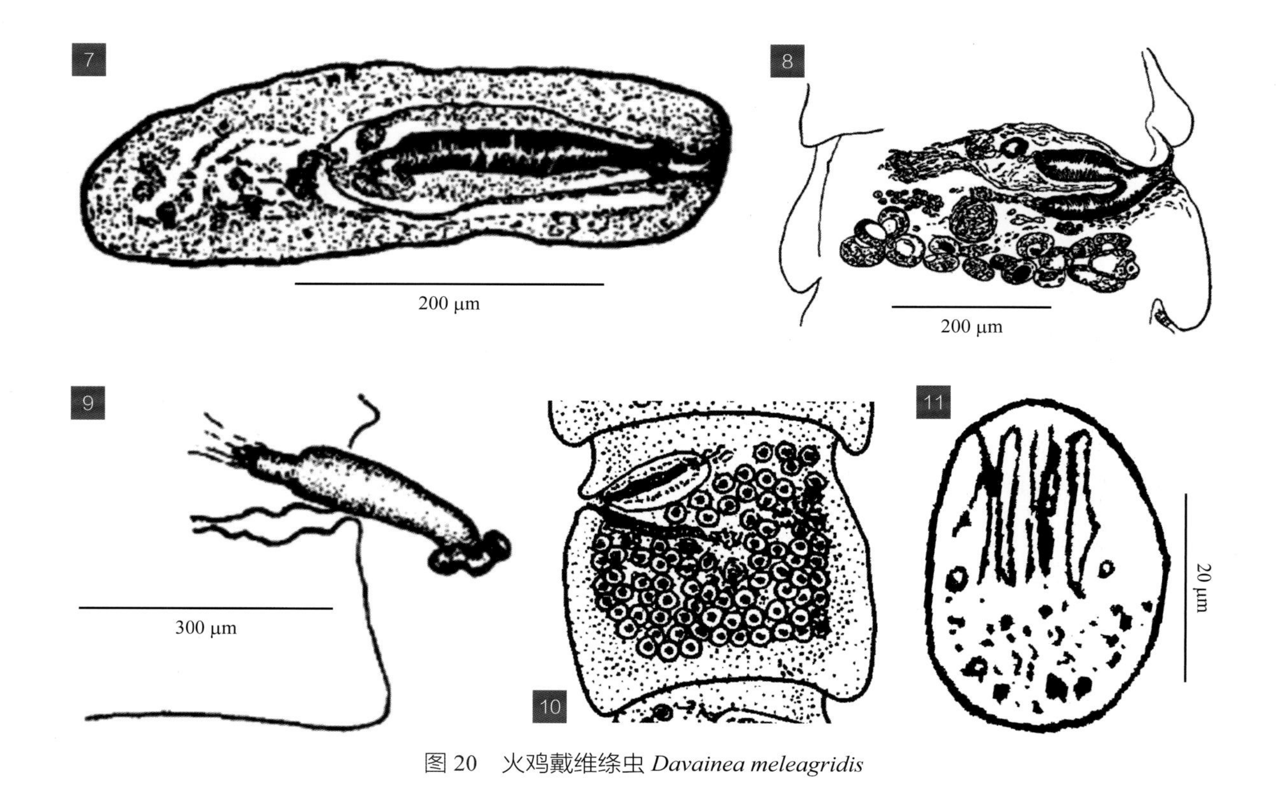

图 20 火鸡戴维绦虫 *Davainea meleagridis*

图释

1, 2. 虫体；3. 头节；4. 吻钩；5. 未成熟节片；6～8. 成熟节片（7 示横切面，8 示纵切面）；9. 外翻的雄茎；10. 孕卵节片；11. 虫卵

1, 3, 5～10. 引自 Jones（1936）；2, 4, 11. 引自黄德生等（1988）

茎具小刺，当雄茎囊收缩明显时，雄茎突出，伸出的雄茎长 0.450～0.500 mm。卵巢呈双叶状，弥漫分布。卵黄腺呈横向拉长，轻度分瓣，位于卵巢之后。阴道壁厚、内衬纤毛，位于雄茎囊后面，其宽度接近生殖腔。受精囊呈球形，直径为 0.042～0.047 mm，位于节片中央。在适度收缩节片中，生殖腔的深度为 0.035～0.040 mm。在第 12 个节片可见子宫，孕卵节片的子宫形成许多卵袋，每个卵袋含 1 枚虫卵。虫卵呈圆形，直径 25～38 μm，内含 1 个六钩蚴，其直径为 25～28 μm，六钩蚴的钩长为 14～18 μm。

21 原节戴维绦虫 *Davainea proglottina* (Davaine, 1860) Blanchard, 1891

【关联序号】43.1.3（16.2.3）/ 332。

【同物异名】节片戴维绦虫；原节带绦虫（*Taenia proglottina* Davaine, 1860）；变形戴维绦虫（*Davainea varians* Sweet, 1910）；杜比戴维绦虫（*Davainea dubius* Meggitt, 1916）。

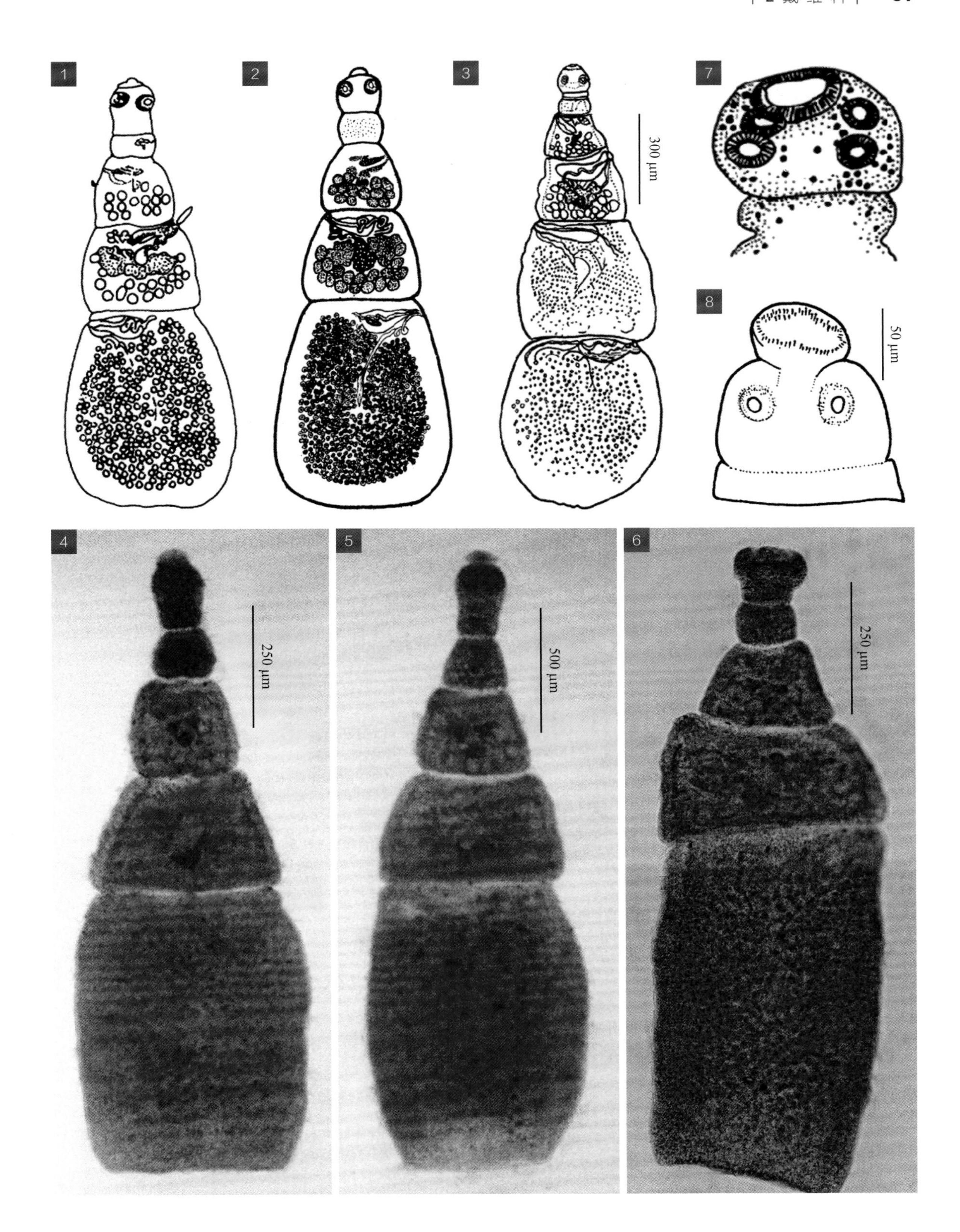
1
2
3
300 μm
7
8
50 μm
4
250 μm
5
500 μm
6
250 μm

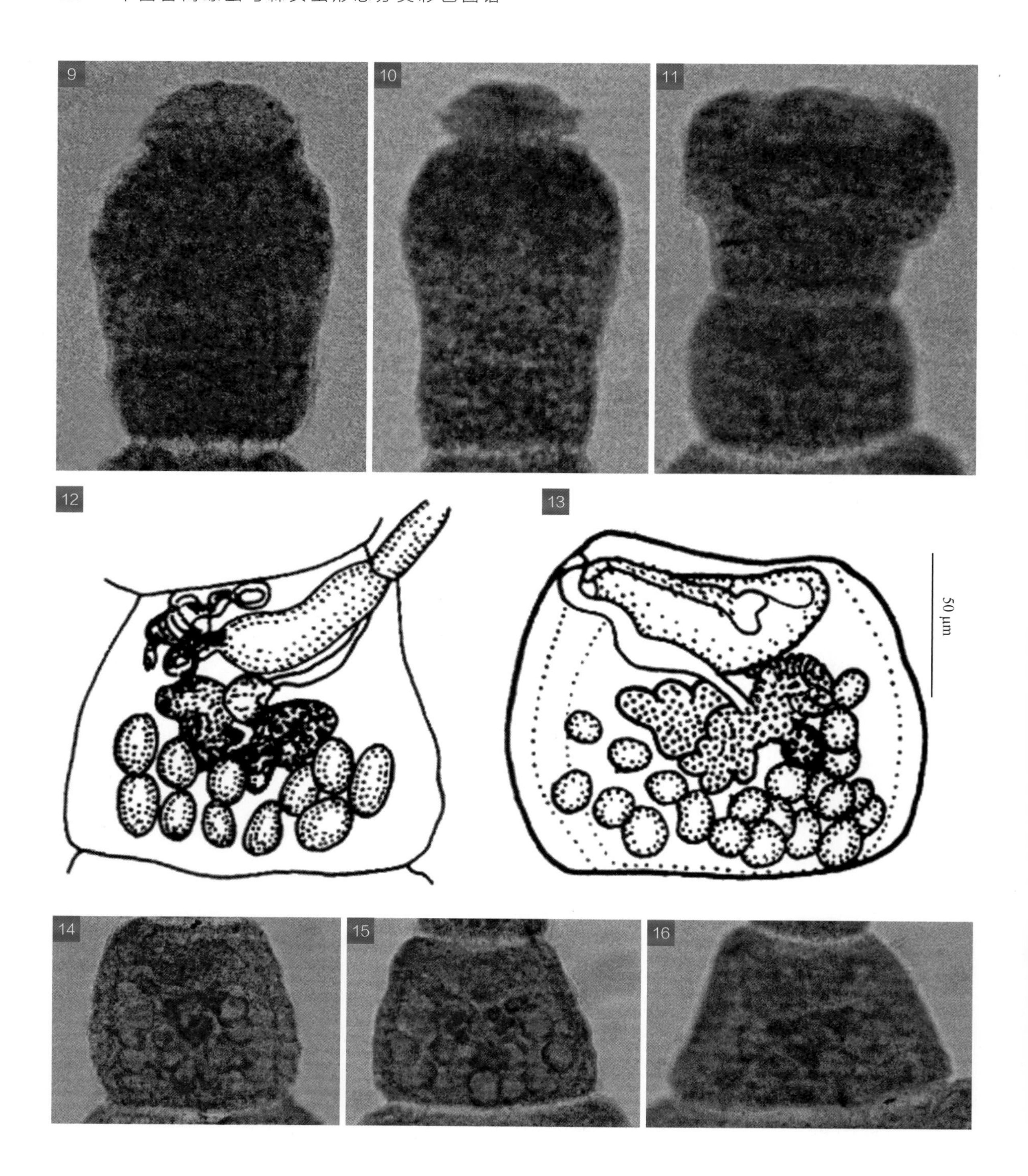
9
10
11
12
13
50 μm
14
15
16

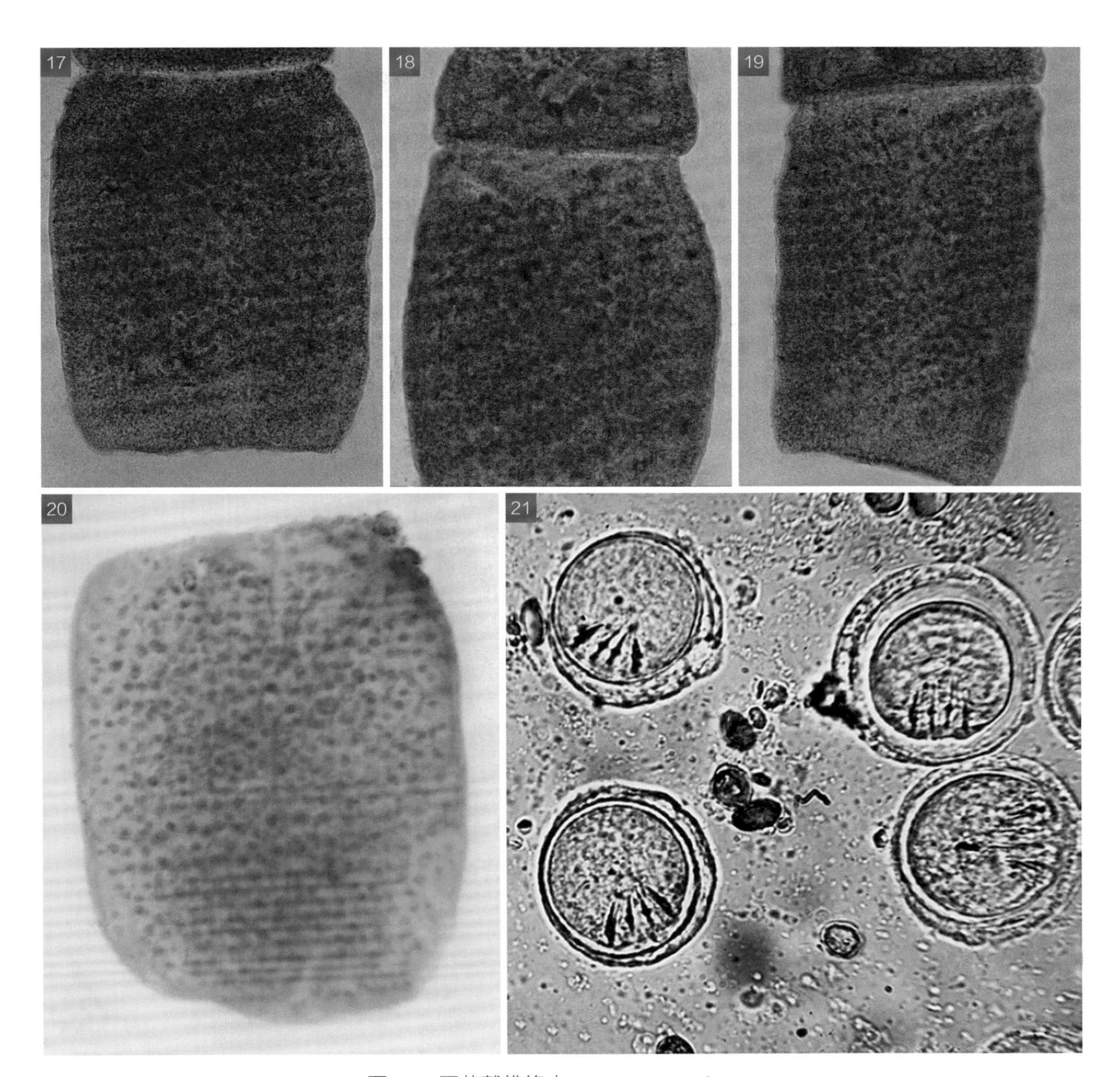

图 21　原节戴维绦虫 *Davainea proglottina*

图释

1～6. 虫体；7～11. 头节；12～16. 成熟节片；17～20. 孕卵节片；21. 虫卵

1, 7, 12. 引自黄兵和沈杰（2006）；2. 引自张峰山等（1986）；3, 8, 13. 引自蒋学良等（2004）；4～6, 9～11, 14～19. 原图（SASA）；20. 原图（HIAVS）；21. 引自 McDougald（2013）

【宿主范围】成虫寄生于鸡、鸭的小肠。

【地理分布】安徽、重庆、福建、甘肃、广东、贵州、海南、河北、河南、湖北、吉林、江苏、江西、辽宁、山东、陕西、四川、天津、新疆、云南、浙江。

【形态结构】虫体细小，体长 0.10～0.40 cm，最大宽度 0.07～0.08 cm，前部细，后部宽，链体由 4～9 个节片组成。头节近四角形，稍有弯曲，长宽为 0.121～0.202 mm×0.141～0.162 mm，上有吻突和小吸盘 4 个。吻突长宽为 0.053～0.068 mm×0.060～0.085 mm，有 2 圈 60～100 个“T”形吻钩，吻钩长 0.005～0.008 mm。吸盘近圆形，直径 0.037～0.043 mm，有易脱落的针状小钩 3～4 列，钩长 0.005～0.009 mm。颈节长宽为 0.060～0.061 mm×0.150～0.152 mm。第 3～4 节为成熟节片，呈梯形，长 0.170～0.240 mm，最大宽度 0.270～0.370 mm。每个节片有生殖器官 1 套，生殖孔有规律地交替开口于节片的侧缘前端。睾丸呈类圆形，有 12～22 枚，大小为 0.028～0.048 mm×0.028～0.043 mm，排列于卵巢的两侧和后面。雄茎囊为长囊状，大小为 0.108～0.182 mm×0.045～0.050 mm，位于节片前部，可占据节片宽度的 2/3。雄茎粗壮，具小刺。卵巢发达，呈簇状分叶，大小为 0.050～0.080 mm×0.150～0.160 mm，位于节片的中部。卵黄腺呈圆形或不规则形，大小为 0.035～0.055 mm×0.023～0.040 mm，位于卵巢后方。阴道为管状，位于雄茎囊后方，一端通向生殖腔，另一端膨大为受精囊，受精囊位于节片中央。第 5 节及以后为发育程度不一的孕卵节片，其长度大于宽度，最后节片常呈圆锥形，大小为 0.580～1.150 mm×0.480～0.510 mm，内含许多卵袋，每个卵袋含虫卵 1 枚。虫卵呈类圆形，直径 28～40 μm，内有六钩蚴，直径为 25～30 μm。

2.3 瑞 利 属

Raillietina Fuhrmann, 1920

【同物异名】赖利属；瑞列属；兰塞属（*Ransomia* Fuhrmann, 1920）；科特兰属（*Kotlania* López-Neyra, 1929）；无环属（*Nonarmiella* Movsesyan, 1966）；无片鳃属（*Nonarmina* Movsesyan, 1966）；科牛属（*Kotlanotaurus* Spasskii, 1973）；罗曼属（*Roytmania* Spasskii, 1973）；斯牛属（*Skrjabinotaurus* Spasskii et Yurpalova, 1973）；奥什马塔属（*Oschmarinetta* Spasskii, 1984）。

【宿主范围】成虫寄生于哺乳动物和禽类。幼虫为似囊尾蚴，中间宿主为昆虫。

【形态结构】中型绦虫。吻突具 2 圈“T”形小钩，吸盘边缘有几圈细钩，或部分具刺，或无刺。每节有生殖器官 1 套，生殖孔位于单侧或两侧不规则交叉。睾丸数目较多，输精管卷曲，无贮精囊。雄茎囊小，常不达排泄管，偶尔越过排泄管。卵巢呈瓣状或块状，位于节片中央或略偏向生殖孔侧。卵黄腺紧凑，位于卵巢后面。有受精囊。孕卵节片的子宫由卵袋取代，每个卵袋含六钩蚴虫卵 1～8 枚。模式种：四角瑞利绦虫 [*Raillietina tetragona* Molin, 1858]。

本书收录瑞利属绦虫 14 种。

22 西里伯瑞利绦虫 *Raillietina celebensis* (Janicki, 1902) Fuhrmann, 1920

【关联序号】 43.3.1（16.3.1）/ 。

【同物异名】 西里伯戴维绦虫（*Davainea celebensis* Janicki, 1902）；台湾戴维绦虫（*Davainea formosana* Akashi, 1916）；台湾瑞利绦虫（*Raillietina formosana* Akashi, 1916）；西里伯（兰塞姆）瑞利绦虫（*Raillietina* (*Ransomia*) *celebensis* (Janicki, 1902) Fuhrmann, 1920）；西里伯（瑞利）瑞利绦虫（*Raillietina* (*Raillietina*) *celebensis* (Janicki, 1902) Fuhrmann, 1924）；西里伯瑞利绦虫少囊变种（*Raillietina celebensis* var. *paucicapsulata* Meggitt et Subramanian, 1927）；西里伯科特兰绦虫（*Kotlania celebensis* (Janicki, 1902) López-Neyra, 1931）；台湾科特兰绦虫（*Kotlania formosana* (Akashi, 1916) López-Neyra, 1931）。

【宿主范围】 成虫寄生于犬的小肠，鼠类与人亦可感染。

【地理分布】 贵州、云南（福建、广东、广西、贵州、江苏、江西、台湾、云南、浙江有人感染报道）。

【形态结构】 体长可达 32.00 cm，最宽节片达 2.00 cm，体节数可超过 180 节。头节钝圆，两侧略膨大，向前突出，横径约为 0.460 mm，其上有吻突和吸盘。吻突横径约为 0.120 mm，常缩在四周微凸形成的浅窝内，吻突上有 2 排长短相间的“T”形小钩，约 72 个。吸盘 4 个，呈杯状，其上缀有细小的刺。颈节短，在距离虫体前端 0.250～0.350 mm 开始分化。成熟节片

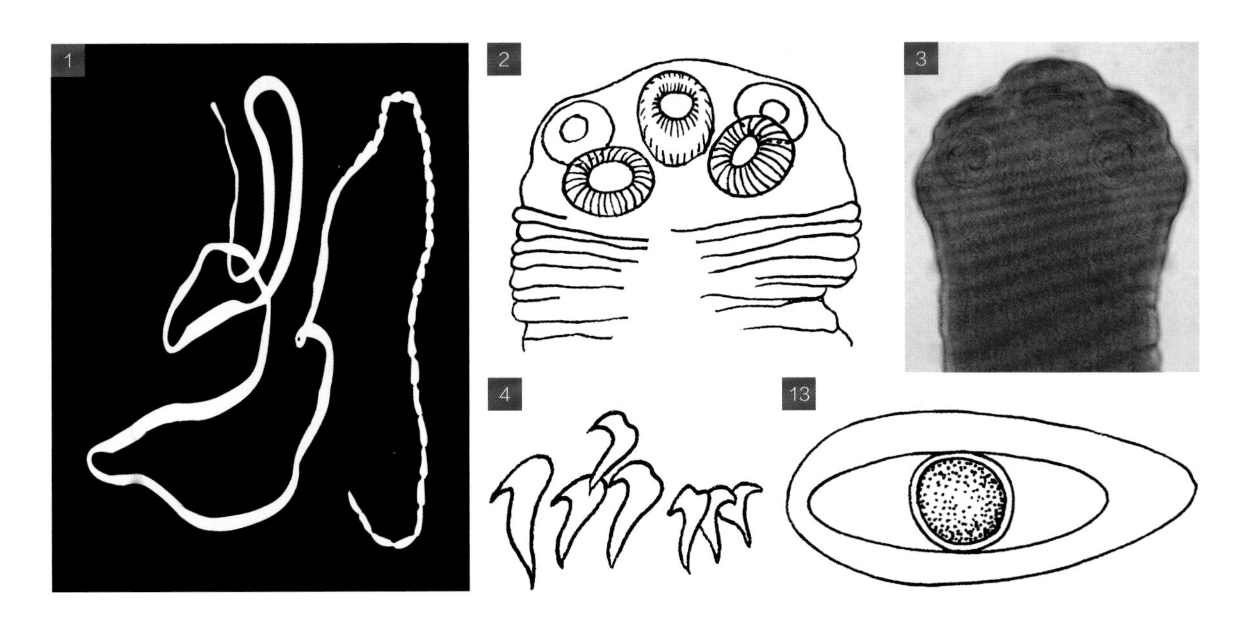

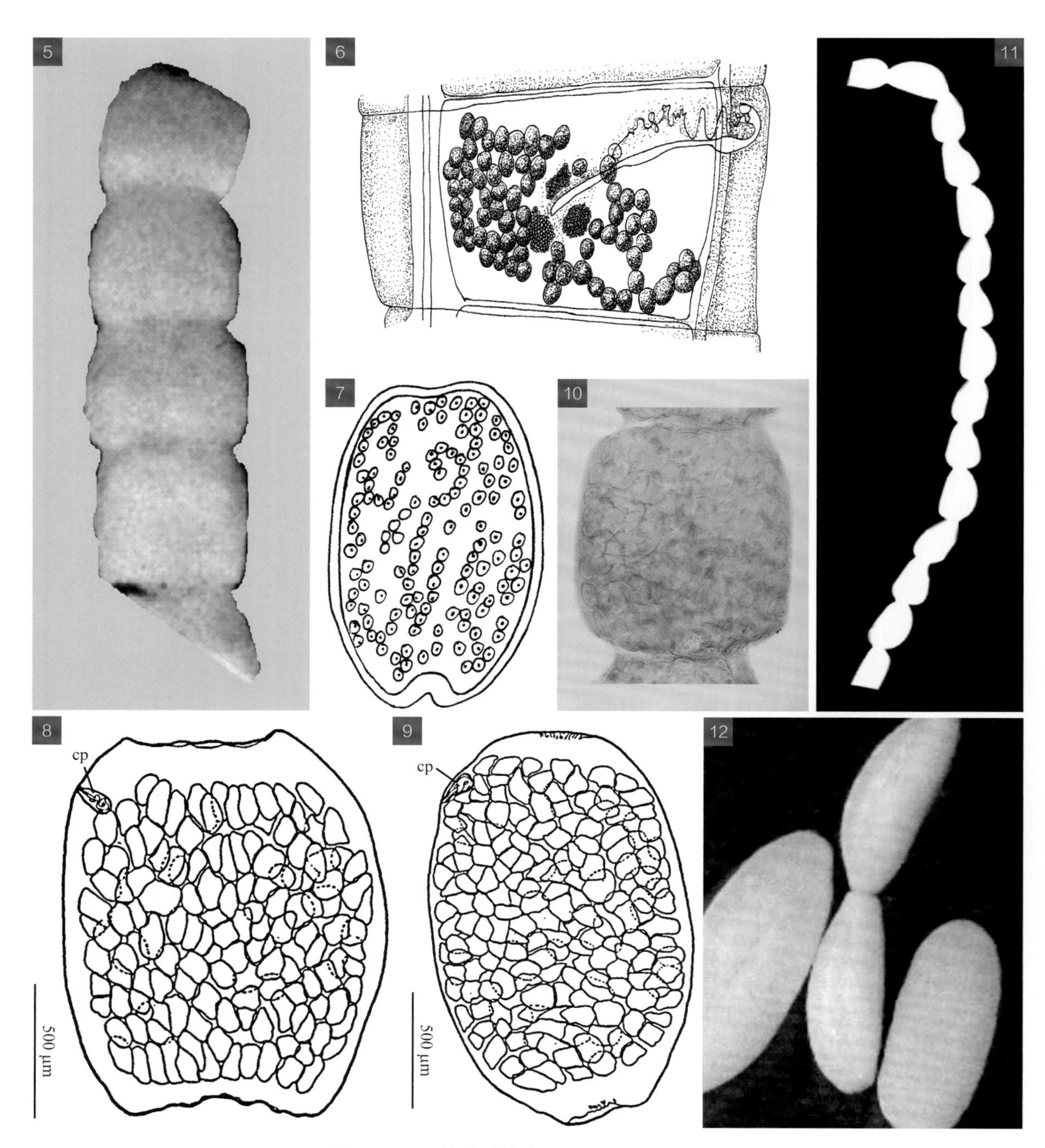

图 22　西里伯瑞利绦虫 *Raillietina celebensis*

图释

1. 虫体；2, 3. 头节；4. 吻钩；5, 6. 成熟节片；7～12. 孕卵节片；13. 虫卵

1～7, 10～13. 引自李朝品和高兴政（2012）；8, 9. 引自 Baer and Sandars（1956）

略呈方形，长宽为 0.510～0.650 mm×0.920～1.070 mm。每个节片有生殖器官 1 套，生殖孔都开口于节片的单侧。睾丸略呈椭圆形，有 48～67 枚，位于两侧排泄管之间，分散在卵巢的两旁，在生殖孔一侧数目较少。输精管长而弯曲，与雄茎囊相连。雄茎囊呈瓜瓢形，大小为 0.090～0.130 mm×0.060～0.075 mm。雄茎自雄茎囊向外伸出。卵巢分 2 叶，呈蝶翅状，位于节片中央。卵黄腺位于卵巢后方，略呈三角形。阴道开口于生殖腔，在雄茎囊后方不远处有一膨大部分，斜向节片的中央部分延伸，远端膨大为受精囊。孕卵节片外形略呈椭圆形，长宽为 0.162～0.396 mm×0.108～0.378 mm，各节连续似串珠状，内充满圆形或椭圆形的卵袋，有 300 多个，每个卵袋含虫卵 1～4 枚。虫卵呈橄榄形，具有内外 2 层薄壳，大小约为 45 μm×27 μm，内含圆形的六钩蚴，直径 7～9 μm。

23 椎体瑞利绦虫 *Raillietina centuri* Rigney, 1943

【关联序号】43.3.2（16.3.2）/ 。

【同物异名】椎体派龙绦虫（*Paroniella centuri* Rigney, 1943）；椎体（派龙）瑞利绦虫（*Raillietina* (*Paroniella*) *centuri* Rigney, 1943）。

【宿主范围】成虫寄生于鸡、鸭的小肠。

【地理分布】广西、贵州。

【形态结构】虫体细长。头节长宽为 0.213～0.286 mm×0.260～0.286 mm。吻突宽扁，具吻钩约 130 个，排成 2 圈，外圈钩长 0.015～0.016 mm，内圈钩长 0.011～0.012 mm。吸盘略拉长，纵径为 0.097～0.120 mm，横径为 0.060～0.083 mm，吸盘的边缘有几圈明显的刺，外圈刺长 0.014 mm，内圈刺长 0.006 mm。颈节明显，长宽为 0.366～0.840 mm×0.093～0.147 mm。链体的节片呈梯形，其宽度均大于长度。背排泄管有弯曲，宽 0.003～0.011 mm，腹排泄管较直，宽 0.027～0.056 mm，未见明显的横向连接。每个节片有生殖器官 1 套，生殖孔开口于节片单侧边缘中部，生殖腔小，深 0.035～0.045 mm，生殖孔长 0.035～0.075 mm。睾丸呈椭圆形，有 21～31 枚，大小为 0.067～0.075 mm×0.049～0.075 mm，占据了节片 2 对排泄管之间的大部分空间，并可延伸到背腹排泄管之间。雄茎囊呈袋状，大小为 0.142～0.155 mm×0.054～0.060 mm，囊壁结实，囊底不达排泄管，未见内贮精囊和外贮精囊。雄茎长宽为 0.007～0.012 mm×0.003～0.007 mm，可略微伸出节片边缘。输精管在连接雄茎囊部分呈直线，而在节片中央部分略微弯曲。卵巢呈一簇葡萄形，横径为 0.313～0.433 mm，位于节片前部中央。卵黄腺略呈球形，大小为 0.105～0.150 mm×0.075～0.105 mm，位于卵巢后面。阴道呈管状，位于雄茎囊后面，其末端壁厚，中部壁薄，远端膨大为受精囊，受精囊直径为 0.024～0.041 mm。孕卵节片的子宫分裂形成许多卵袋，卵袋呈球形或椭圆形，长 0.032～0.054 mm，广泛分散于节片髓质中，内含六钩蚴虫卵。六钩蚴为半球形，直径 12～17 μm。

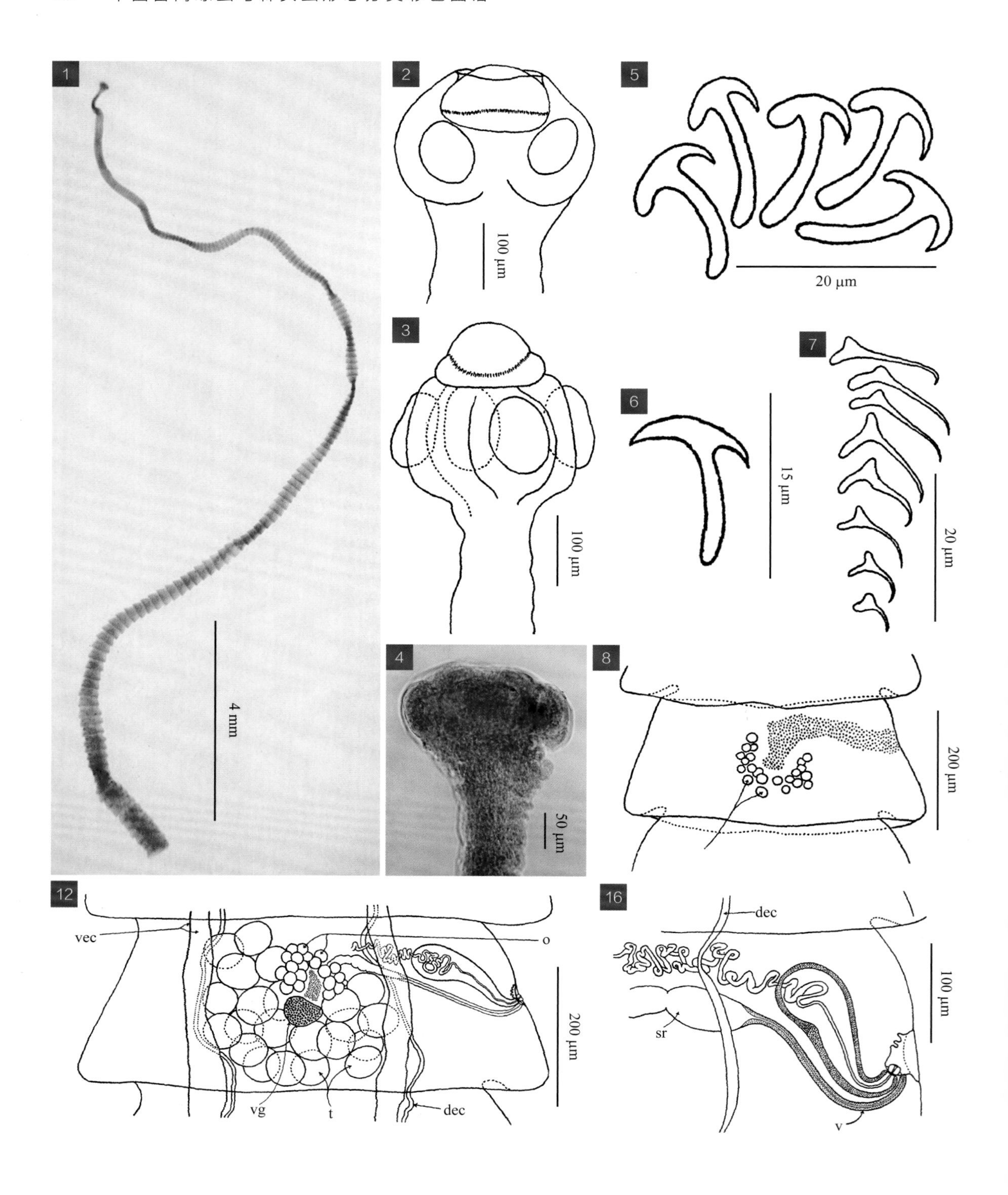
1
4 mm
2
100 μm
3
100 μm
4
50 μm
5
20 μm
6
15 μm
7
20 μm
8
200 μm
12
vec
o
200 μm
vg
t
dec
16
dec
sr
100 μm
v

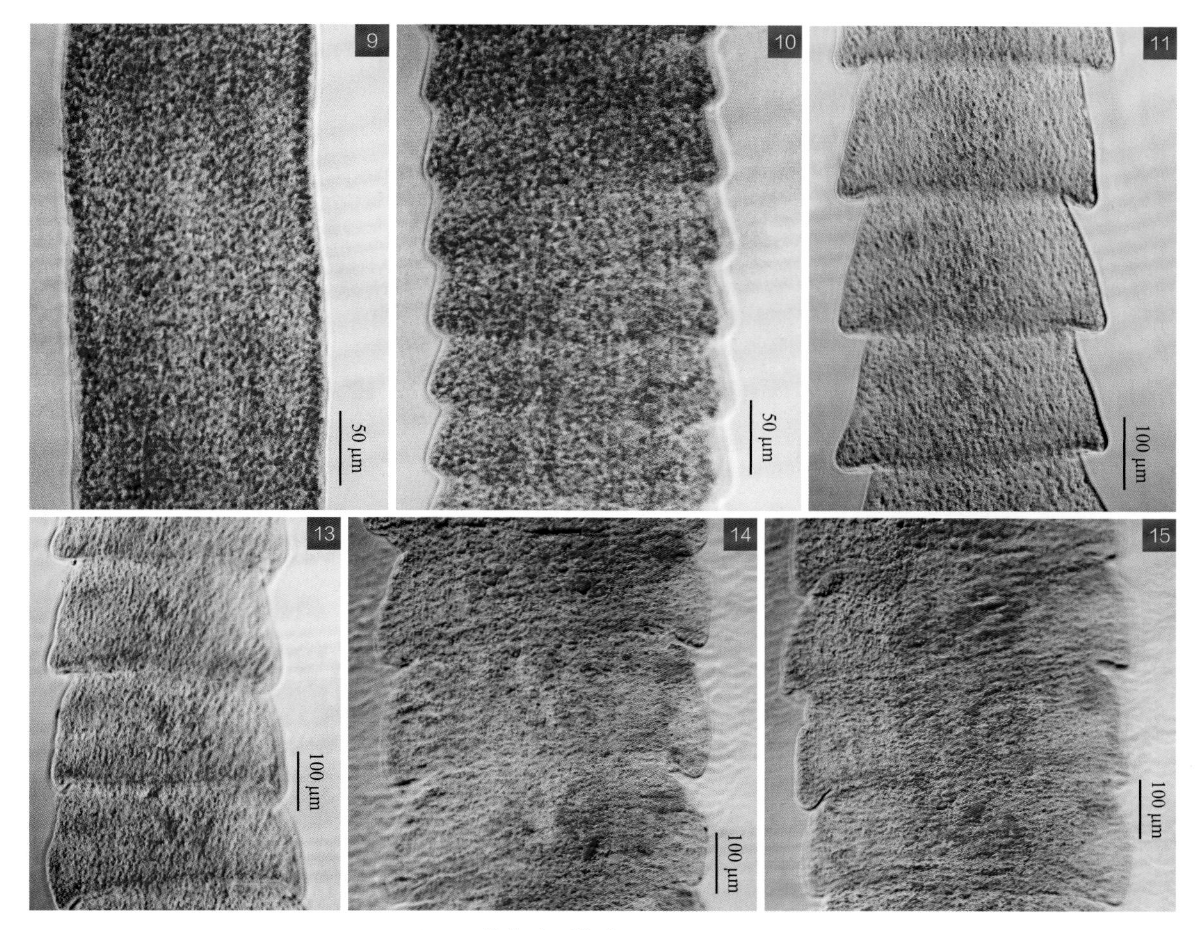

图 23　椎体瑞利绦虫 *Raillietina centuri*

图释

1. 虫体；2～4. 头节（2 示吻突缩进，3 示吻突伸出）；5. 外圈吻钩；6. 内圈吻钩；7. 吸盘钩；8～11. 未成熟节片；12～15. 成熟节片；16. 生殖道

1, 4, 9～11, 13～15. 原图（SHVRI）；2, 3, 5～8, 12, 16. 引自 Rigney（1943）

24 有轮瑞利绦虫 *Raillietina cesticillus* (Molin, 1858) Fuhrmann, 1920

【关联序号】43.3.3（16.3.3）/ 334。

【同物异名】有轮带绦虫（*Taenia cesticillus* Molin, 1858）；有轮戴维绦虫（*Davainea cesticillus* (Molin, 1858) Blanchard, 1891）；有轮（斯克里亚宾）瑞利绦虫（*Raillietina* (*Skrjabinia*) *cesticillus* (Molin, 1858) Fuhrmann, 1920）；有轮布鲁姆特绦虫（*Brumptiella cesticillus* (Molin,

1858) López-Neyra, 1931)。

【宿主范围】成虫寄生于鸡、鸭、鹅的小肠。

【地理分布】安徽、北京、重庆、福建、甘肃、广东、广西、贵州、河北、河南、黑龙江、湖北、湖南、吉林、江苏、江西、辽宁、宁夏、青海、山东、山西、陕西、上海、四川、天津、台湾、西藏、新疆、云南、浙江。

【形态结构】虫体呈带状，体长 0.90～15.20 cm，最大宽度 0.10～0.30 cm。腹排泄管比背排泄管宽。头节呈圆方形，长宽为 0.260～0.430 mm×0.370～0.530 mm。吻突呈轮盘状，宽 0.220～0.400 mm，具有吻钩 400～500 个，排成 2 圈，钩长 0.007～0.015 mm。吸盘呈圆形，不具刺，大小为 0.060～0.100 mm×0.070～0.100 mm，吸盘与吻突的大小比例约为 1∶3。颈部不明显。成熟体节略呈梯形，长宽为 0.260～0.350 mm×1.160～1.540 mm。每个节片有生殖器官 1 套，生殖孔无规则地交替开口于节片两侧缘中前方。睾丸 15～33 枚，大小为 0.039～0.045 mm×0.024～0.027 mm，分布于节片的后半部。雄茎囊呈纺锤形，大小为 0.105～0.150 mm×0.035～0.075 mm，位于排泄管外侧。雄茎长 0.085～0.119 mm。卵巢分左右两瓣，呈花瓣状，位于节片前部中央，大小为 0.216～0.384 mm×0.108～0.192 mm。卵黄腺致密，呈块状，大小为 0.036～0.120 mm×0.040～0.078 mm。阴道呈管状弯曲，末端开口于生殖腔，远端膨大为椭圆形的受精囊，受精囊大小为 0.043～0.100 mm×0.045 mm。早期子宫

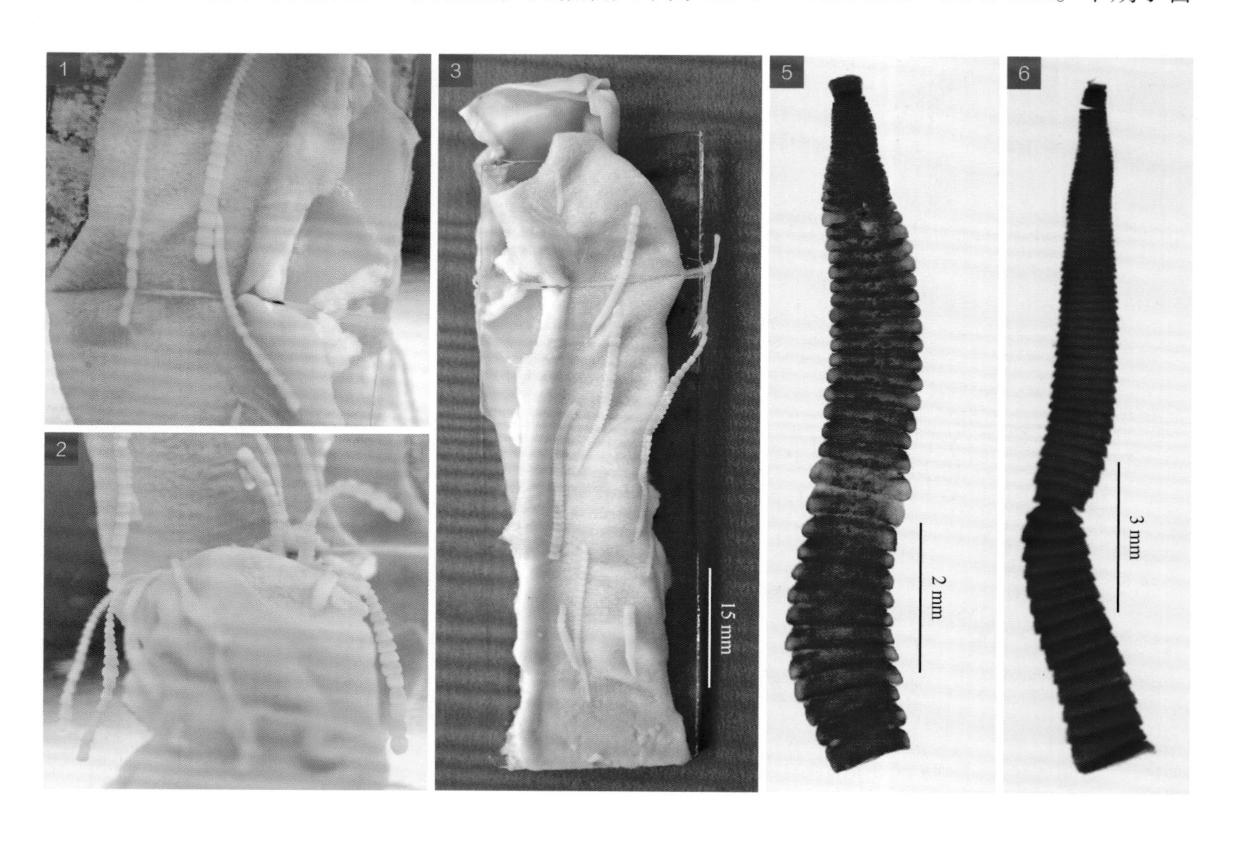

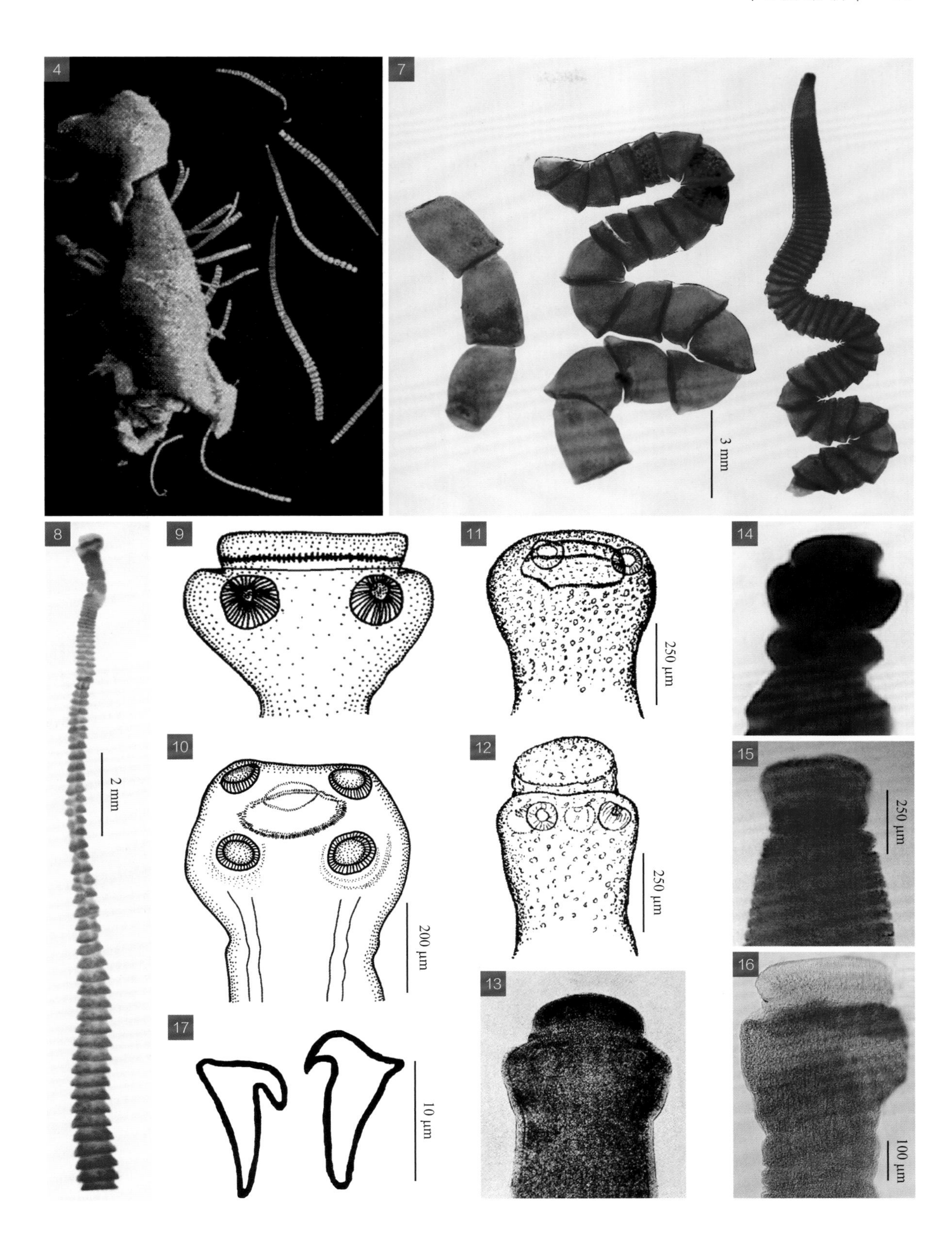
4
7
3 mm
8
2 mm
9
11
250 μm
14
10
200 μm
12
250 μm
15
250 μm
13
16
100 μm
17
10 μm

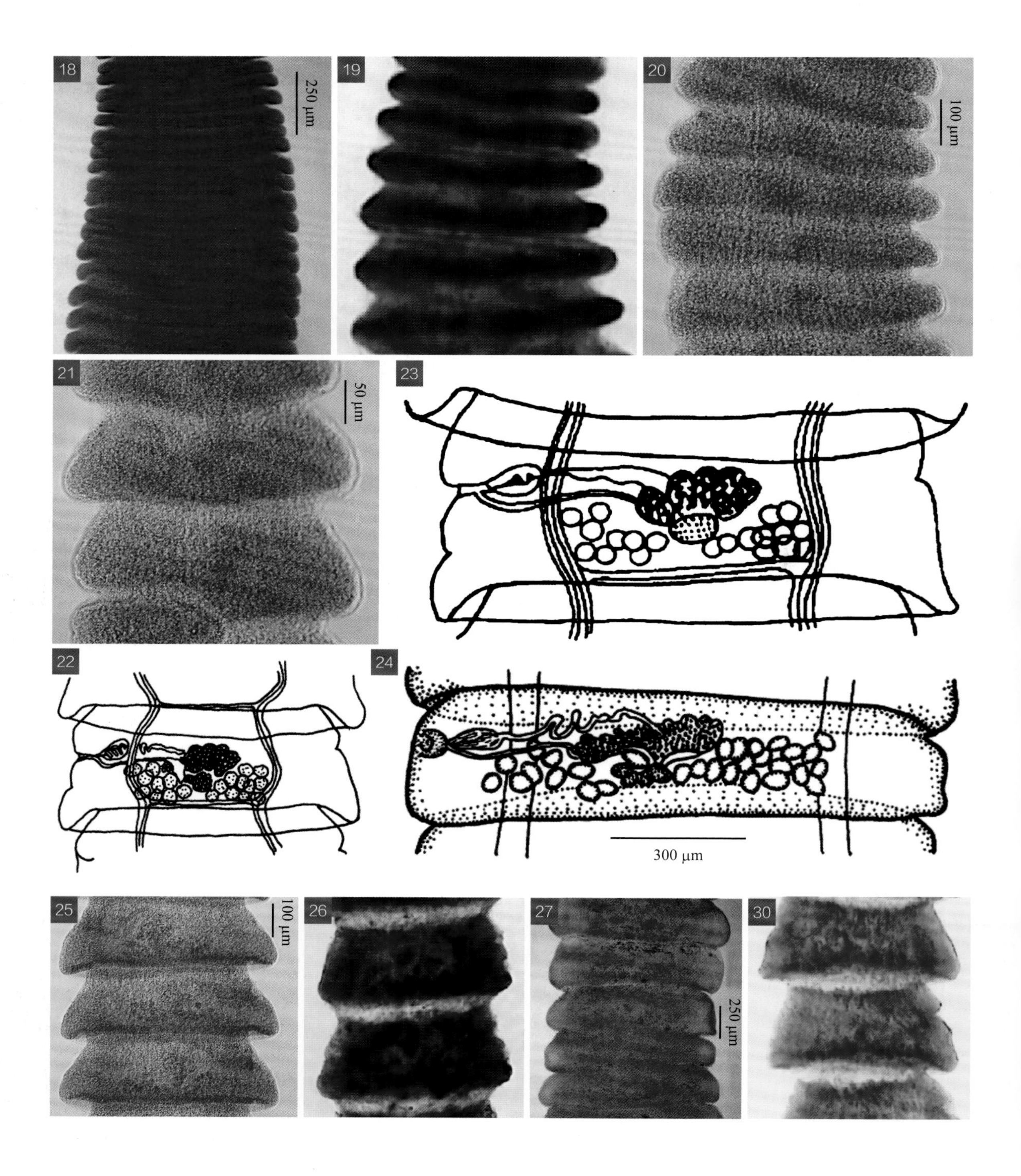
18
250 μm
19
20
100 μm
21
50 μm
23
22
24
300 μm
25
100 μm
26
27
250 μm
30

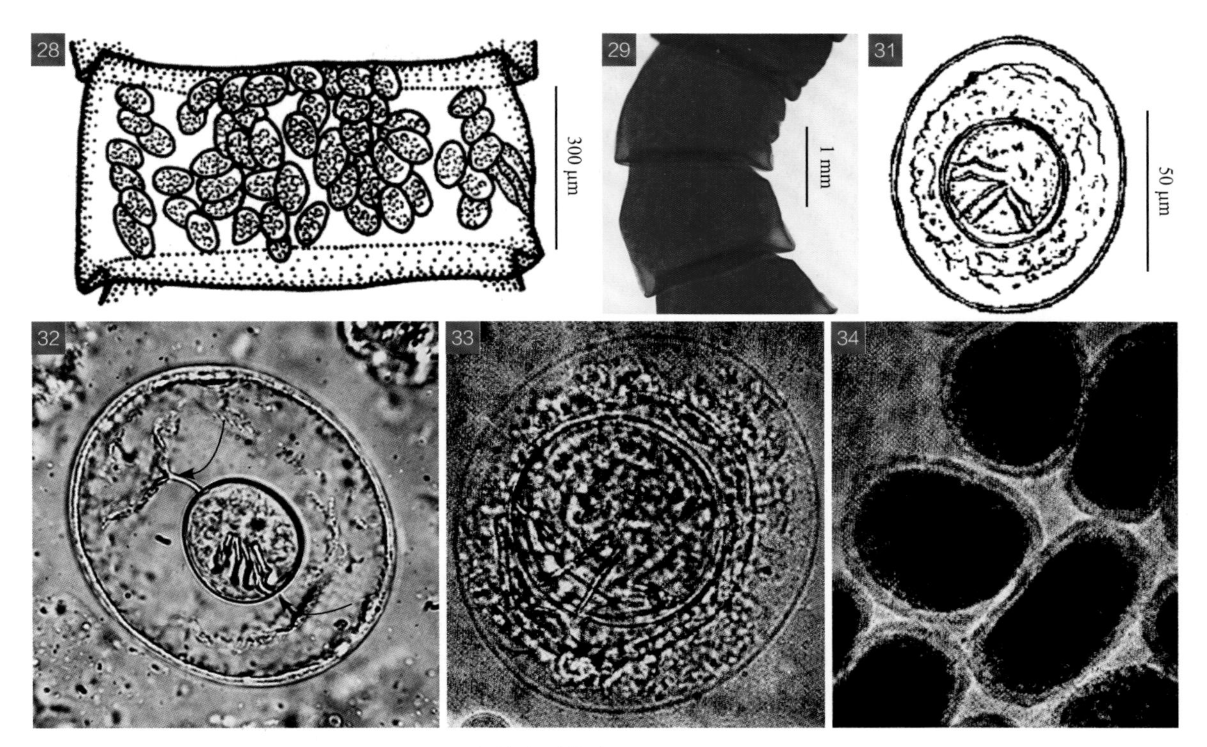

图 24　有轮瑞利绦虫 *Raillietina cesticillus*

图释

1～8. 虫体（1～4 示寄生于鸡小肠）；9～16. 头节；17. 吻钩；18～21. 未成熟节片；22～21. 成熟节片；28～30. 孕卵节片；31～33. 虫卵；34. 卵袋

1～3. 原图（LVRI）；4, 11～13, 31, 33, 34. 引自 Sugimoto（1934）；5～7, 15, 18, 27, 29. 原图（SASA）；8. 16, 20, 21, 25. 原图（SHVRI）；9, 23. 引自黄兵和沈杰（2006）；10, 17, 24, 28. 引自蒋学良等（2004）；14, 19, 26, 30. 原图（SCAU）；22, 32. 引自 McDougald（2013）

呈囊状，横列于卵巢上方，后期子宫扩展到节片四周，分隔成许多卵袋，每个卵袋含有虫卵 1 枚。虫卵大小为 69～78 μm×60～72 μm，六钩蚴大小为 32～42 μm×30～34 μm。

25 棘盘瑞利绦虫 *Raillietina echinobothrida* (Mégnin, 1880) Fuhrmann, 1920

【关联序号】43.3.4（16.3.4）/ 335。

【同物异名】棘钩瑞利绦虫；棘盘带绦虫（*Taenia echinobothrida* Mégnin, 1880）；盘弯带绦虫（*Taenia bothrioplites* Piana, 1881）；副棘盘戴维绦虫（*Davainea paraechinobothrida* Magalhães, 1898）；棘盘（约翰斯顿）瑞利绦虫（*Raillietina* (*Johnstonia*) *echinobothrida* (Mégnin, 1880) Fuhrmann, 1920）；棘盘（瑞利）瑞利绦虫（*Raillietina* (*Raillietina*) *echinobothrida* (Mégnin,

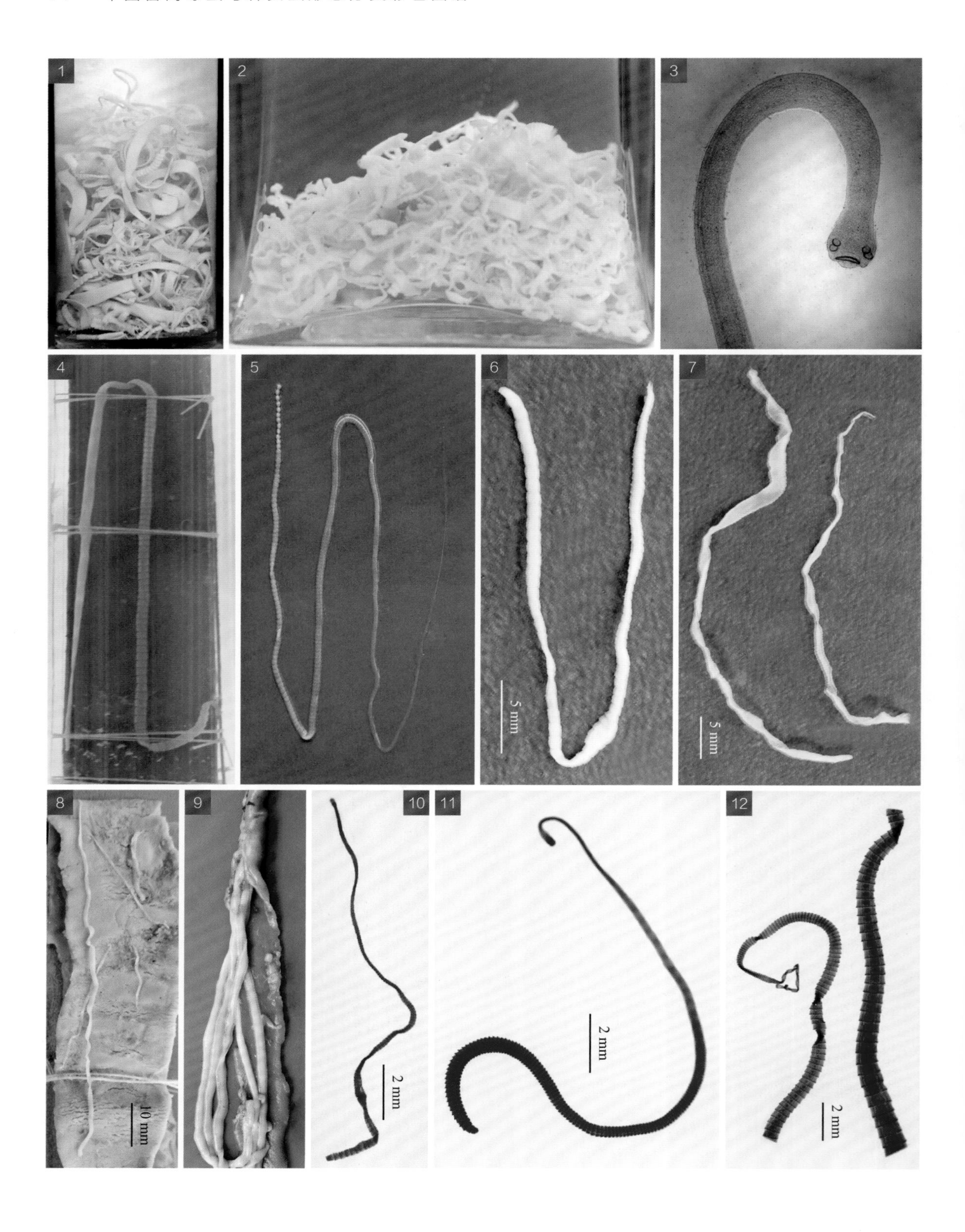
1
2
3
4
5
6
5 mm
7
5 mm
8
10 mm
9
10
2 mm
11
2 mm
12
2 mm

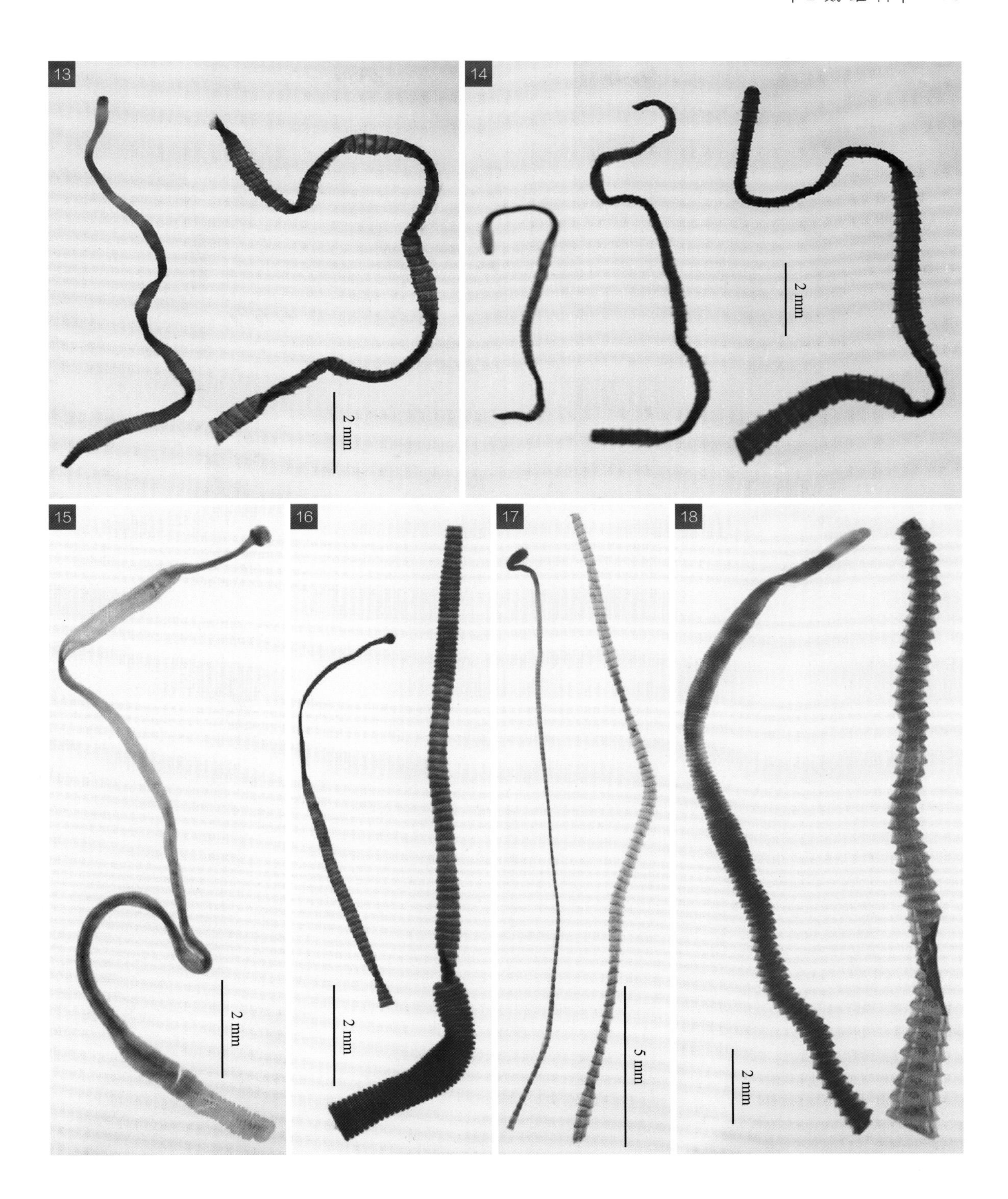
13
14
15
16
17
18
2 mm
2 mm
2 mm
2 mm
5 mm
2 mm

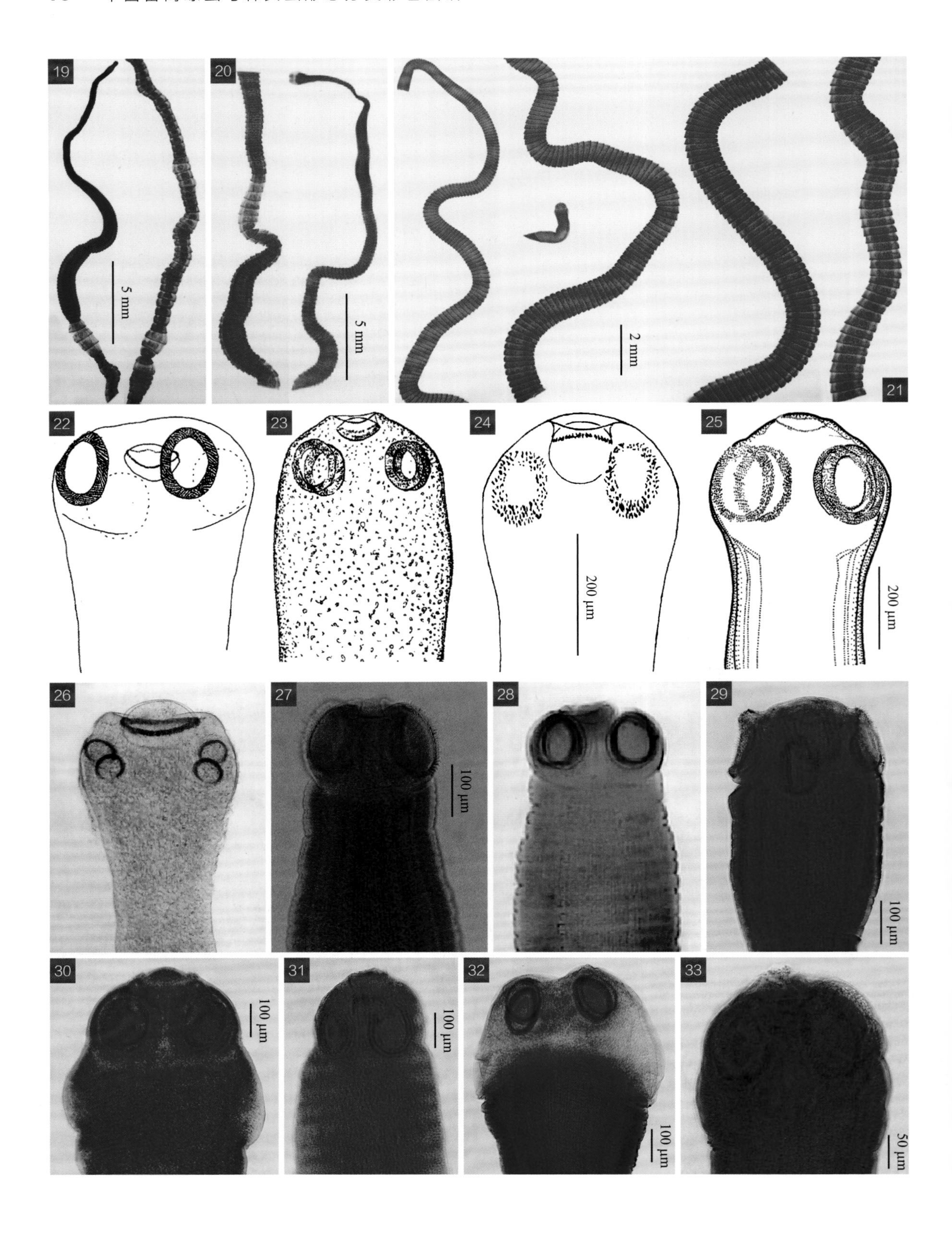
19
20
21
22
23
24
25
26
27
28
29
30
31
32
33
5 mm
5 mm
2 mm
200 μm
200 μm
100 μm
100 μm
100 μm
100 μm
100 μm
50 μm

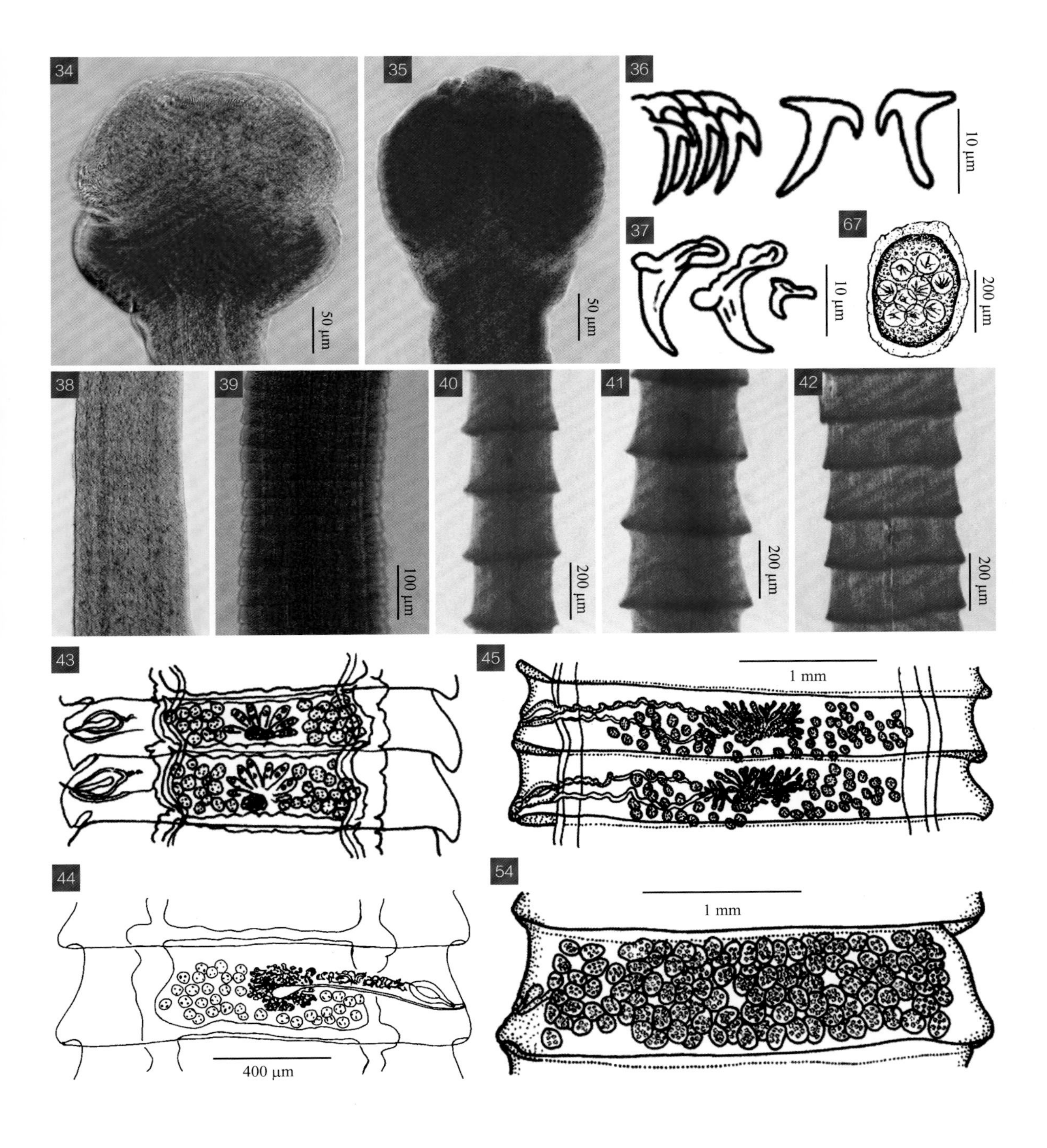
34
50 μm
35
50 μm
36
10 μm
37
10 μm
67
200 μm
38
39
100 μm
40
200 μm
41
200 μm
42
200 μm
43
45
1 mm
44
400 μm
54
1 mm

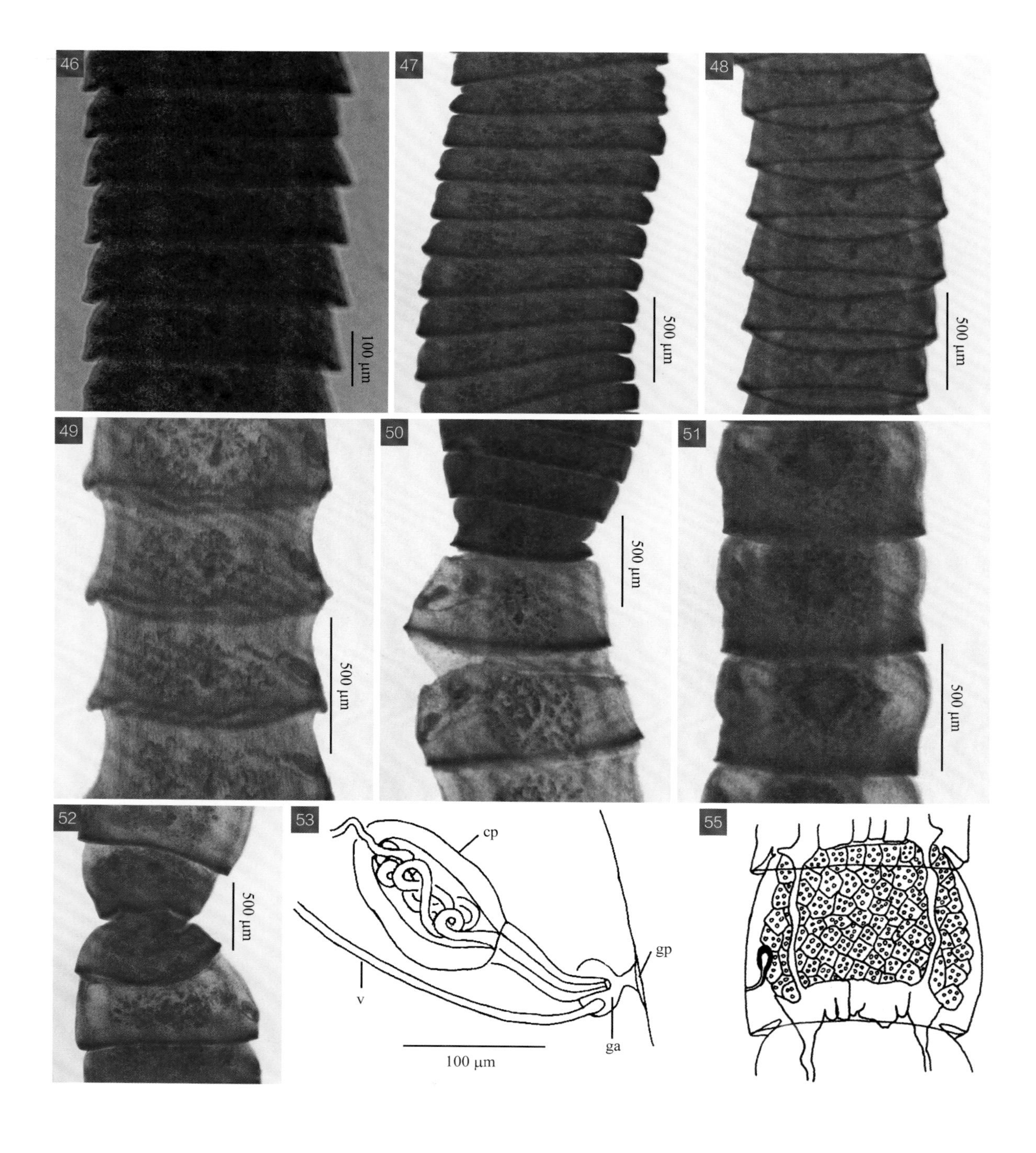
46
100 μm
47
500 μm
48
500 μm
49
500 μm
50
500 μm
51
500 μm
52
500 μm
53
cp
v
gp
ga
100 μm
55

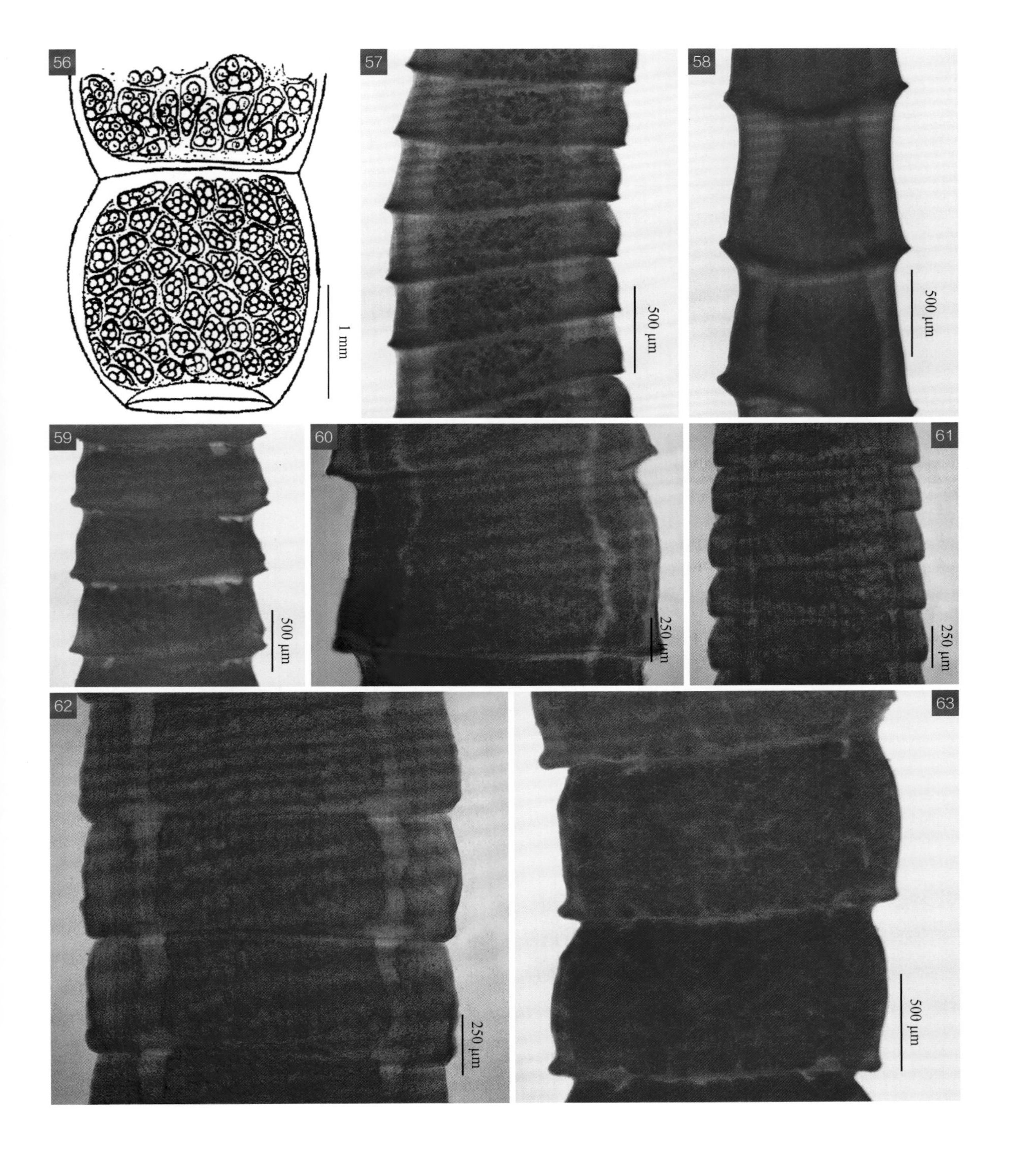
56
1 mm
57
500 μm
58
500 μm
59
500 μm
60
250 μm
61
250 μm
62
250 μm
63
500 μm

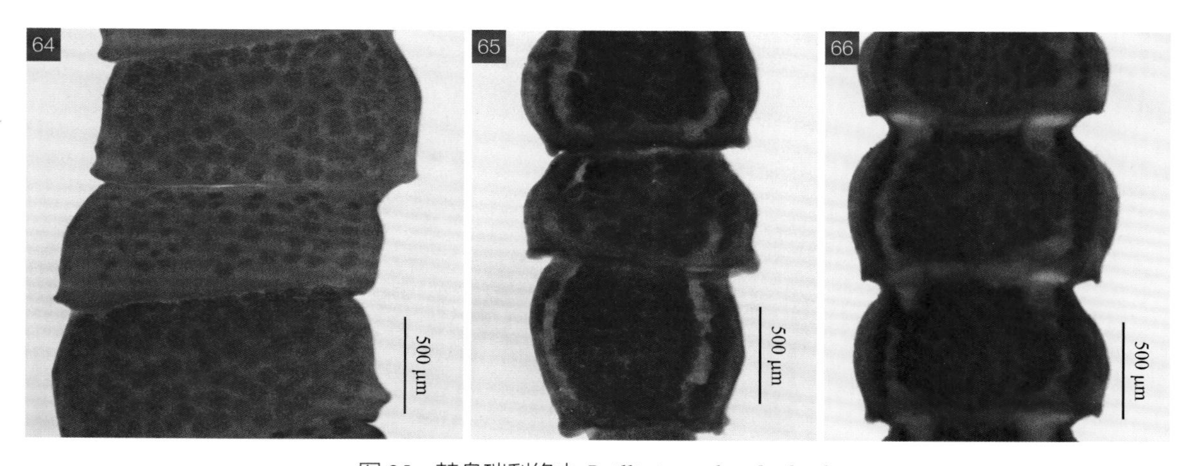

图 25 棘盘瑞利绦虫 *Raillietina echinobothrida*

图释

1～21. 虫体（8、9 示寄生于鸡小肠）；22～35. 头节；36. 吻钩；37. 吸盘钩；38～42. 未成熟节片；43～52. 成熟节片；53. 雄茎囊与生殖器开口；54～66. 孕卵节片；67. 卵袋

1, 10～14, 27, 39, 46, 60～62. 原图（SASA）；2, 6～8. 原图（LVRI）；3, 5, 9, 26, 38. 引自江斌等（2012）；4. 原图（SCAU）；15～21, 29～35, 40～42, 47～52, 57～59, 63～66. 原图（SHVRI）；22. 引自 Khalil 等（1994）；23, 56, 67. 引自 Sugimoto（1934）；24, 44, 53. 引自 Burt（1967）；25, 36, 37, 45, 54. 引自蒋学良等（2004）；28. 原图（YZU）；43, 55. 引自 McDougald（2013）

1880) Fuhrmann, 1924）；棘盘（弗尔曼）瑞利绦虫（*Raillietina* (*Fuhrmannetta*) *echinobothrida* (Mégnin, 1880) Stiles et Orlemann, 1926）；格氏瑞利绦虫（*Raillietina grobbeni* Böhm, 1925）；棘盘科特兰绦虫（*Kotlania echinobothrida* (Mégnin, 1880) López-Neyra, 1931）。

【宿主范围】成虫寄生于鸡、鸭、鹅的小肠。

【地理分布】安徽、北京、重庆、福建、甘肃、广东、广西、贵州、海南、河北、河南、黑龙江、湖北、湖南、吉林、江苏、江西、辽宁、内蒙古、宁夏、青海、山东、山西、陕西、上海、四川、天津、台湾、西藏、新疆、云南、浙江。

【形态结构】虫体长 7.60～25.00 cm，最大宽度 0.10～0.35 cm，节片的宽度大于长度。头节呈圆球形，长宽为 0.110～0.300 mm×0.227～0.560 mm，其上有 1 个可伸缩的吻突和 4 个吸盘。吻突直径为 0.085～0.180 mm，其上分布有 2 圈交替排列的吻钩 180～240 个，吻钩长 0.010～0.015 mm，呈镰刀形。吸盘呈椭圆形，大小为 0.150～0.200 mm×0.090～0.176 mm，具有 7～10 列呈螺旋排列的小钩，钩长 0.005～0.015 mm，外钩大，里钩小。颈节肥而短，宽度为 0.330～0.460 mm。成熟节片的长宽为 0.260～0.300 mm×1.260～1.380 mm，孕卵节片的长宽为 0.220～0.240 mm×2.680～2.700 mm。每个节片有生殖器官 1 套，生殖孔开口于体节单侧缘的中后部，少数为左右交叉。睾丸呈圆形，有 20～56 枚，大小为 0.038 mm×0.065 mm，分布于卵巢

两侧和卵黄腺后方，通常生殖孔侧的睾丸数（10～24 枚）少于对侧的睾丸数（15～36 枚），其大小在未成熟节片为 0.024～0.028 mm×0.026～0.040 mm，在成熟节片为 0.072～0.100 mm×0.044～0.060 mm。输精管卷曲，越过排泄管连接雄茎囊，无内贮精囊和外贮精囊。雄茎囊呈梨形，大小为 0.113～0.210 mm×0.060～0.100 mm，位于排泄管外侧。雄茎具棘，直径为 0.008～0.012 mm。卵巢分叶明显，呈扇形，位于节片中央，大小为 0.133～0.282 mm×0.249～0.548 mm。卵黄腺呈椭圆形或肾形，边缘略有缺刻，位于卵巢之后，大小为 0.080～0.140 mm×0.035～0.100 mm。受精囊位于卵巢与卵黄腺之间，阴道沿输精管和雄茎囊后面延伸至生殖腔。子宫早期不明显，孕卵节片的子宫形成卵袋，每节含圆形或椭圆形的卵袋 55～95 个，卵袋大小为 0.080～0.200 mm×0.100～0.280 mm，每个卵袋含有六钩蚴虫卵 6～12 枚。虫卵呈圆形，直径可达 84 μm，六钩蚴直径可达 28 μm，胚钩长 6 μm。

26 乔治瑞利绦虫 ***Raillietina georgiensis*** **Reid et Nugara, 1961**

【关联序号】 43.3.5（16.3.5）/ 。

【同物异名】 乔治瑞利（瑞利）绦虫（*Raillietina* (*Raillietina*) *georgiensis* Reid et Nugara, 1961）。

【宿主范围】 成虫寄生于鸡的小肠。

【地理分布】 广东、贵州。

【形态结构】 虫体长 15.00～38.00 cm，最大宽度 0.35 cm。头节具吻突和吸盘 4 个。吻突上吻钩 220～268 个，排列为 2 圈，吻钩的长宽为 0.017～0.023 mm×0.012～0.016 mm。吸盘近圆形，大小为 0.110～0.179 mm×0.080～0.151 mm，具 8～10 圈刺，刺长 0.008～0.013 mm，外圈的刺长于内圈。颈节显明，长 1.300～3.200 mm。链体节片的宽度大于长度，而脱离链体的孕卵节片的长度大于宽度。每节有生殖器官 1 套，生殖孔开口于节片单侧缘的中 1/3，极个别为无规则地交替开口于节片两侧。睾丸呈圆形或不确定形，有 23～29 枚，平均直径约 0.065 mm，分成 2 组分布于排泄管之间，生殖孔侧为 7～9 枚，生殖孔对侧为 16～20 枚。输精管起于节片中央，向侧面延伸，形成许多卷曲，通向雄茎囊。雄茎囊大小为 0.096～0.143 mm×0.055～0.096 mm，其囊底可达生殖孔与纵排泄管之间距离的一半。雄茎无棘，在收缩时呈三螺旋状卷曲于雄茎囊内。卵巢分叶，在发育过程中可形成 3～10 瓣。卵黄腺致密，大小为 0.200～0.248 mm×0.082～0.110 mm，位于卵巢后方的中央。阴道为横管状，平行于输精管后面，从背腹排泄管之间穿过，在雄茎囊后方进入生殖腔。部分标本中，阴道末端明显增厚膨大，类似于雄茎囊大小。孕卵节片的子宫形成卵袋，每节有卵袋 80～130 个，每个卵袋含六钩蚴虫卵 8～10 枚。虫卵直径为 27～48 μm，六钩蚴直径为 17～20 μm，六钩蚴的钩长为 5～7 μm。

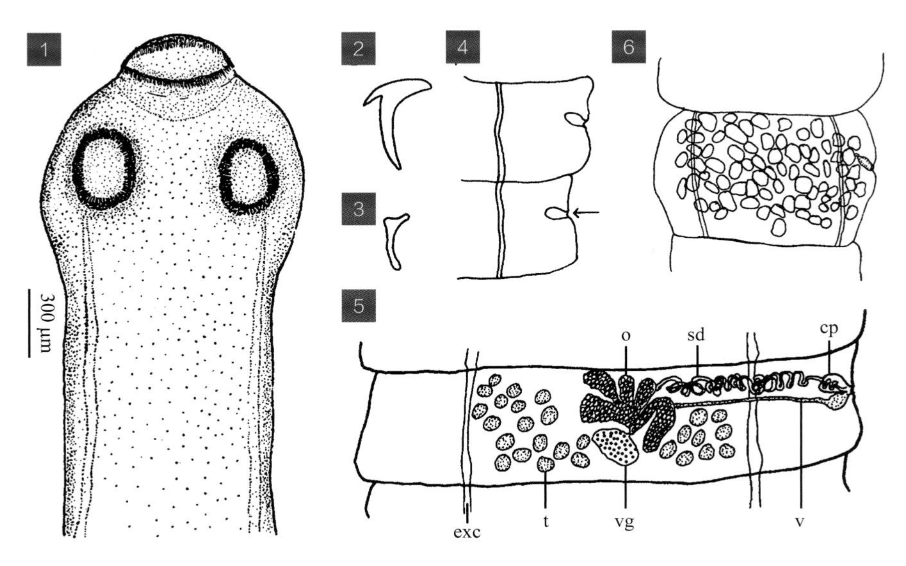

图 26　乔治瑞利绦虫 *Raillietina georgiensis*

图释

1. 头节；2. 吻钩；3. 吸盘钩；4. 生殖孔开口处；5. 成熟节片；6. 孕卵节片

1～6. 引自 Reid and Nugara（1961）

27 大珠鸡瑞利绦虫　*Raillietina magninumida* Jones, 1930

【关联序号】43.3.6（16.3.6）/ 336。

【同物异名】大珠鸡派龙绦虫（*Paroniella magninumida* Jones, 1930）；大珠鸡（派龙）瑞利绦虫（*Raillietina* (*Paroniella*) *magninumida* Jones, 1930）。

【宿主范围】成虫寄生于鸡的小肠。

【地理分布】广东、海南、新疆、浙江。

【形态结构】虫体长 10.00～15.00 cm，最大宽度 0.13 cm。头节呈长椭圆形，直径为 0.160～0.210 mm，其上有吻突和 4 个吸盘。吻突大而宽，上有吻钩 150～160 个，排成 2 圈，吻钩长 0.008～0.010 mm。吸盘呈圆形，直径为 0.050～0.065 mm，有不少于 10 圈的小钩，小钩长 0.008 mm。成熟节片每节有生殖器官 1

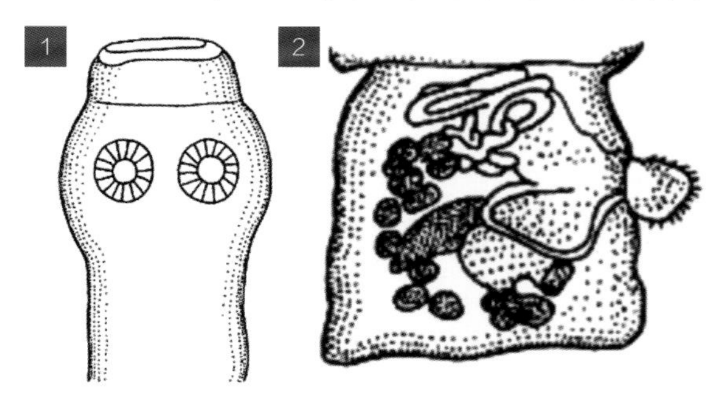

图 27　大珠鸡瑞利绦虫 *Raillietina magninumida*

图释

1. 头节；2. 成熟节片

1, 2. 引自黄兵和沈杰（2006）

套，生殖孔开口于节片单侧边缘的中央。每节有睾丸 13～18 枚，大部分位于节片的中下部。雄茎囊极大，呈袋状，长 0.280～0.350 mm。雄茎上具有大棘，棘长 0.018～0.024 mm。卵巢和卵黄腺位于节片中横线下方。孕卵节片的子宫形成卵袋，每个卵袋含六钩蚴虫卵 1 枚，虫卵长约 40 μm，六钩蚴直径约 19 μm。

28 小钩瑞利绦虫 *Raillietina parviuncinata* Meggitt et Saw, 1924

【关联序号】43.3.7（16.3.7）/ 。

【同物异名】小钩（兰塞姆）瑞利绦虫（*Raillietina* (*Ransomia*) *parviuncinata* (Meggitt et Saw, 1924) Fuhrmann, 1924）；小钩科特兰绦虫（*Kotlania parviuncinata* (Meggitt et Saw, 1924) López-Neyra, 1931）；小钩（瑞利）瑞利绦虫（*Railliatina* (*Railliatina*) *parviuncinata* (Meggitt et Saw, 1924) Fuhrmann, 1924）。

【宿主范围】成虫寄生于鸭的小肠。

【地理分布】福建、江苏。

【形态结构】虫体长 11.00～12.00 cm，最大宽度 0.02 cm。头节直径为 0.260～0.370 mm，吻

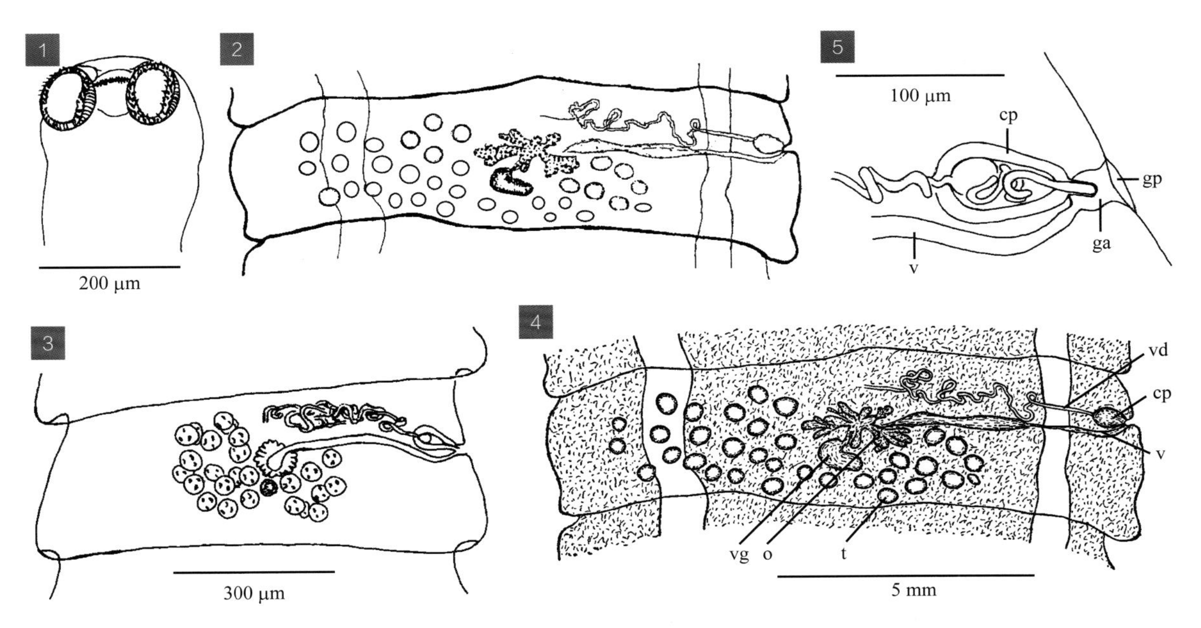

图 28　小钩瑞利绦虫 *Raillietina parviuncinata*

图释

1. 头节；2～4. 成熟节片；5. 雄茎囊与生殖器开口

1, 3, 5. 引自 Burt（1967）；2. 仿陈淑玉和汪溥清（1994）；4. 引自 Meggitt and Saw（1924）

突直径为 0.026～0.030 mm，具有 2 圈 “T” 形吻钩，吻钩长 0.007～0.009 mm。吸盘有很多刺。每节有生殖器官 1 套，生殖孔开口于节片单侧边缘的前方。睾丸在早期成熟节片为 24 枚，完全成熟节片为 39 枚，其中，18～20 枚分布于生殖孔对侧，有 2～3 枚分布在排泄管外面，9～12 枚分布于生殖孔侧节片后方的排泄管内。输精管卷曲。在成熟节片中，雄茎囊呈梨形，有些可达腹排泄管，有些不达腹排泄管。卵巢呈多深裂的瓣状。卵黄腺位于卵巢后方。阴道从雄茎囊的腹侧进入生殖腔，其远端膨大形成受精囊。受精囊位于节片中央。每个孕卵节片有 40～50 个卵袋，每个卵袋含六钩蚴虫卵数枚，早期卵袋有虫卵 5～6 枚，后期卵袋有虫卵 11～13 枚。

29 穿孔瑞利绦虫　***Raillietina penetrans* (Baczynska, 1914) Fuhrmann, 1920**

【关联序号】 43.3.8（16.3.8）/。

【同物异名】 穿孔戴维绦虫（*Davainea penetrans* Baczynska, 1914）；穿孔（瑞利）瑞利绦虫（*Raillietina* (*Raillietina*) *penetrans* (Baczynska, 1914) Fuhrmann, 1924）。

【宿主范围】 成虫寄生于鸡的小肠。

【地理分布】 福建。

【形态结构】 虫体长 8.00～18.00 cm，最大宽度 0.15 cm。头节长宽约为 0.288 mm×0.352 mm。吻突的直径为 0.104 mm，具有吻钩 2 圈约 240 个，钩长 0.013 mm。吸盘最大直径达 0.169 mm，有 14～15 圈刺。颈节与头节的分界不明显，长宽约为 0.970 mm×0.336 mm。体节的宽度大于长度，未成熟节片的长宽为 0.160～0.240 mm×1.000～1.400 mm，成熟节片的长宽为 0.440～0.500 mm×2.500～3.000 mm。每节有生殖器官 1 套，生殖孔开口于节片单侧边缘的后 1/3，个别节片出现异常的交替开口。腹排泄管非常发达，直径为 0.112～0.160 mm，距节片边缘约 0.240 mm。背排泄管位于腹排泄管内侧，直径为 0.012～0.016 mm。睾丸约 28 枚，直径约为 0.042 mm，多数位于卵巢的两侧，极少数位于卵巢后面。输精管呈陀螺状卷曲。雄茎囊呈梨形，肌质发达，在成熟节片中的大小为 0.098～0.106 mm×0.070～0.078 mm，囊壁厚 0.009 mm，其底部不达腹排泄管。雄茎具小棘。卵巢分叶，位于节片中央。卵黄腺位于卵巢后面，大小约为 0.022 mm×0.078 mm。阴道呈直管状，直径约 0.018 mm，位于雄茎囊后面，在节片的中央阴道膨大为受精囊。两性管从排泄管之间穿过。孕

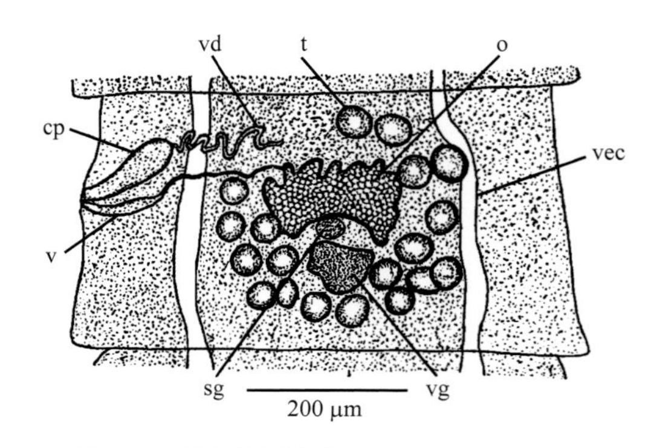

图 29　穿孔瑞利绦虫 *Raillietina penetrans*

图释

成熟节片（引自 Johri，1934）

卵节片的子宫形成 90～120 个卵袋，占据整个节片，卵袋大小为 0.100～0.120 mm×0.140～0.160 mm，每个卵袋含六钩蚴虫卵 5～10 个（罕见 4 个）。虫卵大小为 12～14 μm×12～14 μm，六钩蚴直径为 10 μm。

30 兰氏瑞利绦虫 *Raillietina ransomi* (Williams, 1931) Fuhrmann, 1920

【关联序号】43.3.10（16.3.10）/ 337。

【同物异名】兰氏戴维绦虫（*Davainea ransomi* Williams, 1931）；兰氏（斯克里亚宾）瑞利绦虫（*Raillietina* (*Skrjabinia*) *ransomi* (Williams, 1931) Fuhrmann, 1932）。

【宿主范围】成虫寄生于鸡、鸭的小肠。

【地理分布】广东、贵州、新疆、云南。

【形态结构】虫体长 0.40～1.40 cm，最大宽度 0.06～0.15 cm。有节片 59～80 个，节片宽度全部大于长度。头节扁宽，长宽为 0.209～0.347 mm×0.346～0.484 mm。吻突呈轮状，直径 0.150～1.206 mm，其上具有 2 圈斧形吻钩，数目为 500～520 个，长钩长 0.011～0.013 mm，短钩长 0.008～0.010 mm。头节上具有吸盘 4 个，吸盘无刺，直径为 0.035～0.100 mm。颈节较短，长 0.130～0.153 mm。每节有生殖器官 1 套，生殖孔呈不规则交替开口于节片两侧缘的中前

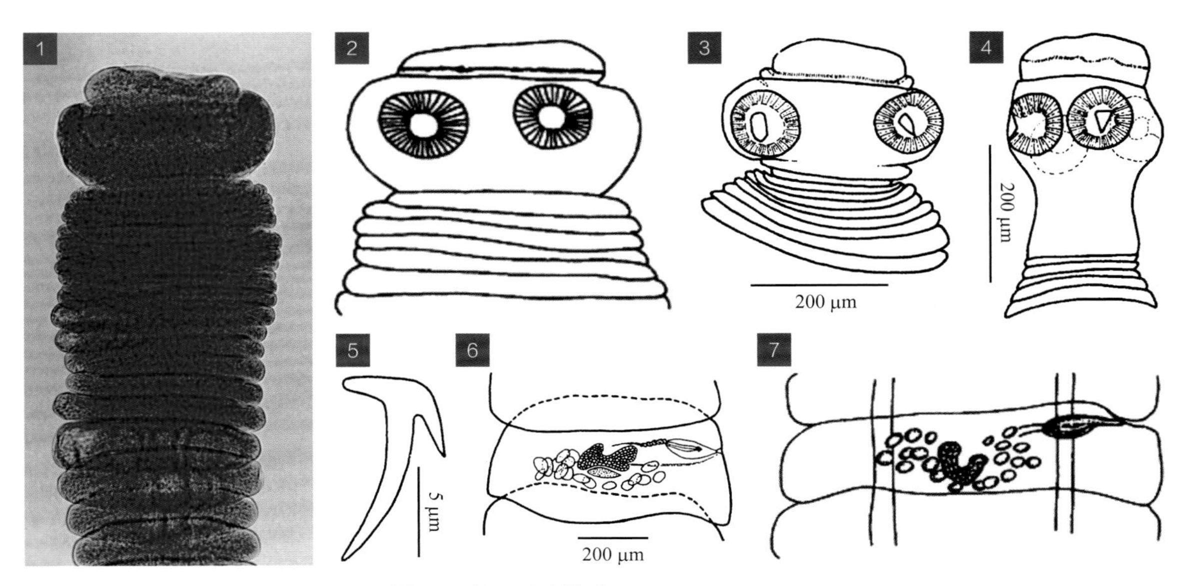

图 30　兰氏瑞利绦虫 *Raillietina ransomi*

图释

1. 虫体；2～4. 头节；5. 吻钩；6, 7. 成熟节片

1. 原图（黄德生 摄）；2, 7. 引自黄兵和沈杰（2006）；3～6. 引自 Williams（1931）

方。睾丸呈圆形或椭圆形，有15～25枚，大小为0.034～0.038 mm×0.036～0.042 mm，分布于节片排泄管之间的中后部。雄茎囊呈袋状，大小为0.099～0.126 mm×0.042～0.053 mm。卵巢形状不规则，位于节片中央。孕卵节片的子宫形成许多卵袋，卵袋大小为0.040～0.044 mm×0.030～0.035 mm。每个卵袋含有六钩蚴虫卵1枚，虫卵直径为29～40 μm。

31 山东瑞利绦虫 *Raillietina shantungensis* Winfield et Chang, 1936

【关联序号】 43.3.11（16.3.11）/ 。

【宿主范围】 成虫寄生于鸡的小肠。

【地理分布】 山东。

【形态结构】 虫体长10.30 cm，最大宽度0.40 cm。头节长宽为0.172 mm×0.224 mm，有吻突和吸盘4个。吻突宽0.059～0.076 mm，具有吻钩200个，相互排成2列，钩长约0.014 mm。吸盘大小为0.120 mm×0.069 mm，具刺。颈节较长，有1.260 mm。成熟节片的宽度大于长度，每节的后缘略宽于下一节的前缘。每节有生殖器官1套，生殖孔开口于节片单侧边缘后1/4的前沿。睾丸呈球形，有43～57枚，直径为0.022～0.035 mm，位于排泄管之间，不达排泄管；生殖孔侧有13～18枚，分布于卵巢、卵黄腺和阴道后面；生殖孔对侧有29～40枚，分布于除卵巢外的大部分空间。输精管呈显著的陀螺状卷曲，连接雄茎囊。雄茎囊呈长袋状，长0.189 mm，位于排泄管外侧的节片中下部，其前部长而薄，后部为梨形，内含环形的输精管。卵巢有强烈的树枝状分支，呈扇形分布，占据节片的中1/3，大小为0.464～0.516 mm×0.120～0.138 mm。卵黄腺为致密块状，形状不规则，大小为0.138～0.155 mm×0.080～0.093 mm，位于卵巢后面。阴道从雄性生殖孔后面向内延伸，经一个小长梨形膨大后变狭窄，沿输精管后方穿过排泄管，略转向卵巢中心延伸，形成1个长而薄的受精囊，接近卵巢边缘。孕卵节片内充满卵袋，卵袋彼此紧密相邻。每个卵袋含虫卵1～5枚，虫卵大小为33～41 μm×22～33 μm。

［注：赵辉元（1996）将本种列为棘盘瑞利绦虫的同物异名］

图31 山东瑞利绦虫 *Raillietina shantungensis*（图暂缺）

32 四角瑞利绦虫 *Raillietina tetragona* (Molin, 1858) Fuhrmann, 1920

【关联序号】 43.3.12（16.3.12）/ 338。

【同物异名】 四角带绦虫（*Taenia tetragona* Molin, 1858）；长颈带绦虫（*Taenia longicollis* Molin, 1858）；四角戴维绦虫（*Davainea tetragona* (Molin, 1858) Blanchard, 1891）；盘弯戴维绦虫（*Davainea bothrioplitis* Fillippi, 1892）；四角（兰塞姆）瑞利绦虫（*Raillietina* (*Ransomia*) *tetragona* (Molin, 1858) Fuhrmann, 1920）；四角（瑞利）瑞利绦虫（*Raillietina* (*Raillietina*) *tetragona*（Molin，1858）Fuhrmann, 1924）；四角科特兰绦虫（*Kotlania tetragona* (Molin, 1858) López-Neyra, 1931）；禽（瑞利）瑞利绦虫（*Raillietina* (*Raillietina*) *galli* (Yamaguti, 1935) Sawada , 1955）。

【宿主范围】成虫寄生于鸡、鸭、鹅的小肠。

【地理分布】安徽、重庆、福建、甘肃、广东、广西、贵州、海南、河北、河南、黑龙江、湖北、湖南、吉林、江苏、江西、辽宁、内蒙古、宁夏、青海、山东、山西、陕西、上海、四川、台湾、天津、西藏、新疆、云南、浙江。

【形态结构】虫体为扁平细带状，白色，体长 1.00～25.00 cm，最大宽度 0.20～0.40 cm。有背

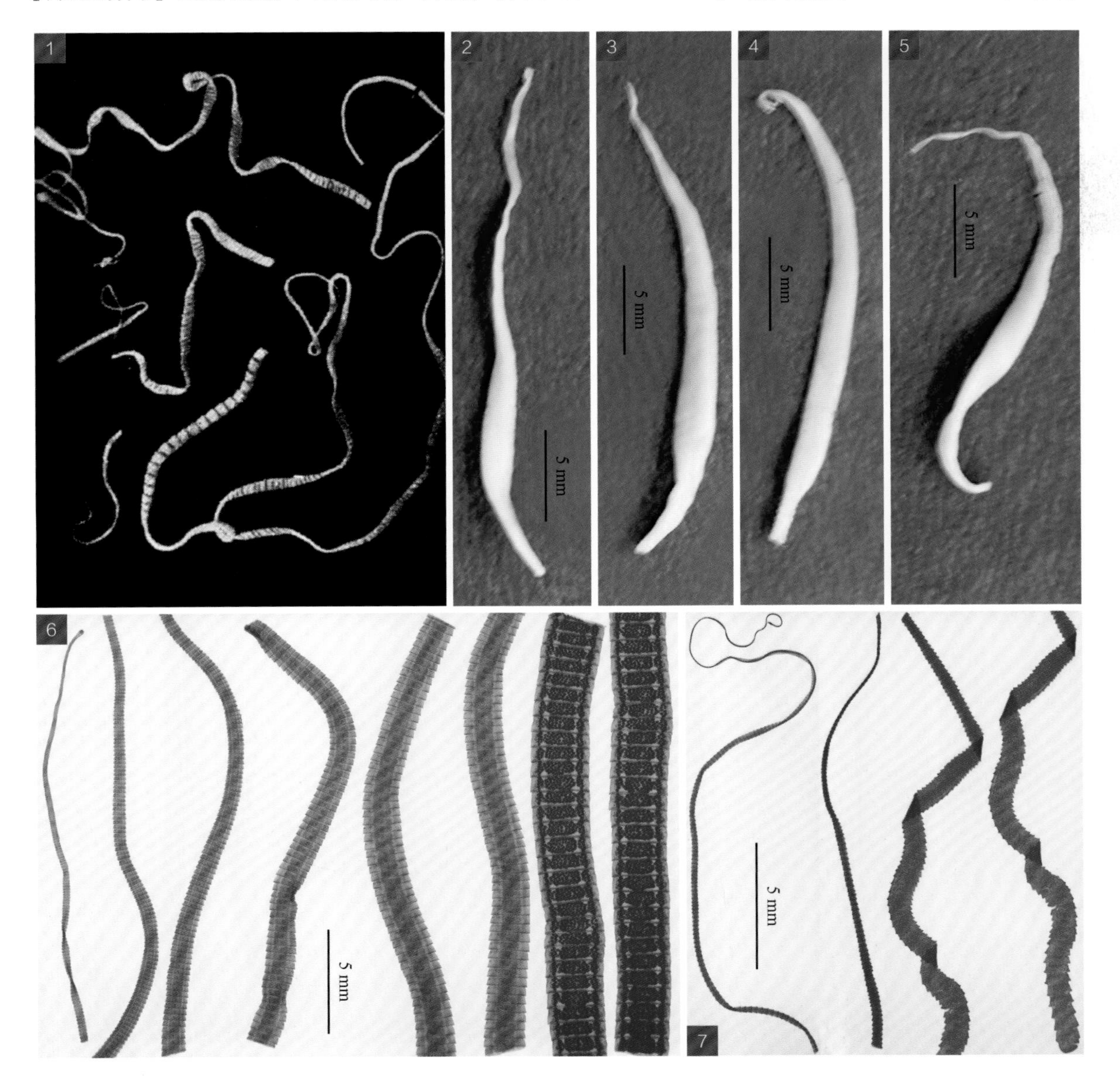

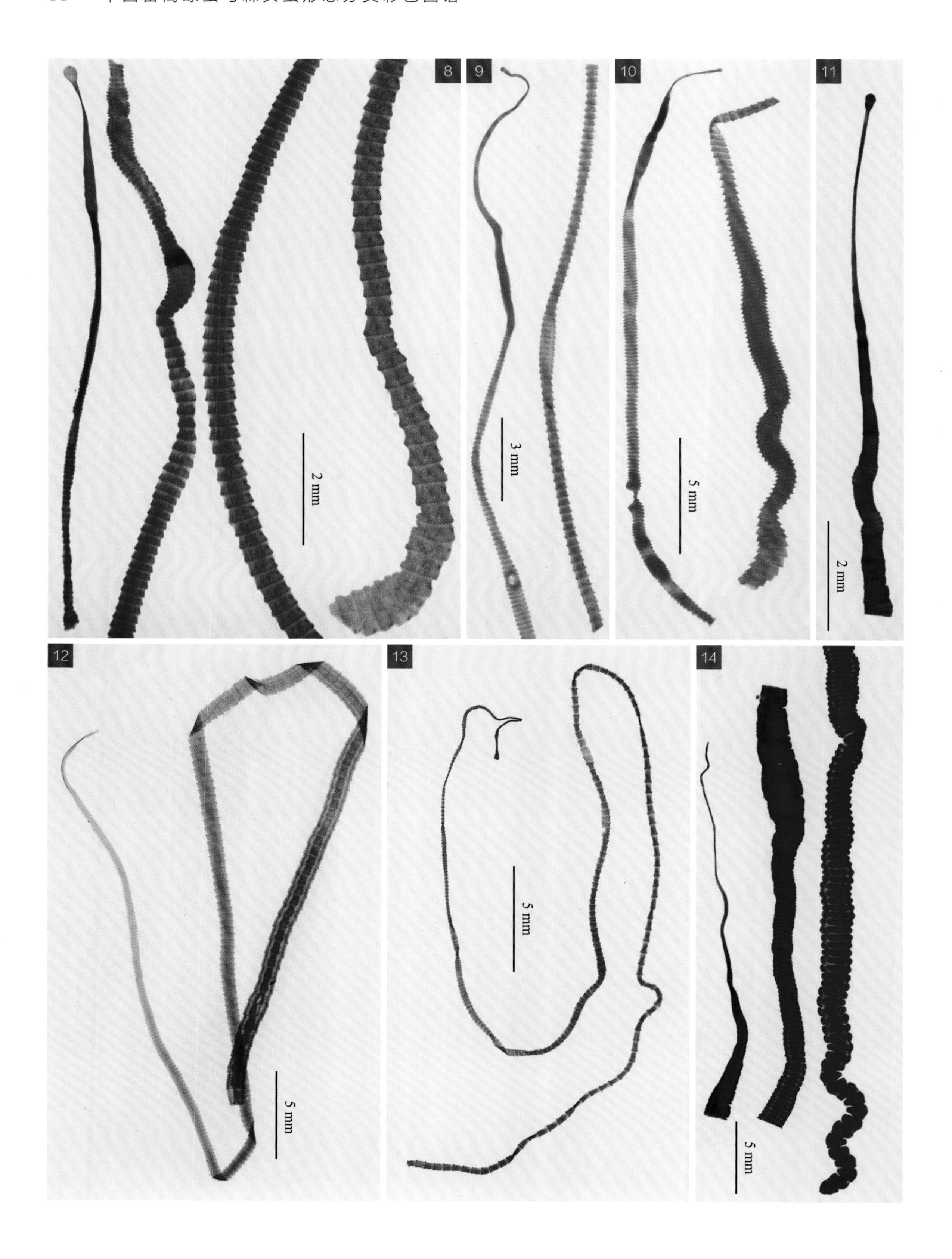
8
9
10
11
12
13
14
2 mm
3 mm
5 mm
2 mm
5 mm
5 mm
5 mm

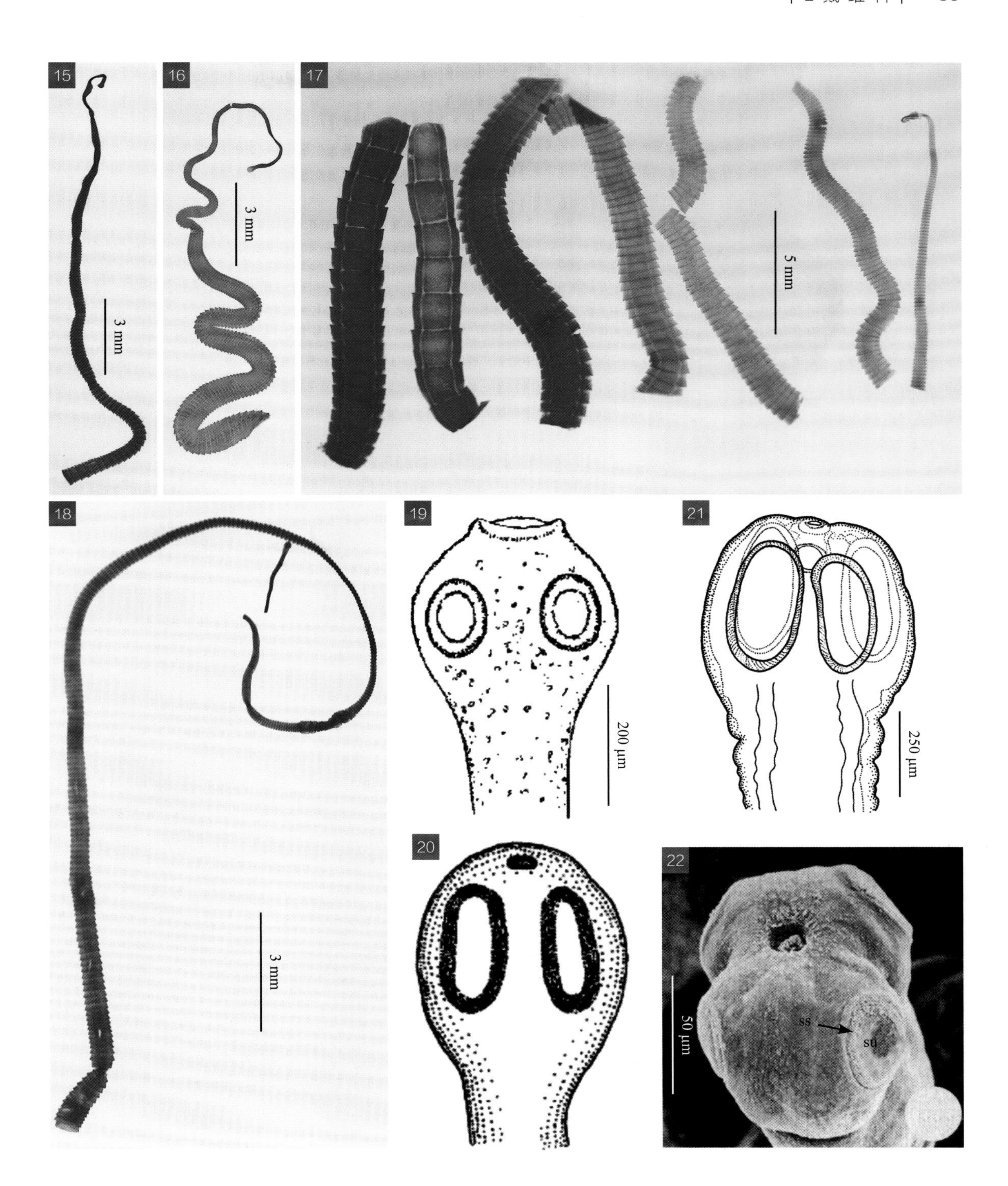
15
16
17
18
19
20
21
22
3 mm
3 mm
5 mm
3 mm
200 μm
250 μm
50 μm
ss
su

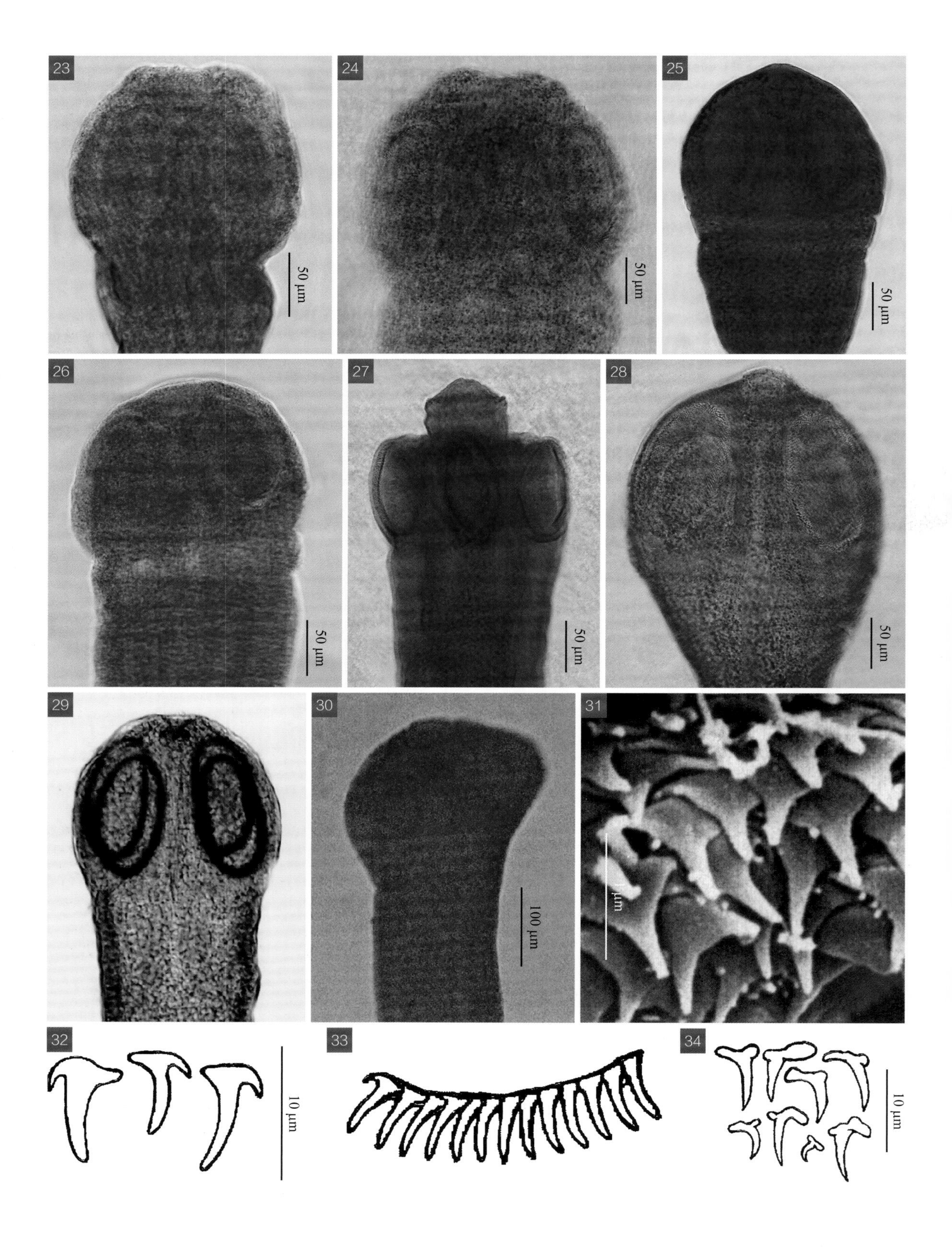
23
50 μm
24
50 μm
25
50 μm
26
50 μm
27
50 μm
28
50 μm
29
30
100 μm
31
1 μm
32
10 μm
33
34
10 μm

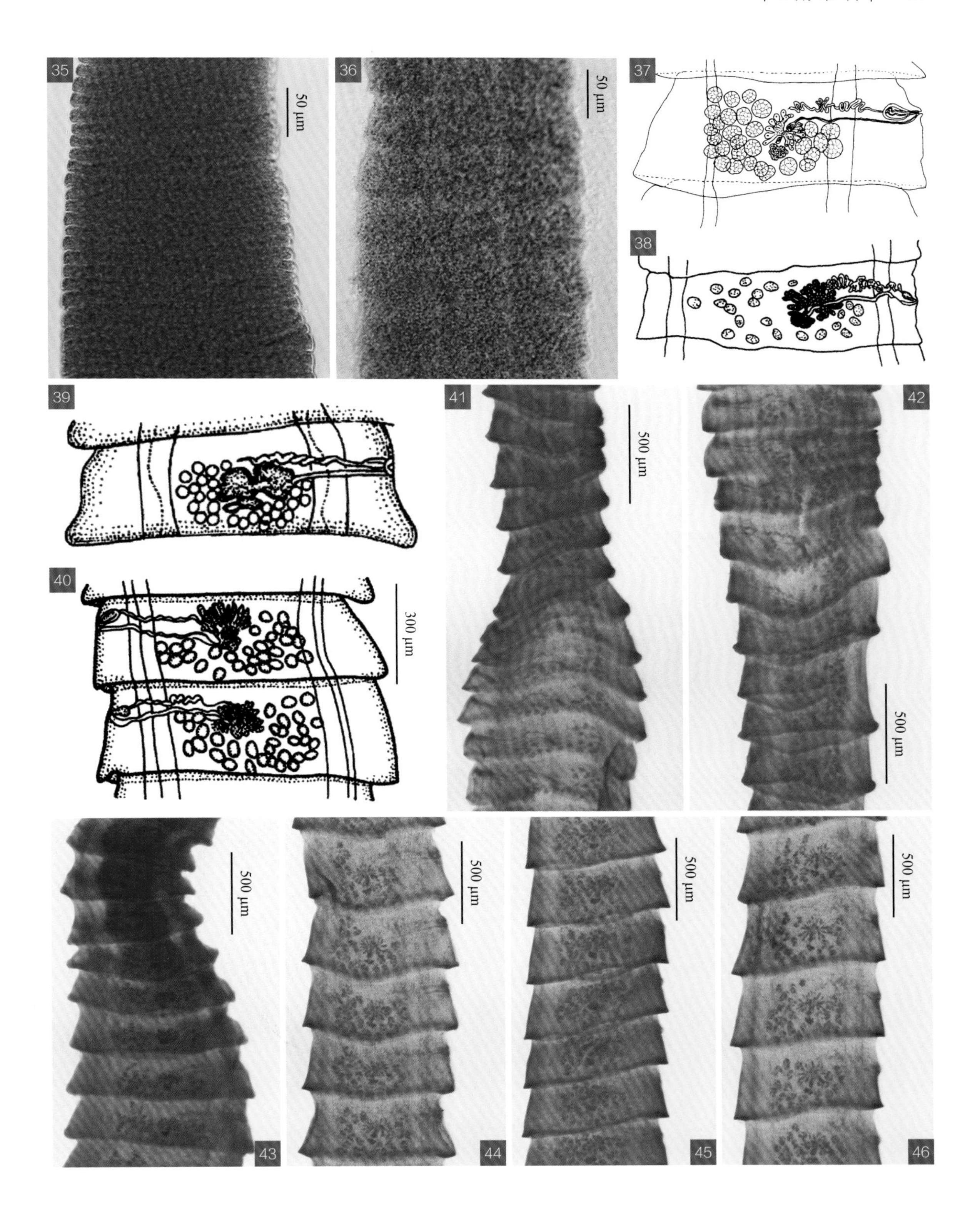
35
50 μm
36
50 μm
37
38
39
40
300 μm
41
500 μm
42
500 μm
43
500 μm
44
500 μm
45
500 μm
46
500 μm

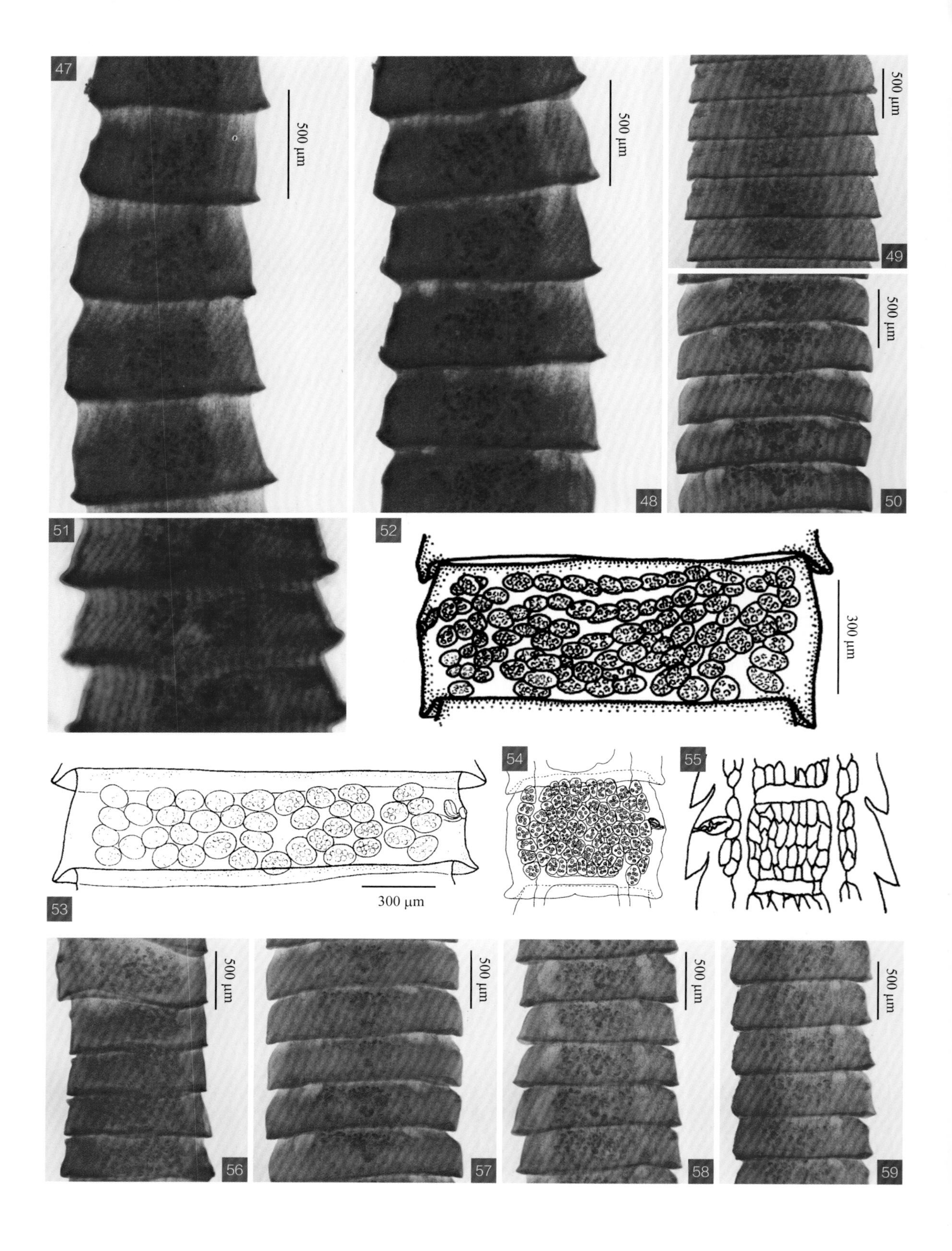
47
500 μm
500 μm
48
500 μm
49
500 μm
50
51
52
300 μm
53
300 μm
54
55
500 μm
56
500 μm
57
500 μm
58
500 μm
59

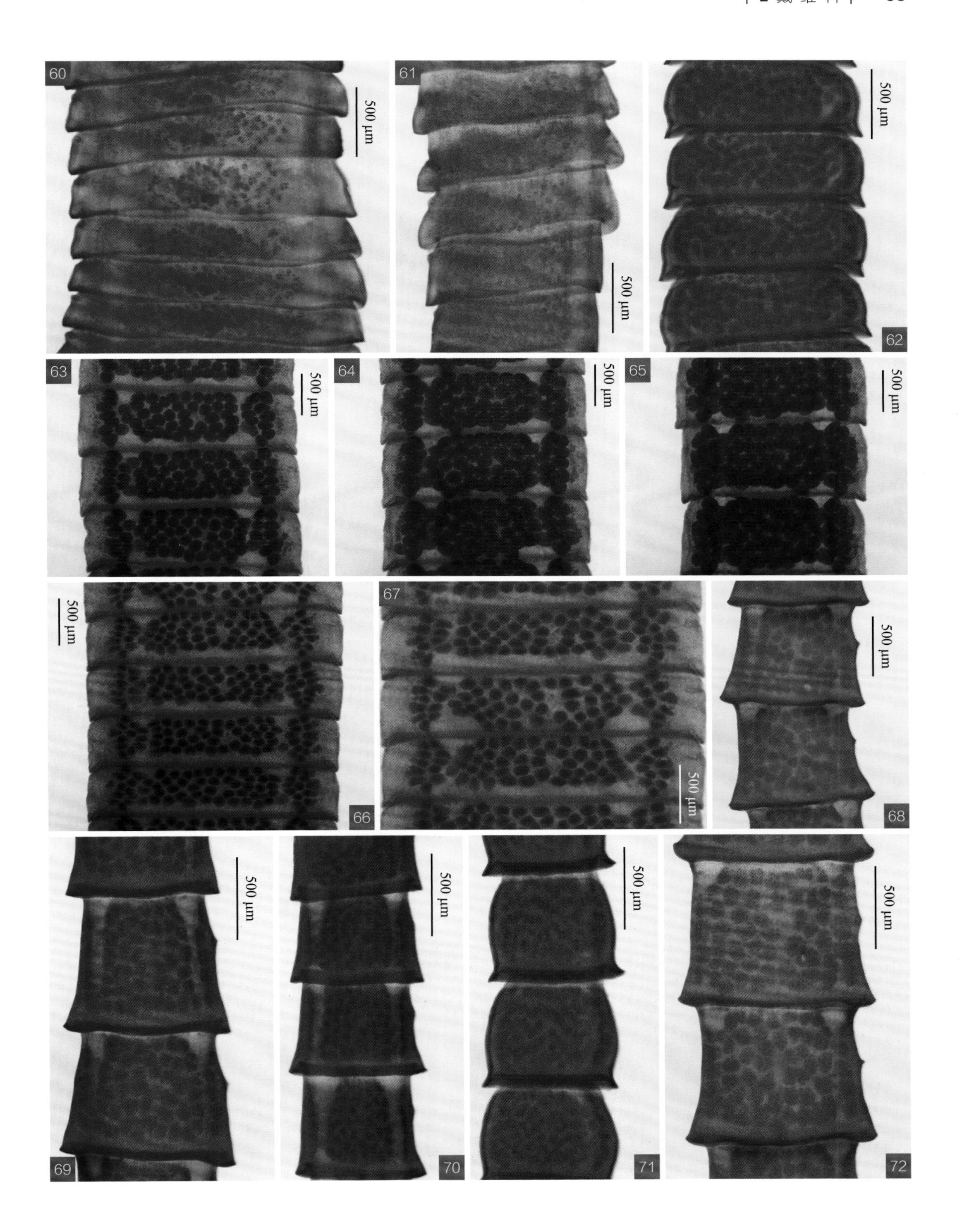
60
61
62
63
64
65
67
66
68
69
70
71
72
500 μm

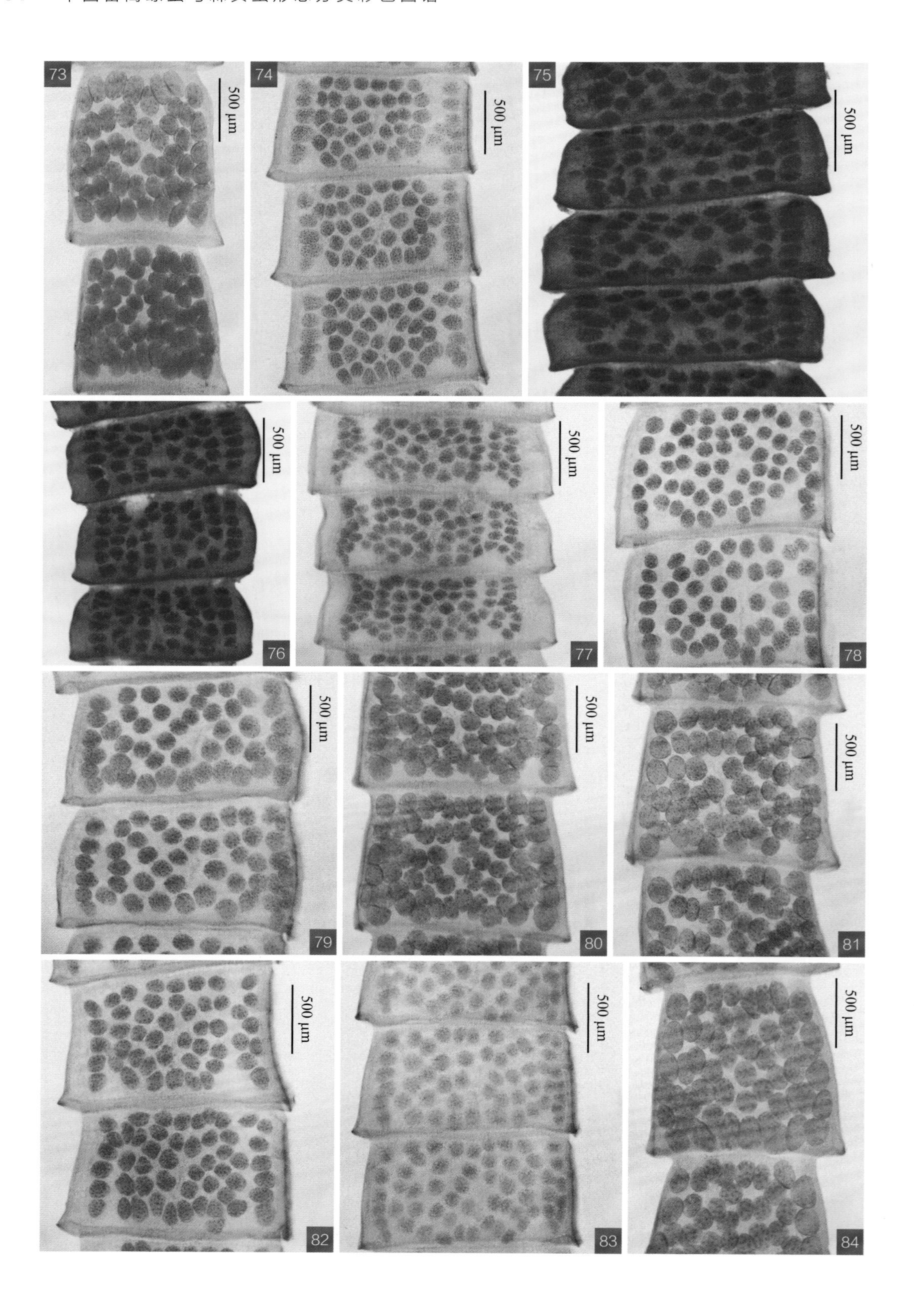
73
500 μm
74
500 μm
75
500 μm
76
500 μm
77
500 μm
78
500 μm
79
500 μm
80
500 μm
81
500 μm
82
500 μm
83
500 μm
84
500 μm

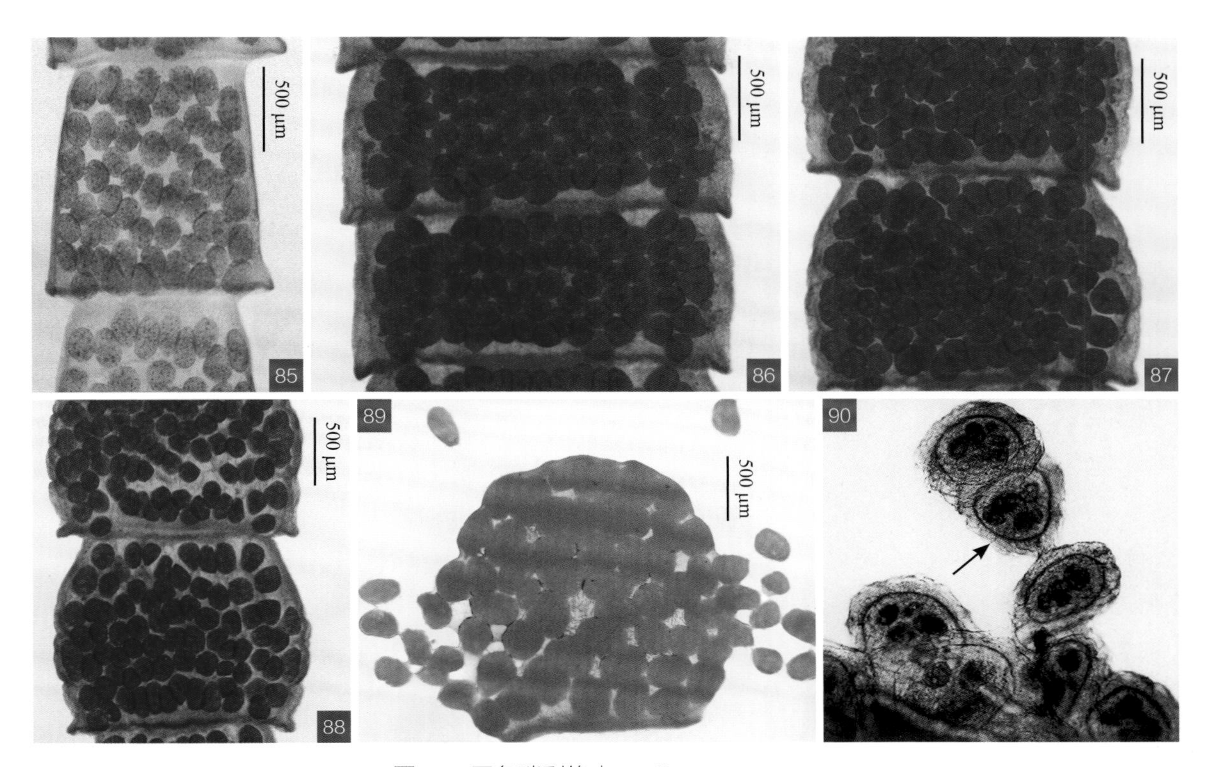

图 32 四角瑞利绦虫 *Raillietina tetragona*

图释

1～18. 虫体；19～30. 头节；31. 吻突上的鳞状棘；32. 吻钩；33. 吻钩排列；34. 吸盘大小钩；35, 36. 未成熟节片；37～51. 成熟节片；52～88. 孕卵节片；89, 90. 卵囊

1, 19. 引自 Sugimoto（1934）；2～5. 原图（LVRI）；6～11, 23～28, 35, 36, 41～50, 56～89. 原图（SHVRI）；12～17, 30. 原图（SASA）；18, 51. 原图（HIAVS）；20, 39. 引自黄兵和沈杰（2006）；21, 40, 52. 引自蒋学良等（2004）；22, 31. 引自 Bâ 等（1995）；29. 原图（YZU）；32～34, 53. 引自陈淑玉和汪溥清（1994）；37, 54. 引自 Khalil 等（1994）；38, 55, 90. 引自 McDougald（2013）

排泄管和腹排泄管各 1 对，在节片的后端有横管与腹排泄管相连。头节小，呈类球形，长宽为 0.216～0.350 mm×0.166～0.250 mm，上有吻突和 4 个吸盘。吻突小，长宽为 0.034～0.050 mm×0.057～0.070 mm，其顶端有吻钩 90～112 个，排成 1 圈，钩长 0.006～0.010 mm。吸盘为卵圆形或长椭圆形，大小为 0.088～0.150 mm×0.040～0.093 mm，上有 8～12 列大小不一的刺，大刺长 0.008～0.010 mm，小刺长 0.003 mm。颈节短，宽约为 0.260 mm。成熟节片长宽为 0.200～0.550 mm×0.990～1.500 mm，每节有生殖器官 1 套，生殖孔开口于节片单侧边缘的中前部。睾丸呈类球形，有 18～37 枚，直径为 0.035～0.050 mm，分布于卵巢的两侧和卵黄腺的后面。输精管卷曲于生殖孔侧节片的前部，通入雄茎囊。雄茎囊呈梨形，大小为 0.046～0.100 mm×0.034～0.051 mm，位于腹排泄管外侧。卵巢分瓣，呈花朵状，大小为 0.200～0.380 mm×0.166～0.240 mm，位于节片的中央。卵黄腺呈块状，边缘有缺刻，大小为 0.037～0.138 mm×

0.015～0.074 mm，位于卵巢后方。阴道弯曲，位于输精管下面，穿过排泄管后，从雄茎囊下缘通至生殖孔。孕卵节片的子宫形成34～103个卵袋，占据整个节片，卵袋大小为0.199～0.448 mm×0.149～0.382 mm，每个卵袋含六钩蚴虫卵4～12枚。虫卵呈圆形或椭圆形，大小为25～37 μm×20～22 μm，六钩蚴大小为14～17 μm×15～18 μm，钩长5～6 μm。

33 似四角瑞利绦虫 *Raillietina tetragonoides* Baer, 1925

【关联序号】43.3.13（16.3.13）/。

【同物异名】似四角（兰塞姆）瑞利绦虫（*Raillietina* (*Ransomia*) *tetragonoides* Baer, 1925）；似四角科特兰绦虫（*Kotlania tetragonoides* (Baer, 1925) López-Neyra, 1931）；似四角（瑞利）瑞利绦虫（*Raillietina* (*Raillietina*) *tetragonoides* (Baer, 1925) Fuhrmann, 1932）；四角（瑞利）瑞利绦虫科恩变种（*Raillietina* (*Raillietina*) *tetragona* var. *cohni* (Baczynska, 1914) López-Neyra, 1944）。

【宿主范围】成虫寄生于鸡的小肠。

【地理分布】福建。

【形态结构】虫体长约4.30 cm，最大宽度0.10 cm。头节宽0.180 mm，吻突直径0.050 mm，有吻钩160～180个，排成2列，钩长0.006～0.008 mm。吸盘具刺，大小为0.084 mm×0.049 mm。成熟节片的宽度大于长度，每节生殖器官1套，生殖孔开口于节片单侧边缘的前1/3。睾丸

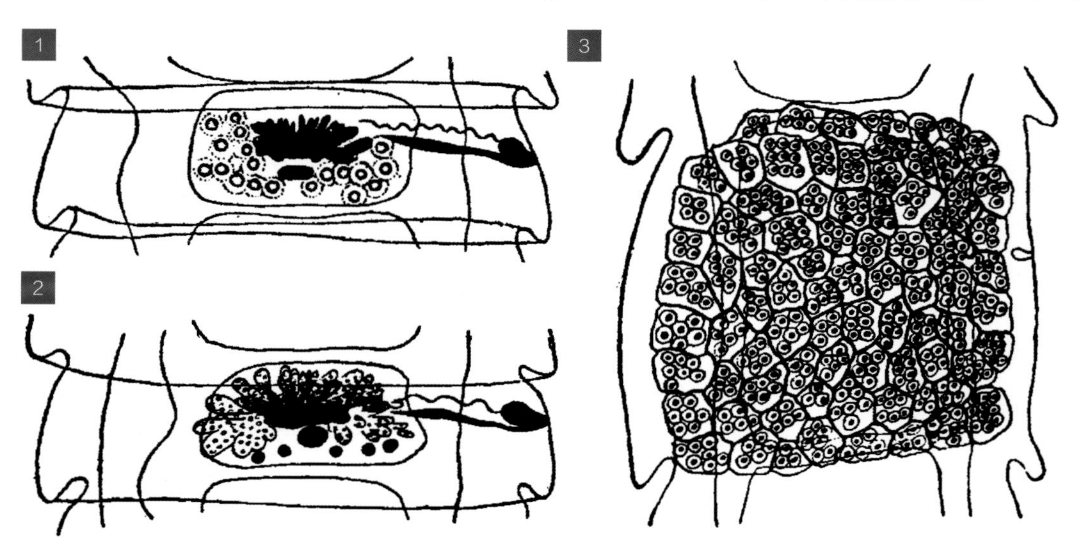

图33 似四角瑞利绦虫 *Raillietina tetragonoides*

图释

1, 2. 成熟节片；3. 孕卵节片

1～3. 引自陈淑玉和汪溥清（1994）

14～30 枚，生殖孔侧 5～8 枚，生殖孔对侧 9～22 枚。雄茎囊呈小梨形，长 0.080 mm，其底部不达腹排泄管。卵巢由多数小叶组成，卵黄腺位于卵巢之后。孕卵节片的长度大于宽度，内充满大量卵袋，每个卵袋含有虫卵 6～12 枚，虫卵直径为 9～11 μm。

34 尿胆瑞利绦虫 *Raillietina urogalli* (Modeer, 1790) Fuhrmann, 1920

【关联序号】43.3.14（16.3.14）/。

【同物异名】尿胆带绦虫（*Taenia urogalli* Modeer, 1790）；微面带绦虫（*Taenia microps* Diesing, 1850）；秃顶带绦虫（*Taenia calva* Maird, 1853）；尿胆戴维绦虫（*Davainea urogalli* (Modeer, 1790) Blanchard, 1891）；秃顶戴维绦虫（*Davainea calva* Shipley, 1906）；尿胆派龙绦虫（*Paroniella urogalli* (Modeer, 1790) Fuhrmann, 1920）；尿胆（派龙）派龙绦虫（*Paroniella* (*Paroniella*) *urogalli* (Modeer, 1790) Fuhrmann, 1920）；尿胆麦吉特绦虫（*Meggittia urogalli* (Modeer, 1790) López-Neyra, 1931）；尿胆四网绦虫（*Tetraonetta urogalli* (Modeer, 1790) Spasskaya et Spasskii, 1971）。

【宿主范围】成虫寄生于鸡的小肠。

【地理分布】广西。

【形态结构】虫体长可达 60.60 cm，宽 0.40～0.45 cm。头节的长多数为 0.300～0.380 mm，个别可达 0.550 mm，头节的宽多数为 0.380～0.420 mm，个别可达 0.600 mm。吻突小，长 0.080～0.128 mm，常常缩进，具吻钩 140～180 个（个别可达 200 个），排成 2 列，吻钩长 0.014～0.016 mm。吸盘 4 个，大小为 0.060～0.124 mm×0.084～0.144 mm，吸盘上有 16～17 圈密集螺旋排列的刺，刺长 0.004～0.006 mm。颈节发育良好，长宽为 1.600～2.100 mm×0.280～0.400 mm，与头节分界不明显。未成熟节片和成熟节片的宽度大于长度。未成熟节片的长宽为 0.360～0.380 mm×1.520～1.580 mm，出现睾丸和卵巢的雏形。成熟节片的长宽为 0.580～0.640 mm×2.920～2.980 mm，出现发育良好的睾丸、卵巢和卵黄腺。孕卵节片的长宽为 3.000～3.100 mm×2.600～2.700 mm，子宫形成的许多卵袋充满节片。排泄管由 1 对背排泄管和 1 对腹排泄管组成。背排泄管发育较弱，直径约 0.012 mm，在未成熟节片位于腹排泄管内侧，在成熟节片位于腹排泄管与节片边缘的中间。腹排泄管发达，直径为背排泄管的 5 倍，达 0.060 mm。在节片后部两侧的腹排泄管有一横管连接，横管直径为 0.120～0.180 mm，在成熟节片可增加到 0.260 mm。每节有生殖器官 1 套，生殖孔开口于节片单侧边缘的中部略前方，生殖管从排泄管之间穿过。睾丸有 74～110 枚，大小为 0.040～0.060 mm×0.060～0.080 mm，主要分布于卵巢的两侧及后面，少数分布于生殖孔对侧卵巢翼的前面，生殖孔对侧的睾丸数目远多于生殖孔侧，未成熟节片和成熟节片的睾丸数基本相同。输精管高度卷曲，穿过排泄管后通入雄茎囊。雄茎囊呈梨形，大小为 0.130～0.160 mm×0.080～0.090 mm，其底部不达排泄管。卵巢在早期成熟节片呈不分叶的双翅状，在完全成熟节片则大量分叶形成扇形，位于节片的中部，其宽为 0.540～0.600 mm。雄茎不具棘，其根部直径为 0.100 mm，末端直径为 0.060 mm。卵黄腺呈蚕豆形，位于卵巢后面，大小为 0.120～0.200 mm×0.160～0.240 mm。位于雄茎囊后面的阴道粗壮，然后形成一细管延伸至节片的中部，在卵巢与卵黄腺之间膨大为受精囊。孕卵节片内含大量卵袋，分布于排泄管之间，每节有卵袋超过 300 个，卵袋大小为 0.040～0.046 mm×0.046～0.060 mm，每个卵袋含虫卵 1 枚，虫卵大小为 16 μm×20 μm。

图 34　尿胆瑞利绦虫 *Raillietina urogalli*（图暂缺）

35 威廉瑞利绦虫　*Raillietina williamsi* Fuhrmann, 1932

【关联序号】43.3.15（16.3.15）/ 。

【宿主范围】威廉（瑞利）瑞利线虫（*Raillietina* (*Raillietina*) *williamsi* Fuhrmann, 1932）；西尔瑞利绦虫（*Raillietina silvestris* Jones, 1933）。

【宿主范围】成虫寄生于鸡的小肠。

【地理分布】广东、贵州。

【形态结构】虫体长 14.30～36.70 cm，最大宽度 0.35～0.43 cm，体节的宽度大于长度。吻突呈半球形，长 0.150～0.170 mm，直径为 0.200～0.214 mm，其上有 2 圈交错排列的大小吻钩，大钩长 0.037～0.039 mm，小钩长 0.033～0.034 mm，共有吻钩 152～156 个。吸盘呈椭圆形，大小为 0.150～0.190 mm×0.135～0.170 mm，其边缘有 12～13 圈易脱落的刺，外圈刺较大，

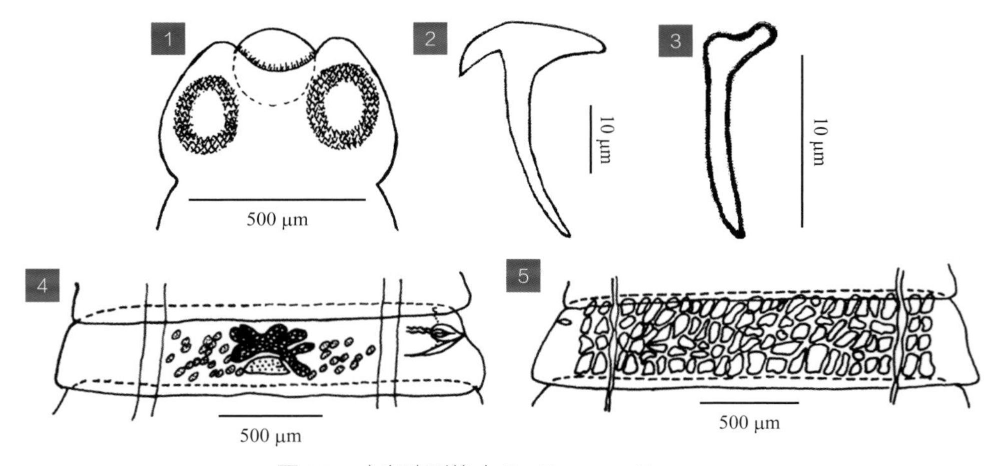

图 35　威廉瑞利绦虫 *Raillietina williamsi*

图释

1. 头节；2. 吻钩；3. 吸盘钩；4. 成熟节片；5. 孕卵节片

1～5. 引自 McDougald（2013）

长 0.009～0.012 mm，内圈刺较小。颈节长 1.000～4.000 mm。每节有生殖器官 1 套，生殖孔开口于节片边缘的前 1/3，生殖腔深 0.015～0.040 mm，与生殖孔直径相当。睾丸呈圆形，有 25～35 枚，直径为 0.050～0.080 mm，生殖孔侧 8～12 枚，生殖孔对侧 15～25 枚。输精管在进入雄茎囊前形成环形小块。雄茎囊很小，呈卵圆形，大小为 0.122～0.145 mm×0.070～0.085 mm。卵巢发达，呈扇形分瓣，位于节片中央。卵黄腺发育良好，位于卵巢之后。阴道在进入生殖腔之前略微变大，其远端为一宽受精囊。孕卵节片的子宫分裂成 75～100 个卵袋，每个卵袋含虫卵 8～13 枚。早期孕卵节片的卵袋不越过排泄管，后期孕卵节片的卵袋有 1～2 纵列位于排泄管外侧。卵胚大小为 43～46 μm×30～34 μm。

3 囊宫科

Dilepididae Railliet et Henry, 1909

【同物异名】双壳科（Dilepinidae Fuhrmann, 1907）。

【宿主范围】成虫寄生于鸟类和哺乳动物，偶尔寄生于爬行动物。幼虫为似囊尾蚴，中间宿主为昆虫或环形动物。

【形态结构】小型或中型绦虫。头节通常具吻突，吻突上有 1～3 圈玫瑰状小钩，少数种类的吻突退化或无钩。吸盘无刺。生殖器官 1 或 2 套，1 套生殖器官的生殖孔位于虫体单侧或交叉位于两侧，2 套生殖器官的生殖孔位于虫体两侧。睾丸通常超过 4 枚，多者达数十枚。输精管多为卷曲状，少数有内、外贮精囊，雄茎囊呈棒状或指状。卵巢具缺刻，呈双瓣状或单块状。卵黄腺位于卵巢之后。孕卵节片的子宫或多或少呈囊状或网状，有的分裂为许多个卵袋，每个卵袋内有 1 枚到数枚虫卵；有的具副子宫器，接纳成熟卵囊。模式属：囊宫属［*Dilepis* Weinland, 1858］。

《中国家畜家禽寄生虫名录》（2014）记录囊宫科绦虫 6 属 13 种，本书全部收录，依据各属的形态特征编制分类检索表如下所示。

囊宫科分属检索表

1. 生殖器官 2 套 ······ 2
   生殖器官 1 套 ······ 3
2. 生殖孔位于节片侧缘赤道线之前，雄性孔在雌性孔之后 ······ 3.3 双殖孔属 *Diplopylidium*
   生殖孔位于节片侧缘赤道线或之后，雄性孔在雌性孔之前 ······ 3.4 复殖孔属 *Dipylidium*
3. 生殖孔左右规则交替开口于节片侧缘 ······ 4
   生殖孔左右不规则交替开口于节片侧缘 ······ 5
4. 睾丸较少，横列于节片后部 ······ 3.1 变带属 *Amoebotaenia*
   睾丸较多，散布于节片之中 ······ 3.5 不等缘属 *Imparmargo*
5. 吻突明显，有吻钩 ······ 3.2 漏带属 *Choanotaenia*
   吻突退化，无吻钩 ······ 3.6 萎吻属 *Unciunia*

3.1 变带属

Amoebotaenia Cohn, 1900

【宿主范围】成虫寄生于禽类。

【形态结构】小型绦虫，呈棒状，节片通常不超过 30 个。头节小，吻突呈瓶形，具有吻钩 1 圈 10～14 个。无颈节。节片的长度和宽度随节片数的增加而增加，孕卵节片的宽度大于长度，但个别种类的长度略大于宽度。生殖器官 1 套，生殖孔有规律地交替开口于节片侧缘。生殖管位于排泄管背面，生殖腔简单。睾丸 6～20 枚，分布于卵巢之后靠近节片后缘，两侧可越过排泄管。输精管位于雄茎囊之后。雄茎囊大而长，壁薄。雄茎长而粗，有小而细的棘。卵巢有小分瓣，具受精囊。阴道长而弯曲，壁厚，常位于雄茎囊后面，并越过雄茎囊。有受精囊。子宫呈囊状，略有缺刻。模式种：楔形变带绦虫［*Amoebotaenia cuneata* (von Linstow, 1872) Cohn, 1900］。

36 楔形变带绦虫 *Amoebotaenia cuneata* (von Linstow, 1872) Cohn, 1900

【关联序号】44.1.1（17.1.1）/ 339。

【同物异名】楔形带绦虫（*Taenia cuneata* von Linstow, 1872）；楔形带绦虫（*Taenia sphenoides* Railliet, 1892）；楔形双盔带绦虫（*Dicranotaenia sphenoides* (Railliet, 1892) Railliet, 1896）；楔形变带绦虫（*Amoebotaenia sphenoides* (Railliet, 1892) Meggitt, 1914）。

【宿主范围】成虫寄生于鸡、鸭的小肠。

【地理分布】安徽、重庆、福建、甘肃、广东、贵州、海南、河南、黑龙江、湖北、湖南、江苏、江西、宁夏、陕西、四川、台湾、新疆、云南、浙江。

【形态结构】虫体分节，呈楔形，体长 0.10～0.40 cm，最大宽度 0.07～0.18 cm，有节片 13～25 个，节片的宽度大于长度。头节的宽度大于长度，长宽为 0.120～0.215 mm×0.150～0.260 mm，上有可伸缩的吻突和 4 个吸盘。吻突呈圆锥形，长宽为 0.121～0.245 mm×0.018～0.050 mm，有吻钩 12～14 个，排成 1 圈，钩长 0.030～0.038 mm，钩刃比钩柄长，根突显著。吸盘近圆形，大小为 0.085～0.137 mm×0.084～0.130 mm，无刺。每节具生殖器官 1 套，生殖孔规则地交替开口于节片侧缘的中线之前。睾丸有 9～21 枚，大小为 0.030～0.049 mm×0.017～0.033 mm，横向排列于节片后缘。输精管卷曲于生殖孔侧的节片前缘。雄茎囊呈棒状，大小为 0.096～0.150 mm×0.014～0.017 mm，从排泄管背侧越过。雌性生殖器官在体节的第 4 节开始发育。卵巢呈管囊状，分为两翼，表面有凹凸，大小为 0.322～0.800 mm×0.040～0.190 mm，横列于节片中央的睾丸前方。卵黄腺呈块状，略有分瓣，大小为 0.050～0.085 mm×0.030～

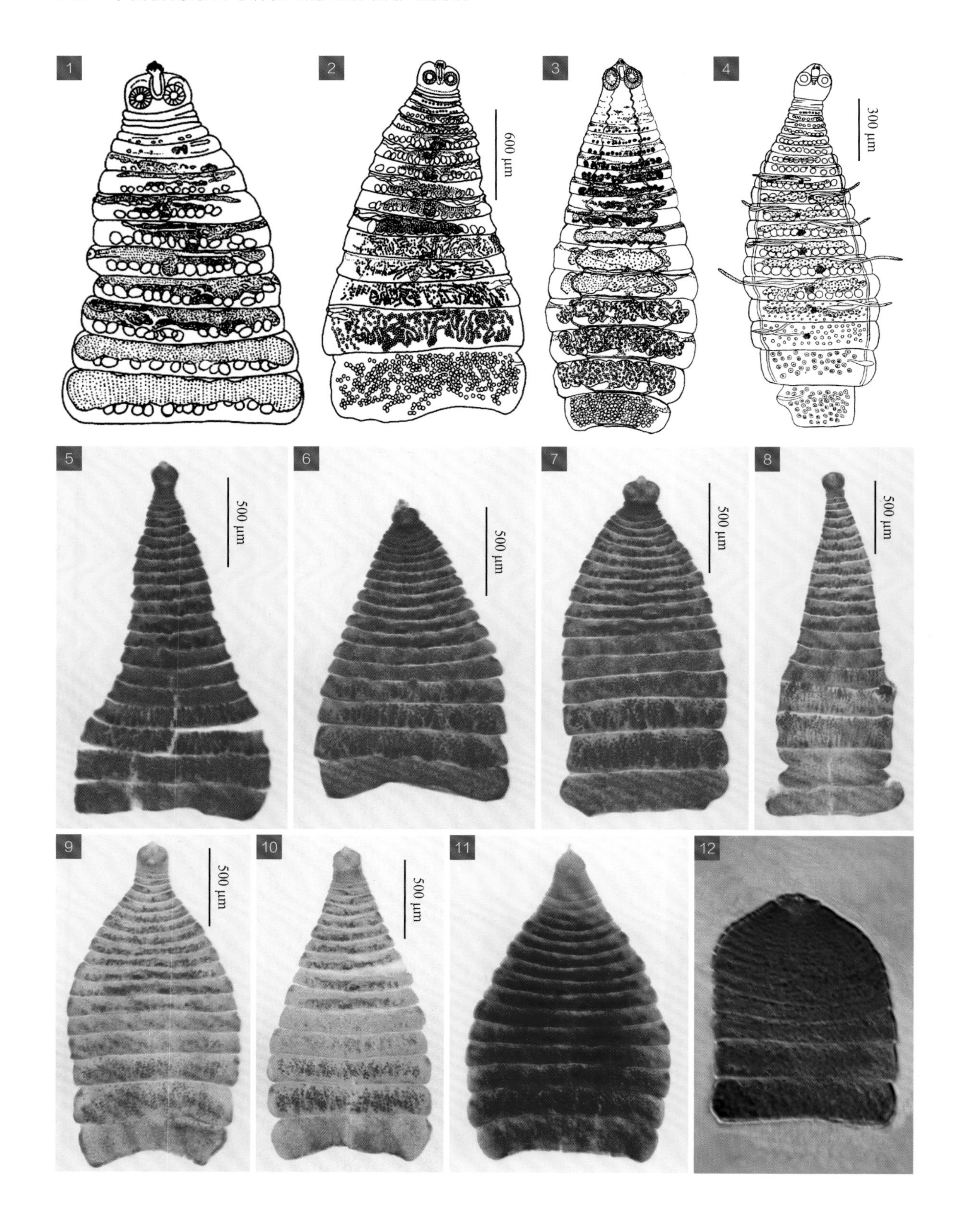
1
2
600 μm
3
4
300 μm
5
500 μm
6
500 μm
7
500 μm
8
500 μm
9
500 μm
10
500 μm
11
12

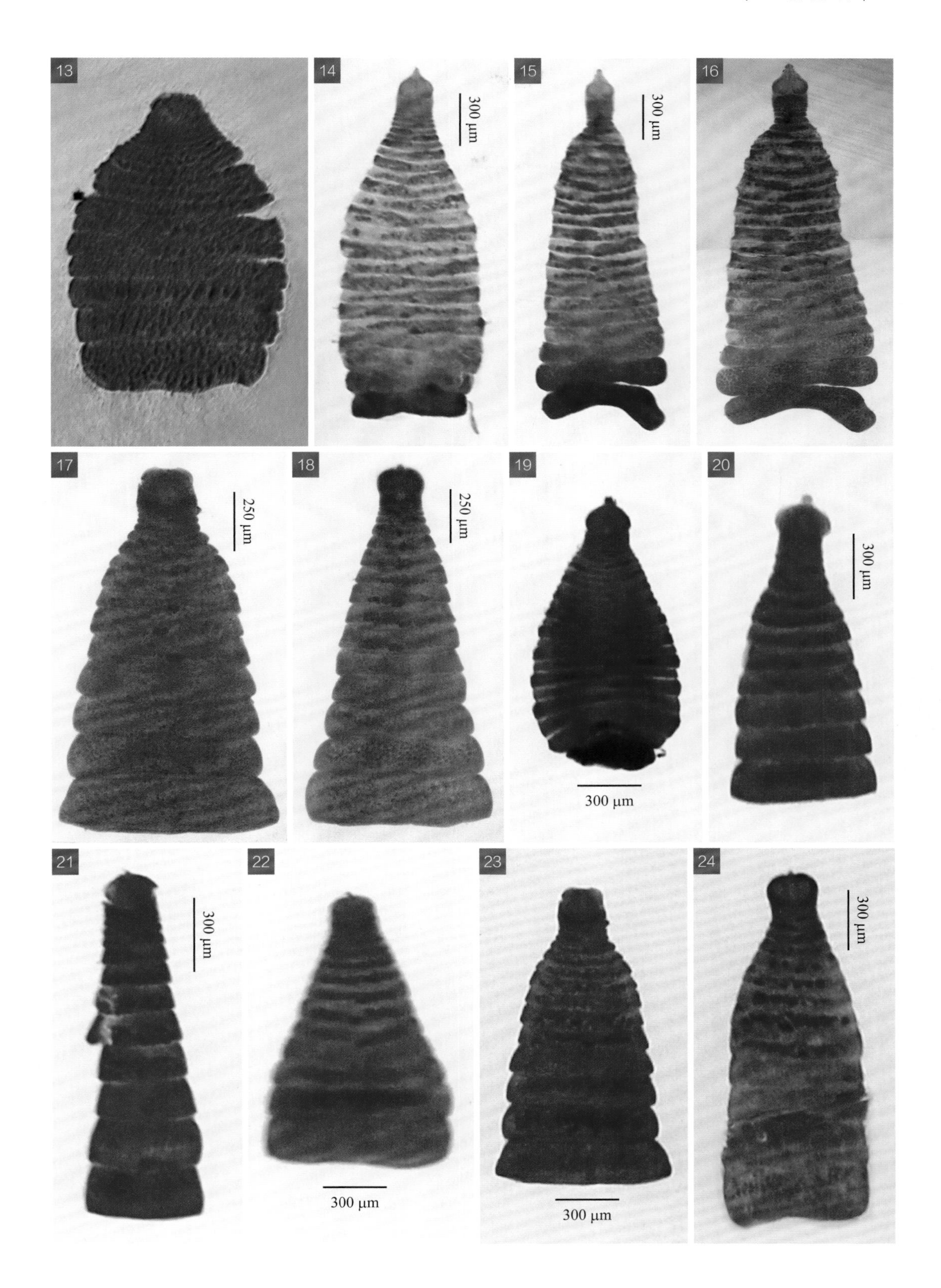
13
14
300 μm
15
300 μm
16
17
250 μm
18
250 μm
19
300 μm
20
300 μm
21
300 μm
22
300 μm
23
300 μm
24
300 μm

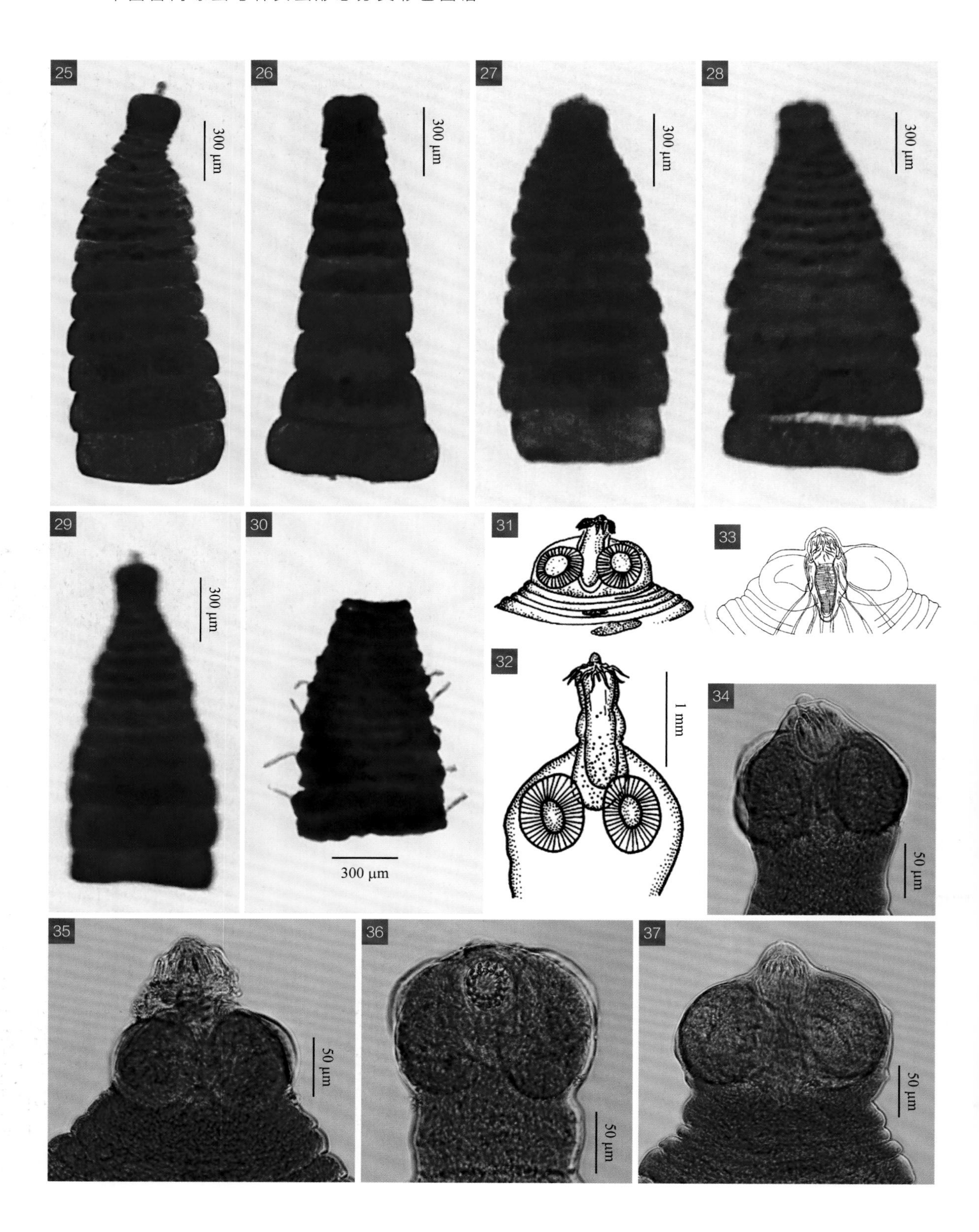
25
300 μm
26
300 μm
27
300 μm
28
300 μm
29
300 μm
30
300 μm
31
33
32
1 mm
34
50 μm
35
50 μm
36
50 μm
37
50 μm

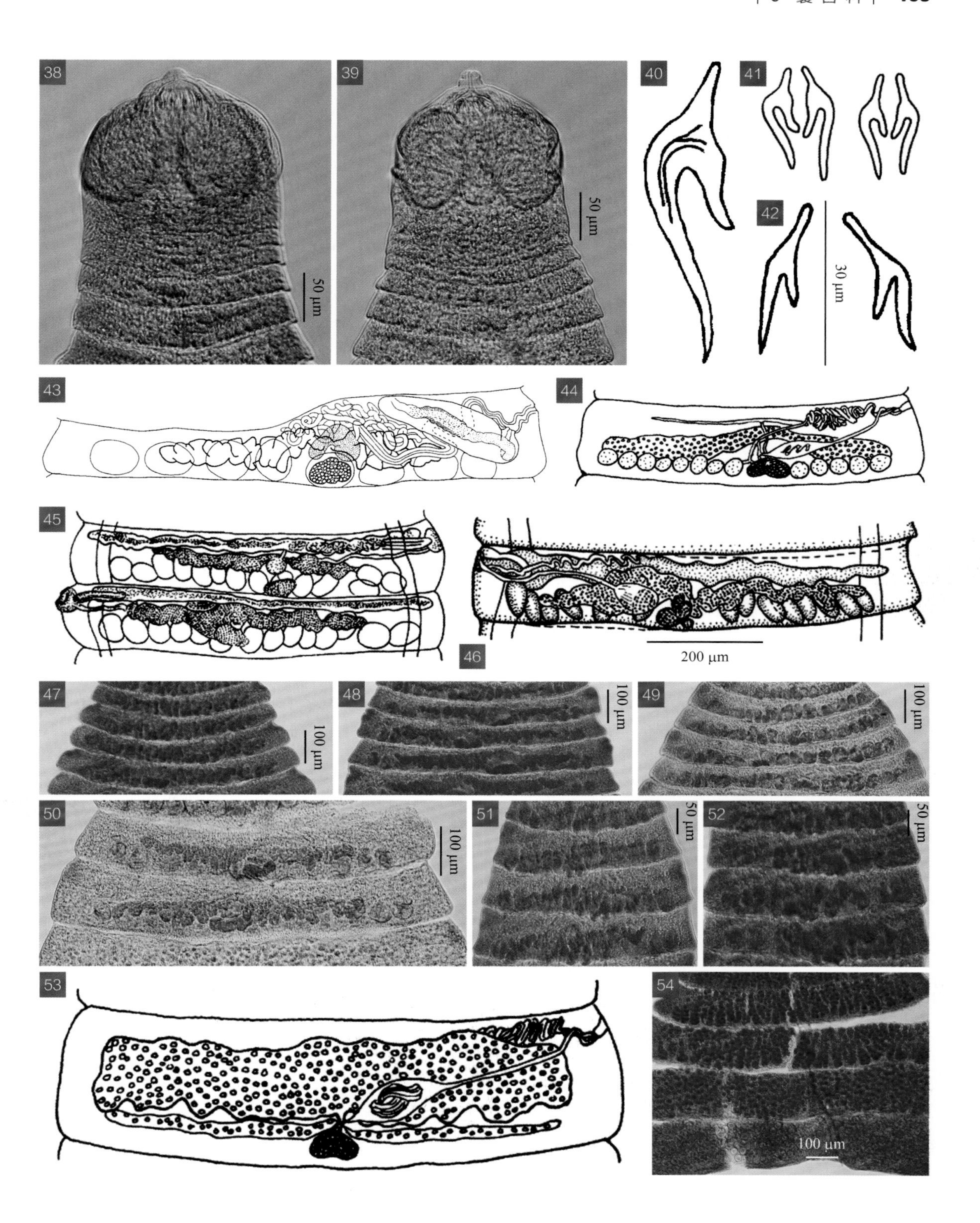
38
39
50 μm
50 μm
40
41
42
30 μm
43
44
45
46
200 μm
47
100 μm
48
100 μm
49
100 μm
50
100 μm
51
50 μm
52
50 μm
53
54
100 μm

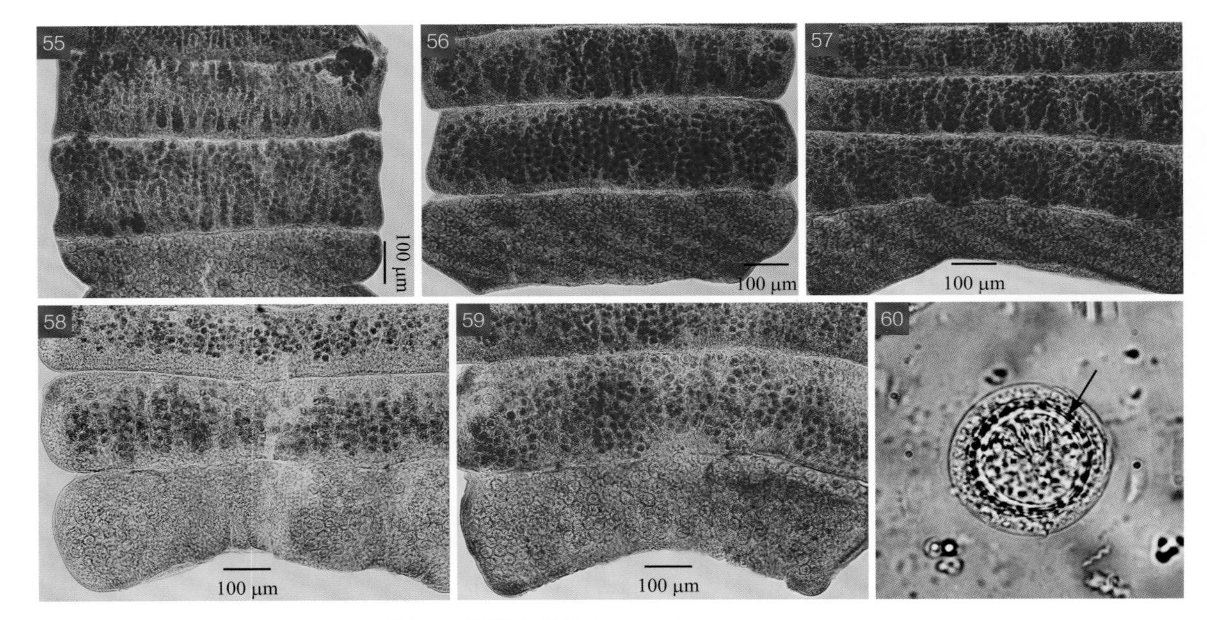

图 36 楔形变带绦虫 *Amoebotaenia cuneata*

图释

1～30. 虫体（4, 30 示雄茎伸出体外）；31～39. 头节；40～42. 吻钩；43～52. 成熟节片；53～59. 孕卵节片；60. 虫卵（箭头所指为独特的颗粒层）

1, 31, 41, 45. 引自黄兵和沈杰（2006）；2, 32, 46. 引自蒋学良等（2004）；3, 44, 53, 60. 引自 McDougald（2013）；4, 42. 引自 Нгуен 和 Дубинина（1978）；5～10, 34～39, 47～52, 54～59. 原图（SHVRI）；11. 原图（SCAU）；12, 13. 原图（YNAU）；14～30. 原图（SASA）；33, 40, 43. 引自 Khalil 等（1994）

0.036 mm，位于卵巢后方的节片后缘中央。阴道呈管状弯曲，向外沿雄茎囊后方越过排泄管开口于生殖腔，向内延伸至卵巢与卵黄腺之间膨大为受精囊，受精囊大小为 0.095～0.160 mm×0.040～0.075 mm。早期子宫呈管状，横列于卵巢的前方。孕卵节片的子宫向节片四周扩展，呈指囊状，内含许多虫卵。虫卵大小为 28～43 μm×30～44 μm，内含六钩蚴，其大小为 24 μm×23 μm。

37 福氏变带绦虫 *Amoebotaenia fuhrmanni* Tseng, 1932

【关联序号】44.1.2（17.1.2）/。

【宿主范围】成虫寄生于鸡的小肠。

【地理分布】北京、江苏。

【形态结构】虫体长 0.15～0.48 cm，最大宽度 0.02～0.05 cm，有节片 17～21 个。头节直径为 0.220 mm，吻突顶端有一直径为 0.068 mm 的圆盘，上有吻钩 10 个，排成 1 圈，钩长

0.070 mm，钩刃长于钩柄，吻囊的底部常超过吸盘后边缘，吸盘为圆形或卵圆形，直径0.080 mm。颈节依据虫体发育程度或长或短。生殖器官原基在颈节后即开始出现，生殖器官在第14节完全发育成熟，到第16节退化。生殖孔有规律地交替开口于节片边缘的中心。睾丸有12～16枚，直径为0.012～0.020 mm，聚集于雌性生殖腺后面。输精管呈螺旋状卷曲，在排泄管内侧通入雄茎囊。雄茎囊大小为0.044～0.052 mm×0.014～0.020 mm，向内延伸越过纵排泄管，约占节片宽度的1/3。卵巢呈不规则形，轻度浅裂，位于生殖孔对侧的卵黄腺与输精管之间。卵黄腺为圆形。阴道位于雄茎囊后面，从生殖腔向内延伸至节片中央的球形受精囊。子宫呈囊状，形成许多支囊，后期几乎充满整个节片。虫卵松散分布于最后节片的实质中，虫卵呈球形，直径18 μm，卵壳2层，内含六钩蚴，六钩蚴直径14 μm。

［注：本种以吻钩少而长、睾丸小、雄茎囊短等为特征］

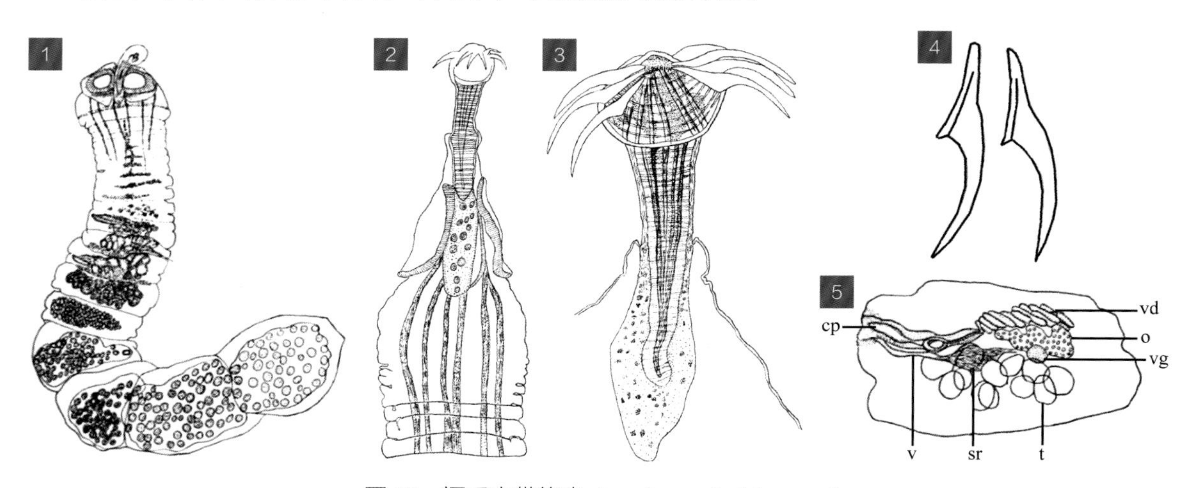

图37　福氏变带绦虫 *Amoebotaenia fuhrmanni*

图释

1. 虫体；2. 头节与部分链体；3. 吻突、吻钩、吻突囊；4. 吻钩；5. 成熟节片

1～5. 引自 Tseng（1932a）

38 少睾变带绦虫 *Amoebotaenia oligorchis* Yamaguti, 1935

【关联序号】44.1.3（17.1.3）/ 340。

【宿主范围】成虫寄生于鸡的小肠。

【地理分布】安徽、重庆、福建、广东、湖南、宁夏、陕西、四川。

【形态结构】虫体长0.20～0.30 cm，最大宽度0.08～0.13 cm，有节片28～40个，节片的宽度大于长度。有背排泄管和腹排泄管各1对，节片后缘有一横管与两侧的腹排泄管相连。头节呈横椭圆形，长宽为 0.150～0.340 mm×0.280～0.350 mm。吻突呈圆锥形，长宽为 0.160～0.200 mm×0.052～0.095 mm，有吻钩 12 个，排列成 1 圈，吻钩长 0.030～0.037 mm，钩刃长于钩柄。吸盘呈圆形或椭圆形，无刺，大小为 0.091～0.113 mm×0.075～0.130 mm。每节有

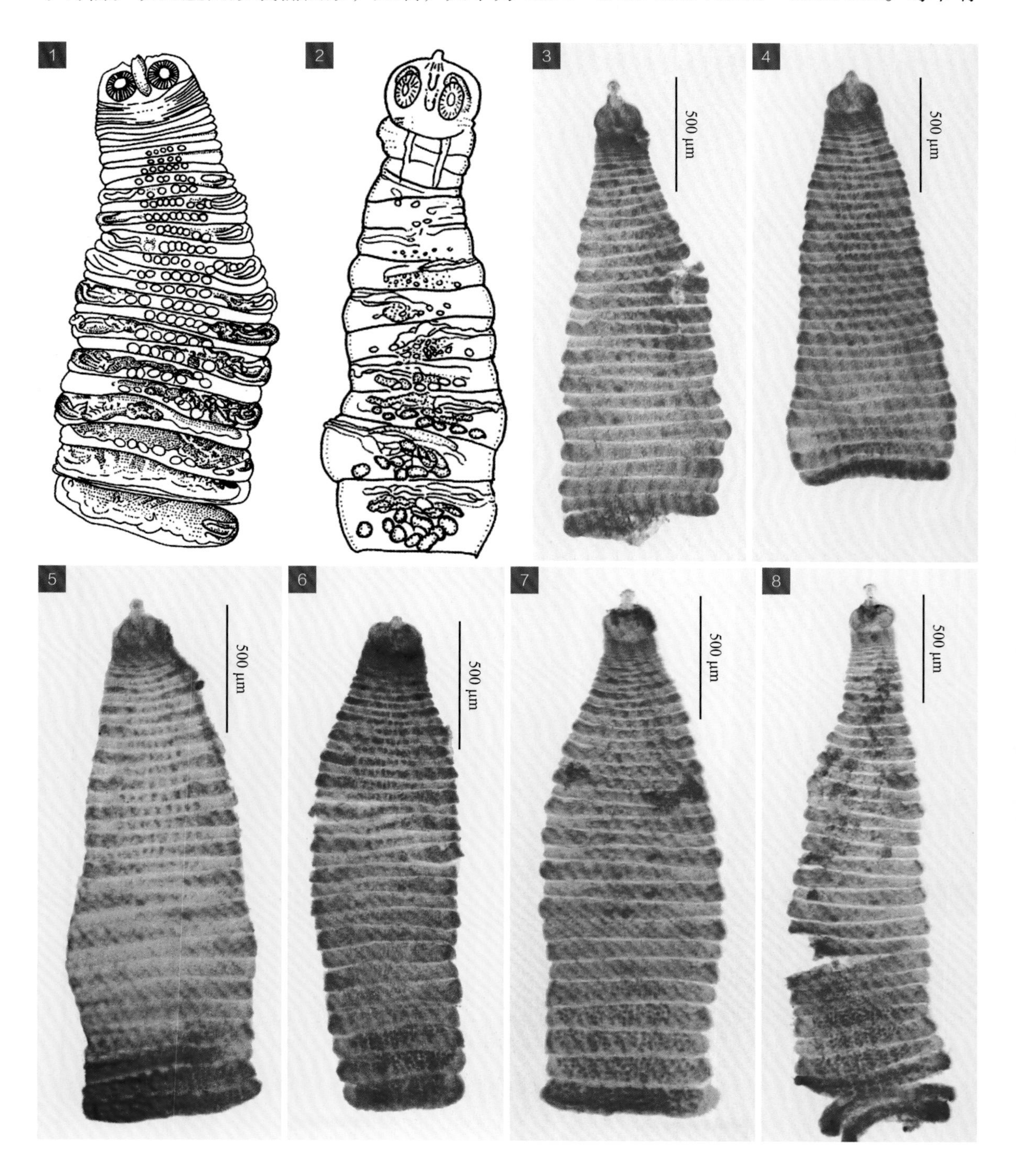

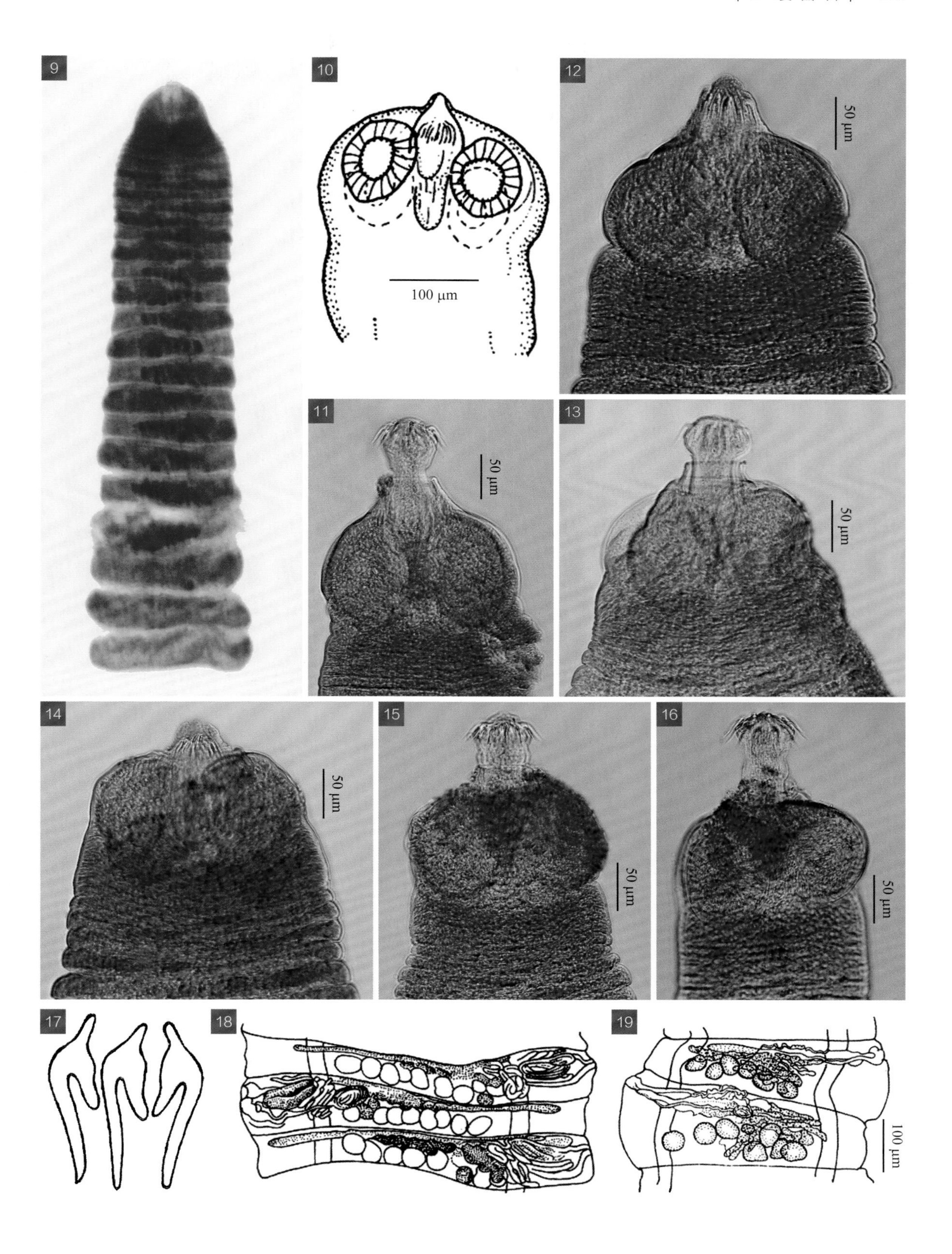
9
10
100 μm
12
50 μm
11
50 μm
13
50 μm
14
50 μm
15
50 μm
16
50 μm
17
18
19
100 μm

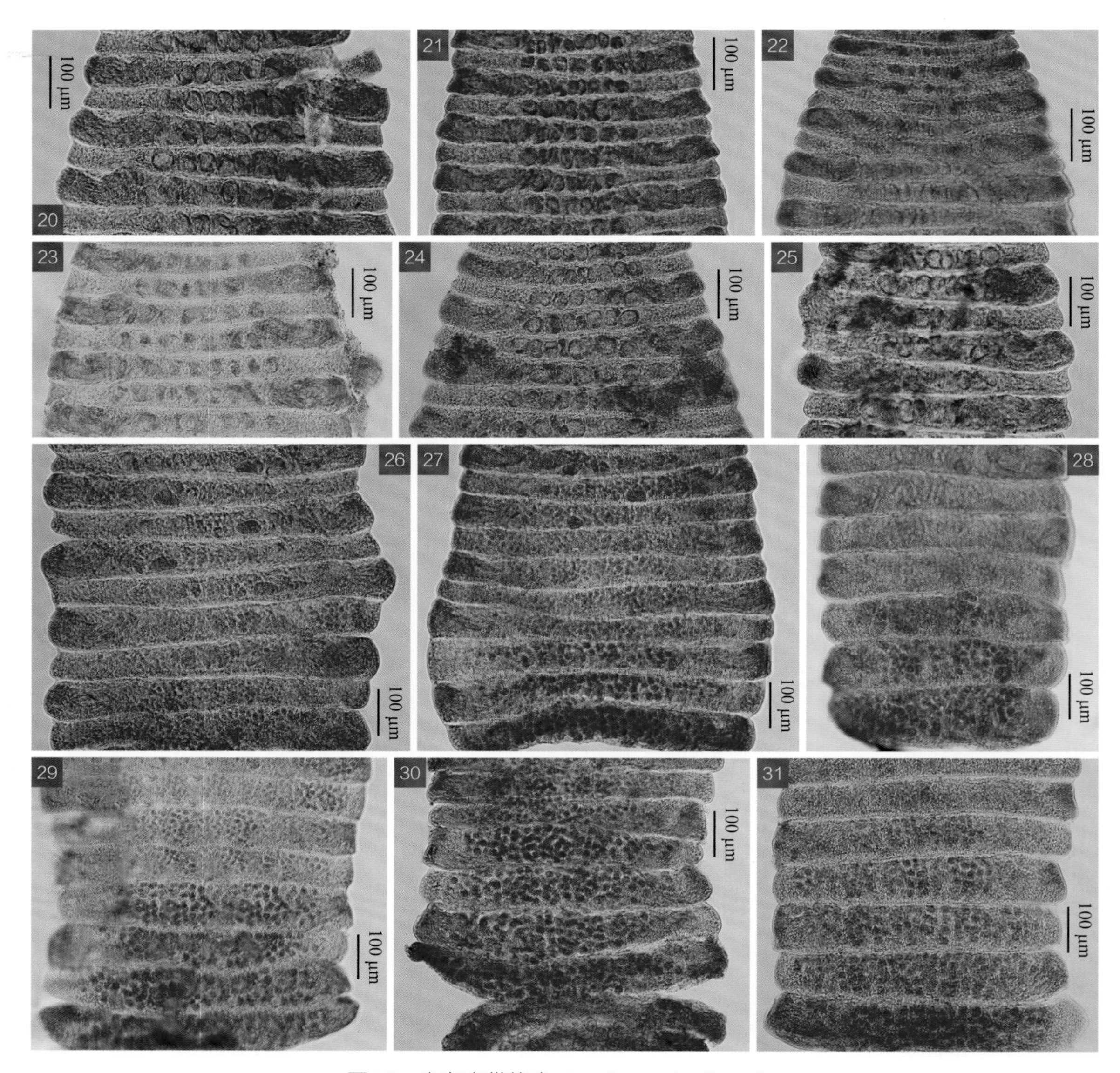

图 38 少睾变带绦虫 *Amoebotaenia oligorchis*

图释

1～9. 虫体；10～16. 头节；17. 吻钩；18～25. 成熟节片；26～31. 孕卵节片

1, 17, 18. 引自黄兵和沈杰（2006）；2, 10, 19. 引自蒋学良等（2004）；3～8, 11～16, 20～31. 原图（SHVRI）；9. 原图（SCAU）

生殖器官 1 套，生殖孔有规律地交替开口于节片侧缘中央的前方。睾丸有 5～7 枚，横列于节片的后缘。输精管高度卷曲，通入雄茎囊。雄茎囊呈纺锤形，大小为 0.090～0.150 mm×0.025～0.050 mm，位于节片前缘生殖孔侧，其远端可越过纵排泄管。雄茎粗壮，外表具小棘。

卵巢初期呈圆形，后期呈长囊状的两瓣，每瓣外周有盲状突起，大小为 0.370～0.420 mm×0.030～0.040 mm，位于睾丸的前方。卵黄腺呈椭圆形或卵圆形的块状，大小为 0.017～0.025 mm×0.025～0.027 mm。阴道基部粗大，远端膨大为卵圆形的受精囊，受精囊平均大小为 0.050 mm×0.045 mm。成熟节片的子宫呈横管状，位于节片前缘，两端达纵排泄管的外侧。孕卵节片的子宫扩展至节片的四周，呈横囊状，内含大量虫卵。虫卵呈椭圆形，大小为 25～28 μm×34～36 μm，内有六钩蚴，六钩蚴平均大小为 22 μm×23 μm。

39 北京变带绦虫 *Amoebotaenia pekinensis* Tseng, 1932

【关联序号】（17.1.4）/ 。

【宿主范围】 成虫寄生于鸡的小肠。

【地理分布】 湖南。

【形态结构】 虫体细小，体长 0.30 cm 左右，节片宽度 0.07～0.10 cm，有节片 16～20 个，节片的宽度大于长度。头节长宽为 0.285 mm×0.467 mm。吻突的直径为 0.079 mm，具有双层的吻囊，长 0.296 mm，向后延伸到头节的边缘。有吻钩 16 个，排列成 1 圈，吻钩长 0.054～0.061 mm，钩刃略短于钩柄，根突很短。颈节很短。未成熟节片的长宽为 0.045～0.057 mm×0.420 mm。每个节片有生殖器官 1 套，生殖孔有规律地交替开口于节片边缘的前 1/3。生殖腔明显，周围有暗色的细胞环绕。睾丸有 12～20 枚，直径为 0.060～0.080 mm，分布于节片的后半部，横向伸展至节片两侧缘。输精管粗壮，多卷曲，位于雌性生殖腺的侧前方，达到节片的前边缘。雄茎囊大小为 0.100～0.180 mm×0.020～0.040 mm，可向内扩展越过纵排泄管，雄茎具棘。卵巢为一不规则的团块，位于节片中央、卵黄腺的腹面。卵黄腺近似三角形，大小为

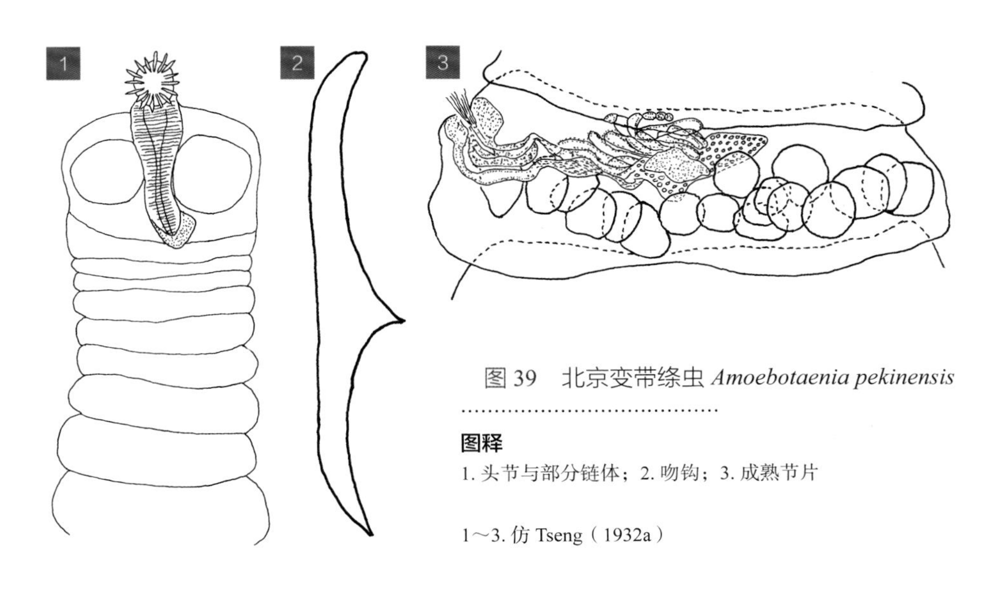

图 39 北京变带绦虫 *Amoebotaenia pekinensis*

图释

1. 头节与部分链体；2. 吻钩；3. 成熟节片

1～3. 仿 Tseng（1932a）

0.080 mm×0.040 mm。阴道较粗，位于雄茎囊的后面，远端膨大形成受精囊，受精囊位于卵巢和雄茎囊的中间。最后节片的长宽为 0.374 mm×0.700～1.000 mm。虫卵为圆形，有卵壳 2 层，直径为 48 μm，内含六钩蚴，六钩蚴直径为 32 μm。

［注：本种的睾丸分布和吻钩形态较为特殊］

40 有刺变带绦虫 *Amoebotaenia spinosa* Yamaguti, 1956

【关联序号】 44.1.4（17.1.5）/。

【宿主范围】 成虫寄生于鸡的小肠。

【地理分布】 重庆、福建、四川。

【形态结构】 虫体长 0.10～0.30 cm，最大宽度 0.06～0.11 cm，有体节 17～18 个，体节的宽度大于长度。每节有生殖器官 1 套，生殖孔有规律地开口于节片边缘的前部。头节呈椭圆形，长宽为 0.071～0.283 mm×0.150～0.505 mm，有可伸缩的吻突和 4 个吸盘。吻突长宽为 0.177～0.303 mm×0.037～0.230 mm，上有单圈吻钩 10～12 个，钩长 0.032～0.035 mm，钩柄短于钩刃。吸盘为椭圆形，大小为 0.050～0.180 mm×0.045～0.132 mm。颈节宽 0.290～0.414 mm。睾丸呈圆形或椭圆形，有 11～13 枚，大小为 0.020～0.050 mm×0.032～0.050 mm，横向排列于节片后缘，两侧可达腹排泄管。输精管呈螺旋状卷曲，位于生殖孔侧的节片前部。雄茎囊大小为 0.112～0.303 mm×0.025～0.081 mm，位于生殖孔侧的节片前部，斜向通入生殖腔。雄茎呈棒状，长宽为 0.120～0.212 mm×0.012～0.015 mm，具棘。卵巢分为 2～3 叶，大小为 0.106～0.600 mm×0.065～0.300 mm，边缘不规则，位于睾丸前缘的节片中央。卵黄腺为致密不规则的块状，大小为 0.015～0.028 mm×0.045～0.055 mm，位于卵巢之后。阴道沿

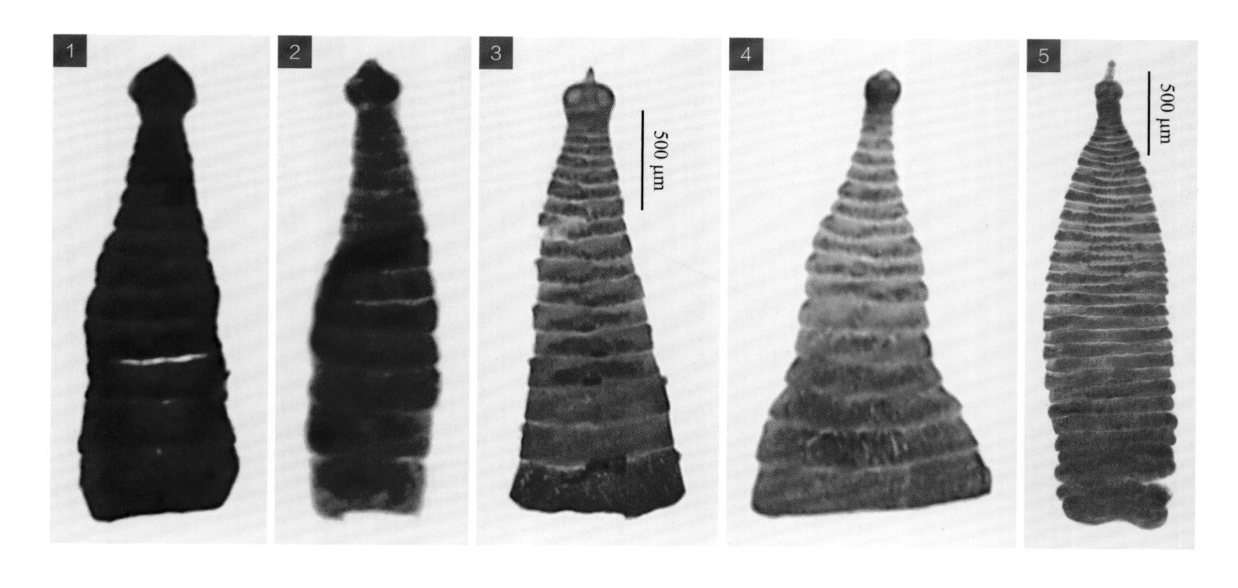

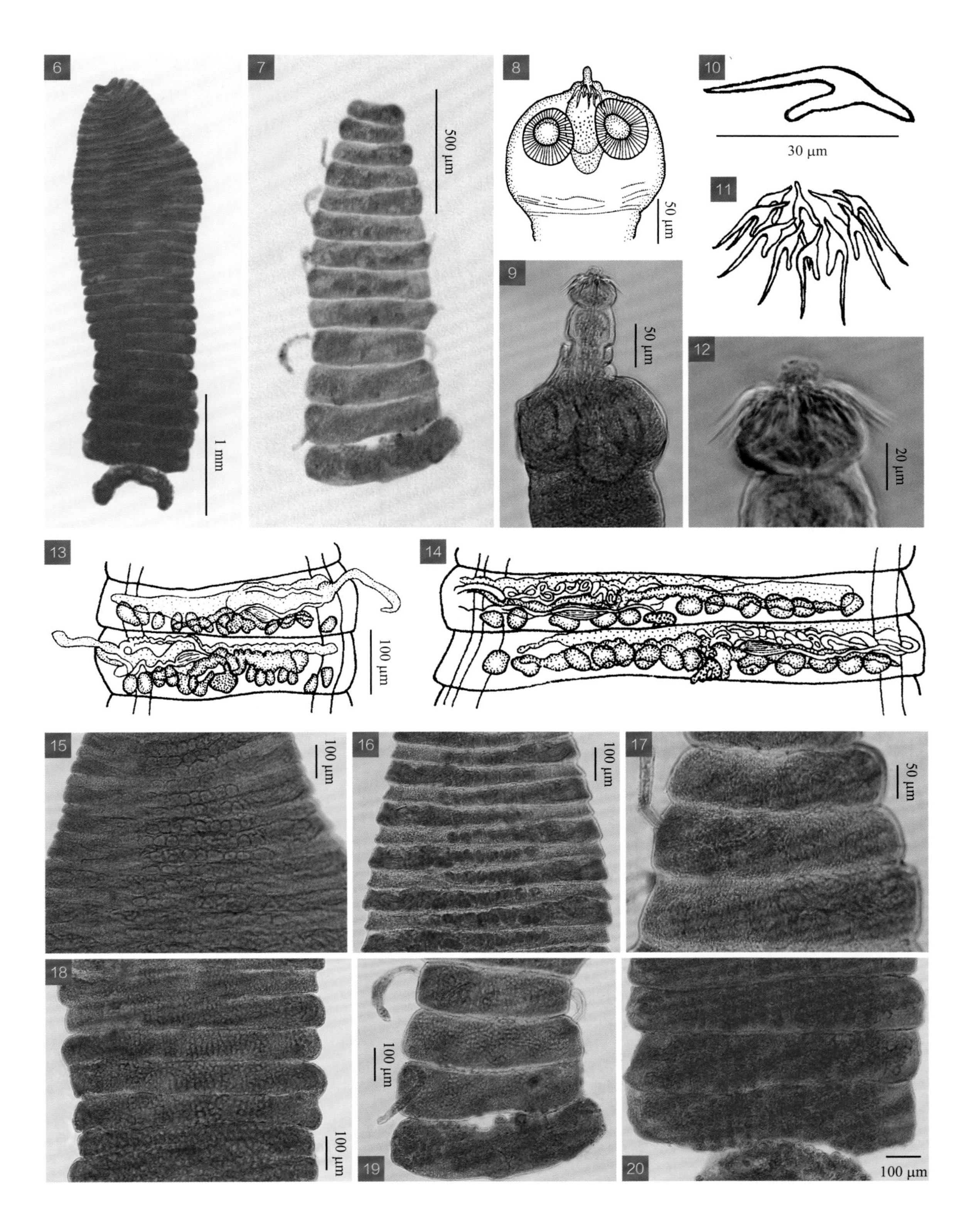
6
1 mm
7
500 μm
8
50 μm
9
50 μm
10
30 μm
11
12
20 μm
13
100 μm
14
15
100 μm
16
100 μm
17
50 μm
18
100 μm
19
100 μm
20
100 μm

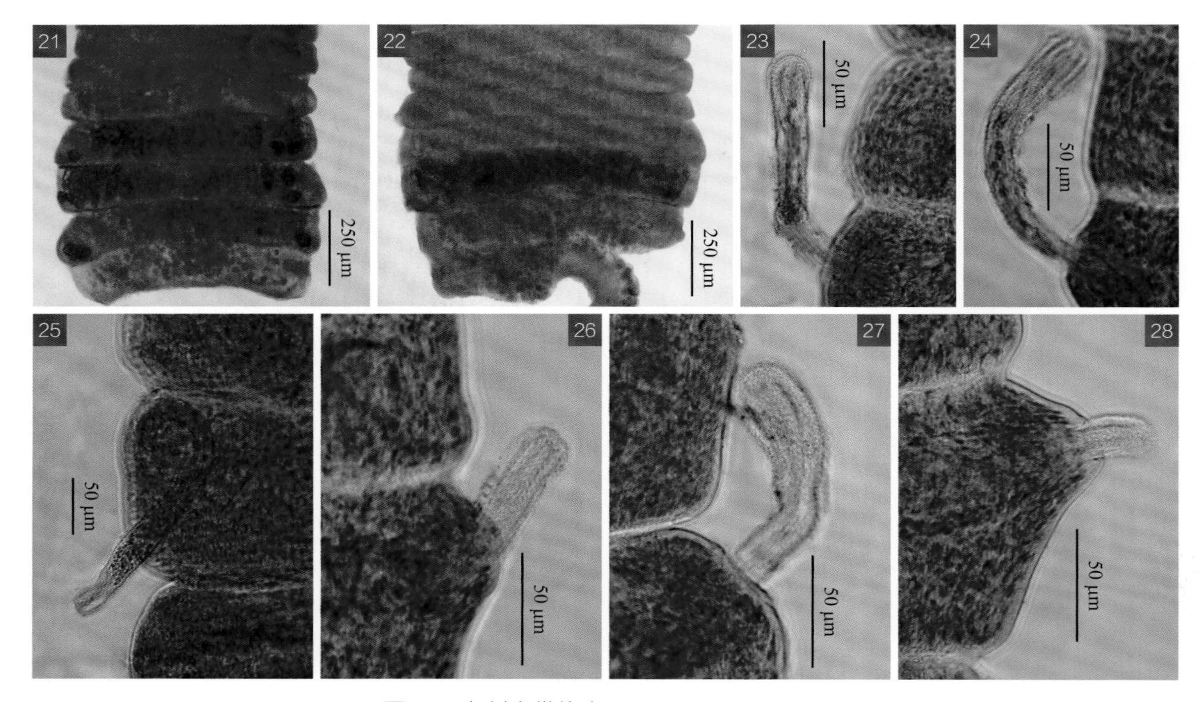

图 40 有刺变带绦虫 *Amoebotaenia spinosa*

图释

1～7. 虫体；8, 9. 头节；10. 吻钩；11, 12. 吻钩环；13～17. 成熟节片；18～22. 孕卵节片；23～28. 伸出体外的雄茎

1～4, 21, 22. 原图（SASA）；5～7, 9, 12, 15～20, 23～28. 原图（SHVRI）；8, 10, 11, 13, 14. 引自蒋学良等（2004）

输精管和雄茎囊的后缘通入生殖腔，其远端膨大为受精囊，受精囊大小为 0.050～0.090 mm×0.024～0.040 mm。早期子宫呈横囊状，位于节片前部，孕卵节片的子宫充满节片，内含大量虫卵。虫卵大小为 30～40 μm×24～30 μm。

41 热带变带绦虫 *Amoebotaenia tropica* Hüsi, 1956

【关联序号】（17.1.6）/。

【宿主范围】成虫寄生于鸡的小肠。

【地理分布】安徽。

【形态结构】虫体长 0.10～0.20 cm，最后 1 个或倒数第 2 个节片最宽，为 0.01～0.04 cm，有节片 9～26 个，节片的宽度均大于长度。每节有生殖器官 1 套，生殖孔有规律地左右交替开口于节片边缘的前 1/3 与中 1/3 的交界处。头节呈钝圆形，长宽为 0.155～0.200 mm×0.133～0.267 mm。吻囊大，呈梭形，长宽约为 0.152 mm×0.079 mm。吻突分为前面的圆锥形部分及后面的圆筒形部分，圆锥形部分宽 0.061 mm，上有强壮的吻钩 1 圈 12 个，钩长平均为 0.036 mm，圆筒形部分宽 0.043 mm。吸盘呈椭圆形，无钩，大小为 0.105～0.138 mm×0.050～0.113 mm。颈节不明显。睾丸呈卵圆形或圆形，有 7 枚，偶尔为 6 枚或 8 枚，大小为 0.032～0.046 mm×0.026～0.035 mm，横列于节片的后背部，常延伸到排泄管的侧面。输精管弯曲，通向雄茎囊，附近还有输精囊。雄茎囊长 0.100～0.200 mm，略向前弯曲，越向后的节片雄茎囊越长，常占

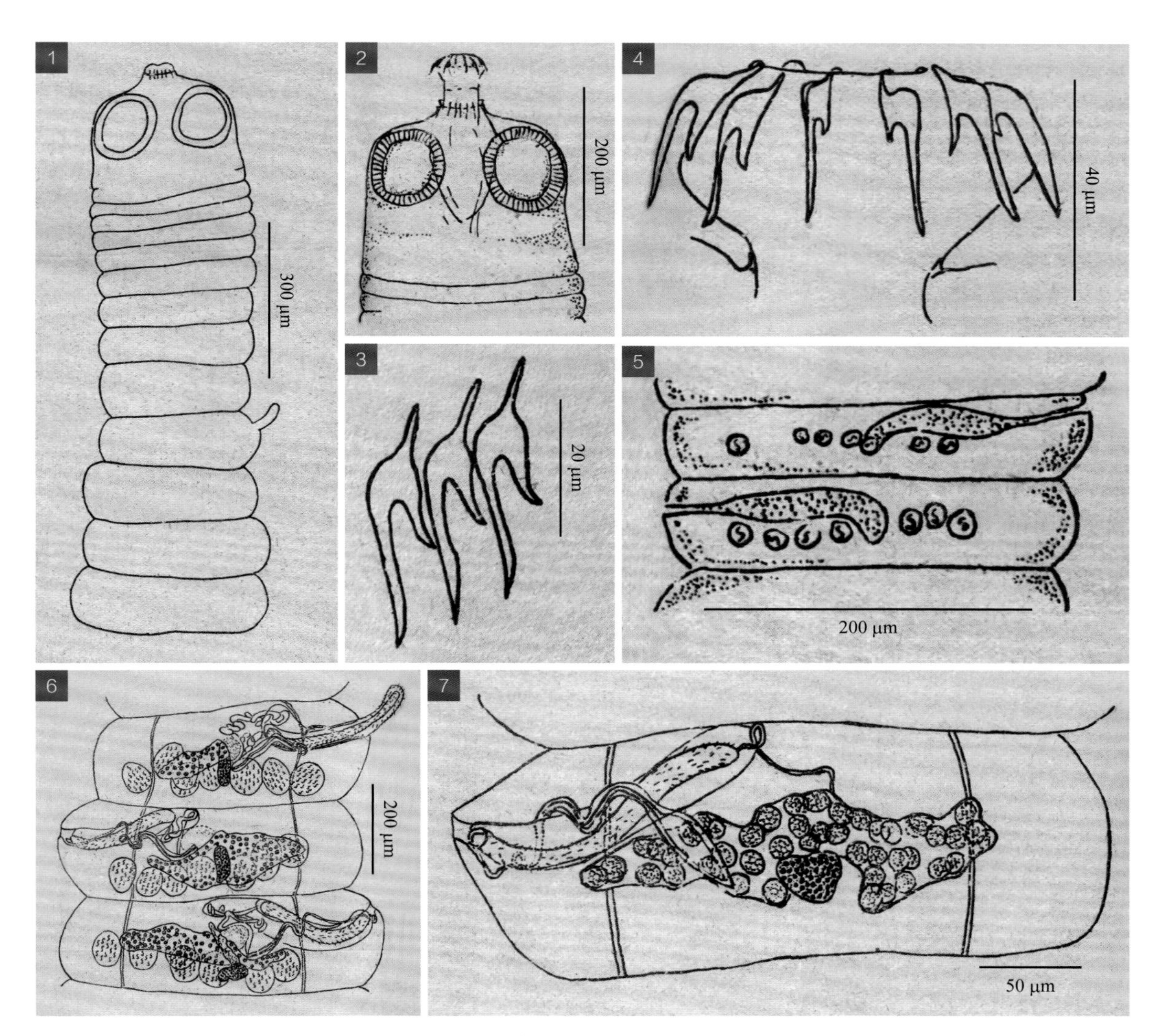

图 41 热带变带绦虫 *Amoebotaenia tropica*

图释

1. 虫体；2. 头节；3. 吻钩；4. 吻钩排列；5. 未成熟节片；6. 成熟节片；7. 孕卵节片

1～7. 引自许绶泰（1959）

据其节片宽度的1/3～1/2，甚至2/3，远远地跨过生殖孔侧的排泄管，开口于生殖腔。雄茎又长又宽，具刺，其宽度约为容纳它的雄茎囊宽度的一半，其长度仅略短于雄茎囊。卵巢的轮廓不规则，位于两侧排泄管之间，在卵黄腺的背面、睾丸的腹面。卵黄腺常位于节片的中线，在其他器官的腹面。阴道纤细而弯曲，开口于生殖腔，雌性生殖孔常位于雄性生殖孔略后，阴道从生殖孔开始在雄茎囊背面向前并向中间绕行，伸达雄茎囊的前缘，然后向后继续在雄茎囊的腹面弯曲绕行，越过排泄管而到达受精囊。受精囊为一个肌质发达、略带弯曲、其凹面一般向前的单管，部分受精囊胀大，其厚度可比一般的增加1倍。子宫位于卵巢腹面，开始为一长而窄的器官，后期子宫充满排泄管的内侧区域，有时分裂为两大叶的囊，其中充满球形的虫卵。

3.2　漏带属

Choanotaenia Railliet, 1896

【同物异名】 单孔属（*Monopylidium* Fuhrmann, 1899）；原漏带属（*Prochoanotaenia* Meggitt, 1920）；单孔属巨吻亚属（*Macracanthus Monopylidium* sub-gen. Moghe, 1925）；单孔属巨棘亚属（*Megalacanthus Monopylidium* sub-gen. Moghe, 1925）；多睾属（*Multitesticulata* Meggitt, 1929）；维斯克属（*Viscoia* Mola, 1929）；漏弗属（*Choanofuhrmannia* López-Neyra, 1943）；双漏带属（*Dichoanotaenia* López-Neyra, 1944）；网宫属（*Dictymetra* Clark, 1952）。

【宿主范围】 成虫寄生于禽类。

【形态结构】 中型绦虫。吻突小，有吻钩1圈。头节小，吸盘宽。有节片缘膜，节片的宽度大于长度，或长度大于宽度，特别是在孕卵节片。生殖器官1套，生殖管从排泄管之间穿过，生殖孔不规则交叉开口于两侧缘。睾丸数目较多，分布于卵巢之后，有时延伸到卵巢的两侧。无内、外贮精囊，雄茎囊的形态和大小多变，雄茎具刺或无刺。卵巢为两瓣，每瓣分叶如扇形，常位于节片赤道线略前的中央，其后为紧凑的卵黄腺。阴道直，位于雄茎囊后的同一水平面。有受精囊。子宫早期呈囊状，浅裂明显或呈网状，后期分化成许多卵袋，每个卵袋含六钩蚴虫卵1个。模式种：漏斗漏带绦虫［*Choanotaenia infundibulum* Bloch, 1779］。

42　带状漏带绦虫　***Choanotaenia cingulifera* (Krabbe, 1869) Fuhrmann, 1932**

【关联序号】 44.3.1（17.2.1）/。

【同物异名】 带状带绦虫（*Taenia cingulifera* Krabbe, 1869）；马氏带绦虫（*Taenia marchii* Parona,

1887)；带状单孔绦虫（*Monopylidium cinguliferum* (Krabbe, 1869) Clerc, 1902）；次白漏带绦虫（*Choanotaenia hypoleucia* Singh, 1952）；带状小科瓦列夫斯基绦虫（*Kowalewskiella cingulifera* (Krabbe, 1869) López-Neyra, 1952）。

【宿主范围】成虫寄生于鸡的小肠。

【地理分布】贵州。

【形态结构】虫体长 8.00～10.00 cm，宽 0.10 cm。头节直径为 0.124 mm，吻突短，其直径为 0.060 mm，有吻钩 40 个，排列成 1 圈，钩长 0.005 mm，吸盘直径为 0.036 mm。未成熟节片的长宽为 0.084 mm×0.080 mm，成熟节片的长宽为 0.459 mm×0.314 mm，孕卵节片的长宽为 0.680 mm×0.391 mm。每节有生殖器官 1 套，生殖孔不规则地左右交替开口于节片边缘的中线略前方。睾丸有 40 枚，直径为 0.016～0.032 mm，分布于雌性生殖腺的前、后部和生殖孔对侧。输精管卷曲于卵巢前面，通入雄茎囊。雄茎囊呈梨形，大小为 0.200～0.680 mm×0.128 mm，穿

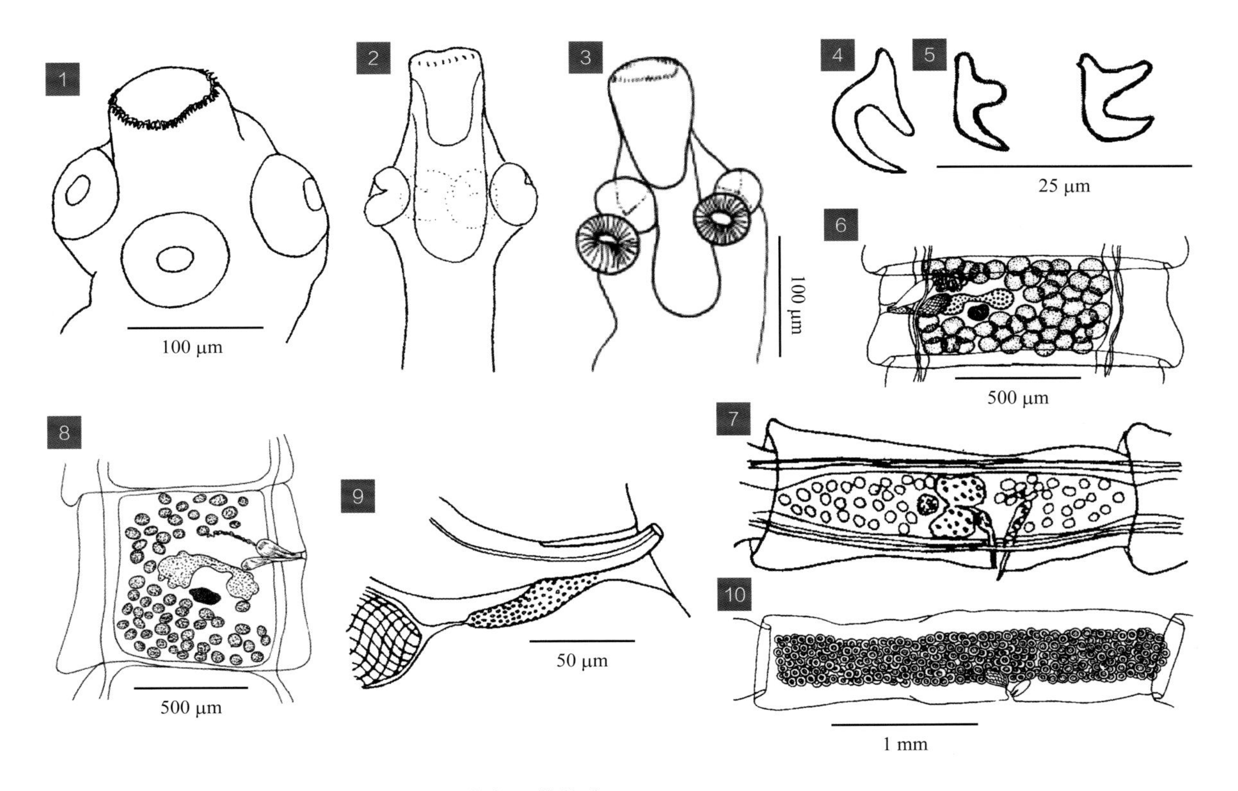

图 42　带状漏带绦虫 *Choanotaenia cingulifera*

图释

1～3. 头节；4, 5. 吻钩；6～8. 成熟节片；9. 生殖腔；10. 孕卵节片

1, 6, 9, 10. 引自 Корнюшин（1970）；2, 4, 7. 引自 Schmidt（1986）；3, 5, 8. 引自 Sey（1968）

过纵排泄管，无内、外贮精囊。卵巢呈双瓣状分叶，每叶有缺刻，位于节片中央。卵黄腺为不规则的块状，直径为 0.040 mm，位于卵巢后面。阴道呈管状，位于雄茎囊后面，远端膨大为受精囊，受精囊大小为 0.040～0.060 mm×0.032～0.036 mm。孕卵节片的子宫形成许多卵袋，充满节片纵排泄管之间的空间，每个卵袋含虫卵 1 枚。

［注：Schmidt（1986）将 *Choanotaenia cingulifera* 列为 *Kowalewskiella cingulifera* 的同物异名］

43 漏斗漏带绦虫 *Choanotaenia infundibulum* Bloch, 1779

【关联序号】44.3.2（17.2.2）/ 342。

【宿主范围】成虫寄生于鸡、鸭的小肠。

【地理分布】安徽、北京、重庆、福建、甘肃、广东、广西、海南、河北、湖北、江苏、内蒙古、宁夏、陕西、四川、天津、新疆、云南、浙江。

【形态结构】中型绦虫。体长 2.00～25.00 cm，最大宽度 0.12～0.20 cm。有背排泄管和腹排泄管各 1 对，每节后缘各有 1 条横管与两侧腹排泄管相连。头节呈球形，直径为 0.330～0.480 mm，具有能上下伸缩的吻突和 4 个吸盘。吻突如蘑菇状，长宽为 0.150～0.220 mm×0.060～0.070 mm，上有吻钩 16～22 个，排列成 1 圈，钩长 0.020～0.030 mm。吻突常缩入吻囊内，吻囊底部不超过吸盘下缘，吻囊长宽为 0.230～0.270 mm×0.080～0.150 mm。吸盘呈圆形或椭圆形，大小为 0.210～0.320 mm×0.110～0.220 mm，不具小刺。成熟节片和孕卵节片呈梯形。每节有生殖器官 1 套，生殖孔不规则地左右交替开口于节片侧缘的前 1/3。睾丸呈圆形，有 30～40 枚，直径为 0.038～0.074 mm，分布于卵巢之后的节片后半部。输精管高度旋曲，位于节片前部，通入雄茎囊。雄茎囊呈梨形，位于排泄管外侧，大小为 0.050～0.170 mm×0.050～0.100 mm，缺内、外贮精囊。卵巢分为左右两瓣，每瓣又有叶状分支，位于节片中央前半部，生殖孔侧的卵巢瓣较小，生殖孔对侧卵巢瓣较大，卵巢大小为 0.315～0.680 mm×0.170～0.234 mm。卵黄腺呈椭圆形分瓣状，大小为 0.075～0.150 mm×0.010～0.080 mm，位于卵巢之后的节片中央。阴道细长，稍有弯曲，位于雄茎囊后面，开口于生殖腔，远端膨大为受精囊。受精囊呈卵圆形，平均大小为 0.121 mm×0.066 mm。孕卵节片的子宫高度扩张充满节片，呈囊袋状，内含大量虫卵。虫卵呈卵圆形，大小约为 32 μm×36 μm，两端具细长丝。虫卵内含六钩蚴 1 个，六钩蚴大小约为 18 μm×21 μm。

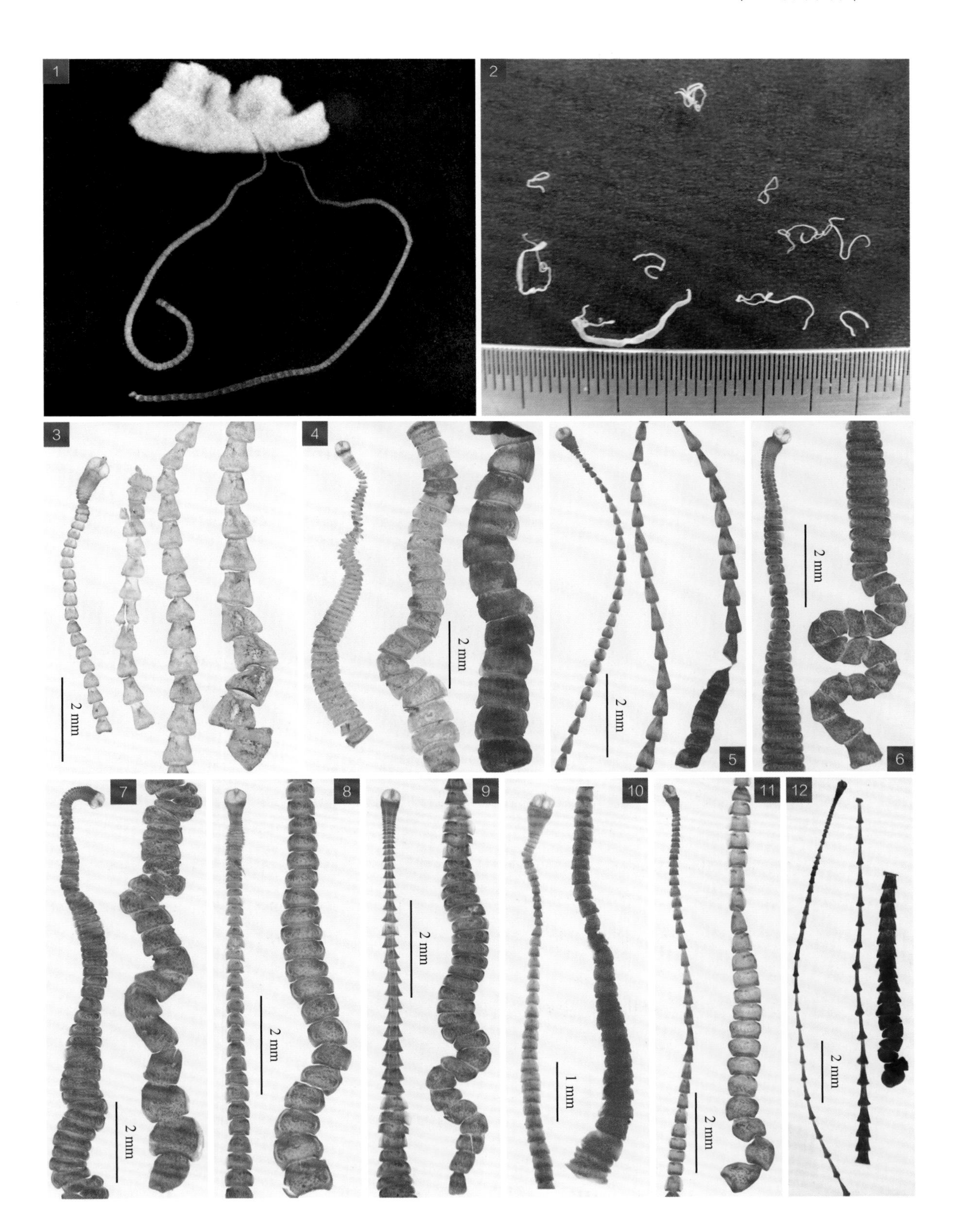
1
2
3
2 mm
4
2 mm
2 mm
5
2 mm
6
7
2 mm
8
2 mm
9
2 mm
10
1 mm
11
2 mm
12
2 mm

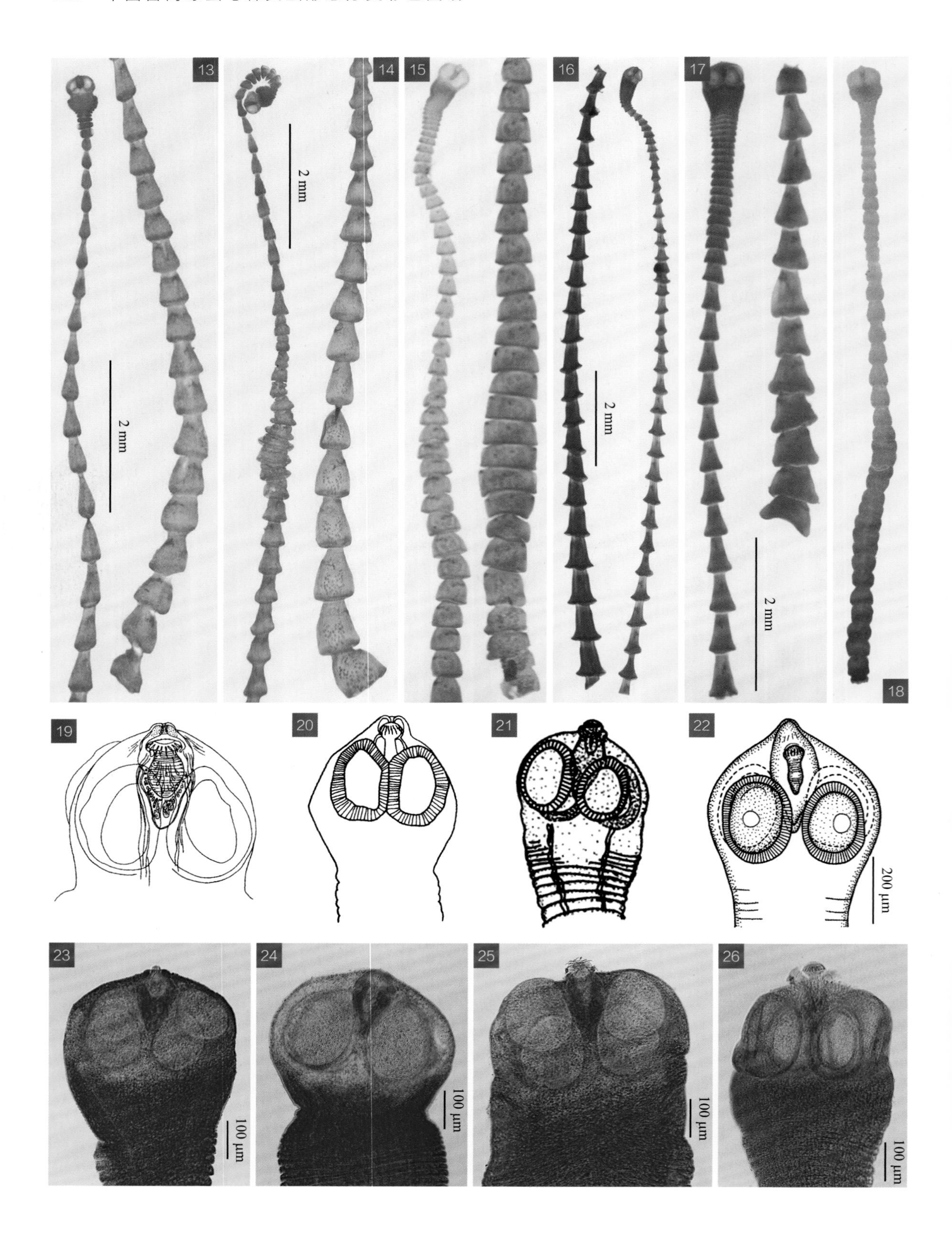
13
14
15
16
17
18
2 mm
2 mm
2 mm
2 mm
19
20
21
22
200 μm
23
24
25
26
100 μm
100 μm
100 μm
100 μm

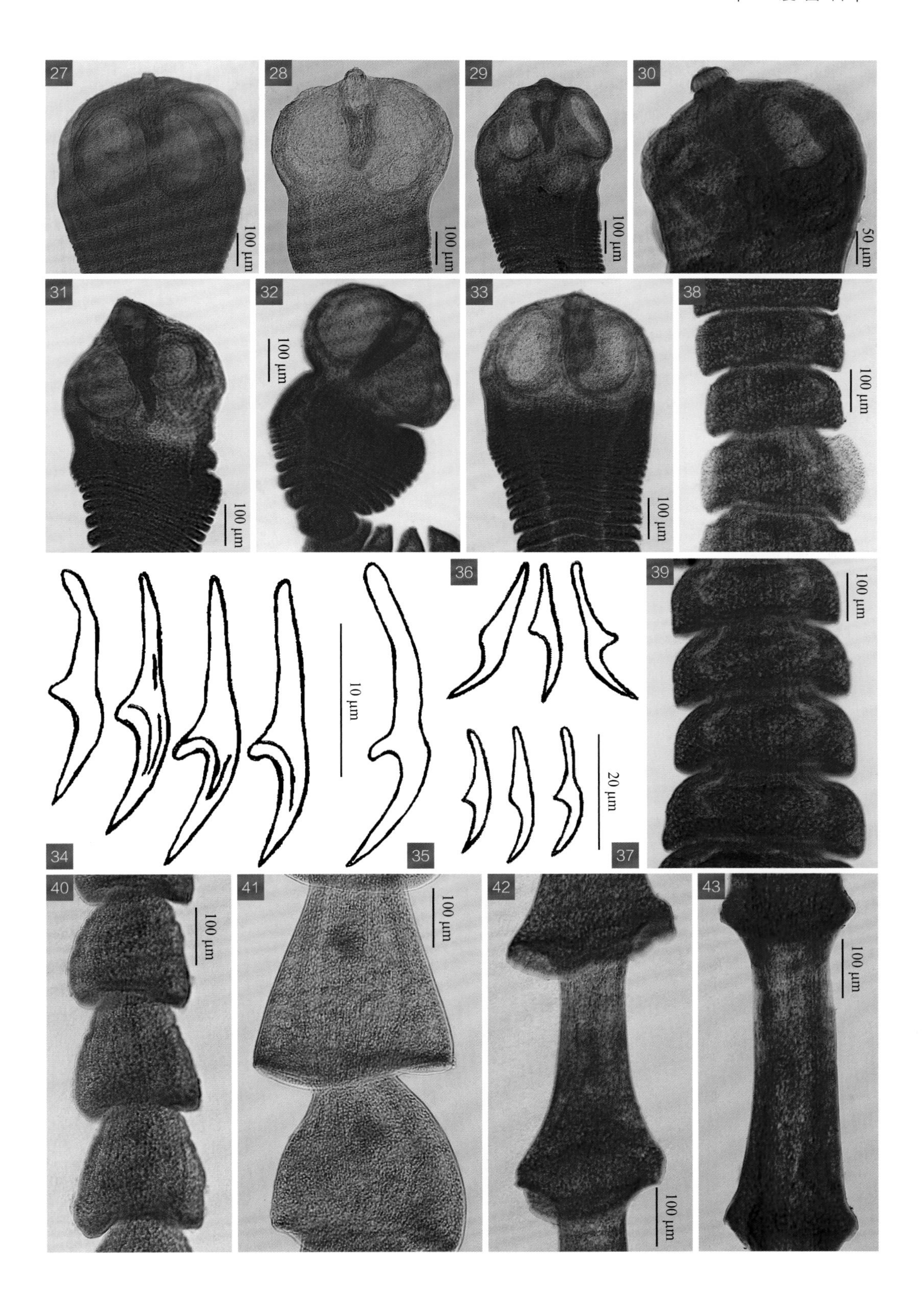
27
100 μm
28
100 μm
29
100 μm
30
50 μm
31
100 μm
32
100 μm
33
100 μm
38
100 μm
34
10 μm
35
36
20 μm
37
39
100 μm
40
100 μm
41
100 μm
42
100 μm
43
100 μm

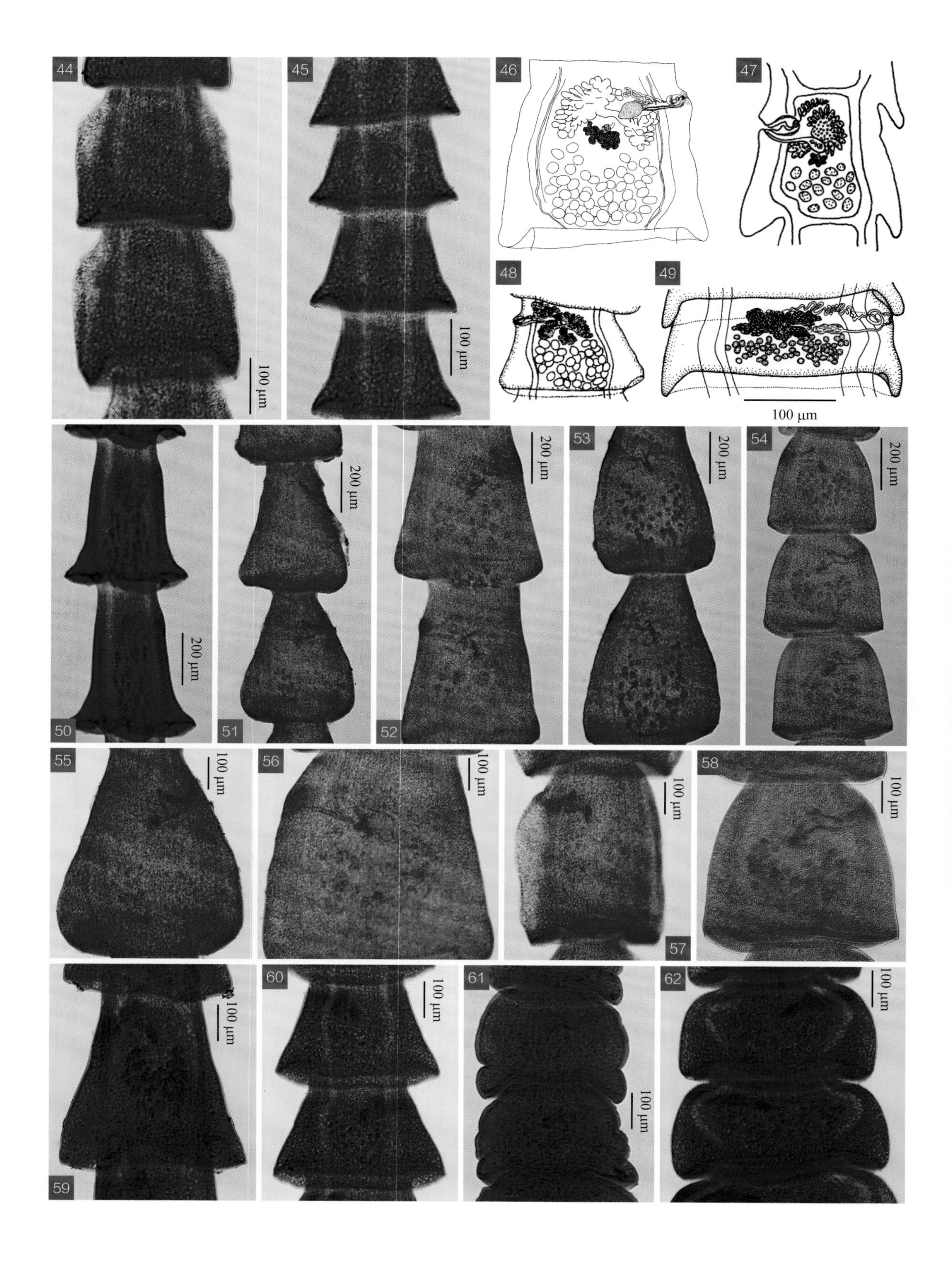
44
45
46
47
48
49
100 μm
100 μm
100 μm
50
51
52
53
54
200 μm
200 μm
200 μm
200 μm
200 μm
55
56
57
58
100 μm
100 μm
100 μm
100 μm
59
60
61
62
100 μm
100 μm
100 μm
100 μm

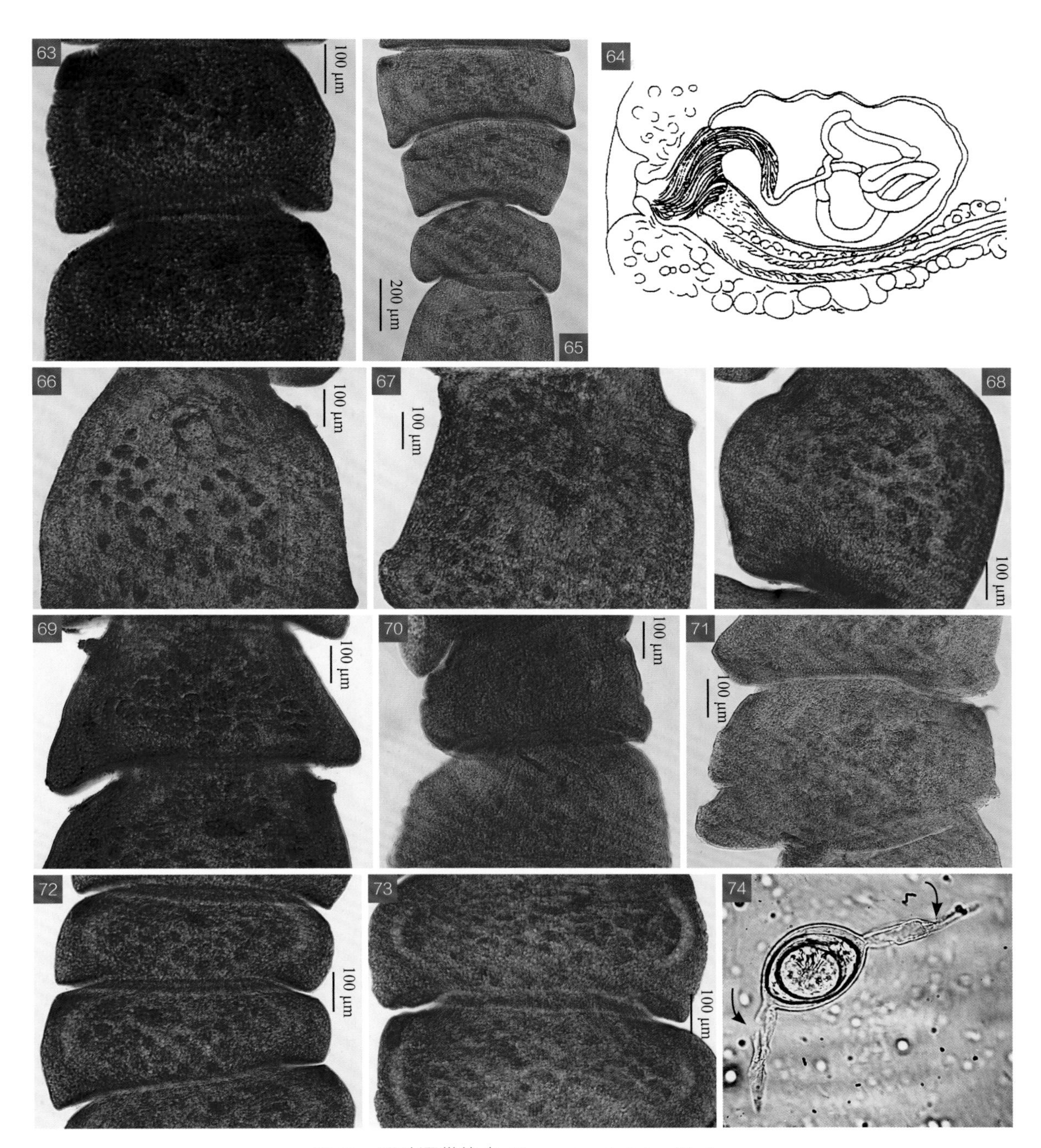

图 43 漏斗漏带绦虫 *Choanotaenia infundibulum*

图释

1～18. 虫体；19～33. 头节；34～37. 吻钩；38～45. 未成熟节片；46～63. 成熟节片；64. 生殖腔；65～73. 孕卵节片；74. 虫卵（箭头所指为两端细长丝）

1. 引自 Alicata（1964）；2. 原图（LVRI）；3～18, 23～33, 38～45, 50～63, 65～73. 原图（SHVRI）；19, 34, 46, 64. 引自 Khalil 等（1994）；20, 35, 47, 74. 引自 McDougald（2013）；21, 36, 48. 引自黄兵和沈杰（2006）；22, 37, 49. 引自蒋学良等（2004）

44 小型漏带绦虫 *Choanotaenia parvus* Lu, Li et Liao, 1989

【关联序号】 44.3.3（17.2.3）/。

【宿主范围】 成虫寄生于鸡的小肠。

【地理分布】 安徽。

【形态结构】 虫体新鲜时呈乳白色，体形小，体长 0.08～0.12 cm，体宽 0.01～0.02 cm，体节有节片 10～14 个。头节近似圆形，宽 0.100～0.150 mm，有吻突、吻囊和椭圆形吸盘 4 个。吻突上有吻钩 8～12 个，排列成 1 圈，吻钩大而弯曲。吻囊发达，呈橄榄形，其末端达吸盘的后缘。吸盘较大，占据了头节的大部分，其长度为 0.063～0.175 mm。成熟节片呈梯形，其长度大于宽度，生殖器官 1 套，生殖孔不规则地左右交替开口于节片侧缘的前方。睾丸呈卵圆形，8～14 枚，分散于节片的后半部和雌性生殖腺的后面，两侧可至排泄管外侧。雄茎囊呈弯茄子形，越过排泄管，开口于生殖腔，无内、外贮精囊。卵巢分瓣，位于节片中央。卵黄腺为致密块状，位于卵巢后面。阴道较直，位于雄茎囊后面，开口于生殖腔，远端膨大为受精囊。

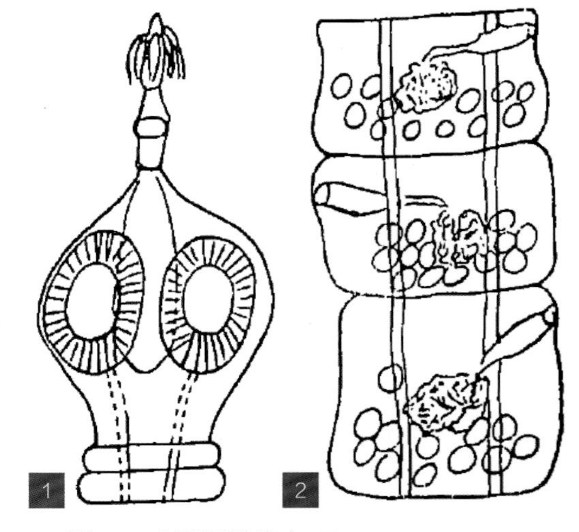

图 44 小型漏带绦虫 *Choanotaenia parvus*

图释

1. 头节；2. 成熟节片

1, 2. 引自陆凤琳等（1989）

3.3 双殖孔属

Diplopylidium Beddard, 1913

【同物异名】 原雌孔属（*Progynopylidium* Skrjabin, 1924）。

【宿主范围】 成虫寄生于哺乳动物和禽类。幼虫为似囊尾蚴，寄生于两栖和爬行动物。

【形态结构】 中型绦虫。吻突顶部扁平，具数圈交叉排列大小不一的吻钩，前几圈的吻钩明显，呈把手状，最后 1 圈吻钩小而似玫瑰刺。生殖器官 2 套，成熟节片和孕卵节片的生殖孔位于节片赤道线前方的两侧边缘。睾丸不太多，主要分布于卵巢后方节片的中部，部分延伸接近节片前缘。雄茎囊大而长，呈梨形，穿越两侧排泄管几乎达节片中央。输精管卷曲，缺贮精囊。卵巢呈双瓣状，卵黄腺紧凑呈肾形。阴道跨越雄茎囊，开口于雄性生殖孔前面，具受精囊。子宫后期分化为卵袋，每个卵袋有 1 枚含六钩蚴的虫卵。模式种：麝猫双殖孔绦虫［*Diplopylidium genettae* Beddard, 1913］。

45 诺氏双殖孔绦虫 ***Diplopylidium nölleri* (Skrjabin, 1924) López-Neyra, 1927**

【关联序号】44.5.1（17.3.1）/ 344。

【同物异名】特氏复殖孔绦虫（*Dipylidium trinchesei* Railliet, 1893）；诺氏原雌孔绦虫（*Progynopylidium nölleri* Skrjabin, 1924）；类单原雌孔绦虫（*Progynopylidium monoophoroides* López-Neyra, 1928）；类单双殖孔绦虫（*Diplopylidium monoophoroides* (López-Neyra, 1928) Witenberg, 1932）。

【宿主范围】成虫寄生于犬、猫的小肠。

【地理分布】重庆、福建、广东、贵州、四川。

【形态结构】新鲜虫体薄而半透明，孕卵节片的后部呈暗红棕色，这种着色在乙酸中迅速消失。虫体长 0.90～12.00 cm，最大宽度 0.10 cm，有节片 25～120 个。有背排泄管和腹排泄管各 1 对，每节片后缘各有 1 条横管与两侧腹排泄管相连。头节略呈背腹扁平，宽 0.240～0.500 mm，厚 0.150～0.240 mm，有可伸缩的吻突和 4 个吸盘。吻突近球形，直径为 0.110～0.230 mm，上具 3 列交错排列的吻钩，偶尔可见不完整的第 4 列，每列钩数 20～22 个，第 1 列钩长 0.042～0.053 mm，第 2 列钩长 0.034～0.046 mm，第 3 列钩长 0.011～0.020 mm，第 4 列钩长 0.007～0.019 mm。颈节比头节狭窄，其长度为头节的 2～3 倍。第 1 个体节的宽度大于长度，随后的节片变成正方形和长方形。孕卵节片呈卵圆形，其长宽为 1.500～3.000 mm×0.500～1.000 mm。生殖原基出现在第 5～22 节，雌、雄生殖原基同时发育。每节有生殖器官 2 套，生殖孔开口于节片两侧边缘前 1/5 处。睾丸呈圆形，有 15～40 枚，直径 0.044～0.062 mm，分布于排泄管之间，大部分位于雄茎囊后面，仅 2～5 个位于输精管前面。输精管高度卷曲呈盘发状，位于雄茎囊内侧部分的前方。雄茎囊长而大，呈茄子形，其长度可达 0.140～0.190 mm，位于节片前部的阴道后方，向内斜跨越排泄管至节片近中央，无内、外贮精囊。雄茎长，可伸出生殖腔。卵巢呈双瓣状分叶，4 个卵巢瓣排成 1 列位于节片赤道线与雄茎囊之间。卵黄腺呈不规则椭圆形，位于卵巢分瓣中间的后方。阴道呈管状，位于雄茎囊前方并开口于雄性生殖孔前面，向内穿过排泄管，再倾斜向后越过雄茎囊至卵巢中间，远端膨大为梭形的受精囊。早期子宫呈网状，孕卵节片的子宫分隔形成约 120 个卵袋，分散于排泄管之间生殖孔水平的后部空间，卵袋类似于圆形囊泡，直径为 0.070～0.170 mm。每个卵袋含虫卵 1 枚，虫卵呈圆形，直径约 30 μm。

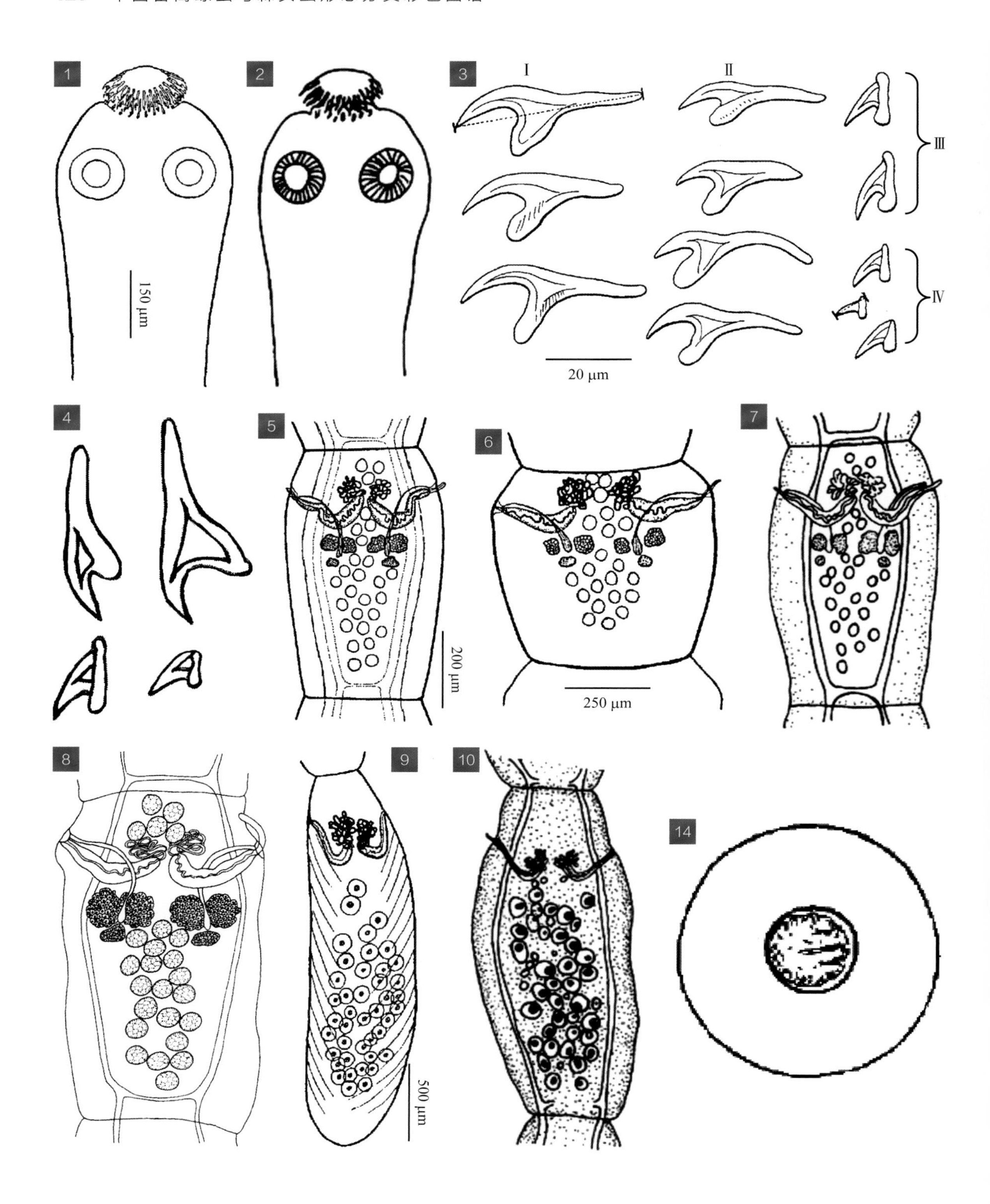
1
2
3
I
II
III
IV
150 μm
20 μm
4
5
6
7
200 μm
250 μm
8
9
10
14
500 μm

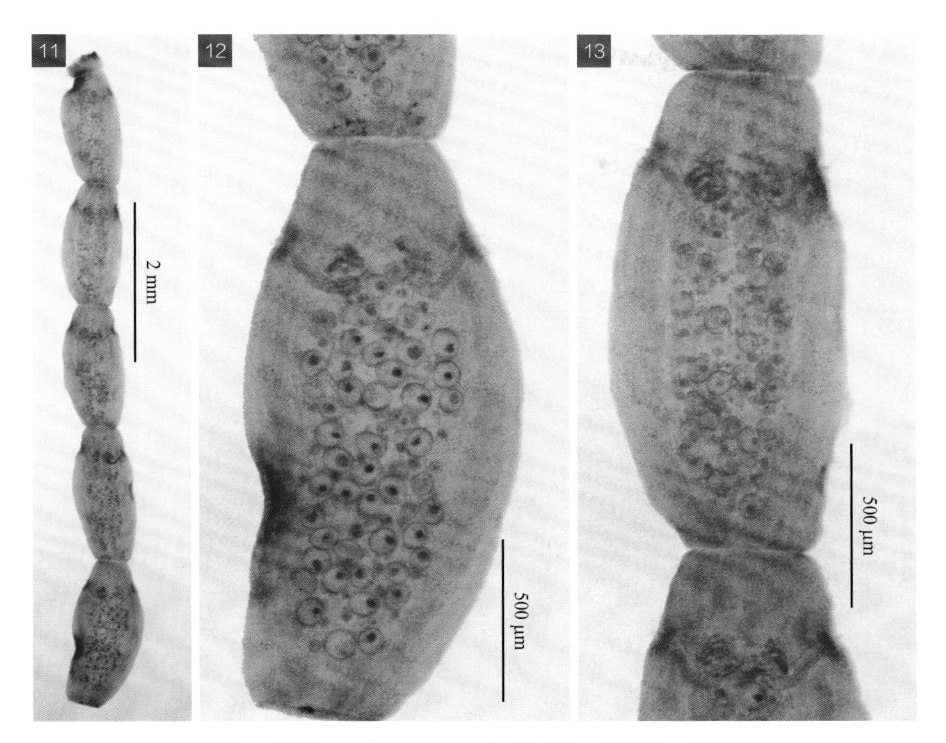

图 45 诺氏双殖孔绦虫 *Diplopylidium nölleri*

图释

1, 2. 头节；3, 4. 吻钩；5～8. 成熟节片；9～13. 孕卵节片；14. 虫卵

1, 3, 5, 6, 9, 14. 引自 Witenberg（1932）；2, 4, 7, 10. 引自黄兵和沈杰（2006）；8. 引自 Khalil 等（1994）；11～13. 原图（SHVRI）

3.4 复殖孔属

Dipylidium Leuckart, 1863

【同物异名】微带属（*Microtaenia* Sedgwick, 1884）。

【宿主范围】成虫寄生于食肉动物。幼虫寄生于昆虫。

【形态结构】中型绦虫。2 个节片之间略有收缩，成熟节片和孕卵节片的长度大于宽度。吻突为圆锥形，可伸缩，具数圈交替排列、大小一致的玫瑰形小钩。生殖器官 2 套，成熟节片和孕卵节片的生殖孔位于节片赤道线或赤道线后两侧的边缘。睾丸多，分布于排泄管内侧的髓质区，可延伸到或接近节片的前缘，在卵巢前部的睾丸数常多于卵巢后部。输精管卷曲，无贮精囊。雄茎囊呈棒状或梨形，位于排泄管外侧。卵巢为 2 个花瓣状，卵黄腺紧凑或有缺刻。阴道不与雄茎囊相交，开口于雄性生殖孔的腹面或后面，具受精囊。成熟节片的子宫呈网状，孕卵节片的子宫分化成许多卵袋，每个卵袋有多枚含六钩蚴的虫卵。模式种：犬复殖孔绦虫［*Dipylidium caninum* (Linnaeus, 1758) Leuckart, 1863］。

46 犬复殖孔绦虫 *Dipylidium caninum* (Linnaeus, 1758) Leuckart, 1863

【关联序号】44.4.1（17.4.1）/ 343。

【宿主范围】成虫寄生于犬、猫的小肠。

【地理分布】安徽、北京、重庆、福建、甘肃、广东、广西、贵州、海南、河北、河南、黑龙江、湖北、湖南、吉林、江苏、江西、辽宁、内蒙古、宁夏、陕西、上海、四川、台湾、天津、西藏、新疆、云南、浙江。

【形态结构】新鲜虫体呈白色或微黄色，孕卵节片常呈淡红色，链体前部和整个收缩虫体的边缘明显呈锯齿状。体长 10.00～70.00 cm，最大宽度 0.30～0.75 cm，有节片 80～250 个。早期节片呈梯形，链体中部节片因生殖孔水平的明显变宽而呈六角形。头节小，略呈背腹扁平，长宽为 0.220～0.280 mm×0.240～0.500 mm，厚 0.200～0.300 mm，有可收缩的吻突和 4 个吸盘。吻突上有 3～7 列交替排列的短玫瑰状吻钩，每列 16～20 个，共有 82～103 个。当吻突完全伸出时，吻钩仅分布于吻突表面的中 1/3。第 1 列钩长 0.013～0.016 mm，最后 1 列钩长 0.003～0.008 mm。吸盘呈圆形，大小为 0.125～0.220 mm×0.105～0.200 mm，无刺。颈节狭窄，宽 0.130～0.150 mm，极富伸缩性，当收缩时几乎消失，当舒展时其长度可超过头节的 6 倍。生殖器官随着节片的生长逐渐发育，成熟节片和孕卵节片的长度均大于宽度，每个节片有生殖器官 2 套，生殖孔开口于节片两侧缘的中部或稍后方。睾丸呈球形，有 150～300 枚，大小为 0.063～0.088 mm×0.065～0.083 mm，松散分布于排泄管之间、生殖孔前后的空间，偶尔可越过排泄管。输精管为卷曲的管状长束，位于雄茎囊的内侧，在排泄管的中部通入雄茎囊。雄茎囊呈椭圆形或纺锤形，大小为 0.150～0.300 mm×0.050～0.080 mm，斜列于节片两侧中部，一端向后开口于生殖窦，另一端与输精管相连。卵巢呈肾形或圆形花瓣状，大小为 0.200～0.300 mm×0.260～0.390 mm，由许多呈放射状排列的松散滤泡组成。卵黄腺呈横椭圆形，大小为 0.110～0.150 mm×0.180～0.260 mm，位于卵巢稍后方。阴道呈长管状，开口于雄性生殖孔后面，在雄茎囊后缘向内延伸越过排泄管，从卵巢中间穿出与输卵管相接。孕卵节片的早期子宫呈网状，后期子宫形成大量散在的蚕茧状卵袋，充满于整个节片，每个卵袋含虫卵 3～30 枚。虫卵为圆形，有一薄而透明的外壳，直径为 20～33 μm，内含六钩蚴。虫卵外包有 1 层薄而有弹性的膜，直径为 26～50 μm，在外膜与卵壳之间充满稠密的透明液体。

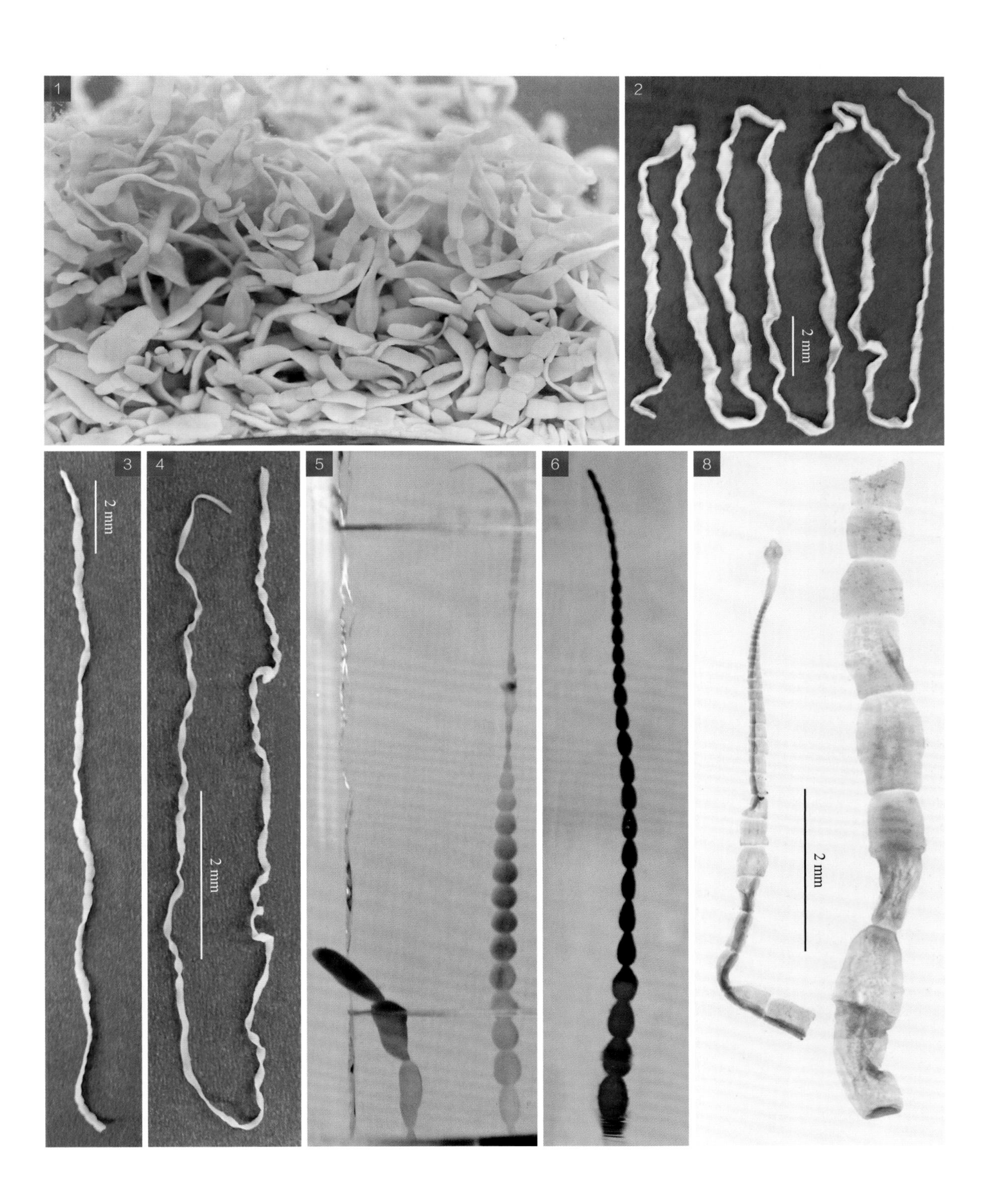
1
2
2 mm
3
2 mm
4
2 mm
5
6
8
2 mm

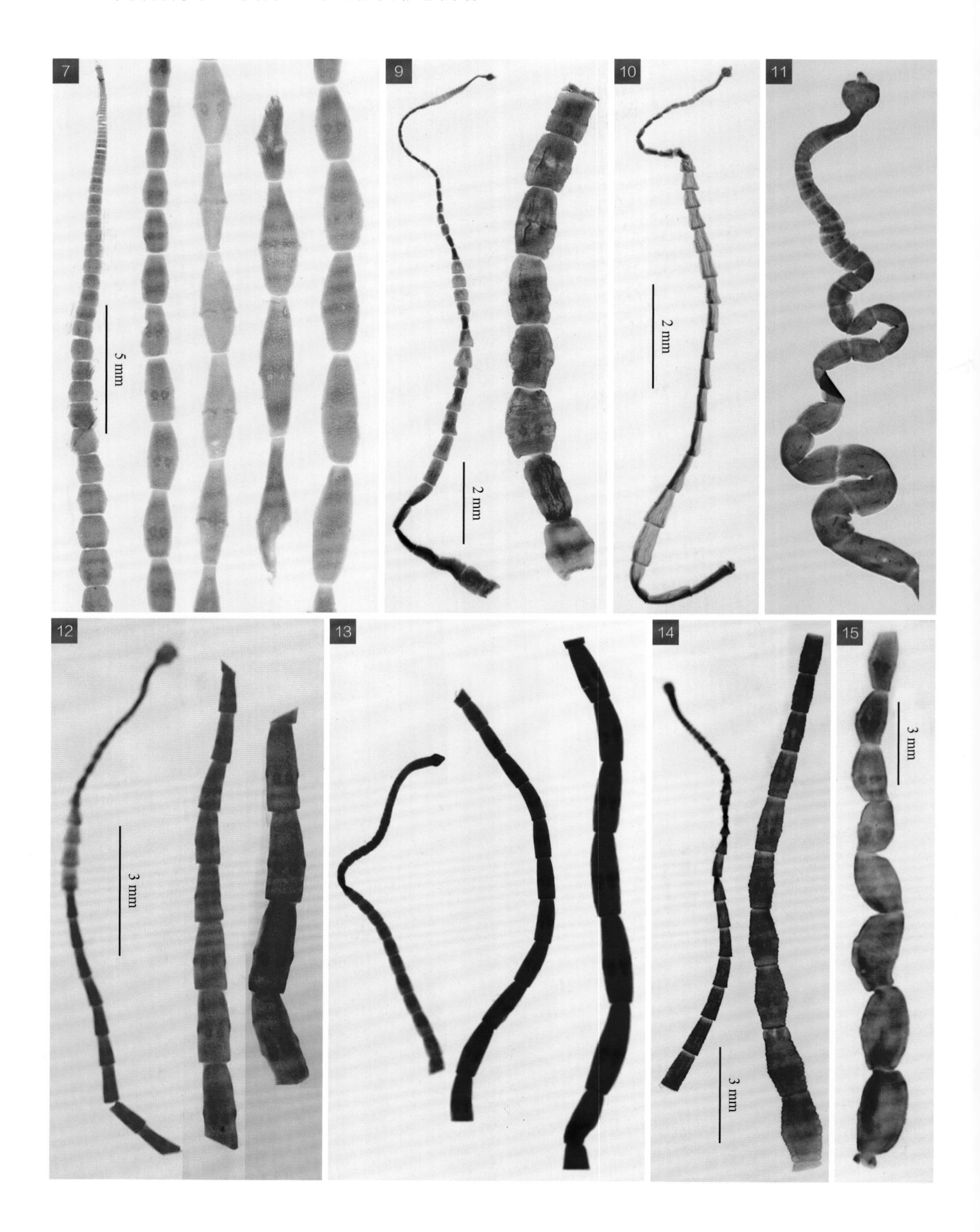
7
5 mm
9
2 mm
10
2 mm
11
12
3 mm
13
14
3 mm
15
3 mm

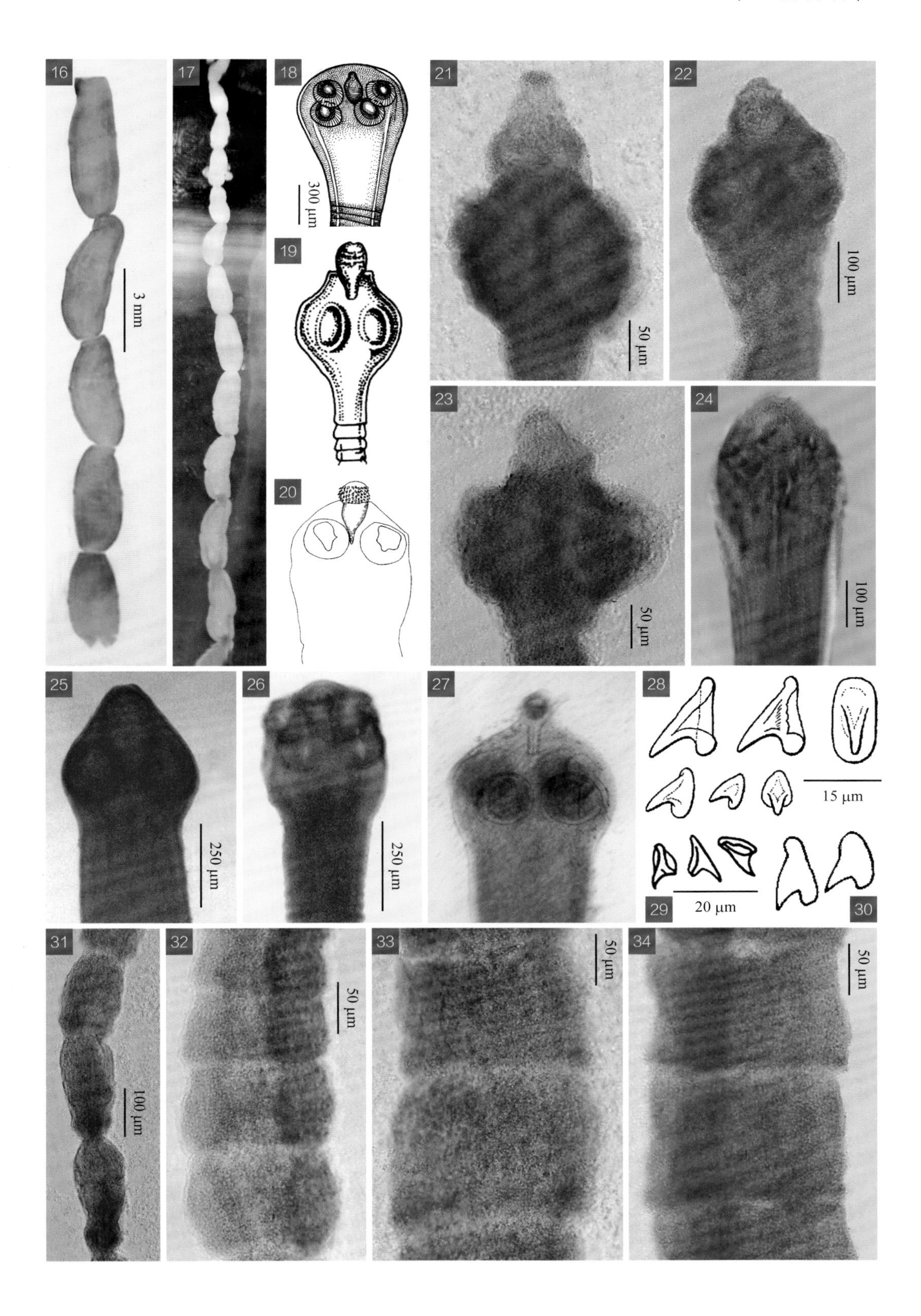
16
17
18
19
20
21
22
23
24
25
26
27
28
29
30
31
32
33
34
3 mm
300 μm
50 μm
100 μm
50 μm
100 μm
250 μm
250 μm
15 μm
20 μm
100 μm
50 μm
50 μm
50 μm

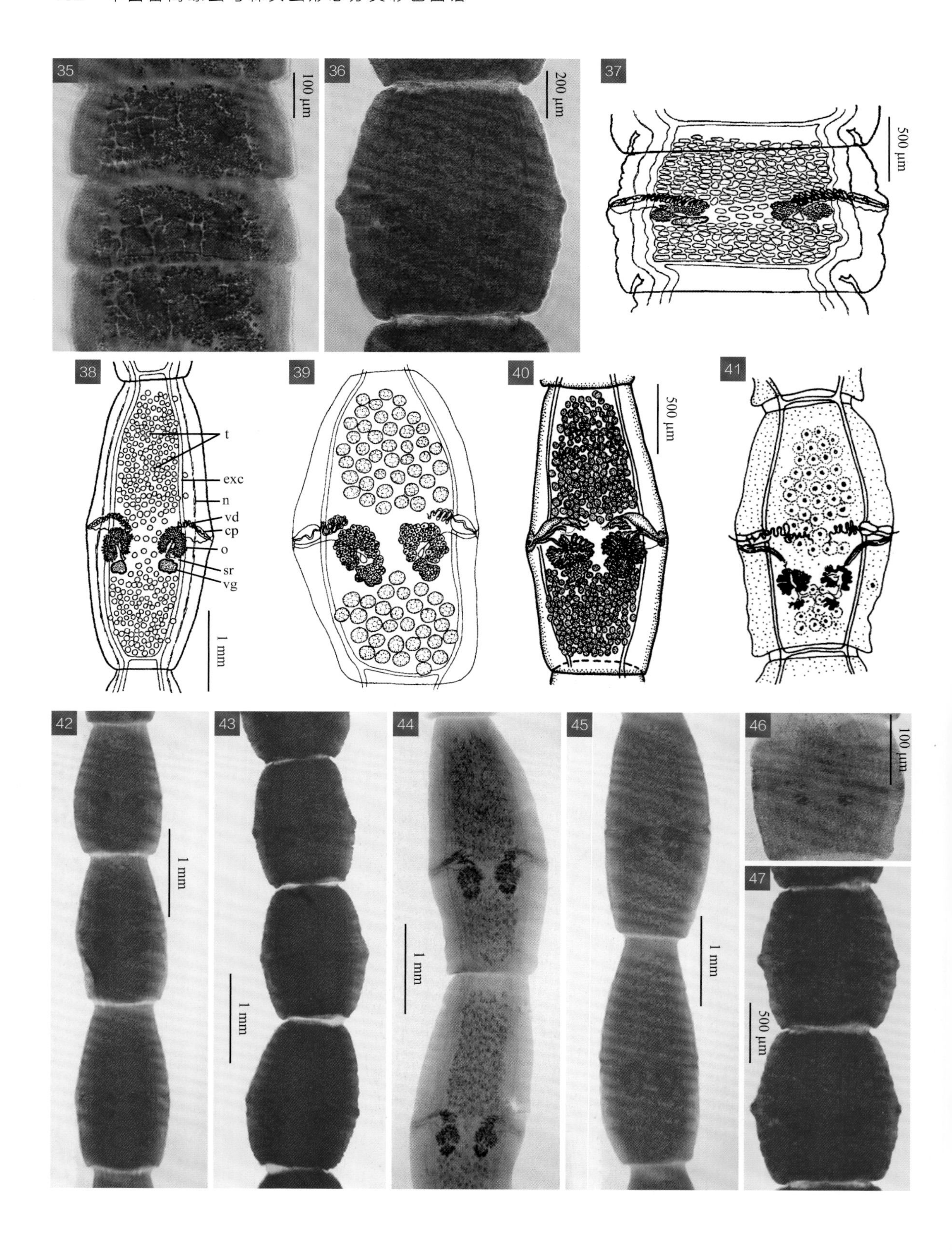
35
100 μm
36
200 μm
37
500 μm
38
t
exc
n
vd
cp
o
sr
vg
1 mm
39
40
500 μm
41
42
1 mm
43
1 mm
44
1 mm
45
1 mm
46
100 μm
47
500 μm

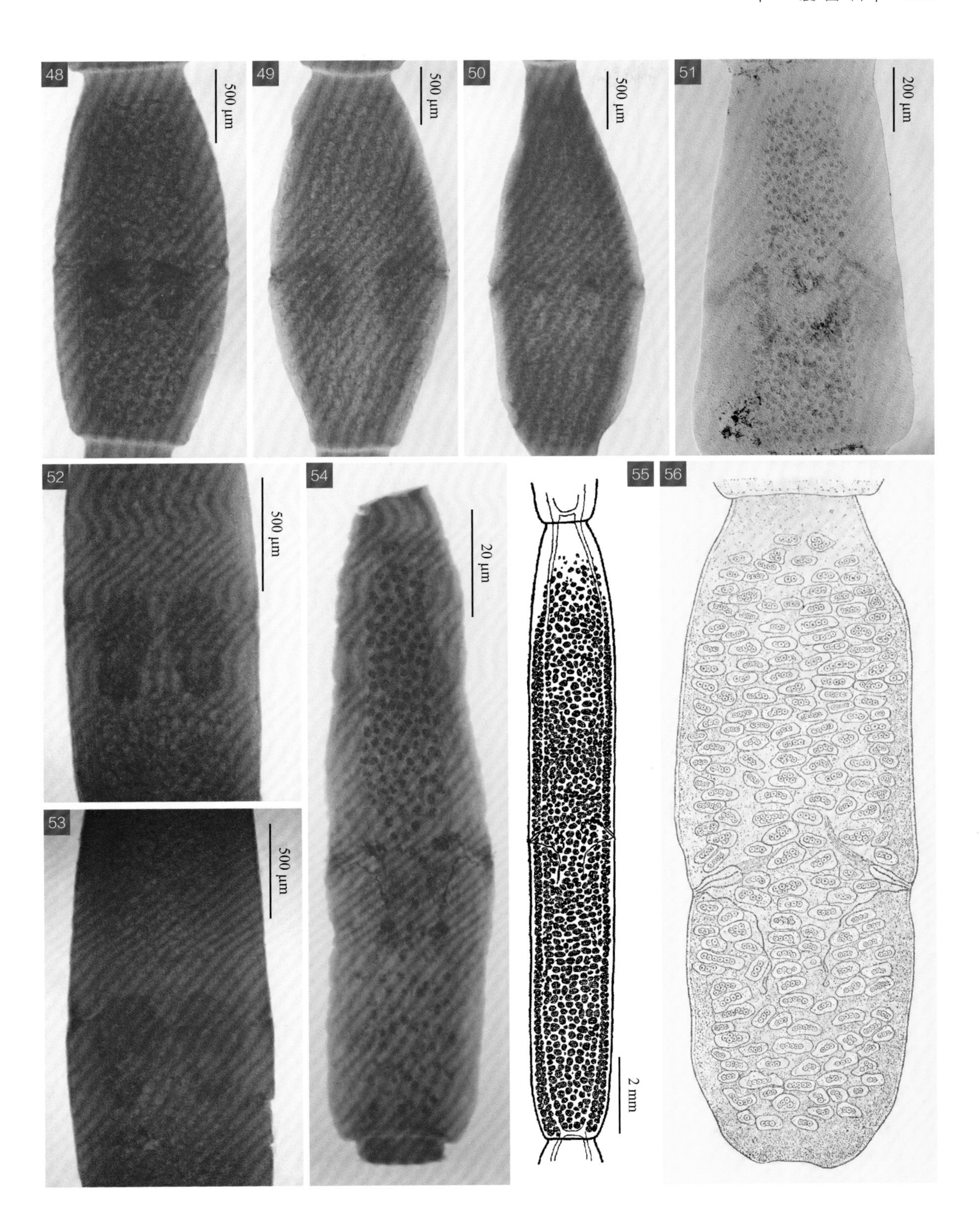
48
500 μm
49
500 μm
50
500 μm
51
200 μm
52
500 μm
53
500 μm
54
20 μm
55
56
2 mm

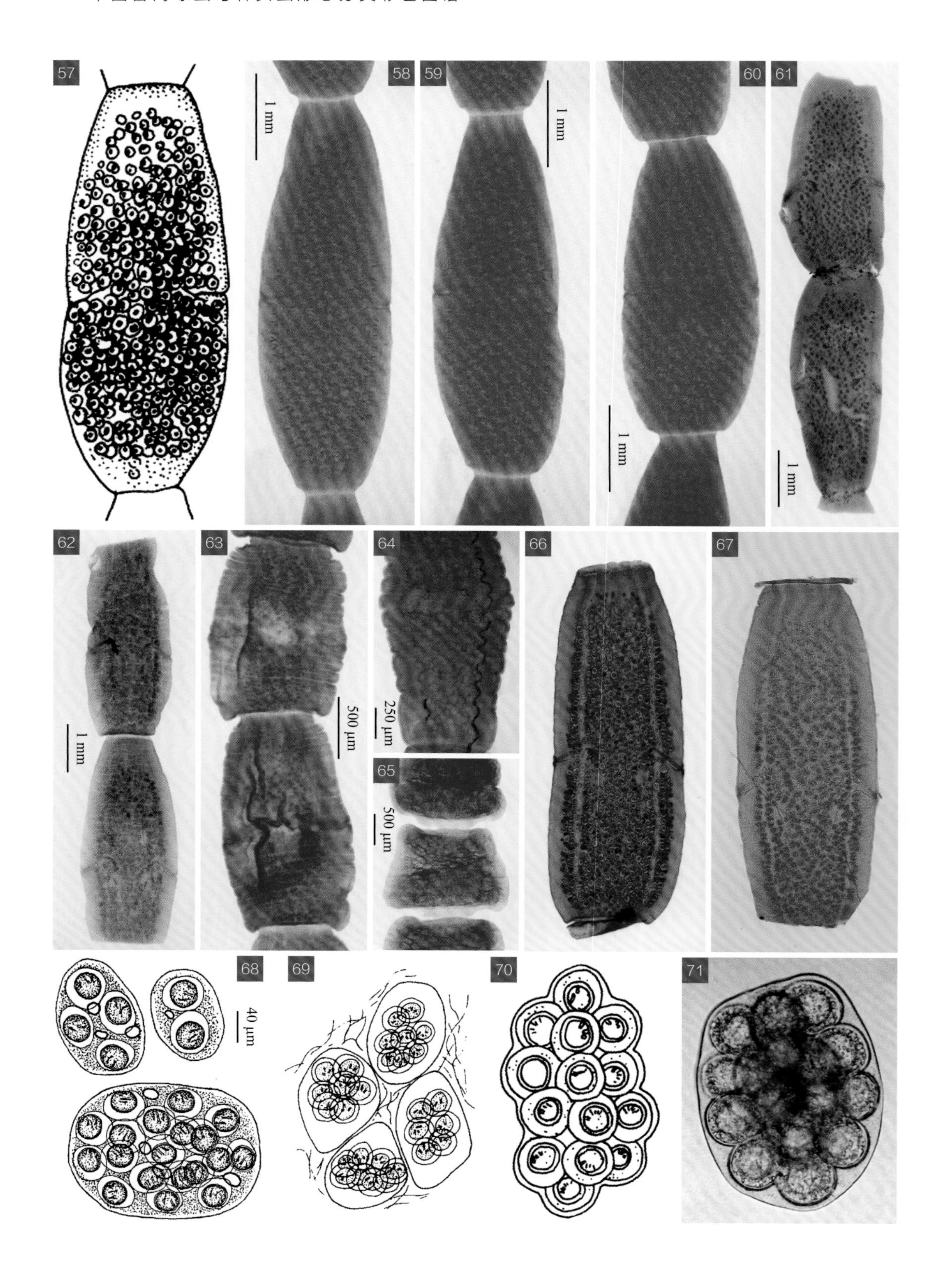
57
58
1 mm
59
1 mm
60
1 mm
61
1 mm
62
1 mm
63
500 μm
64
250 μm
65
500 μm
66
67
68
40 μm
69
70
71

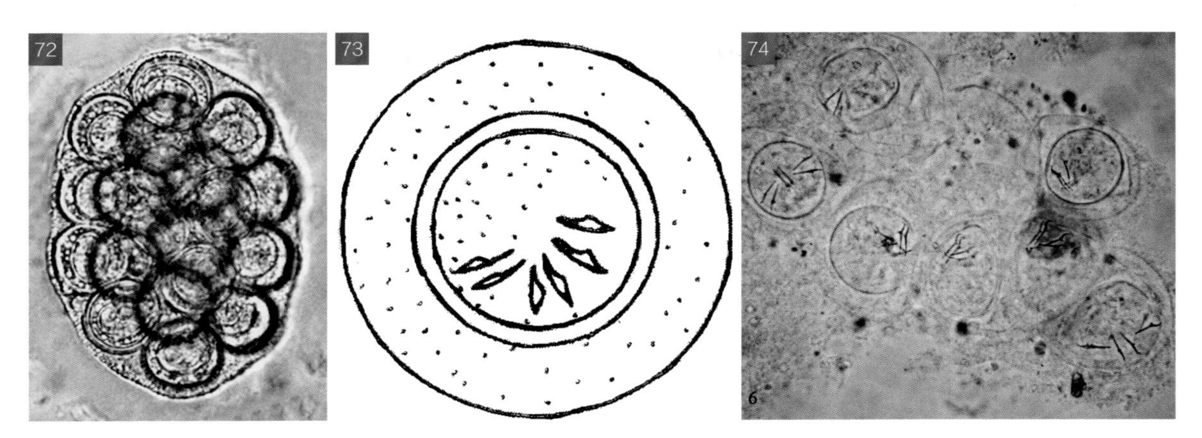

图 46　犬复殖孔绦虫 *Dipylidium caninum*

图释

1～14. 虫体；15～17. 链体；18～27. 头节；28～30. 吻钩；31～36. 未成熟节片；37～54. 成熟节片；55～67. 孕卵节片；68～72. 卵袋；73, 74. 虫卵

1～4. 原图（LVRI）；5, 6. 原图（SCAU）；7～10, 21～24, 31～36, 42～51, 58～63. 原图（SHVRI）；11, 66, 67, 71, 72, 74. 引自李朝品和高兴政（2012）；12～16, 25, 26, 52, 53, 64. 原图（SASA）；17. 原图（YNAU）；18, 29, 40. 引自蒋学良等（2004）；19, 41, 57, 70, 73. 引自黄兵和沈杰（2006）；20, 30, 39, 69. 引自 Khalil 等（1994）；27, 54, 65. 原图（YZU）；28, 37, 38, 55, 68. 引自 Witenberg（1932）；56. 引自 Hall（1919）

3.5　不等缘属

Imparmargo Davidson, Doster et Prestwood, 1974

【宿主范围】成虫寄生于禽类。

【形态结构】小型绦虫。节片数不多。吻突后部尖细，前端具规则交叉呈环形排列的大型吻钩。吸盘无刺。除最后孕卵节片的长度大于宽度外，有缘膜的节片，其宽度均大于长度。未成熟节片和成熟节片生殖孔侧的长度大于生殖孔对侧。链体的排泄管呈波浪状，生殖管从背腹排泄管之间穿过。生殖孔有规律地交叉开口于节片侧缘。睾丸数目不是很多。输精管高度盘曲于节片生殖孔侧的前部。雄茎囊大，向内延伸越过排泄管。雄茎无棘。卵巢大，呈双瓣状，位于节片的中央。卵黄腺为不规则的圆形，略偏于生殖孔侧。受精囊大，肌质，位于卷曲的输精管后面。阴道位于雄茎囊后面。子宫分裂成卵袋，每个卵袋含虫卵 1 枚。模式种：贝氏不等缘绦虫［*Imparmargo baileyi* Davidson, Doster et Prestwood, 1974］。

47 贝氏不等缘绦虫 *Imparmargo baileyi* Davidson, Doster et Prestwood, 1974

【关联序号】44.4.1（17.5.1）/ 345。

【宿主范围】成虫寄生于鸡的小肠。

【地理分布】云南。

【形态结构】虫体细小，呈黄白色，体长 0.13～0.58 cm，中后部最宽，为 0.06～0.13 cm。具有节片 9～15 个，其中，未成熟节片 4～7 个，成熟节片 3～9 个，孕卵节片 0 或 1 个。节片从头节后开始短而宽，而后逐渐变长，至孕卵节片时其长宽几乎相等，最后 1 个节片则长大于宽，其后缘变为圆钝。头节平均宽约 0.370 mm，前端具有可伸缩吻突，周围有吸盘 4 个。吻突的长宽为 0.180～0.290 mm×0.080～0.135 mm，具吻钩 22～26 个，有规律地交叉排列成 1 圈，吻钩长 0.045～0.057 mm，相邻的钩距为 0.002 mm。吸盘呈椭圆形，大小为 0.160～0.280 mm×0.125～0.230 mm，吸盘无刺。每个节片有生殖器官 1 套，生殖孔左右规则

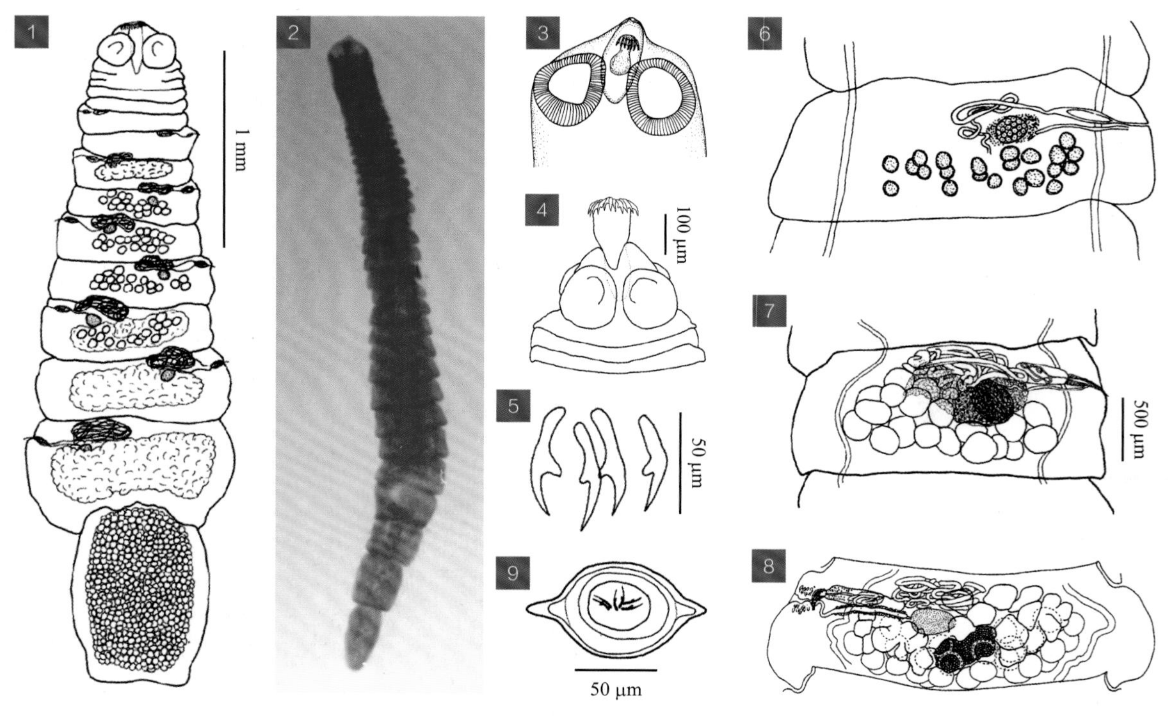

图 47 贝氏不等缘绦虫 *Imparmargo baileyi*

图释

1,2. 虫体；3, 4. 头节；5. 吻钩；6～8. 成熟节片；9. 虫卵

1, 4, 5, 7, 9. 引自 Davidson 等（1974）；2. 原图（黄德生摄）；3, 6. 引自黄德生等（1988）；8. 引自 Khalil 等（1994）

交替开口于节片侧缘的前端。雌、雄生殖管从背、腹排泄管之间穿过。睾丸有14～25枚，直径为0.039～0.084 mm，分布于卵巢的后方和侧后方，大多数位于生殖孔对侧。输精管高度卷曲，与受精囊和雄茎囊部分重叠。雄茎囊发达，大小为0.063～0.149 mm×0.021～0.048 mm，越过纵排泄管。从生殖孔伸出的雄茎具一小簇“毛发”。卵巢呈椭圆形，略偏于生殖孔侧，边界模糊，位于睾丸前方。卵黄腺呈椭圆形，大小为0.088～0.161 mm×0.055～0.105 mm，位于卵巢腹侧，并与卵巢重叠。阴道细长，与雄茎囊平行开口于生殖孔。受精囊大，肌质，大小为0.100～0.180 mm×0.054～0.059 mm，位于卵黄腺区域。孕卵节片的子宫形成许多两端为圆锥形脊的厚卵袋，每个卵袋含虫卵1枚。虫卵呈卵圆形，宽37～48 μm，外层厚，两端具圆锥形脊，内层薄，为球形，内含六钩蚴，六钩蚴的钩长为15～19 μm。

［注：黄德生等（1988）记录本种的节片数为30～38个，吻钩长0.023～0.027 mm］

3.6 萎吻属

Unciunia Skrjabin, 1914

【同物异名】钩棘属。

【宿主范围】成虫寄生于禽类。

【形态结构】吻突退化，缺吻钩，颈部常扩张。生殖器官1套，生殖腔较小而深，生殖孔不规则交替开口于节片侧缘前部。睾丸多，分布于节片中央卵巢之后。雄茎囊呈棒状，长度不定，越过排泄管。雄茎具棘，在其根部有长而浓密的毛发状棘，在前端有短的丝状棘。卵巢分为两瓣，呈网状分叶，位于节片赤道线或赤道线前的中央。卵黄腺紧凑，位于卵巢之后。阴道位于雄茎囊后的相同水平面或稍偏背侧，与雄茎囊有短间隔，具受精囊。子宫早期呈囊状，后期分化成许多卵袋，每个卵袋含六钩蚴虫卵1枚。模式种：毛茎萎吻绦虫［*Unciunia trichocirrosa* Skrjabin, 1914］。

48 纤毛萎吻绦虫 ***Unciunia ciliata* (Fuhrmann, 1913) Metevosyan, 1963**

【关联序号】44.2.1（17.6.1）/ 341。

【同物异名】纤毛钩棘绦虫；纤毛异带绦虫（*Anomotaenia ciliata* Fuhrmann, 1913）；纤毛链带绦虫（*Catenotaenia ciliata* (Fuhrmann, 1913) Lin, 1959）。

【宿主范围】成虫寄生于鸡、鸭的小肠。

【地理分布】安徽、重庆、福建、海南、宁夏、四川、浙江。

【**形态结构**】虫体呈白色，体长 1.50～6.50 cm，最大宽度 0.12～0.20 cm。头节呈横椭圆形，长宽为 0.420～0.620 mm×0.600～0.910 mm。吻突退化而埋留于顶端的髓质内，无吻钩。吸盘呈圆形或椭圆形，大小为 0.220～0.350 mm×0.270～0.370 mm，无刺。颈节较窄，长宽为 0.160～0.224 mm×0.448～0.480 mm。成熟节片的长宽为 0.032～0.067 mm×0.480～1.310 mm，每节有生殖器官 1 套，生殖孔左右不规则交叉开口于节片侧缘前 1/3 处。睾丸呈圆形或椭圆形，有 49～76 枚，多数为 68～70 枚，大小为 0.023～0.070 mm×0.025～0.083 mm，分布于卵巢之后的节片后半部。输精管呈卷曲状，无内、外贮精囊。雄茎囊呈长棒状，大小为 0.150～0.210 mm×0.036～0.039 mm。雄茎呈指状，长约 0.210 mm，表面具小棘。卵巢呈网状分支，大小为 0.096～0.128 mm×0.640～0.736 mm，位于节片前半部与纵排泄管的内侧、睾丸的前方。卵黄腺分叶呈两瓣，大小为 0.100～0.120 mm×0.200～0.210 mm，位于卵巢后方的中央。

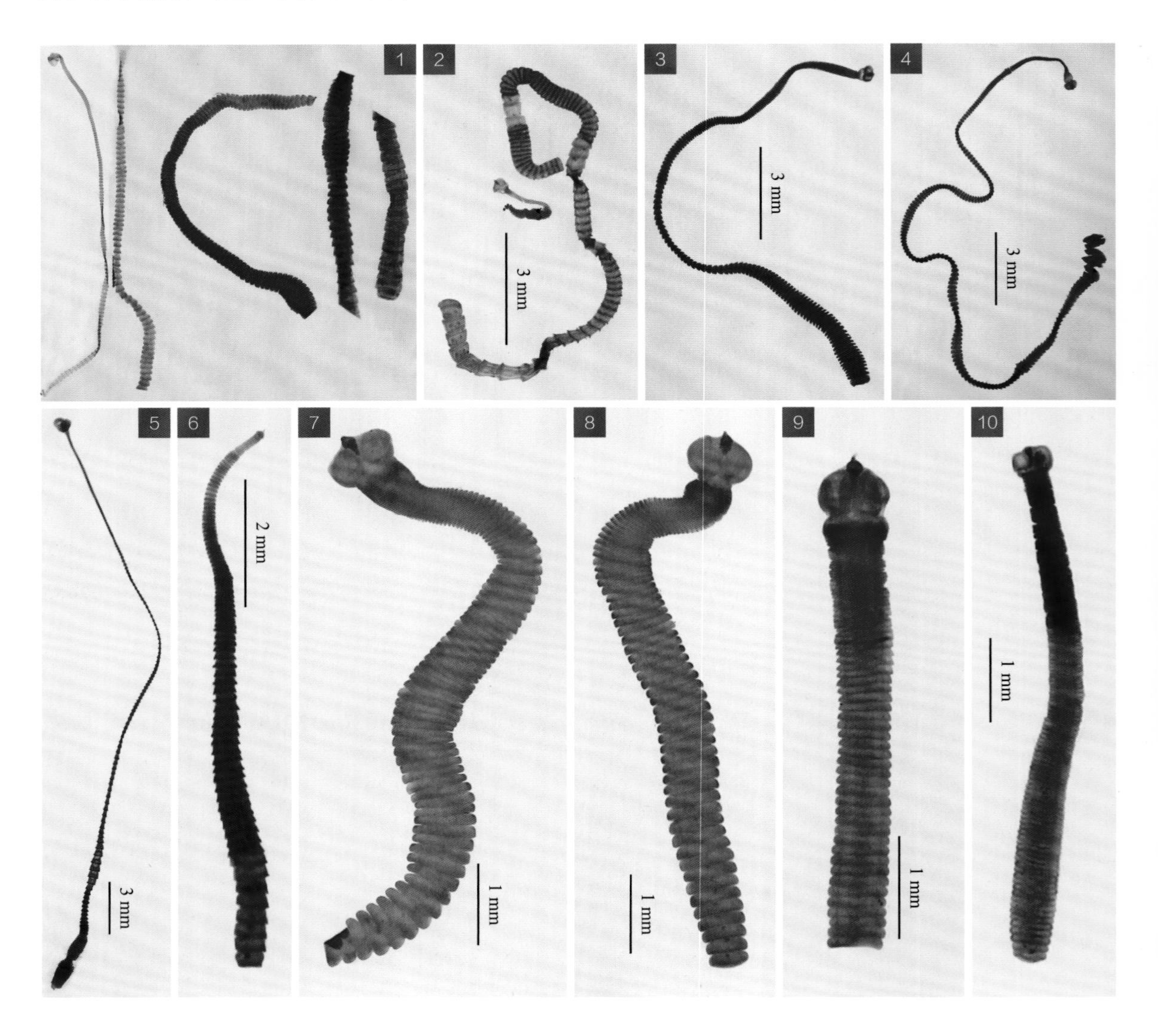

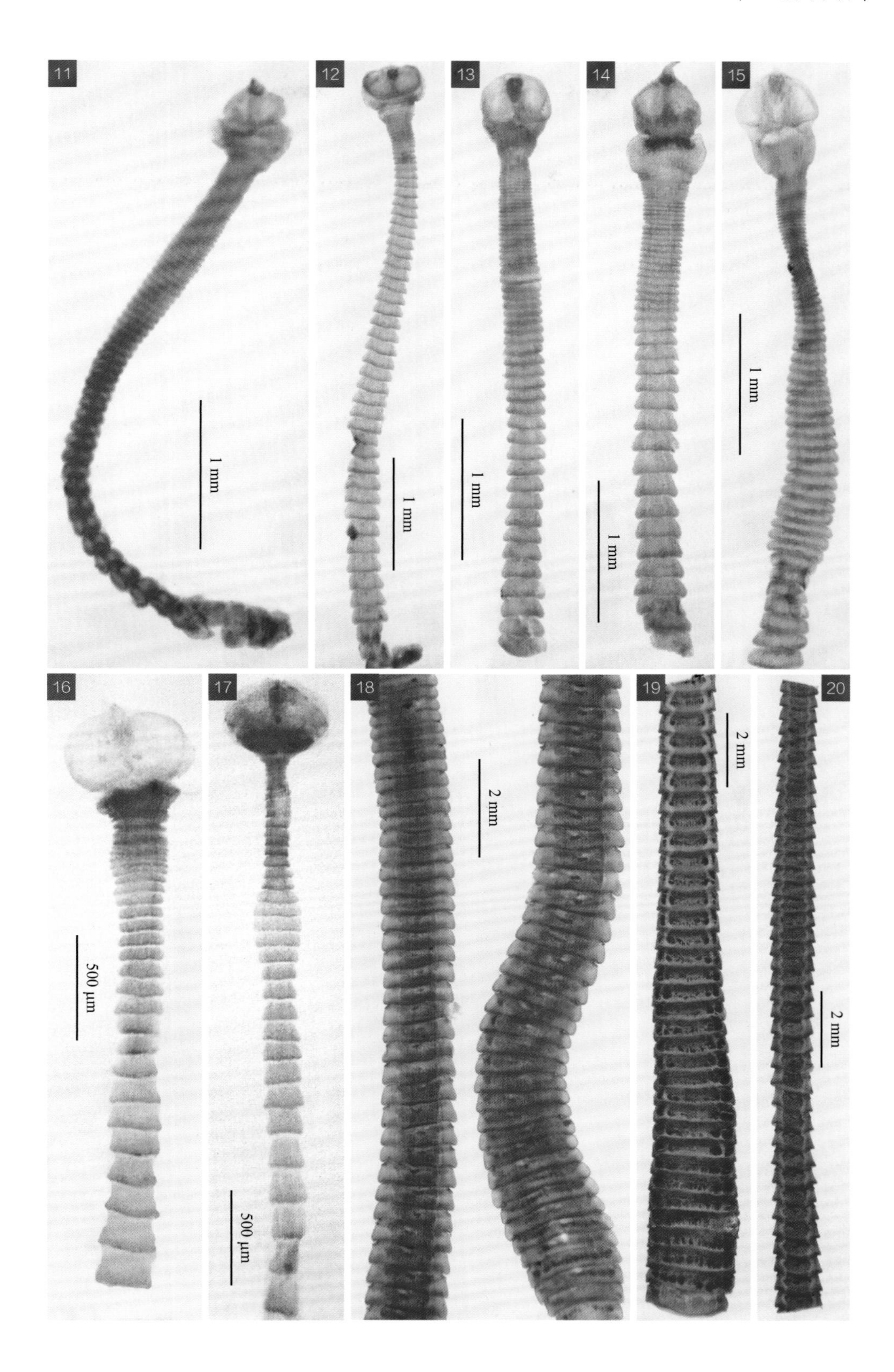
11
1 mm
12
1 mm
13
1 mm
14
1 mm
15
1 mm
16
500 μm
17
500 μm
18
2 mm
19
2 mm
20
2 mm

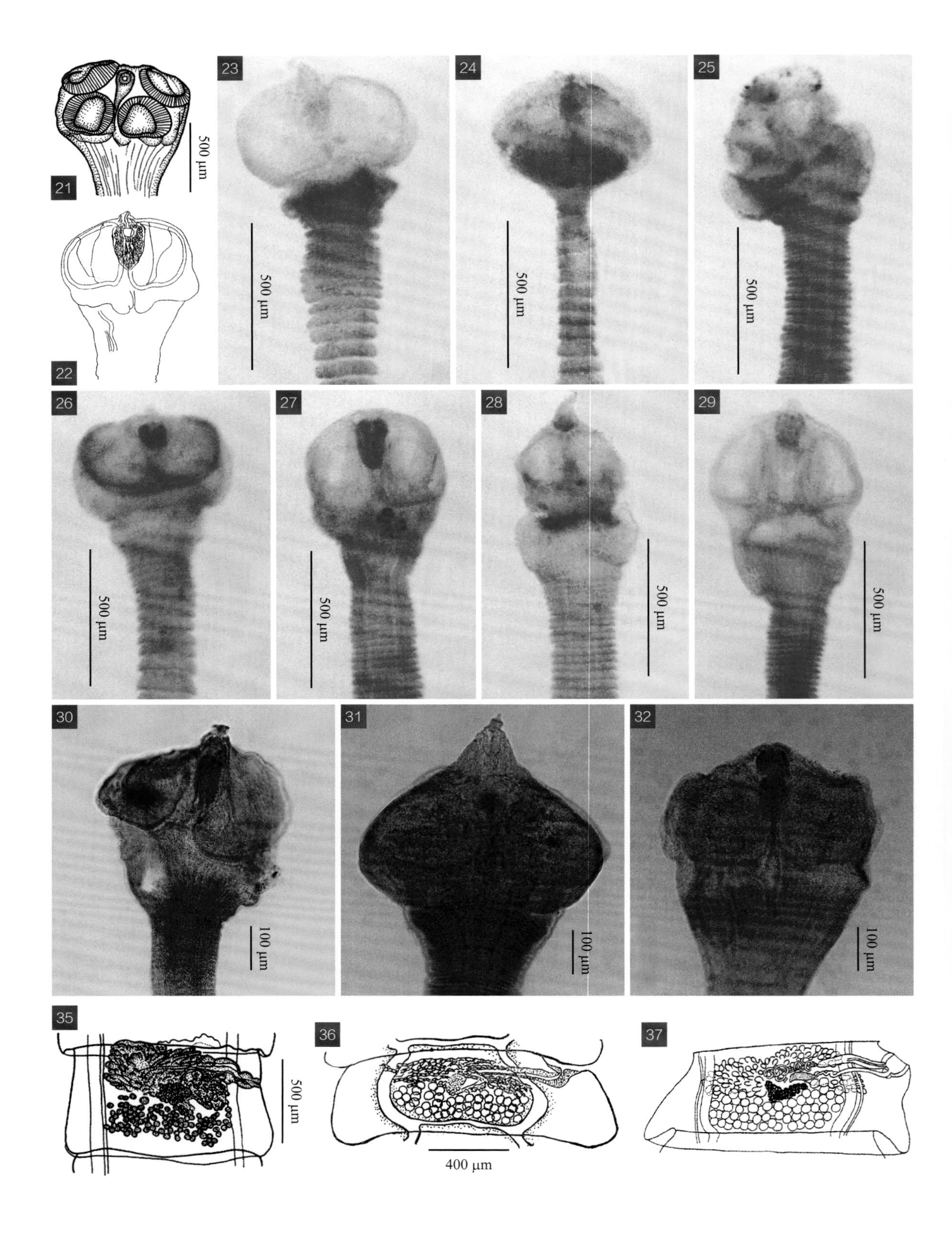
21
22
23
24
25
26
27
28
29
30
31
32
35
36
37
500 μm
500 μm
500 μm
500 μm
500 μm
500 μm
500 μm
500 μm
100 μm
100 μm
100 μm
500 μm
400 μm

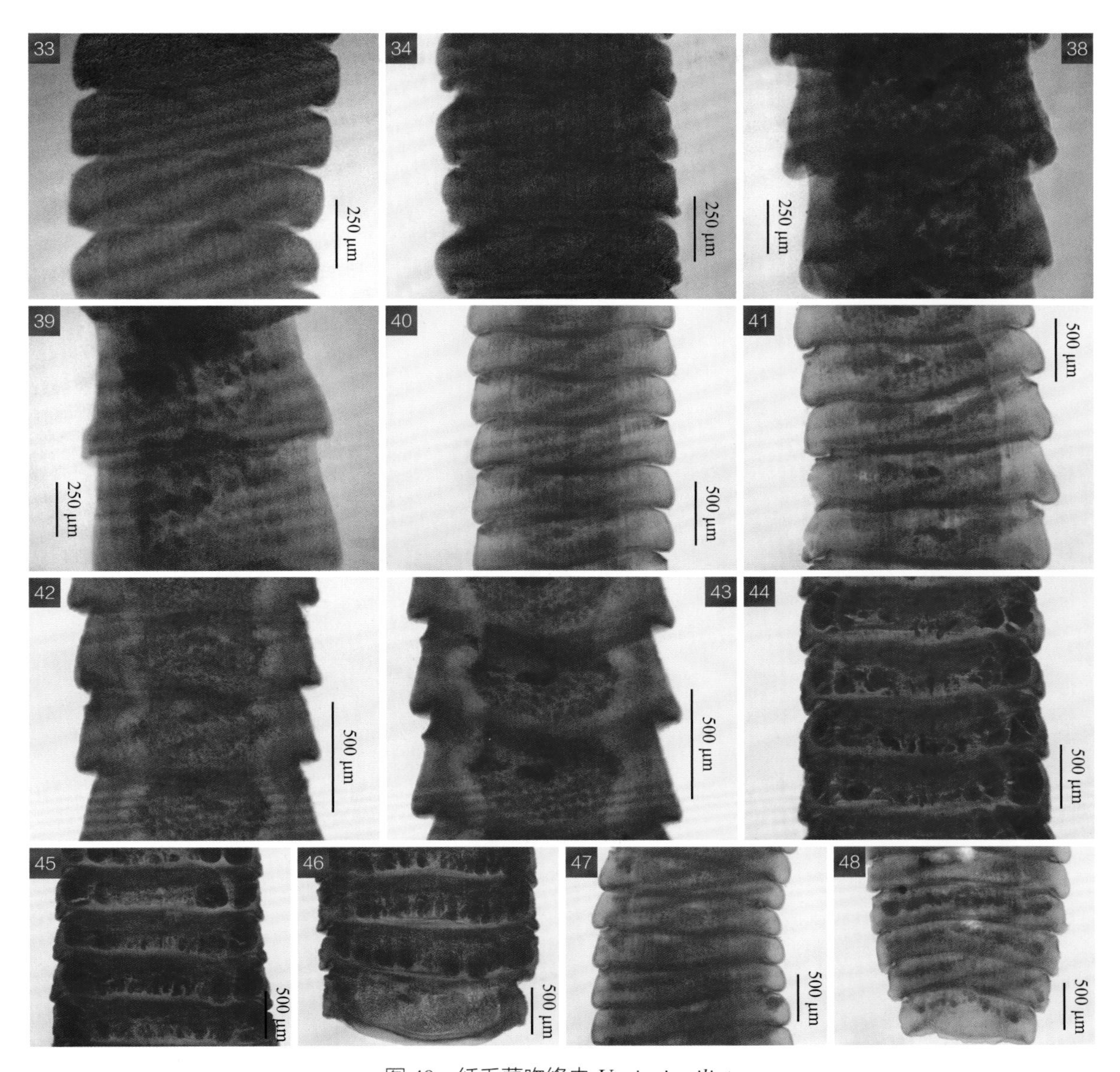

图 48　纤毛萎吻绦虫 *Unciunia ciliata*

图释

1～17. 虫体；18～20. 链钵；21～ 32. 头节；33, 34. 未成熟节片；35～43. 成熟节片；44～48. 孕卵节片

1～10, 30～34, 38, 39. 原图（SASA）；11～20, 23～29, 40～48. 原图（SHVRI）；21, 35. 引自蒋学良等（2004）；22, 37. 引自 Khalil 等（1994）；36. 引自张峰山等（1986）

阴道呈管状弯曲，宽约 0.018 mm，管壁富有肌质可供伸缩，其远端膨大为受精囊。受精囊呈椭圆形，大小为 0.036～0.047 mm×0.072～0.097 mm。早期子宫呈囊状，孕卵节片的子宫分隔成许多卵袋，每个卵袋含有虫卵 1 枚。虫卵呈圆形，直径为 19～25 μm，六钩蚴直径约 18 μm。

［注：Schmidt（1986）和 Khalil 等（1994）均将本种记录为平头节绦虫属（*Platyscolex* Spasskaya, 1962）的模式种：纤毛平头节绦虫（*Platyscolex ciliata* (Fuhrmann, 1913) Spasskaya, 1962）］

4 双阴科

Diploposthidae Poche, 1926

【宿主范围】 成虫寄生于禽类。

【形态结构】 中型绦虫。头节有吻突、吻囊和4个吸盘，吻突具吻钩。节片的肌肉系统发达，节片的宽度大于长度。每个节片有雄性生殖腺1～2套，雌性生殖腺1套，生殖管2套，生殖孔开口于节片两侧。睾丸数枚，分成1～2组。生殖管从排泄管背侧穿过。雄茎粗大，具棘。阴道孔有或无。子宫呈横囊状，具波状边缘。模式属：双阴属［*Diploposthe* Jacobi, 1896］。

《中国家畜家禽寄生虫名录》（2014）记录双阴科绦虫1属1种，本书收录1种。按Yamaguti（1959）记载，双阴科绦虫有3属，其分属检索表如下所示。

双阴科分属检索表

1. 无阴道孔，雄性生殖器官2套，雌性生殖器官1套… 双茎属 *Diplophallus*
   有阴道孔……………………………………………………………………………… 2
2. 睾丸1组，位于节片中央………………………………4.1 双阴属 *Diploposthe*
   睾丸2组，位于节片亚中央…………………………………… 贾都格属 *Jardugia*

［注：Schmidt（1986）将双阴科列为无鞘科（Acoleidae Fuhrmann, 1899）的同物异名，无鞘科包括4属，即无鞘属（*Acoleus* Fuhrmann, 1899）、双茎属（*Diplophallus* Fuhrmann, 1900）、双阴属（*Diploposthe* Jacobi, 1896）、贾都格属（*Jardugia* Southwell et Hilmy, 1929）。Khalil等（1994）则在膜壳科（Hymenolepididae Ariola, 1899）中，设立双阴亚科（Diploposthinae Poche, 1926），该亚科包括4个属，即双阴属、双殖属（*Diplogynia* Baer, 1925）、贾都格属、单殖属（*Monogynolepis* Czaplinski et Vaucher, 1994），并将双茎属归入无鞘科］

4.1 双阴属

Diploposthe Jacobi, 1896

【宿主范围】成虫寄生于禽类。幼虫寄生于淡水甲壳动物。

【形态结构】头节有可伸缩的吻突和4个吸盘。吻突具吻钩10个，排列成1圈，钩柄长，钩刃短，根突发育不良。吸盘无刺。节片的宽度显著大于长度。每节有两性生殖腺1套，生殖管2套。生殖管从排泄管和神经干的背侧穿过，生殖孔位于节片两侧。睾丸2～20枚，通常为3枚或6～13枚分为1组，位于节片中央卵巢的后背侧。输精管弯曲。内、外贮精囊成对，外贮精囊呈棒状或梨形，位于节片亚中央。雄茎囊小，肌质，成对，囊底不达节片中线。雄茎大，具棘。卵巢1枚，呈两翼状，每翼有许多指状分叶，位于节片中央的睾丸前方。卵黄腺致密或略有缺刻，位于卵巢后方。阴道位于雄茎囊的腹面，开口于生殖腔。早期子宫为横管状，横穿整个髓质，后期子宫为囊状，内含许多支囊。虫卵呈圆形，卵膜3层，2层内膜结实，外膜脆弱。模式种：光滑双阴绦虫［*Diploposthe laevis* (Bloch, 1782) Jacobi, 1896］。

49 光滑双阴绦虫 ***Diploposthe laevis*** **(Bloch, 1782) Jacobi, 1896**

【关联序号】46.1.1（18.1.1）/ 347。

【同物异名】光滑带绦虫（*Taenia laevis* Bloch, 1782）；双列带绦虫（*Taenia bifaria* Siebold in Creplin, 1846）；结节带绦虫（*Taenia tuberculata* Krefft, 1871）；毛细带绦虫（*Taenia trichosoma* Linstow, 1882）；拉塔双阴绦虫（*Diploposthe lata* Fuhrmann, 1900）；马泰双阴绦虫（*Diploposthe matevossianae* Rysavy, 1961）。

【宿主范围】成虫寄生于鸭、鹅的肠道。

【地理分布】北京、河北、江苏、山东。

【形态结构】中型绦虫。虫体分节明显，体长4.40～29.60 cm，未成熟节片宽0.01～0.23 cm，成熟节片宽0.02～0.47 cm，孕卵节片宽0.29～0.58 cm，全部体节的宽度大于长度。头节纤细，呈圆形、梨形或三角形，长宽为0.100～0.200 mm×0.110～0.166 mm。吻突细长，缩进吻突的长宽为0.037～0.296 mm×0.010～0.014 mm，吻囊的底部位于吸盘后缘之后。吻钩10个，排成单列，钩长0.018～0.026 mm，钩柄长，钩刃小，根突短而圆。圆形吸盘4个，无刺，大小为0.047～0.070 mm×0.037～0.048 mm。颈节细长。排泄管2对，腹排泄管较宽，直径0.069 mm，背排泄管较窄，直径0.027 mm，靠近每个节片的后缘处排泄管之间有横联合。成熟节片每节有两性生殖腺1套，两性生殖管2套，生殖孔开口于节片两侧缘的中央或稍前方。睾丸呈圆形或椭圆形，常为3枚，偶见2枚或4枚，大小为0.075～0.236 mm×0.062～

0.195 mm，位于节片中央卵巢及卵黄腺的后背方，接近节片后缘，呈直线横列，或2枚位于卵黄腺的右侧，1枚位于卵黄腺的左侧。每个睾丸发出1条输出管，汇合形成输精管。输精管分为2支，分别在卵巢两侧接近节片前缘处各自膨大成圆形或长梨形的外贮精囊，大小为0.278～0.418 mm×0.111～0.209 mm。外贮精囊以1根窄管在各自一侧通入雄茎囊，并膨大形成梭状的内贮精囊，大小为0.283～0.360 mm×0.107～0.170 mm，内贮精囊内壁由1层上皮细胞组成。雄茎囊呈纺锤形或卵圆形，大小为0.162～0.500 mm×0.053～0.209 mm，位于节片两侧前部，其底部不超过同侧的腹排泄管。雄茎粗大，呈棒状，长宽为0.111～0.212 mm×0.047～0.097 mm，外披稠密呈螺旋状排列的棘。卵巢位于节片中央的前半部分，通常分叶明显，其宽度为0.300～1.230 mm，由许多辐射状排列的盲管组成；有时分叶不明显则呈菊花

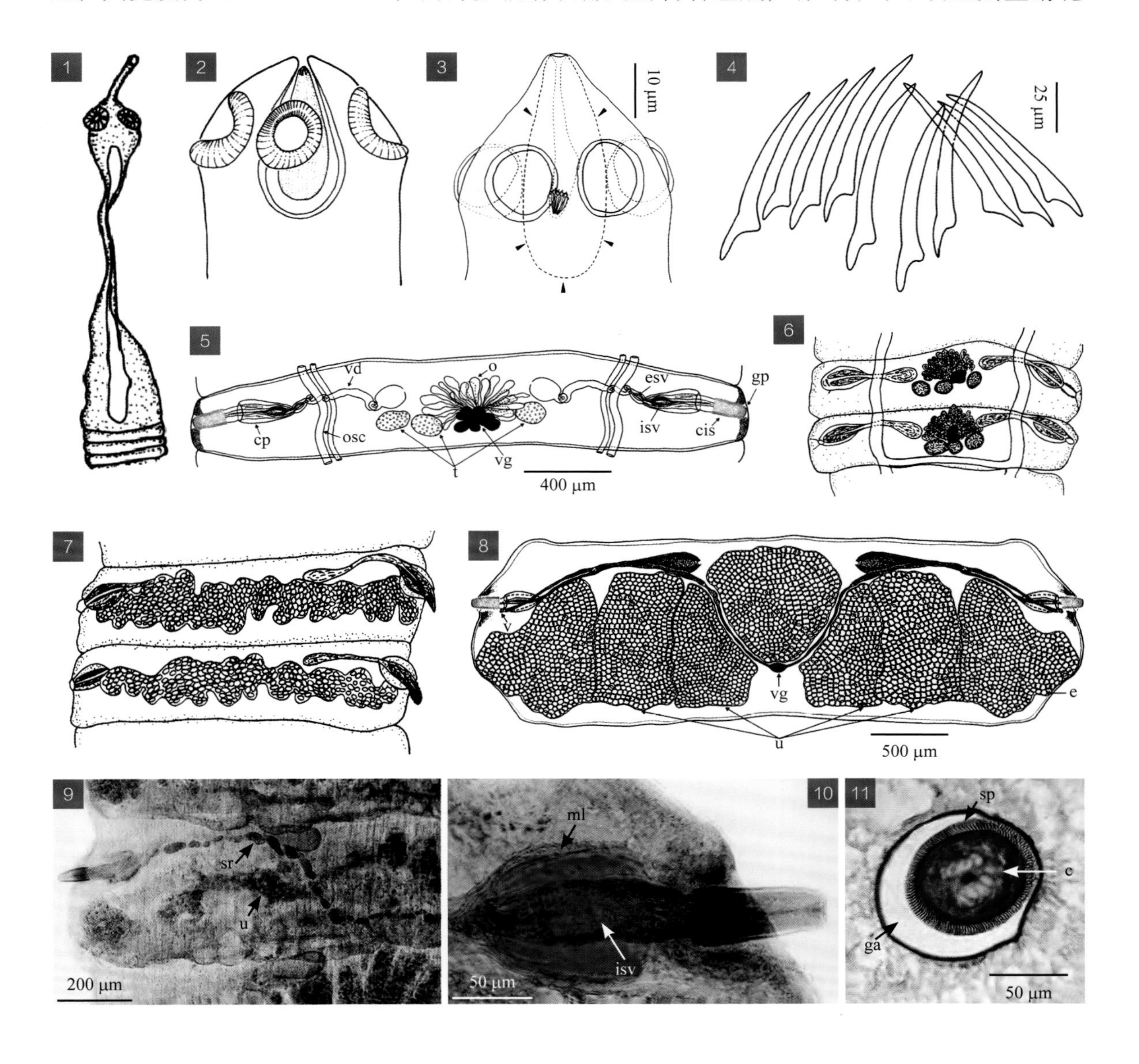

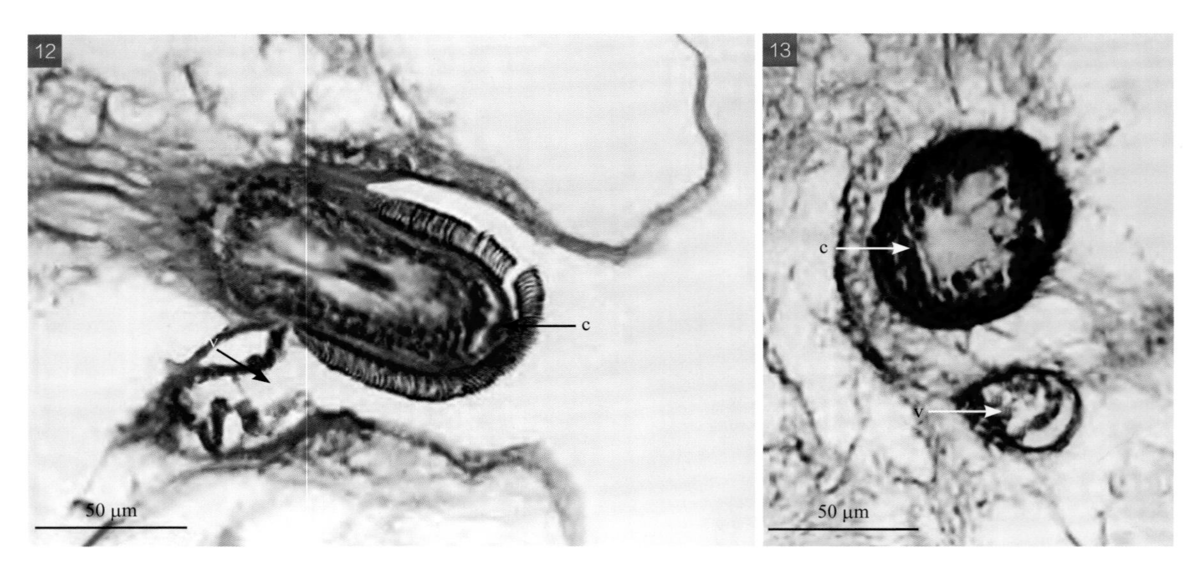

图 49　光滑双阴绦虫 *Diploposthe laevis*

图释

1. 头部与部分链体；2, 3. 头节；4. 吻钩；5, 6. 成熟节片；7, 8. 孕卵节片；9. 阴道与子宫；10. 雄茎囊与内贮精囊；11. 生殖腔与带棘雄茎；12. 生殖孔、雄茎、阴道口；13. 雄茎与阴道孔

1, 6, 7. 引自黄兵和沈杰（2006）；2. 引自 McLaughlin 和 Burt（1979）；3～5, 8～13. 引自 da Silveira 和 Amato（2008）

状，大小为 0.209～0.282 mm×0.265～0.332 mm。卵黄腺位于卵巢后面，为圆形或椭圆形致密团块，表面凹凸不平，大小为 0.097～0.116 mm×0.083～0.132 mm；或呈分叶状，其宽度为 0.110～0.550 mm。阴道位于雄茎囊和输精管的腹侧通向生殖孔，形成的受精囊开口于雄茎的侧腹面。子宫为横向延伸的囊管，在成熟节片位于雄茎囊后面越过排泄管，在孕卵节片则形成充满虫卵的囊袋，边缘呈不规则膨出，逐渐向节片四缘扩展。虫卵呈圆形，大小为 9～18 μm×7～18 μm，有 3 层卵壁。

5 膜壳科

Hymenolepididae (Ariola, 1899) Railliet et Henry, 1909

【宿主范围】成虫寄生于禽类和哺乳动物。幼虫为似囊尾蚴，寄生于无脊椎动物。

【形态结构】小型或中型绦虫。头节通常具可伸缩的吻突，少数种类的吻突缺或退化。吻突上有吻钩1圈，钩数为8～10个或稍多，少数种类的吻钩有双圈或无。吸盘4个，通常无棘，少数种类有细棘。有的种类在头节后有假头节。节片数或多或少，成熟节片的宽度大于长度。排泄管常为2对。每个节片有生殖器官1套，少数为2套。生殖管常位于排泄管和神经干的背侧，生殖孔开口于节片的同侧。睾丸有1～3枚，少数种类为4枚或稍多，位于节片背侧髓质区。雄茎囊在发育中形态与大小不定，有内、外贮精囊，雄茎有刺或无刺。卵巢和卵黄腺位于节片腹侧髓质区的中央、亚中央或侧面，卵黄腺位于卵巢后方。成熟子宫常呈袋状，少数呈网状或形成卵袋。卵膜3层。阴道狭窄，其末端可膨胀形成1个附囊。受精囊通常明显。模式属：膜壳属（*Hymenolepis* Weinland, 1858）。

《中国家畜家禽寄生虫名录》（2014）记录膜壳科绦虫24属86种，本书收录24属75种，包括名录未记录的双睾属3种、网宫属2种。

5.1 幼壳属

Abortilepis Yamaguti, 1959

【宿主范围】成虫寄生于水禽。

【形态结构】小型绦虫。虫体很小，链体由少数节片组成。头节具4个吸盘和细长的吻突，吻突有呈花冠状的吻钩，钩柄长于钩刃，根突短于钩刃，吸盘无棘。睾丸3枚，聚集于节片中部，或形成三角形，1个位于生殖孔侧，2个位于生殖孔对侧。雄茎囊大，其长度可达节片宽度的2/3或更长。外贮精囊发育良好，雄茎具刺。卵巢1枚，呈双瓣状，位于节片后1/3的中央。卵黄腺位于卵巢后中央。有受精囊和阴道。孕卵节片的子宫呈马蹄形，随着发育马蹄形子宫向前形成汇合。在脱落节片中，子宫形成一珠状管，内含2或3排平行排列的虫卵。模式种：败育幼壳绦虫［*Abortilepis abortiva* (von Linstow, 1904) Yamaguti，1959］。

［注：Khalil 等（1994）将本属列为微吻属（*Microsomacanthus*）的同物异名］

50 败育幼壳绦虫 *Abortilepis abortiva* (von Linstow, 1904) Yamaguti, 1959

【关联序号】（19.1.1）/。

【同物异名】幼体膜壳绦虫（*Hymenolepis abortiva* von Linstow, 1904）；旋宫膜壳绦虫（*Hymenolepis volvuta* von Linstow, 1904）；叉骨膜壳绦虫（*Hymenolepis upsilon* Rosseter, 1911）；败育维兰地绦虫（*Weinlandia abortiva* (von Linstow, 1904) Mayhew, 1925）；幼体微吻绦虫（*Microsomacanthus abortiva* (von Linstow, 1904) López-Neyra, 1942）。

【宿主范围】成虫寄生于鸭的小肠。

【地理分布】黑龙江。

【形态结构】虫体长 0.15～0.55 cm，最大宽度 0.02～0.05 cm，链体由 16～48 个节片组成。

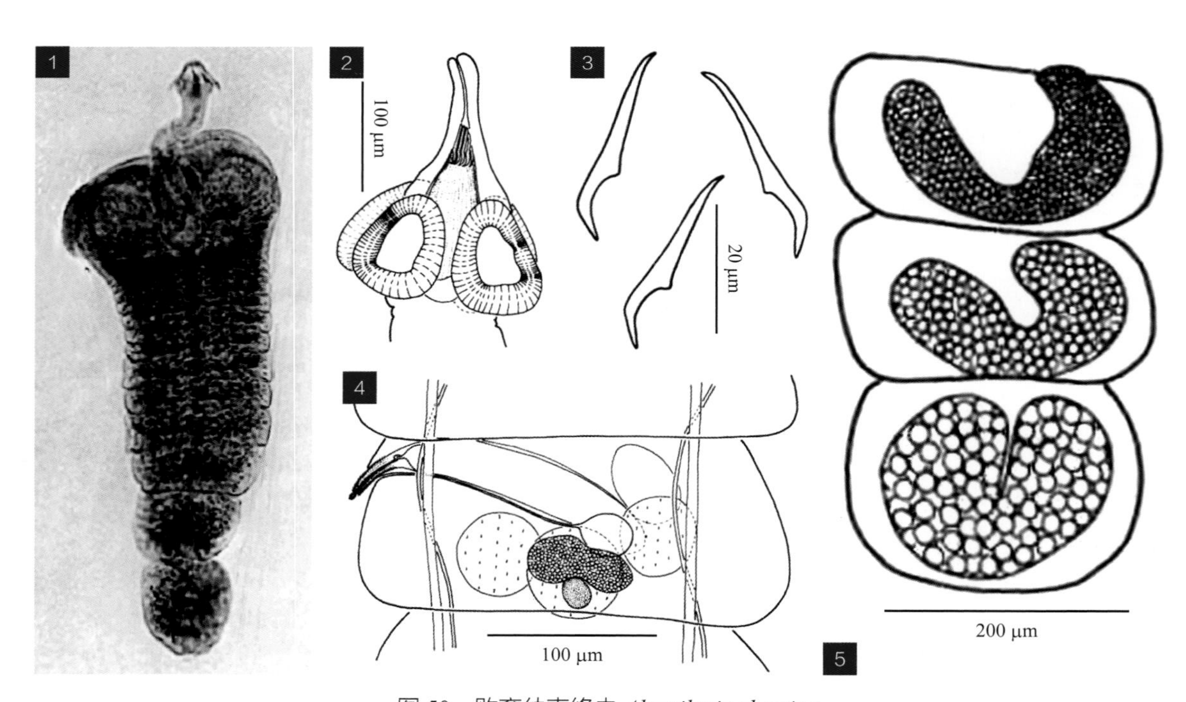

图 50　败育幼壳绦虫 *Abortilepis abortiva*

图释

1. 虫体；2. 头节；3. 吻钩；4. 成熟节片；5. 孕卵节片

1. 引自 Stunkard（1979）；2～5. 引自 McLaughlin 和 Burt（1979）

未成熟节片的宽度略大于长度，成熟节片几乎呈正方形，孕卵节片则长度略大于宽度。头节的宽度大于长度，长 0.088～0.135 mm，宽 0.160～0.260 mm，其上有长的吻突和 4 个吸盘。伸出的吻突细长，长宽为 0.129～0.208 mm×0.019～0.026 mm，吻突的顶端有吻钩 1 圈 10 个，吻钩长 0.028～0.036 mm，吻囊向后延伸略超过吸盘的后边缘。吸盘呈椭圆形，无刺，大小为 0.051～0.113 mm×0.045～0.088 mm。颈节短而明显。睾丸 3 枚，圆形，直径为 0.034～0.070 mm，在节片的中后部排列成倒三角形。雄茎囊长，呈椭圆形，斜列于节片的中前部，前端越过生殖孔侧的排泄管，后部不达生殖孔对侧的排泄管，其大小为 0.100～0.211 mm×0.016～0.038 mm。具内、外贮精囊，内贮精囊膨胀时则充满雄茎囊，外贮精囊位于生殖孔对侧雄茎囊末端的前方，外贮精囊大小为 0.055～0.119 mm×0.055～0.097 mm。雄茎细长，长度为 0.023～0.030 mm，根部直径为 0.007～0.008 mm，尖部直径为 0.005 mm，表面布满细棘。卵巢呈双叶状，其大小可达 0.055 mm×0.124 mm，位于睾丸的腹面。卵黄腺呈卵圆形，大小可达 0.034 mm×0.024 mm，位于卵巢后面。受精囊大小为 0.056～0.105 mm×0.032～0.089 mm。子宫明显，呈“U”形结构，绝大多数孕卵节片的子宫前端不汇合，孕卵节片充满虫卵。虫卵大小为 40～56 μm×35～45 μm，内含具胚钩的六钩蚴，六钩蚴大小为 30～38 μm×25～29 μm，胚钩长 10～13 μm。

5.2 单睾属

Aploparaksis Clerc, 1903

【同物异名】单睾属（*Monorchis* Clerc, 1902）；单睾属（*Haploparaxis* Clerc, 1903）；斯克里柯属（*Skorikowia* Linstow, 1905）；单睾属（*Haploparaksis* Neslobinsky, 1911）；林斯陶属（*Linstowius* Yamaguti, 1959）；单睾属（*Monorcholepis* Oshmarin, 1961）；球舟属（*Globarilepis* Bondarenko, 1966）；坦乌尔属（*Tanureria* Spasskii et Yurpalova, 1968）；单睾属（*Monotestilepis* Gvosdev, Maksimova et Kornyushin, 1971）。

【宿主范围】成虫寄生于禽类。幼虫寄生于陆生寡毛类或水生甲壳类动物。

【形态结构】小型绦虫。头节具吻突和 4 个吸盘，吻突常有吻钩 10 个，吻钩呈叉钩状，钩刃大而弯曲，根突发达，吸盘具小棘或无棘。节片的宽度大于长度，生殖器官 1 套，生殖孔呈单侧排列，位于节片边缘或亚边缘，生殖管在排泄管背面穿过。睾丸 1 枚，主要呈横向椭圆形，位于节片中部后缘或生殖孔对侧。雄茎囊发达，越过生殖孔侧的排泄管，具内、外贮精囊。卵巢为块状或不规则分叶，位于节片中央腹面或稍偏于生殖孔侧。卵黄腺为块状，偶尔具浅裂，位于节片中央卵巢后面。受精囊位于卵黄腺与生殖孔侧排泄管之间，阴道开口于生殖腔。早期子宫呈管状，孕卵节片的子宫呈囊状，分布于节片整个髓质区。模式种：丝状单睾绦虫［*Aploparaksis filum* (Goeze, 1782) Clerc, 1903］。

［注：Yamaguti（1959）以 *Haploparaxis* 作为本属的正式名称，*Aploparaksis* 列为同物异名，模式种名称为 *Haploparaxis filum*。而 Schmidt（1986）和 Khalil 等（1994）均将 *Aploparaksis* 作为本属的正式名称，模式种名称为 *Aploparaksis filum*］

51 有蔓单睾绦虫 *Aploparaksis cirrosa* (Krabbe, 1869) Clerc, 1903

【关联序号】42.12.1（19.2.1）/。

【同物异名】有蔓带绦虫（*Taenia cirrosa* Krabbe, 1869）；有蔓单睾绦虫（*Monorchis cirrosa* (Krabbe, 1869) Clerc, 1902）；有蔓单睾绦虫（*Haploparaksis cirrosa* (Krabbe, 1869) Fuhrmann, 1932）；新北极膜壳绦虫（*Hymenolepis neoarctica* Davies, 1938）；新北极沃德绦虫（*Wardium neoarctica* (Davies, 1938) Spasskii et Spasskaya, 1954）；新北极双盔带绦虫（*Dicranotaenia neoarctica* (Davies, 1938) Yamaguti, 1959）；有蔓双盔带绦虫（*Dicranotaenia cirrosa* (Krabbe, 1869) Spasskii, 1961）。

【宿主范围】成虫寄生于鹅的小肠。

【地理分布】安徽。

【形态结构】虫体细小，体长约为 6.50 cm，收缩时宽度为 0.05 cm，伸展时宽度为 0.04 cm。有排泄管 2 对，腹排泄管直径为 0.021 mm，背排泄管直径为 0.003 mm，腹排泄横管直径为 0.014 mm。每个节片有生殖器官 1 套，生殖孔开口于节片单侧边缘的中央略前。头节小而壮，直径为 0.121～0.142 mm，具吻突和吸盘。吻突短而粗，长仅为 0.088～0.096 mm，直径为 0.039 mm，有单圈排列的螯状吻钩 10 个，吻钩长 0.019～0.022 mm，钩柄短于根突和钩刃。吻囊延伸至吸盘之后，长为 0.072～0.088 mm，直径为 0.048～0.051 mm。吸盘明显，肌质，直径为 0.058～0.071 mm。颈节很长，长宽为 2.000～3.000 mm×0.070～0.140 mm。显露睾丸的未成熟节片的长宽为 0.055 mm×0.170 mm，成熟节片的长宽为 0.160 mm×0.395 mm，大多数孕卵节片的长宽为 0.170 mm×0.370 mm。睾丸 3 枚，呈横向直线排列于节片的背侧。在发育早期，中间睾丸略位于两侧睾丸之后；随着发育 3 枚睾丸处于相同水平，且大小相同，当雌性生殖腺发育时睾丸开始萎缩。外贮精囊早期为一小球状囊，直径为 0.042 mm，位于雄茎囊尾端之后；随着精液的聚集，外贮精囊的体积增大，延伸到雄茎囊的背侧前面。雄茎囊大而明显，呈管状，大小为 0.250 mm×0.043 mm，常见其囊底接近生殖孔对侧的排泄管，内含大的内贮精囊，内贮精囊的大小为 0.100～0.160 mm×0.019～0.035 mm。雄茎很长，长宽为 0.255 mm×0.008 mm，其基部呈明显的球茎状，直径为 0.012 mm，雄茎的表面布满细棘，棘长 0.003 mm，多数情况下，雄茎可插入前一节片的生殖腔。在早期成熟节片中，卵黄腺仅为一小球形，位于中间睾丸的腹面，而卵巢仅勉强可见。当睾丸萎缩之后，卵巢发育分裂为 3 部分，其直径可达 0.100 mm，位于节片的腹面、卵黄腺的背面，在完全成熟后位于节片的中线。阴道特别长而卷曲，其直径为 0.004 mm，后段的直径扩展到 0.014 mm，开口于雄茎囊的腹面，平行向内越过排泄管，经多重弯曲之后，其末端膨大为球形受精囊。受精囊位于卵黄腺与雄茎囊后部之间的腹面，当受精囊充满精液膨胀时，其大小为 0.068 mm×0.065 mm。子宫通常为倒“U”字形管状，向后延伸到卵黄腺的两侧，后期子宫逐渐变成不规则的囊状，占满节片的空间，内充满虫卵。未观察到成熟虫卵。

［注：Yamaguti（1959）将本种列入单睾属，而 Schmidt（1986）将本种列入双盔带属，并将其列为有蔓双盔带绦虫（*Dicranotaenia cirrosa*）的同物异名］

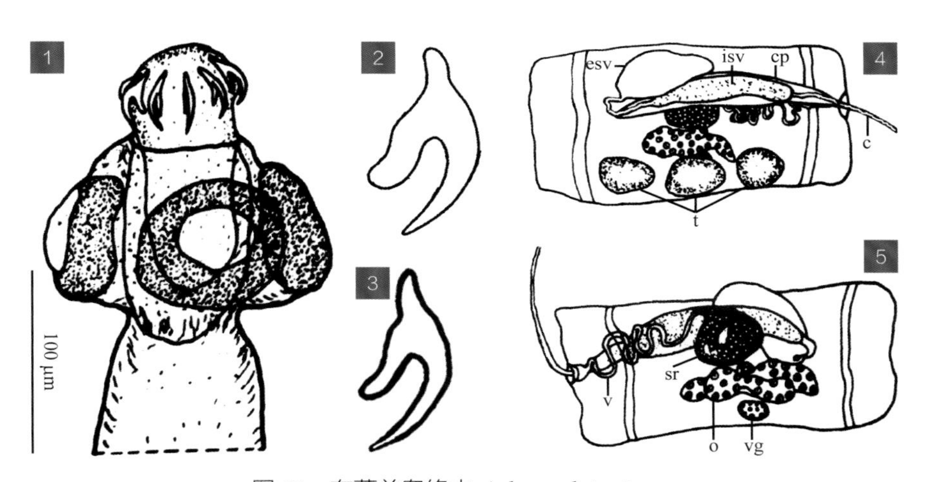

图 51 有蔓单睾绦虫 *Aploparaksis cirrosa*

图释

1. 头节；2, 3. 吻钩；4, 5. 成熟节片 (4 示雄性器官，5 示雌性器官）

1, 3～5. 引自 Elce（1965）；2. 引自 Joyeux 和 Baer（1936）

52 福建单睾绦虫 *Aploparaksis fukienensis* Lin, 1959

【关联序号】42.12.2（19.2.2）/ 320。

【宿主范围】成虫寄生于鸡、鸭、鹅的小肠。

【地理分布】安徽、重庆、福建、广东、广西、贵州、海南、河南、四川、云南、浙江。

【形态结构】虫体前端的节片细小，后端逐渐增大，体长 1.90～11.00 cm，多数为 4.00～7.50 cm，最大宽度 0.05～0.15 cm，节片的宽度全部大于长度。每节有生殖器官 1 套，生殖孔开口于节片单侧边缘前 1/3 处。排泄管 2 对，腹排泄管较宽，宽度为 0.068～0.079 mm，每

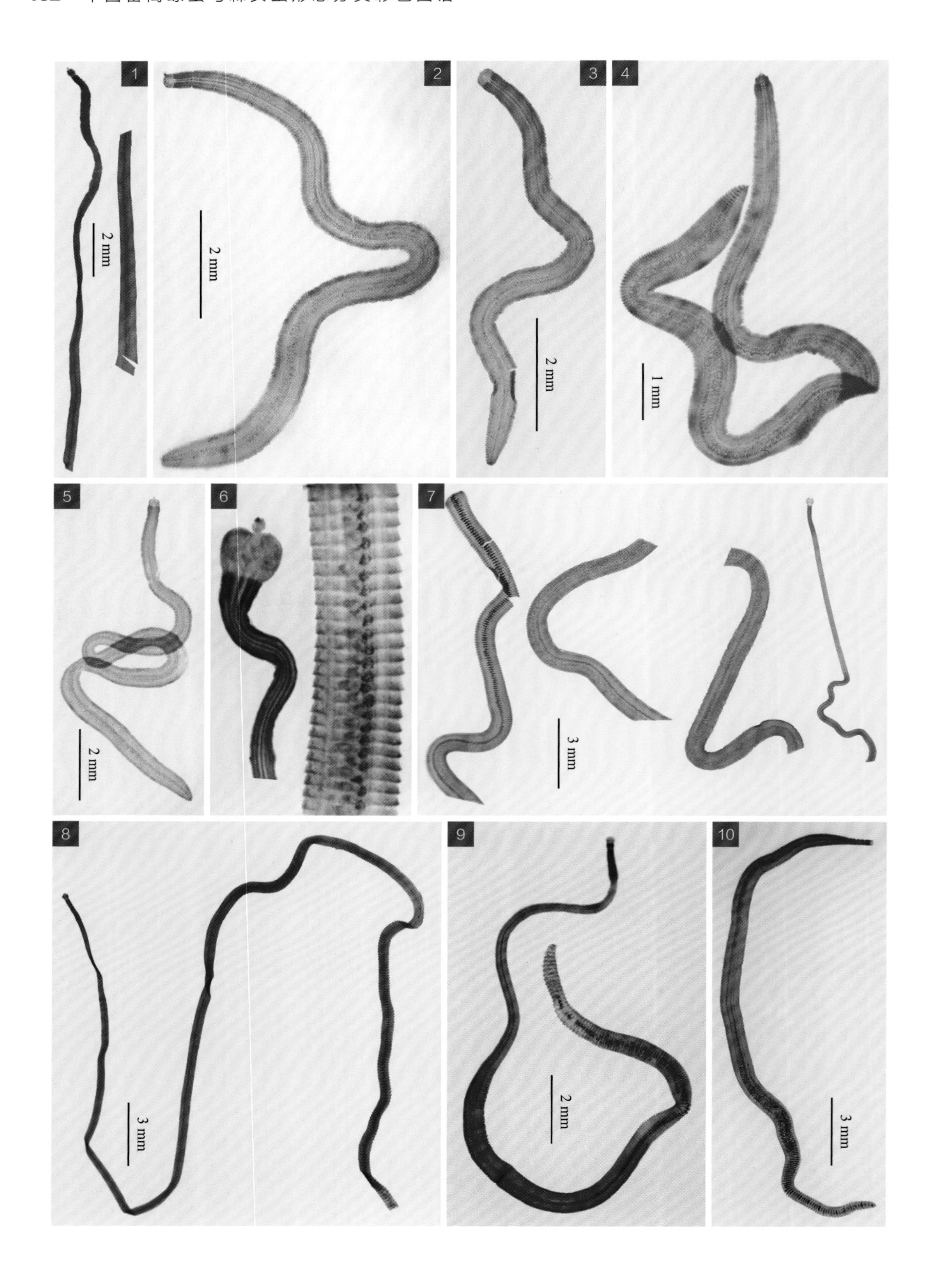
1
2
3
4
5
6
7
8
9
10
2 mm
2 mm
2 mm
1 mm
2 mm
3 mm
3 mm
2 mm
3 mm

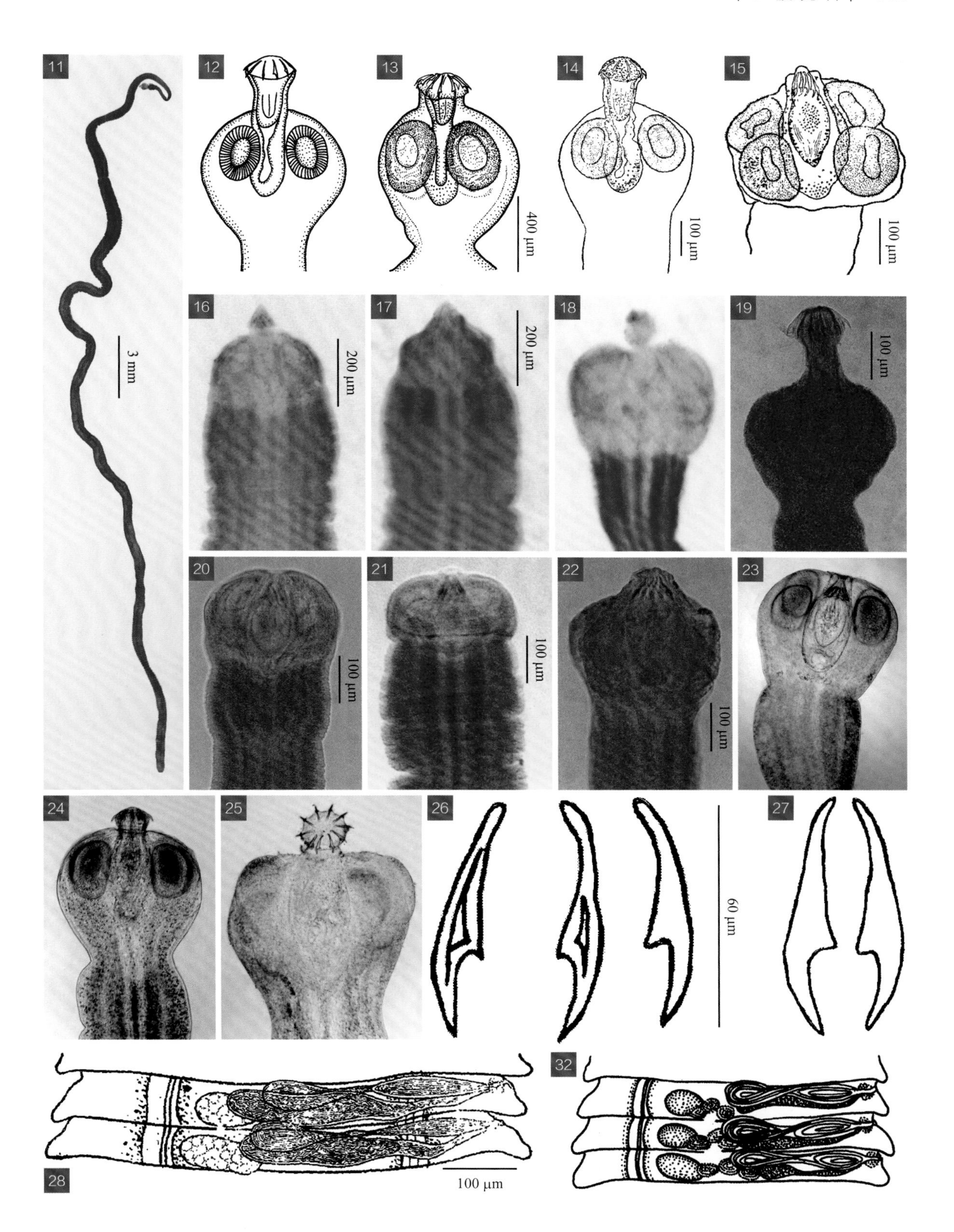
11
12
13
14
15
3 mm
400 μm
100 μm
100 μm
16
17
18
19
200 μm
200 μm
100 μm
20
21
22
23
100 μm
100 μm
100 μm
24
25
26
27
60 μm
28
100 μm
32

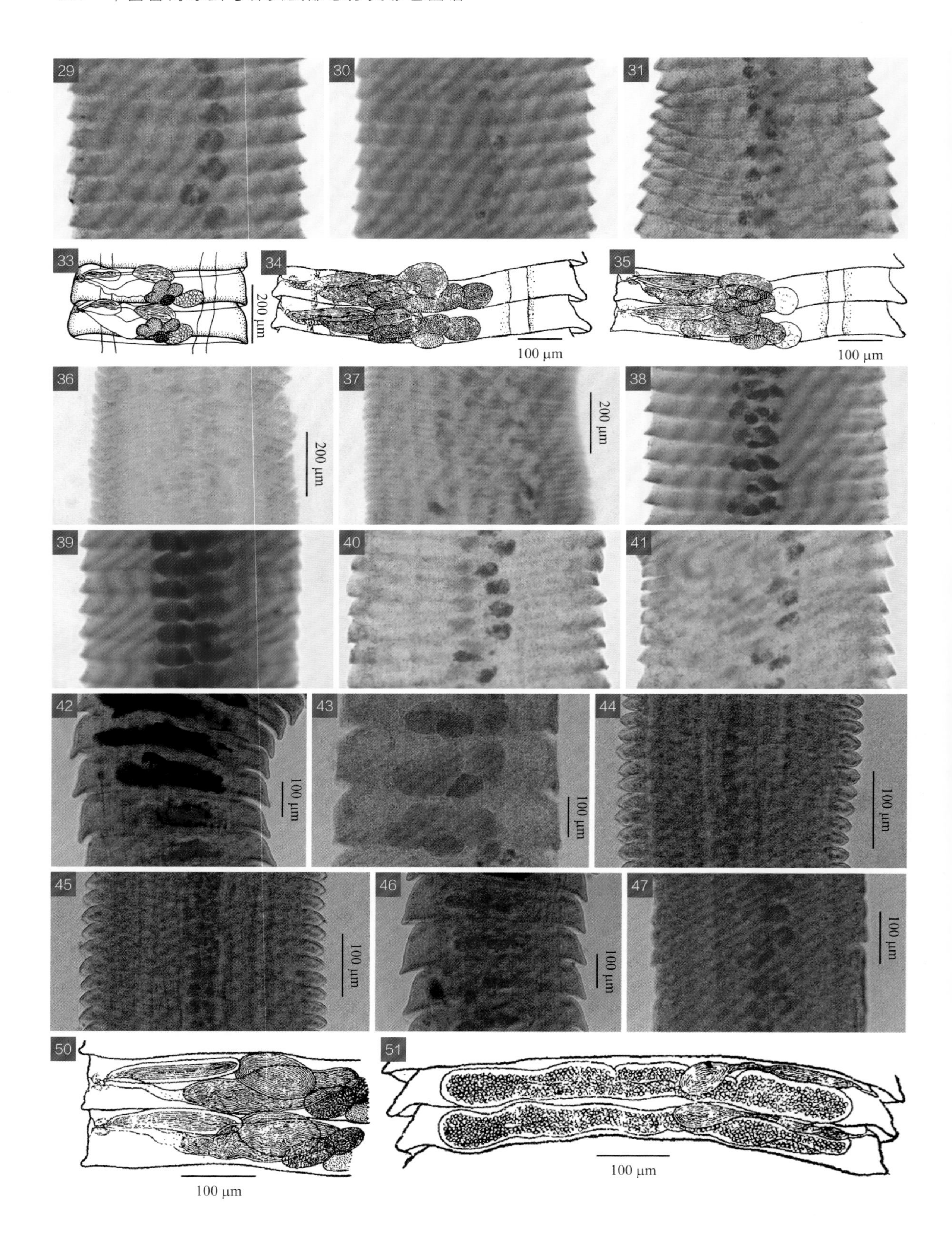
29
30
31
33
200 μm
34
100 μm
35
100 μm
36
200 μm
37
200 μm
38
39
40
41
42
100 μm
43
100 μm
44
100 μm
45
100 μm
46
100 μm
47
100 μm
50
100 μm
51
100 μm

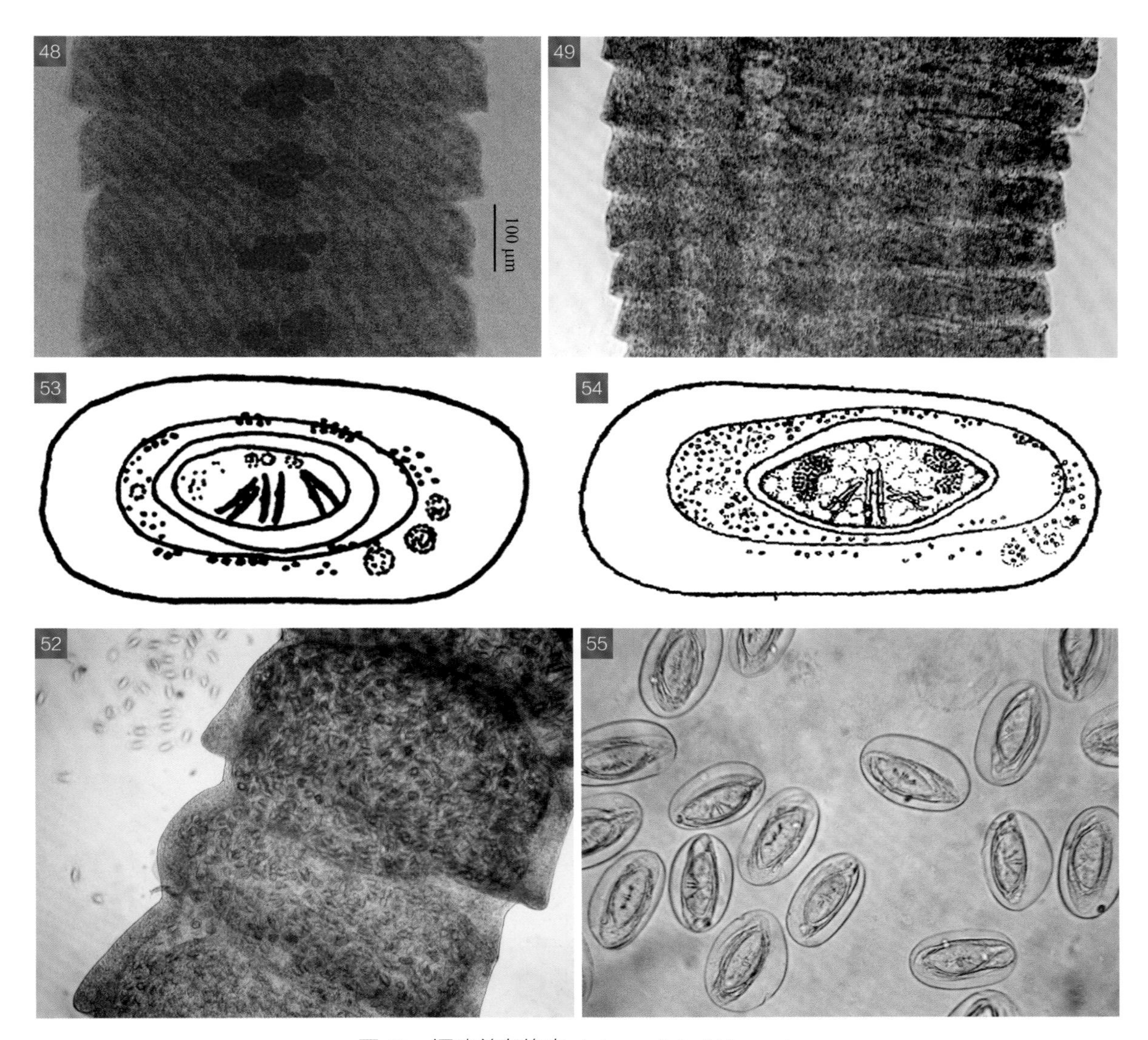

图 52 福建单睾绦虫 *Aploparaksis fukienensis*

图释

1～11. 虫体；12～25. 头节；26, 27. 吻钩；28～31. 未成熟节片；32～49. 成熟节片；50. 生殖孔放大示雄茎囊、内外贮精囊、阴道、受精囊；51, 52. 孕卵节片；53～55. 虫卵

1～5, 16, 17, 36, 37. 原图（SHVRI）；6, 18, 29～31, 38～41. 原图（SCAU）；7～11, 19～22, 42～48. 原图（SASA）；12, 32, 53. 引自黄兵和沈杰（2006）；13, 26, 33. 引自蒋学良等（2004）；14, 15, 27, 28, 34, 35, 50, 51, 54. 引自林宇光（1959）；23～25, 49, 52, 55. 引自江斌等（2012）

节有横管与两侧腹排泄管相连，背排泄管较小，宽度为0.029 mm。头节呈圆形或椭圆形，长宽为0.272～0.360 mm×0.322～0.480 mm。吻突常伸出，长宽为0.139～0.256 mm×0.096～0.128 mm，吻端有单圈吻钩10个，吻钩长0.053～0.061 mm。吻囊底部延伸至吸盘之后，长宽为0.240～0.288 mm×0.131～0.176 mm。吸盘呈圆形或椭圆形，大小为0.144～0.192 mm×0.096～0.128 mm，具有“T”形小钩。颈部细长，长宽为0.400～0.816 mm×0.224～0.390 mm。前段未成熟节片的长宽为0.016～0.064 mm×0.176～0.272 mm，中段未成熟节片的长宽为0.048～0.080 mm×0.304～0.576 mm，成熟节片的长宽为0.080～0.096 mm×0.640～0.928 mm，孕卵节片的长宽为0.096～0.144 mm×1.120～1.507 mm。睾丸呈圆形或椭圆形，有1枚，位于节片中央靠近生殖孔对侧的后缘，大小为0.070～0.117 mm×0.040～0.072 mm。雄茎囊呈棱形，大小为0.179～0.198 mm×0.032～0.043 mm，具内、外贮精囊。外贮精囊呈圆形或椭圆形，位于节片中央的前边缘，大小为0.105～0.137 mm×0.044～0.061 mm。内贮精囊呈棱形，占据雄茎囊的大部分，大小为0.139～0.180 mm×0.028～0.036 mm。雄茎细短，长宽约为0.036 mm×0.010 mm，未见有细棘。卵巢呈囊状，大小为0.080～0.164 mm×0.036～0.064 mm，分3瓣位于节片中央，部分与睾丸重叠。卵黄腺似豆状，不分瓣，大小为0.036～0.043 mm×0.025～0.036 mm，位于卵巢下方。阴道宽大而稍有弯曲，宽度为0.021～0.151 mm，位于雄茎囊后方，其远端膨大为受精囊。受精囊呈囊袋状，大小为0.126～0.223 mm×0.050～0.061 mm，与外贮精囊和卵巢部分重叠。子宫呈囊状，后期子宫扩张至节片的四周，两侧达排泄管的外侧，内充满虫卵。虫卵呈椭圆形，大小为69～80 μm×37～40 μm，外层壁薄而透明，内含呈菱形或橄榄形的内胚膜，六钩蚴位于内胚膜之中。

53 叉棘单睾绦虫 *Aploparaksis furcigera* (Nitzsch in Rudolphi, 1819) Fuhrmann, 1908

【关联序号】 42.12.3（19.2.3）/ 321。

【同物异名】 叉棘带绦虫（*Taenia furcigera* Nitzsch in Rudolphi, 1819）；菱形带绦虫（*Taenia rhomboidea* Dujardin, 1845）；菱形双盔带绦虫（*Dicranotaenia rhomboidea* (Dujardin, 1845) Railliet, 1893）；叉棘双盔带绦虫（*Dicranotaenia furcigera* Stiles, 1896）；叉棘膜壳绦虫（*Hymenolepis furcigera* Railliet, 1899）；菱形单睾绦虫（*Aploparaksis rhomboidea* (Dujardin, 1845) von Linstow, 1905）；叉棘单睾绦虫（*Haploparaksis furcigera* Fuhrmann, 1926）；叉棘单睾绦虫（*Haploparaxis furcigera* Fuhrmann, 1932）；假叉棘单睾绦虫（*Aploparaksis pseudofurcigera* Skrjabin et Mathevossian, 1945）。

【宿主范围】 成虫寄生于鸡、鸭、鹅的小肠。

【地理分布】 安徽、福建、广东、广西、贵州、海南、湖南、江西、新疆、浙江。

【形态结构】 虫体前端的节片细小，后端逐渐增大，体长2.20～3.80 cm，最大体宽0.07～

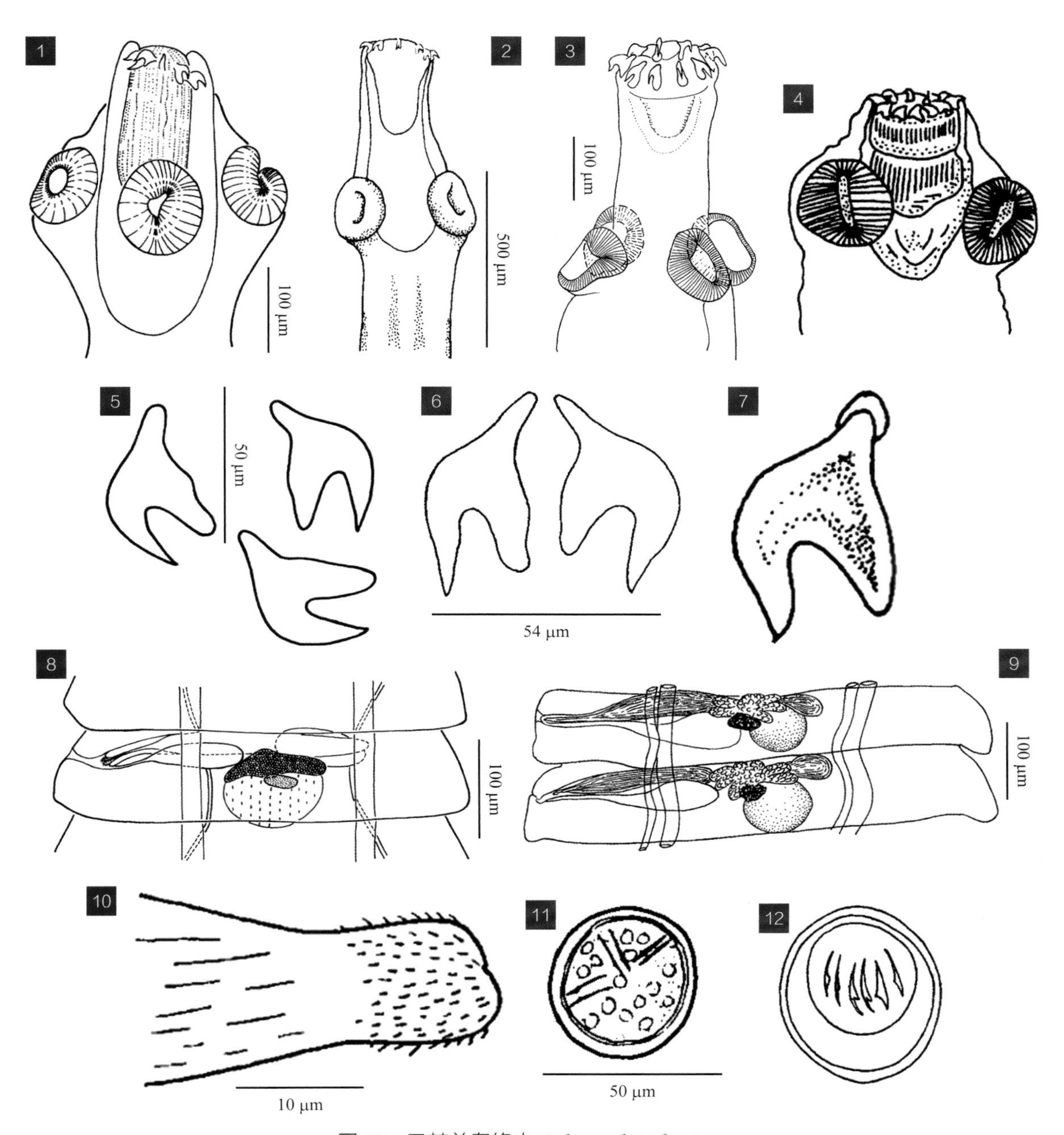

图 53 叉棘单睾绦虫 *Aploparaksis furcigera*

图释

1～4. 头节；5～7. 吻钩；8, 9. 成熟节片；10. 雄茎；11, 12. 虫卵

1, 5, 8. 引自 McLaughlin 和 Burt（1979）；2, 6, 11. 引自 Beverley-Burton（1964）；3, 7, 9, 10, 12. 引自成源达（2011）；4. 引自黄兵和沈杰（2006）

0.11 cm，节片的宽度全部大于长度。排泄管2对，腹排泄管的宽度为0.020～0.038 mm，未见有横管相连，背排泄管的宽度为0.010～0.011 mm。每节有生殖器官1套，生殖孔开口于节片单侧边缘的前1/3处。头节较小，宽0.265～0.365 mm，吻突长0.147～0.266 mm，顶部有单圈吻钩10个，吻钩短钝呈钳状，钩长0.040～0.055 mm，钩柄小，根突肥大，吻囊长宽为0.210～0.335 mm×0.089～0.099 mm。吸盘4个，呈圆形或椭圆形，大小为0.109～0.136 mm×0.109～0.154 mm。未成熟节片的长宽为0.016～0.064 mm×0.320～0.400 mm，成熟节片的长宽为0.064～0.134 mm×0.335～0.672 mm，孕卵节片的长宽为0.128～0.192 mm×0.816～0.944 mm。睾丸1枚，呈椭圆形，大小为0.057～0.072 mm×0.108～0.126 mm，位于节片中央。雄茎囊呈长囊状，大小为0.160～0.487 mm×0.030～0.051 mm，位于节片的前缘。外贮精囊呈椭圆形或球形，大小为0.054～0.108 mm×0.050～0.092 mm，位于生殖孔对侧排泄管的内侧。内贮精囊呈长梭形，大小为0.198～0.352 mm×0.023～0.045 mm。雄茎粗短，大小为0.006～0.008 mm×0.008～0.011 mm，末端呈球状，表面有小棘。卵巢呈长囊状，边缘不规则，无分瓣，位于节片中央，大小为0.134～0.308 mm×0.032～0.068 mm。卵黄腺呈豆状，位于卵巢后缘，大小为0.064～0.096 mm×0.030～0.048 mm。阴道宽大，有弯曲，宽为0.022 mm，位于雄茎囊后方开口于生殖腔，远端膨大为受精囊。受精囊呈椭圆形，位于雄茎囊后方，部分与睾丸或卵巢重叠，大小为0.160～0.192 mm×0.032～0.050 mm。孕卵节片的子宫呈囊状，后期子宫扩张至节片四周，内含虫卵。虫卵呈卵圆形或椭圆形，大小为36～50 μm×40～45 μm，内含六钩蚴，六钩蚴大小为30～36 μm×36～40 μm，胚钩长10 μm。

54 秧鸡单睾绦虫 *Aploparaksis porzana* (Fuhrmann, 1924) Dubinina, 1953

【关联序号】 42.12.4（19.2.4）/ 322。

【同物异名】 秧鸡膜壳绦虫（*Hymenolepis porzana* Fuhrmann, 1924）。

【宿主范围】 成虫寄生于鸡、鸭、鹅的小肠。

【地理分布】 安徽、重庆、福建、广东、广西、河南、云南、浙江。

【形态结构】 虫体长4.50～8.00 cm，最大宽度0.08～0.17 cm。排泄管2对，腹排泄管宽0.043 mm，节片中有横管与两侧腹排泄管相连，背排泄管宽0.011 mm。每节有生殖器官1套，生殖孔开口于节片单侧边缘中央，节片的宽度全部大于长度。头节呈圆形，长宽为0.218～0.273 mm×0.305～0.310 mm。吻突有时伸出，长宽为0.115～0.236 mm×0.090～0.108 mm，其顶端有单圈吻钩10个，吻钩长0.038～0.061mm。吻囊延伸至吸盘后方，长宽为0.141～0.307 mm×0.049～0.159 mm。吸盘4个，呈圆形或卵圆形，不具刺，大小为0.128～0.238 mm×0.059～0.120 mm。睾丸1枚，呈椭圆形，位于节片中央，大小为0.065～0.079 mm×0.042～0.054 mm。雄茎囊呈长囊状，略有弯曲，肌质发达，大小为0.287～0.302 mm×0.042～0.050 mm。外贮精囊呈球形或椭圆形，位于生殖孔对侧的排泄管内侧前方，大小为 0.043～0.086 mm×0.036～0.050 mm。内贮精囊呈棱形，位于雄茎囊膨大部分，大小为 0.101～0.115 mm×0.022～0.032 mm。雄茎粗长，具有小棘，长宽为 0.122～0.129 mm×0.014～0.018 mm。卵巢呈囊状，分为左右 2 瓣，位于节片中央睾丸背面偏外侧，成熟节片中的卵巢大小为 0.100～0.158 mm×0.025～0.036 mm。卵黄腺呈圆形或椭圆形，不分支，大小为 0.036～0.043 mm×0.025～0.029 mm，位于卵巢两瓣之

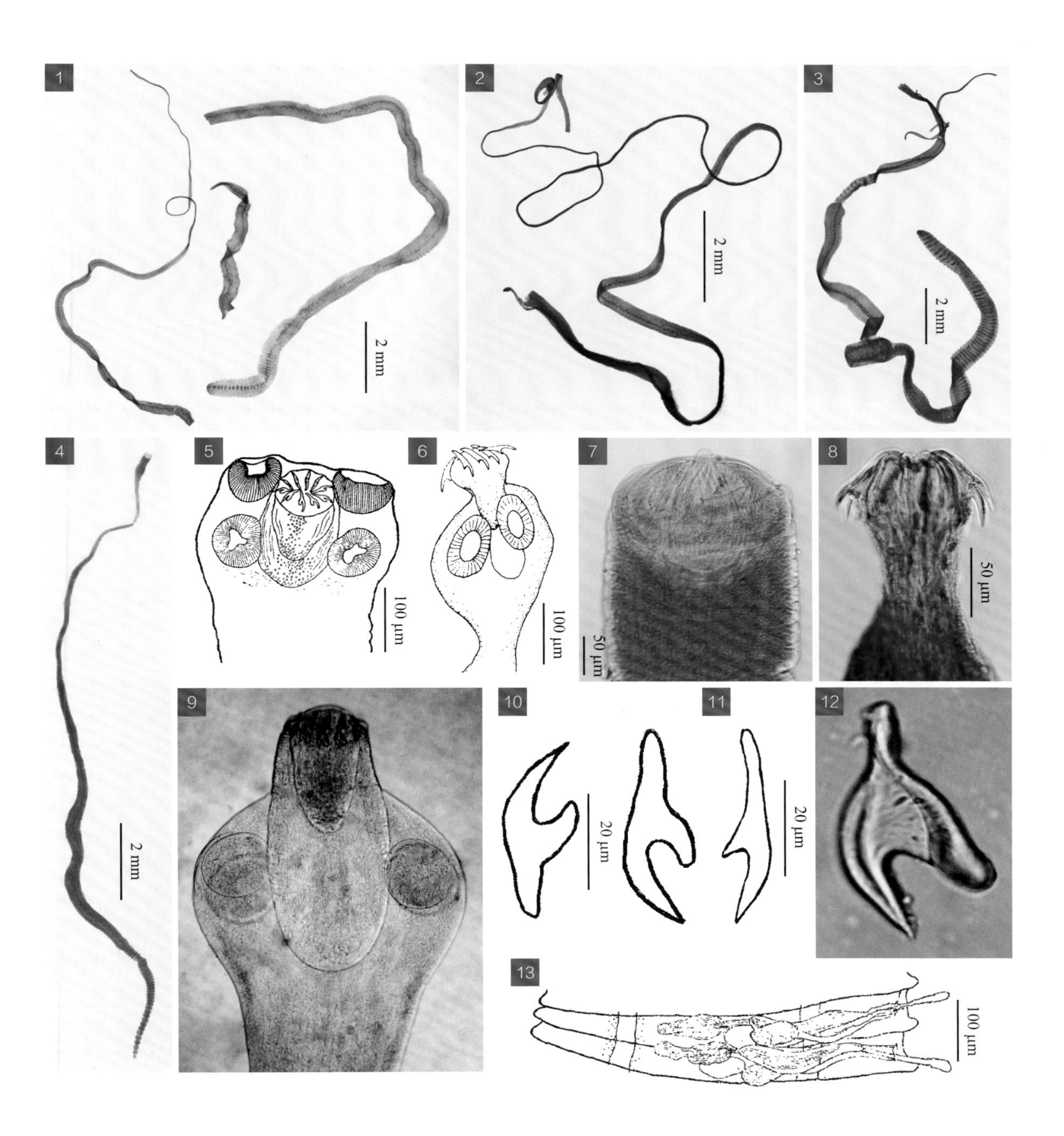

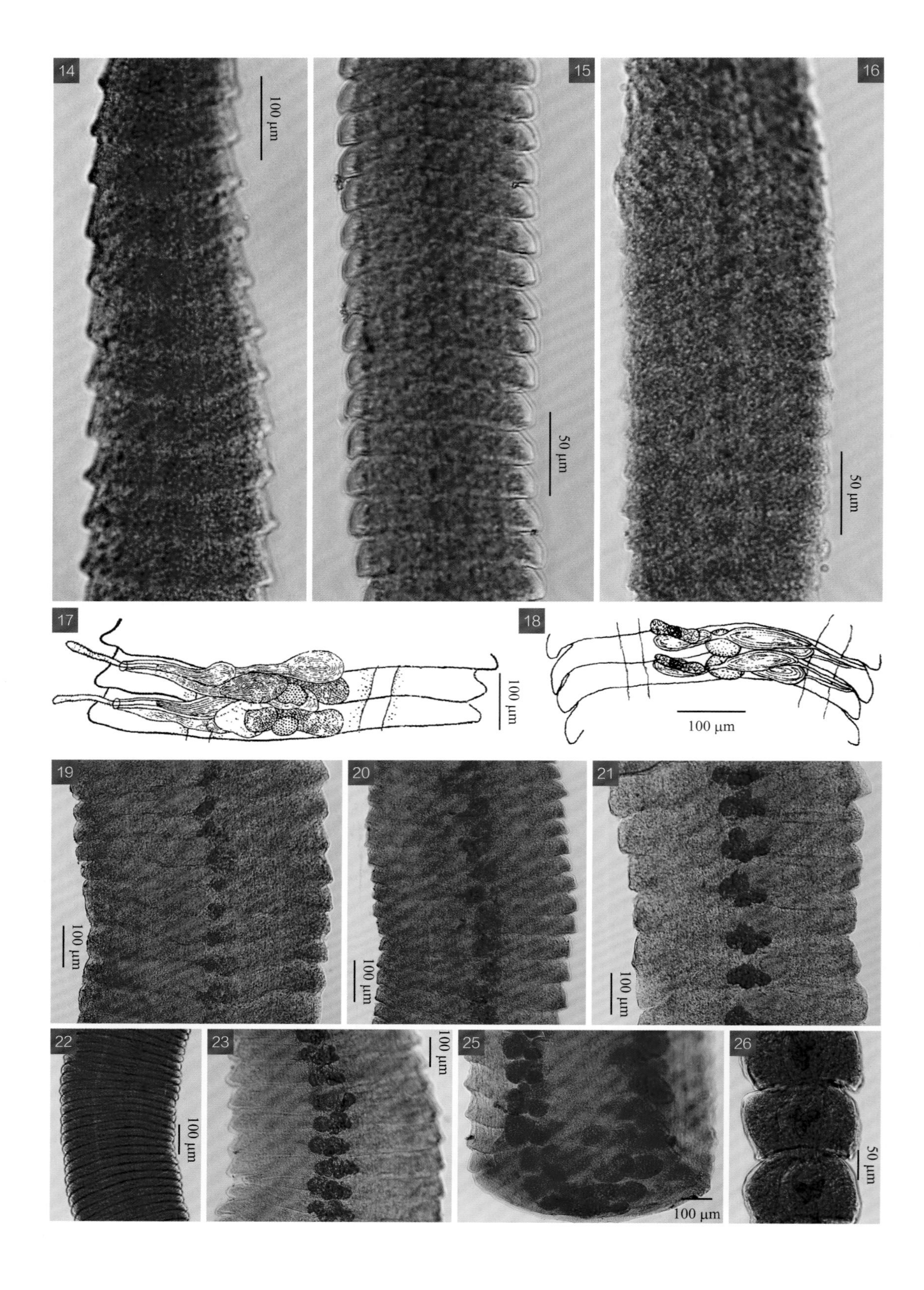
14
100 μm
15
50 μm
16
50 μm
17
100 μm
18
100 μm
19
100 μm
20
100 μm
21
100 μm
22
100 μm
23
100 μm
25
100 μm
26
50 μm

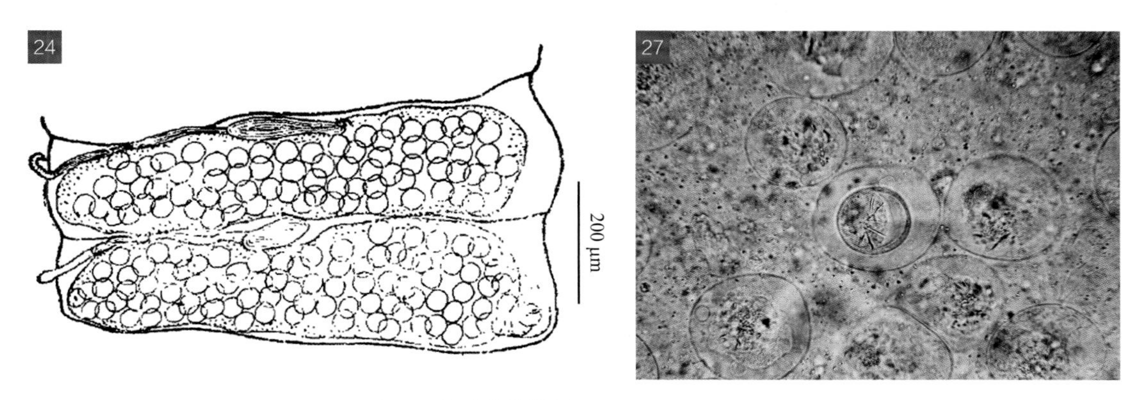

图 54 秧鸡单睾绦虫 *Aploparaksis porzana*

图释

1～4. 虫体；5～9. 头节；10～12. 吻钩；13～16. 未成熟节片；17～23. 成熟节片；24～26. 孕卵节片；27. 虫卵

1～4, 7, 8, 14～16, 19～23, 25, 26. 原图（SHVRI）；5, 10, 13, 17, 24. 引自林宇光（1959）；6, 11, 18. 引自黄德生等（1988）；9, 12, 27. 引自江斌等（2012）

间。在后期成熟节片中，睾丸退化，卵巢与卵黄腺发达，卵巢大小可达 0.212 mm×0.054 mm，卵黄腺的大小可达 0.051 mm×0.039 mm。阴道弯曲宽大，宽为 0.011～0.014 mm，位于雄茎囊后方，开口于生殖孔，其远端膨大为受精囊。受精囊呈袋状，有弯曲的囊壁，位于雄茎囊的后方，大小为 0.072～0.115 mm×0.039～0.054 mm。在孕卵节片中，子宫呈囊状，不分支，扩展至节片四周，大小为 0.736～0.784 mm×0.160～0.192 mm，节片内充满虫卵。虫卵呈椭圆形，大小为 36～39 μm×28～32 μm，内含六钩蚴，六钩蚴呈椭圆形，大小为 32～36 μm×22～26 μm。

5.3 腔 带 属

Cloacotaenia Wolffhügel，1938

【**同物异名**】殖腔带属；奥尔洛夫属（*Orlovilepis* Spasskii et Spasskaya, 1954）。

【**宿主范围**】成虫寄生于禽类。

【**形态结构**】小型绦虫。头节的顶面观呈圆四边形，4 个吸盘向前，吻突退化，无吻钩，中央凹陷。有颈节。节片的宽度明显大于长度，后缘突出呈钟形，生殖器官 1 套，生殖孔开口于节片单侧边缘。睾丸 3 枚，呈倒三角形排列，生殖孔侧 1 枚，生殖孔对侧 2 枚。雄茎囊为长形，从排泄管背侧穿过，具内、外贮精囊。雄茎具棘。卵巢呈横向拉长，位于节片中央。卵黄腺为块状，位于卵巢与外贮精囊之间。子宫横向延伸，不达排泄管。阴道开口于雄茎的腹面，其近端形成受精囊。模式种：大头腔带绦虫［*Cloacotaenia megalops* (Nitzsch in Creplin, 1829) Wolffhügel, 1938］。

［注：Khalil 等（1994）将本属列为膜壳属（*Hymenolepis*）的同物异名］

55 大头腔带绦虫 *Cloacotaenia megalops* (Nitzsch in Creplin, 1829) Wolffhügel, 1938

【关联序号】42.14.1（19.3.1）/ 324。

【同物异名】大殖腔带绦虫；大头带绦虫（*Taenia megalops* Nitzsch in Creplin, 1829）；柱状带绦虫（*Taenia cylindrica* Krefft, 1871）；大头膜壳绦虫（*Hymenolepis megalops* (Nitzsch in Creplin, 1829) Parona, 1899）；大头奥尔洛夫绦虫（*Orlovilepis megalops* (Nitzsch in Creplin, 1829) Spasskii et Spasskaya, 1954）。

【宿主范围】成虫寄生于鸡、鸭、鹅的小肠、直肠、泄殖腔、法氏囊。

【地理分布】安徽、北京、重庆、广东、贵州、海南、湖南、江苏、宁夏、台湾、浙江。

【形态结构】虫体呈淡黄色，体长 1.00～3.00 cm，最大宽度 0.12～0.21 cm。节片呈钟形，有缘膜，其宽度大于长度，后缘突出。每节有生殖器官 1 套，生殖孔开口于节片单侧边缘的中前部。头节发达呈拳形，顶部观呈四方形，长宽为 1.148～1.170 mm×1.204～1.305 mm。吻突退化，仅见 4 个吸盘的中间有一凹陷，大小约为 0.245 mm×0.130 mm，无吻钩。吸盘强大，富含肌质，呈椭圆形或圆形，大小为 0.378～0.517 mm×0.350～0.450 mm，吸盘无钩。颈节短。睾丸 3 枚，呈球形或卵圆形，大小为 0.084～0.166 mm×0.074～0.128 mm，生殖孔侧 1 枚，生殖孔对侧 2 枚，前后倾斜排列。雄茎囊呈长囊形，越过背排泄管，伸达节片中部，大小为 0.348～0.566 mm×0.048～0.069 mm。外贮精囊呈弯形管状，内贮精囊呈梭形。雄茎长，呈管状突出，其长宽可达 0.195 mm×0.026 mm，表面布满向后的细棘。卵巢 1 枚，呈横向拉长的块状或分叶呈花瓣状，分为 5 瓣或 9～12 瓣，位于中间睾丸前方的节片中央，大小为 0.138～0.198 mm×0.114～0.130 mm。卵黄腺呈椭圆形，位于卵巢后面、中间睾丸的前腹侧，大小为 0.040～0.065 mm×0.035～0.040 mm。阴道为细管，长宽约为 0.220 mm×0.018 mm，位于雄茎囊前方开口于生殖孔，其远端越过排泄管膨大为受精囊。受精囊大小为 0.100 mm×0.055 mm。孕卵节片的子宫呈椭卵形囊，充满节片，内含大量虫卵。虫卵呈球形，未成熟虫卵的直径约为 38 μm，成熟虫卵大小为 46～55 μm×54～55 μm，内含椭圆形的六钩蚴，六钩蚴大小为 28～33 μm×21～30 μm，胚钩长 10～13 μm。

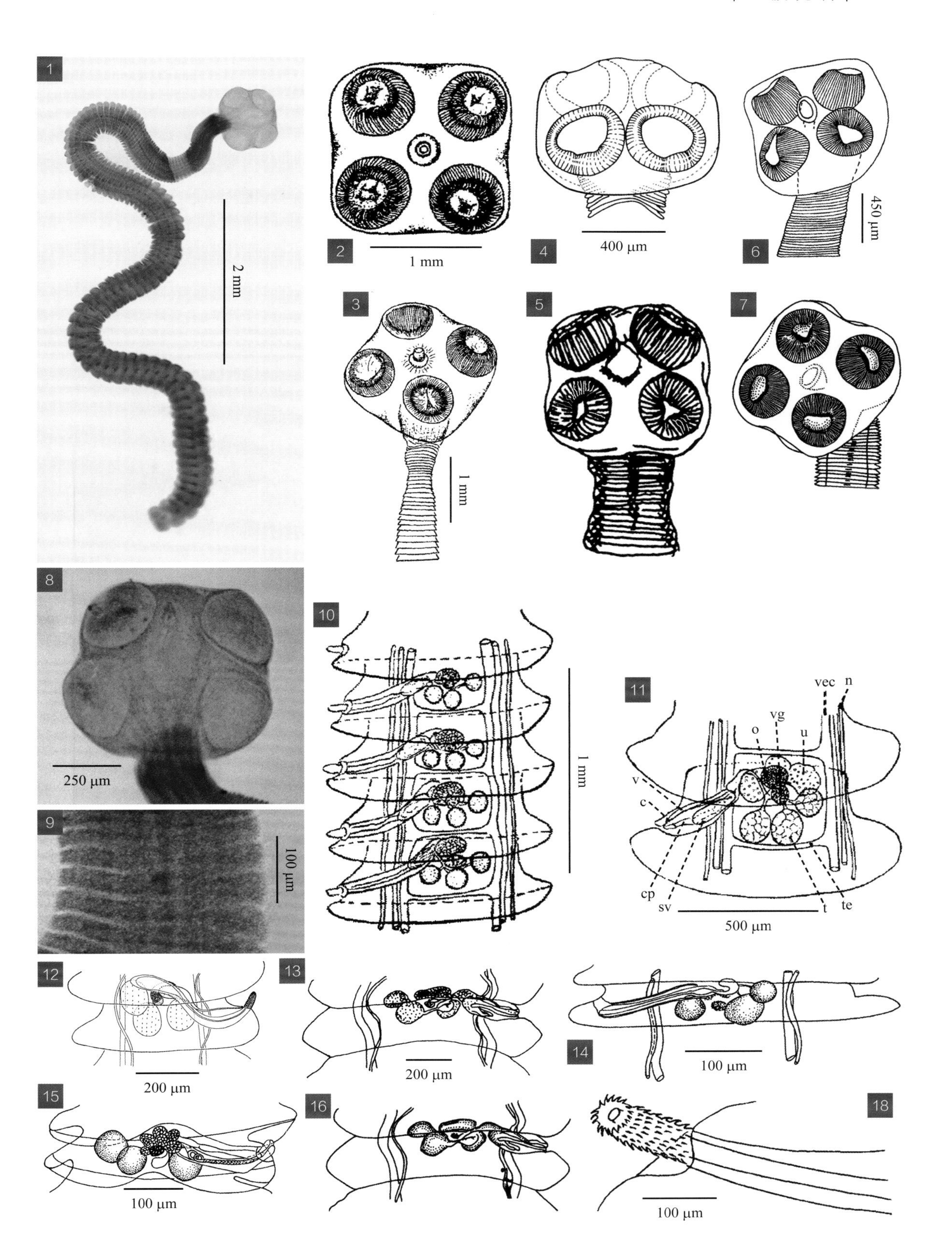
1
2 mm
2
1 mm
3
1 mm
4
400 μm
5
6
450 μm
7
8
250 μm
9
100 μm
10
1 mm
11
vec
n
vg
o
u
v
c
cp
sv
t
te
500 μm
12
200 μm
13
200 μm
14
100 μm
15
100 μm
16
18
100 μm

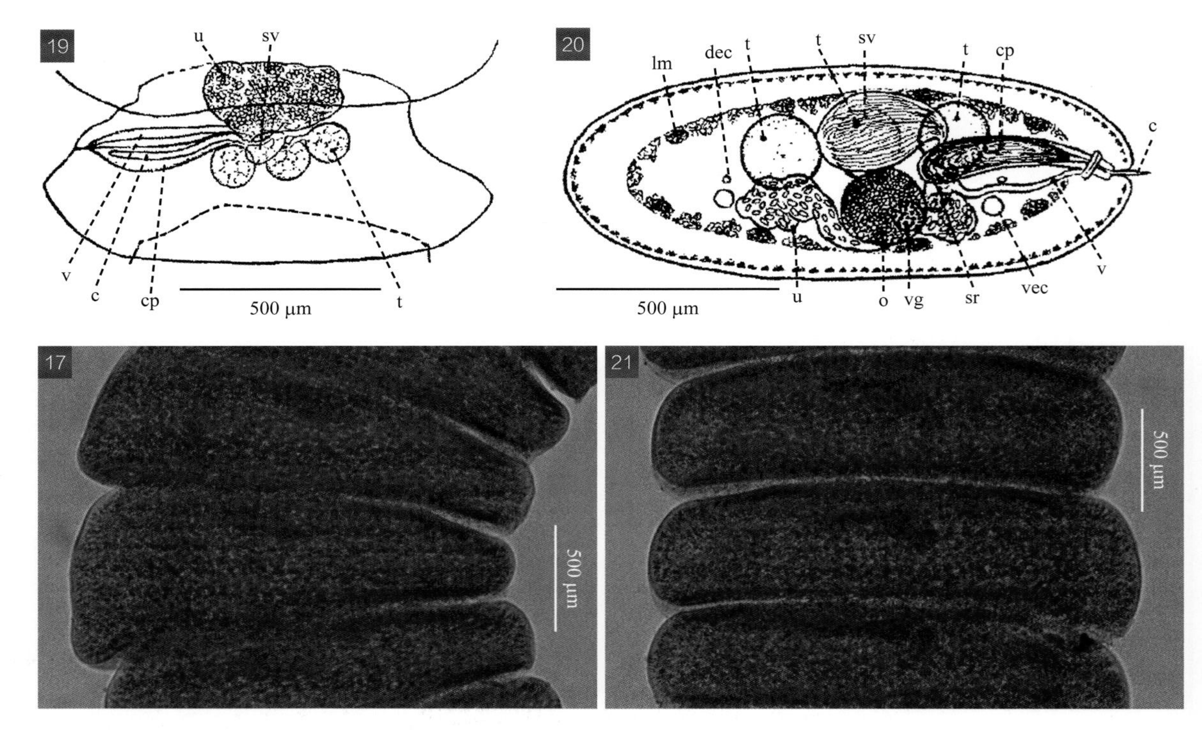

图 55　大头腔带绦虫 *Cloacotaenia megalops*

图释

1. 虫体；2～8. 头节（2 示顶面观）；9. 未成熟节片；10～17. 成熟节片；18. 雄茎；19～21. 孕卵节片

1, 8, 9, 17, 21. 原图（SASA）；2, 3, 10, 11, 19, 20. 引自 Sugimoto（1934）；4, 12. 引自 McLaughlin 和 Burt（1979）；5, 13. 引自 McDougald（2013）；6, 14, 15, 18. 引自成源达（2011）；7, 16. 引自黄兵和沈杰（2006）

5.4　双盔带属

Dicranotaenia Railliet，1892

【同物异名】双盔属；华德属（*Wardium* Mayhew, 1925）；维兰地属（*Weinlandia* Mayhew, 1925）；沼壳属（*Limnolepis* Spasskii et Spasskaya, 1954）。

【宿主范围】成虫寄生于禽类肠道。幼虫为拟囊尾蚴，寄生于甲壳动物。

【形态结构】中型绦虫。头节具吻突和 4 个吸盘，吻突上有吻钩 1 圈，吻钩常为小螯状，数量在 10 个以上，钩柄发育差而根突长，吸盘无棘。节片数量多，其宽度大于长度，有排泄管 2 对，生殖器官 1 套，生殖孔开口于同侧，生殖管位于排泄管背面。睾丸 3 枚，光滑或略有浅裂，呈三角形或横向排列，生殖孔侧 1 枚，生殖孔对侧 2 枚。雄茎囊较短，其底部不达节片中线，有内、外贮精囊。雄茎囊内有附性囊，其外翻时形成一个带刺的附性乳突，类似雄茎乳突，分泌腺管开口于附性乳突顶端。卵巢1枚，呈多叶状，位于节片中央或亚中央，与中间睾丸腹面重叠。卵黄腺略具浅裂，位于卵巢后面。受精囊发育良好。子宫初期为横管状，位于卵巢前方，随着发育子宫逐渐成为长管状，成熟子宫为袋状。模式种：冠状双盔带绦虫［*Dicranotaenia coronula* (Dujardin, 1845) Railliet, 1892］。

56 相似双盔带绦虫 *Dicranotaenia aequabilis* (Rudolphi, 1810) López-Neyra, 1942

【关联序号】42.2.1（19.4.1）/。

【同物异名】相似带绦虫（*Taenia aequabilis* Rudolphi, 1810）；相似膜壳绦虫（*Hymenolepis aequabilis* (Rudolphi, 1810) Railliet, 1899）；相似剑带绦虫（*Drepanidotaenia aequabilis* (Rudolphi, 1810) Cohn, 1900）；相似膜壳（剑带）绦虫（*Hymenolepis* (*Drepanidotaenia*) *aequabilis* (Rudolphi, 1810) Cohn, 1901）；肌肉剑带绦虫（*Drepanidotaenia musculosa* Clerc, 1902）；肌肉膜壳绦虫（*Hymenolepis musculosa* (Clerc, 1902) Fuhrmann, 1906）；相似双盔带（剑带）绦虫（*Dicranotaenia* (*Drepanidotaenia*) *aequabilis* (Rudolphi, 1810) López-Neyra, 1942）；肌肉双盔带（剑带）绦虫（*Dicranotaenia* (*Drepanidotaenia*) *musculosa* (Clerc, 1902) López-Neyra, 1942）；肌肉双盔带绦虫（*Dicranotaenia musculosa* (Clerc, 1902) Yamaguti, 1959）；相似华德绦虫（*Wardium aequabilis* (Rudolphi, 1810) Spasskaya, 1961）。

【宿主范围】成虫寄生于鸭的小肠。

【地理分布】贵州。

【形态结构】虫体约长12.20 cm，最大宽度0.29 cm，节片的宽度大于长度。排泄管2对，腹排泄管较宽，节片后部有细横管与两侧腹排泄管相连。每节有生殖器官1套，生殖孔开口于单侧边缘中部。头节呈卵圆形，长宽为0.260～0.292 mm×0.250～0.282 mm，吸盘大小为0.091～0.100 mm×0.081～0.085 mm，吻突长宽为0.270 mm×0.081 mm，具吻钩1圈10个，吻钩呈鳌形，钩长0.024～0.026 mm。每个成熟节片有睾丸3枚，呈球形或椭圆形，直线排列于节片后部，生殖孔侧1枚，生殖孔对侧2枚，大小为0.326～0.456 mm×0.293～0.423 mm。雄茎囊呈棒形，大小为0.391～0.510 mm×0.071～0.097 mm，可延伸至但不超过生殖孔侧睾丸。卵巢1枚，位于生殖孔侧睾丸与中间睾丸之间的腹面，其宽度可达0.358 mm。卵黄腺呈不规则卵圆形，位于卵巢之后，大小为0.103～0.146 mm×0.048～0.065 mm。子宫呈囊状，向两侧延伸越过排泄管。成熟虫卵的大小不详。

［注：Schmidt（1986）将本种归属的调整人列为“*Dicranotaenia aequabilis* (Rudolphi, 1810) Railliet, 1893”，并将“*Dicranotaenia creplini* (Krabbe, 1869) Stossich, 1898”作为独立种。McLaughlin 和 Burt（1979）将“*Wardium aequabilis* (Rudolphi, 1810) Spasskaya, 1961”列为

"*Wardium creplini* (Krabbe, 1869) Spasskii and Spasskaya, 1954"的同物异名，其形态结构参照 McLaughlin 和 Burt（1979）]

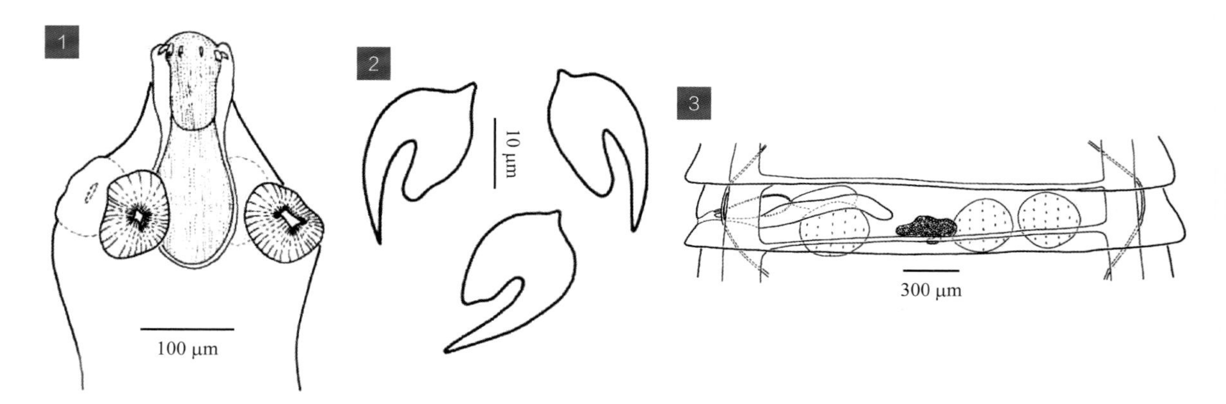

图 56　相似双盔带绦虫 *Dicranotaenia aequabilis*

图释

1. 头节；2. 吻钩；3. 成熟节片

1～3. 引自 McLaughlin 和 Burt（1979）

57 冠状双盔带绦虫 ***Dicranotaenia coronula* (Dujardin, 1845) Railliet, 1892**

【关联序号】42.2.2（19.4.2）/ 306。

【同物异名】冠状带绦虫（*Taenia coronula* Dujardin, 1845）；冠状双棘（鳞三叠）绦虫（*Diplacanthus* (*Lepidotrias*) *coronula* (Dujardin, 1845) Cohn, 1899）；冠状剑带绦虫（*Drepanidotaenia coronula* (Dujardin, 1845) Parona, 1899）；冠状膜壳绦虫（*Hymenolepis coronula* (Dujardin, 1845) Railliet, 1899）；冠状膜壳（剑带）绦虫（*Hymenolepis* (*Drepanidotaenia*) *coronula* (Dujardin, 1845) Cohn, 1901）；大子宫膜壳绦虫（*Hymenolepis megalhystera* Linstow, 1905）；囊过膜壳绦虫（*Hymenolepis sacciperum* Mayhew, 1925）；冠状维兰地绦虫（*Weinlandia coronula* (Dujardin, 1845) Mayhew, 1925）；巨链维兰地绦虫（*Weinlandia macrostrobilodes* Mayhew, 1925）；剑形膜壳绦虫（*Hymenolepis anceps* Linton, 1927）；梅氏膜壳绦虫（*Hymenolepis mergi* Yamaguti, 1940）；剑形双盔带绦虫（*Dicranotaenia anceps* (Linton, 1927) López-Neyra, 1942）；迪吉兰双盔带绦虫（*Dicranotaenia deglandi* Skrjabin et Mathevossian, 1942）；顶尖膜壳绦虫（*Hymenolepis apcaris* Sharma, 1943）；小囊膜壳绦虫（*Hymenolepis parvisaccata* Shepard, 1943）；冠状双盔带绦虫微棘亚种（*Dicranotaenia coronula micracantha* Skrjabin et Mathevossian, 1945）；库氏双盔带绦虫（*Dicranotaenia kutassi* Mathevossian, 1945）；梅氏双盔带绦虫（*Dicranotaenia mergi* (Yamaguti,

1940) Skrjabin et Mathevossian, 1945）；马氏膜壳绦虫（*Hymenolepis makundi* Singh, 1952）；马氏双盔带绦虫（*Dicranotaenia makundi* (Singh, 1952) Yamaguti, 1959）；小囊双盔带绦虫（*Dicranotaenia parvisaccata* (Shepard, 1943) Yamaguti, 1959）。

【宿主范围】成虫寄生于鸭、鹅、鸡的小肠、盲肠。

【地理分布】安徽、重庆、福建、广东、广西、贵州、河南、黑龙江、湖南、江苏、江西、宁夏、陕西、四川、台湾、新疆、云南、浙江。

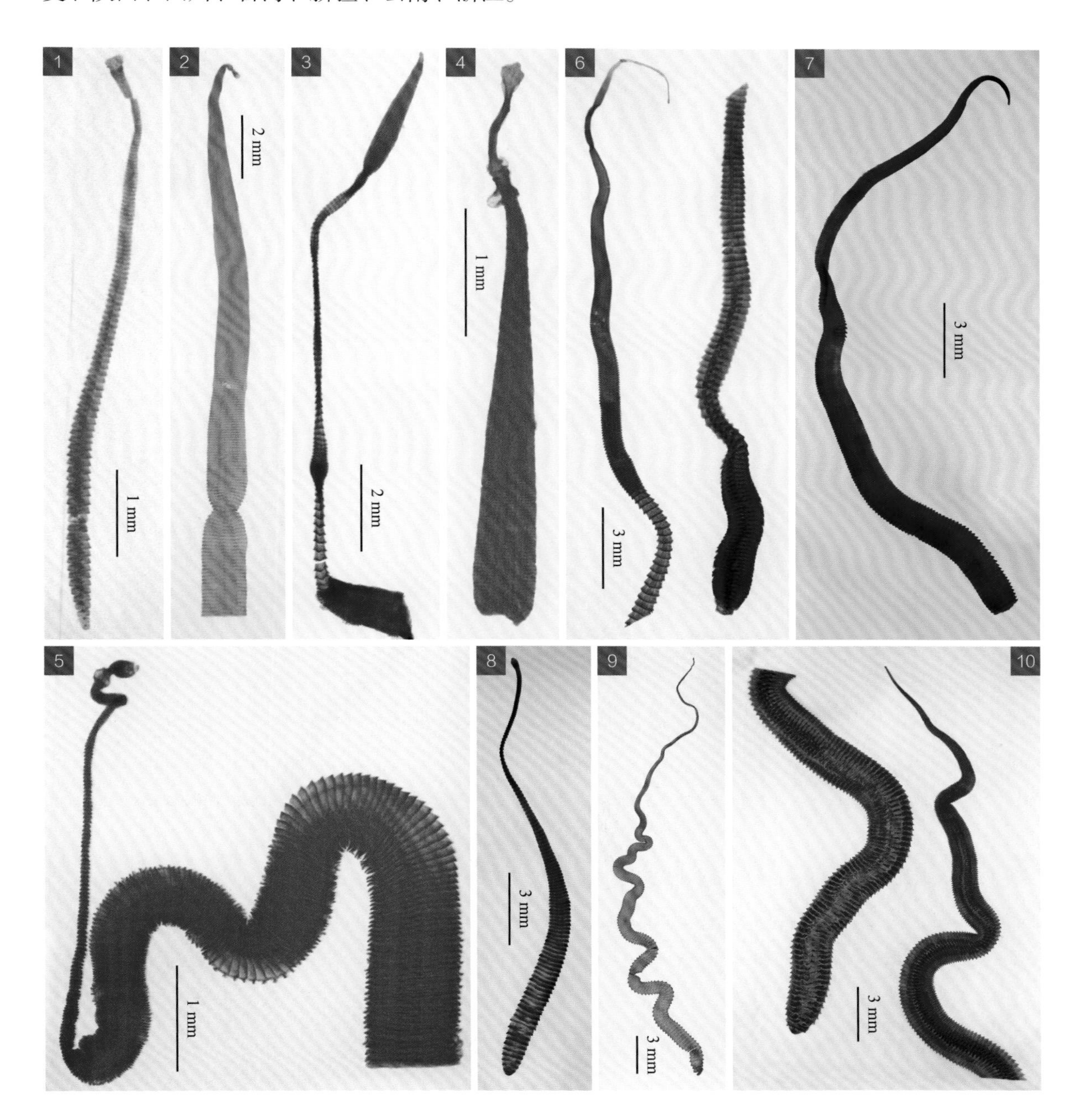

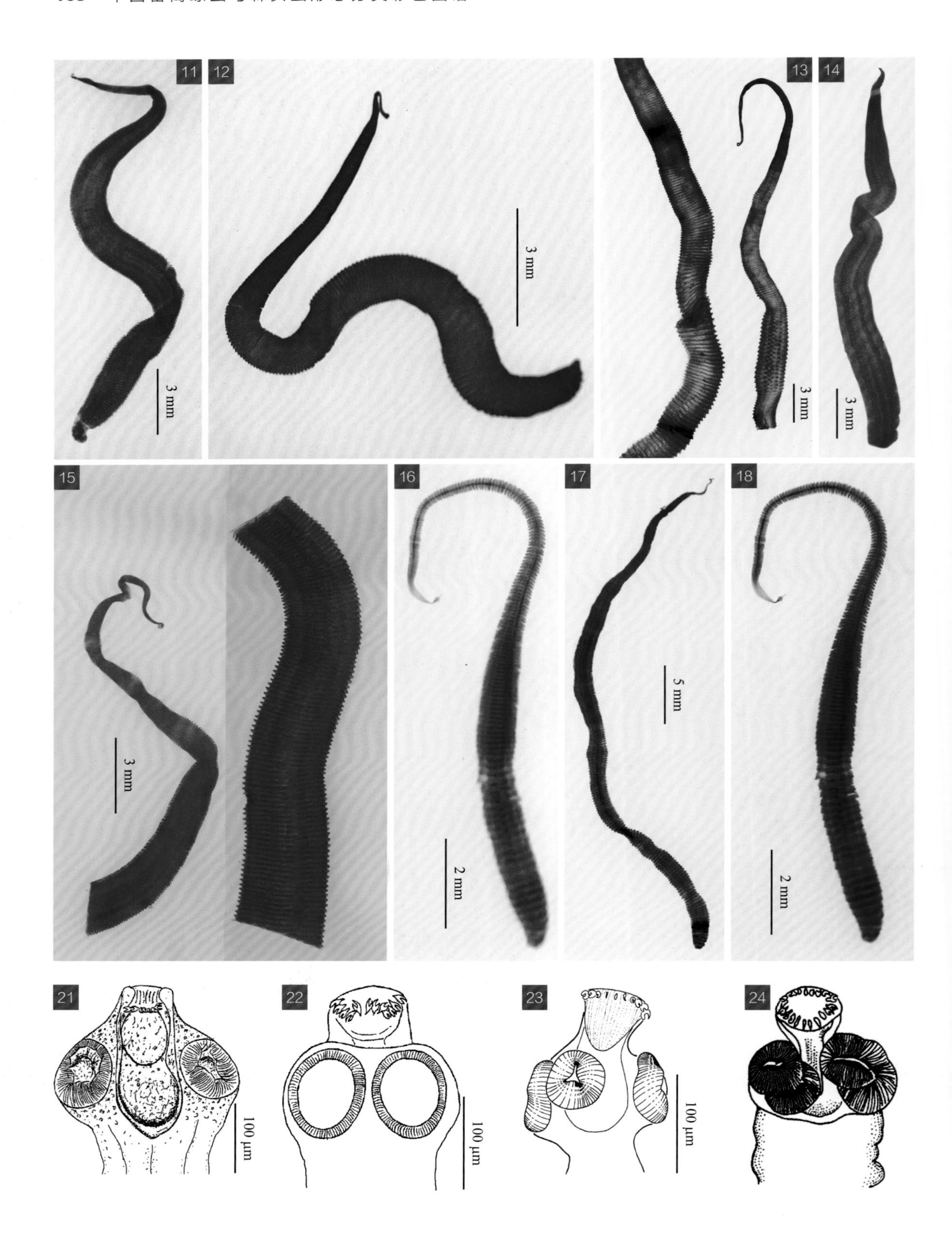
11
12
13
14
15
16
17
18
21
22
23
24
3 mm
3 mm
3 mm
3 mm
3 mm
2 mm
5 mm
2 mm
100 μm
100 μm
100 μm

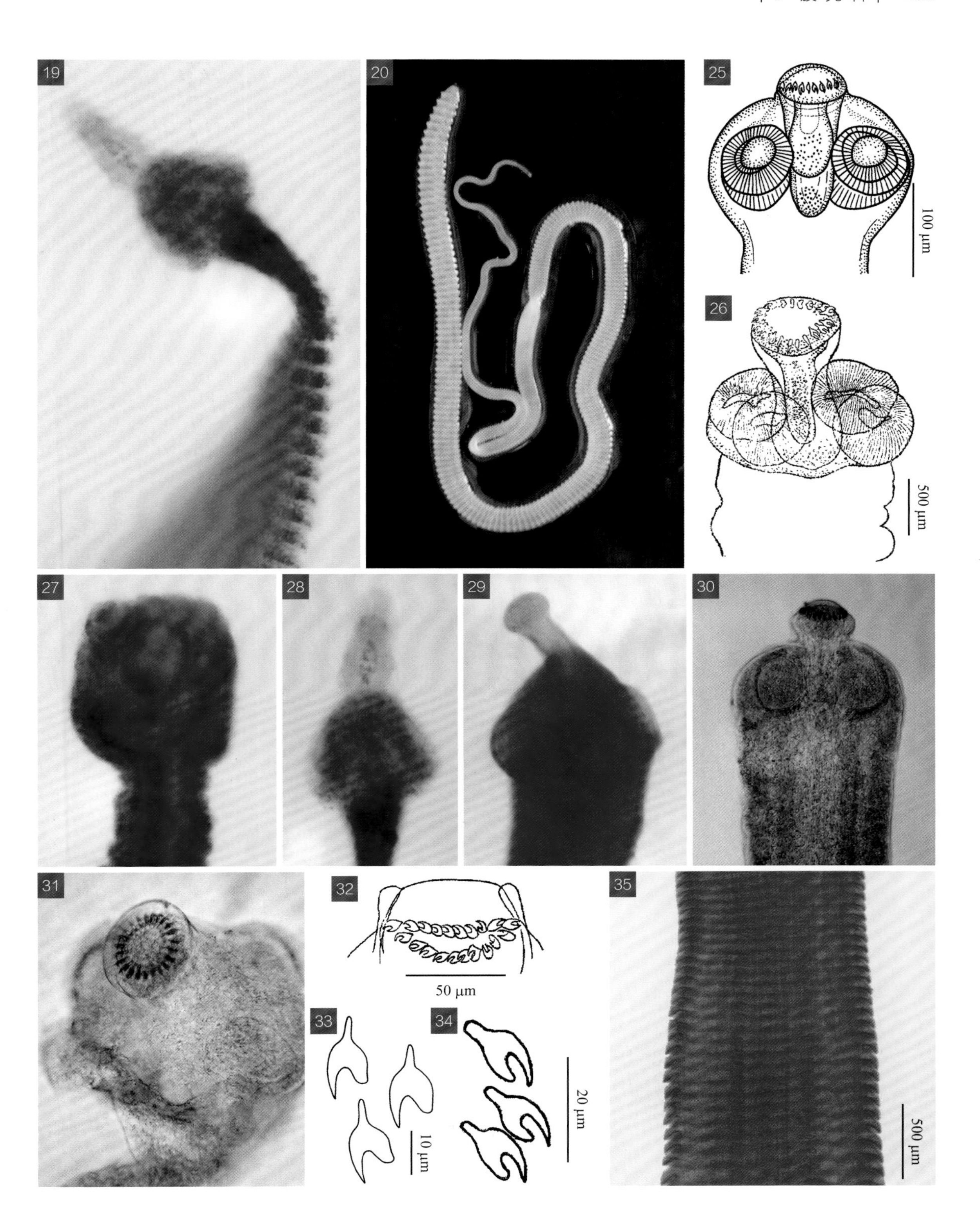
19
20
25
100 μm
26
500 μm
27
28
29
30
31
32
50 μm
33
10 μm
34
20 μm
35
500 μm

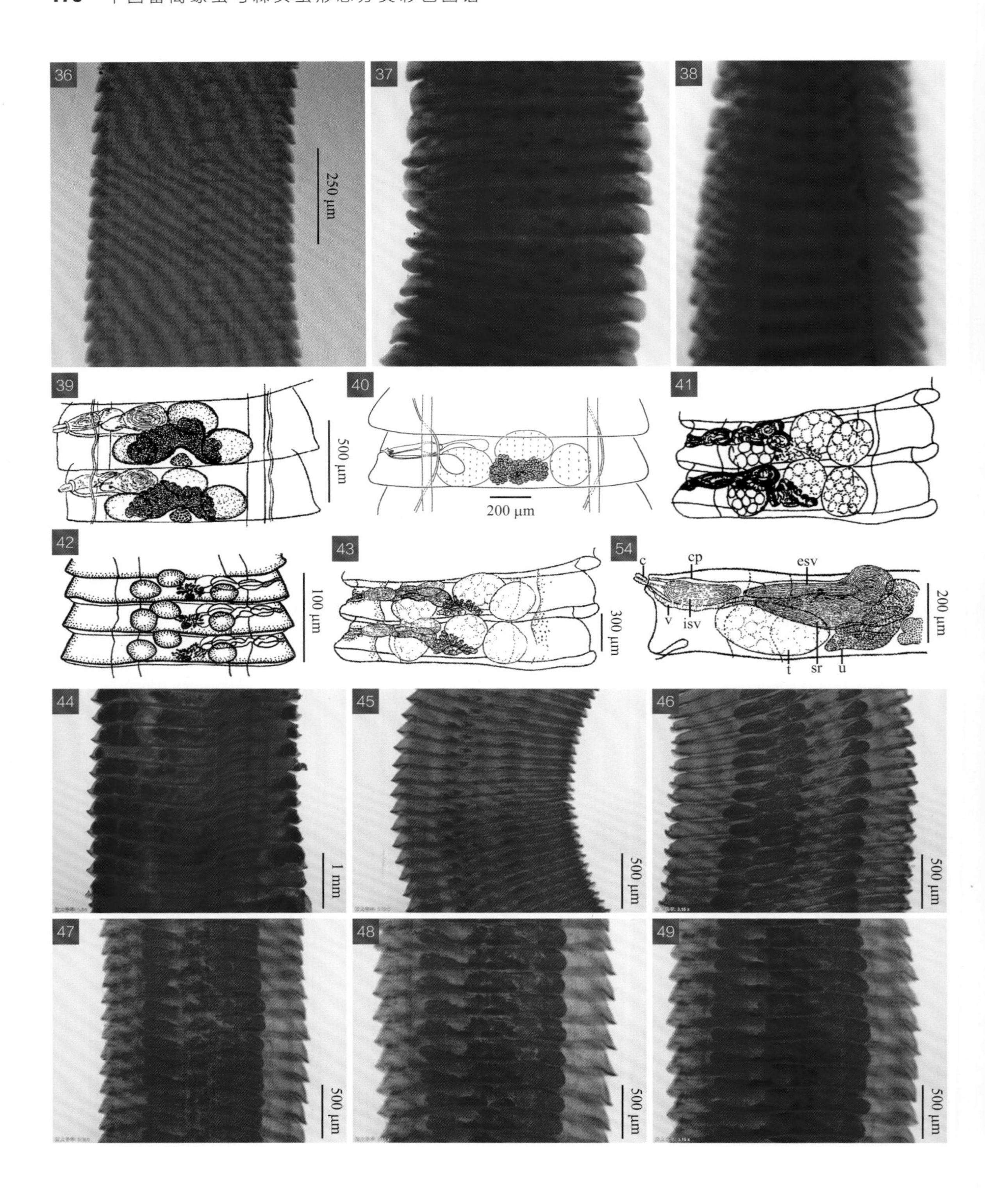
36
37
38
250 μm
39
40
41
500 μm
200 μm
42
43
54
100 μm
300 μm
c
cp
esv
v
isv
t
sr
u
200 μm
44
45
46
1 mm
500 μm
500 μm
47
48
49
500 μm
500 μm
500 μm

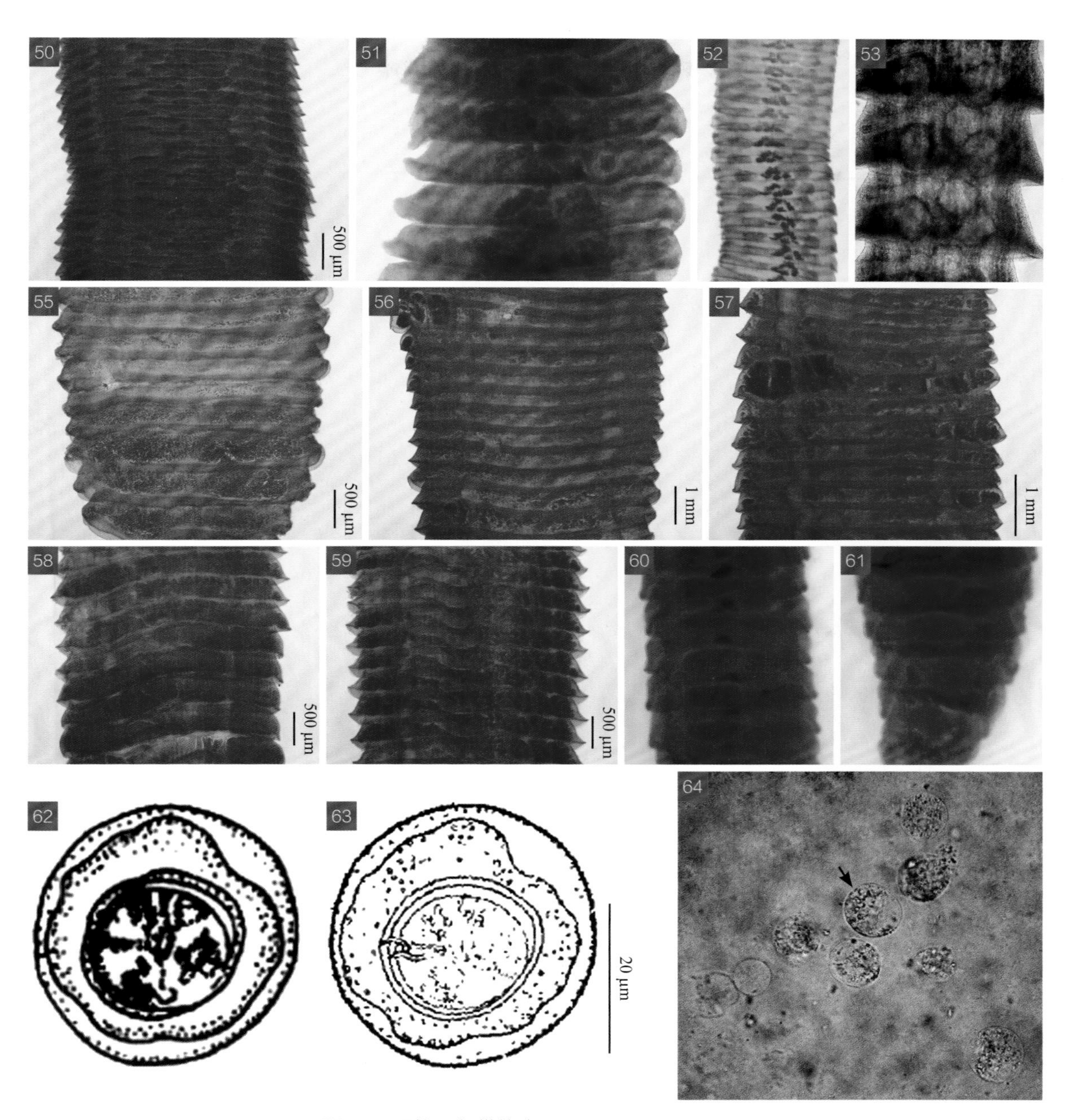

图 57　冠状双盔带绦虫 *Dicranotaenia coronula*

图释

1～20. 虫体；21～31. 头节；32. 吻突；33, 34. 吻钩；35～38. 未成熟节片；39～53. 成熟节片；54. 部分性器官放大；55～61. 孕卵节片；62～64. 虫卵

1～5, 35, 44～50, 55～59. 原图（SHVRI）；6～15, 36. 原图（SASA）；16～19, 27, 28, 37, 38, 51, 60, 61. 原图（HIAVS）；20, 30, 31, 53, 64. 引自江斌等（2012）；21, 22, 32, 39. 引自 Sugimoto（1934）；23, 33, 40. 引自 McLaughlin 和 Burt（1979）；24, 41, 62. 引自黄兵和沈杰（2006）；25, 42, 43. 引自蒋学良等（2004）；26, 34, 54, 63. 引自林宇光（1959）；29, 52. 原图（SCAU）

【形态结构】虫体呈白色，较粗长，体长 8.00～25.20 cm，最大宽度 0.30～0.40 cm。前端节片细小，后端节片宽大，所有节片的宽度大于长度。每节有生殖器官 1 套，生殖孔开口于节片单侧边缘的中部。排泄管 2 对，腹排泄管较粗，宽 0.017～0.128 mm，每节有横管与两侧的腹排泄管相连，背排泄管较细，宽 0.015～0.016 mm。头节细小，呈圆形或椭圆形，长宽为 0.150～0.200 mm×0.097～0.150 mm。吻突多伸出，长宽为 0.090～0.104 mm×0.043～0.072 mm，有单圈吻钩 18～22 个。吻钩长 0.013～0.017 mm，根突粗壮，钩柄和钩刃较短。吻囊较大，伸至吸盘后缘，长宽为 0.101～0.115 mm×0.057～0.075 mm。吸盘呈圆形或椭圆形，无刺，大小为 0.063～0.086 mm×0.057～0.075 mm。颈部细窄，宽 0.097～0.152 mm。未成熟节片的长宽为 0.016～0.240 mm×0.128～1.520 mm，成熟节片的长宽为 0.240～0.352 mm×1.840～2.400 mm，孕卵节片的最大长宽为 0.608 mm×3.500 mm。睾丸 3 枚，1 枚位于生殖孔侧，2 枚位于生殖孔对侧，排列成三角形，中间睾丸位于节片的中央前部，比两侧睾丸略偏前方。成熟节片中的睾丸呈椭圆形或长圆形，大小为 0.320～0.432 mm×0.152～0.374 mm。雄茎囊呈梭形，大小为 0.272～0.448 mm×0.112～0.140 mm，不达节片中线，有内、外贮精囊。外贮精囊呈纺锤形，位于节片中央偏生殖孔侧的前方，大小为 0.304～0.528 mm×0.112～0.128 mm。内贮精囊呈长椭圆形，位于雄茎囊内，大小为 0.143～0.384 mm×0.080～0.128 mm。雄茎粗壮，长宽约为 0.101 mm×0.029 mm，表面披有小棘。卵巢 1 枚，分瓣呈扇形，位于节片中央的中后部，大小为 0.191～0.688 mm×0.063～0.144 mm。卵黄腺呈小豆状，略有分叶，位于卵巢中央的后方，大小为 0.127～0.400 mm×0.048～0.096 mm。阴道细长，宽 0.032 mm，位于雄茎囊后方开口于生殖孔，远端膨大为受精囊。受精囊呈袋状，大小为 0.352～0.640 mm×0.144～0.192 mm。孕卵节片的子宫呈囊状，并有波状曲折囊壁，完全成熟时的子宫扩展到整个节片，大小为 0.256～0.368 mm×2.192～2.288 mm，内充满虫卵。含成熟六钩蚴的虫卵呈圆形或椭圆形，大小为 23～35 μm×18～32 μm，外层壁薄而透明，内层壁有不规则的皱褶，分布有卵黄颗粒。六钩蚴呈卵圆形或椭圆形，大小为 19～28 μm×15～19 μm。

58 内翻双盔带绦虫 *Dicranotaenia introversa* (Mayhew, 1925) López-Neyra, 1942

【关联序号】42.2.4（19.4.3）/。

【同物异名】内翻维兰地绦虫（*Weinlandia introversa* Mayhew, 1925）；内翻膜壳绦虫（*Hymenolepis introversa* (Mayhew, 1925) Fuhrmann, 1932）。

【宿主范围】成虫寄生于鸭的小肠。

【地理分布】湖南、黑龙江。

【形态结构】虫体长 5.00～8.00 cm，最大宽度 0.15～0.20 cm，链体由 300～400 个节片组成，前部分纤细，头节后约 3.00 cm 虫体的宽度不超过 0.10 cm，其后宽度和厚度迅速增加，后

1/4～1/2 的宽度通常保持一致。每节有生殖器官 1 套，生殖孔开口于节片右侧边缘的前方。头节宽约 0.200 mm，吸盘宽约 0.080 mm，吻突的长宽约为 0.050 mm×0.070 mm，有单圈吻钩 20 个，吻钩长 0.017～0.020 mm。吻突完全缩进时，吻钩翻转，钩刃直立向外。睾丸 3 枚，呈三角形排列，生殖孔侧 1 枚，生殖孔对侧 2 枚，睾丸边缘因轻微凹进而呈不规则浅裂。每个睾丸中央发出 1 条输精管，生殖孔对侧 2 枚睾丸的输精管联合后，再与生殖孔侧睾丸的输精管联合。雄茎囊内有一大内贮精囊，当充满精子时，内贮精囊占据雄茎囊空间的一半。外贮精囊呈长圆柱形，位于排泄管内侧，达节片中央，通过一稍弯曲管与内贮精囊相连。雄茎狭窄，可伸出生殖腔，缩进时略微卷曲。卵巢 1 枚，位于两侧睾丸之间，完全成熟时可与两侧睾丸部分重叠，卵巢前面具浅裂，其中部略向前突出呈弧形。卵黄腺具浅裂，位于卵巢正中央的后面。阴道为一薄壁管，位于雄茎囊和外贮精囊的腹面，开口于生殖腔雄茎的腹面，远端膨大为受精囊。受精囊位于生殖孔侧睾丸前面和外贮精囊腹面。未观察到成熟虫卵。

［注：Schmidt（1986）将本种列为冠状双盔带绦虫（*Dicranotaenia coronula*）的同物异名］

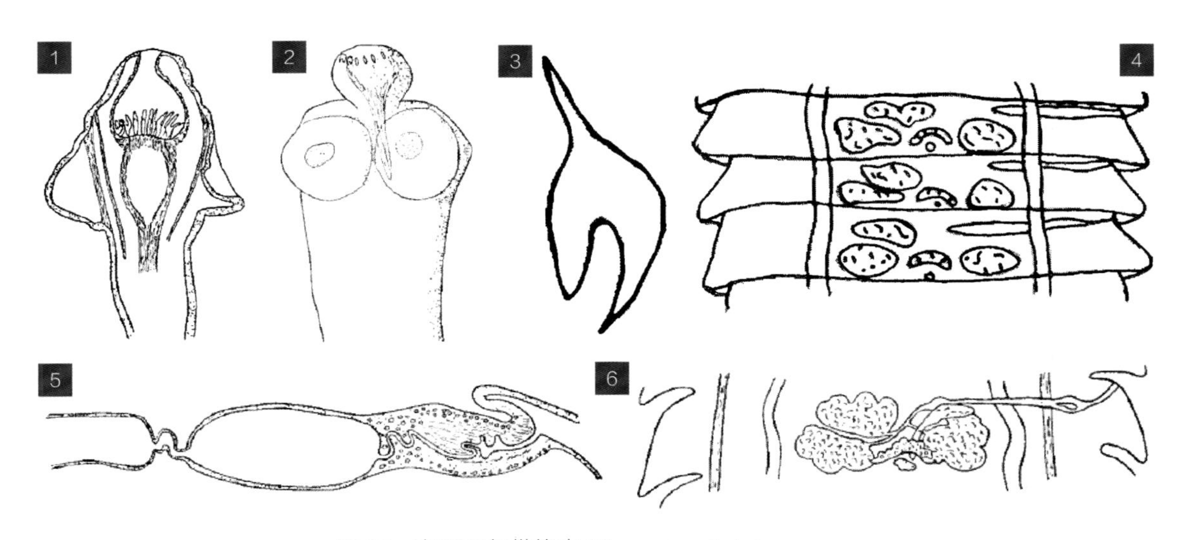

图 58　内翻双盔带绦虫 *Dicranotaenia introversa*

图释

1, 2. 头节；3. 吻钩；4. 未成熟节片；5. 雄茎囊；6. 雌性生殖器官

1～6. 引自 Mayhew（1925）

59 白眉鸭双盔带绦虫 *Dicranotaenia querquedula* (Fuhrmann, 1921) López-Neyra, 1942

【关联序号】42.2.3（19.4.5）/。

【同物异名】白眉鸭膜壳绦虫（*Hymenolepis querquedula* Fuhrmann, 1921）；白眉鸭维兰地绦

虫（*Weinlandia querquedula* (Fuhrmann, 1921) Mayhew, 1925）；白眉鸭膜壳绦虫（*Hymenolepis querquedulae* Gower, 1939）。

【**宿主范围**】成虫寄生于鸭的小肠。

【**地理分布**】湖南。

【**形态结构**】虫体长 8.70 cm，宽 0.22 cm。头节直径为 0.234 mm，吸盘无刺。缩进的吻突具单圈吻钩 22 个，吻钩长 0.017～0.018 mm，钩柄长 0.005 mm，钩刃长 0.008 mm，根突长 0.005 mm。睾丸 3 枚，生殖孔侧 1 枚，生殖孔对侧 2 枚，其长径为 0.100～0.257 mm。雄茎囊可达排泄管，大小为 0.273～0.312 mm×0.093～0.120 mm。雄茎呈圆柱形或略呈圆锥形，具棘，伸出时长 0.085～0.104 mm，根部宽 0.030～0.034 mm，端部宽 0.026～0.031 mm。布满棘的内附囊（sacculus accessorius internus，SAI）常位于雄茎的前背面，且部分与雄茎重叠，内附囊始终比雄茎窄，隆起的内附囊长 0.023 mm，基部宽 0.023 mm。卵巢分叶，宽度为 0.374～0.413 mm，常与生殖孔侧睾丸和中间睾丸部分重叠，发育充分的卵巢宽达 0.647 mm，且与生殖孔侧睾丸部分重叠。卵黄腺结实，有分叶，大小为 0.140～0.234 mm×0.085～0.097 mm。子宫呈囊状。

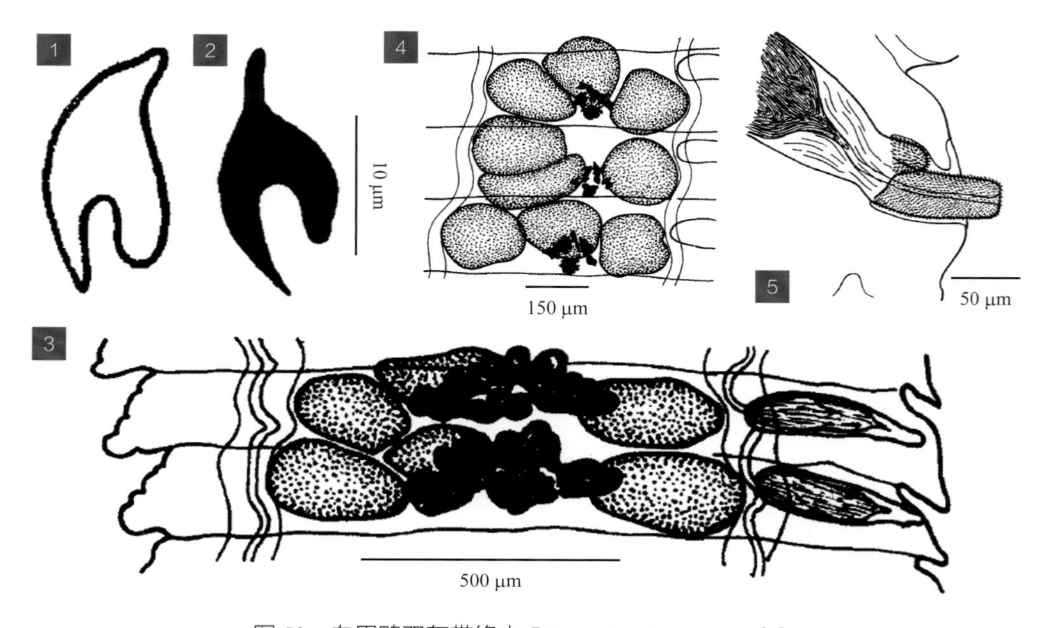

图 59 白眉鸭双盔带绦虫 *Dicranotaenia querquedula*

图释

1, 2. 吻钩；3. 成熟节片；4. 睾丸形状；5. 雄茎

1. 引自 Joyeux 和 Baer（1936）；2～5. 引自 Macko（1991）

5.5 类双壳属

Dilepidoides Spasskii et Spasskaya, 1954

【宿主范围】成虫寄生于陆生禽类。

【形态结构】小型绦虫。吻突宽而粗壮，其顶端呈盘状，具吻钩1圈似花冠，吻钩突出而数量较多，钩柄与钩刃的长度相近，根突显著。吸盘无刺。节片数不多，节片的宽度大于长度，生殖器官1套，生殖孔开口于节片单侧边缘，生殖管位于排泄管的腹面。睾丸3枚，横向排列，生殖孔侧1枚，生殖孔对侧2枚。雄茎囊很长，呈细管状或棒状，缺外贮精囊。输精管弯曲明显。雄茎很长，布满丝状细刺，其前端的刺直而成簇。卵巢呈双瓣状，位于节片中央。阴道粗壮，长而弯曲，壁厚实，位于雄茎囊的背面，开口于雄性生殖孔的前面或后面。具受精囊。模式种：包氏类双壳绦虫［*Dilepidoides bauchei* (Joyeux, 1924) Spasskii et Spasskaya, 1954］

［注：Khalil 等（1994）将本属归入囊宫科（Dilepididae），记录睾丸数为6～8枚］

60 包氏类双壳绦虫 *Dilepidoides bauchei* (Joyeux, 1924) Spasskii et Spasskaya, 1954

【关联序号】（19.5.1）/ 。

【同物异名】包氏膜壳绦虫（*Hymenolepis bauchei* Joyeux, 1924）。

【宿主范围】成虫寄生于鸡的小肠。

【地理分布】福建。

【形态结构】虫体长0.50～0.60 cm，最大体宽0.10～0.12 cm，有节片32～42个。头节直径为0.500～0.600 mm。吻突发达，突出于头节前端，直径为0.190～0.220 mm，平均为0.206 mm。吻囊很发达，深0.185～0.240 mm，平均为0.216 mm。吻钩单圈，数量超过35个，钩长0.067～0.070 mm，钩刃长0.020～0.024 mm，钩柄长0.050～0.052 mm，根突明显。吸盘大，呈椭圆形，大小为0.240～0.280 mm×0.190～0.210 mm，平均为0.270 mm×0.198 mm。每个节片有生殖器官1套，生殖孔开口于节片单侧边缘。睾丸3枚，呈球形，生殖孔侧1枚，生殖孔对侧2枚。输精管长，曲折盘绕，在睾丸上方通入雄茎囊。雄茎囊为长袋状，可达生殖孔对侧的睾丸上方。雄茎很长，表面披满小棘。卵巢分为左右2瓣，位于节片中央偏后方。卵黄腺呈圆块状，位于卵巢峡部后面。阴道粗壮，开口于雄性生殖孔上方，长而弯曲，沿雄茎囊背侧向节片中央延伸，经一细管与受精囊相连。受精囊呈亚球形，位于节片中央卵巢峡部上方。子宫呈囊状，内含虫卵。虫卵直径约53 μm，内有直径约38 μm的六钩蚴，六钩蚴的钩长为14～17 μm。

［注：Khalil 等（1994）Fig 25.116 显示睾丸数为7枚］

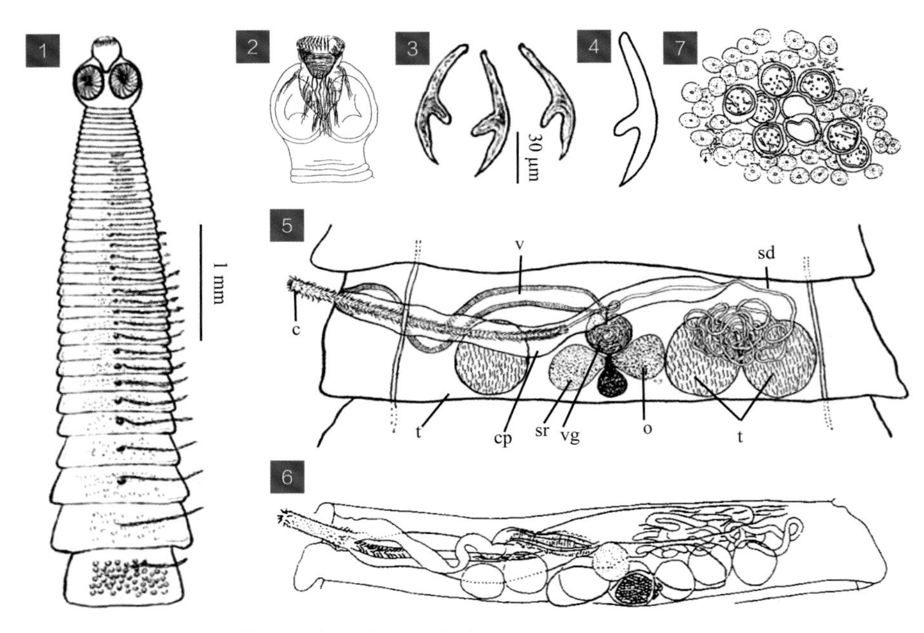

图 60 包氏类双壳绦虫 *Dilepidoides bauchei*

图释

1. 虫体；2. 头节；3, 4. 吻钩；5, 6. 成熟节片；7. 虫卵

1, 3, 5. 引自 Joyeux（1924）；2, 6, 7. 引自 Khalil 等（1994）；4. 引自 Joyeux 和 Baer（1936）

5.6 双睾属

Diorchis Clerc, 1903

【同物异名】裸睾属（*Nudiorchis* Matevosyan, 1941）；复单睾属（*Diplomonorchis* López-Neyra, 1944）；琼斯属（*Jonesius* Yamaguti, 1959）；斯勒属（*Schillerius* Yamaguti, 1959）。

【宿主范围】成虫寄生于水禽。幼虫寄生于甲壳纲动物。

【形态结构】中型绦虫。吻突具很深的吻囊和吻钩 1 圈 10 个，钩柄远比钩刃和根突长。吸盘常无棘。节片的宽度大于长度，有排泄管 2 对，生殖器官 1 套，生殖孔呈单侧排列，生殖管位于排泄管背面。睾丸 2 枚，位于卵巢的背面，或分开位于卵巢的两侧。生殖孔侧的睾丸，可能因受精囊的挤压而不易看见。雄茎囊较长，常越过生殖孔侧的排泄管，偶尔几乎达到生殖孔对侧的节片边缘。有内、外贮精囊，无内附性囊。雄茎常具角质小棘，有时小棘仅见于雄茎的根部。卵巢多呈 3 瓣状，可横向拉长，或为两瓣状或不分叶，位于节片中央或亚中央。卵黄腺呈块状，位于卵巢的后面或腹面。早期子宫为拉长的横管状，成熟子宫呈囊状，充满整个髓质区，不分裂为卵袋。阴道位于雄茎囊的后面或腹面，近端为受精囊。虫卵呈长卵圆形，外膜两端常延伸成丝状。模式种：渐尖双睾绦虫［*Diorchis acuminatus* (Clerc, 1902) Clerc, 1903］。

61 美洲双睾绦虫 *Diorchis americana* Ransom, 1909

【关联序号】42.3.1（19.6.1）/。

【宿主范围】成虫寄生于鸡、鸭、鹅的小肠。

【地理分布】广西。

【形态结构】虫体长 2.00～7.70 cm，最大宽度 0.11 cm。节片的宽度大于长度，孕卵节片的宽度显著大于成熟节片。纵肌发育良好，由 8 束组成，4 束背肌和 4 束腹肌。每节有生殖器官 1 套，生殖孔开口于节片右侧边缘的中部。头节呈圆形，长宽为 0.264～0.370 mm×0.250～0.363 mm；

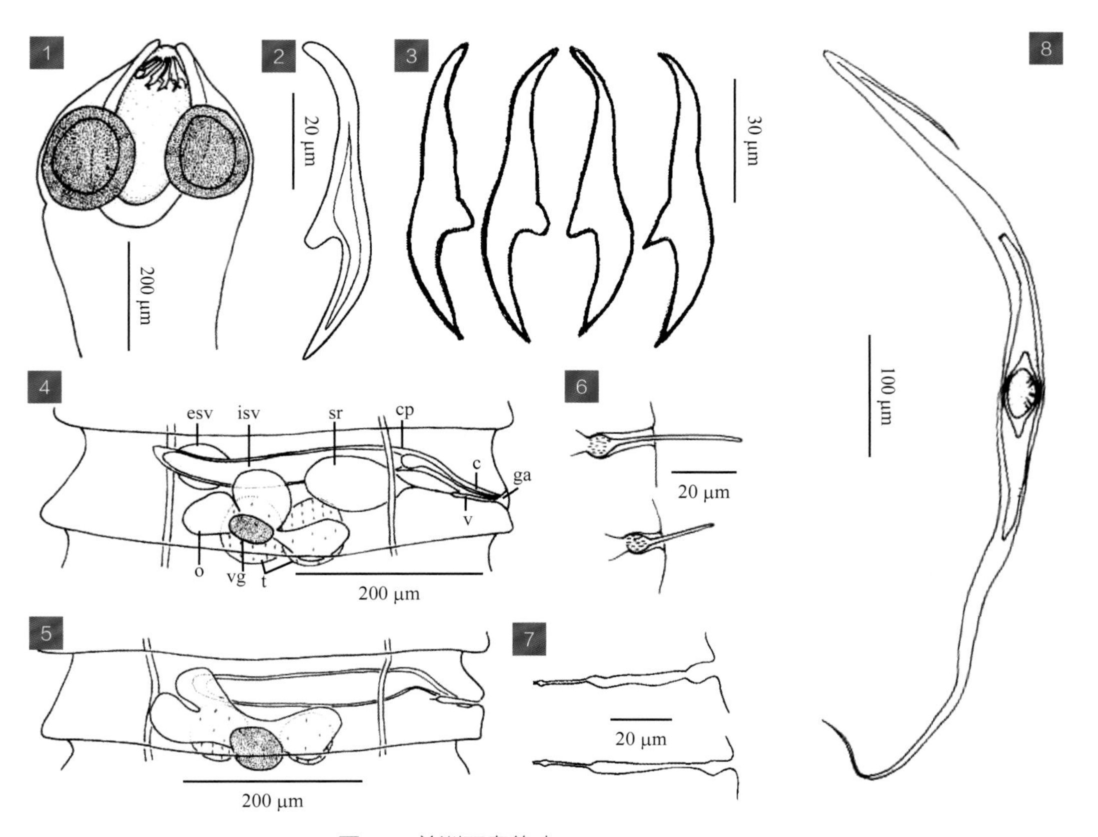

图 61 美洲双睾绦虫 *Diorchis americana*

图释

1. 头节；2, 3. 吻钩；4, 5. 成熟节片；6. 雄茎；7. 阴道；8. 虫卵

1, 3～8. 引自 McLaughlin 和 Burt（1976）；2. 引自 Галкин（2014）

吻突具单圈吻钩 10 个，吻钩长 0.065～0.072 mm，部分吻钩的钩柄与根突连接处有明显的刻痕，吻囊超越吸盘后边缘，外翻的吻突长 0.168～0.264 mm，顶端宽达 0.097 mm。吸盘 4 个，大小为 0.117～0.185 mm×0.112～0.158 mm，具浓密的短逗点状细刺，覆盖吸盘边缘和吸盘腔。睾丸 2 枚，呈球形，直径为 0.560～0.130 mm，位于节片中线两侧的后背部。雄茎囊呈圆筒状，大小为 0.250～0.429 mm×0.030～0.052 mm，从纵排泄管的背侧穿过，超过节片中线，可达到生殖孔对侧的排泄管，或从对侧排泄管的腹面穿过。外贮精囊呈梨形，位于雄茎囊末端的背侧；内贮精囊位于雄茎囊内，其长度可达雄茎囊的 3/4。雄茎长可达 0.102 mm，由近端的球状和远端渐细的管状两部分组成，球状部分具棘，直径为 0.006～0.008 mm，管状部分长 0.090～0.094 mm。雌性生殖器官位于雄性生殖器官的腹面。卵巢 1 枚，呈 3 叶状，其宽度可达 0.292 mm，位于节片中央腹侧，偶尔可见左侧叶分出第 4 叶。卵黄腺呈球形或卵圆形，大小为 0.045～0.097 mm×0.020～0.052 mm，位于节片中央卵巢后腹面。阴道呈管状，从纵排泄管的背侧穿过，在雄茎的腹面进入生殖腔，其独特的交配部分长 0.037～0.050 mm，直径为 0.006 mm；阴道远端为拉长的受精囊，受精囊呈梨形，位于节片中线与生殖孔侧排泄管之间，可达雄茎囊的中部。早期子宫呈简单的囊状，发育完全的子宫扩展至节片的前后边缘，右侧从排泄管的背面穿过，左侧从排泄管的腹面穿过。虫卵呈纺锤形，外壳透明，大小为 800～1080 μm×28～36 μm；内层颗粒状，大小为 182～234 μm×23～28 μm；胚膜大小为 62～71 μm×18～25 μm，卵圆形的六钩蚴大小为 36～47 μm×16～20 μm；侧面胚钩长 8 μm，中央胚钩长 10 μm。

62 鸭双睾绦虫 *Diorchis anatina* Lin, 1959

【关联序号】42.3.2（19.6.2）/ 307。

【宿主范围】成虫寄生于鸭、鹅的小肠。

【地理分布】安徽、重庆、福建、广东、广西、贵州、河南、湖南、江苏、四川、云南、浙江。

【形态结构】虫体长 2.50～4.00 cm，最大体宽 0.04～0.08 cm。排泄管 2 对，腹排泄管宽为 0.032～0.043 mm，每节有横管与两侧腹排泄管相连，背排泄管宽 0.014 mm。节片的宽度全部大于长度，每节有生殖器官 1 套，生殖孔开口于节片单侧边缘前 1/3 处。头节呈椭圆形，长宽为 0.192～0.302 mm×0.288～0.310 mm，具有吻突和 4 个吸盘。吻突常伸出，吻突长 0.145～0.185 mm，吻端宽 0.098～0.130 mm，中部宽 0.072～0.074 mm，其前端有单圈吻钩 10 个，吻钩长 0.053～0.057 mm，吻囊延伸至吸盘之后，长宽为 0.187～0.201 mm×0.098～0.112 mm。吸盘呈椭圆形，不具刺，大小为 0.137～0.138 mm×0.108～0.110 mm。颈节粗短，宽为 0.221～0.264 mm。睾丸 2 枚，呈椭圆形，横列于节片中央，早期睾丸较小，大小为 0.043～0.050 mm×0.018～0.021 mm，成熟睾丸稍大，大小为 0.065～0.172 mm×0.032～0.065 mm。雄茎囊

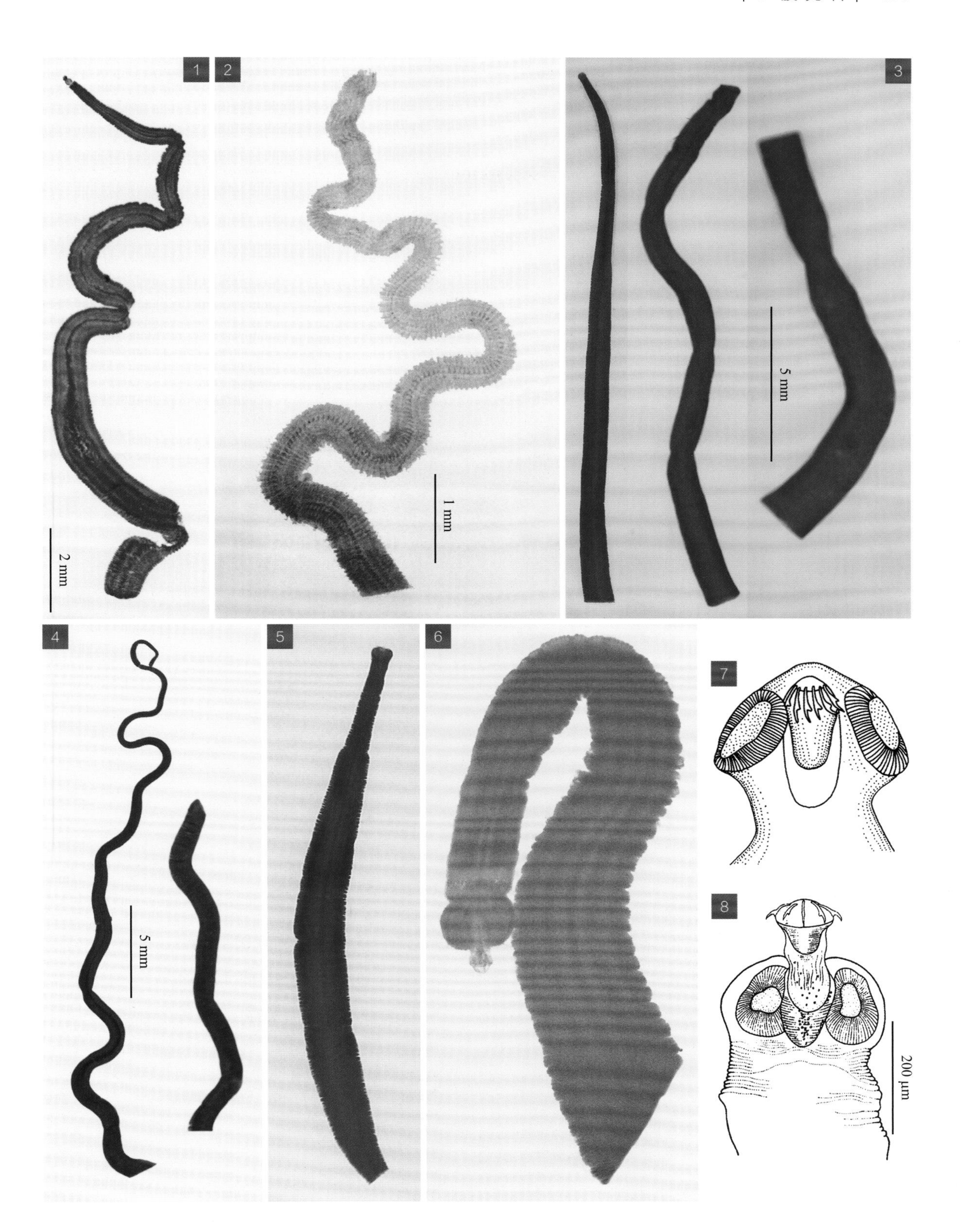
1
2
3
4
5
6
7
8
2 mm
1 mm
5 mm
5 mm
200 μm

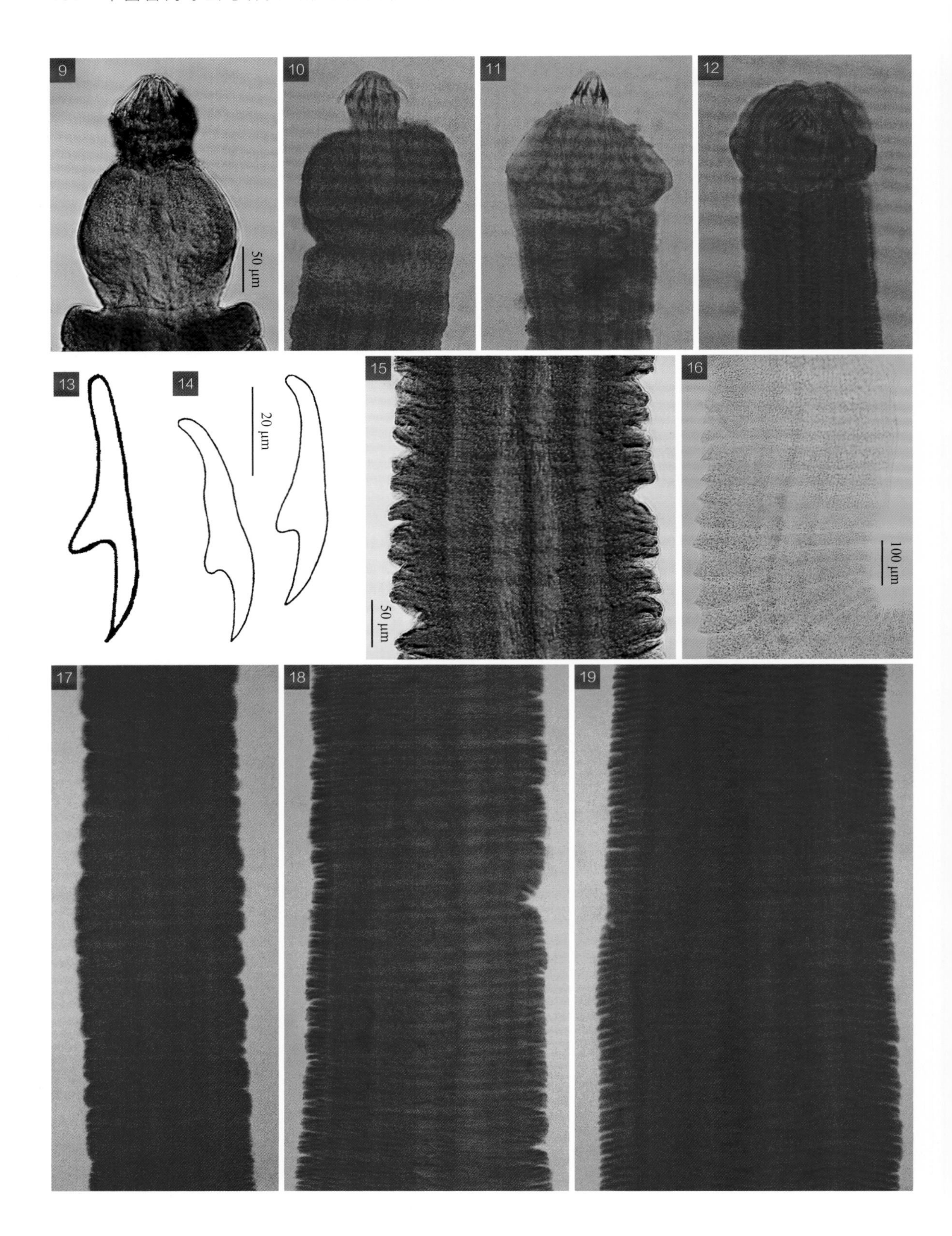
9
50 μm
10
11
12
13
14
20 μm
15
50 μm
16
100 μm
17
18
19

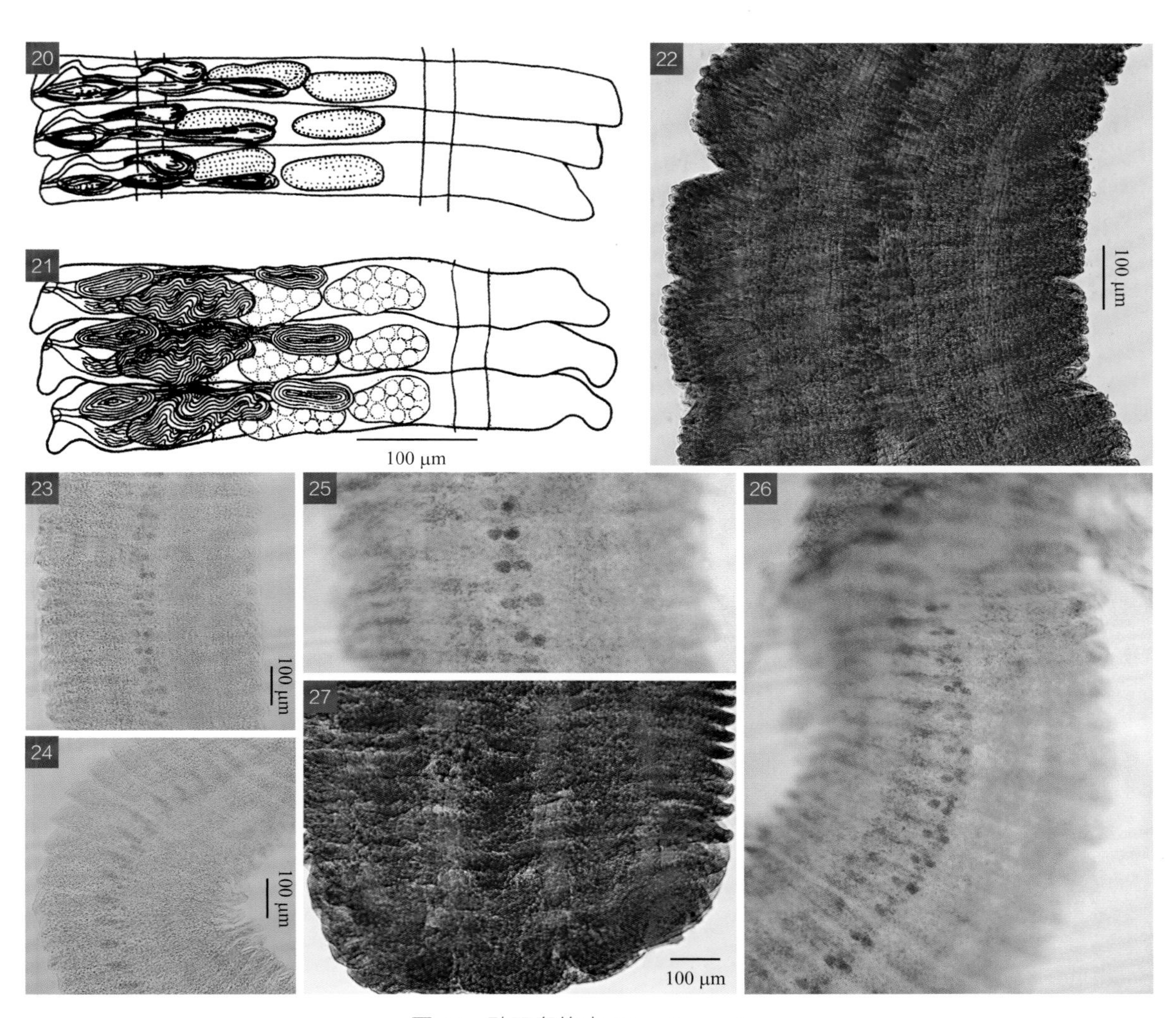

图 62　鸭双睾绦虫 *Diorchis anatina*

图释

1～6. 虫体；7～12. 头节；13, 14. 吻钩；15～19. 未成熟节片；20～26. 成熟节片；27. 孕卵节片

1, 2, 9, 15, 16, 22～27. 原图（SHVRI）；3～6, 10～12, 17～19. 原图（SASA）；7, 13, 20. 引自黄兵和沈杰（2006）；8, 14, 21. 引自蒋学良等（2004）

呈管状膨大，位于节片前边缘，大小为 0.129～0.172 mm×0.018～0.040 mm；外贮精囊呈椭圆形，位于节片中央前方，大小为 0.047～0.060 mm×0.020～0.035 mm；内贮精囊呈纺缍形，位于排泄管的外侧、雄茎囊内，大小为 0.054～0.063 mm×0.025～0.036 mm。雄茎短，不具棘，长宽为 0.028～0.030 mm×0.007～0.008 mm。卵巢和卵黄腺小，受精囊呈囊状膨大，椭圆形，大小为 0.094～0.167 mm×0.027～0.057 mm。未见成熟虫卵。

63 不规则双睾绦虫 *Diorchis anomalus* Schmelz, 1941

【宿主范围】成虫寄生于鸭的小肠。

【地理分布】福建、湖南、台湾。

【形态结构】虫体长 6.00～10.00 cm，最大宽度 0.06～0.07 cm。排泄管 2 对，腹排泄管宽 0.040～0.056 mm，背排泄管宽 0.012～0.014 mm。节片的宽度大于长度，每节有生殖器官 1 套，生殖孔开口于节片单侧边缘的前方。头节呈椭圆形，长宽为 0.360 mm×0.320 mm。吻突长宽为 0.107～0.167 mm×0.107～0.109 mm，前端具单圈吻钩 10 个，吻钩长 0.054 mm，钩柄长于钩刃，根突最短，吻囊呈椭圆形，具有厚的肌壁。吸盘 4 个，呈圆形或椭圆形，大小为 0.160～0.174 mm×0.134 mm，具小刺。颈节长宽为 0.100～0.145 mm×0.900～1.000 mm。睾丸 2 枚，呈圆形，边缘光滑，并列于节片中央，大小为 0.067～0.094 mm×0.057～0.085 mm。雄茎囊呈长梭形，大小为 0.148～0.200 mm×0.020～0.027 mm，稍弯曲，其囊底穿过生殖孔

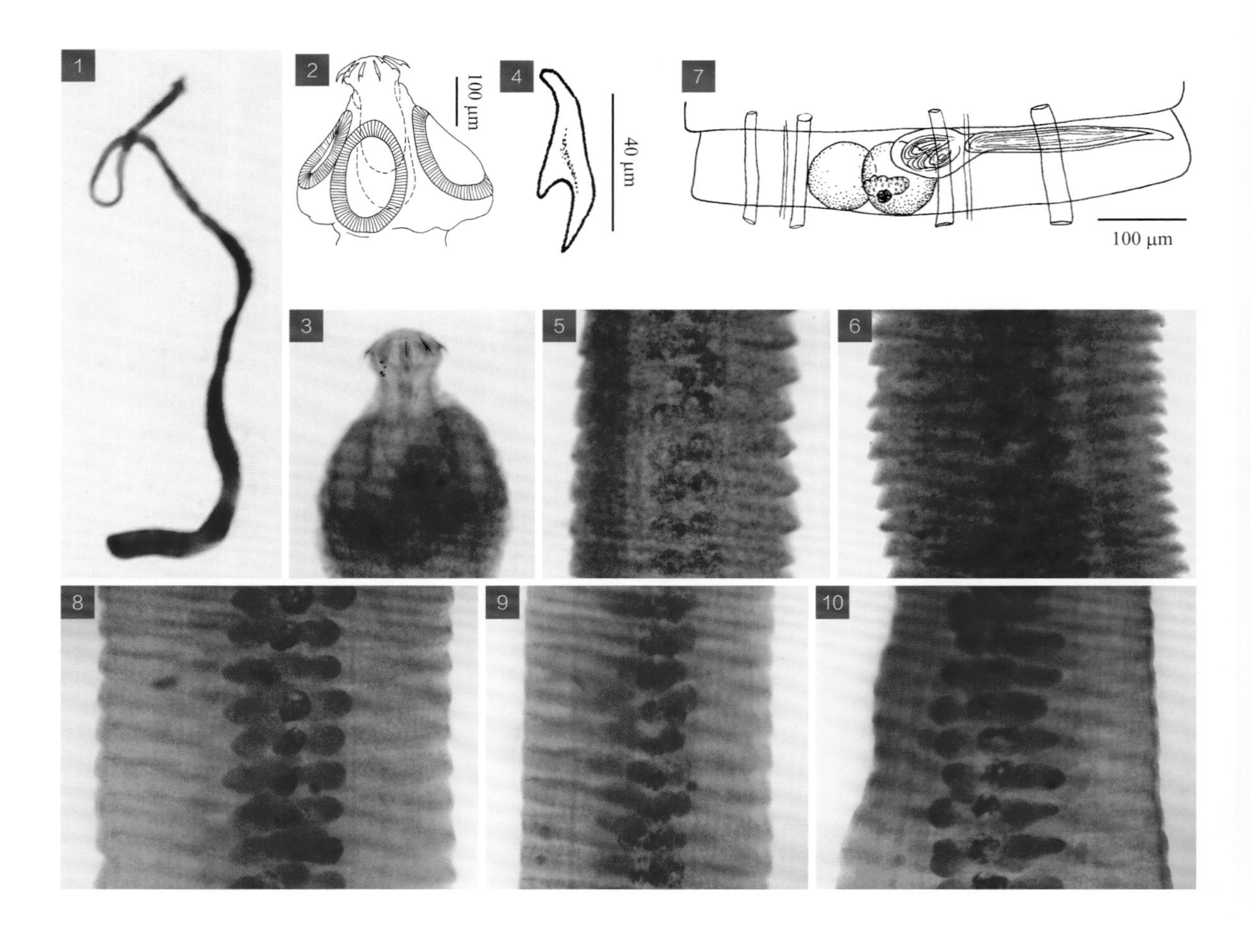

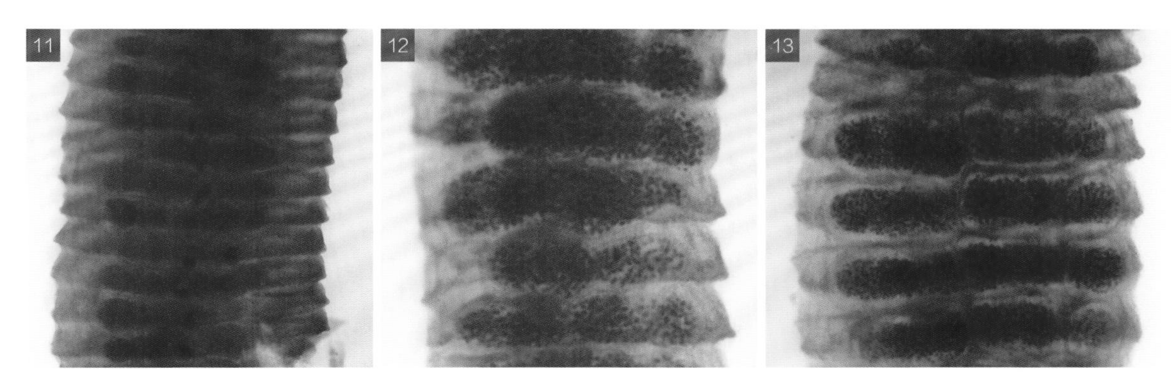

图 63　不规则双睾绦虫 *Diorchis anomalus*

图释

1. 虫体；2, 3. 头节；4. 吻钩；5, 6. 未成熟节片；7～11. 成熟节片；12, 13. 孕卵节片

1, 3, 5, 6, 8～13. 原图（HIAVS）；2, 4, 7. 引自成源达（2011）

侧排泄管至接近虫体中央。外贮精囊呈袋状，大小为 0.100～0.116 mm×0.060～0.068 mm。内贮精囊呈梭形或长囊形，占据雄茎囊的大部分空间。雄茎细短，长约 0.045 mm，表面具小棘。卵巢 1 枚，分为 3～5 叶，横列于节片中央，大小为 0.050～0.080 mm×0.020～0.060 mm。卵黄腺为圆形或不规则的致密团块，位于卵巢中后方，大小为 0.060 mm×0.040 mm。未见成熟虫卵。

64 球状双睾绦虫 *Diorchis bulbodes* Mayhew, 1929

【关联序号】42.3.3（19.6.3）/ 308。

【宿主范围】成虫寄生于鸭的小肠。

【地理分布】重庆、广东。

【形态结构】虫体长 6.00～13.00 cm，最大宽度 0.07～0.10 cm。节片的宽度大于长度，每节有生殖器官 1 套，生殖孔开口于节片单侧边缘的中前部。头节呈圆形，长宽为 0.260～0.288 mm×0.285～0.293 mm。伸出的吻突长宽达 0.256 mm×0.074 mm，吻突前端具单圈吻钩 10 个，钩长 0.065～0.070 mm。吸盘 4 个，大小为 0.138～0.188 mm×0.110～0.123 mm，其边缘和中间布满细刺，刺长约 0.005 mm。睾丸 2 枚，正圆形，大小通常不相等，直径为 0.052～0.089 mm，位于节片后半部中线的两侧。雄茎囊呈袋状，长 0.267～0.339 mm，直径 0.040～0.075 mm，其囊底越过生殖孔侧的排泄管，接近节片的中线。贮精囊呈球形，位于雄茎囊内侧末端。雄茎呈梨形，粗壮，长宽为 0.052 mm×0.049 mm，表面布满细棘。卵巢 1 枚，分为 3 叶，宽可达 0.274 mm，位于节片后部中央，当发育充分时可延伸到两侧排泄管。卵黄腺呈椭圆形，为致密

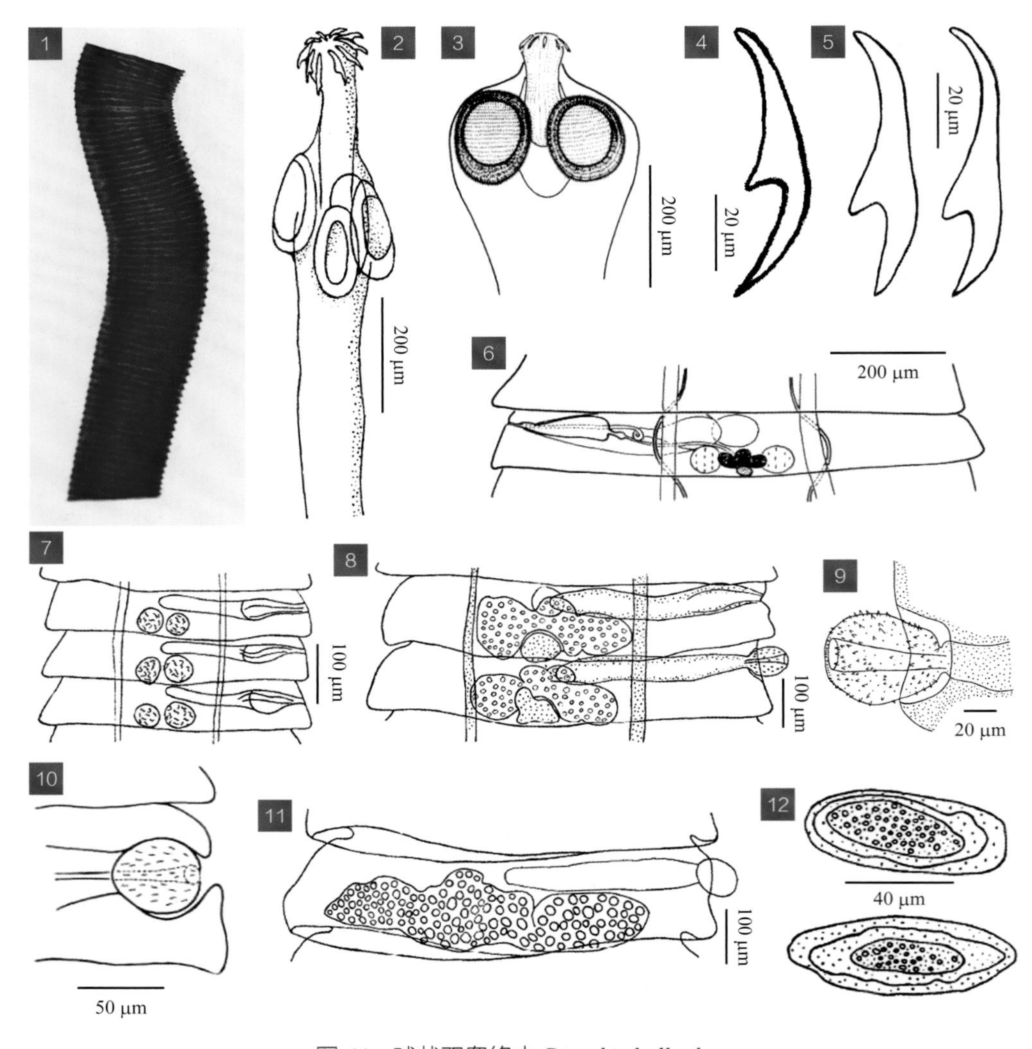

图 64 球状双睾绦虫 *Diorchis bulbodes*

图释

1. 链体；2, 3. 头节；4, 5. 吻钩；6～8. 成熟节片（7 示雄性生殖器官，8 示雌性生殖器官）；9. 雄茎伸出生殖孔；10. 雄茎缩入生殖孔；11. 孕卵节片；12. 虫卵

1. 原图（SCAU）；2, 4, 7～9, 11, 12. 引自 Mayhew（1929）；3, 5, 6, 10. 引自 McLaughlin 和 Burt（1979）

块状，宽 0.048～0.081 mm，位于卵巢中央后面。阴道前部膨大，长宽为 0.117～0.143 mm×0.039～0.042 mm，其后迅速收缩，再呈小球形扩张，再缩为细管穿过排泄管。早期子宫呈横囊状，不延伸越过排泄管；后期子宫外形不规则，多数越过两侧排泄管，内含虫卵。虫卵壁薄，通常折曲无法测量大小，可测量虫卵的外膜大小为 58～64 μm×23 μm，内膜大小为 50 μm×15～19 μm，卵胚大小为 30～40 μm×9～14 μm。

65 碎裂双睾绦虫 *Diorchis elisae* (Skrjabin, 1914) Spasskii et Frese, 1961

【同物异名】 碎裂单睾绦虫（*Aploparaksis elisae* Skrjabin, 1914）；碎裂斯勒绦虫（*Schillerius elisae* (Skrjabin, 1914) Schmidt, 1986）。

【宿主范围】 成虫寄生于鸭的小肠。

【地理分布】 黑龙江。

【形态结构】 虫体苗条，向后逐渐增大，节片最宽在孕卵节片，体长 4.00～17.00 cm，最大宽度 0.09～0.17 cm。排泄管 2 对，腹排泄管宽 0.036～0.040 mm，背排泄管宽 0.010 mm，没有横管与两侧排泄管相连。节片的宽度大于长度，每节有生殖器官 1 套，生殖孔开口于节片单侧边缘的中部。头节接近卵圆形，长宽为 0.150～0.390 mm×0.170～0.400 mm。吻部长 0.030 mm，前端具单圈吻钩 10 个，吻钩长 0.024～0.028 mm，钩柄显著长于钩刃，钩刃略长于根突，吻

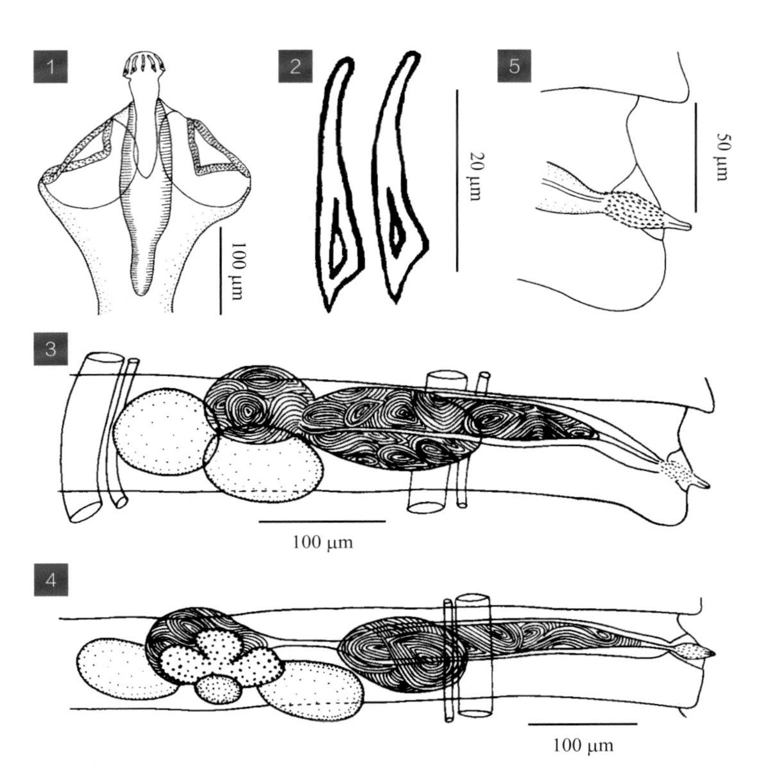

图 65　碎裂双睾绦虫 *Diorchis elisae*

图释

1. 头节；2. 吻钩；3, 4. 成熟节片；5. 雄茎

1～5. 引自陈淑玉和汪溥清（1994）

囊长 0.275 mm。吸盘 4 个，呈圆形，大小为 0.080～0.142 mm×0.050～0.095 mm，具 4～5 圈小刺。睾丸 2 枚，呈椭圆形，位于节片中部，大小为 0.082～0.104 mm×0.050～0.068 mm。雄茎囊呈长袋状，壁薄，在生殖孔处略微尖细，大小为 0.120～0.382 mm×0.020～0.050 mm，越过生殖孔侧的排泄管，在单雄性器官成熟节片常达节片中线，而在两性器官成熟节片和孕卵节片则不达节片中线。外贮精囊呈卵圆形，位于节片中央前部，大小为 0.030～0.150 mm×0.028～0.102 mm。内贮精囊呈长椭圆形，几乎占据雄茎囊的 2/3 空间，大小为 0.275 mm×0.050 mm。伸出的雄茎接近纺锤形，长宽为 0.025～0.046 mm×0.010～0.015 mm，其根部呈圆柱形，中部略宽，端部为尖细的圆锥形，根部有稠密的三角形小棘，雄茎伸出部分的前 1/3 无小棘。卵巢 1 枚，分为 3 叶，宽 0.215～0.340 mm，长 0.035～0.093 mm，每叶大小为 0.046～0.069 mm×0.057～0.092 mm，位于节片中央的中后部。卵黄腺呈椭圆形，大小为 0.035～0.093 mm×0.018～0.065 mm，位于卵巢的背后面。阴道呈管状，位于雄茎囊腹侧，远端膨大为受精囊。受精囊呈长囊状，壁薄，位于雄茎囊的腹侧及卵巢与卵黄腺的背侧，大小为 0.108～0.230 mm×0.025～0.063 mm。子宫呈囊状，壁薄，向两侧延伸越过纵排泄管，生殖孔侧从排泄管背面越过，生殖孔对侧从排泄管腹面越过，孕卵节片的子宫内充满虫卵。虫卵拉长，外壳薄而有皱褶，大小为 40～70 μm×20～22 μm，内胚层拉长而厚，两端有尖长的卵丝，卵丝长 0.550～0.600 mm，六钩蚴呈椭圆形或柠檬形，两端拉长，大小为 24～33 μm×12～16 μm，胚钩长 7～9 μm。

66 淡黄双睾绦虫 *Diorchis flavescens* (Krefft, 1871) Johnston, 1912

【关联序号】42.3.4（19.6.4）/ 。

【同物异名】淡黄带绦虫（*Taenia flavescens* Krefft, 1871）。

【宿主范围】成虫寄生于鸭的小肠。

【地理分布】湖南。

【形态结构】虫体长而狭窄，多数长 3.00～5.00 cm，部分可达 8.40 cm，最大宽度约 0.10 cm。节片的宽度大于长度，每节有生殖器官 1 套，生殖孔单侧开口于节片右侧边缘中前方，通常位于前 1/3 与后 2/3 的交界处。头节小，宽约 0.195 mm。吻突完全外翻时，其长达 0.103 mm，宽 0.080 mm，有单圈吻钩 10 个，吻钩长 0.068 mm，其中，钩柄长 0.042 mm，钩刃长 0.025 mm，当吻突深缩时，吻钩位于吸盘后半部水平线，吻囊发达，其底部位于吸盘之后。吸盘 4 个，发育良好，直径近 0.100 mm，具细刺。头节之后为长度不定的颈节，宽约 0.140 mm。在雄性器官成熟的节片，其长宽可达 0.110 mm×0.500 mm；随着雌性器官的成熟，节片的宽度增加（0.900 mm），长度缩短（0.096 mm）；而在含有成熟虫卵的孕卵节片，其长宽可达 0.174 mm×1.000 mm。睾丸 2 枚，相邻或相隔位于节片的中后部，直径可达 0.100 mm。雄茎囊呈长管状，

略弯曲，长 0.270～0.350 mm，最大宽度 0.050 mm，位于节片前部背侧，从排泄管背侧穿过，达到节片中线或超过中线。内贮精囊小，外贮精囊大。雄茎细长，收缩时呈卷曲状，伸出时外翻部分长可达 0.500 mm，直径可达 0.005 mm。卵巢 1 枚，致密，分为 3 叶，位于节片中部腹侧。完全成熟的卵巢，中叶小于两侧叶，位于节片中央靠前，两侧叶比中叶稍后，其两侧可达排泄管，卵巢宽度约为 0.390 mm。卵黄腺呈圆形或肾形，位于节片后部、卵巢的背后侧。阴道为细管，呈线圈状，位于雄茎囊下方，一端开口于雄性孔下方，另一端膨大形成受精囊。受精囊为较宽的长管，从排泄管腹侧越过可达卵巢中部。孕卵节片的子宫呈囊状，可扩展至节片四周，在生殖孔侧位于排泄管背面，在另一侧位于排泄管腹面。成熟虫卵的大小为 90～107 μm×27～31 μm，当虫卵内壳两端形成突起时，虫卵两端略微突起，内壳的大小为 54～68 μm×16 μm。

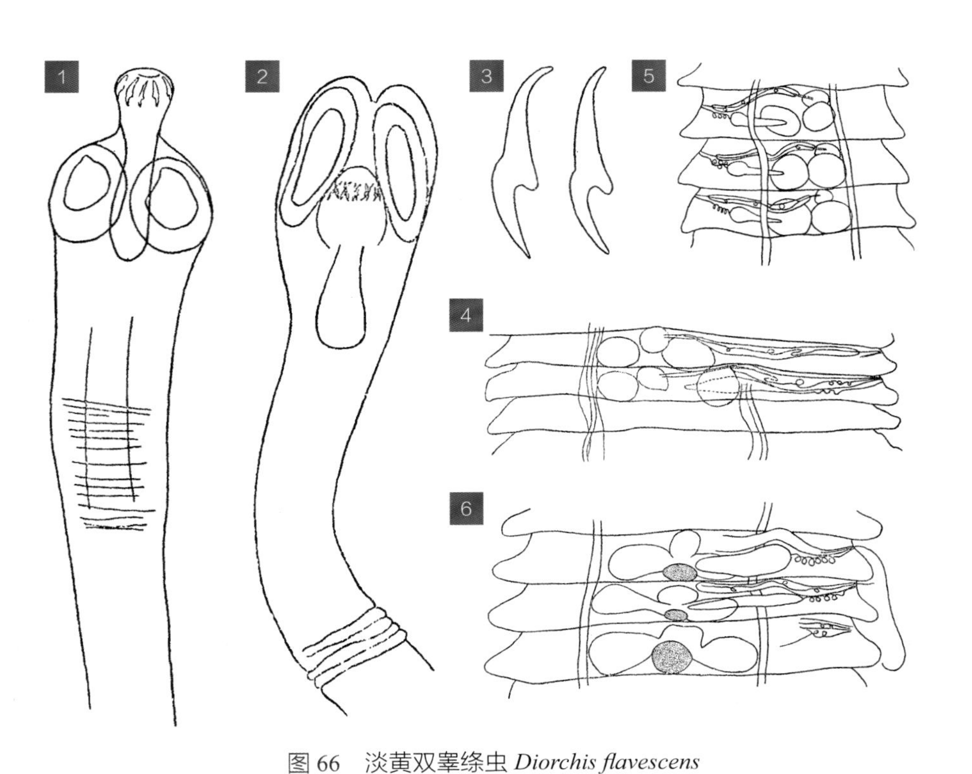

图 66　淡黄双睾绦虫 *Diorchis flavescens*

图释

1, 2. 头节；3. 吻钩；4～6. 成熟节片（4 示雄性生殖器官腹面观，5 示雄性生殖器官背面观，6 示雌性生殖器官）

1～6. 引自 Johnston（1912）

67 台湾双睾绦虫 *Diorchis formosensis* Sugimoto, 1934

【关联序号】 42.3.5（19.6.5）/。

【同物异名】 家鸭二睾绦虫；察内双睾绦虫（*Diorchis tshanensis* Krotov, 1949）；台湾斯勒绦虫（*Schillerius formosensis* (Sugimoto, 1934) Schmidt, 1986）。

【宿主范围】 成虫寄生于鸭、鹅的小肠。

【地理分布】 湖南、台湾。

【形态结构】 虫体长 2.20～14.50 cm，最大宽度 0.05～0.17 cm。节片的宽度大于长度，每节有生殖器官 1 套，生殖孔开口于节片单侧边缘的前部。头节长宽为 0.335～0.402 mm×0.295～0.482 mm。吻突长宽为 0.174～0.252 mm×0.094～0.112 mm，前端具单圈吻钩 10 个，钩长 0.059～0.061 mm，吻囊长 0.266～0.308 mm。吸盘呈椭圆形，具稠密小刺。颈节宽 0.094～0.660 mm。成熟节片的长宽为 0.054～0.082 mm×0.536～1.005 mm。睾丸 2 枚，并列于节片的中部，靠近生殖孔侧的睾丸稍偏向前方，直径为 0.066～0.087 mm，生殖孔对侧的 1 枚睾丸常略大。雄茎囊呈长袋形，长 0.223～0.326 mm。外贮精囊大小为 0.140～0.196 mm×0.033～0.070 mm。雄茎细长，长约 0.084 mm。卵巢稍分瓣，位于节片中央，大小为 0.073～0.098 mm×0.033～0.070 mm。

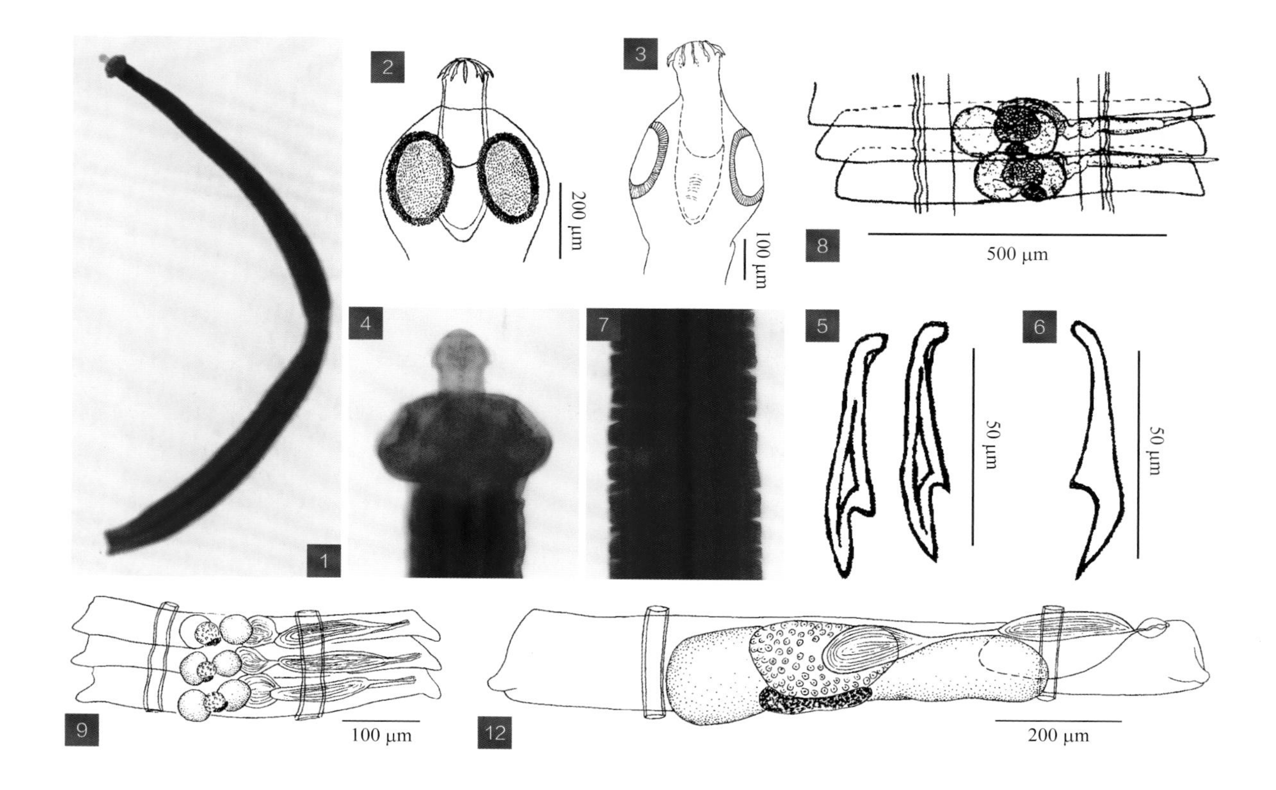

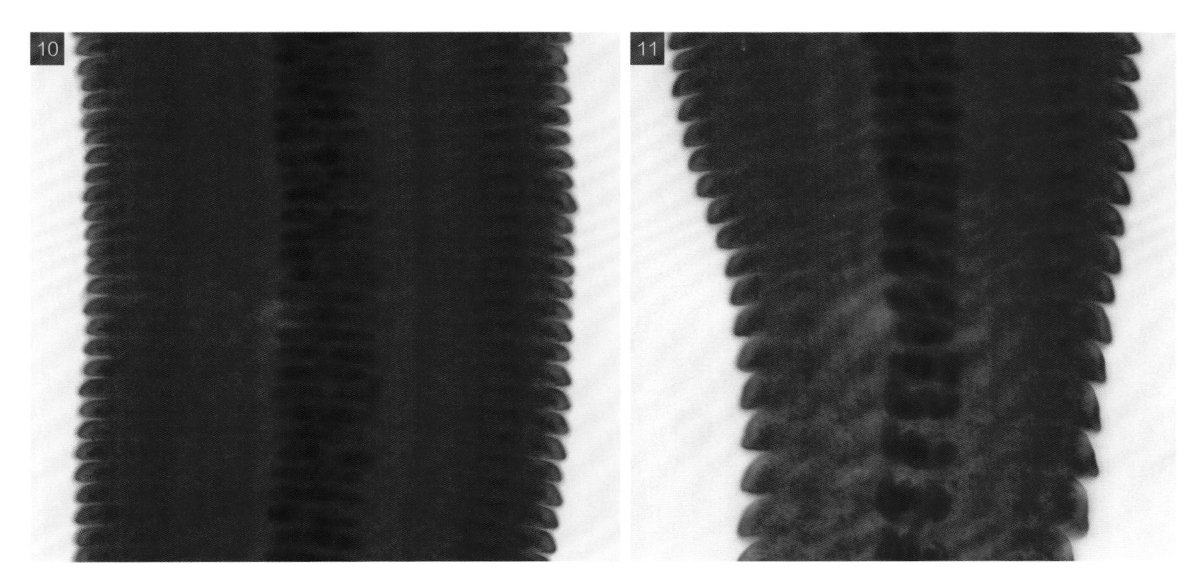

图 67　台湾双睾绦虫 *Diorchis formosensis*

图释

1. 虫体；2～4. 头节；5, 6. 吻钩；7. 未成熟节片；8～11. 成熟节片；12. 孕卵节片

1, 4, 7, 10, 11. 原图（HIAVS）；2, 5, 8, 引自 Sugimoto（1934）；3, 6, 9, 12. 引自成源达（2011）

卵黄腺位于卵巢后面，大小为 0.040～0.056 mm×0.017～0.030 mm。虫卵直径为 31～34 μm，内含直径为 18 μm 的六钩蚴，钩长 8～9 μm。

68 膨大双睾绦虫　*Diorchis inflata* (Rudolphi, 1819) Clerc, 1903

【关联序号】42.3.6（19.6.6）/ 。

【同物异名】膨大带绦虫（*Taenia inflata* Rudolphi, 1819）；膨大膜壳绦虫（*Hymenolepis inflata* (Rudolphi, 1819) Railliet, 1899）；膨大双棘绦虫（*Diplacanthus inflata* (Rudolphi, 1819) Cohn, 1899）。

【宿主范围】成虫寄生于鸭的小肠。

【地理分布】重庆、四川。

【形态结构】虫体长 3.20～10.00 cm，宽 0.20～0.30 cm。节片的宽度大于长度，每节有生殖器官 1 套，生殖孔开口于节片单侧边缘的前缘。头节长宽为 0.310～0.490 mm×0.200～0.460 mm。吻突前端有单圈吻钩 10 个，吻钩长 0. 065～0.073 mm，钩柄长于钩刃。吻囊呈长椭圆形，深至吸盘后缘，长宽为 0.260 mm×0.170 mm。吸盘呈圆形，大小为 0.150 mm×0.120 mm，吸盘上披有小刺。成熟节片的长宽为 0.040～0.120 mm×0.350～0.800 mm。睾丸 2 枚，呈球形，平行排列在节片的中部靠背面，直径为 0.050～0.130 mm，两侧可达排泄管。雄茎囊长 0.250～0.680 mm，越过生殖孔侧纵排泄管，不达节片中线。内、外贮精囊发达，外贮精囊在排泄管内侧与雄茎囊相连，位于节片前缘。卵巢分叶，宽 0.110～0.330 mm，位于节片中央睾丸的腹侧。卵黄腺为致密团块，位于卵巢后腹侧的中央。阴道呈管状，开口于雄茎囊后方生殖腔的腹侧。子宫呈袋形，分布于节片后部及至整个孕卵节片，内含虫卵。虫卵狭长，大小为 700 μm×18～26 μm，其内的六钩蚴长 48～85 μm，胚钩长 8～9 μm。

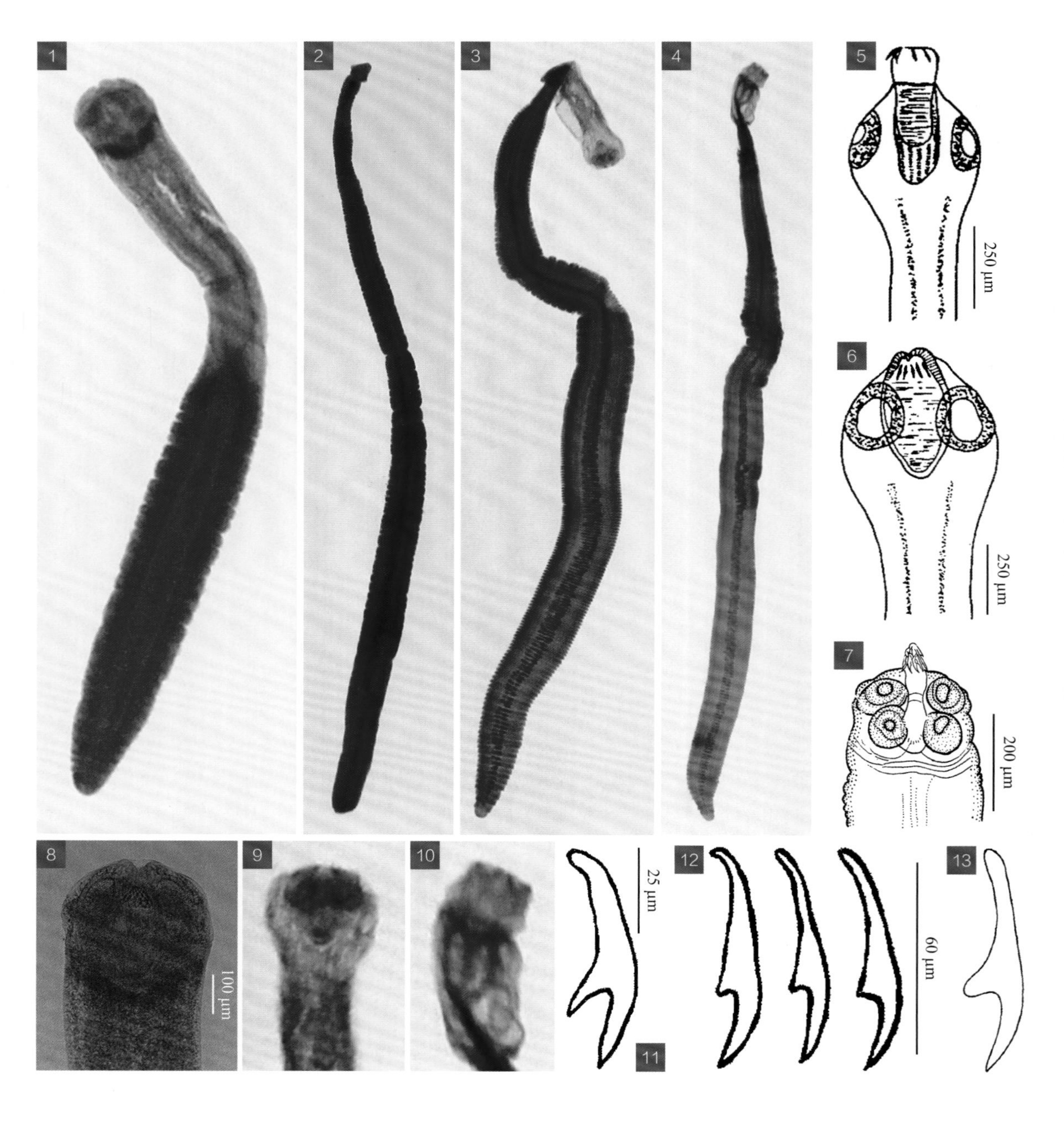

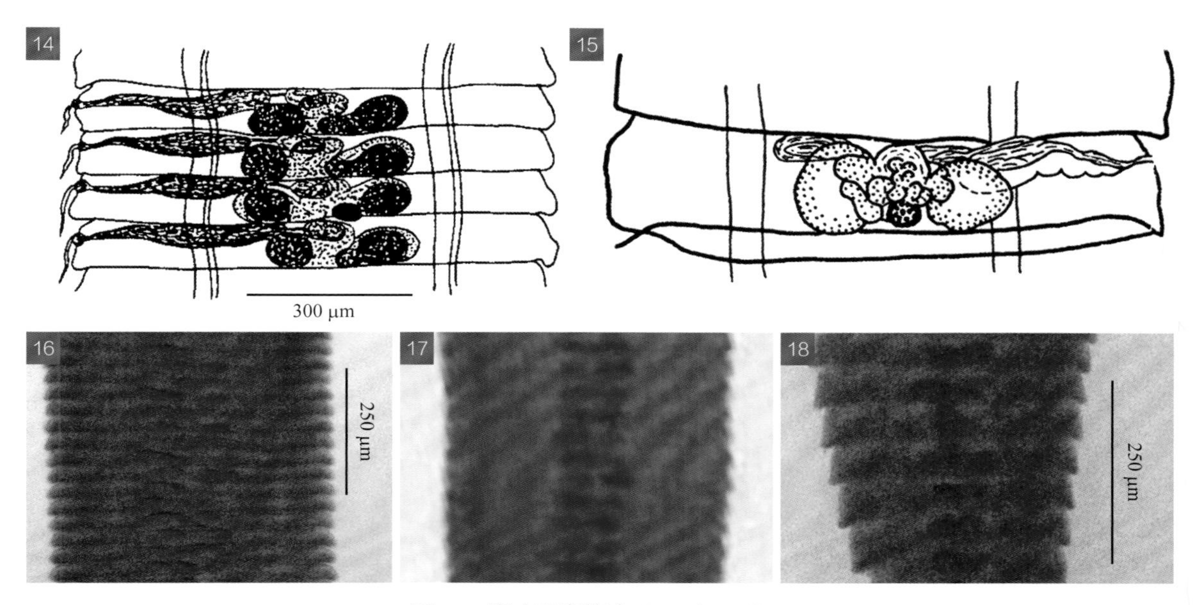

图 68　膨大双睾绦虫 *Diorchis inflata*

图释

1～4. 虫体；5～10. 头节；11～13. 吻钩；14～18. 成熟节片

1～4, 8～10, 16～18. 原图（SASA）；5, 6, 11, 14. 引自 Sey（1968）；7, 12, 15. 引自蒋学良等（2004）；13. 引自 Joyeux 和 Baer（1936）

69 秋沙鸭双睾绦虫 *Diorchis nyrocae* Yamaguti, 1935

【关联序号】42.3.7（19.6.7）/ 309。

【宿主范围】成虫寄生于鸭、鹅、鸡的小肠。

【地理分布】安徽、重庆、广东、河南、黑龙江、云南。

【形态结构】虫体细长而柔软，节片很薄，呈半透明，体长 11.00～26.00 cm，最大宽度 0.08～0.11 cm，全部节片的宽度大于长度。排泄管 2 对，腹排泄管平均宽 0.051 mm，背排泄管平均宽 0.033 mm。每节有生殖器官 1 套，生殖孔开口于虫体单侧节片边缘的前 1/3。头节细小，长宽为 0.099～0.141 mm×0.183～0.268 mm。吻突伸出头节外，长宽为 0.053～0.085 mm×0.017～0.033 mm，前端膨大，直径为 0.052 mm，有单圈吻钩 10 个，吻钩长 0.018～0.027 mm，钩柄明显长于钩刃，根突退化。吻囊延伸至吸盘后方头节的底部，长宽为 0.085～0.102 mm×0.044～0.051 mm。吸盘 4 个，呈圆形或椭圆形，大小为 0.059～0.070 mm×0.059～0.073 mm，边缘有数排细刺。颈节极短，宽为 0.183～0.261 mm。未成熟节片内已有生殖器官的雏形，节片平均宽度为 0.254 mm。成熟节片的宽度逐渐增大，其平均宽度为 1.034 mm，内部充满生殖器官。睾丸 2 枚，呈椭圆形或长椭圆形，左右排列于节片中央、卵巢与卵黄腺的两侧，与卵巢常有部分重叠，大小为 0.046～0.061 mm×0.068～0.095 mm。雄茎囊发达，呈梭形，大小为 0.087～0.115 mm×0.019～0.025 mm。外贮精囊呈圆形或亚圆形，通常位于排泄管附近，大小为 0.027～0.041 mm×0.035～0.046 mm。内贮精囊呈长梭形，占据雄茎囊的大部分，与雄茎囊几乎等长。雄茎布满细棘。卵巢呈长囊状，位于两睾丸之间，分为不明显的 2 叶，偶有 3 叶，大小为 0.034～0.046 mm×0.076～0.102 mm。卵黄腺呈豆形或长囊状，位于卵巢后方，有时分

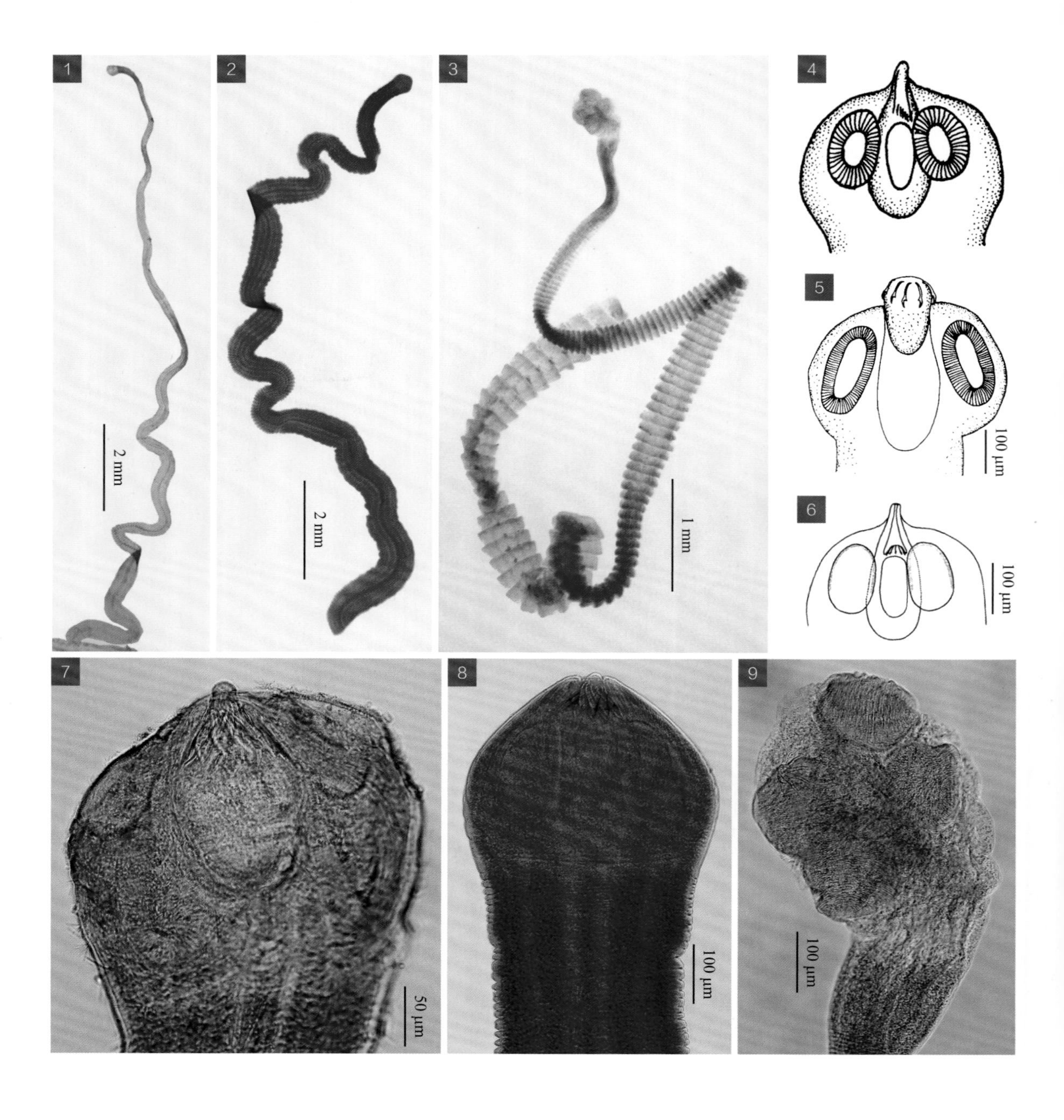

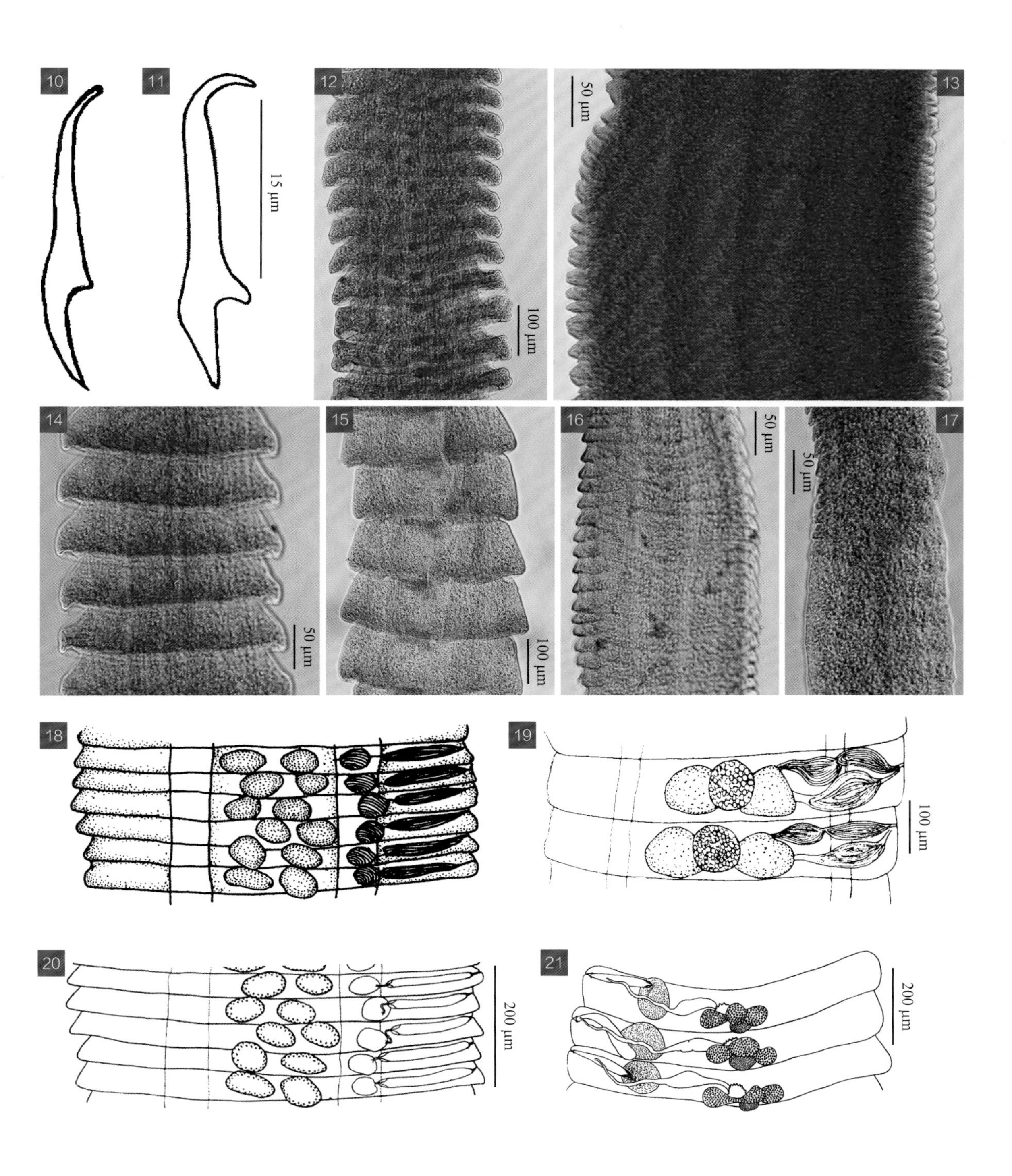
10
11
15 μm
12
100 μm
13
50 μm
14
50 μm
15
100 μm
16
50 μm
17
50 μm
18
19
100 μm
20
200 μm
21
200 μm

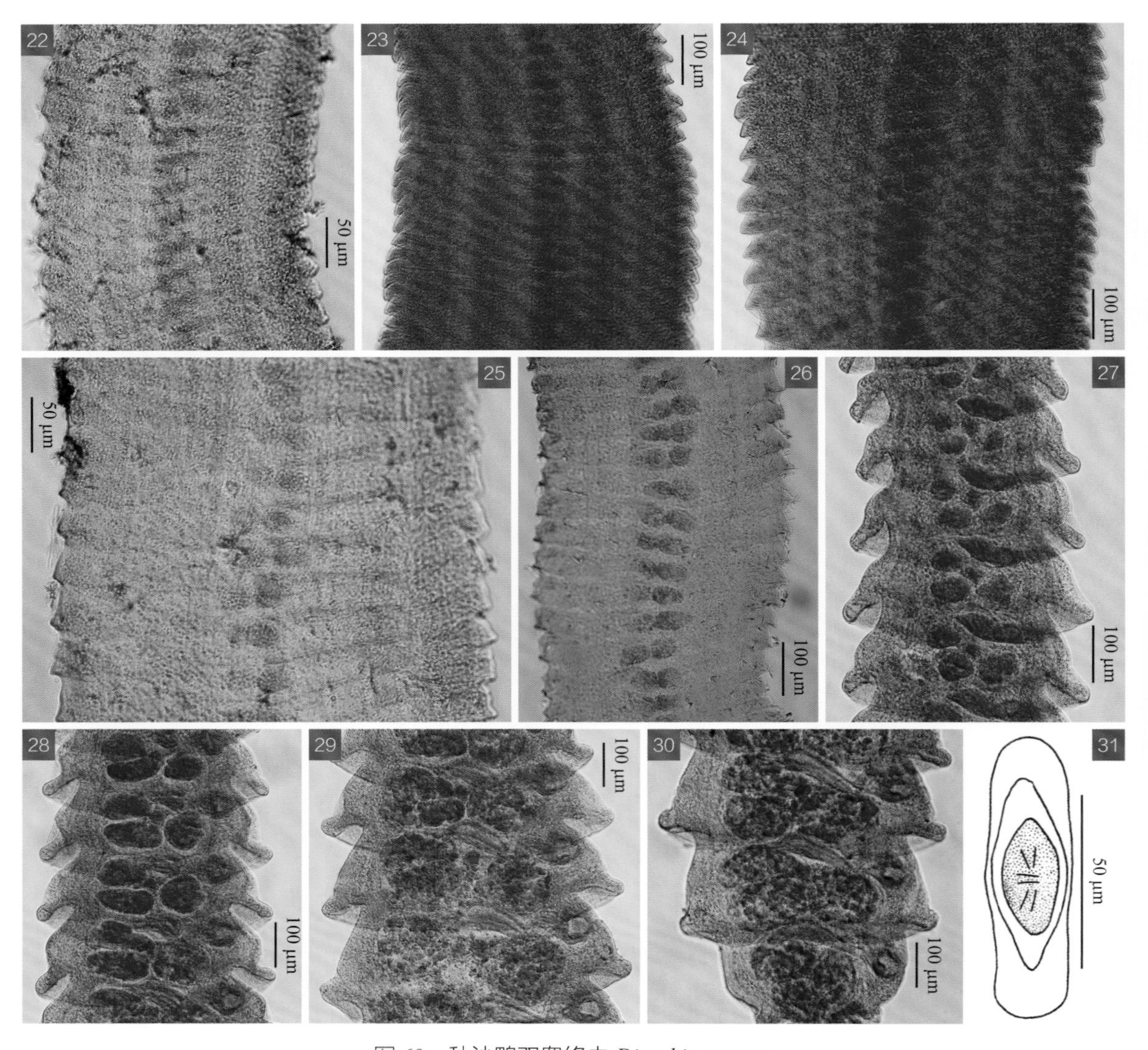

图 69 秋沙鸭双睾绦虫 *Diorchis nyrocae*

图释

1～3. 虫体；4～9. 头节；10, 11. 吻钩；12～17. 未成熟节片；18～28. 成熟节片；29, 30. 孕卵节片；31. 虫卵

1～3, 7～9, 12～17, 22～30. 原图（SHVRI）；4, 18. 引自黄兵和沈杰（2006）；5, 10, 19. 引自黄德生等（1988）；6, 11, 20, 21, 31. 引自 Long 和 Wiggins（1939）

叶，大小为 0.019～0.031 mm×0.034～0.078 mm。阴道呈管状，沿雄茎囊后方向前开口于雌性生殖孔，远端膨大为受精囊。受精囊呈囊状，位于雄茎囊后方。早期子宫呈囊状，后期子宫扩展至节片四周，两侧越过排泄管，内充满虫卵。虫卵呈椭圆形，大小为 42 μm×51 μm，内含六钩蚴。

70 斯氏双睾绦虫 *Diorchis skarbilowitschi* Schachtachtinskaja, 1952

【关联序号】42.3.9（19.6.9）/ 。

【宿主范围】成虫寄生于鸭的小肠。

【地理分布】湖南。

【形态结构】虫体长 4.00～5.00 cm，最大宽度 0.06～0.07 cm，节片前端细小，后端渐宽，体节的全部宽度大于长度。排泄管 2 对，腹排泄管比背排泄管粗。每节有生殖器官 1 套，生殖孔开口于节片单侧边缘的前 1/3 处。头节呈圆形，长宽为 0.277～0.303 mm×0.286～0.303 mm，稍宽于颈节。吻突长宽为 0.138 mm×0.087 mm，顶端有单圈吻钩 10 个，吻钩长 0.057 mm，其中，钩刃长 0.019 mm，钩柄长 0.038 mm，根突长 0.004 mm。吸盘 4 个，呈圆形或椭圆形，不具刺，直径为 0.164～0.173 mm。颈节的长宽为 0.576～0.626 mm×0.183～0.208 mm，未成熟节片的长宽为 0.017～0.034 mm×0.259～0.263 mm，成熟节片的长宽为 0.043～0.520 mm×0.421～0.731 mm。睾丸 2 枚，呈圆形，边缘光滑，并列于节片中央的中线两侧，大小为 0.043～0.061 mm×0.043～0.078 mm。雄茎囊呈长梭形，大小为 0.164～0.217 mm×0.034～0.039 mm，囊底部超过生殖孔侧的排泄管，但不达虫体中线。外贮精囊呈袋状，大小为 0.120～0.156 mm×0.043～0.075 mm，位于节片中央的前半部。内贮精囊呈梭形或长囊形，大小为 0.138～0.197 mm×0.034～0.037 mm，占据雄茎囊的大部分。雄茎短而细，表面光滑无棘。在雌性生殖腺出现的节

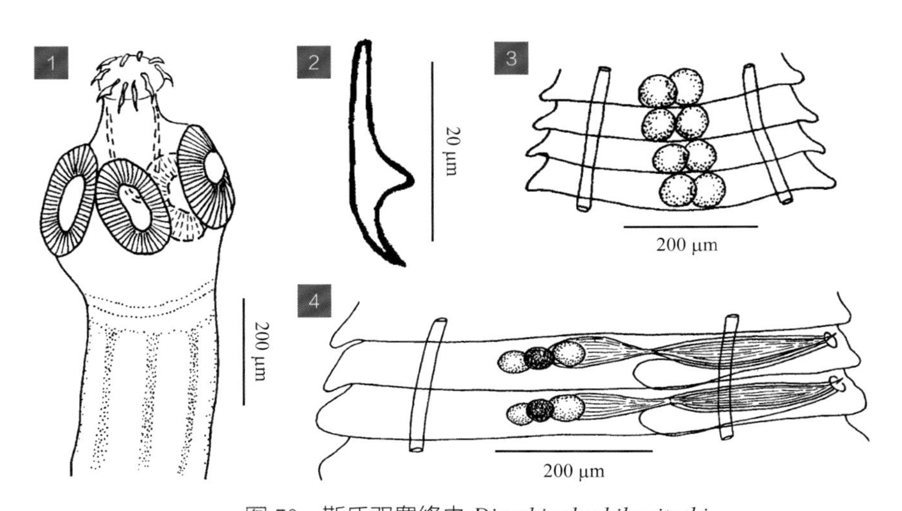

图 70　斯氏双睾绦虫 *Diorchis skarbilowitschi*

图释

1. 头节；2. 吻钩；3, 4. 成熟节片（3 示睾丸，4 示卵巢、卵黄腺、雄茎囊、内贮精囊、外贮精囊、受精囊和雄茎）

1～4. 引自负莲等（1993）

片中，睾丸常已消失，有时某些体节生殖孔对侧的睾丸尚残存，此时卵巢和卵黄腺的分化尚不清晰。卵巢分为2叶，每叶呈长圆形，横列于节片中央。卵黄腺为圆形或不规则的椭圆形致密团块，位于卵巢左右2叶之间的体中线上，大小为0.026～0.043 mm×0.034～0.052 mm。受精囊呈长袋形，位于雄茎囊的背侧后方。孕卵节片、子宫和虫卵不详。

71 斯梯氏双睾绦虫 *Diorchis stefanskii* Czaplinski, 1956

【关联序号】42.3.11（19.6.11）/ 。

【同物异名】史特芬双睾绦虫。

【宿主范围】成虫寄生于鸭、鹅的小肠。

【地理分布】安徽、重庆、福建、黑龙江、江苏、江西。

【形态结构】虫体全长18.80～27.90 cm，最大宽度0.13～0.17 cm。成熟虫体的节片总数可达3043～3189个。在一些标本中，节片的痕迹几乎直接在头节之后即可见到，而在另一些标本中，分节是在距头节0.14 cm处。排泄管2对，腹排泄管宽0.060～0.080 mm，背排泄管宽0.008～0.013 mm。生殖孔单侧排列，开口于节片侧缘前1/3处。头节长0.280～0.358 mm、宽0.260～0.380 mm。吻突的前端最宽处直径为0.126 mm，具有1圈10个吻钩。钩长0.066～0.074 mm，钩刃长0.018～0.024 mm，钩柄长0.048～0.050 mm，稍有弯曲，近背面部分变薄，钩的根突长0.007 mm。从侧面观察吻钩在根突的基部可见1个小切迹。吻囊长而窄，其底部超过吸盘后缘。4个大吸盘，椭圆形，大小为0.160～0.179 mm×0.115～0.130 mm，吸盘边缘和内壁具有极易脱落的细棘，排列为棋盘纹状，细棘长度为2.5 μm。颈部宽0.190～0.280 mm。睾丸2枚（在部分节片中仅发现1枚），呈圆形或椭圆形，成熟睾丸直径为0.038～0.060 mm。从每个睾丸伸出一输出管，两输出管联合成为一输精管进入外贮精囊。外贮精囊较大，位于受精囊生殖孔对侧部分的背面。早期雄茎囊呈柱状，后因内贮精囊的发育，使雄茎囊的近端稍微膨大。雄茎囊大小为0.220～0.265 mm×0.026～0.046 mm，完全发育的内贮精囊占雄茎囊的2/3～3/4。阴茎呈梨形，从生殖腔的底部算起，它的长度为0.023～0.028 mm，其基部直径为0.005～0.007 mm，膨大部分直径为0.009～0.013 mm，尖端为0.002～0.003 mm，在球状膨大部分具有细棘。生殖腔呈漏斗状或球形。卵巢沿横向延伸，分为左右2叶，有时可有第3叶，充分发育的卵巢可以占据两侧排泄管之间的全部髓区，成熟卵巢大小为0.220～0.430 mm×0.054～0.082 mm。致密的卵黄腺位于中央区、卵巢的后方，稍靠近生殖孔对侧的排泄管，大小为0.031～0.060 mm×0.043～0.070 mm。雌性生殖孔开口于生殖腔底部，雄性生殖孔的腹面后方。阴道交配部分长度平均为0.028 mm，最大宽度0.008～0.011 mm。受精囊呈纺锤形或椭圆形。子宫呈囊袋状，具有支囊，由背面越过生殖孔侧排泄管，从腹面越过生殖孔对侧排泄管，成熟子宫充满整个节片。虫卵呈纺锤形，大小为83～115 μm×25～31 μm。六钩蚴为32～38 μm×13～17 μm。

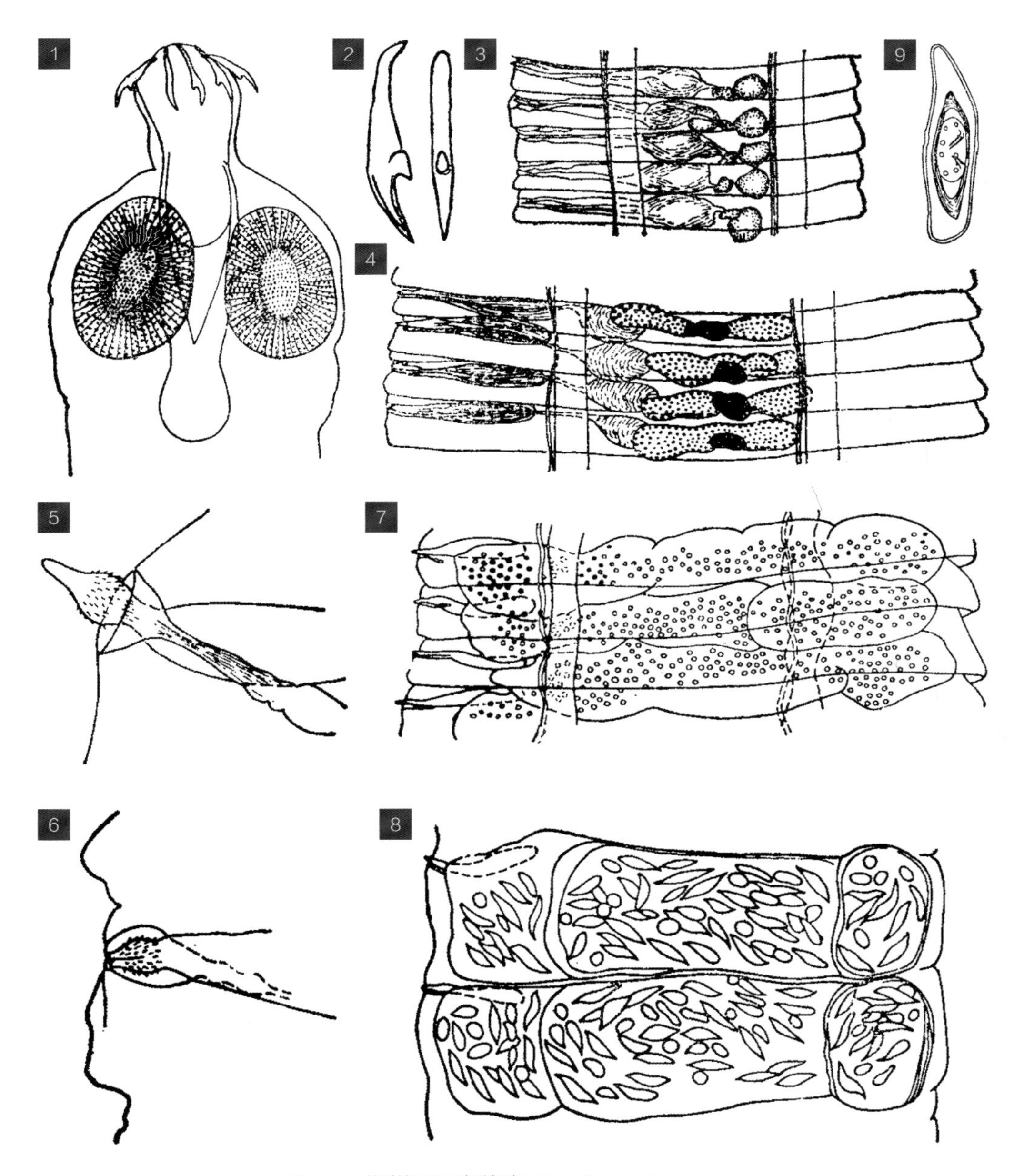

图 71 斯梯氏双睾绦虫 *Diorchis stefanskii*

图释

1. 头节；2. 吻钩；3. 未成熟节片（示发育中的雄性生殖器官）；4. 成熟节片（示雌性生殖器官）；5, 6. 生殖孔放大（5 示雄茎伸出，6 示雄茎缩进）；7, 8. 孕卵节片；9. 虫卵

1～9. 引自赵辉元（1996）

72 威氏双睾绦虫 *Diorchis wigginsi* Schultz, 1940

【同物异名】秋沙鸭双睾绦虫（*Diorchis nyrocae* Long et Wiggins, 1939）；长形双睾绦虫（*Diorchis longae* Schmelz, 1941）。

【宿主范围】成虫寄生于鸭的小肠。

【地理分布】北京。

【形态结构】虫体扁平，薄而纤细，几乎无色透明，长 12.50～28.00 cm，最大体宽约 0.10 cm，链体由 2000 多个节片组成。头节宽为 0.289～0.348 mm，吻突长宽为 0.273 mm×0.100 mm，具有单圈吻钩 10 个，吻钩长约 0.027 mm。吸盘 4 个，呈椭圆形，纵向拉长，长宽约为 0.149 mm×0.099 mm，吸盘边缘前 3/4 有 4～5 列约 0.006 mm 长的小棘。颈节非常短。距头节 1 mm 之后分节明显，边缘呈锯齿状，节片的宽度显著大于长度。在头节后 0.60～0.10 cm 处出现成熟雄性生殖器官，2.50～3.00 cm 处出现成熟卵巢，6.00～7.50 cm 处的节片最宽。生殖孔呈单侧开口于节片边缘前部，生殖管位于排泄管背侧。睾丸 2 枚，呈椭圆形或类球形，位于节片中部，其最大直径常超过节片长度，尤其在收缩的虫体中。雄茎囊为细长的横管，从生殖腔向内达排泄管，长可达 0.160 mm，直径可达 0.021 mm，其内几乎全为内贮精囊，外贮精囊发达，呈类

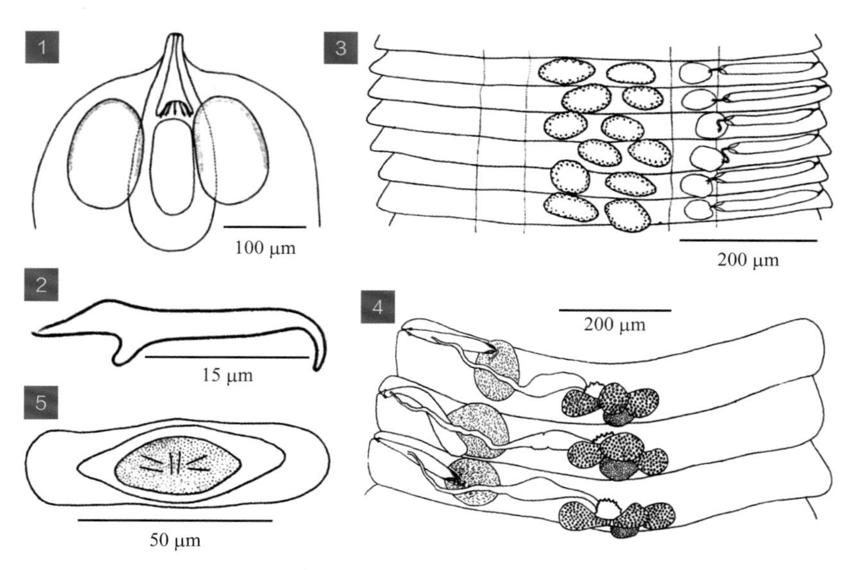

图 72 威氏双睾绦虫 *Diorchis wigginsi*

图释

1. 头节；2. 吻钩；3, 4. 成熟节片（3 示雄性生殖器官，4 示雌性生殖器官）；5. 虫卵

1～5. 引自 Long 和 Wiggins（1939）

圆形，最大直径 0.080 mm。卵巢 1 枚，位于节片中央，较小，分为 3 瓣（偶尔 2 或 4 瓣），呈类球形到椭圆形，成熟卵巢的宽度为 0.190～0.250 mm。卵黄腺呈类球形，位于卵巢稍后的中央背侧，最大直径 0.060～0.067 mm。梅氏腺位于卵巢和卵黄腺的前面。阴道近端膨大，从雄茎囊的腹面延伸至生殖孔。虫卵呈长椭圆形，具 2 层膜，外膜大小约为 71 μm×21 μm，内膜大小约为 59 μm×18 μm，六钩蚴大小为 33 μm×13 μm。

5.7 剑带属 *Drepanidotaenia* Railliet, 1892

【同物异名】欧眦属（*Laricanthus* Spassky, 1962）；雁壳属（*Anserilepis* Spasskii et Tolkacheva, 1965）；银鲛属（*Chimaerolepis* Spasskii et Spasskaya, 1972）。

【宿主范围】成虫寄生于禽类。幼虫为拟囊尾蚴，寄生于淡水甲壳动物。

【形态结构】大型绦虫。吻突有吻钩 1 圈 8～10 个或更多，钩柄长于或短于钩刃，根突短。吸盘通常无棘，偶尔具棘。节片短而很宽，有排泄管 2 对（个别为 6 对），生殖器官 1 套，生殖孔呈单侧排列，生殖管位于排泄管背面。睾丸 3 枚，呈横向排列，或形成三角形，完全或大多数位于生殖孔与卵巢之间。雄茎囊发达，其底部越过生殖孔侧的排泄管，具内、外贮精囊，通常无附性囊。卵巢由多个指状小叶构成，接近生殖孔对侧的排泄管。卵黄腺略微浅裂，位于卵巢的腹面或后面。受精囊长，呈波浪状。早期子宫呈横管状，后形成一长管，最后成为许多盲囊。模式种：矛形剑带绦虫［*Drepanidotaenia lanceolata* (Bloch, 1782) Railliet, 1892］。

《中国家畜家禽寄生虫名录》（2014）记录剑带属绦虫 3 种，本书收录 3 种，依据各虫种的形态特征编制分类检索表如下所示。

剑带属种类检索表

1. 吻钩 8 个 ·································· 矛形剑带绦虫 *Drepanidotaenia lanceolata*
   吻钩 10 个 ·································· 2
2. 雄茎粗壮，有棘 ·························· 普氏剑带绦虫 *Drepanidotaenia przewalskii*
   雄茎细小，无棘 ·························· 瓦氏剑带绦虫 *Drepanidotaenia watsoni*

73 矛形剑带绦虫 ***Drepanidotaenia lanceolata* (Bloch, 1782) Railliet, 1892**

【关联序号】42.4.1（19.7.1）/ 310。

【同物异名】矛形带绦虫（*Taenia lanceolata* Bloch, 1782）；矛形膜壳绦虫（*Hymenolepis lanceolata* (Bloch, 1782) Weinland，1858）；矛形膜壳（剑带）绦虫（*Hymenolepis* (*Drepanidotaenia*) *lanceolata* Cohn, 1901）；矛形剑带绦虫叶形变种（*Drepanidotaenia lanceolata* var. *lobata* Szpotanska, 1931）。

【宿主范围】成虫寄生于鸡、鸭、鹅的小肠。

【地理分布】安徽、重庆、福建、广东、广西、贵州、海南、河北、河南、黑龙江、湖北、湖南、吉林、江苏、江西、内蒙古、青海、山东、上海、四川、台湾、天津、新疆、云南、浙江。

【形态结构】虫体全长 6.00～16.20 cm，最大体宽 1.40 cm，节片宽大，所有节片的宽度大于长度，通常虫体前后端的节片较小、中间的节片较大。生殖器官 1 套，生殖孔开口于虫体的同一侧，位于节片边缘的前 1/3 处。排泄管 2 对，腹排泄管宽 0.240～0.352 mm，有节的横管，背排泄管宽约 0.032 mm。头节细小，呈圆形或梨形，宽度为 0.125～0.154 mm。吻突长宽为 0.097～0.116 mm×0.027～0.036 mm，吻囊长宽为 0.115～0.151 mm×0.042～0.050 mm，延伸至吸盘之后。吻钩 8 个，钩长 0.028～0.036 mm。吸盘 4 个，呈圆形或椭圆形，大小为 0.068～0.082 mm×0.036～0.057 mm。颈部狭窄，宽 0.080～0.144 mm。睾丸 3 枚，呈椭圆形或卵圆形，大小为 0.240～0.432 mm×0.765～0.992 mm，直线横列于卵巢内方生殖孔的一侧。外贮精囊末端膨大呈纺锤形，前端曲折。内贮精囊呈棱形，占雄茎囊的大部分。雄茎细长，外有许多小棘，伸出节片外时，其长为 0.416～0.480 mm，宽约为 0.032 mm。卵巢呈瓣状分支，有左右两半，位于睾丸与生殖孔对侧的纵排泄管之间。早期的卵巢分 3～4 瓣，每瓣各有叶状分支；高度发育的卵巢呈左右两半，就像 2 朵菊花。卵黄腺也呈叶状分支，似玫瑰花状，位于卵巢的中央后方，大小为 0.144～0.304 mm×0.224～0.576 mm。受精囊呈管状膨大，有弯曲。成

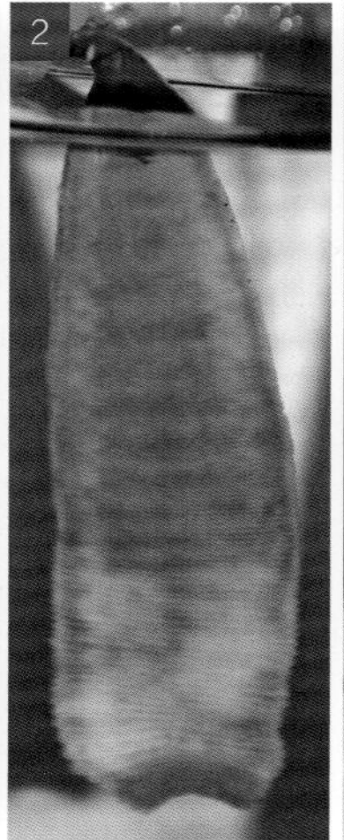

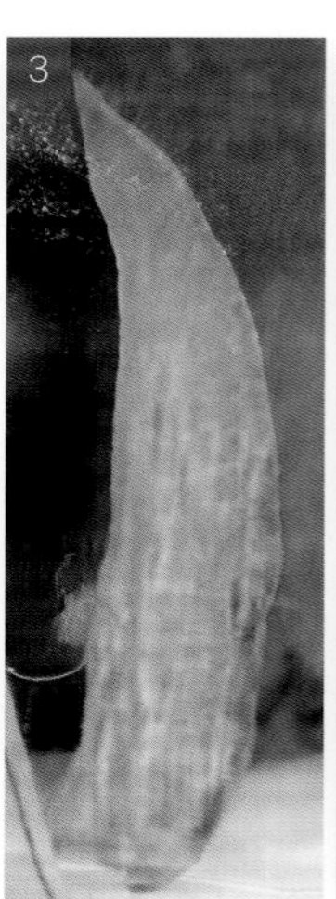

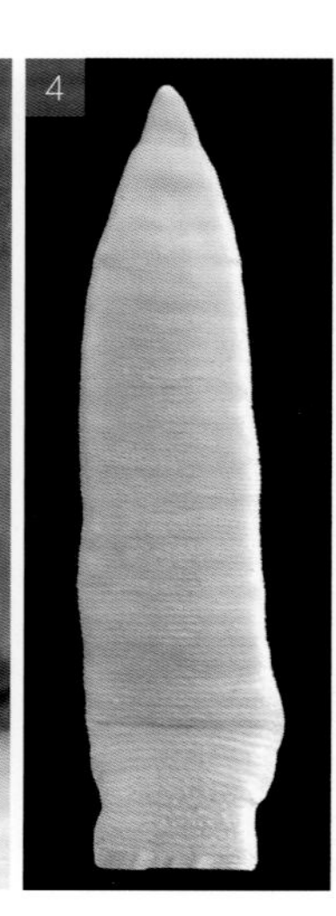

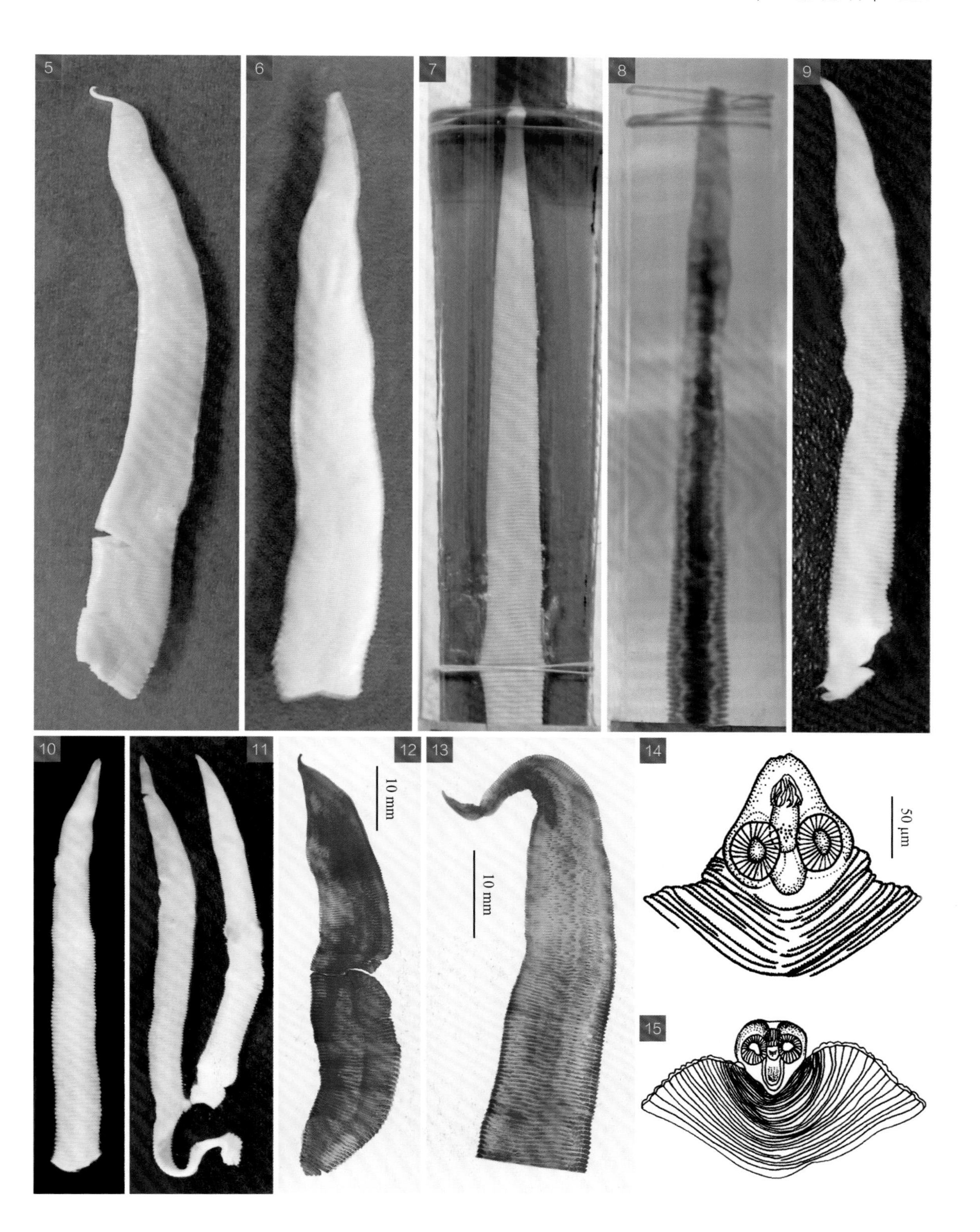
5
6
7
8
9
10
11
12
10 mm
13
10 mm
14
50 μm
15

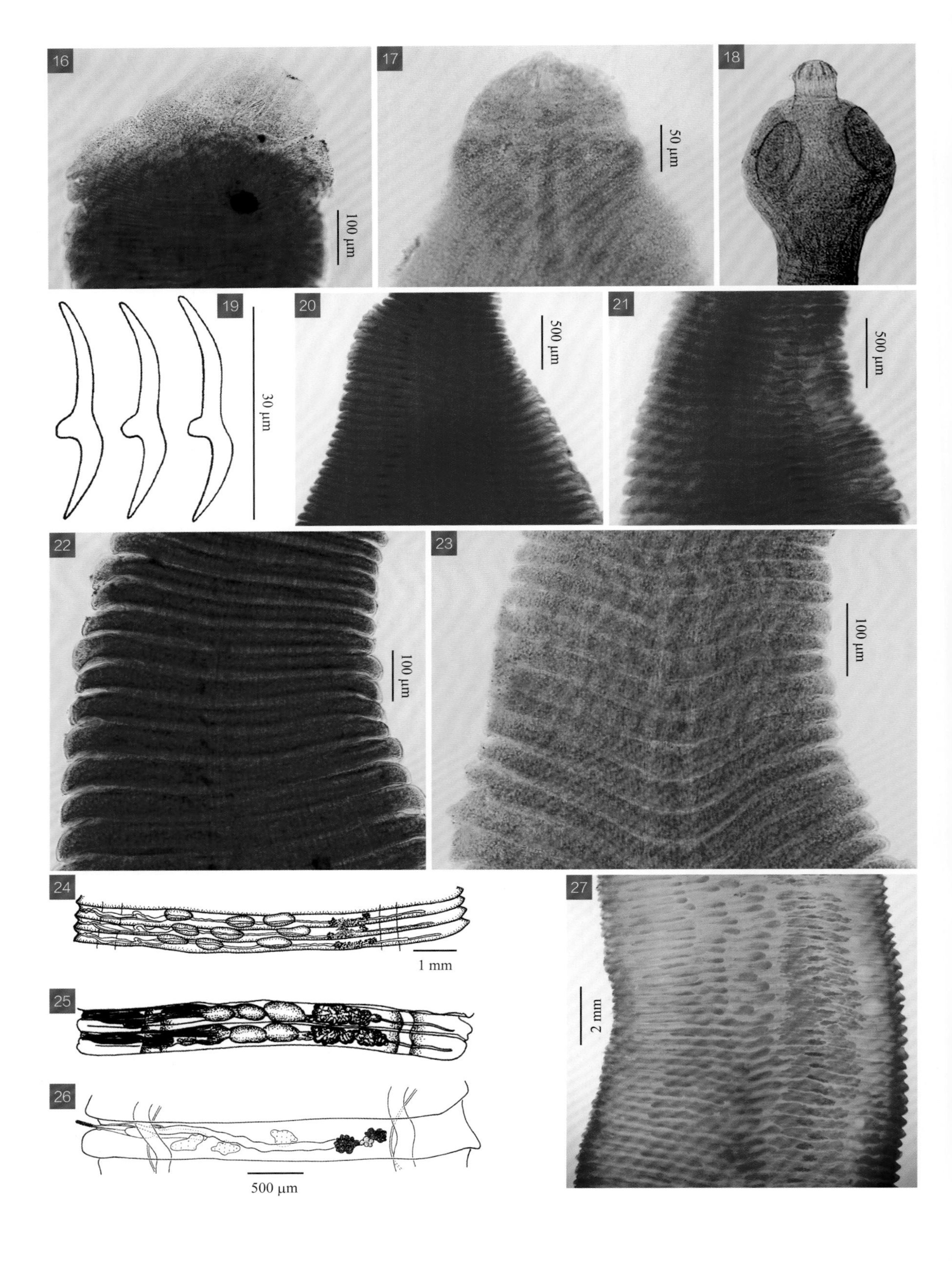
16
100 μm
17
50 μm
18
19
30 μm
20
500 μm
21
500 μm
22
100 μm
23
100 μm
24
1 mm
25
26
500 μm
27
2 mm

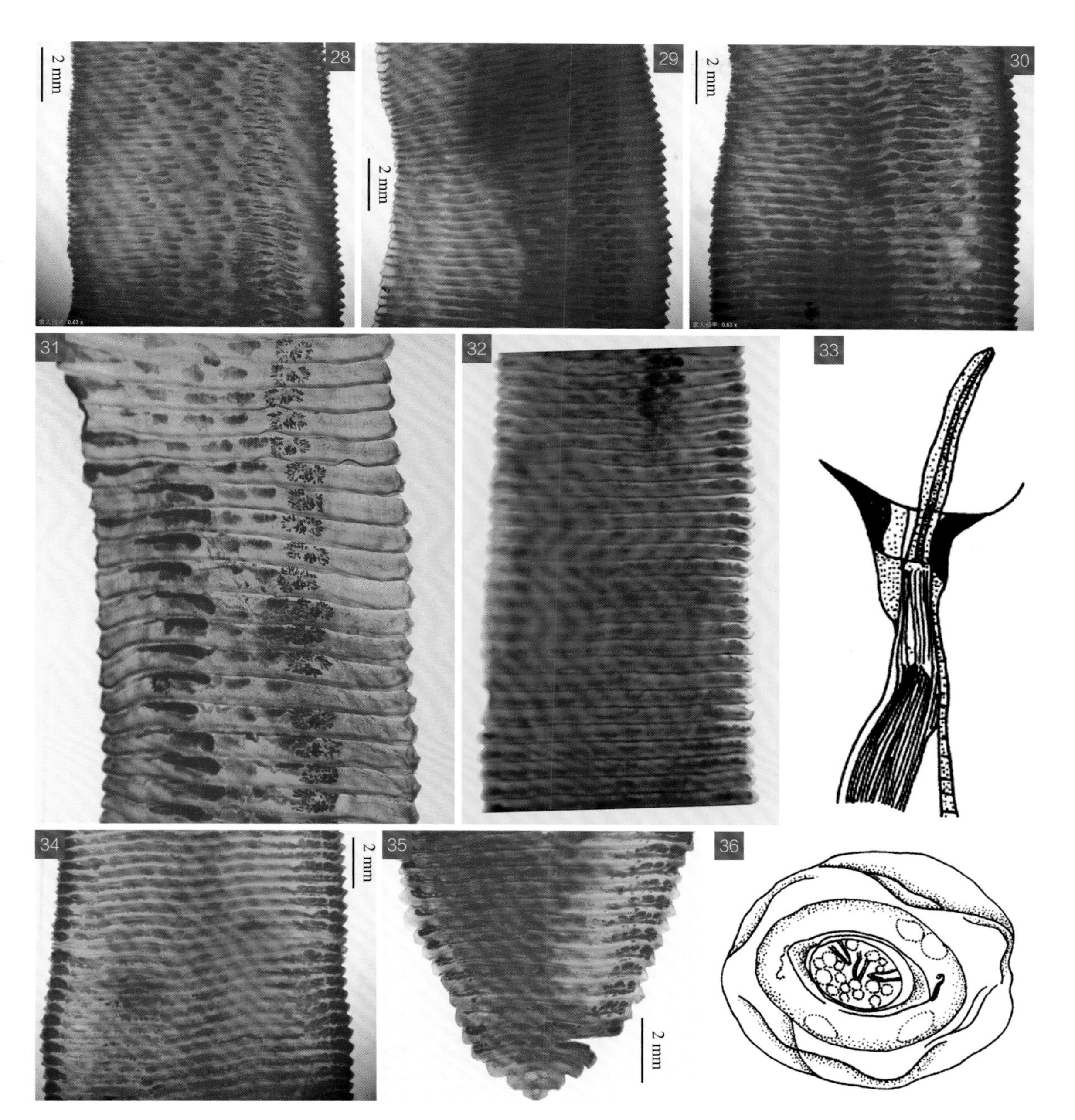

图 73　矛形剑带绦虫 *Drepanidotaenia lanceolata*

图释

1～13. 虫体；14～18. 头节；19. 吻钩；20～23. 未成熟节片；24～32. 成熟节片；33. 生殖孔放大，示雄茎；34, 35. 孕卵节片；36. 虫卵

1. 原图（SASA）；2, 3. 原图（YNAU）；4, 18, 32. 引自李朝品和高兴政（2012）；5, 6. 原图（LVRI）；7, 8. 原图（SCAU）；9～11. 原图（YZU）；12, 13, 16, 17, 20～23, 27～31, 34, 35. 原图（SHVRI）；14, 24. 引自蒋学良等（2004）；15, 25, 33, 36. 引自黄兵和沈杰（2006）；19, 26. 引自 McLaughlin 和 Burt（1979）

熟节片的子宫呈细管状，横穿节片中央，穿过两侧排泄管。孕卵节片的子宫呈长囊状，横充于节片之中，有波状纵分囊，可扩延至节片四周边缘。成熟的虫卵呈椭圆形，薄而透明，大小为101～109 μm×82～84 μm。外膜为椭圆形，大小为72～91 μm×51～52 μm。内膜呈橄榄形，两端较突而厚，大小为49～56 μm×25～27 μm。六钩蚴呈椭圆形，大小约为32 μm×22 μm。

74 普氏剑带绦虫 *Drepanidotaenia przewalskii* (Skrjabin, 1914) López-Neyra, 1942

【关联序号】 42.4.2（19.7.2）/ 311。

【同物异名】 普氏膜壳绦虫（*Hymenolepis przewalskii* Skrjabin，1914）。

【宿主范围】 成虫寄生于鸡、鸭、鹅的小肠。

【地理分布】 安徽、重庆、福建、广东、广西、贵州、黑龙江、江苏、江西、四川、云南、浙江。

【形态结构】 虫体薄软，呈白色，全长1.20～17.00 cm，最大宽度0.07～0.10 cm，节片前端细窄，后端渐宽，全部节片的宽度大于长度。排泄管6对，最大宽度0.048 mm。生殖器官1套，生殖孔位于节片单侧边缘的中央。头节细小，呈梨形，长宽为0.068～0.118 mm×0.097～0.145 mm。吻突常向前伸出头节之外，长宽为0.042～0.084 mm×0.024～0.044 mm，有吻钩10个，钩长0.020～0.027 mm。吻囊发达，延伸至吸盘后方，长宽为0.075～0.108 mm×0.032～0.045 mm。吸盘呈椭圆形，无钩，大小为0.043～0.057 mm×0.025～0.050 mm。睾丸3枚，呈横椭圆形，直线横向排列于节片中央偏生殖孔侧，大小为0.036～0.057 mm×0.021～0.025 mm。雄茎囊细长，大小为0.180～0.238 mm×0.032～0.090 mm。雄茎粗壮，长度可达0.108 mm，有毛状小棘。外贮精囊呈椭圆形或梭形，位于节片中央第1、2睾丸之间，大小为0.068～0.079 mm×0.029～0.042 mm。内贮精囊呈椭圆形，为雄茎囊末端的膨大部，大小为0.075～0.090 mm×0.028～0.043 mm。卵巢呈囊状，不分支，位于第2、3睾丸

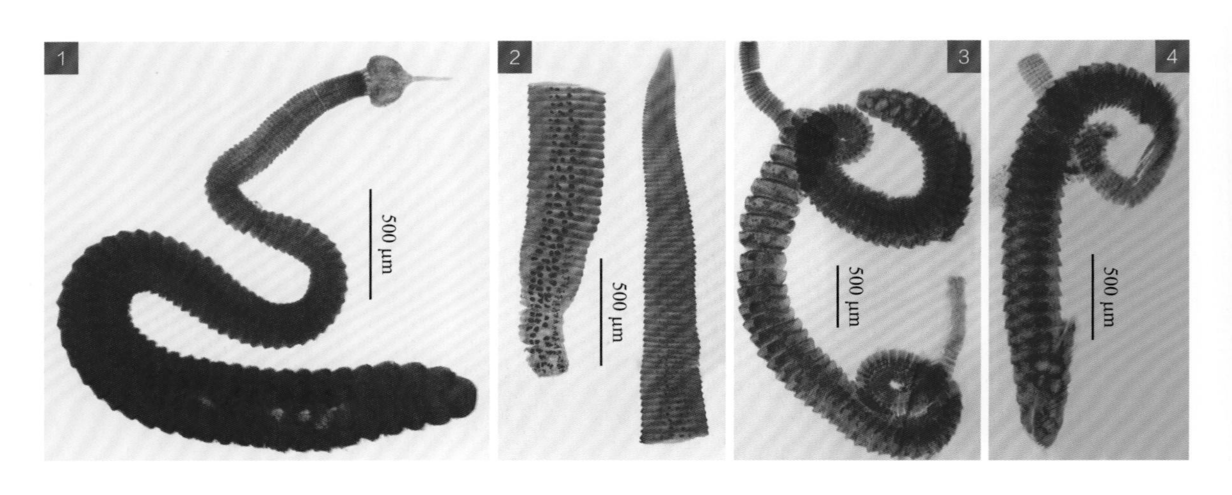

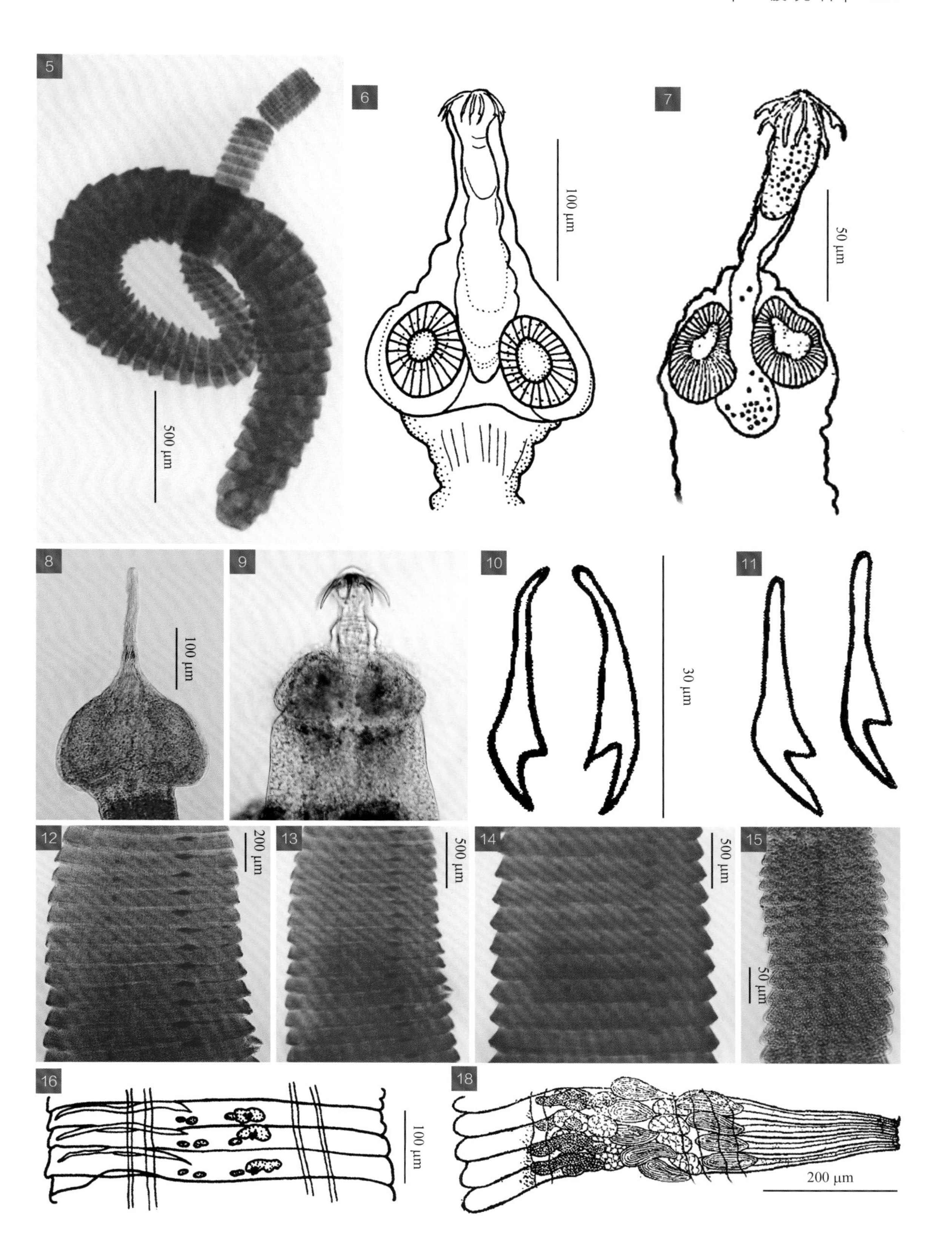
5
500 μm
6
100 μm
7
50 μm
8
100 μm
9
10
30 μm
11
12
200 μm
13
500 μm
14
500 μm
15
50 μm
16
100 μm
18
200 μm

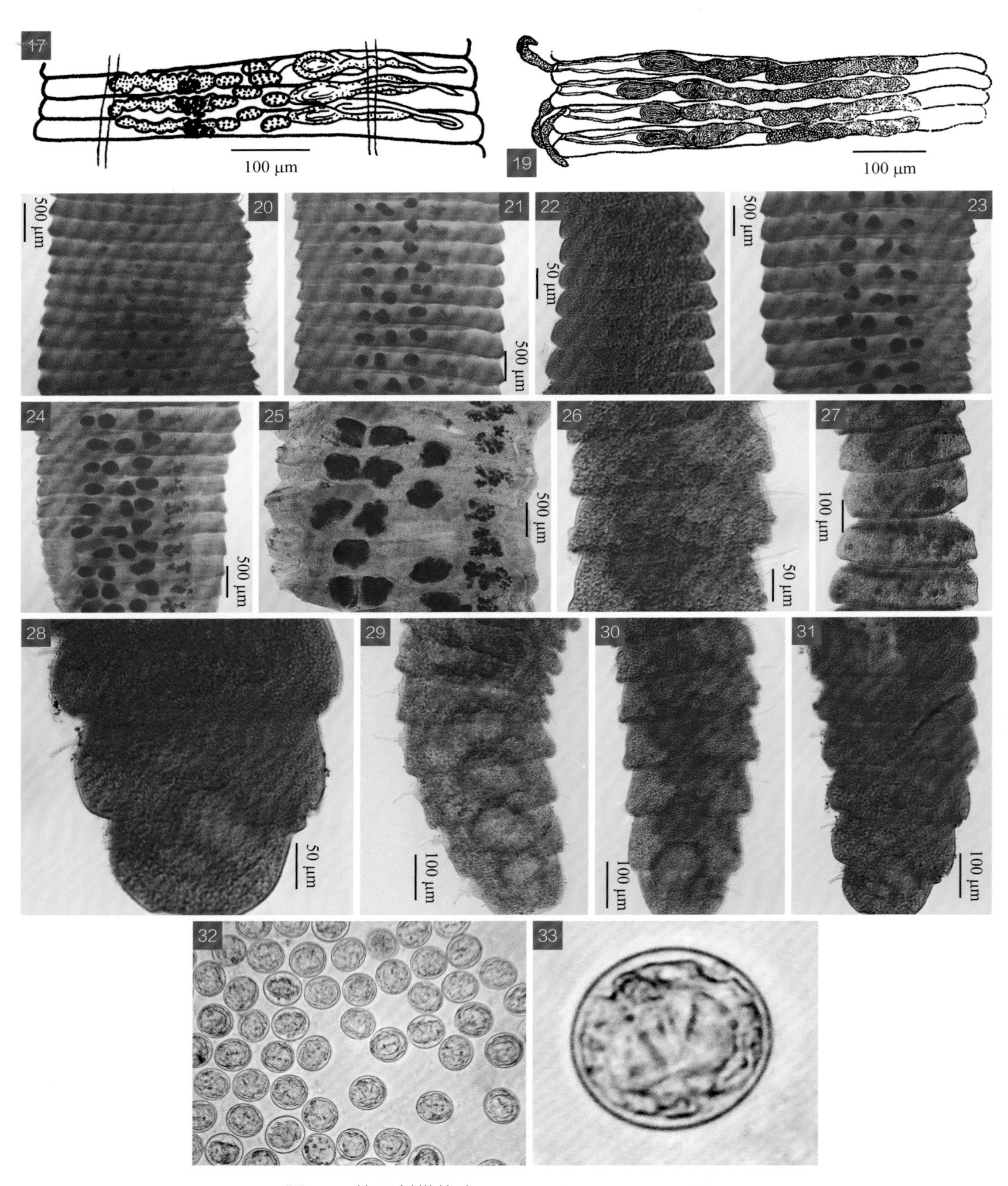

图 74 普氏剑带绦虫 *Drepanidotaenia przewalskii*

图释

1～5. 虫体；6～9. 头节；10, 11. 吻钩；12～15. 未成熟节片；16～25. 成熟节片；26～31. 孕卵节片；32, 33. 虫卵

1～5, 8, 12～15, 20～31. 原图（SHVRI）；6, 10, 16, 17. 引自蒋学良等（2004）；7, 18, 19. 引自林宇光（1959）；9, 32, 33. 引自江斌等（2012）；11. 引自黄兵和沈杰（2006）

的腹面，大小为 0.118～0.156 mm×0.021～0.028 mm。卵黄腺呈豆形，位于卵巢中央，大小为 0.032～0.044 mm×0.015～0.020 mm。受精囊位于外贮精囊的下方，阴道细长，开口于生殖腔。孕卵节片的子宫呈囊状，不分支，横向充满于节片之间，大小为 0.832～0.992 mm×0.047～0.081 mm。虫卵大小为 21～27 μm×15～20 μm，六钩蚴直径约为 11 μm。

75 瓦氏剑带绦虫 *Drepanidotaenia watsoni* Prestwood et Reid, 1966

【关联序号】42.4.3（19.7.3）/ 312。

【同物异名】瓦氏银鲛绦虫（*Chimaerolepis watsoni* (Prestwood et Reid, 1966) Spasskii et Spasskaya, 1972）。

【宿主范围】成虫寄生于鹅的小肠。

【地理分布】广东。

【形态结构】虫体长 7.00～28.00 cm，后端最大宽度 0.20～0.50 cm。头节小，长宽约为 0.180 mm×0.232 mm，其上有内陷的吻突和 4 个吸盘。吻突长 0.175 mm，直径 0.088 mm，上有 1 圈 10 个吻钩，吻钩长 0.010～0.011 mm，吻囊长宽为 0.060 mm×0.040 mm。吸盘突出，直径为 0.112～0.120 mm，肌质弱，无钩。头节基部后面的链体突然变宽达 0.20 cm，形成一个类似于假头节的特殊区域。该突起区域对称，在距头节基部后约 0.05 cm 处的最大宽度达 0.13 cm，在距头节基部后约 0.22 cm 处逐渐缩小至最小宽度 0.10 cm。生殖原基出现在突起区域后 0.80～1.30 cm，生殖孔开口于节片单侧边缘的前 1/3 处，生殖腔位于节片腹侧至背腹侧中线的内边缘，生殖管从背腹排泄管之间穿过。睾丸 3 枚，椭圆形，有不规则缺刻，大小为 0.212～0.302 mm×0.171～0.232 mm，呈横向线形排列于卵巢与生殖孔之间，位于两侧排泄管之间的同一平面。雄茎囊肌质，大小为 1.000～1.100 mm×0.040～0.064 mm，可达生殖孔对侧的排泄管和卵巢水平。内贮精囊发育良好，成熟节片的外贮精囊大小为 0.423～0.736 mm×0.060～0.222 mm。雄茎小，无小棘。卵巢和卵黄腺均位于生殖孔对侧的睾丸与节片边缘之间，具深缺刻，形成许多指尖状突起，卵黄腺位于卵巢的腹面，卵巢大小为 0.504～0.907 mm×0.202～0.383 mm，卵黄腺大小为 0.171～0.312 mm×0.111～0.202 mm，朝向生殖孔侧的卵巢瓣可与朝向生殖孔对侧的睾丸重叠。阴道位于有漏斗状开口的副囊的腹侧，具阴道括约肌，越过雄茎囊后形成受精囊，从副囊的近水平延伸到卵巢。副囊大小为 0.050～0.096 mm×0.053～0.082 mm，具刺。在过度成熟节片中，受精囊可越过生殖孔侧的排泄管。孕卵节片的子宫呈囊状，从节片背侧延伸并越过腹排泄管。腹纵排泄管直径为 0.060～0.202 mm，背纵排泄管直径为 0.008～0.021 mm。虫卵大小为 27～32 μm×24～27 μm，其外膜上有细小的毛发状突起，内含六钩蚴，六钩蚴的钩长 7～9 μm。

［注：该绦虫最先发现于野火鸡（*Meleagris gallopavo*）的小肠］

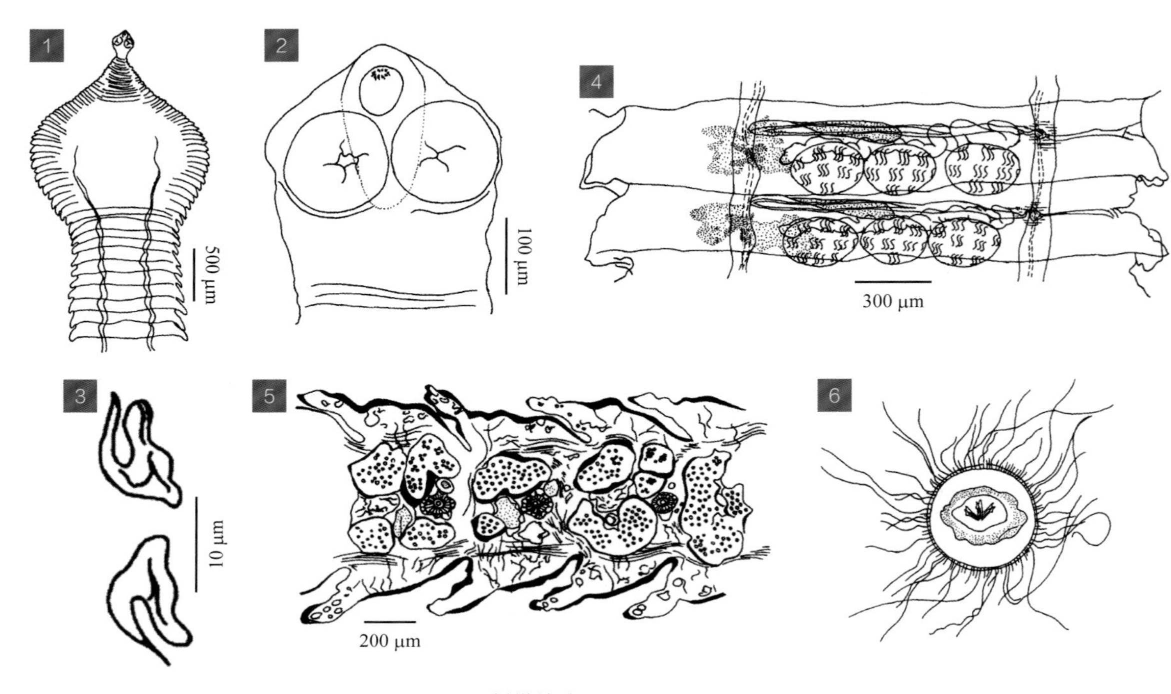

图 75 瓦氏剑带绦虫 *Drepanidotaenia watsoni*

图释

1. 虫体前部；2. 头节；3. 吻钩；4. 成熟节片；5. 孕卵节片纵切面；6. 虫卵

1～6. 引自 Prestwood 和 Reid（1966）

5.8 棘叶属

Echinocotyle Blanchard, 1891

【同物异名】角囊属（*Gonoscolex* Saakova, 1958）；类棘叶属（*Echinocotyloides* Kornyushin, 1983）；类欧叶属（*Larocotyloides* Kornyushin, 1983）；鹳叶属（*Mariicotyle* Kornyushin, 1983）。

【宿主范围】成虫寄生于禽类肠道。

【形态结构】小型或中型绦虫。吻突收缩自如，具 8～10 个大吻钩，钩柄长，钩刃短。吸盘呈椭圆形，其边缘和底部有几排小棘，底部的棘呈纵列或缺。节片短而宽，节片数一般在 50 以内，少数超过 100。生殖器官 1 套，生殖孔位于节片单侧，生殖管位于排泄管背侧。成熟节片横切呈卵圆形。睾丸 3 枚，呈一排或三角形，位于节片髓质的后背侧，具内、外贮精囊。雄茎囊为肌质，可伸达、接近或超过节片中线。雄茎有刺或无刺。附性囊 1～2 个，具生殖括约肌，开口于生殖腔内。卵巢通常紧凑，为横长形，个别呈指状缺刻，位于髓质部腹面的中央或亚中央。卵黄腺紧凑，常位于卵巢的背面。具受精囊。子宫常呈囊状，个别虫种呈网状。阴道开口于生殖腔的腹面或雄性生殖孔后方。虫卵呈拉长的纺锤形，内含卵圆形六钩蚴。模式种：罗斯棘叶绦虫［*Echinocotyle rosseteri* Blanchard, 1891］。

76 罗斯棘叶绦虫 *Echinocotyle rosseteri* Blanchard, 1891

【关联序号】42.20.1（19.8.1）/ 330。

【同物异名】罗氏棘叶绦虫；罗氏膜壳（棘叶）绦虫（*Hymenolepis* (*Echinocotyle*) *rosseteri* Clerc, 1903）。

【宿主范围】成虫寄生于鸡、鸭的小肠。

【地理分布】广东、黑龙江。

【形态结构】小型绦虫。虫体长 0.76～2.60 cm，宽 0.02～0.05 cm，有节片 18～28 个，节片的宽度为长度的 2～3 倍。生殖器官 1 套，生殖孔位于节片单侧边缘的前 1/3。头节长宽为 0.075～0.155 mm×0.075～0.190 mm，吻突细长，长 0.087～0.175 mm，前部宽 0.020～0.026 mm，基部宽 0.028～0.049 mm，吻钩 10 个，钩长 0.030～0.043 mm，钩柄较钩刃长。吸盘呈椭圆形，大小为 0.067～0.103 mm×0.027～0.069 mm，吸盘边缘有 2～5 列小钩，钩长 0.006～0.010 mm。颈节短而明显，长宽为 0.020～0.065 mm×0.047～0.060 mm，将头节与链体分开。睾丸 3 枚，呈直线排列于节片后半部，大小为 0.048～0.077 mm×0.023～0.066 mm。雄茎囊向内延伸过节片的中线，大小为 0.129～0.230 mm×0.014～0.065 mm。雄茎呈管状，细长，具细棘，长宽为 0.027～0.110 mm×0.004～0.012 mm。卵巢分为 2 瓣，左右不对称，位于睾丸腹面，偏于生殖孔对侧，大小为 0.024～0.034 mm×0.068～0.146 mm。卵黄腺呈椭圆形，位于卵巢后缘，大小

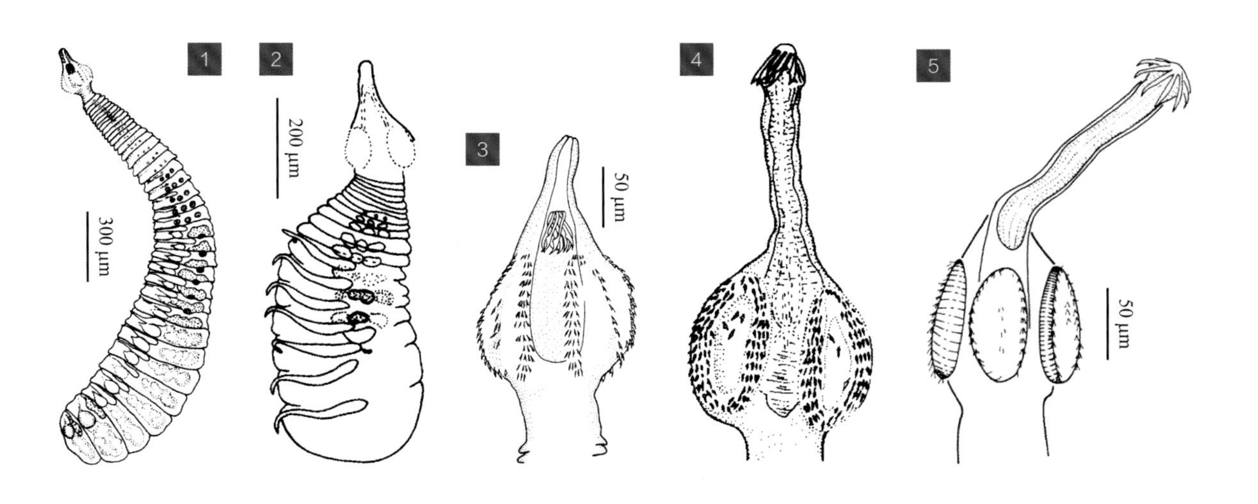

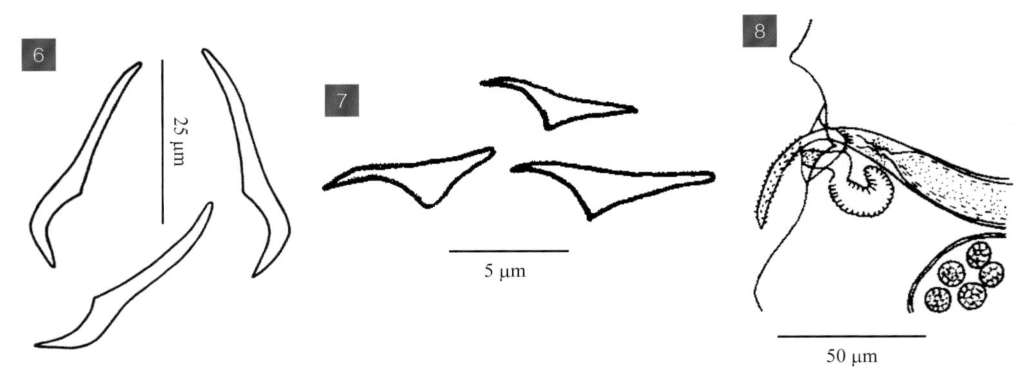

图 76 罗斯棘叶绦虫 *Echinocotyle rosseteri*

图释

1, 2. 虫体；3～5. 头节（3 示吻突缩进，4、5 示吻突伸出）；6. 吻钩；7. 吸盘钩；8. 生殖孔放大

1～4, 8. 引自陈淑玉和汪溥钦（1994）；5～7. 引自 McLaughlin 和 Burt（1979）

为 0.037～0.048 mm×0.019～0.024mm。受精囊大小为 0.087 mm×0.061 mm。子宫呈横囊状，孕卵节片的子宫充满节片。虫卵不详。

5.9 棘 壳 属

Echinolepis Spasskii et Spasskaya, 1954

【**宿主范围**】成虫寄生于禽类肠道。

【**形态结构**】大型绦虫。节片的宽度大于长度。吻突退化，无吻钩。吸盘具落叶样或榔头样小棘。排泄管 2 对，腹排泄管横向相连。生殖器官 1 套，生殖管位于排泄管背面，生殖孔开口于节片单侧。睾丸 3 枚，排成三角形，生殖孔侧 1 枚，生殖孔对侧 2 枚呈前后排列。雄茎囊可伸达节片中线，具内、外贮精囊。无附性囊。雄茎具刺。卵巢边缘不规则，呈两裂或三裂状，位于节片中央。卵黄腺呈卵圆形，紧凑，位于卵巢后面。有受精囊。阴道位于雄茎囊腹面。子宫呈囊状。虫卵为亚球形，内含卵圆形的六钩蚴。模式种：致疡棘壳绦虫［*Echinolepis carioca* (Magalhães, 1898) Spasskii et Spasskaya, 1954］。

77 致疡棘壳绦虫 *Echinolepis carioca* (Magalhães, 1898) Spasskii et Spasskaya, 1954

【关联序号】42.17.1（19.9.1）/ 327。

【同物异名】致疡戴维绦虫（*Davainea carioca* Magalhães, 1898）；科氏带绦虫（*Taenia conardi* Zürn, 1898）；致疡膜壳绦虫（*Hymenolepis carioca* (Magalhães, 1898) Ransom, 1902）；牵引膜壳绦虫（*Hymenolepis pullae* Cholodkovsky, 1913）；朴实维兰地绦虫（*Weinlandia rustica* Meggitt, 1926）；朴实膜壳绦虫（*Hymenolepis rustica* Fuhrmann, 1932）；致疡双盔带绦虫（*Dicranotaenia carioca* (Magalhães, 1898) Skrjabin et Mathevossian, 1945）；朴实双盔带绦虫（*Dicranotaenia rustica* (Meggitt, 1926) Skrjabin et Mathevossian, 1945）。

【宿主范围】成虫寄生于鸡、鸭的小肠。

【地理分布】安徽、甘肃、广东、海南、黑龙江、四川、云南、浙江。

【形态结构】虫体长 3.00～12.00 cm，体节最大宽度 0.04～0.07 cm，节片的宽度大于长度。有排泄管 2 对，其腹排泄管横向连接。生殖器官 1 套，生殖孔位于节片单侧的中前部。头节呈球形，长宽为 0.220～0.270 mm×0.150～0.210 mm。吻突退化，略突出于头节前端，长宽为 0.040～0.067 mm×0.025～0.040 mm，无吻钩。吸盘 4 个，大小为 0.070～0.080 mm×0.080～0.090 mm，具有镐形小棘，棘长 0.004～0.008 mm。成熟节片有睾丸 3 枚，呈三角形排列，生殖孔侧 1 枚，生殖孔对侧 2 枚呈前后排列，睾丸呈圆形，直径为 0.025～0.040 mm。雄茎囊呈长袋状，伸至节片的中部，大小为 0.120～0.175 mm×0.024～0.026 mm。外贮精囊大，直径为 0.070～0.080 mm。卵巢呈囊状，分为 3 叶，位于节片中央靠后部。卵黄腺致密呈圆形或豆状，直径为 0.030～0.040 mm，位于卵巢的中下缘。阴道孔具括约肌，距生殖孔 0.008～0.010 mm。受精囊发达。孕卵节片的子宫呈囊状，内含亚球形的虫卵。虫卵大小为 30～36 μm×32～70 μm，六钩蚴大小为 24～30 μm×16～20 μm。

［注：Yamaguti（1959）和 Schmidt（1986）均将本种列为棘壳属（*Echinolepis*）的模式种］

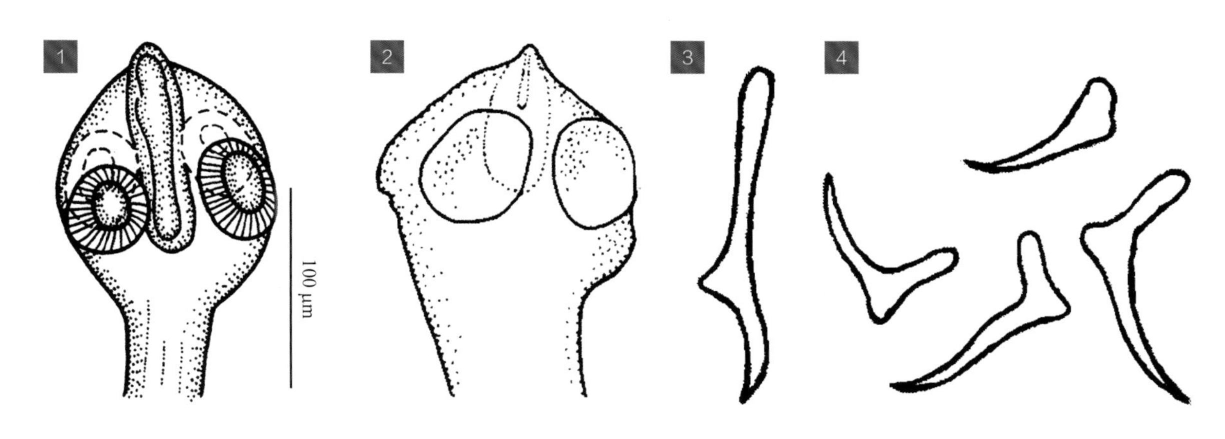

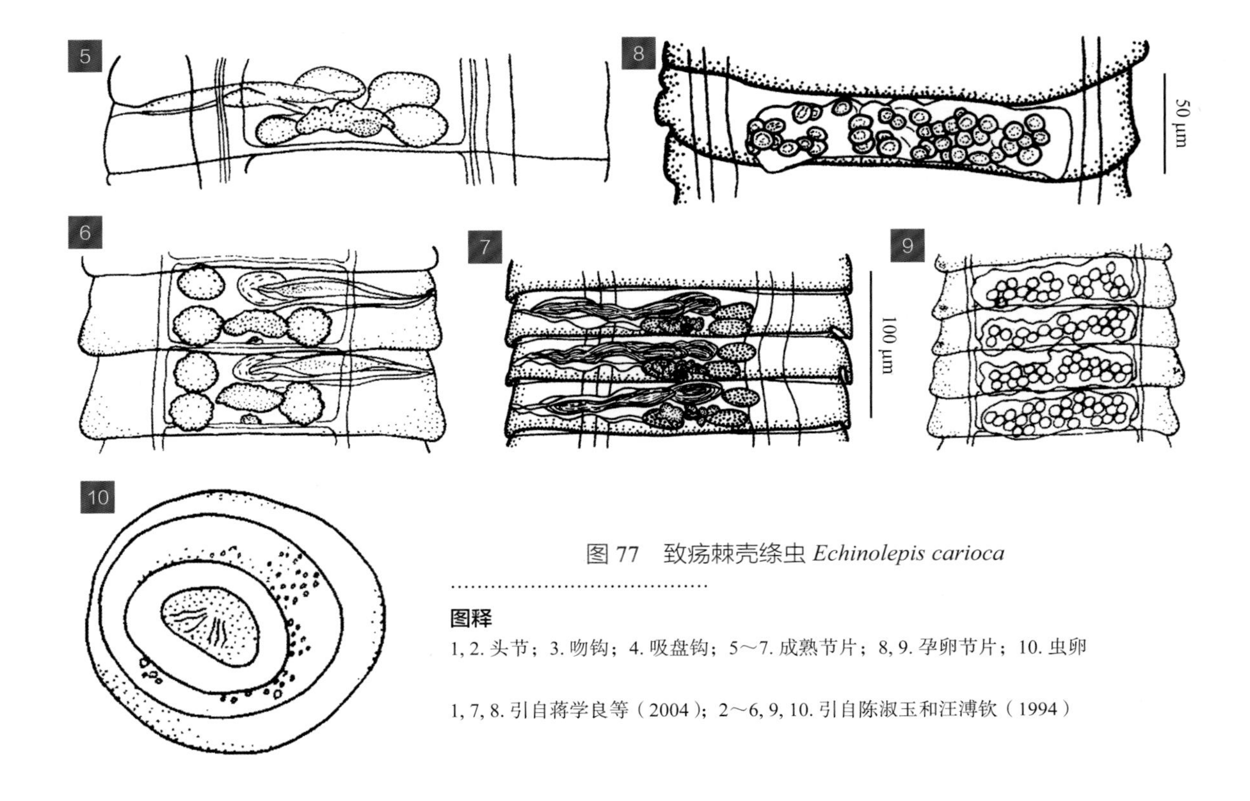

图 77　致疡棘壳绦虫 *Echinolepis carioca*

图释

1, 2. 头节；3. 吻钩；4. 吸盘钩；5～7. 成熟节片；8, 9. 孕卵节片；10. 虫卵

1, 7, 8. 引自蒋学良等（2004）；2～6, 9, 10. 引自陈淑玉和汪溥钦（1994）

5.10　繸 缘 属

Fimbriaria Fröhlich, 1802

【同物异名】皱缘属；吻带属（*Rhynchotaenia* Diesing, 1850）；艾森属（*Epision* Linton, 1892）；背槽属（*Notobothrium* Linstow, 1905）。

【宿主范围】成虫寄生于禽类。幼虫为拟囊尾蚴，寄生于淡水甲壳动物。

【形态结构】中型绦虫。虫体前部有发育良好呈皱褶状的假头节，其内无生殖腺。假头节前端为细小而易丢失的真头节，其上具可收缩的吻突和 4 个吸盘，吻突上有吻钩 1 圈 10 个，吻钩呈叉形，钩柄较钩刃长，吸盘无棘。颈部短小不明显，体节分节不明显。排泄管 6 对，位于节片髓质。生殖孔位于节片单侧。睾丸多枚，呈卵圆形，分散于节片之中。雄茎囊小，位于节片排泄管外侧，有内、外贮精囊，外贮精囊常距雄茎囊较远。雄茎具棘。卵巢和子宫呈网状，不分节，整个链体成一个互通的卵巢和子宫。卵黄腺紧凑或略有缺刻，具受精囊。阴道呈管状，细长而弯曲。在最后节片中的子宫呈管状，内含许多虫卵。虫卵呈椭圆形，薄而透明，两端稍尖。模式种：片形繸缘绦虫［*Fimbriaria fasciolaris* (Pallas, 1781) Fröhlich, 1802］。

78 黑龙江繸缘绦虫 *Fimbriaria amurensis* Kotelnikov, 1960

【关联序号】42.5.1（19.10.1）/。

【宿主范围】成虫寄生于鸭的小肠。

【地理分布】黑龙江。

【形态结构】虫体全长可达 50.00 cm，体节最大宽度 0.50 cm，其前部有发达的假头节，假头节大小为 3.108～4.402 mm×2.520 mm，假头节前端为真头节。生殖孔开口于节片单侧的内缘。有排泄管 6 对。真头节直径为 0.115～0.153 mm，其吻突有 1 圈 10 个吻钩，吻钩长 0.020～0.024 mm，其中，钩柄长 0.014～0.017 mm，钩刃长 0.007 mm。头节上有吸盘 4 个，吸盘呈椭圆形，直径约 0.048 mm。睾丸呈卵圆形，有 21～60 枚，分布于节片的中部。雄茎囊小呈袋状，位于节片的一侧，大小为 0.054～0.170 mm×0.010～0.017 mm。雄茎短小，被有小棘，长 0.011～0.024 mm。子宫和卵巢呈网状，不分节。虫卵呈梨形或椭圆形，大小为 160～207 μm×92～119 μm，内含六钩蚴。六钩蚴大小为 34～37 μm×17～24 μm，其胚钩长 10～14 μm。

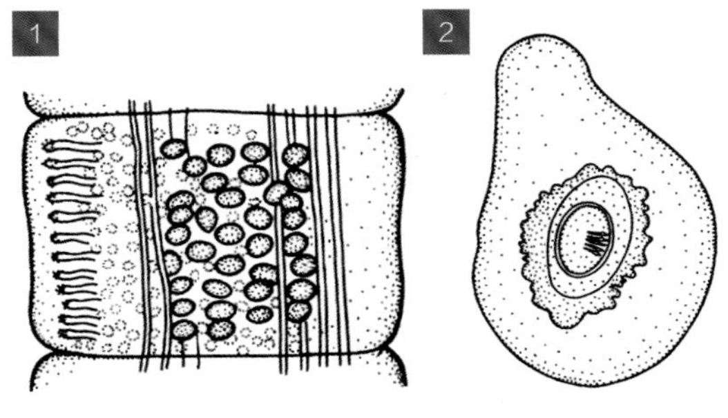

图 78 黑龙江繸缘绦虫 *Fimbriaria amurensis*

图释

1. 体节；2. 虫卵

1, 2. 引自陈淑玉和汪溥钦（1994）

79 片形繸缘绦虫 *Fimbriaria fasciolaris* (Pallas, 1781) Fröhlich, 1802

【同物异名】片形皱缘绦虫；束状繸缘绦虫；片形带绦虫（*Taenia fasciolaris* Pallas, 1781）；锤形带绦虫（*Taenia malleus* Goeze, 1782）；柄形带绦虫（*Taenia pediformis* Krefft, 1871）；皱襞艾森绦虫（*Epision plicatus* Linton, 1892）；扁平繸缘绦虫（*Fimbriaria plana* Linstow, 1905）；北极背槽绦虫（*Notobothrium arcticum* Linstow, 1905）。

【关联序号】42.5.2（19.10.2）/ 313。

【宿主范围】成虫寄生于鸡、鸭、鹅的小肠。

【地理分布】安徽、重庆、福建、广东、广西、贵州、海南、河南、湖北、湖南、江苏、江西、宁夏、陕西、四川、台湾、新疆、云南、浙江。

【形态结构】新鲜虫体为白色，虫体由头节、假头和链体 3 部分组成，虫体长 2.00～40.00 cm，宽 0.14～0.50 cm。链体分节不明显，由多个节片聚合在一起形成一段一段的体节，有排泄管6对，生殖孔位于虫体的单侧。头节位于虫体前端，细小而易脱落，呈类圆形，长宽为0.100～0.202 mm×0.115～0.210 mm，其上有吻突和4个吸盘。吻突长宽为0.034～0.057 mm×0.025～0.044 mm，吻突顶端有吻钩1圈10个，钩长0.020～0.023 mm，钩柄稍长于钩刃，根突明显。吸盘呈椭圆形，大小为0.037～0.057 mm×0.027～0.040 mm，无小棘。头节后为1个大而呈叶状的假头，或称为假附着器，由许多无生殖器官的节片组成，长1.900～6.000 mm，最大宽度1.500 mm。睾丸有18～24枚，分散于节片之中，成熟节片的睾丸大小为0.018～0.043 mm×0.036～0.047 mm。雄茎囊在成熟和孕卵体节部分明显，横列于体节外侧，每段体节有5～8个横列的雄茎囊，后段体节的雄茎囊大小为0.090～0.560 mm×0.022～0.025 mm。

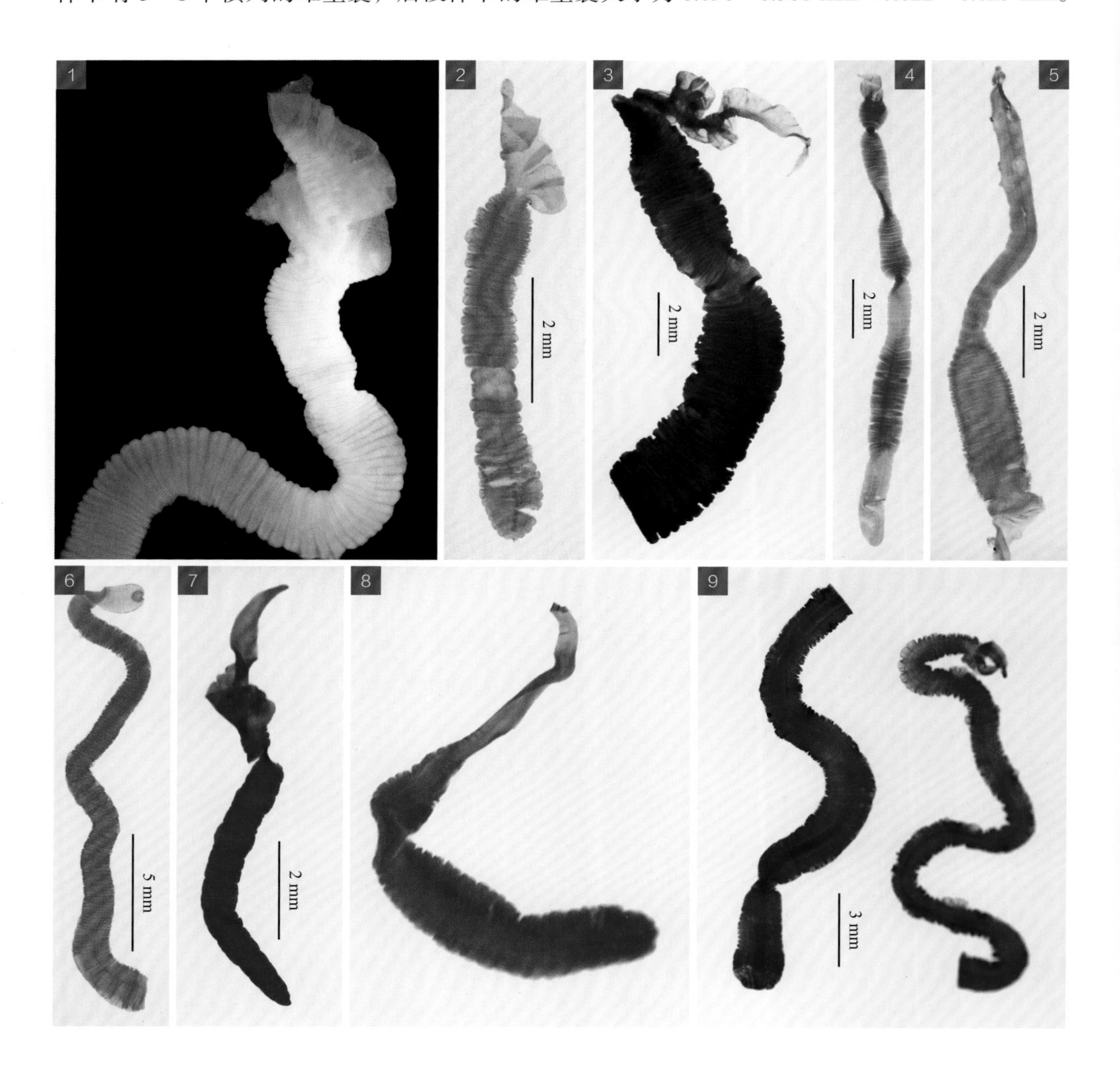

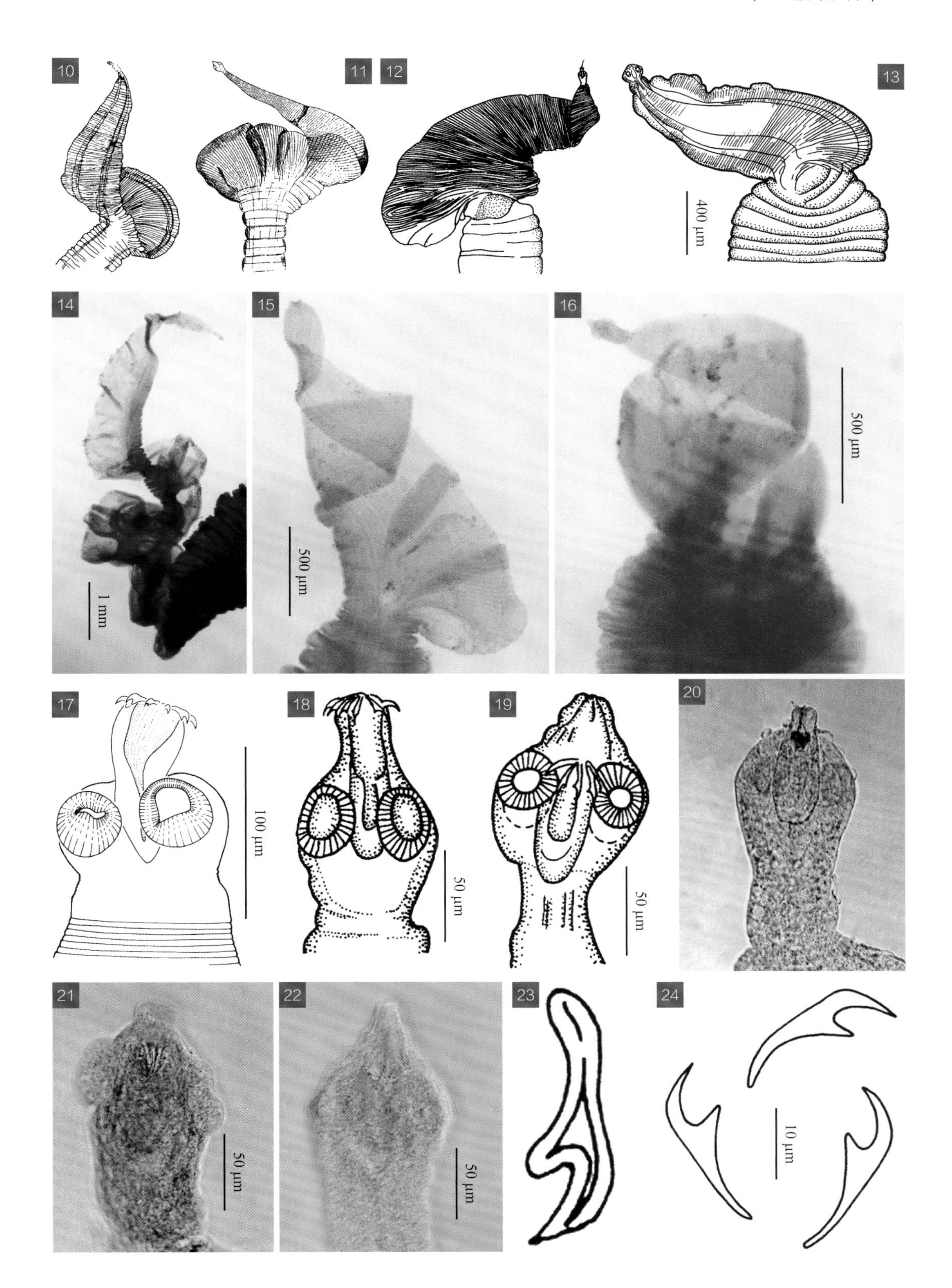
10
11
12
13
400 μm
14
1 mm
15
500 μm
16
500 μm
17
100 μm
18
50 μm
19
50 μm
20
21
50 μm
22
50 μm
23
24
10 μm

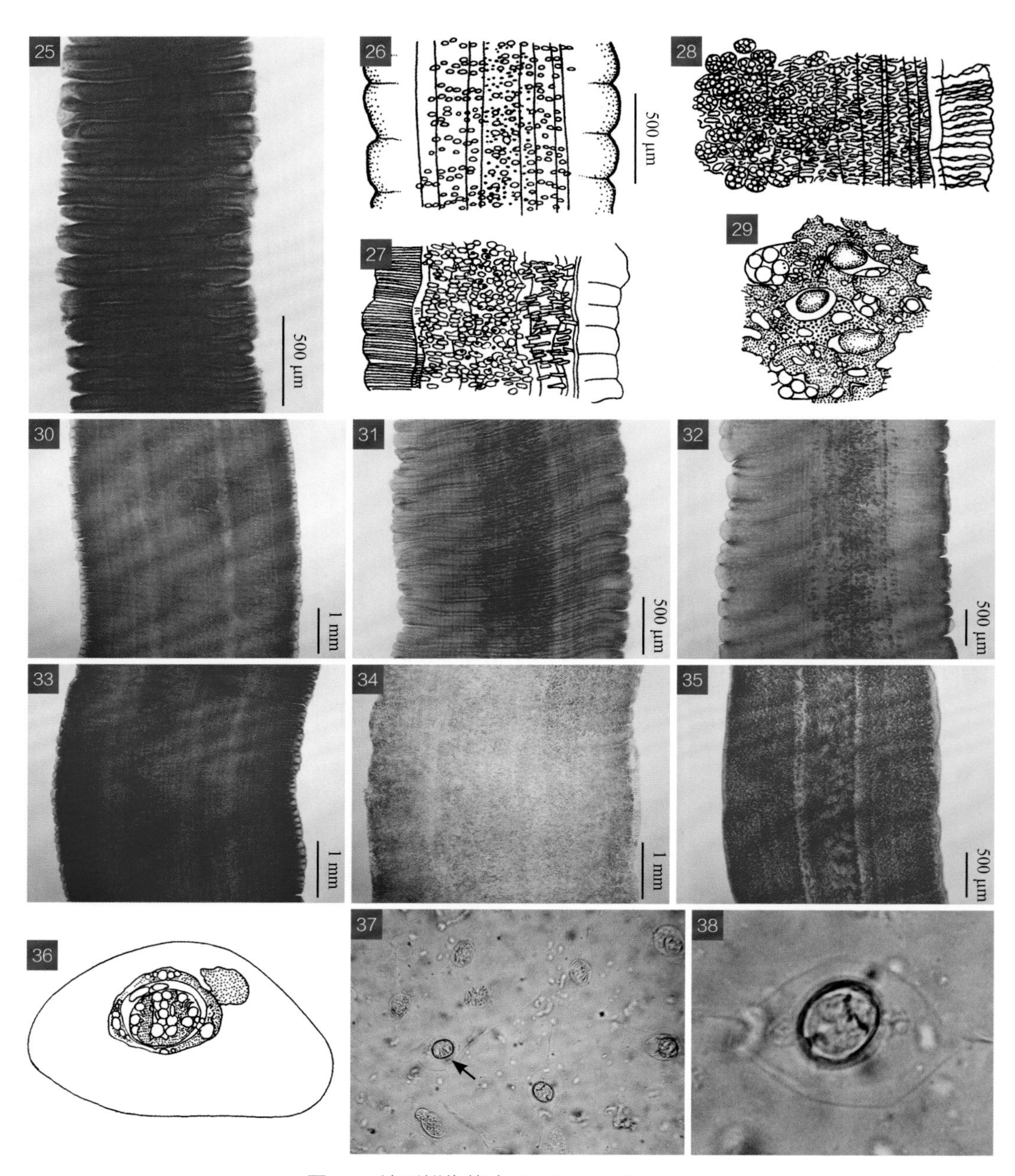

图 79 片形縫缘绦虫 *Fimbriaria fasciolaris*

图释

1～9. 虫体；10～16. 假头；17～22. 头节（17、18 示吻突伸出，19 示吻突缩进）；23, 24. 吻钩；25. 未成熟节片；26～33. 成熟节片（27 示体节、睾丸与卵巢，28 示睾丸、卵巢、卵黄腺、雄茎囊，29 示卵黄腺与网状卵巢）；34, 35. 孕卵节片；36～38. 虫卵

1, 20, 37, 38. 引自江斌等（2012）；2～6, 14～16, 21, 22, 25, 30～35. 原图（SHVRI）；7～9. 原图（SASA）；10, 23. 引自 McDougald（2013）；11. 引自 Sugimoto（1934）；12, 27～29, 36. 引自黄兵和沈杰（2006）；13, 18, 19, 26. 引自蒋学良等（2004）；17, 24. 引自 McLaughlin 和 Burt（1979）

内贮精囊占据雄茎囊的大部分，大小为 0.018～0.022 mm×0.054～0.090 mm，外贮精囊呈长管状有弯曲，雄茎密布小棘。卵巢呈网状，分布于成熟节至孕卵节部分，前后左右相互串通，后期卵巢最大宽度 0.011 mm。卵黄腺呈椭圆形或圆形，大小为 0.022～0.028 mm×0.032～0.043 mm，位于节片中央髓部，分散于睾丸之间。受精囊在孕卵节中膨大可见，呈圆形或椭圆形，大小为 0.039～0.068 mm×0.082～0.110 mm，分散于体节的中央髓部。阴道呈小管状，细长而弯曲。子宫呈网状，前后左右串联，子宫内的虫卵排成 1 列。含成熟六钩蚴的虫卵呈椭圆形，外膜薄而透明，大小为 74～90 μm×90～130 μm。外胚膜呈椭圆形，有卵黄颗粒，大小为 35～39 μm×48～57 μm。内胚膜呈椭圆形，大小为 30～32 μm×36～40 μm。六钩蚴呈圆形或椭圆形，大小为 24～27 μm×25～34 μm，胚钩长约 7 μm。

5.11 西壳属

Hispaniolepis López-Neyra, 1942

【同物异名】蝶壳属（*Satyolepis* Spasskii, 1965）。

【宿主范围】成虫寄生于陆生禽类。

【形态结构】节片生殖孔对侧有个向后的附属物，其长度依节片的成熟程度而定，即使在很小的虫体中亦如此。吻突有扳手样或楔形的吻钩 14～20 个，钩柄明显长于钩刃。吸盘无棘。生殖管位于排泄管的背面，生殖孔位于节片单侧。睾丸 3 枚，呈横向排列或轻度三角形，生殖孔侧 2 枚，生殖孔对侧 1 枚。雄茎囊大，具厚肌肉壁，常超过虫体中线，具回缩性。雄茎有或无刺，无附性囊。卵巢紧凑或略有缺刻，位于节片中央或亚中央。卵黄腺紧凑或略有缺刻，位于卵巢之后。阴道有括约肌，受精囊发育良好。子宫呈囊状。模式种：绒毛西壳绦虫［*Hispaniolepis villosa* (Bloch, 1782) López-Neyra, 1942］。

80 西顺西壳绦虫 *Hispaniolepis tetracis* (Cholodkowsky, 1906) Spasskii et Spasskaya, 1954

【关联序号】42.16.1（19.11.1）/ 326。

【宿主范围】西顺膜壳绦虫（*Hymenolepis tetracis* Cholodkowsky, 1906）；具齿膜壳绦虫（*Hymenolepis dentata* Clerc, 1906）；西顺维兰地绦虫（*Weinlandia tetracis* (Cholodkowsky, 1906) Mayhew, 1925）；西顺尖钩绦虫（*Sphenacanthus tetracis* (Cholodkowsky, 1906) López-Neyra, 1942）；西顺鸨壳绦虫（*Otidilepis tetracis* (Cholodkowsky, 1906) Yamaguti, 1959）；西顺西壳（鸨壳）绦虫（*Hispaniolepis* (*Otidilepis*) *tetracis* (Cholodkowsky, 1906) Yamaguti, 1959）。

【宿主范围】成虫寄生于鸡的小肠。
【地理分布】宁夏。
【形态结构】中型绦虫。体节的宽度大于长度，有内纵肌束4对，在距头节0.13 cm处体节边缘开始出现锯齿状。生殖管伸达排泄管。头节大，呈圆形，横向略微伸长，最大直径0.375 mm。吻突发达，直径达0.200 mm，上有吻钩16～22个，排成1圈，钩刃与钩柄几乎等长，根突明显，呈圆锥形。4个吸盘间距较大，吸盘直径为0.150～0.160 mm。颈部长约1 mm，最大宽度0.225 mm。睾丸3枚，排成三角形或一横排，1枚位于生殖孔侧，2枚位于生殖孔对侧。雄茎囊呈肌质，具牵缩肌，有内、外贮精囊，无附性囊。卵巢具大的生殖细胞，卵黄腺密集，子宫呈囊状，具较多虫卵。

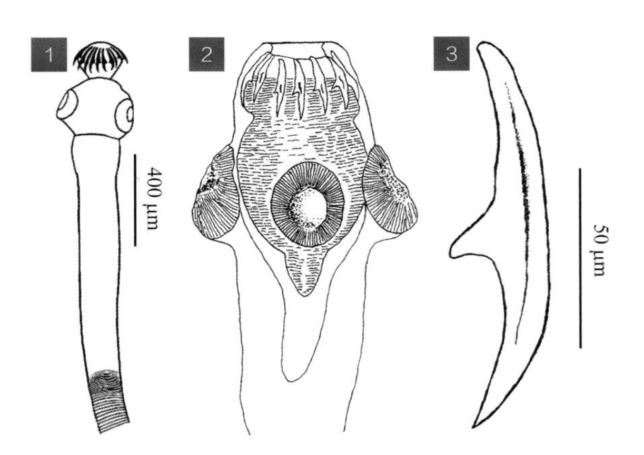

图80　西顺西壳绦虫 *Hispaniolepis tetracis*

图释

1. 头节与链体前部；2. 头节；3. 吻钩

1～3. 引自 Галкин（2014）

5.12 膜壳属

Hymenolepis Weinland, 1858

【同物异名】三睾属（*Triorchis* Clerc, 1903）。
【宿主范围】成虫寄生于禽类和哺乳动物。幼虫主要寄生于陆生节肢动物。
【形态结构】中型绦虫。头节上的吻突和吻囊发育不全或退化，无吻钩。吸盘位于侧面或顶端，无棘。节片数量多，其宽度大于长度，偶尔出现长度大于宽度，排泄管2对，生殖器官1套，生殖孔开口于同一侧，生殖管位于排泄管和神经干的背面。睾丸3枚，呈“一”字形或三角形排列，位于节片髓质区，生殖孔侧1枚，生殖孔对侧2枚，有时斜列而不被卵巢分隔。雄茎囊通常较短，不达虫体中线，偶尔较长达中线。有内、外贮精囊，缺附性囊、交合器和其他辅助交配器官。卵巢具缺刻，呈扇形，位于节片中央或亚中央，常在双睾丸前面。卵黄腺紧凑，位于卵巢后腹侧。受精囊有或缺，阴道位于雄茎囊的后面或腹面。子宫早期呈分支的横管或网状，成熟子宫为囊袋状。虫卵通常为球形，内含轻微卵圆形的六钩蚴。模式种：长膜壳绦虫［*Hymenolepis diminuta* (Rudolphi, 1819) Weinland, 1858］。

81 鸭膜壳绦虫 *Hymenolepis anatina* Krabbe, 1869

【关联序号】42.1.2（19.12.2）/ 300。

【同物异名】鸭棘叶绦虫（*Echinocotyle anatina* (Krabbe, 1869) Blanchard, 1891）；鸭剑壳绦虫（*Drepanidolepis anatine* (Krabbe, 1869) Spasskii, 1963）。

【宿主范围】成虫寄生于鸡、鸭的小肠。

【地理分布】安徽、重庆、广西、河南、江苏、江西、台湾、四川、云南。

【形态结构】新鲜虫体为白色或黄白色，虫体最宽为 0.20 cm，节片众多，节片的宽度全部大于长度。生殖器官 1 套，生殖孔开口于节片单侧的上缘。每个节片有睾丸 3 枚，呈横椭圆形，排列成 1 条直线，生殖孔侧 1 枚，生殖孔对侧 2 枚，成熟节片的睾丸大小为 0.270～0.300 mm×

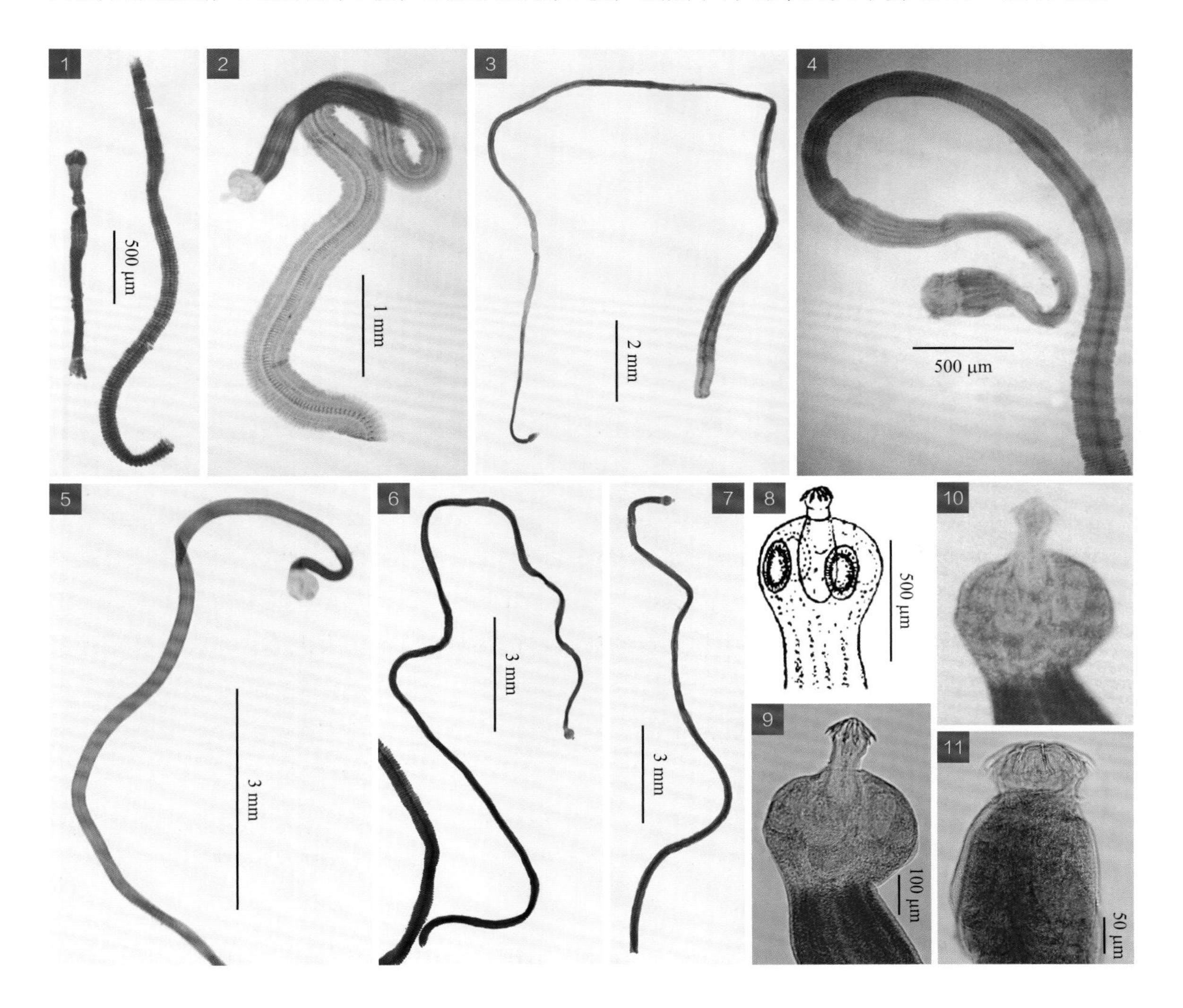

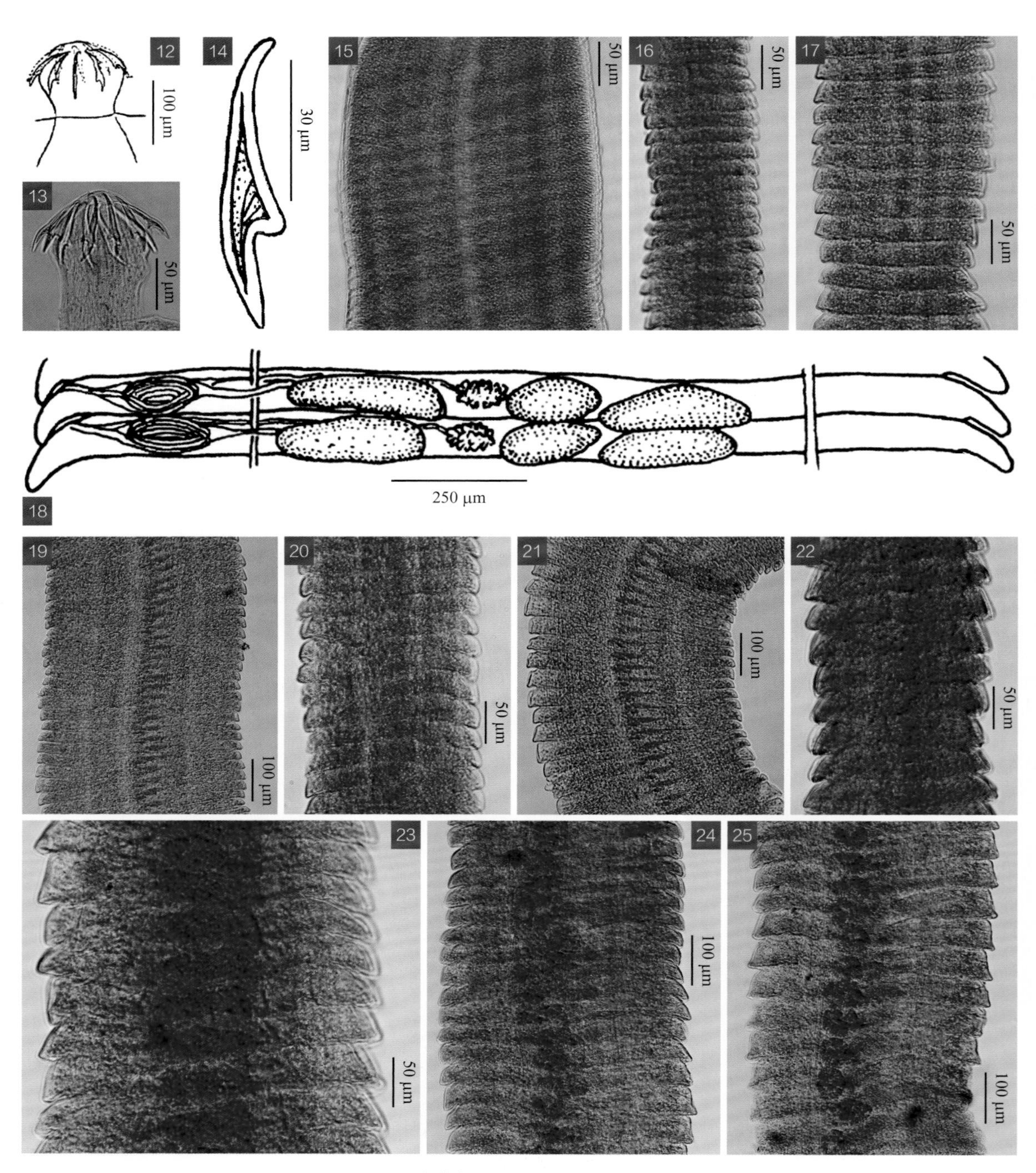

图 81　鸭膜壳绦虫 *Hymenolepis anatina*

图释

1～7. 虫体；8～11. 头节；12, 13. 吻突；14. 吻钩；15～17. 未成熟节片；18～25. 成熟节片

1～3, 9～11, 13, 15～17, 19～25. 原图（SHVRI）；4～7. 原图（SASA）；8, 12, 14. 引自 Sugimoto（1934）；18. 引自黄兵和沈杰（2006）

0.070～0.090 mm。雄茎囊较短，位于第 1 枚睾丸与生殖孔之间的节片上缘，大小为 0.180～0.250 mm×0.080～0.100 mm。内贮精囊占据雄茎囊的大部分，大小为 0.123～0.189 mm×0.077～0.095 mm。雄茎较短，无小棘。外贮精囊呈横袋状，位于第 1 枚睾丸的上缘，其大小为 0.095～0.179 mm×0.060～0.075 mm。卵巢呈分叶状，位于节片中央中间睾丸的下缘，大小为 0.180～0.270 mm×0.040～0.050 mm。卵黄腺位于卵巢内下方，阴道呈细管状，横穿于第 1 枚睾丸的上方和节片上缘，开口于生殖孔。

82 角额膜壳绦虫 *Hymenolepis angularostris* Sugimoto, 1934

【关联序号】42.1.3（19.12.3）/ 。

【宿主范围】成虫寄生于鸭、鹅的小肠。

【地理分布】安徽、贵州、台湾。

【形态结构】虫体全长可达 4.00 cm，最大宽度约为 0.05 cm。节片的宽度均大于长度，距头端 3.70 cm 处的节片长 0.042 mm、宽 0.560 mm，即长宽比为 3∶40。每节生殖器官 1 套，生殖孔开口于节片左侧边缘的中央靠前部。头节呈亚球形，其长为 0.210 mm，直径为 0.238 mm。吻突突出，无吻钩，吻突长 0.294 mm，直径约为 0.070 mm，吻囊可达吸盘后方，吻囊长 0.238 mm。吸盘呈椭圆形，无钩，大小约为 0.098 mm×0.112 mm。颈节较长，可达 0.126 mm。睾丸 3 枚，横向排成一直线，生殖孔侧 1 枚，生殖孔对侧 2 枚。雄茎囊呈长梨形，其底部可达虫体的中线，偶尔超过中线，具内、外贮精囊。雄茎细长呈索状。卵巢 1 枚，位于节片的中央或略偏左侧。阴道细长，受精囊位于卵巢的背侧。

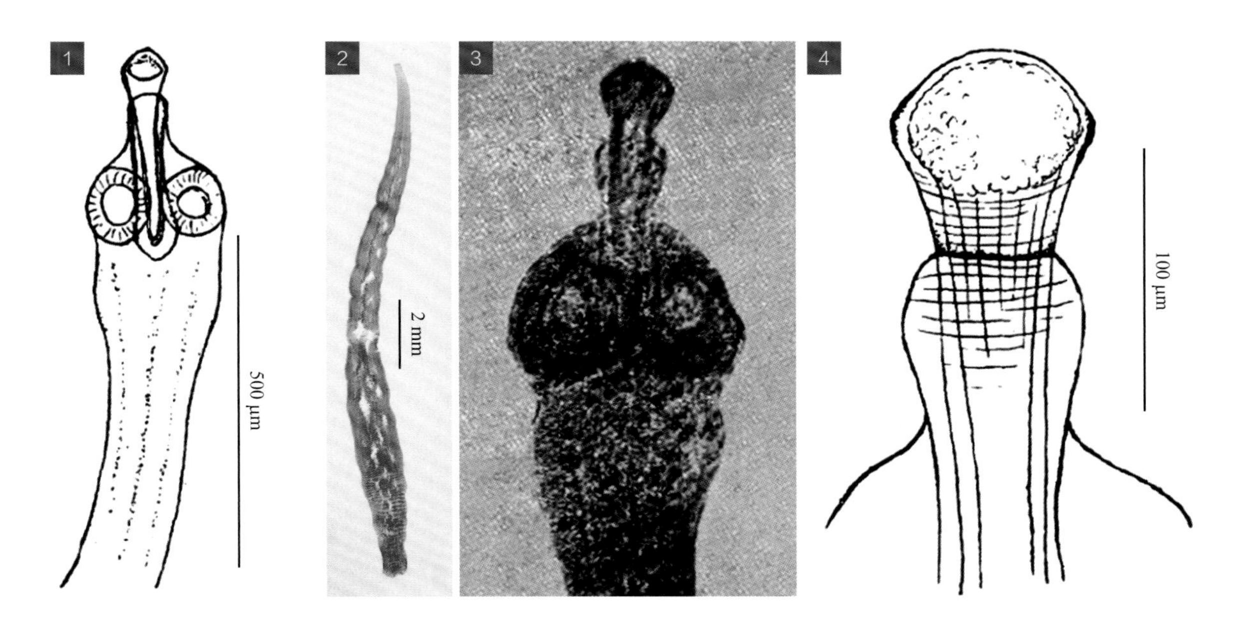

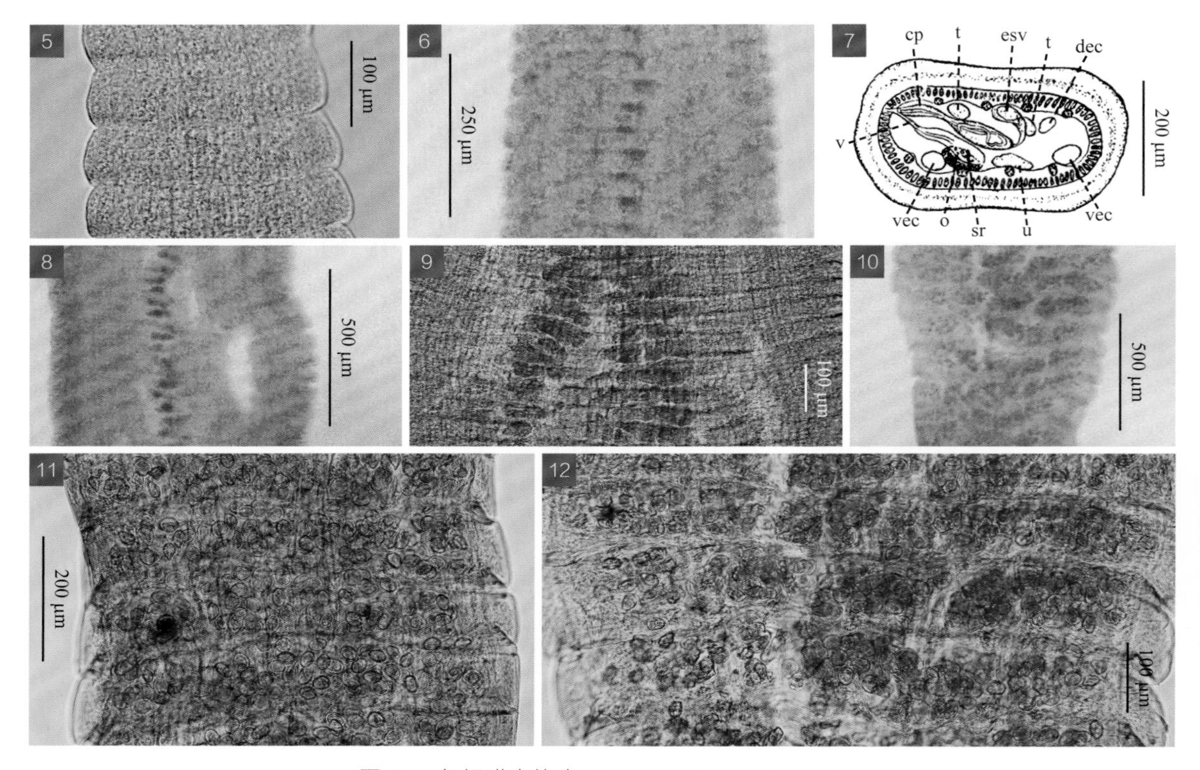

图 82 角额膜壳绦虫 *Hymenolepis angularostris*

图释

1. 虫体前部；2. 链体；3. 头节；4. 吻突；5, 6. 未成熟节片；7～9. 成熟节片（7 示横切面）；10～12. 孕卵节片

1, 3, 4, 7. 引自 Sugimoto（1934）；2, 5, 6, 8～12. 原图（SHVRI）

83 分枝膜壳绦虫 *Hymenolepis cantaniana* Polonio, 1860

【关联序号】42.1.5（19.12.6）/ 301。

【同物异名】康塔尼膜壳绦虫。

【宿主范围】成虫寄生于鸡、鸭的小肠。

【地理分布】贵州、江苏、宁夏、四川、新疆、云南、浙江。

【形态结构】虫体为黄白色或乳白色，体长 0.22～0.26 cm，最大体宽 0.03～0.04 cm，所有节片的宽度大于长度。每节有生殖器官 1 套，生殖孔开口于节片单侧边缘的中前部。头节呈圆锥形，长 0.082～0.137 mm，宽 0.101～0.164 mm。吻突不明显，吻囊可伸达吸盘中部，吻囊长 0.061～0.080 mm，宽 0.032～0.042 mm。吸盘 4 个，呈圆形或椭圆形，大小为 0.055～0.092 mm×0.046～0.067 mm，无刺。颈部宽 0.067～0.105 mm。未成熟节片呈横细条状，成熟节片和孕卵节片的宽度为长度的 2～3 倍。睾丸 3 枚，粗大呈圆形或椭圆形，大小为 0.042～0.048 mm×0.040～0.052 mm，呈直线横列于节片的中后部。雄茎囊呈囊状膨大，大小为 0.018～0.024 mm×0.084～0.096 mm，内有 1 个贮精囊，部分雄茎囊可超过节片中线。外贮精囊呈圆形或卵圆形，大小为 0.022～0.026 mm×0.050～0.052 mm。卵巢 1 枚，呈长椭圆形，

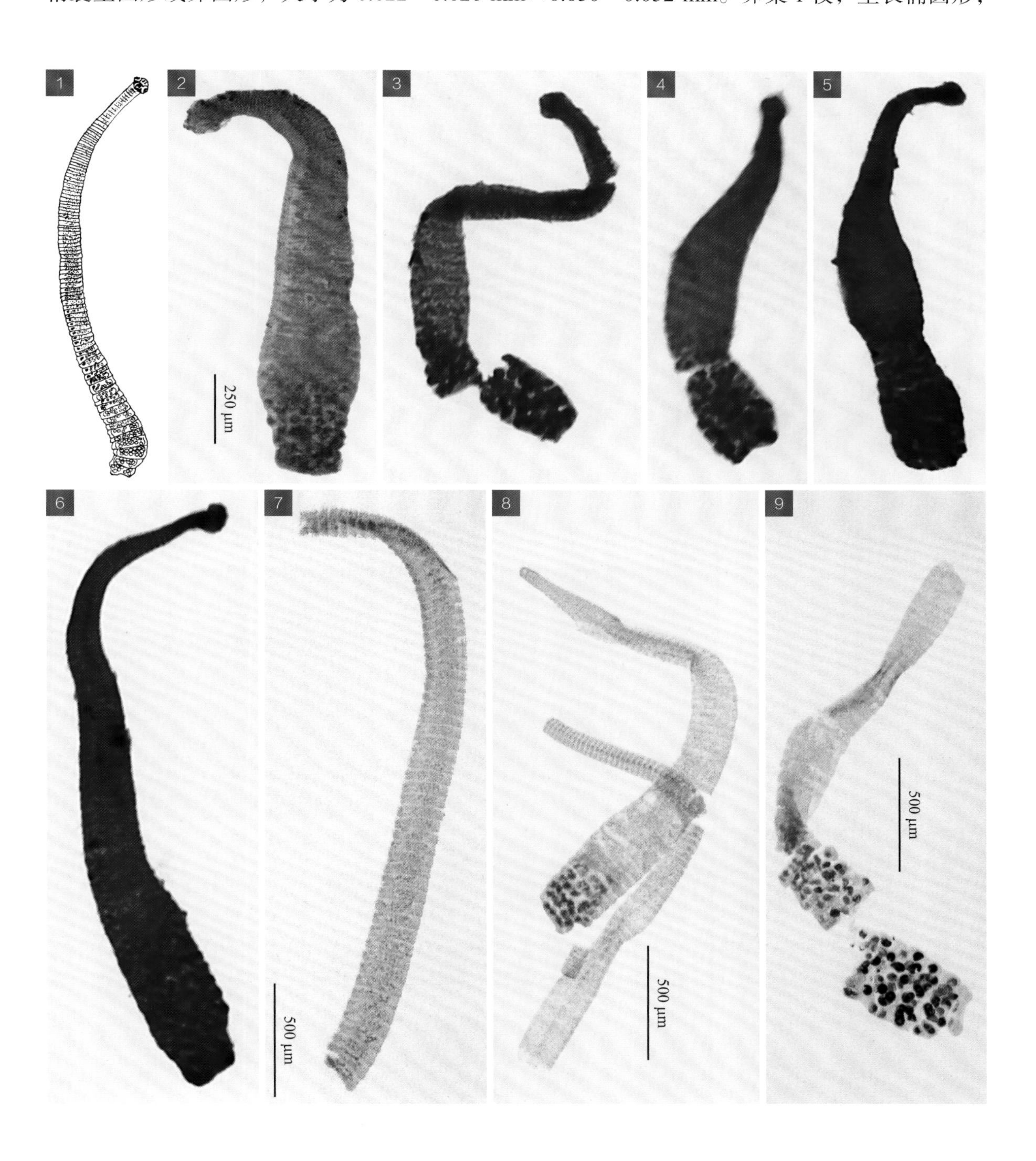

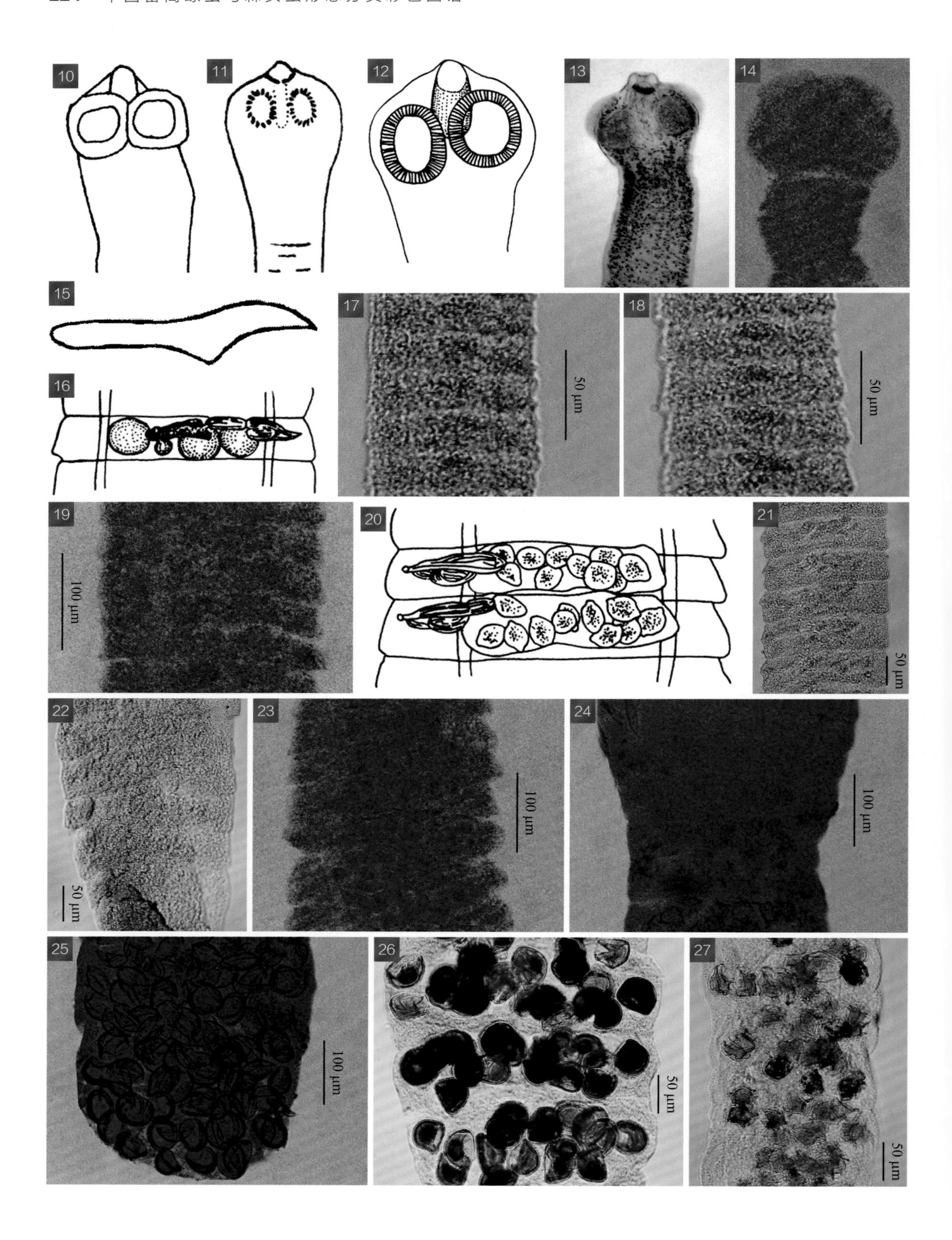
10
11
12
13
14
15
16
17
50 μm
18
50 μm
19
100 μm
20
21
50 μm
22
50 μm
23
100 μm
24
100 μm
25
100 μm
26
50 μm
27
50 μm

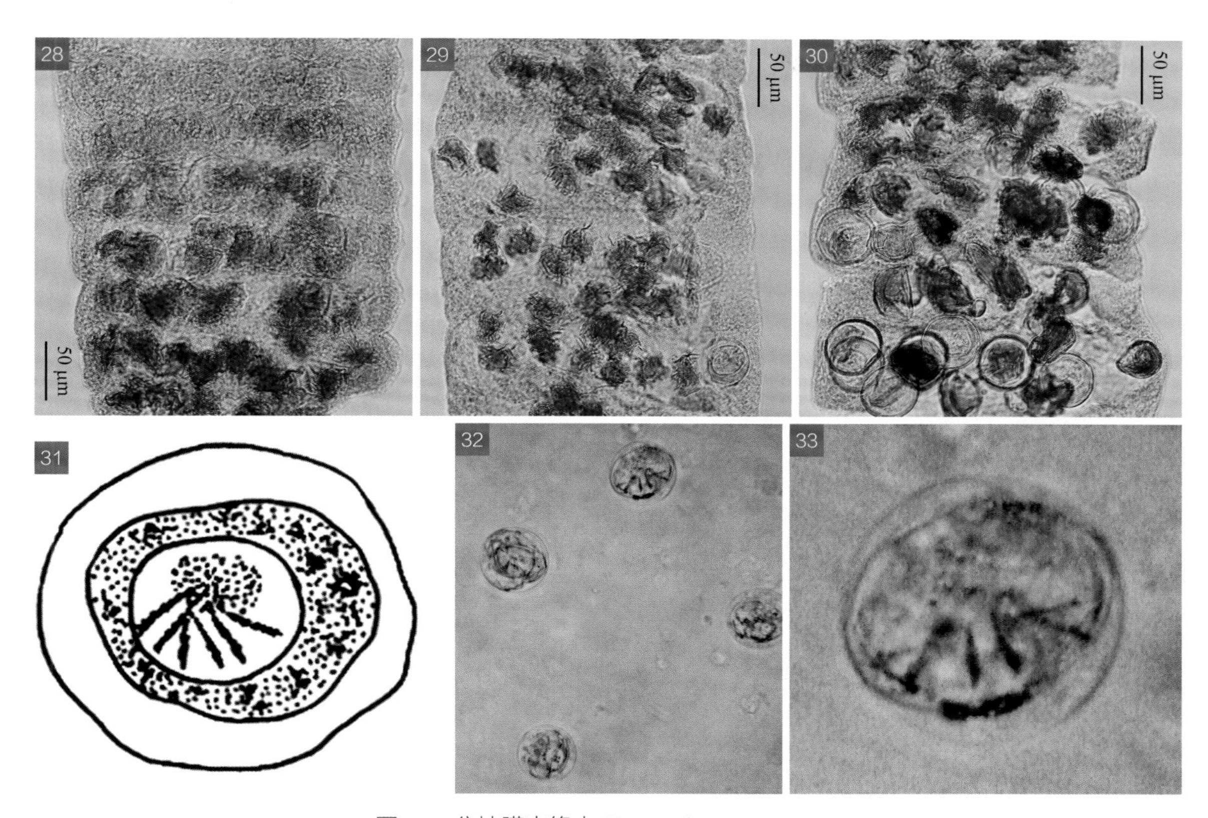

图 83　分枝膜壳绦虫 *Hymenolepis cantaniana*

图释

1～6. 虫体；7～9. 链体；10～14. 头节；15. 吻突；16～19. 成熟节片；20～30. 孕卵节片；31～33. 虫卵

1, 10, 11, 15. 引自 McDougald（2013）；2～6, 14, 19, 23～25. 原图（SASA）；7～9, 17, 18, 21, 22, 26～30. 原图（SHVRI）；12, 16, 20, 31. 引自黄兵和沈杰（2006）；13, 32, 33. 引自江斌等（2012）

边缘不完整，位于节片中部的中线上。卵黄腺呈豆形，位于卵巢中央后面。受精囊呈椭圆形，位于雄茎囊的下方，大小为 0.042～0.048 mm×0.046～0.056 mm。孕卵节片的子宫呈袋状，几乎充满节片中部，每个节片内含虫卵 10 多枚。虫卵呈椭圆形或圆形，大小为 43～84 μm×39～72 μm，胚钩长 11～15 μm。

［注：Yamaguti（1959）和 Schmidt（1986）均将本种列为隐壳属的模式种，即 *Staphylepis cantaniana* (Polonio, 1860) Spasskii et Oschmarin, 1954，见 121 坎塔尼亚隐壳绦虫］

84 鸡膜壳绦虫　*Hymenolepis carioca* (Magalhães, 1898) Ransom, 1902

【关联序号】42.1.6（19.12.7）/ 302。

【同物异名】 腐败膜壳绦虫；线样膜壳绦虫；致疡膜壳绦虫。

【宿主范围】 成虫寄生于鸡、鸭、鹅的小肠。

【地理分布】 安徽、重庆、河南、黑龙江、江苏、四川、浙江。

【形态结构】 虫体细长如线状，由数百个不明显的节片组成 1 条链体，体长 2.00～8.00 cm，最

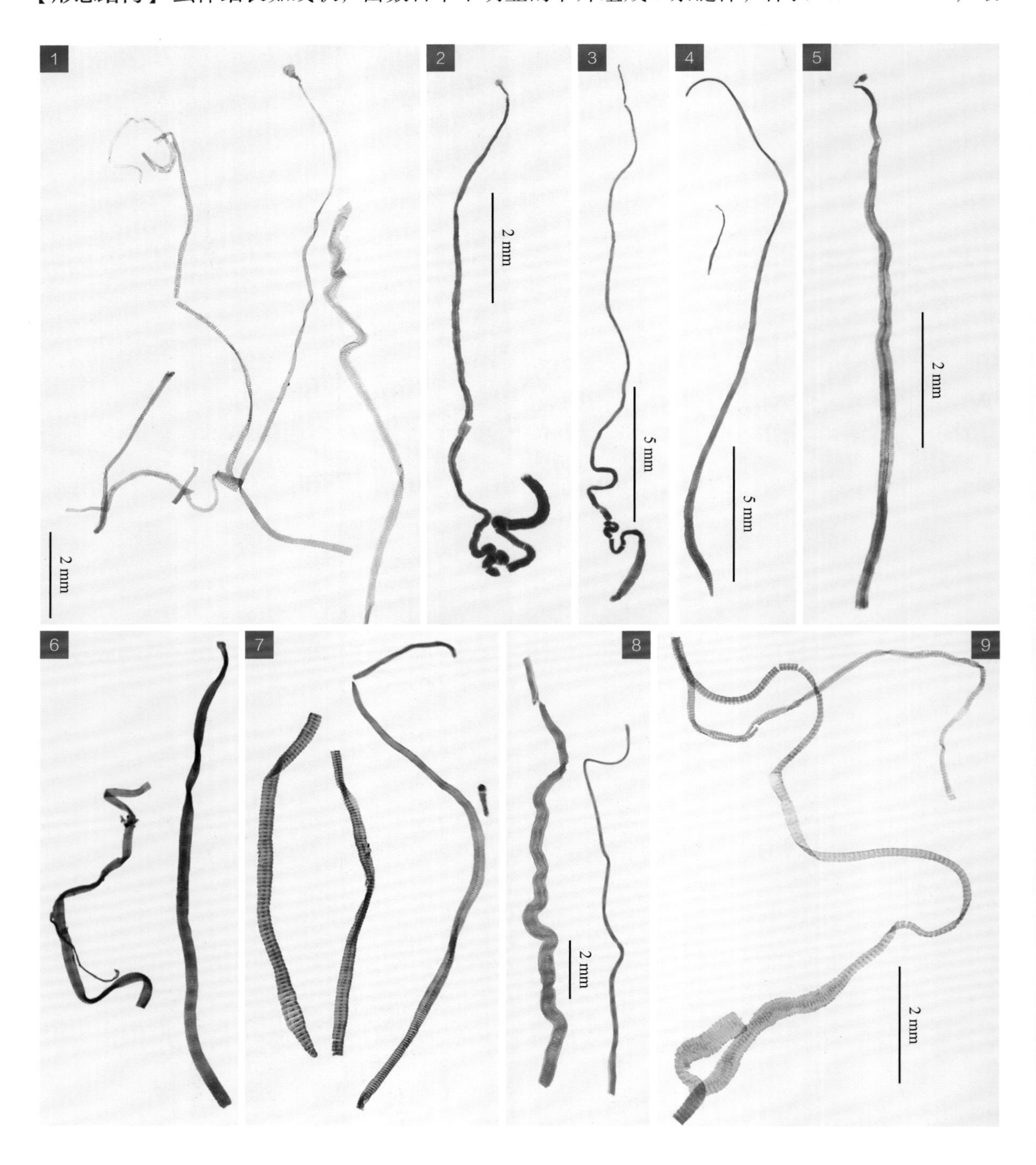

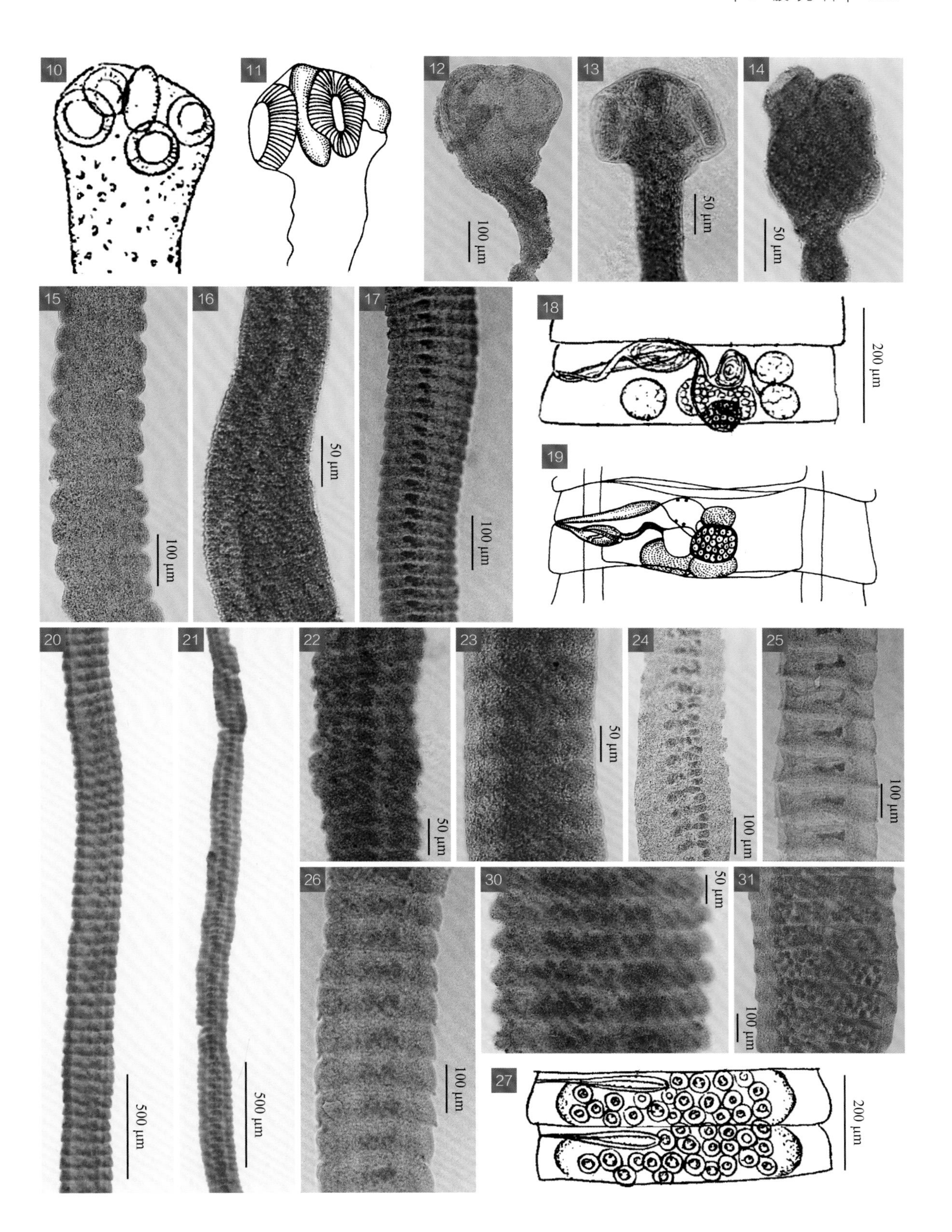
10
11
12
100 μm
13
50 μm
14
50 μm
15
100 μm
16
50 μm
17
100 μm
18
200 μm
19
20
500 μm
21
500 μm
22
50 μm
23
50 μm
24
100 μm
25
100 μm
26
100 μm
30
50 μm
31
100 μm
27
200 μm

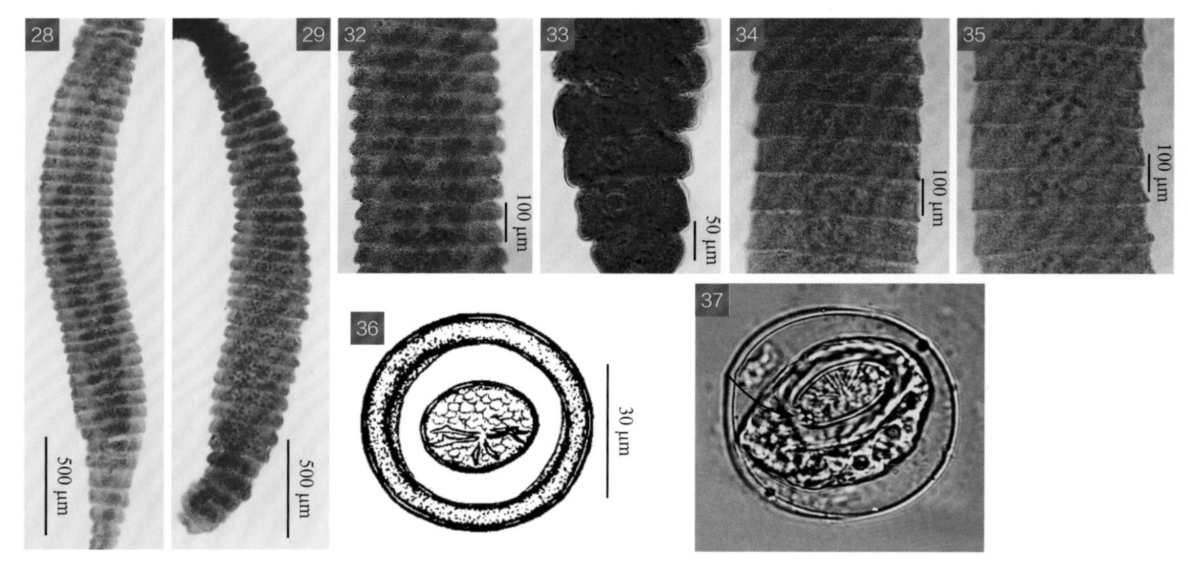

图 84 鸡膜壳绦虫 *Hymenolepis carioca*

图释

1～7. 虫体；8, 9. 链体；10～14. 头节；15～17. 未成熟节片；18～26. 成熟节片；27～35. 孕卵节片；36, 37. 虫卵（箭头示六钩蚴两端堆积的颗粒样物）

1～5, 8, 9, 12～16, 20～24, 28～33. 原图（SHVRI）；6, 7, 17, 25, 26, 34, 35. 原图（SASA）；10, 18, 27, 36. 引自 Sugimoto（1934）；11, 19. 引自黄兵和沈杰（2006）；37. 引自 McDougald（2013）

大体宽 0.02～0.08 cm。每节有生殖器官 1 套，生殖孔开口于节片单侧边缘的中部略前。头节呈亚球形，宽 0.150～0.210 mm，吻突退化无吻钩，其吻囊可达吸盘后缘。吸盘 4 个呈圆形或椭圆形，位于头节四周，其直径为 0.070～0.090 mm。颈部约长 1.200 mm，宽 0.070～0.017 mm。睾丸 3 枚，呈球形或椭圆形，直径为 0.042～0.058 mm，排列成三角形，生殖孔侧 1 枚，生殖孔对侧 2 枚，呈前后排列。雄茎囊呈圆筒形，伸至节片中线，大小为 0.120～0.175 mm×0.014～0.018 mm。有 1 个大的外贮精囊，位于节片中部的前侧，其直径为 0.042～0.056 mm。卵巢呈囊状，分为 3 叶，位于节片中央偏后侧。卵黄腺在卵巢之后，直径为 0.030～0.040 mm。阴道呈管状，前端开口处距生殖孔 0.008～0.010 mm，后端为膨大的受精囊。孕卵节片的子宫呈囊状，几乎充满节片的髓质，内含较多虫卵。虫卵呈球形或亚球形，大小为 46～53 μm×55～59 μm，内含六钩蚴。六钩蚴呈橄榄形，大小为 24～27 μm×16～20 μm，胚钩长 10～12 μm。

85 窄膜壳绦虫 *Hymenolepis compressa* (Linton, 1892) Fuhrmann, 1906

【关联序号】42.1.7（19.12.8）/ 。

【同物异名】压扁膜壳绦虫；缩短膜壳绦虫；压扁带绦虫（*Taenia compressa* Linton, 1892）。

【宿主范围】成虫寄生于鸭、鹅的小肠。

【地理分布】福建、河南、贵州、江苏、江西、浙江。

【形态结构】虫体新鲜时为白色，前端细小，后端逐渐宽大，全长 1.40～4.00 cm，最大宽度 0.12 cm。排泄管 2 对，腹排泄管较大，宽 0.028 mm，背排泄管较小，宽 0.007 mm。每个节片有生殖器官 1 套，生殖孔开口于单侧边缘的前 1/3 处。头节呈圆锥形，长宽为 0.208～0.240 mm×0.304～0.336 mm。吻突伸出体外，长宽为 0.223～0.230 mm×0.068～0.072 mm，吻突上有吻钩 1 圈 8～10 只，吻钩长 0.057～0.058 mm。吻囊延至吸盘后方，长宽为 0.212～0.230 mm×0.080～0.083 mm。吸盘 4 个呈椭圆形，大小为 0.108～0.144 mm×0.082～0.090 mm。睾丸 3 枚，呈圆形或椭圆形，平行排列，有时因固定原因生殖孔对侧的睾丸位于中间睾丸的稍上方，大小为 0.112～0.180 mm×0.082～0.101 mm。雄茎囊呈肌肉性膨大，外观呈球形或纺锤形，大小为 0.144～0.224 mm×0.096～0.128 mm。内贮精囊呈梭形或纺锤形，有时弯曲，大小为 0.112～0.151 mm×0.022～0.025 mm。外贮精囊呈椭圆形，位于节片中央前方，在后期成熟节片中十分发达，大小为 0.160～0.192 mm×0.064～0.110 mm。阴茎细长，长宽约为 0.036 mm×0.011 mm，具棘不明显。卵巢呈长囊状，横置于 3 枚睾丸的背面，微有弯曲，大小为 0.400～

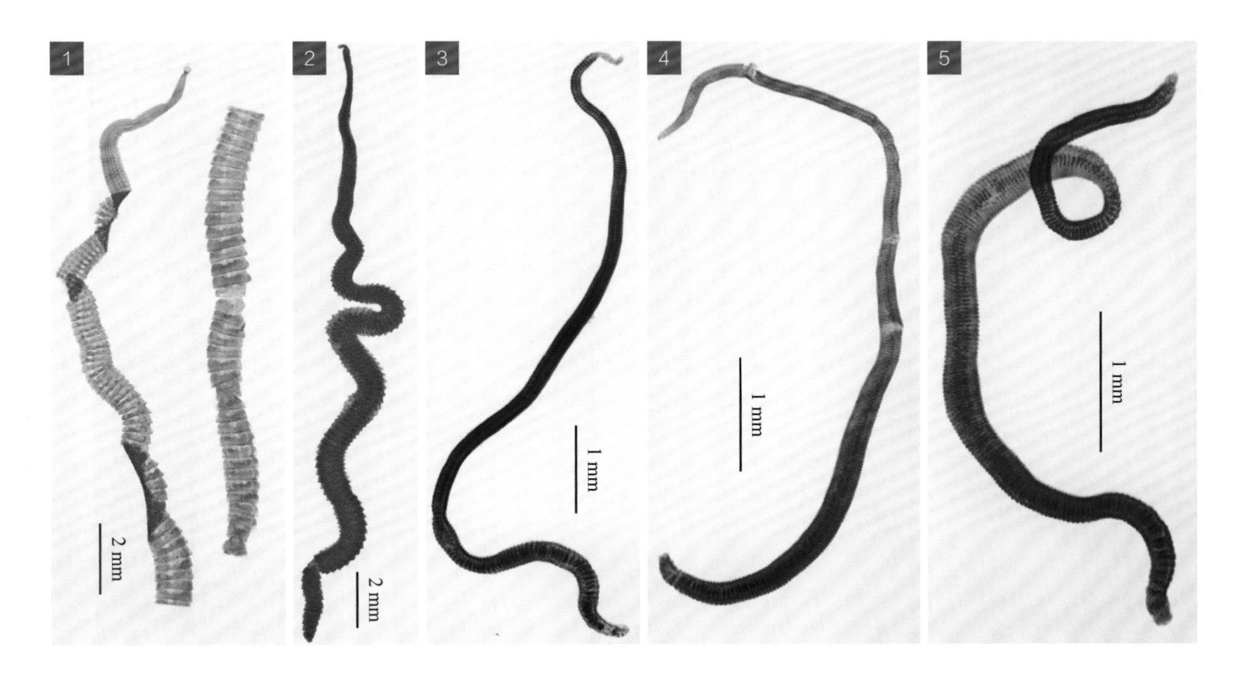

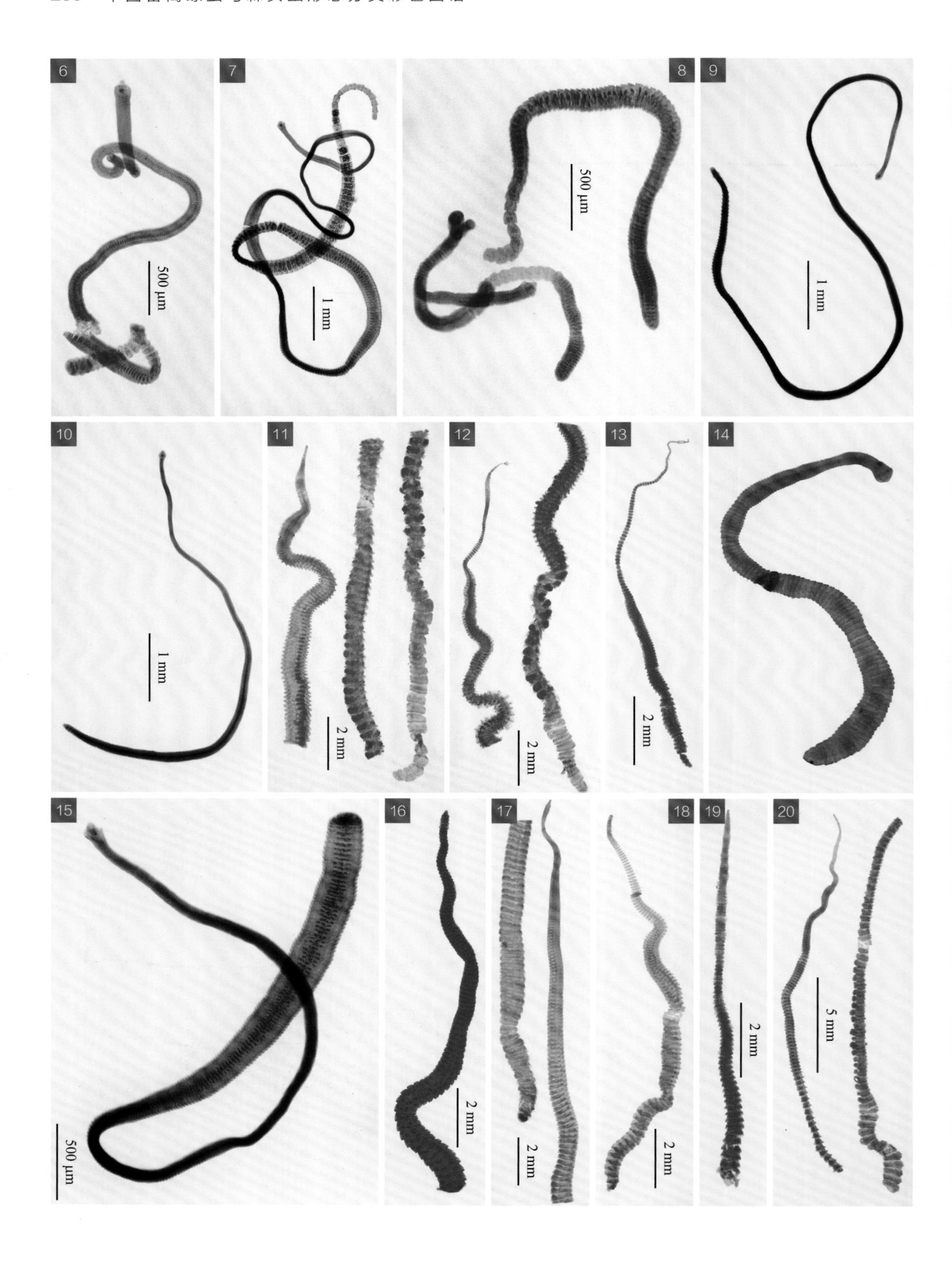
6
500 μm
7
1 mm
8
500 μm
9
1 mm
10
1 mm
11
2 mm
12
2 mm
13
2 mm
14
15
500 μm
16
2 mm
17
2 mm
18
2 mm
19
2 mm
20
5 mm

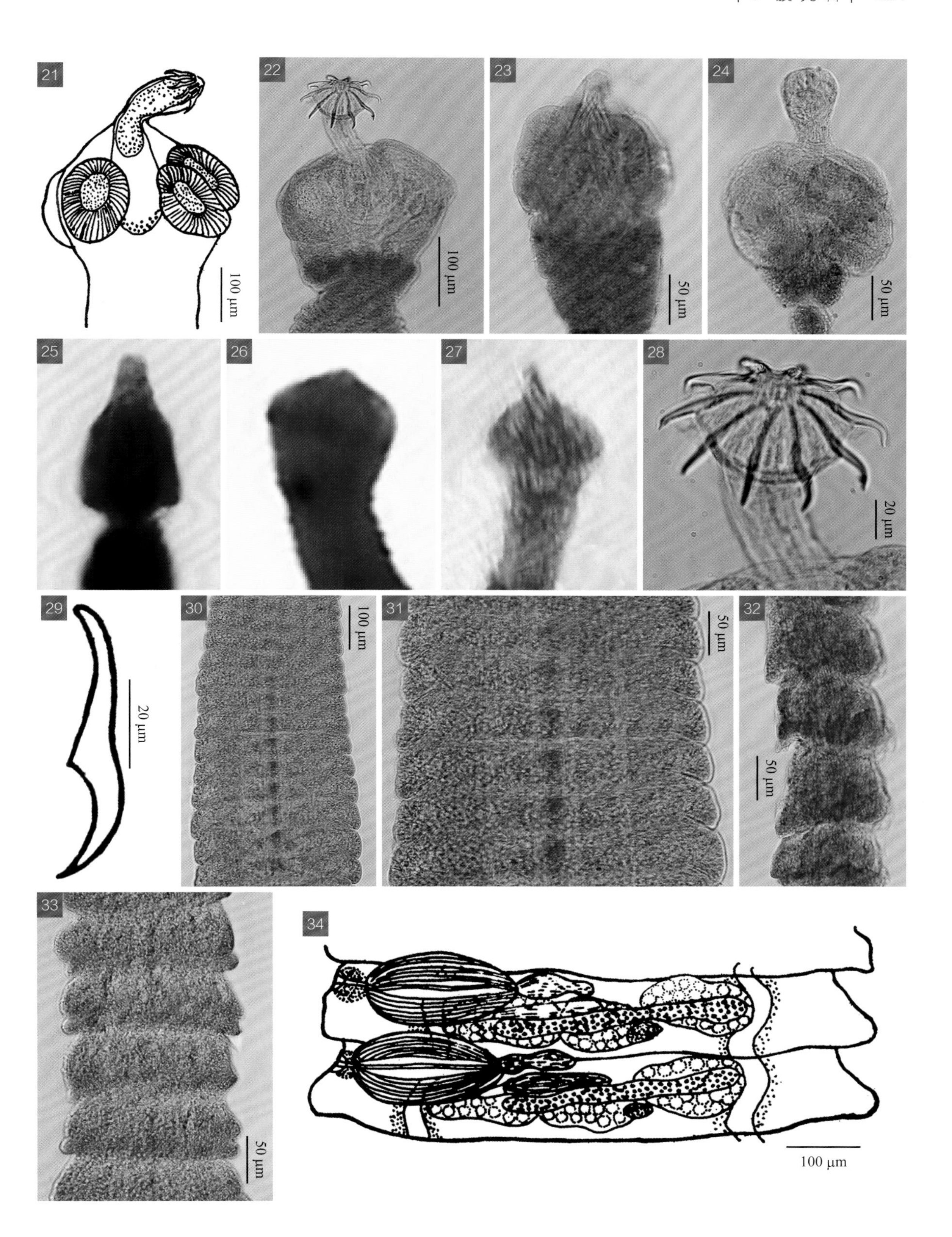
21
22
23
24
25
26
27
28
29
30
31
32
33
34
100 μm
100 μm
50 μm
50 μm
20 μm
20 μm
100 μm
50 μm
50 μm
50 μm
100 μm

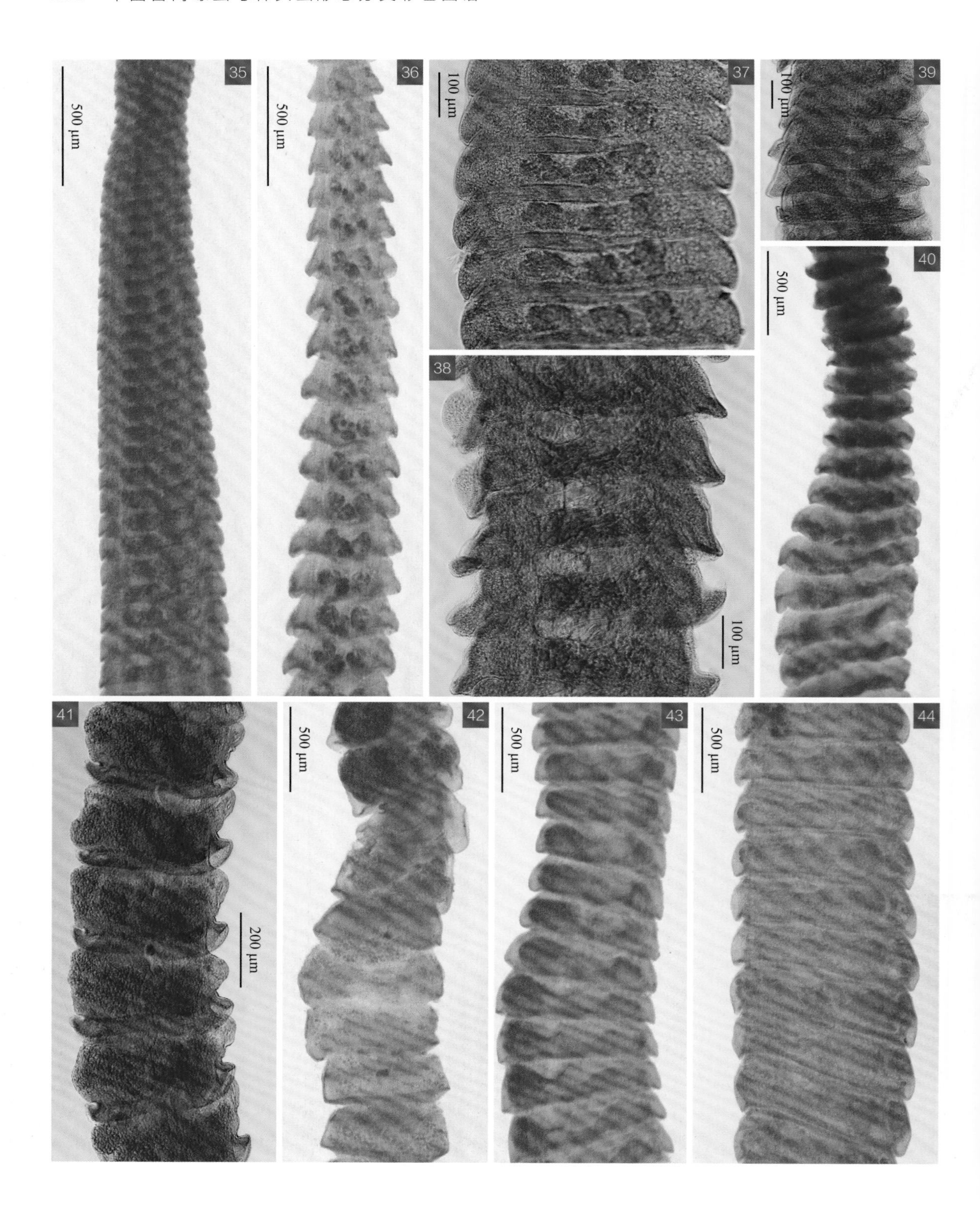
35
500 μm
36
500 μm
37
100 μm
39
100 μm
38
100 μm
40
500 μm
41
200 μm
42
500 μm
43
500 μm
44
500 μm

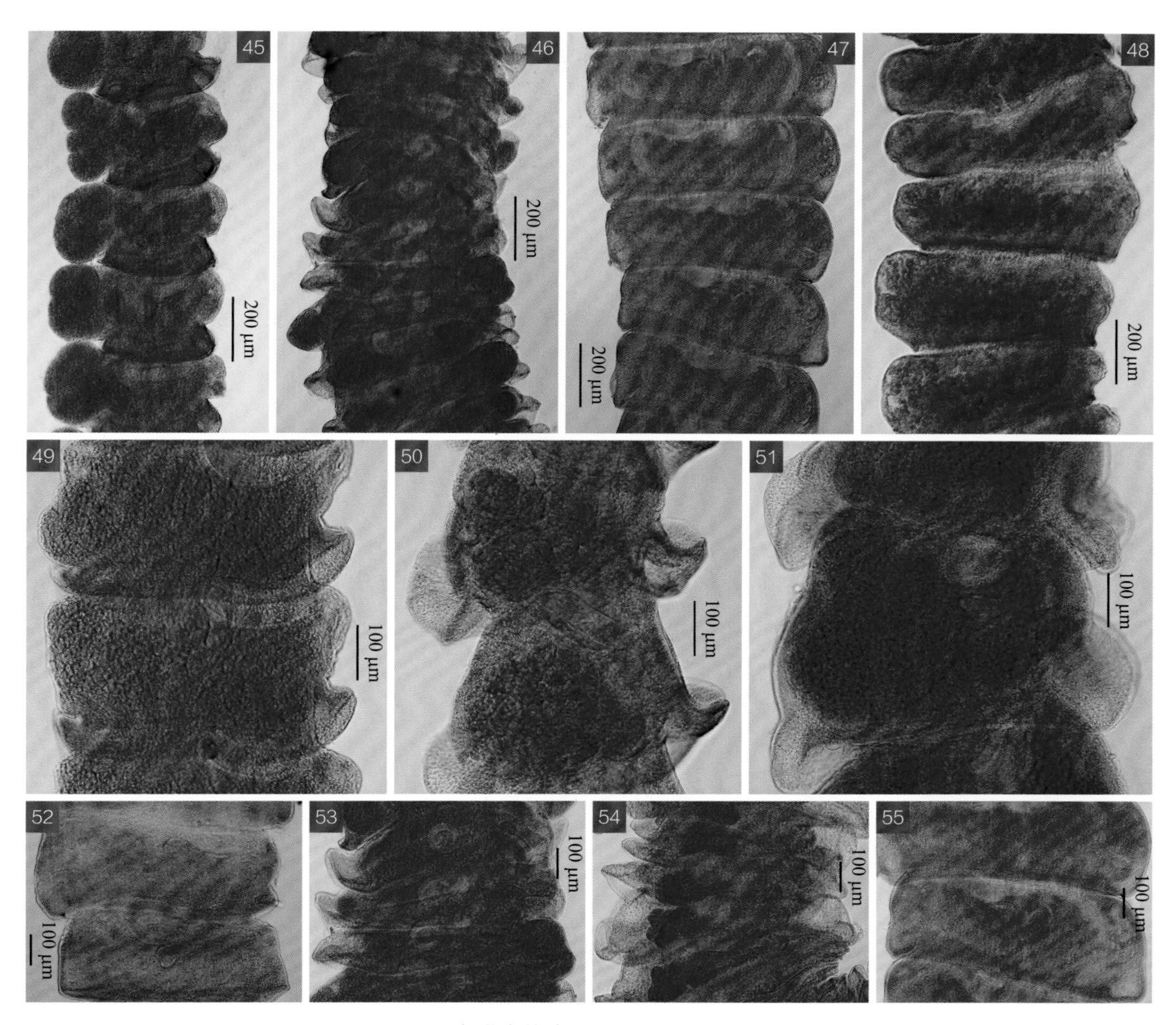

图 85　窄膜壳绦虫 *Hymenolepis compressa*

图释

1～14. 虫体；15～20. 链体；21～27. 头节；28. 吻突；29. 吻钩；30～33. 未成熟节片；34～39. 成熟节片；40～55. 孕卵节片

1～13, 15～20, 22～24, 28，30～33, 35～55. 原图（SHVRI）；14, 25, 26. 原图（SCAU）；21, 29, 34. 引自张峰山等（1986）；27. 原图（YNAU）

0.450 mm×0.048～0.064 mm，后期成熟节片的卵巢高度发达，其大小可达 0.592 mm×0.176 mm。卵黄腺呈豆状，无分支，大小为 0.064～0.128 mm×0.032～0.080 mm。受精囊初期较小，后期成熟节片中十分膨大，大小为 0.122～0.198 mm×0.032～0.108 mm。阴道呈管状，宽约为 0.014 mm。孕卵节片中子宫呈囊状，大小为 0.656～0.890 mm×0.160～0.224 mm。未观测到成熟六钩蚴的虫卵。

［注：本种所属的调整人有不同的文献记载，Mayhew（1925）记录为“*Hymenolepis compressa* (Linton, 1892) Fuhrmann, 1906”，林宇光（1959）记录为“*Hymenolepis compressa* (Linton, 1892) Kowalewski, 1904”，Schmidt（1986）记录为“*Hymenolepis compressa* (Linton, 1892) Skrjabin, 1914”，本书采用 Mayhew（1925）。Yamaguti（1959）和 Schmidt（1986）均将本种归为微吻属，见 96 狭窄微吻绦虫］

86 长膜壳绦虫 *Hymenolepis diminuta* (Rudolphi, 1819) Weinland, 1858

【关联序号】42.1.8（19.12.9）/ 303。

【同物异名】缩小膜壳绦虫；矮小膜壳绦虫；矮小带绦虫（*Taenia diminuta* Rudolphi, 1819）；细头带绦虫（*Taenia leptocephala* Creplin, 1825）；黄点带绦虫（*Taenia flavopunctata* Weinland, 1858）；变湾带绦虫（*Taenia varesina* Parona, 1884）；微小带绦虫（*Taenia minina* Grassi, 1886）；大鸟膜壳绦虫（*Hymenolepis megaloon* Linstow, 1901）；类矮小膜壳绦虫（*Hymenolepis diminutoides* Cholodkovsky, 1912）；异常膜壳绦虫（*Hymenolepis anomala* Splendore, 1920）。

【宿主范围】成虫寄生于犬的小肠。

【地理分布】云南、广东。

【形态结构】虫体呈带状，体长 8.00～78.00 cm，体宽 0.18～0.49 cm，节片数常为 800～1000 个，亦有多至 1284 个，除末端少数几节外，节片的宽度全部大于长度。生殖孔开口于节片侧缘中部或中后 1/3 交界处，大多位于同侧，极少数偶见于异侧。头节呈圆球形，直径 0.200～0.600 mm，前端稍微凹入，有一发育不全的梨形吻突，经常缩于吻囊内，无吻钩，有 4 个圆形吸盘，直径 0.080～0.150 mm。颈节长 0.650～0.850 mm。睾丸 3 枚，呈圆形或椭圆形，直线横列，近生殖孔侧 1 枚，生殖孔对侧 2 枚，直径为 0.130～0.170 mm。雄茎囊呈长梭形，大小为 0.170～0.380 mm×0.050～0.080 mm。有内、外贮精囊，内贮精囊大小为 0.090～0.100 mm×0.030～0.050 mm。雄茎细小，无棘。卵巢 1 枚，位于节片中央，分左右两叶，呈叶状分瓣，宽度为 0.270～0.380 mm。卵黄腺致密，边缘不规则，位于卵巢的后方中央，宽 0.080～0.100 mm。阴道于雄茎囊的腹面开口于生殖腔内，受精囊发达呈囊袋状，其底部几乎可达节片中央。孕卵节片内子宫呈囊状，边缘不整齐，扩张至节片的四缘，子宫内充满虫卵。虫卵呈圆形或略椭圆形，黄褐色，大小为 59～77 μm×49～69 μm，卵壳稍厚，卵壳内侧附有 1 层半透明的内膜。胚膜两极稍肥厚，无极丝，胚膜内含六钩蚴，大小为 27～36 μm×24～30 μm，胚钩长 14～17 μm。

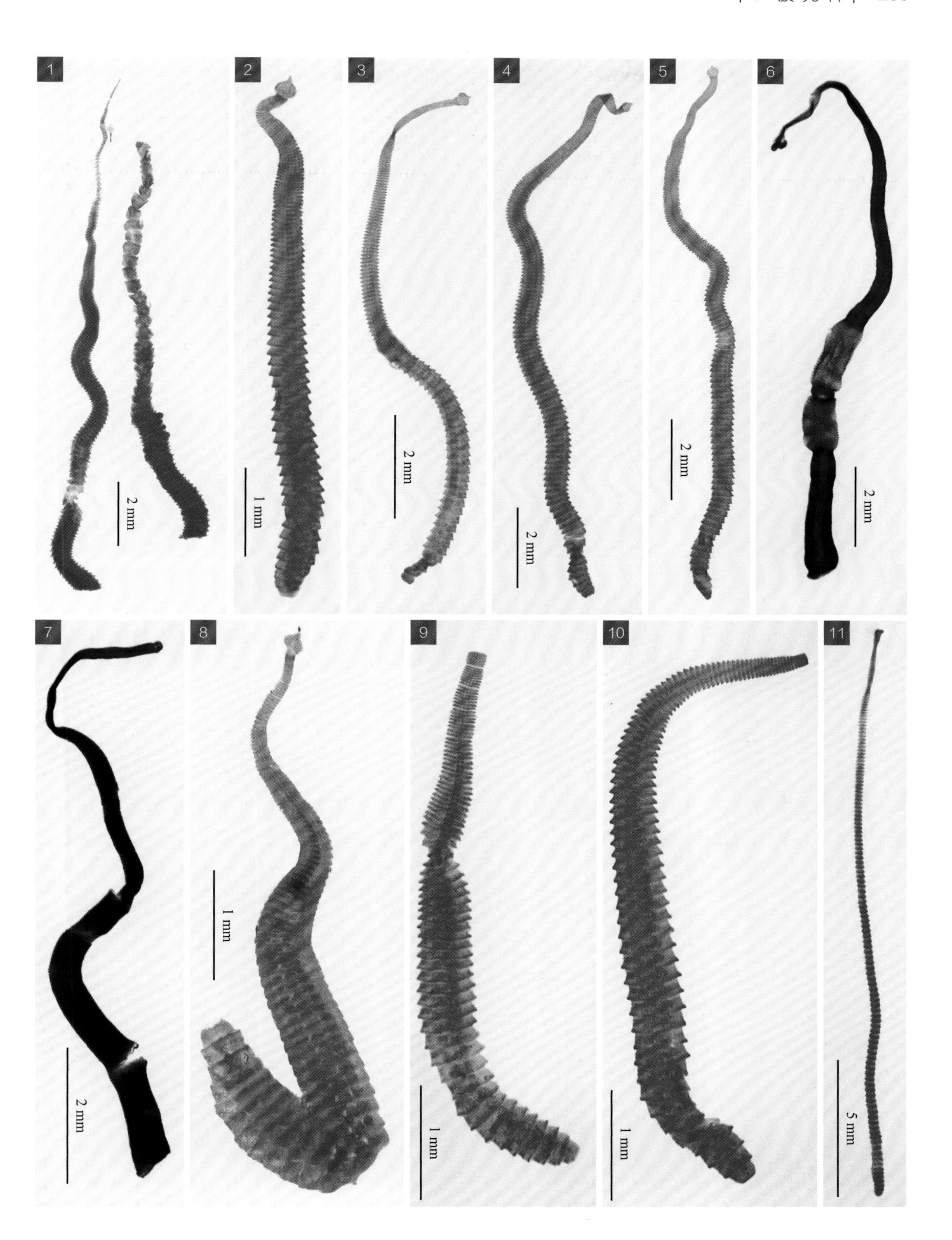
1
2 mm
2
1 mm
3
2 mm
4
2 mm
5
2 mm
6
2 mm
7
2 mm
8
1 mm
9
1 mm
10
1 mm
11
5 mm

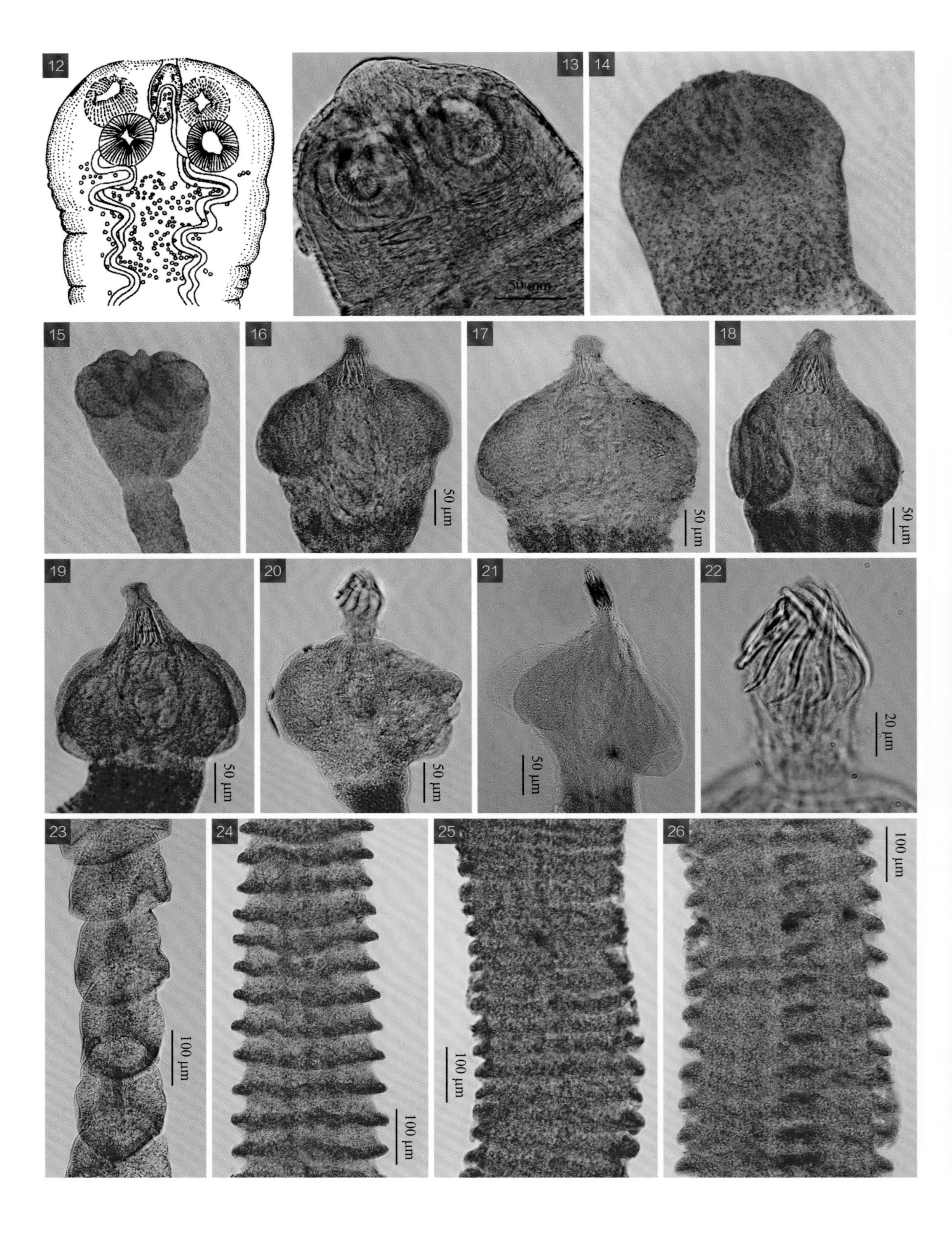
12
13
50 mm
14
15
16
50 μm
17
50 μm
18
50 μm
19
50 μm
20
50 μm
21
50 μm
22
20 μm
23
100 μm
24
100 μm
25
100 μm
26
100 μm

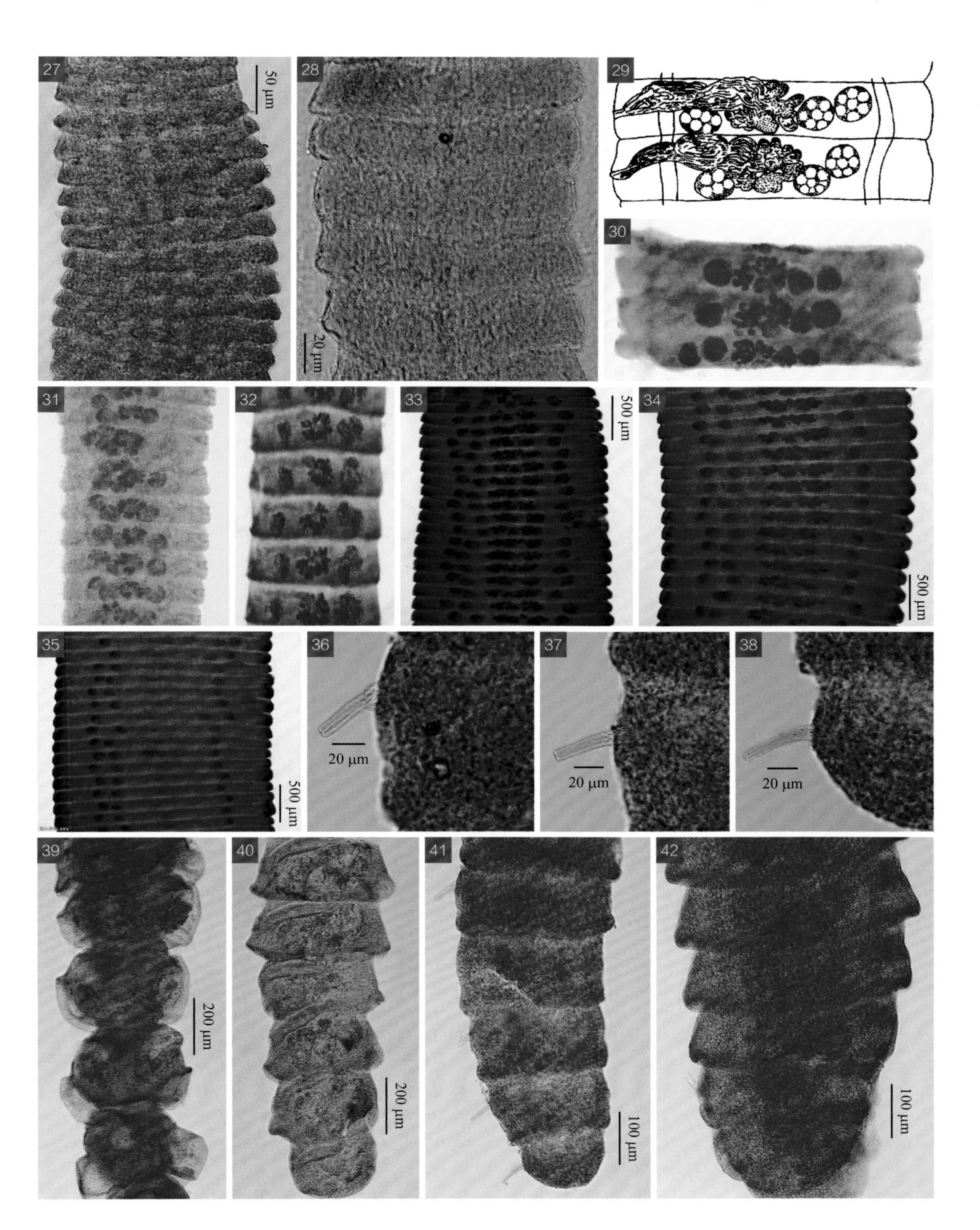
27
50 μm
28
20 μm
29
30
31
32
33
500 μm
34
500 μm
35
500 μm
36
20 μm
37
20 μm
38
20 μm
39
200 μm
40
200 μm
41
100 μm
42
100 μm

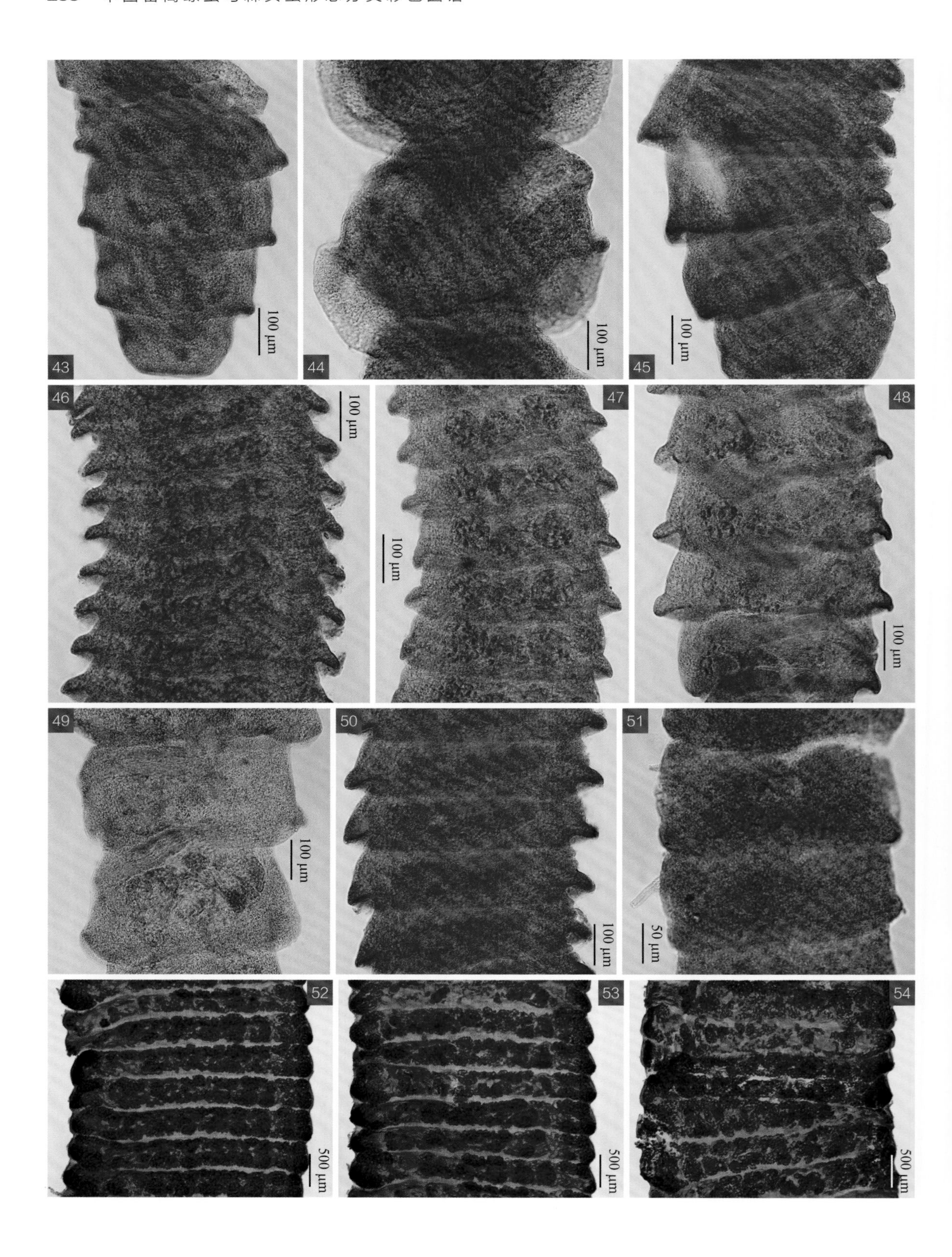
43
100 μm
44
100 μm
45
100 μm
46
100 μm
47
100 μm
48
100 μm
49
100 μm
50
100 μm
51
50 μm
52
500 μm
53
500 μm
54
500 μm

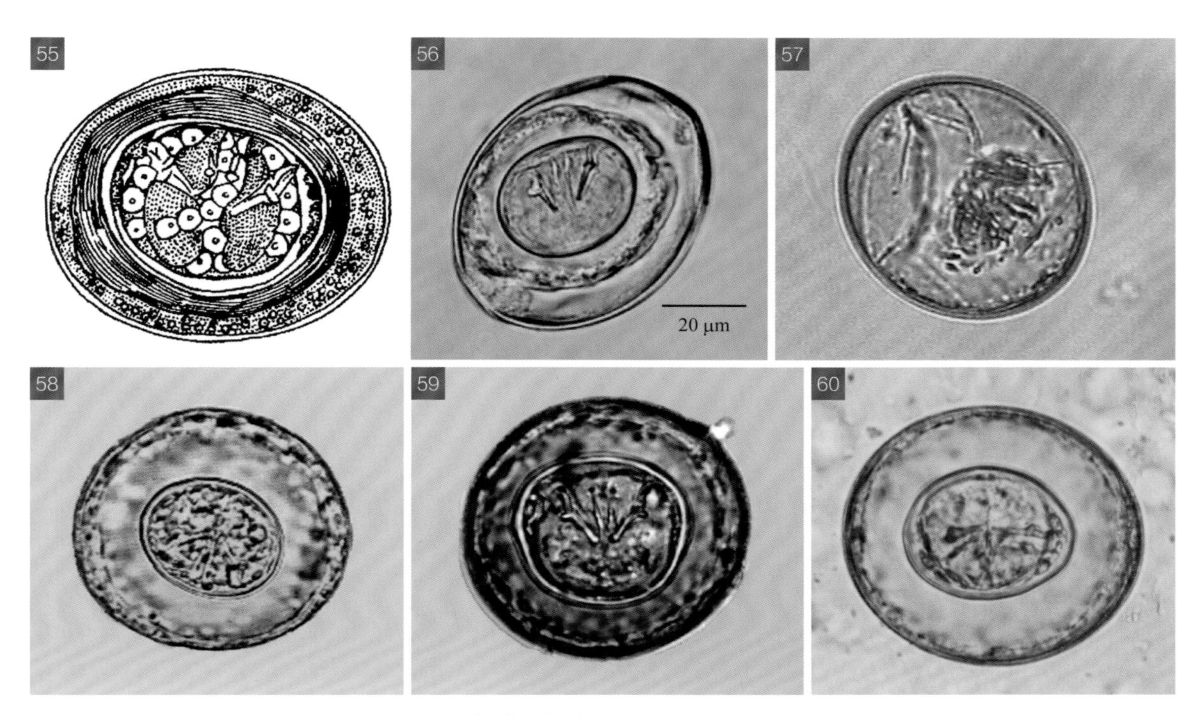

图 86　长膜壳绦虫 *Hymenolepis diminuta*

图释

1～8. 虫体；9～11. 链体；12～21. 头节；22. 吻突；23～28. 未成熟节片；29～35. 成熟节片；36～38. 雄茎；39～54. 孕卵节片；55～60. 虫卵

1～11, 16～28, 33～54. 原图（SHVRI）；12, 29, 55. 引自黄兵和沈杰（2006）；13, 56. 引自 Fitte 等（2017）；14, 15, 30～32, 57～60. 引自李朝品和高兴政（2012）

87 纤细膜壳绦虫　*Hymenolepis gracilis* (Zeder, 1803) Cohn, 1901

【关联序号】42.1.11（19.12.12）/ 304。

【宿主范围】成虫寄生于鸡、鸭、鹅的小肠。

【地理分布】重庆、贵州、河北、黑龙江、江苏、宁夏、陕西、上海、四川、浙江。

【形态结构】虫体新鲜时为白色或黄白色，体长 8.00～20.00 cm，最大宽度 0.20 cm，节片前端细小，后端渐大，节片的宽度大于长度。排泄管 2 对，腹排泄管宽度为 0.128～0.160 mm，有节间横管相连，背排泄管较小，宽度约为 0.018 mm。成熟节片的生殖器官 1 套，生殖孔位于节片单侧的前缘。头节细小，长宽约为 0.256 mm×0.208 mm，吻突长宽约为 0.240 mm×0.064 mm，有吻钩 8 个，吻钩长约 0.082 mm。吻囊延至吸盘后方，吻囊长宽约为 0.227 mm×0.072 mm。吸盘 4 个，呈椭圆形或圆形，直径为 0.080～0.096 mm。颈部狭小，宽约 0.096 mm。睾丸 3 枚，呈卵圆形或椭圆形或三角圆形，直径为 0.094～0.223 mm，生殖孔侧 1 枚，生殖孔对侧 2 枚，斜列。雄茎囊呈纺锤形，大小为 0.590～0.819 mm×0.160～0.208 mm，有内、外贮精囊。内贮精囊呈纺锤形，占据雄茎囊大部分，大小为 0.560～0.690 mm×0.160～0.176 mm。外贮精囊呈球形或椭圆形，位于节片上方靠近生殖孔对侧的排泄管，直径为 0.176～0.192 mm。雄茎细长，长宽约为 0.144 mm×0.036 mm，外有毛状小棘。具附性囊，呈椭圆形的吸盘状，雄茎由

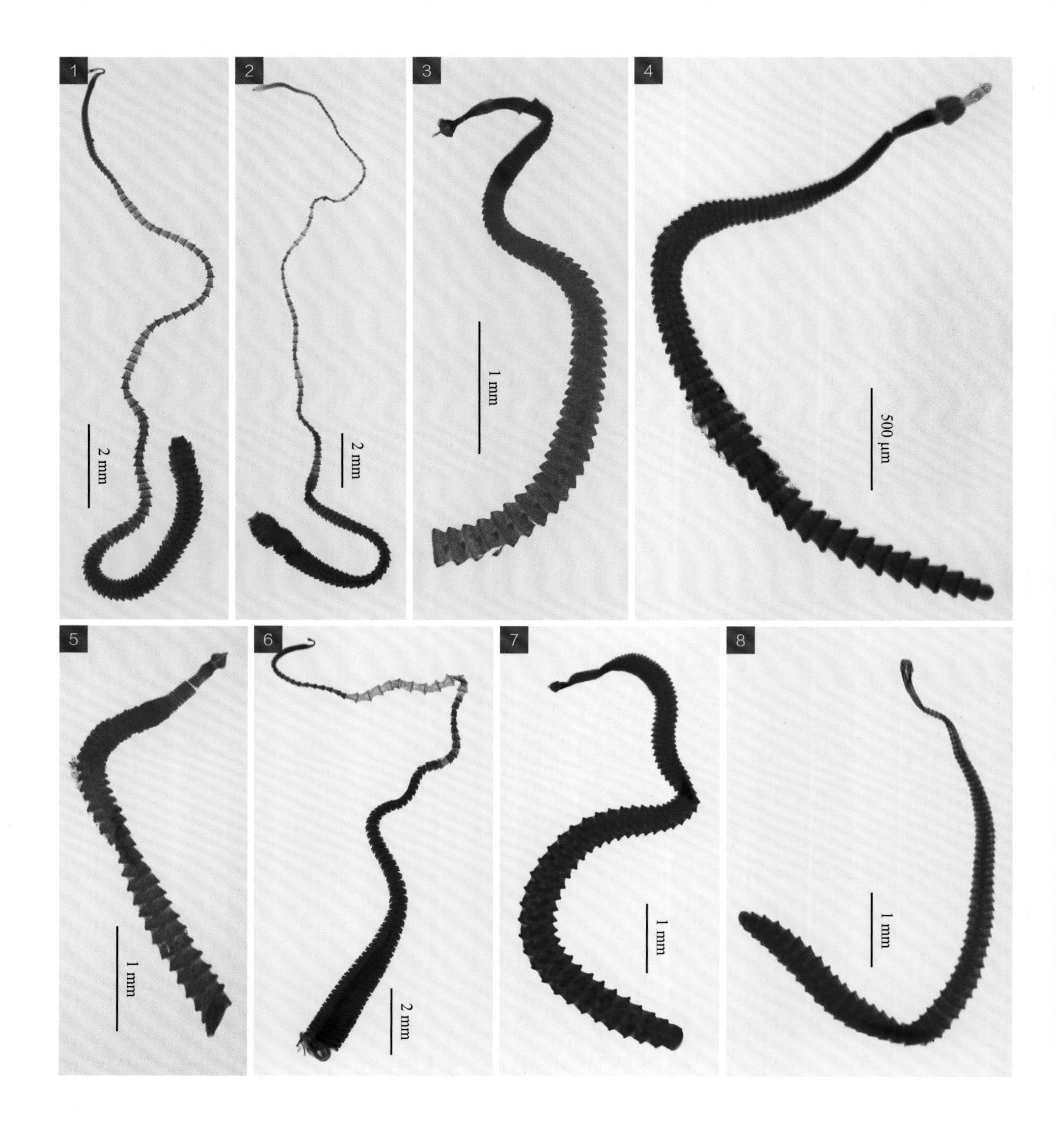

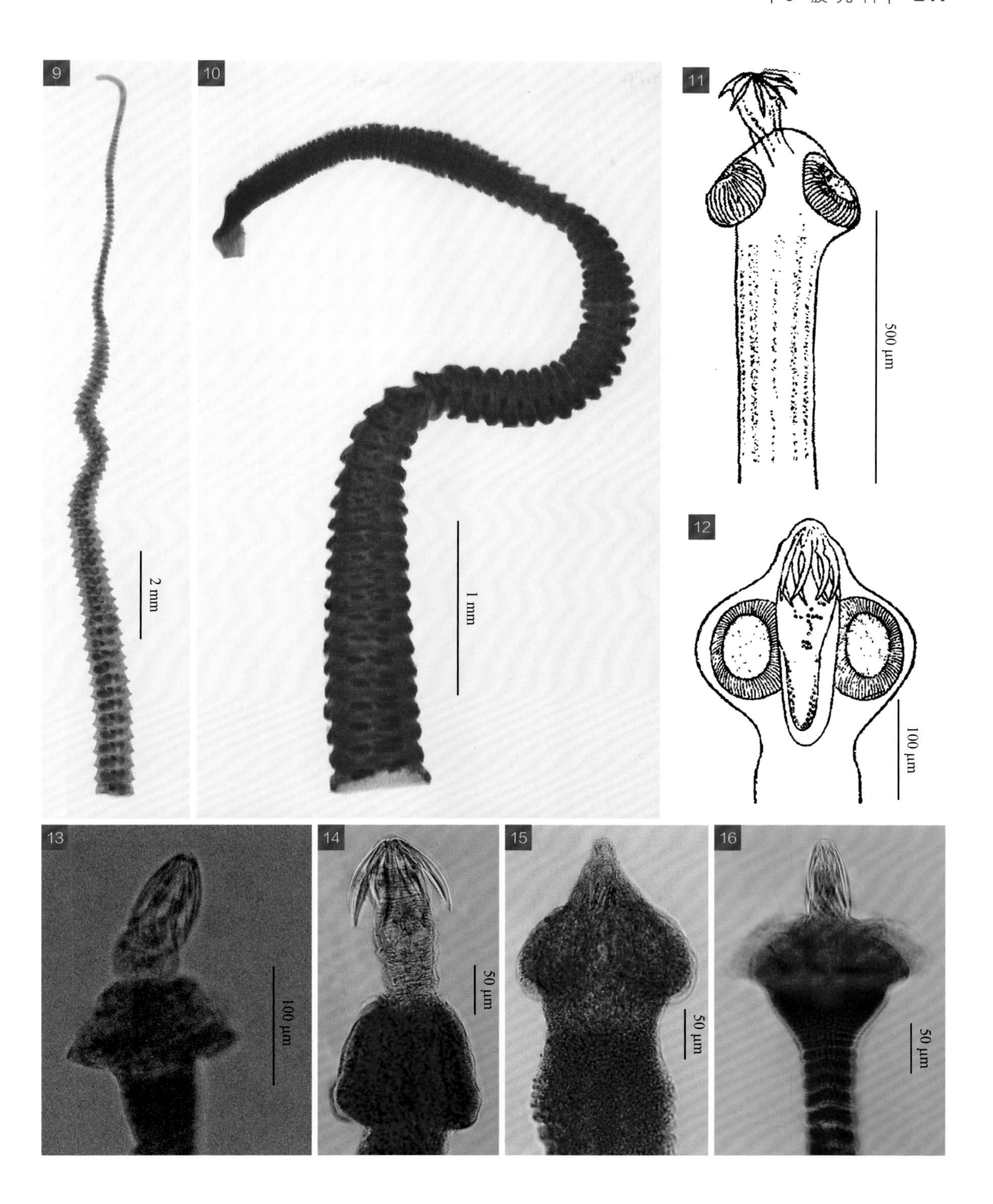
9
10
11
12
13
14
15
16
2 mm
1 mm
500 µm
100 µm
100 µm
50 µm
50 µm
50 µm

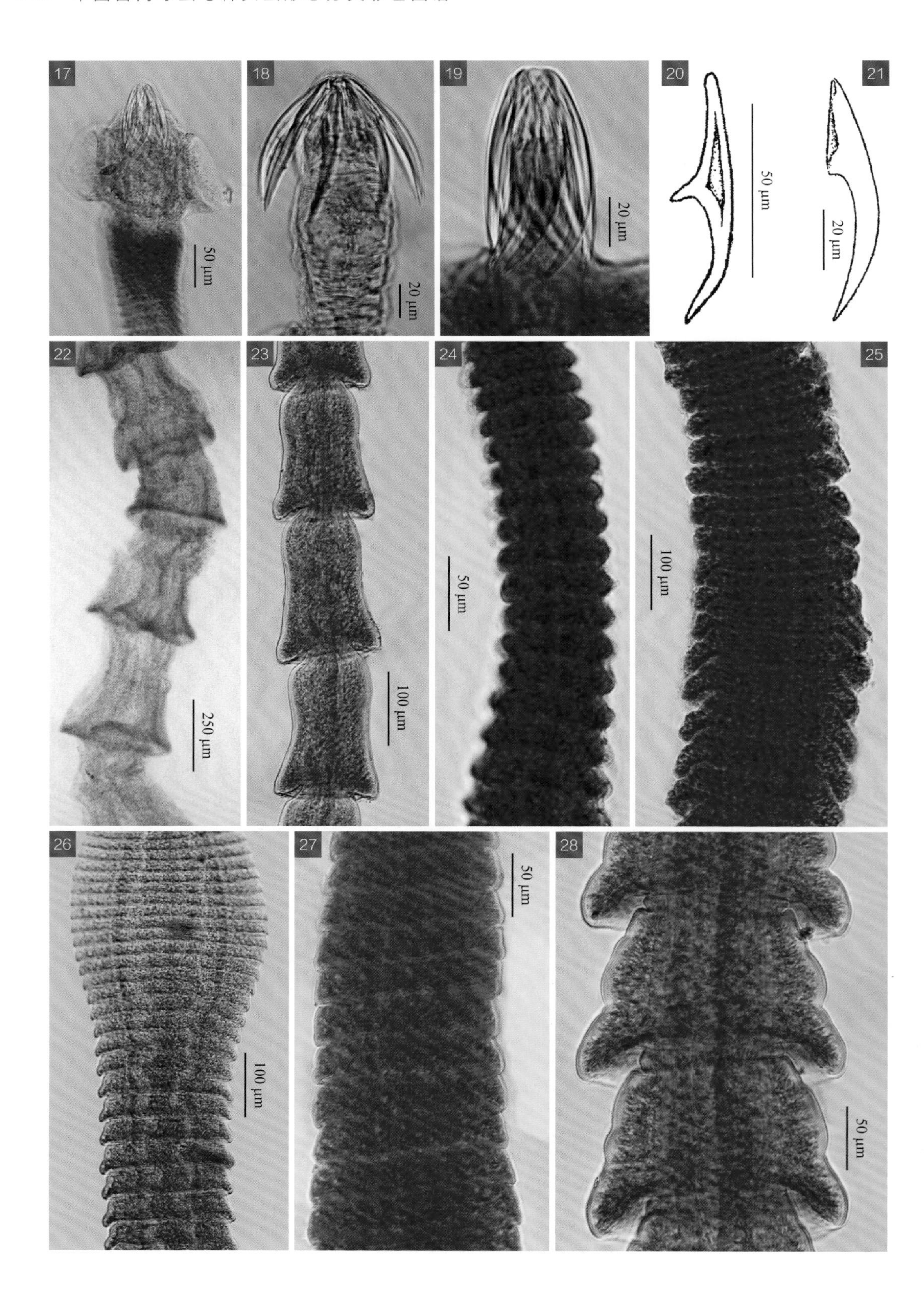
17
50 μm
18
20 μm
19
20 μm
20
50 μm
21
20 μm
22
250 μm
23
100 μm
24
50 μm
25
100 μm
26
100 μm
27
50 μm
28
50 μm

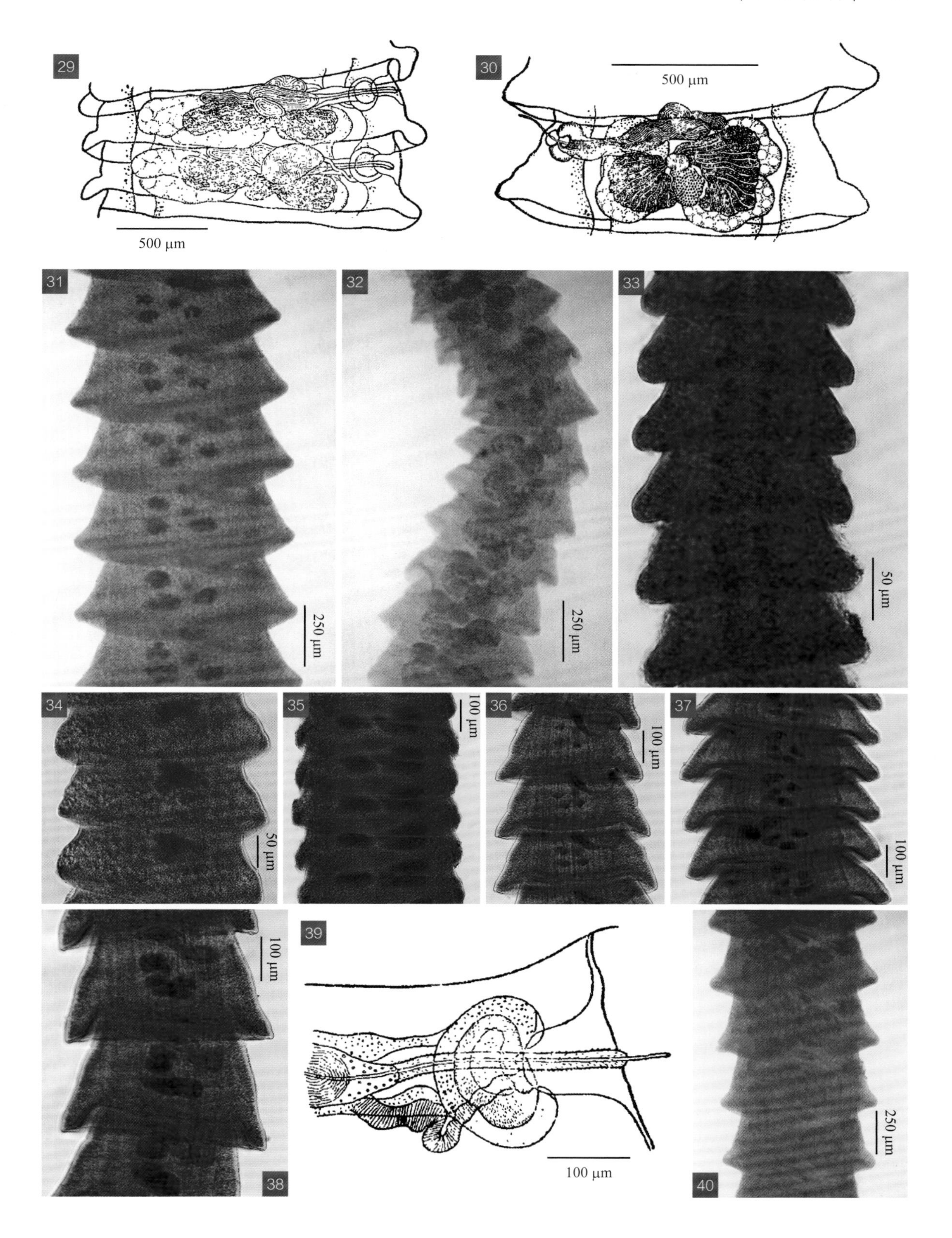
29
500 μm
30
500 μm
31
250 μm
32
250 μm
33
50 μm
34
50 μm
35
100 μm
36
100 μm
37
100 μm
38
100 μm
39
100 μm
40
250 μm

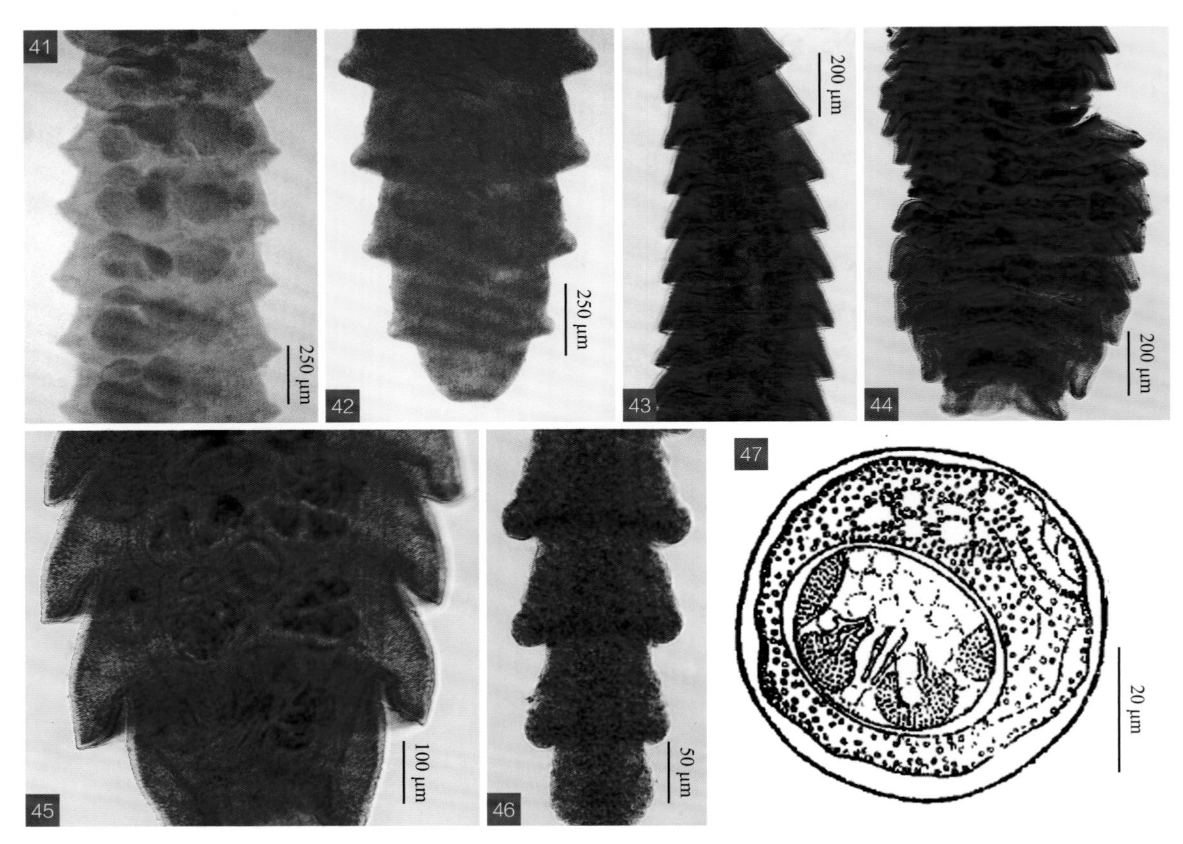

图 87 纤细膜壳绦虫 *Hymenolepis gracilis*

图释

1～8. 虫体；9, 10. 链体；11～17. 头节；18, 19. 吻突；20, 21. 吻钩；22～28. 未成熟节片；29～38. 成熟节片；39. 雄茎和具棘的附性囊；40～46. 孕卵节片；47. 虫卵

1～5, 10, 14～19, 23～28, 33～38, 43～46. 原图（SHVRI）；6～9, 13, 22, 31, 32, 40～42. 原图（SASA）；11, 20. 引自 Sugimoto（1934）；12, 21, 29, 30, 39, 47. 引自林宇光（1959）

附性囊穿过而突出于生殖孔外。卵巢呈网状分支，中间凹陷呈两瓣状，位于节片中央，大小为 0.432～0.480 mm×0.176～0.240 mm。卵黄腺呈圆形或椭圆形，位于卵巢中央下方，直径为 0.080～0.128 mm。受精囊膨大呈卵圆形，位于雄茎囊的背侧，直径为 0.160～0.272 mm。阴道狭而弯曲，直径约 0.096 mm。孕卵节片的子宫呈囊状，不分瓣，有波状囊壁，完全成熟的子宫扩展至节片的四周缘，大小为 0.496～0.528 mm×1.552～1.860 mm，内含虫卵。虫卵呈圆球形，直径为 35～40 μm。外胚膜为球形，有皱褶，直径为 27～38 μm，内有卵黄颗粒。内胚膜为椭圆形，大小为 27～30 μm×19～22 μm。六钩蚴呈圆形或卵圆形，大小为 24～27 μm×17～19 μm。

［注：Yamaguti（1959）和 Schmidt（1986）均将本种记为幼钩属的模式种，即纤细幼钩绦虫（*Sobolevicanthus gracilis* (Zeder, 1803) Spasskii et Spasskaya, 1954），见 118 纤细幼钩绦虫］

88 小膜壳绦虫 *Hymenolepis parvula* Kowalewski, 1904

【关联序号】42.1.12（19.12.13）/ 。

【同物异名】小维兰地绦虫（*Weinlandia parvula* (Kowalewski, 1904) Mayhew, 1925）；小双盔带（双盔带）绦虫（*Dicranotaenia* (*Dicranotaenia*) *parvula* (Kowalewski, 1904) López-Neyra, 1942）；小微吻绦虫（*Microsomacanthus parvula* (Kowalewski, 1904) Spasskii et Spasskaya, 1954）；吉田科瓦列夫斯基绦虫（*Kowalewskius yoshidai* Yamaguti, 1956）；小科瓦列夫斯基绦虫（*Kowalewskius parvulus* (Kowalewski, 1904) Yamaguti, 1959）

【宿主范围】成虫寄生于鸭、鹅的小肠。

【地理分布】安徽、重庆、广东、广西、贵州、海南、江苏、江西、四川、新疆、云南、浙江。

【形态结构】虫体较小，全长 0.17～0.71 cm，节片最大宽度 0.03～0.06 cm，整个虫体由 25～51 个节片组成，前后较狭而中部较宽，节片的宽度全部大于长度。每个节片有生殖器官 1 套，生殖孔开口于节片单侧边缘的前方。头节呈亚球形，长宽为 0.145～0.245 mm×0.158～0.229 mm。吻突较长，伸出头顶，吻突的长宽为 0.118～0.300 mm×0.042～0.064 mm。在吻突上有吻钩 10 个，吻钩长 0.036～0.059 mm，钩柄显著长于钩刃，根突明显，钩刃的尖端向上翘与根突形如扳头。吻囊延至吸盘后方，吻囊的长宽为 0.143～0.169 mm×0.057～0.076 mm。头节上有吸盘 4 个，呈卵圆形或椭圆形，大小为 0.032～0.070 mm×0.042～0.090 mm。颈部宽 0.109～0.139 mm。睾丸 3 枚，呈圆形或椭圆形，早期排成 1 个倒三角形，成熟后排成 1 条直线，横列在节片的下缘附近，睾丸大小为 0.046～0.088 mm×0.052～0.073 mm。成熟节片中可见发达的雄茎囊，呈长囊状，大小为 0.179～0.213 mm×0.040～0.060 mm，横卧在节片的上缘附近，几乎延伸到对侧排泄管附近。内贮精囊几乎充满整个雄茎囊，大小为 0.179～0.187 mm×0.036～0.042 mm。外贮精囊呈横椭圆形，位于生殖孔对侧睾丸的前方，大小为 0.071～0.121 mm×0.053～0.068 mm。雄茎具棘，长宽为 0.025～0.040 mm×0.013～0.017 mm。卵巢为不规则分瓣，位于节片中央，与睾丸前方重叠，大小为 0.113～0.145 mm×0.028～0.032 mm。卵黄腺呈椭圆形或圆形，位于中间睾丸与生殖孔对侧睾丸之间，大小为 0.036～0.068 mm×0.028～0.052 mm。受精囊呈椭圆形，位于节片中部雄茎囊的后方，大小为 0.080～0.095 mm×0.053～0.058 mm。虫卵的直径 20 μm，六钩蚴长 12 μm。

［注：Yamaguti（1959）将本种列为 *Kowalewskius* 属的模式种，Schmidt（1986）则将本种列为 *Microsomacanthus* 属的虫种］

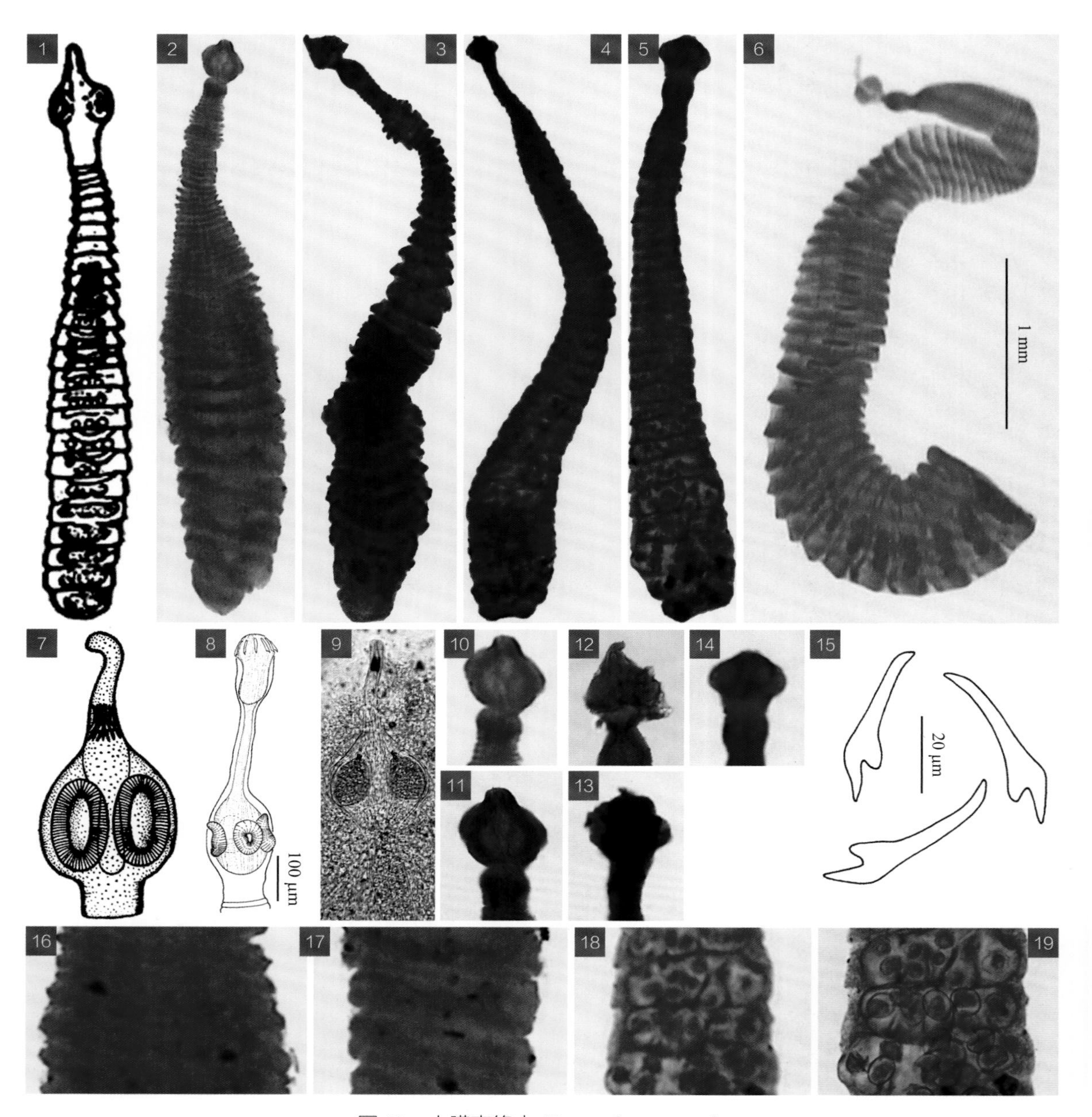

图 88　小膜壳绦虫 *Hymenolepis parvula*

图释

1～6. 虫体；7～14. 头节；15. 吻钩；16. 成熟节片；17～19. 孕卵节片

1, 7. 引自张峰山等（1986）；2～5, 10～14, 16～19. 原图（SCAU）；6. 原图（SASA）；8, 15. 引自 McLaughlin 和 Burt（1979）；9. 原图（YZU）

89 普氏膜壳绦虫 *Hymenolepis przewalskii* Skrjabin, 1914

【关联序号】42.1.13（19.12.14）/。

【同物异名】普氏剑带绦虫（*Drepanidotaenia przewalskii* (Skrjabin, 1914) López-Neyra, 1942）。

【宿主范围】成虫寄生于鸭、鹅的小肠。

【地理分布】福建、江苏、浙江。

【形态结构】虫体全长 3.50～12.50 cm，最大宽度 0.10 cm。节片很薄，前端细狭，后端渐宽，节片的宽度全部大于长度。有排泄管 6 对，宽 0.048 mm。每个节片有生殖器官 1 套，生殖孔位于节片单侧边缘中央处。头节细小，易脱落，头节宽 0.097～0.101 mm。吻突常伸出头节，长宽为 0.068～0.079 mm×0.025～0.028 mm。吻囊延至吸盘后方，长宽为 0.075～0.108 mm×0.032～0.043 mm。吻突前端有吻钩 10 个，吻钩长 0.020～0.025 mm。吸盘 4 个，呈椭圆形，无刺，大小为 0.043～0.050 mm×0.025～0.029 mm。睾丸 3 枚，呈椭圆形，位于节片中央，直线横列，大小为 0.036～0.057 mm×0.021～0.025 mm。雄茎囊细长，大小为 0.180～0.234 mm×0.054～0.072 mm。内贮精囊呈椭圆形，大小为 0.075～0.090 mm×0.028～0.032 mm。外贮精囊呈椭圆形或棱形，位于节片中央第 1 和第 2 睾丸之间，大小为 0.029～0.032 mm×0.068～0.079 mm。雄茎粗壮，具有毛状小棘，长宽约为 0.108 mm×0.022 mm。卵巢呈囊状不分支，位于第 3 和第 2 睾丸的腹面，大小为 0.119～0.155 mm×0.022～0.029 mm。卵黄腺呈豆形，位于卵

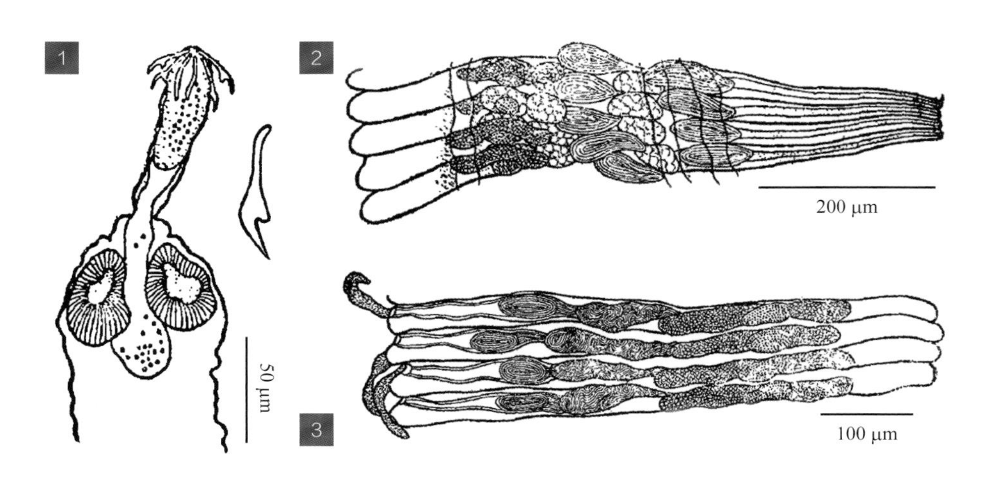

图 89　普氏膜壳绦虫 *Hymenolepis przewalskii*

图释

1. 头节与吻钩；2, 3. 成熟节片

1～3. 引自林宇光（1959）

巢的中央，大小为 0.036～0.043 mm×0.016～0.018 mm。受精囊位于外贮精囊的后方，不明显。阴道细长。孕卵节片的子宫呈囊状，横充于节片之间，不分支，囊壁可扩张至节片四周边缘，大小为 0.832～0.992 mm×0.048～0.080 mm。在固定标本中含成熟六钩蚴的虫卵直径约为 21 μm，六钩蚴直径约为 11 μm。

［注：Yamaguti（1959）和 Schmidt（1986）均将本种列为剑带属（*Drepanidotaenia*）的虫种］

90 美丽膜壳绦虫 *Hymenolepis venusta* (Rosseter, 1897) Fuhrmann, 1932

【关联序号】42.1.16（19.12.17）/ 305。

【同物异名】威尼膜壳绦虫；美彩带绦虫（*Taenia venusta* Rosseter, 1897）；美彩剑带绦虫（*Drepanidotaenia venusta* Rosseter, 1898）；美彩尖钩绦虫（*Sphenacanthus venusta* (Rosseter, 1897) López-Neyra，1942）；美彩膜钩绦虫（*Hymenosphenacanthus venusta* (Rosseter, 1897) Yamaguti, 1959）；美彩网宫绦虫（*Retinometra venusta* (Rosseter, 1897) Spasskaya, 1966）。

【宿主范围】成虫寄生于鸡、鸭、鹅的小肠。

【地理分布】重庆、福建、贵州、江苏、江西、四川、云南、浙江。

【形态结构】中型绦虫，新鲜时为白色，虫体长 2.80～4.50 cm，最大宽度 0.24 cm，节片前端较窄，后端渐宽，全部节片的宽度大于长度。排泄管 2 对，腹排泄管粗大，有节间横管相通，背排泄管较窄。每节有生殖器官 1 套，生殖孔位于节片单侧的前部。头节呈圆形，长宽为 0.342～0.449 mm×0.422～0.768 mm。吻突较短，常缩于头节内，长宽为 0.153～0.250 mm×0.064～0.080 mm。吻钩 8 个，呈镰刀状，吻钩长 0.036～0.051 mm。吻囊延至吸盘后缘，长宽为 0.336～0.432 mm×0.205～0.240 mm。吸盘 4 个，呈圆形或椭圆形，大小为 0.354～0.382 mm×0.176～0.322 mm。颈部狭短，宽 0.224～0.368 mm。成熟节片的长宽为 0.440～0.510 mm×1.328～1.600 mm，孕卵节片的长宽为 0.480～0.768 mm×1.760～2.000 mm。睾丸 3 枚，直线横列于节片的下边缘，成熟睾丸呈圆形或椭圆形，大小为 0.141～0.181 mm×0.213～0.314 mm。雄茎囊呈纺锤形，大小为 0.080～0.128 mm×0.240～0.272 mm。内贮精囊呈纺锤形，占据雄茎囊大部分，大小为 0.078～0.080 mm×0.158～0.189 mm。外贮精囊呈卵圆形，位于节片中央前缘，大小为 0.080～0.160 mm×0.320～0.512 mm。雄茎短，不具细棘，长宽约为 0.064 mm×0.016 mm。交合刺较长。在未成熟节片和早期成熟节片中，卵巢位于 3 枚睾丸的上方，微有分瓣，在后期成熟节片中卵巢十分发达，部分盖于睾丸背面，分瓣明显，大小为 0.096～0.304 mm×0.736～0.864 mm。卵黄腺呈圆形或卵圆形，位于卵巢的中央下方，大小为 0.096～0.128 mm×0.176～0.224 mm，有块状分支。受精囊发达，呈圆锥形，位于卵巢上方外贮精囊的腹面，大小为 0.095～0.160 mm×0.224～0.416 mm。阴道细长，有小的弯曲，长宽约为 0.224 mm×

0.016 mm，开口于生殖孔。孕卵节片的子宫呈囊状分支，大小约为 0.480 mm×1.760 mm。六钩蚴成熟的虫卵呈椭圆形，直径为 42～58 μm。外胚膜呈椭圆形，有皱纹，直径为 28～51 μm。内胚膜两端扩张呈尾膜状，弯折于外胚膜之间。六钩蚴呈卵圆形，大小约为 24 μm×16 μm。

［注：Yamaguti（1959）将本种归为膜钩属（*Hymenosphenacanthus*），而 Schmidt（1986）将本种列为网宫属（*Retinometra*），见 113 美彩网宫绦虫］

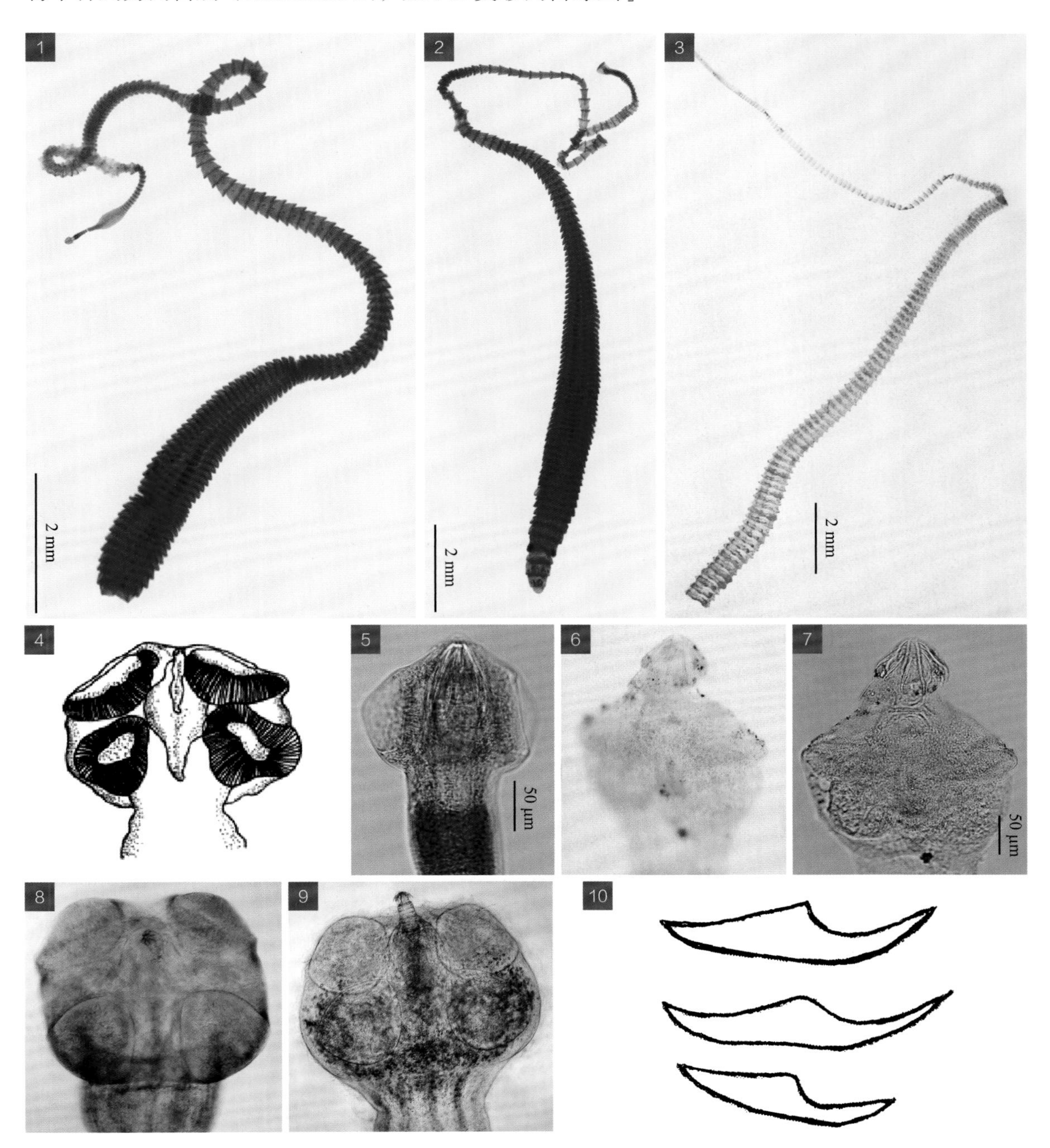

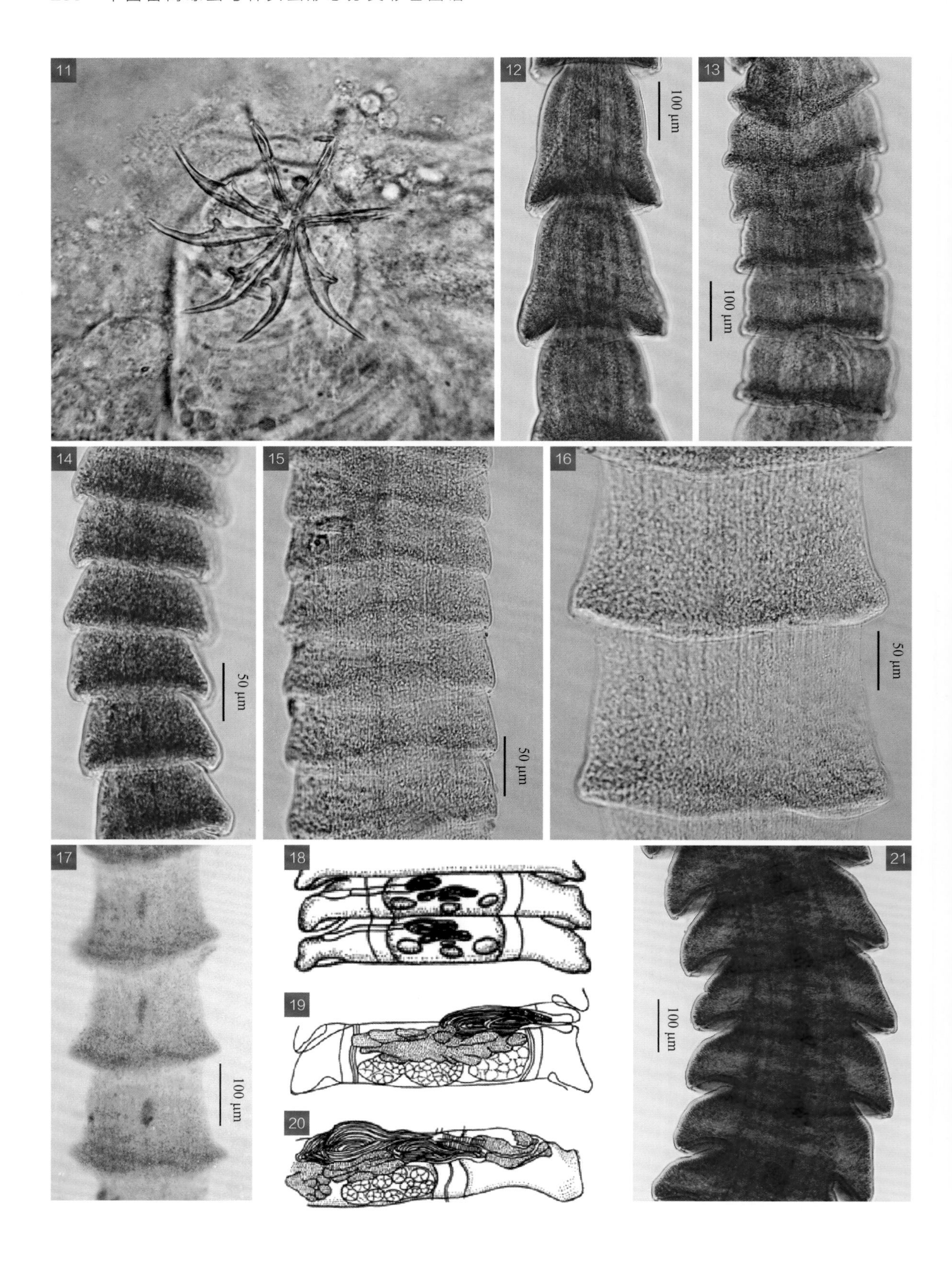
11
12
100 μm
13
100 μm
14
50 μm
15
50 μm
16
50 μm
17
100 μm
18
19
20
21
100 μm

图 90　美丽膜壳绦虫 *Hymenolepis venusta*

图释

1～3. 虫体；4～9. 头节；10, 11. 吻钩；12～17. 未成熟节片；18～26. 成熟节片；27～32. 孕卵节片；33, 34. 虫卵

1～3, 5～7, 12～17, 21～25, 27～32. 原图（SHVRI）；4, 10, 18～20. 引自黄兵和沈杰（2006）；8, 9, 11, 26, 33, 34. 引自江斌等（2012）

5.13 膜 钩 属

Hymenosphenacanthus López-Neyra, 1958

【同物异名】尖钩属（*Sphenacanthus* López-Neyra, 1942）。

【宿主范围】成虫通常寄生于水禽类。

【形态结构】小型或中型绦虫。节片的宽度大于长度，排泄管 2 对，生殖器官 1 套。吻突有吻钩 1 圈 8～10 个，吻钩呈大而弯曲的楔形。睾丸 3 枚，常横向排成 1 列或三角形。雄茎囊通常大而长，稍有弯曲，具内、外贮精囊，无附性囊。雄茎呈狭长针刺状。卵巢常分瓣明显。卵黄腺常位于节片中央，或与中间睾丸重叠。孕卵节片的子宫充满整个髓质区。模式种：片形膜钩绦虫［*Hymenosphenacanthus fasciculatus* (Ransom, 1909) Yamaguti, 1959］。

［注：Schmidt（1986）将本属列为网宫属（*Retinometra*）的同物异名，Khalil 等（1994）将本属列为枝卵巢属（*Cladogynia* Baer, 1938）的同物异名］

91 纤小膜钩绦虫 ***Hymenosphenacanthus exiguus* (Yoshida, 1910) Yamaguti, 1959**

【关联序号】42.19.1（19.13.1）/ 。

【同物异名】纤小膜壳绦虫（*Hymemolepis exiguus* Yoshida, 1910）；纤小尖钩绦虫（*Sphenacanthus exiguus* (Yoshida, 1910) López-Neyra, 1942）。

【宿主范围】成虫寄生于鸡、鸭的小肠。

【地理分布】福建、广东、广西、湖南、江苏、江西、台湾、浙江。

【形态结构】体长 0.60～1.60 cm，最大体宽 0.05～0.10 cm，节片短，全部体节的宽度大于长度。有排泄管 2 对，腹排泄管大于背排泄管。每节有生殖器官 1 套，生殖孔开口于节片单侧边缘的中前部。头节长宽为 0.166～0.225 mm×0.199～0.265 mm。吻突长 0.067～0.074 mm，常伸出头节，吻囊延至吸盘后缘，长宽为 0.067～0.084 mm×0.140～0.143 mm。吻突前端有吻钩 1 圈 10 个，吻钩大而弯曲，呈楔形，吻钩长 0.045～0.049 mm，钩柄稍长于钩刃。吸盘 4 个，呈圆形或椭圆形，大小约为 0.092 mm×0.084 mm，无棘。颈部短。睾丸 3 枚，呈圆形或椭圆形，横向排成 1 列，位于节片生殖孔对侧的后部，大小为 0.017～0.020 mm×0.022～0.024 mm。雄茎囊呈长棒状，长 0.340～0.380 mm，可伸达生殖孔对侧的排泄管外侧，内贮精囊呈管状。外贮精囊呈类圆形，大小为 0.026～0.052 mm×0.023～0.030 mm。雄茎细长，伸出体外时长达 0.114～0.165 mm，具棘。卵巢呈囊状分叶，位于节片中央。卵黄腺呈肾形，位于卵巢后方，大小约为 0.014 mm×0.045 mm。受精囊呈椭圆形，位于卵巢前方，大小约为 0.028 mm×0.022 mm。阴道细长而有弯曲，开口于生殖孔。孕卵节片的子宫充满节片髓质区，内含较多虫卵。虫卵大小约为 45 μm×34 μm，六钩蚴大小为 25 μm×22 μm。

［注：Schmidt（1986）将本种调整到网宫属（*Retinometra*），见 109 弱小网宫绦虫］

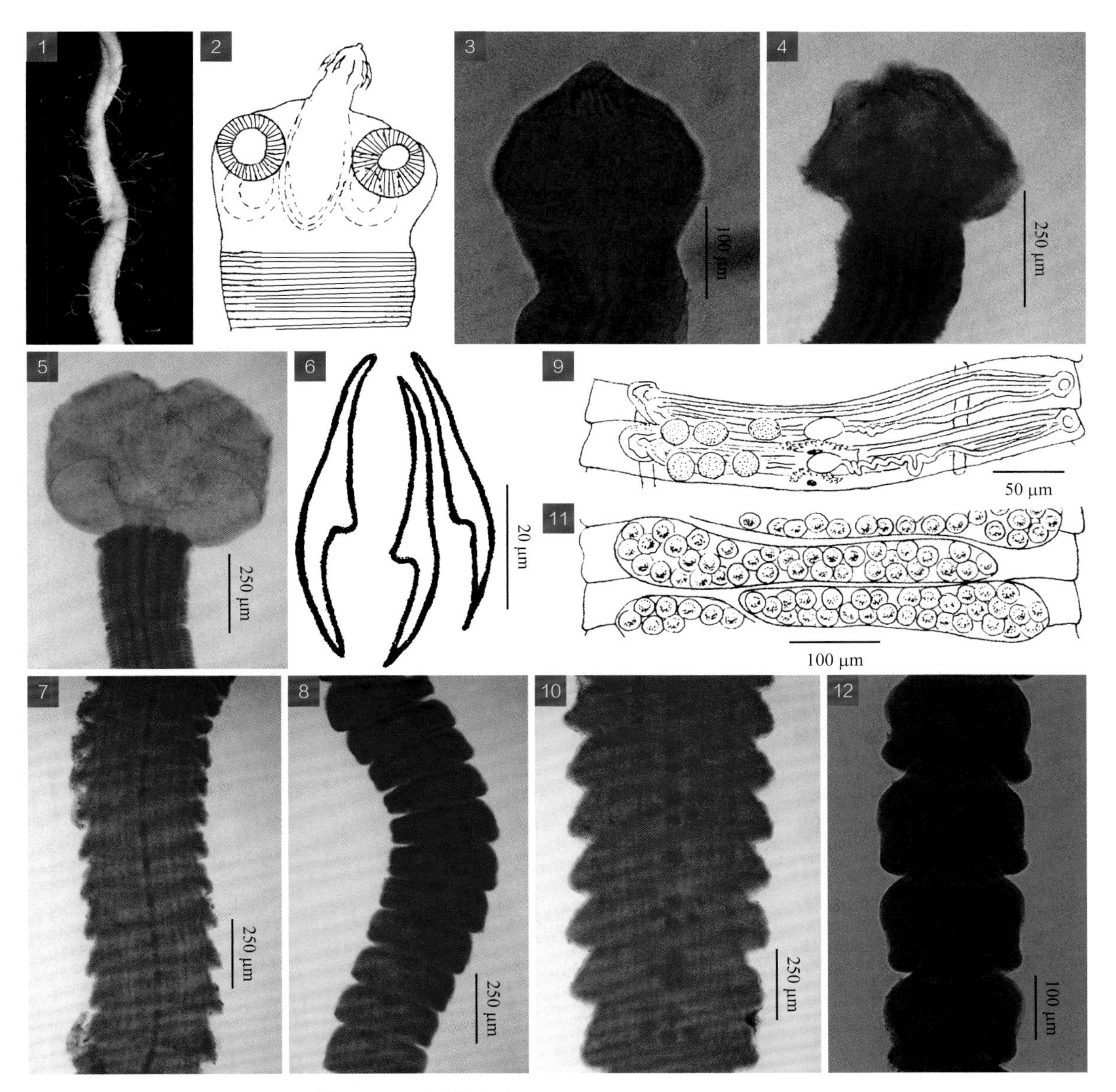

图 91 纤小膜钩绦虫 *Hymenosphenacanthus exiguus*

图释

1. 寄生于鸡小肠上的虫体；2～5. 头节；6. 吻钩；7, 8. 未成熟节片；9, 10. 成熟节片；11, 12. 孕卵节片

1. 引自 Alicata（1964）；2, 6, 9, 11. 仿陈淑玉和汪溥钦（1994）；3～5, 7, 8, 10, 12. 原图（SASA）

92 片形膜钩绦虫 *Hymenosphenacanthus fasciculatus* (Ransom, 1909) Yamaguti, 1959

【关联序号】42.19.2（19.13.2）/ 329。

【同物异名】片形膜壳绦虫（*Hymenolepis fasciculata* Ransom, 1909）；片形尖钩绦虫（*Sphenacanthus fasciculatus* (Ransom, 1909) López-Neyra, 1958）。

【宿主范围】成虫寄生于鹅的小肠。

【地理分布】重庆、福建、江苏、四川。

【形态结构】中型绦虫，体长可达 3.00 cm，最大宽度 0.18 cm，全部节片的宽度大于长度。排泄管 2 对，腹排泄管较大，有节间的横管相连。每个节片有生殖器官 1 套，生殖孔位于节片单侧边缘的前部。头节呈亚球形，吻突常伸出头节。吻突前端有吻钩 1 圈 8～10 个，吻钩大而弯曲，呈楔形。吸盘 4 个，呈圆形或椭圆形。在成熟节片中，睾丸 3 枚，呈椭圆形，直线横列于节片的中央，大小为 0.160～0.208 mm×0.080～0.112 mm。雄茎囊呈长管状，稍有弯曲，位于节片中央的前缘，宽度约为 0.025 mm。内贮精囊呈梭形，位于雄茎囊的末端，大小为 0.240～0.288 mm×0.048～0.080 mm。外贮精囊呈纺锤形，位于生殖孔对侧排泄管的内前方，大小为 0.240～0.300 mm×0.064～0.112 mm。雄茎粗壮，长宽约为 0.122 mm×0.022 mm。生殖孔附性囊周围具有粗棘，生殖孔周围富有肌质组织。卵巢呈瓣状分支，位于 3 枚睾丸背侧的稍下方，大小为 0.320～0.480 mm×0.048～0.052 mm。卵黄腺呈椭圆形，有分瓣，位于生殖孔侧睾丸与中睾丸之间或与中睾丸重叠，大小为 0.096～0.144 mm×0.032～0.080 mm。受精囊发达，呈纺锤形或椭圆形，位于卵巢前方的节片中央，大小为 0.112～0.192 mm×0.064～0.112 mm。阴道有弯曲，宽度约为 0.029 mm。成熟节片的子宫呈横管状，位于卵巢的上方。孕卵节片的子宫呈囊状，囊壁有弯曲，扩展至节片的四周，大小约为 1.697 mm×0.432 mm，内含虫卵。

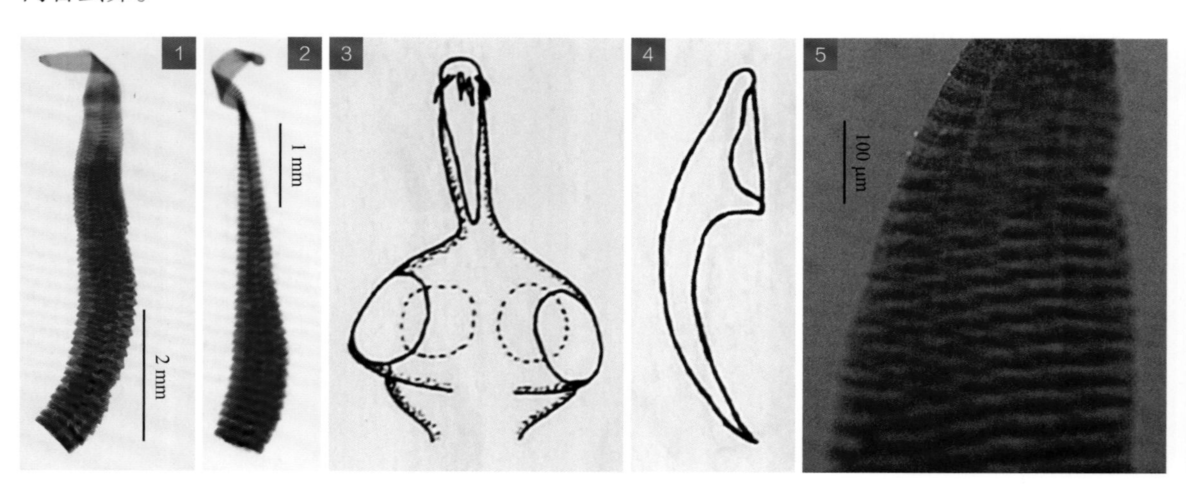

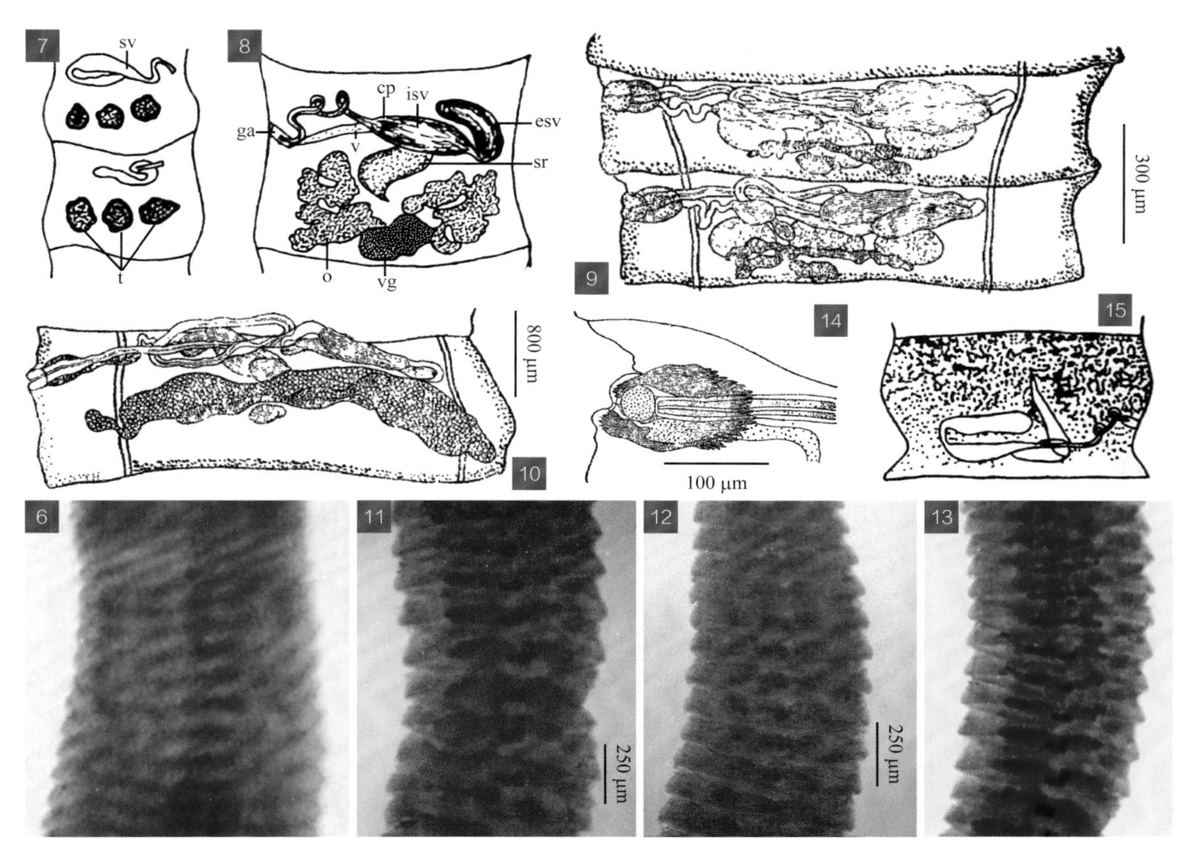

图 92 片形膜钩绦虫 *Hymenosphenacanthus fasciculatus*

图释

1, 2. 链体；3. 头节；4. 吻钩；5, 6. 未成熟节片；7～13. 成熟节片；14. 具棘的附性囊；15. 孕卵节片

1, 2, 5, 6, 11～13. 原图（SASA）；3, 4, 7, 8, 15. 引自黄兵和沈杰（2006）；9, 10, 14. 引自林宇光（1959）

5.14 梅 休 属

Mayhewia Yamaguti, 1956

【宿主范围】成虫通常寄生于陆生禽类。

【形态结构】小型或中型绦虫。节片数量多，呈叠瓦状排列，其宽度大于长度。排泄管 2 对，生殖器官 1 套。吻突有吻钩 1 圈 8～10 个，呈扳手形。吸盘无刺。睾丸 3 枚，呈三角形或横向排列，生殖孔侧 1 枚，生殖孔对侧 2 枚。雄茎囊延伸越过生殖孔侧的排泄管，囊壁较厚。具内、外贮精囊，无附性囊。卵巢分为两瓣或不分瓣，卵黄腺位于卵巢的后腹侧，常居中。受精囊位于节片的中央或亚中央。早期子宫呈横向管或“U”形管，后期子宫呈囊状，可扩延到节片的边缘，有时子宫几乎分为两个侧部。模式种：乌鸦梅休绦虫［*Mayhewia corvi* (Mayhew, 1925) Yamaguti, 1956］。

［注：Schmidt（1986）将本属列为雀壳属（*Passerilepis*）的同物异名，Khalil 等（1994）将本属列为微吻属（*Microsomacanthus* López-Neyra, 1942）的同物异名］

93 乌鸦梅休绦虫 *Mayhewia corvi* (Mayhew, 1925) Yamaguti, 1956

【关联序号】（19.14.1）/。

【同物异名】乌鸦维兰地绦虫（*Weinlandia corvi* Mayhew, 1925）；乌鸦膜壳绦虫（*Hymenolepis corvi* (Mayhew, 1925) Fuhrmann, 1932）；乌鸦双盔带绦虫（*Dicranotaenia corvi* (Mayhew, 1925) Skrjabin et Mathevossian, 1945）。

【宿主范围】成虫寄生于鸭的小肠。

【地理分布】安徽。

【形态结构】发育成熟的虫体长 3.00～6.00 cm，最大宽度 0.08 cm。头节后 2.50 cm 处节片的宽度约为 0.03 cm，头节后 4.00 cm 处的节片宽度约为 0.07 cm，链体最后节片的宽度约为 0.08 cm，虫体收缩阶段的长宽变化很大。纵排泄管大而明显，腹排泄管较大、背排泄管较小，距头节约 3.00 cm 处节片的腹排泄管长宽约为 0.050 mm×0.020 mm，背排泄管直径为 0.010 mm。每节有生殖器官 1 套，生殖孔开口于节片的右侧。头节宽约 0.150 mm，约为颈节的 3 倍。未见伸出的吻突，可见吻钩轮廓，有 8～10 个长而细的吻钩，吻钩长 0.033～0.036 mm，钩柄比钩刃长很多，钩柄通常很直或略有弯曲。吸盘 4 个，呈圆形或椭圆形，直径为 0.080 mm，当头节伸展时吸盘相当明显，而收缩时吸盘不明显。发育成熟的睾丸出现在距头节 3.00 cm 的节片中。睾丸 3 枚，生殖孔侧 1 枚，位于节片的后部，与生殖孔对侧的后睾丸在一条线上，生殖孔对侧 2 枚，呈前后排列。雄茎囊向内延伸越过纵排泄管，内贮精囊较小，雄茎囊和内贮精囊的壁较厚。外贮精囊位于节片中央的前部及卵巢的背前方，通过一条直或略卷曲的管道与内贮精囊相通。雄茎几乎呈一条直线向外延伸到生殖腔，开口于阴道的背侧，生殖腔较深。发育成熟的卵巢出现在距头节 3.50 cm 的节片中，卵巢分为不明显的两瓣，位于节片中央与卵黄腺的前面，生殖孔侧瓣无缺刻或缺刻极不明显，生殖孔对侧瓣稍大，有时具轻度缺刻。卵黄腺位于节片中央与卵巢的腹后侧。阴道为一宽管道，开口于雄茎的腹面。阴道和雄茎囊从神经管和排泄管的背侧穿过，总是开口于节片的右侧边缘。发育成熟的子宫出现在距头节 5.00 cm 的节片中，子宫可延伸到节片的后部边缘，其节片前部为大的雄茎囊和外贮精囊。未观察到成熟的虫卵，仅见到卵圆形或圆形带有大小不一细胞核的细胞团。

［注：Schmidt（1986）将本种列为柱形雀壳绦虫（*Passerilepis stylosa* (Rudolphi, 1809) Spasskii et Spasskaya, 1954）的同物异名］

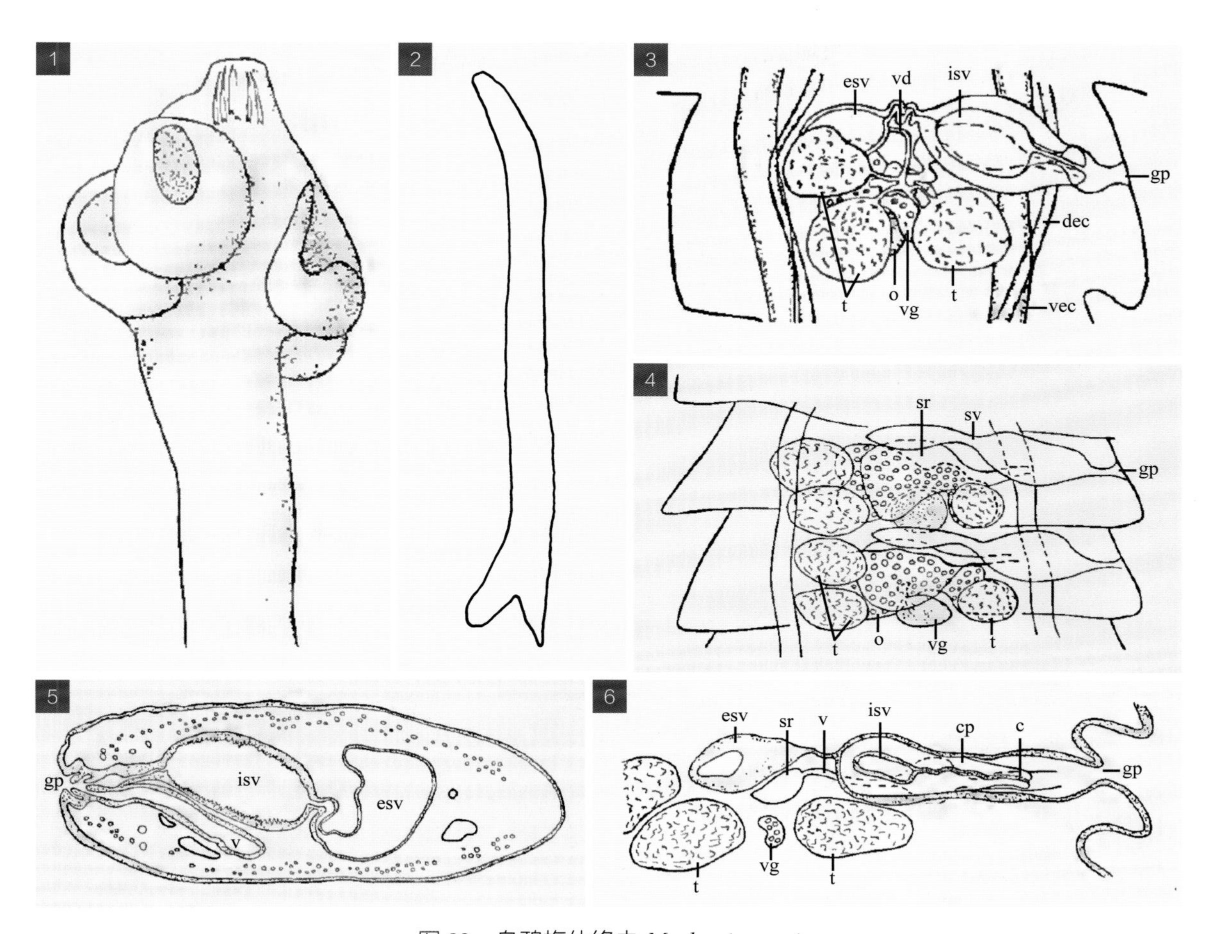

图 93　乌鸦梅休绦虫 *Mayhewia corvi*

……………………………………

图释

1. 头节；2. 吻钩；3～5. 成熟节片（5 示雄茎囊、阴道横切面）；6. 生殖器官

1～6. 引自 Mayhew（1925）

5.15 微　吻　属

Microsomacanthus López-Neyra, 1942

【**同物异名**】小体棘属；前壳属（*Anterolepis* Spasskii, 1967）；盖宫属（*Capiuterilepis* Oshmarin, 1962）；膜盘属（*Craspedocotyla* Jordano et Diaz-Ungria, 1960）；双壳属（*Dicranolepis* López-Neyra, 1942）；杜壳属（*Dubininolepis* Spasskii et Spasskaya, 1954）；棘腔属（*Echinatrium* Spasskii et

Yurpalova, 1965)；类西壳属（*Hispaniolepidoides* Yamaguti, 1959）；欧毗属（*Laricanthus* Spasskii, 1963）；东壳属（*Orientolepis* Spasskii et Yurpalova, 1964）；奥什壳属（*Oshmarinolepis* Spasskii et Spasskaya, 1954）；雀壳属（*Passerilepis* Spasskii et Spasskaya, 1954）；小弗尔曼属（*Fuhrmanniella* Tseng, 1932）；维兰地属（*Weinlandia* Mayhew, 1925 in part）；幼壳属（*Abortilepis* Yamaguti, 1959）；科瓦列夫斯基属（*Kowalewskius* Yamaguti, 1959）；韦带属（*Vigissotaenia* Mathevossian, 1968）；钩壳属（*Hamatolepis* Spasskii, 1962）；雁壳属（*Anserilepis* Spasskii et Tolkacheva, 1965）。

【**宿主范围**】成虫常寄生于水禽。幼虫寄生于甲壳纲，腹足类为储存宿主。

【**形态结构**】小型绦虫。头节前部呈管状，头节上有吻突、吻囊和4个吸盘，吻突纤细可伸缩，有吻钩1圈10个，钩柄长于钩刃，根突呈钝锥形或纽扣形，吻囊长，吸盘无棘。节片有排泄管2对，生殖器官1套，生殖孔呈单侧排列，生殖管位于纵排泄管的背面。睾丸3枚，排成钝三角形或呈直线横列，生殖孔侧1枚，生殖孔对侧2枚，或中间1枚靠后，另2枚对称靠前。雄茎囊肌肉壁厚，伸达或不到虫体中线。雄茎通常具刺。具内、外贮精囊，内贮精囊偶尔缺失，无附性囊、生殖钩和交合刺。卵巢为横长块状，分为2叶、3叶或多叶，每叶有分瓣，位于节片中央或亚中央。卵黄腺紧凑或略有缺刻，位于卵巢后面。具受精囊。早期子宫为管状，呈弓形或“U”形，后期子宫为囊状，占满整个节片。模式种：小体微吻绦虫［*Microsomacanthus microsoma* (Creplin, 1829) López-Neyra, 1942］。

94 线样微吻绦虫 *Microsomacanthus carioca* (Magalhães, 1898) López-Neyra, 1954

【**关联序号**】42.6.2（19.15.2）/。

【**宿主范围**】成虫寄生于鸡、鸭的小肠。

【**地理分布**】宁夏、四川、云南。

【**形态结构**】虫体呈细线样，体长5.00～7.00 cm，最大宽度0.03～0.04 cm，节片数达几百个，节片的宽度全部大于长度。每个节片有生殖器官1套，生殖孔开口于节片单侧边缘的中上方。成熟节片的睾丸3枚，呈圆形或椭圆形，三角形排列，1枚位于生殖孔侧的节片下缘，2枚位于生殖孔对侧呈上下排列，睾丸大小为0.013～0.015 mm×0.011～0.015 mm。雄茎囊呈长梭形，位于生殖孔侧睾丸的上方，后部延伸至节片中部，其大小为0.013～0.014 mm×0.063～0.067 mm。外贮精囊位于节片中部，呈椭圆形，其大小为0.012～0.015 mm×0.021～0.025 mm。卵巢呈横椭圆形，位于节片中央，大小为0. 011～0.013 mm×0.011～0.015 mm。卵黄腺呈圆点状，位于节片中部卵巢的下缘。孕卵节片的子宫呈毛囊状，分布于排泄管内侧，充满虫卵。虫卵的六钩蚴呈橄榄球状，其钩长为6～11 μm。

［注：另见 77 致疡棘壳绦虫、84 鸡膜壳绦虫］

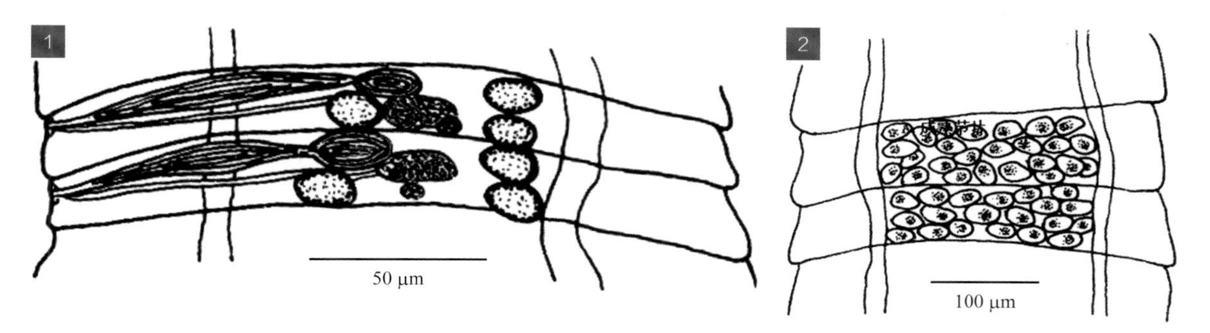

图 94　线样微吻绦虫 *Microsomacanthus carioca*

图释

1. 成熟节片；2. 孕卵节片

1, 2. 引自黄德生等（1988）

95 领襟微吻绦虫 *Microsomacanthus collaris* (Batsch, 1786) López-Neyra, 1942

【关联序号】42.6.3（19.15.3）/。

【同物异名】领襟带绦虫（*Taenia collaris* Batsch, 1786）；弯小带绦虫（*Taenia sinuosa* (Zeder, 1800) Rudolphi, 1810）；弯小剑带绦虫（*Drepanidotaenia sinuosa* (Zeder, 1800) Railliet, 1893）；领襟膜壳绦虫，颈环膜壳绦虫（*Hymenolepis collaris* (Batsch, 1786) Fuhrmann, 1908）；领襟维兰地绦虫（*Weinlandia collaris* (Batsch 1786) Mayhew, 1925）；领襟双盔带绦虫（*Dicranotaenia collaris* (Batsch 1786) Skrajabin et Mathevossian, 1945）；领襟幼钩绦虫（*Sobolevicanthus collaris* (Batsch 1786) Ablasov, 1953）。

【宿主范围】成虫寄生于鸡、鸭、鹅的小肠。

【地理分布】安徽、福建、广西、四川、云南、浙江。

【形态结构】虫体为白色或黄白色，体长 4.00～7.00 cm，最大宽度 0.12～0.18 cm，未成熟节片的宽度大于长度，随着发育成熟至孕卵节片时，节片的长度逐渐大于宽度。生殖孔开口于节片单侧边缘的中部上方。头节呈亚球形，长宽为 0.195～0.263 mm×0.195～0.293 mm。吻突长宽为 0.150～0.325 mm×0.040～0.087 mm，其顶端有吻钩 1 圈 10 个，吻钩长 0.051～0.058 mm。吸盘 4 个，呈椭圆形，无棘，大小为 0.087～0.130 mm×0.097～0.145 mm。睾丸 3 枚，呈类球形，常形成倒三角形排列，位于节片中部的后半部，中间睾丸紧靠节片下缘，睾丸的大小为 0.068～0.130 mm×0.090～0.162 mm。雄茎囊呈梭形，横列于节片的前半部，延伸越过节片中线或稍超出生殖孔对侧的排泄管，大小为 0.063～0.103 mm×0.294～0.382 mm。内贮精囊呈梭形，几乎占满雄茎囊，大小为 0.071～0.080 mm×0.273～0.358 mm。外贮精囊呈球形或梭形，位于节片中部偏生殖孔对侧的近上缘，大小为 0.072～0.116 mm×0.231～0.281 mm。雄茎呈管状，长宽为 0.032～0.048 mm×0.008～0.010 mm，其球状基部具毛状小棘。卵巢 1 枚，呈多分瓣状，位于节片后半部中央偏生殖孔对侧，睾丸的腹面，其宽度可达 0.194 mm。卵黄腺具缺刻，位于卵巢后面，大小为 0.048～0.096 mm×0.020～0.032 mm。受精囊呈梨形或椭圆形，位于雄茎囊下方，在早期成熟节片中大小为 0.048～0.064 mm×0.024～0.032 mm，在完全成熟节片中可达 0.200 mm×0.125 mm。阴道稍有弯曲，开口于生殖孔。孕卵节片的子宫呈横囊状，几乎充满整个节片，向外延伸至排泄管。子宫内充满虫卵，此时的生殖孔则开口于节片的上缘。虫卵大小不详。

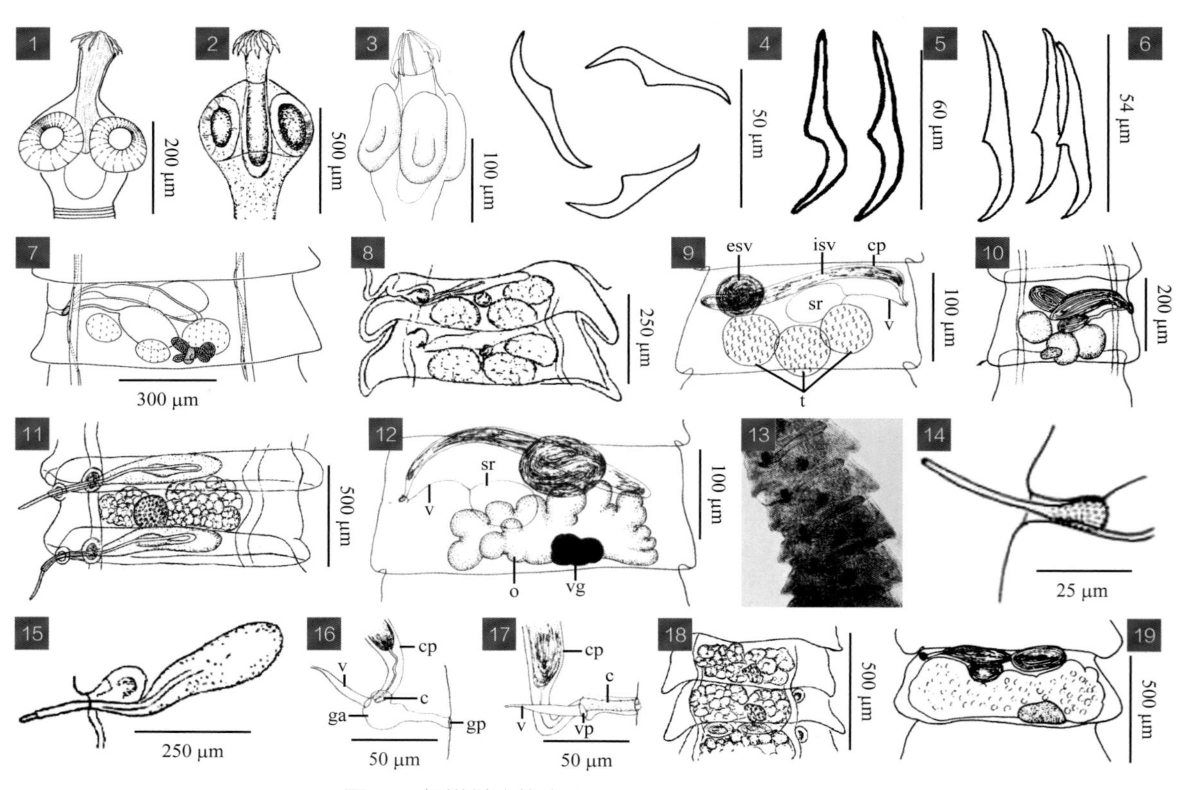

图 95　领襟微吻绦虫 *Microsomacanthus collaris*

图释

1～3. 头节；4～6. 吻钩；7～13. 成熟节片；14～17. 生殖腔（15 示雄茎囊、附性囊）；18, 19. 孕卵节片

1, 4, 7, 14. 引自 McLaughlin 和 Burt（1979）；2, 5, 8, 11, 13, 15, 18. 引自 Sugimoto（1934）；3, 6, 9, 12, 16, 17. 引自 Beverley-Burton（1964）；10, 19. 引自黄德生等（1988）

96 狭窄微吻绦虫 *Microsomacanthus compressus* (Linton, 1892) López-Neyra, 1942

【关联序号】42.6.4（19.15.4）/ 。

【同物异名】狭扁微吻绦虫；狭窄带绦虫（*Taenia compressa* Linton, 1892）；大星膜壳绦虫（*Hymenolepis megarostellis* Solowiow, 1911）；狭窄膜壳绦虫（*Hymenolepis compressa* (Linton, 1892) Skrjabin, 1914）。

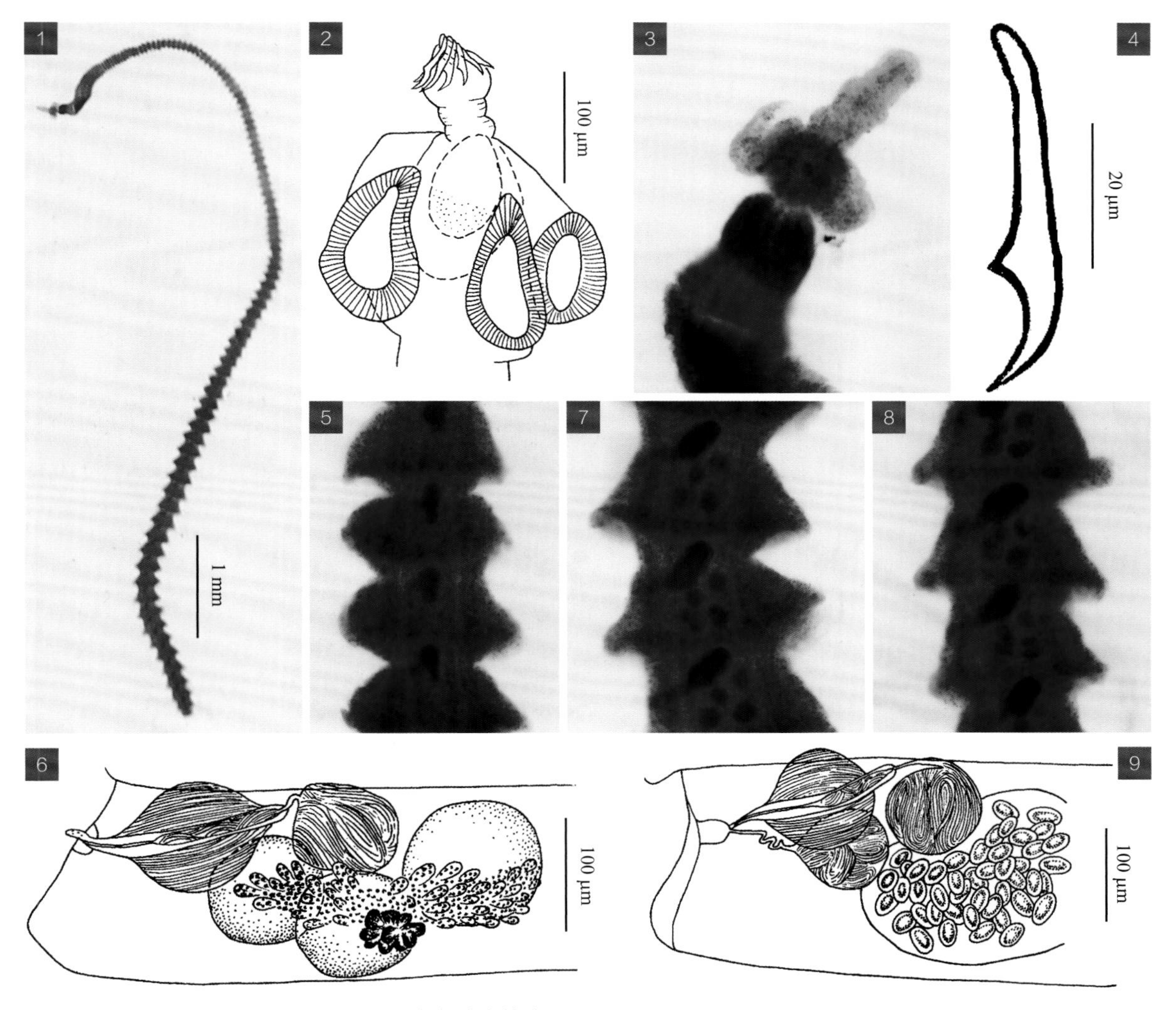

图 96 狭窄微吻绦虫 *Microsomacanthus compressus*

图释

1. 虫体；2, 3. 头节；4. 吻钩；5. 未成熟节片；6～8. 成熟节片；9. 孕卵节片

1, 3, 5, 7, 8. 原图（HIAVS）；2, 4, 6, 9. 引自成源达（2011）

【宿主范围】成虫寄生于鸭、鹅的小肠。

【地理分布】安徽、重庆、福建、广东、广西、贵州、河南、湖南、江苏、江西、四川、台湾、云南、浙江。

【形态结构】虫体长 0.64～0.83 cm，最大体宽 0.04～0.06 cm。每节有生殖器官 1 套，生殖孔位于节片单侧边缘的上方。头节宽 0.214～0.241 mm，其前端的吻突长 0.082～0.160 mm，吻囊长 0.115～0.200 mm，吻囊底部达吸盘的中部。吻突前端有吻钩 1 圈 10 个，吻钩长 0.049～0.053 mm，其中，钩柄长 0.030～0.033 mm，钩刃长 0.019～0.022 mm。吻突四周有吸盘 4 个，大小为 0.100～0.122 mm×0.066～0.083 mm，颈部宽 0.075～0.094 mm。睾丸 3 枚，呈倒三角形排列，位于节片中部下方，睾丸大小为 0.089～0.099 mm×0.092～0.099 mm。雄茎囊大小为 0.132～0.191 mm×0.049～0.116 mm，外围肌质发达而呈球形，直径为 0.075～0.083 mm。内贮精囊位于雄茎囊内。外贮精囊呈圆形，位于中睾丸之前，大小为 0.082～0.099 mm×0.082 mm。雄茎小，长度为 0.026～0.033 mm，远端宽 0.007～0.008 mm，具棘。卵巢分为左右两瓣，每瓣又分成许多小叶，位于睾丸的腹面。卵黄腺位于节片中央卵巢的下方，大小为 0.072 mm×0.027 mm。受精囊呈长囊状至圆球形，位于雄茎囊的背下侧。阴道呈管状弯曲，开口于生殖腔。子宫呈囊状充满整个节片，内含许多虫卵。虫卵呈卵圆形，其直径为 140～155 μm。六钩蚴大小约为 36 μm×32 μm，胚钩长 11～12 μm。

97 福氏微吻绦虫 *Microsomacanthus fausti* (Tseng-Shen, 1932) López-Neyra, 1942

【关联序号】42.6.5（19.15.6）/。

【同物异名】福氏小弗尔曼绦虫（*Fuhrmanniella fausti* Tseng-Shen, 1932）；福氏膜壳绦虫（*Hymenolepis fausti* (Tseng-Shen, 1932) Fuhrmann, 1932）；福氏双盔带绦虫（*Dicranotaenia fausti* (Tseng-Shen, 1932) Skrjabin et Mathevossian, 1945）。

【宿主范围】成虫寄生于鸭、鹅的小肠。

【地理分布】重庆、湖南、四川。

【形态结构】虫体长 0.21～1.00 cm，最大体宽 0.03～0.07 cm，节片的宽度常大于长度，靠近颈节和尾部的节片则长度大于宽度。每节有生殖器官 1 套，生殖孔位于节片单侧边缘的前部。头节呈亚球形，长宽为 0.120～0.160 mm×0.129～0.250 mm。吻突长宽为 0.100～0.145 mm×0.050～0.055 mm，吻囊大小为 0.155～0.220 mm×0.055～0.082 mm，吻囊可达吸盘之后。吻突前端有吻钩 1 圈 10 个，吻钩长 0.026～0.030 mm，钩柄长 0.017～0.019 mm，钩刃长 0.009～0.011 mm。吸盘 4 个，无刺，长宽为 0.075～0.145 mm×0.065～0.125 mm。颈部短，宽为 0.069～0.157 mm。睾丸 3 枚，排成一横列，或中间睾丸稍靠后方，大小为 0.078～0.118 mm×0.055～0.105 mm。雄茎囊发达，囊壁厚，呈纺锤形，伸至节片中部，大小为 0.038～0.082 mm×0.099～0.284 mm。

内贮精囊呈类圆形，位于雄茎囊内，直径为 0.020～0.026 mm。外贮精囊呈近圆形，位于中间睾丸的前外侧背面，大小为 0.033～0.118 mm×0.030～0.100 mm。雄茎细长，长 0.066～0.118 mm，基部增粗密布小棘，前部为圆锥形小管。卵巢位于节片中央，常形成中间狭窄两端发达的两叶，在充分发育成熟的节片内呈葡萄状分叶，大部分覆盖在睾丸之上。卵黄腺位于卵巢中部的后缘，呈豆状或边缘分瓣，大小为 0.035～0.050 mm×0.030～0.035 mm。受精囊位于

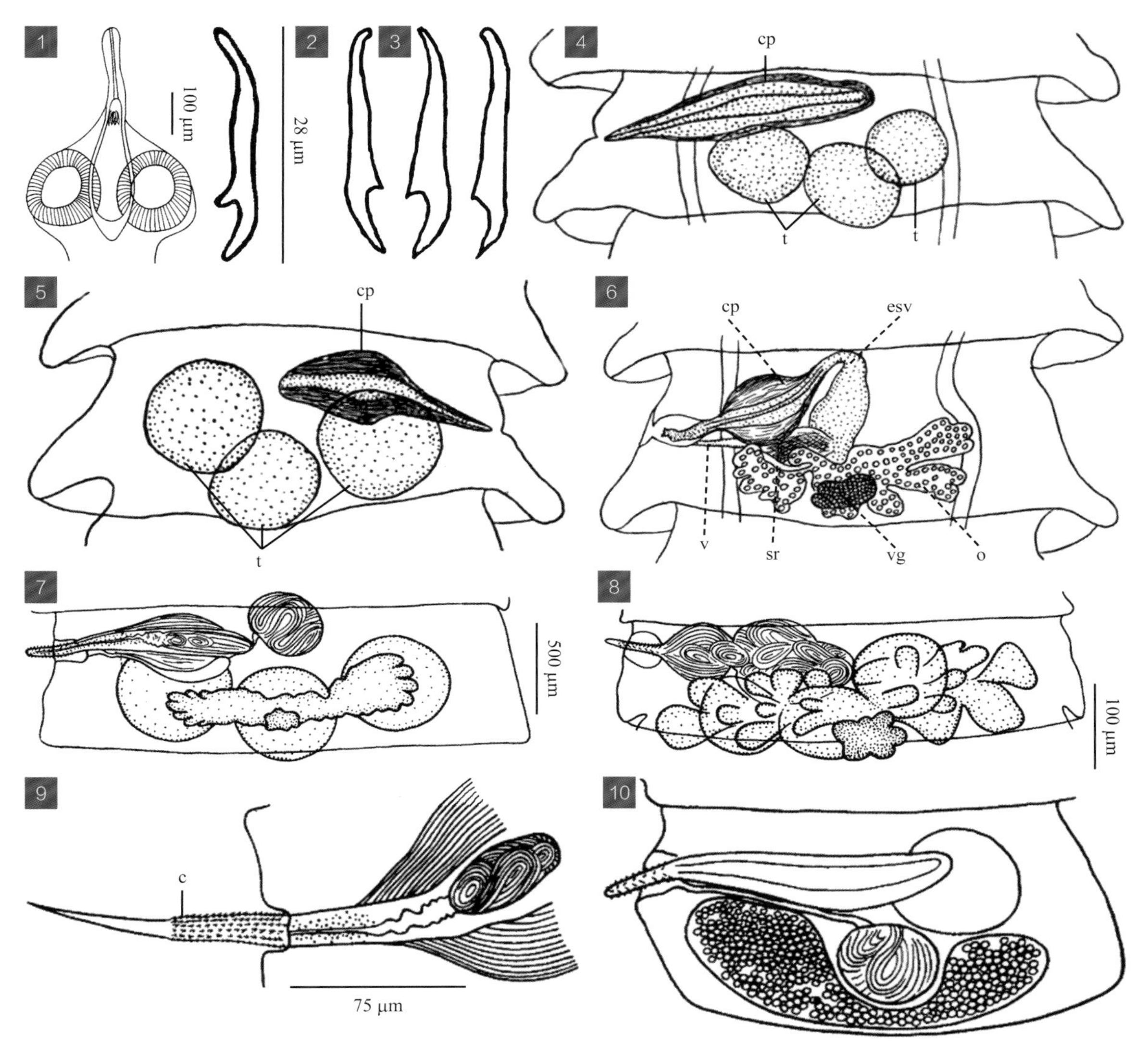

图 97　福氏微吻绦虫 *Microsomacanthus fausti*

图释

1. 头节；2, 3. 吻钩；4～8. 成熟节片；9. 雄茎；10. 孕卵节片

1, 2, 7～10. 引自陈淑玉和汪溥钦（1994）；3～6. 引自 Tseng（1932b）

卵巢的前缘，在充分发育成熟的节片内呈球形，大小为 0.059～0.154 mm×0.071～0.211 mm。阴道开口于生殖腔。孕卵节片呈囊袋状，内充满虫卵。虫卵大小不详。

98 彩鹬微吻绦虫 *Microsomacanthus fola* (Meggitt, 1933) López-Neyra, 1942

【关联序号】42.6.6（19.15.7）/。

【同物异名】彩鹬膜壳绦虫（*Hymenolepis fola* Meggitt, 1933）；彩鹬雀壳绦虫（*Passerilepis fola* (Meggitt, 1933) Spasskii et Spasskaya, 1954）。

【宿主范围】成虫寄生于鸭的小肠。

【地理分布】云南。

【形态结构】虫体长 0.80～2.00 cm，最大体宽 0.08～0.09 cm，全部节片的宽度大于长度。排泄管 2 对，腹排泄管大于背排泄管。每节有生殖器官 1 套，生殖孔开口于节片单侧边缘前 1/3 部位。头节直径为 0.180～0.190 mm，吻突直径为 0.040～0.050 mm，吻囊直径为 0.048～0.070 mm。吻钩 1 圈 10 个，吻钩长 0.032～0.034 mm，钩柄显著长于钩刃。睾丸 3 枚，呈圆形或卵圆形，倒三角形排列，中间睾丸稍低，大小为 0.101～0.121 mm×0.101～0.129 mm。雄茎囊发达，呈长囊状，位于生殖孔侧睾丸上方，横贯节片的一半，大小为 0.035～0.064 mm×0.209～0.400 mm。内贮精囊呈梭形，占据雄茎囊大部分，大小为 0.052～0.056 mm×0.197～0.205 mm。外贮精囊较为发达，呈椭圆形，位于节片中央上方，大小为 0.076～0.117 mm×0.149～0.165 mm。雄茎细长，具小棘，位于雄茎囊之中，长宽为 0.213～0.229 mm×0.020～0.028 mm。卵巢呈横囊状，边缘不规整，位于节片中央下方，大小为 0.028～0.113 mm×0.133～0.149 mm。卵黄腺呈卵圆形，位于卵巢下方，靠近节片下边缘，大小为 0.032～0.040 mm×0.056～0.072 mm。受精囊呈圆形，位于节片中央。阴道呈管状，开口于生殖孔。孕卵节片的子宫呈囊袋状，充满节片的髓质，内

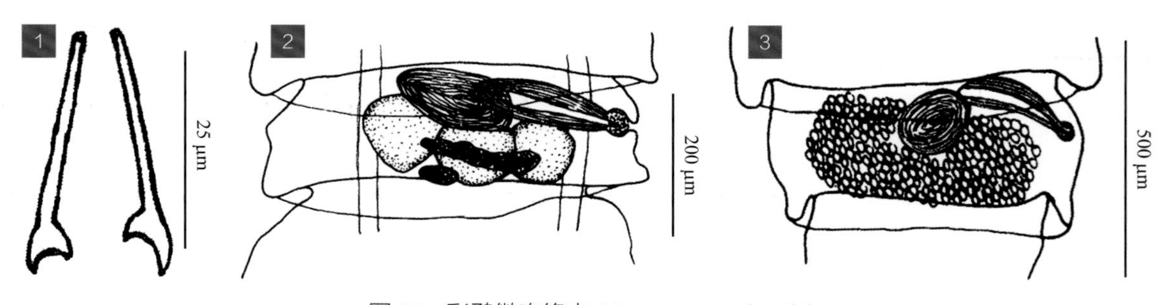

图 98 彩鹬微吻绦虫 *Microsomacanthus fola*

图释

1. 吻钩；2. 成熟节片；3. 孕卵节片

1. 引自 Meggitt（1933）；2, 3. 引自黄德生等（1988）

含许多虫卵。虫卵呈球形，直径为 15～29 μm，内有 1 个六钩蚴。

［注：Yamaguti（1959）和 Schmidt（1986）均将本种列为 *Passerilepis* 属］

99 台湾微吻绦虫 *Microsomacanthus formosa* (Dubinina, 1953) Yamaguti, 1959

【关联序号】42.6.7（19.15.8）/ 。

【同物异名】台湾膜壳绦虫（*Hymenolepis formosa* Dubinina, 1953）。

【宿主范围】成虫寄生于鸭的小肠。

【地理分布】台湾。

【形态结构】虫体长 0.40～1.30 cm，最大体宽 0.03～0.04 cm，有 70～80 个节片。每节有生殖器官 1 套，生殖孔开口于节片单侧的前部。头节宽 0.170～0.210 mm，吻部细长，长宽约为 0.182 mm×0.074 mm，有吻钩 10 个，钩长 0.036～0.037 mm。吸盘为类圆形，大小约为 0.082 mm×0.078 mm。颈部宽 0.164 mm。睾丸 3 枚，排成一横列或倒三角形，生殖孔侧 1 枚，生殖孔对侧 2 枚，大小约为 0.022 mm×0.032 mm。雄茎囊呈长袋形，横列于节片的前部，大小为 0.105～0.118 mm×0.027 mm。内贮精囊占据雄茎囊的大部分。外贮精囊呈卵圆形，直径约为 0.036 mm。卵巢位于节片的中央，分为 3 瓣。卵黄腺呈块状，位于卵巢之后，大小约为 0.020 mm×0.045 mm。子宫呈囊状。

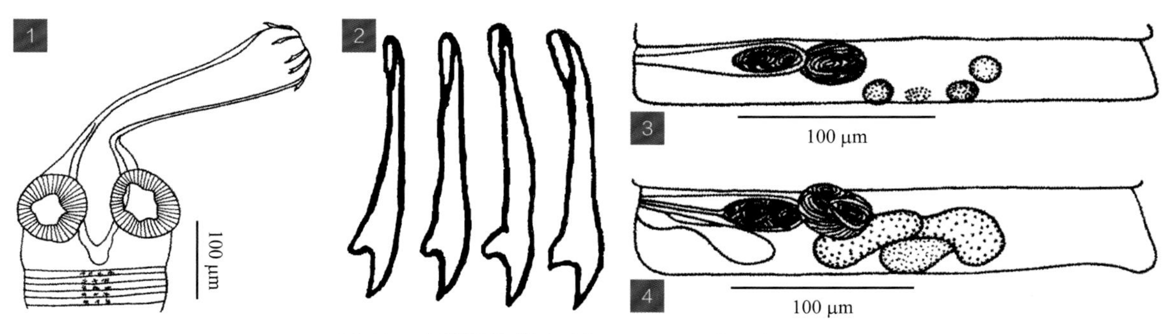

图 99 台湾微吻绦虫 *Microsomacanthus formosa*

图释

1. 头节；2. 吻钩；3, 4. 成熟节片（3 示雄性生殖器官，4 示雌性生殖器官）

1～4. 引自陈淑玉和汪溥钦（1994）

100 微小微吻绦虫 *Microsomacanthus microps* (Diesing, 1850) López-Neyra, 1942

【关联序号】42.6.8（19.15.9）/。

【同物异名】微小带绦虫（*Taenia microps* Diesing, 1850）；松鸡膜壳绦虫（*Hymenolepis tetraonis* Wolffhügel, 1899）；微小膜壳绦虫（*Hymenolepis microps* (Diesing, 1850) Fuhrmann, 1906）；微小副双盔带绦虫（*Paradicranotaenia microps* (Diesing, 1850) López-Neyra，1943）。

【宿主范围】成虫寄生于鸡的小肠。

【地理分布】安徽、宁夏。

【形态结构】虫体细长，长度可达 15.00～16.00 cm，节片数可达 3000 个。在头节后 0.20 cm 的链体有节片 60～70 个，随后节片开始成熟，0.10 cm 的链体可包含成熟节片 10 个。节片的宽度明显大于长度，每个节片的后缘明显，侧面观链体的边缘像锯齿状。所有节片的生殖孔都开口于同侧。头节呈近正方形，中央有 1 个可收缩的吻突，周边有 4 个吸盘。吻突表面密布非常细小成环的棘，略微弯曲，长度约为 0.016 mm，需在油镜下才能观察其结构。吸盘小而深。睾丸 3 枚，通过输精管与贮精囊相连。阴道开口于雄茎的腹侧，另一端通向 1 个很大的肌质受精囊。子宫为 1 个不分支的单囊，早期子宫呈球形，位于节片中线偏后端；成熟子宫呈三角形或方形，其角度很圆滑，含有大量虫卵。虫卵大小约为 73 μm×66 μm，内含较大的六钩蚴。六钩蚴的大小约为 40 μm×20 μm，典型六钩蚴每对胚钩的间距较大，胚钩长约 14 μm。

［注：Yamaguti（1959）和 Schmidt（1986）均将本种列为吐门副双盔带绦虫（*Paradicranotaenia tumens* (Mehlis in Creplin, 1846) Yamaguti, 1959）的同物异名］

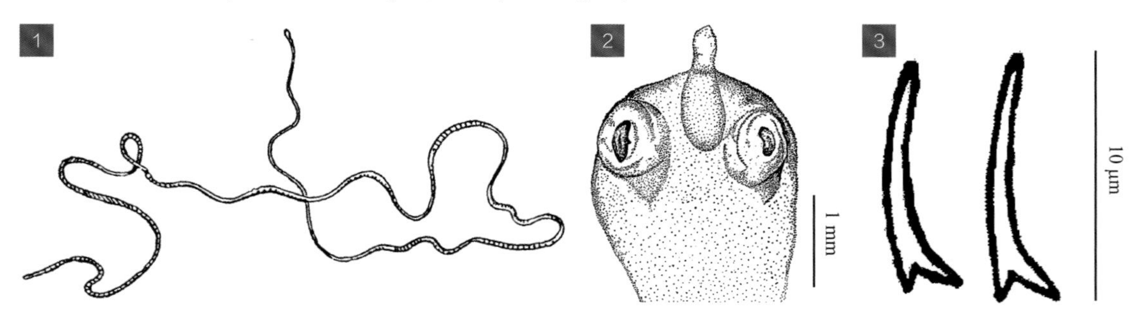

图 100 微小微吻绦虫 *Microsomacanthus microps*

图释

1. 虫体；2. 头节；3. 吻钩

1. 引自 Leslie 和 Shipley（1912）；2, 3. 引自 Clapham（1939）

101 小体微吻绦虫 *Microsomacanthus microsoma* (Creplin, 1829) López-Neyra, 1942

【关联序号】42.6.9（19.15.10）/。

【同物异名】微吻微吻绦虫；小体带绦虫（*Taenia microsoma* Creplin, 1829）；小体膜壳绦虫（*Hymenolepis microsoma* (Creplin, 1829) Railliet, 1899）；小体双棘（囊宫）绦虫（*Diplacanthus*

(*Dilepis*) *microsoma* (Creplin, 1829) Cohn, 1899)；小体膜壳（剑带）绦虫（*Hymenolepis* (*Drepanidotaenia*) *microsoma* (Creplin, 1829) Cohn, 1901)；小体维兰地绦虫（*Weinlandia microsoma* (Creplin, 1829) Mayhew, 1925)。

【宿主范围】成虫寄生于鸭的小肠。

【地理分布】黑龙江、湖南、四川。

【形态结构】虫体长 0.49～0.56 cm，体宽 0.02～0.05 cm，节片宽度大于长度。纵肌 2 层，排泄管 2 对。每节有生殖器官 1 套，生殖孔位于节片单侧的中前部。头节直径 0.148～0.214 mm，吻突长 0.049～0.067 mm，具有 10 个吻钩，吻钩长 0.038～0.050 mm，钩柄长 0.026～0.036 mm，钩刃长 0.013～0.020 mm。吸盘呈椭圆形或圆形，直径为 0.066～0.073 mm。成熟节片的长宽为 0.161～0.188 mm×0.402～0.469 mm，孕卵节片的长宽为 0.227～0.268 mm×0.469～0.563 mm。睾丸 3 枚，中间睾丸偏后，生殖孔对侧睾丸略偏前。雄茎囊呈狭长弓形，大小为 0.268～0.281 mm×0.061～0.075 mm。内贮精囊发达，呈长囊状，大小为 0.082～0.132 mm×0.059～0.072 mm。外贮精囊短而近圆形，直径为 0.039～0.056 mm。雄茎披有小棘。卵巢分为 2 瓣，宽 0.073～0.083 mm。卵黄腺呈圆形或椭圆形，位于卵巢后，大小为 0.040～0.067 mm×0.033～0.080 mm。受精囊小。子宫为一横管，后期扩展至全节片。虫卵直径为 39～43 μm。

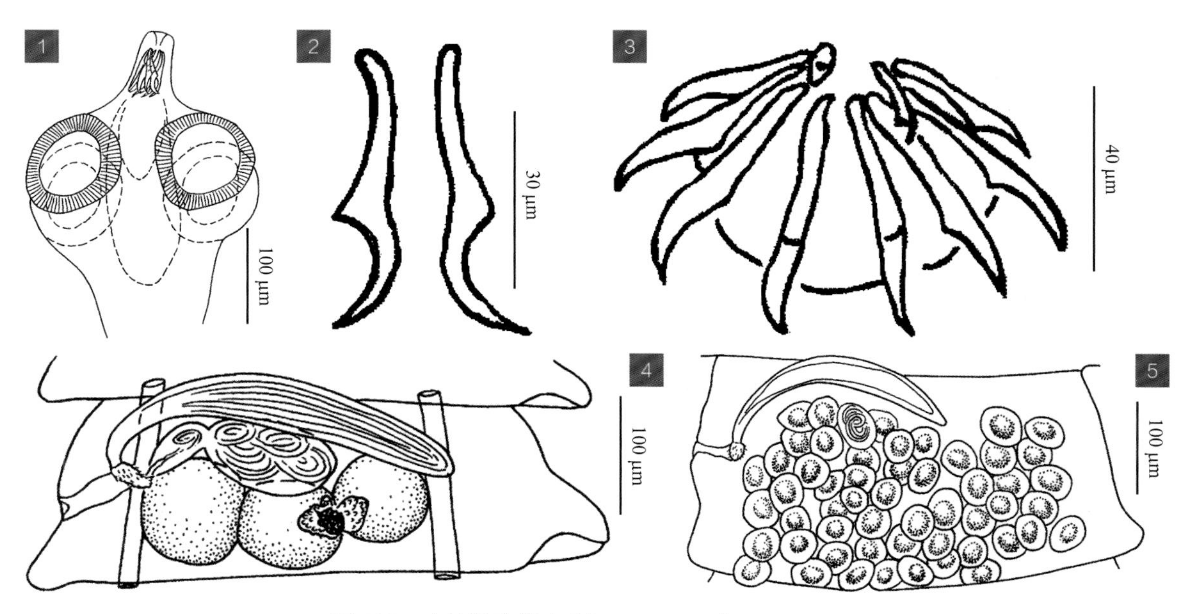

图 101　小体微吻绦虫 *Microsomacanthus microsoma*

图释

1. 头节；2, 3. 吻钩；4. 成熟节片；5. 孕卵节片

1～5. 引自成源达（2011）

102 副狭窄微吻绦虫 *Microsomacanthus paracompressa* (Czaplinski, 1956) Spasskaya et Spasskii, 1961

【关联序号】42.6.10（19.15.11）/。

【同物异名】伪狭微吻绦虫；副狭窄膜壳绦虫（*Hymenolepis paracompressa* Czaplinski, 1956）。

【宿主范围】成虫寄生于鸭、鹅的小肠。

【地理分布】安徽、福建、广西、贵州、河南、江苏、江西、宁夏、云南、浙江。

【形态结构】新鲜虫体为白色，体长 0.80～2.70 cm，最大宽度 0.08～0.10 cm，节片前端细小，后端渐大，有节片 45～78 个，节片的宽度全部大于长度，个别虫体最后 1 节为长度大于宽度。排泄管 2 对，腹排泄管较大，宽约 0.032 mm，有节间横管相连；背排泄管较小，宽约 0.016 mm。每节有生殖器官 1 套，生殖孔位于节片单侧边缘的前 1/3 处。头节细小，呈半圆形，长宽为 0.153～0.192 mm×0.224～0.256 mm。吻突常伸出体外一半，吻突长宽为 0.162～0.198 mm×0.068～0.079 mm。有吻钩 10 个，吻钩长 0.048～0.061 mm。吻囊延至吸盘之后，长宽为 0.178～0.201 mm×0.086～0.101 mm。吸盘 4 个，呈圆形或椭圆形，不具小棘，大小为 0.086～0.141 mm×0.053～0.095 mm。颈部细狭，宽 0.088～0.162 mm。睾丸 3 枚，呈倒三角形排列，2 枚在两侧上方，1 枚位于节片中央下方，成熟节片的睾丸呈圆形或椭圆形，大小为 0.109～0.144 mm×0.119～0.160 mm。雄茎囊呈梭形，大小为 0.116～0.144 mm×0.028～0.043 mm。内贮精囊占据雄茎囊大部分，呈梭形或纺锤形，大小为 0.072～0.126 mm×0.025～0.039 mm。外贮精囊发达，呈球形或卵圆形，大小为 0.090～0.144 mm×0.072～0.086 mm，位于节片上缘中央靠近生殖孔对侧。雄茎细长，具有小棘，常伸出节片之外，长宽为 0.072～0.099 mm×0.011～0.013 mm。卵巢呈长囊状，不分瓣，位于节片中央。成熟节片中的卵巢盖于睾丸的背方，大小为 0.272～0.336 mm×0.048～0.080 mm。卵黄腺位于卵巢下方的中央，呈豆状或卵圆形，大小为 0.044～0.072 mm×0.027～0.054 mm，早期孕卵节片的卵黄腺发育更好，大小为 0.090～0.100 mm×0.057～0.072 mm。受精囊十分发达，呈圆形或椭圆形，位于节片中央上方，大小为 0.133～0.192 mm×0.090～0.128 mm，在后期孕卵节片中萎缩。阴道细长，有弯曲，宽约 0.014 mm，开口于生殖孔。孕卵节片仅有 6～10 个，其中 2～4 个比较成熟，成熟的子宫呈囊状，不分瓣，大小为 0.192～0.256 mm×0.432～0.576 mm，内含虫卵 100 枚左右。含成熟六钩蚴的虫卵呈圆形，薄而透明，直径约为 82 μm，外胚膜呈卵圆形，大小约为 54 μm×39 μm，内有卵黄颗粒。内胚膜呈椭圆形，大小约为 39 μm×28 μm。六钩蚴呈卵圆形，大小约为 36 μm×25 μm。

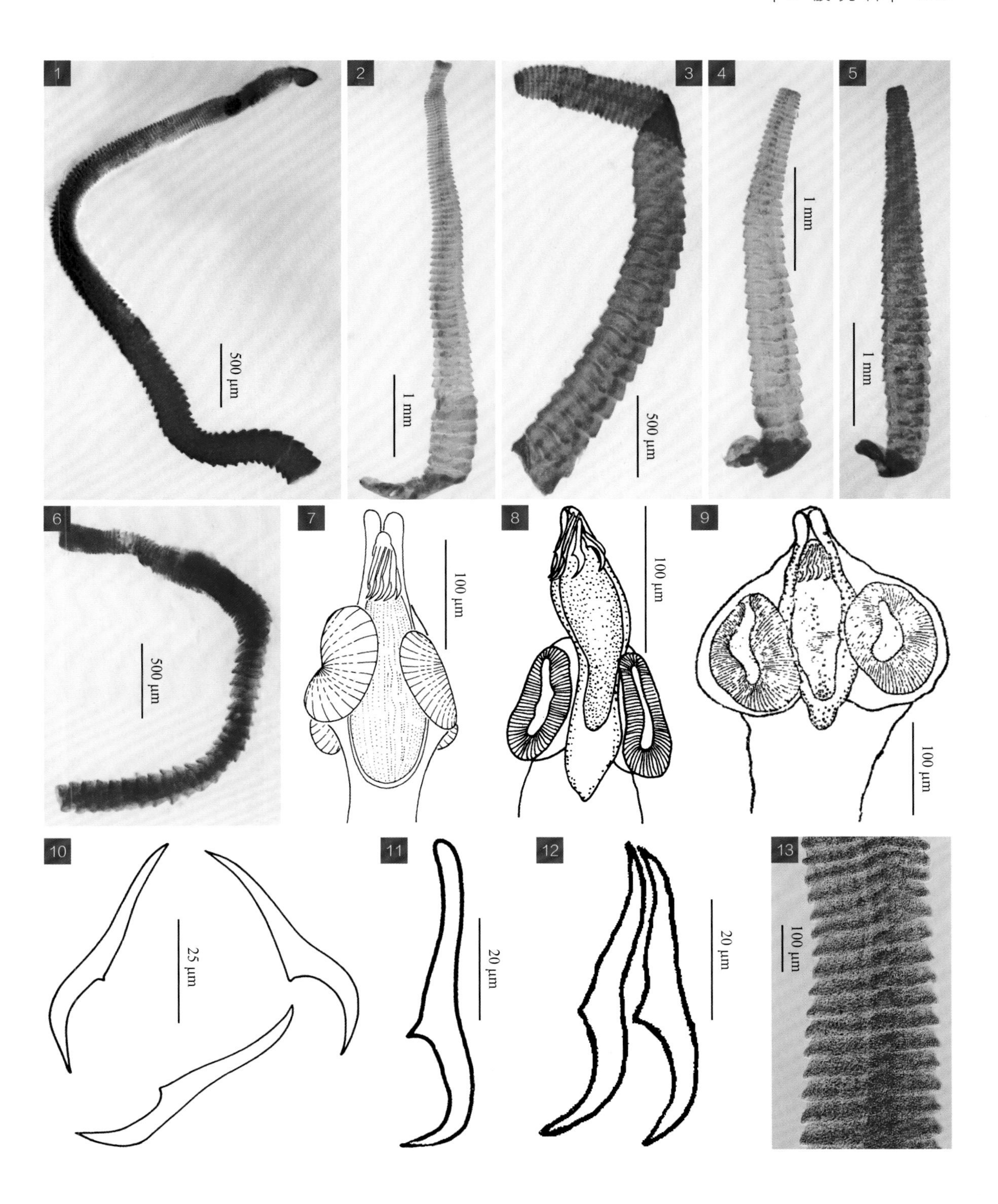
1
2
3
4
5
500 μm
1 mm
500 μm
1 mm
1 mm
6
7
8
9
500 μm
100 μm
100 μm
100 μm
10
11
12
13
25 μm
20 μm
20 μm
100 μm

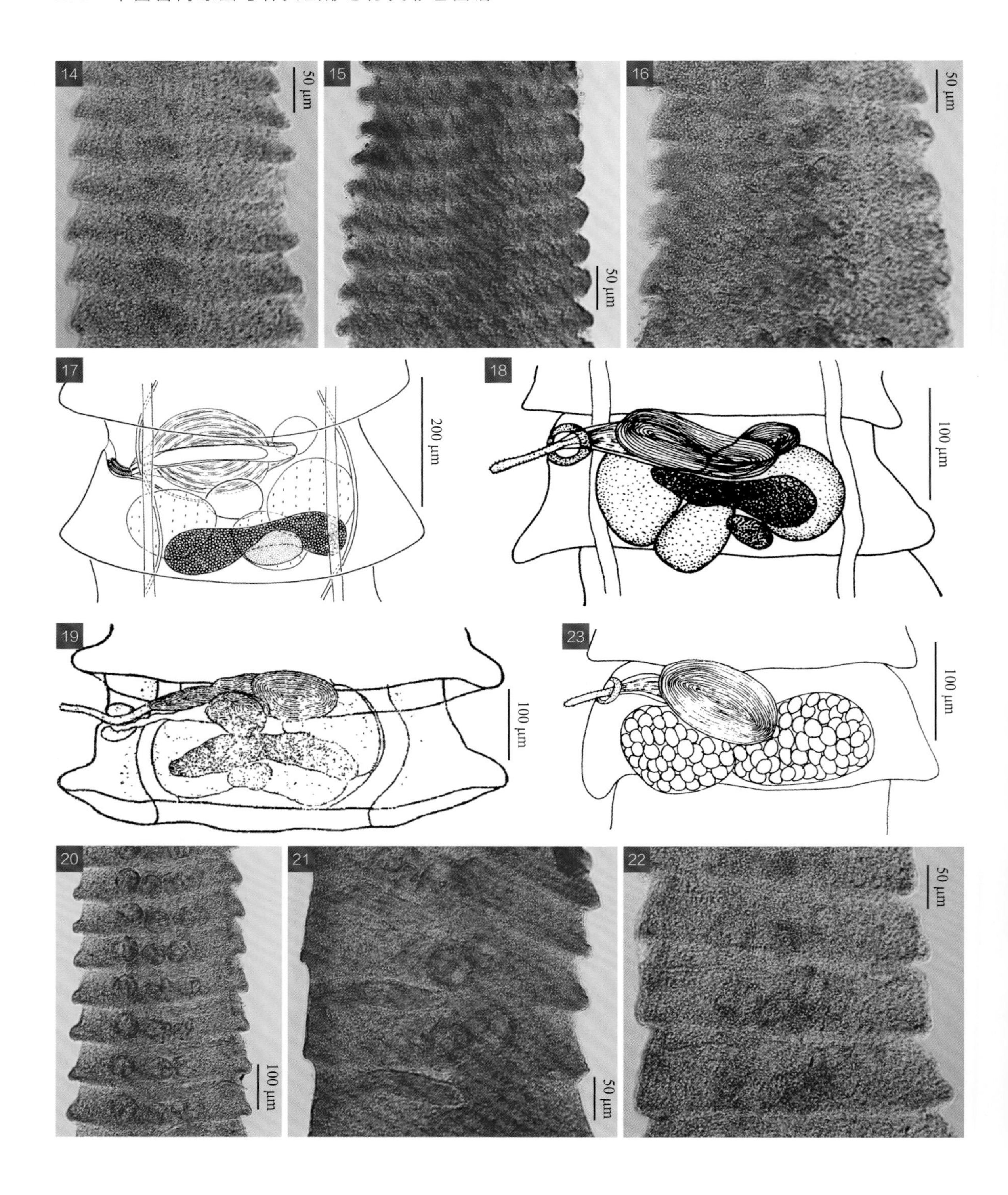
14
50 μm
15
50 μm
16
50 μm
17
200 μm
18
100 μm
19
100 μm
23
100 μm
20
100 μm
21
50 μm
22
50 μm

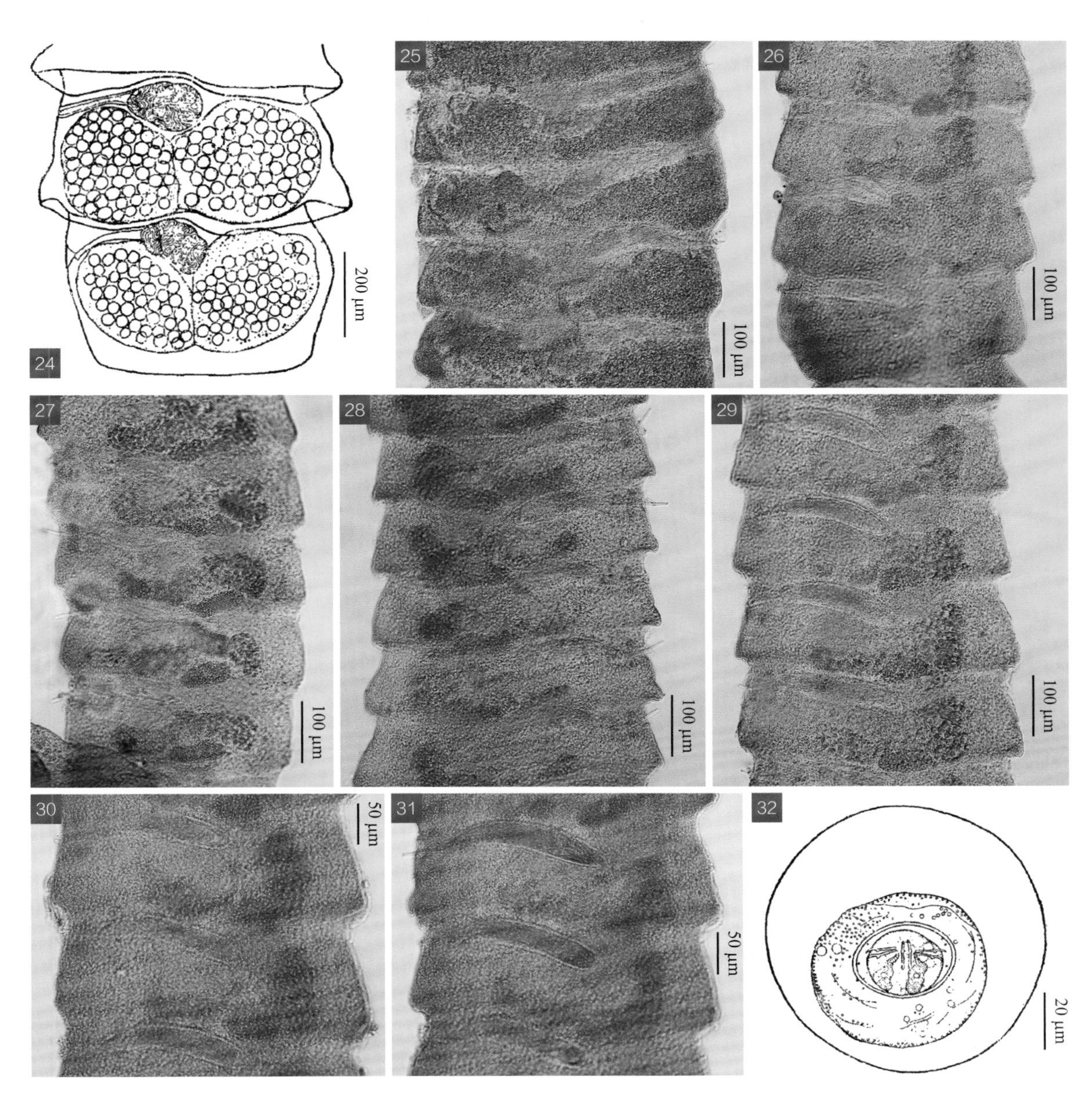

图 102 副狭窄微吻绦虫 *Microsomacanthus paracompressa*

图释

1. 虫体；2～6. 链体；7～9. 头节；10～12. 吻钩；13～16. 未成熟节片；17～22. 成熟节片；23～31. 孕卵节片；32. 虫卵

1～6, 13～16, 20～22, 25～31. 原图（SHVRI）；7, 10, 17. 引自 McLaughlin 和 Burt（1979）；8, 11, 18, 23. 引自黄德生等（1988）；9, 12, 19, 24, 32. 引自林宇光（1959）

103 副小体微吻绦虫 *Microsomacanthus paramicrosoma* (Gasowska, 1932) Yamaguti, 1959

【关联序号】42.6.11（19.15.12）/ 314。

【同物异名】副小体膜壳绦虫（*Hymenolepis paramicrosoma* Gasowska, 1932）。

【宿主范围】成虫寄生于鸡、鸭、鹅的小肠。

【地理分布】安徽、重庆、福建、广西、贵州、湖南、江苏、宁夏、四川、云南、浙江。

【形态结构】新鲜虫体为白色，体长 0.78～1.80 cm，最大宽度 0.05～0.10 cm，有节片 84～125 个，成熟节片的宽度均大于长度。排泄管 2 对，腹排泄管宽约 0.018 mm，背排泄管宽约 0.007 mm。每节有生殖器官 1 套，生殖孔位于节片单侧边缘的中央靠近前方。头节细小，呈圆形，长宽为 0.110～0.240 mm×0.150～0.221 mm。头节顶端具吻突，吻突长宽为 0.063～0.136 mm×0.035～0.067 mm。吻突上有吻钩 10 个，吻钩长 0.035～0.042 mm，钩柄长于钩刃。吻囊延至吸盘的后方，长宽为 0.112～0.204 mm×0.068～0.088 mm。吸盘 4 个，呈圆形或椭圆形，

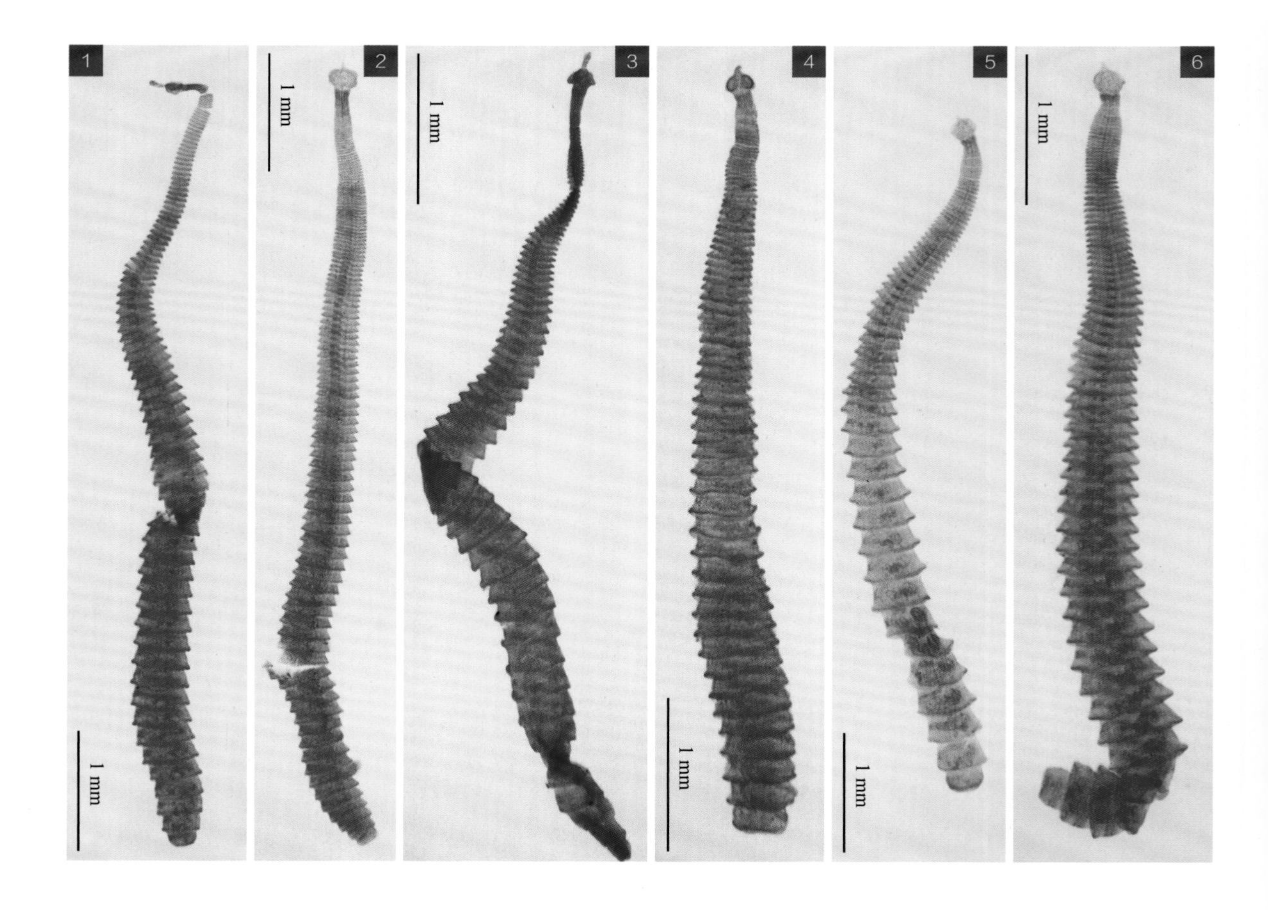

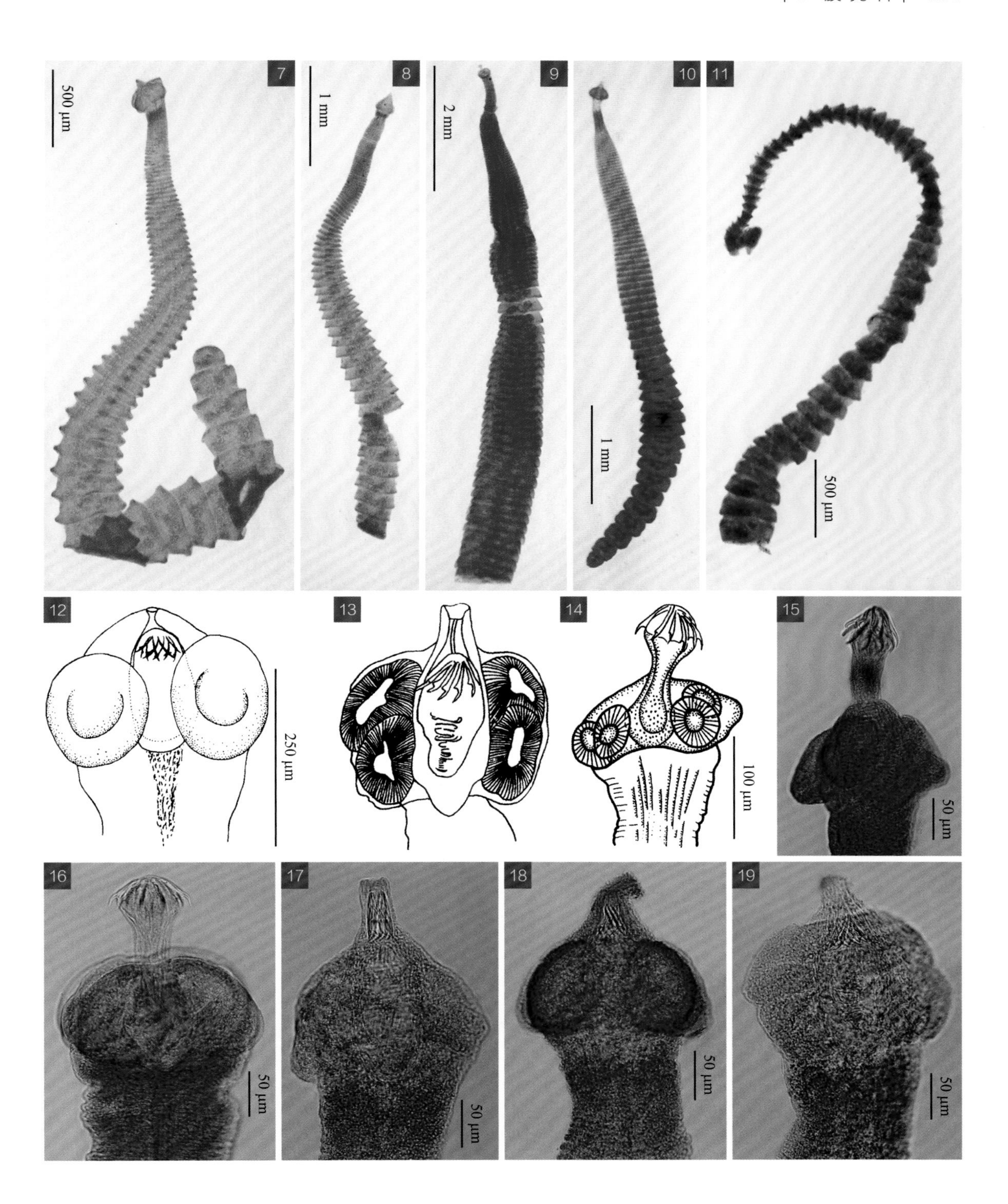
7
500 μm
8
1 mm
9
2 mm
10
1 mm
11
500 μm
12
250 μm
13
14
100 μm
15
50 μm
16
50 μm
17
50 μm
18
50 μm
19
50 μm

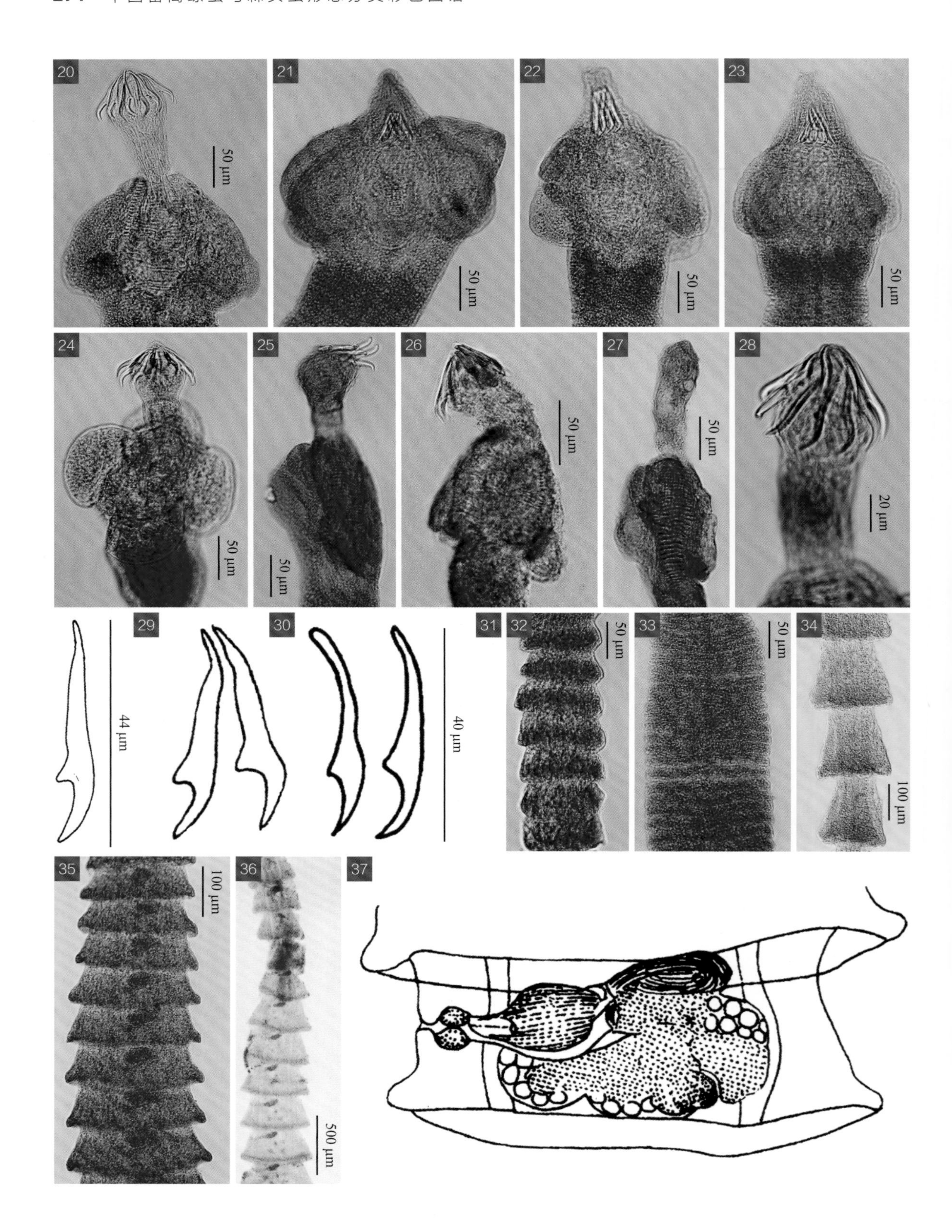
20
50 μm
21
50 μm
22
50 μm
23
50 μm
24
50 μm
25
50 μm
26
50 μm
27
50 μm
28
20 μm
29
44 μm
30
40 μm
31
32
50 μm
33
50 μm
34
100 μm
35
100 μm
36
500 μm
37

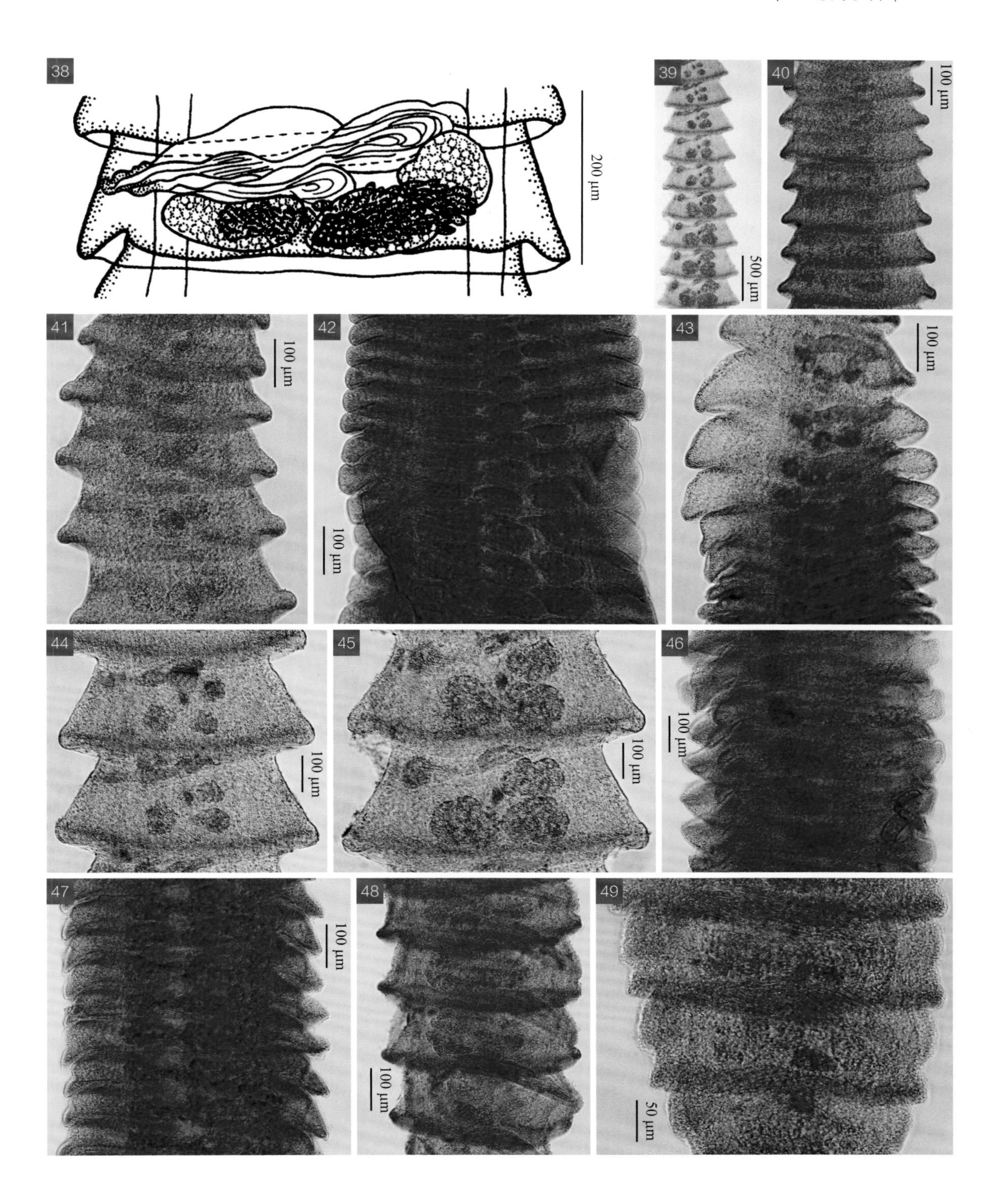
38
200 μm
39
500 μm
40
100 μm
41
100 μm
42
100 μm
43
100 μm
44
100 μm
45
100 μm
46
100 μm
47
100 μm
48
100 μm
49
50 μm

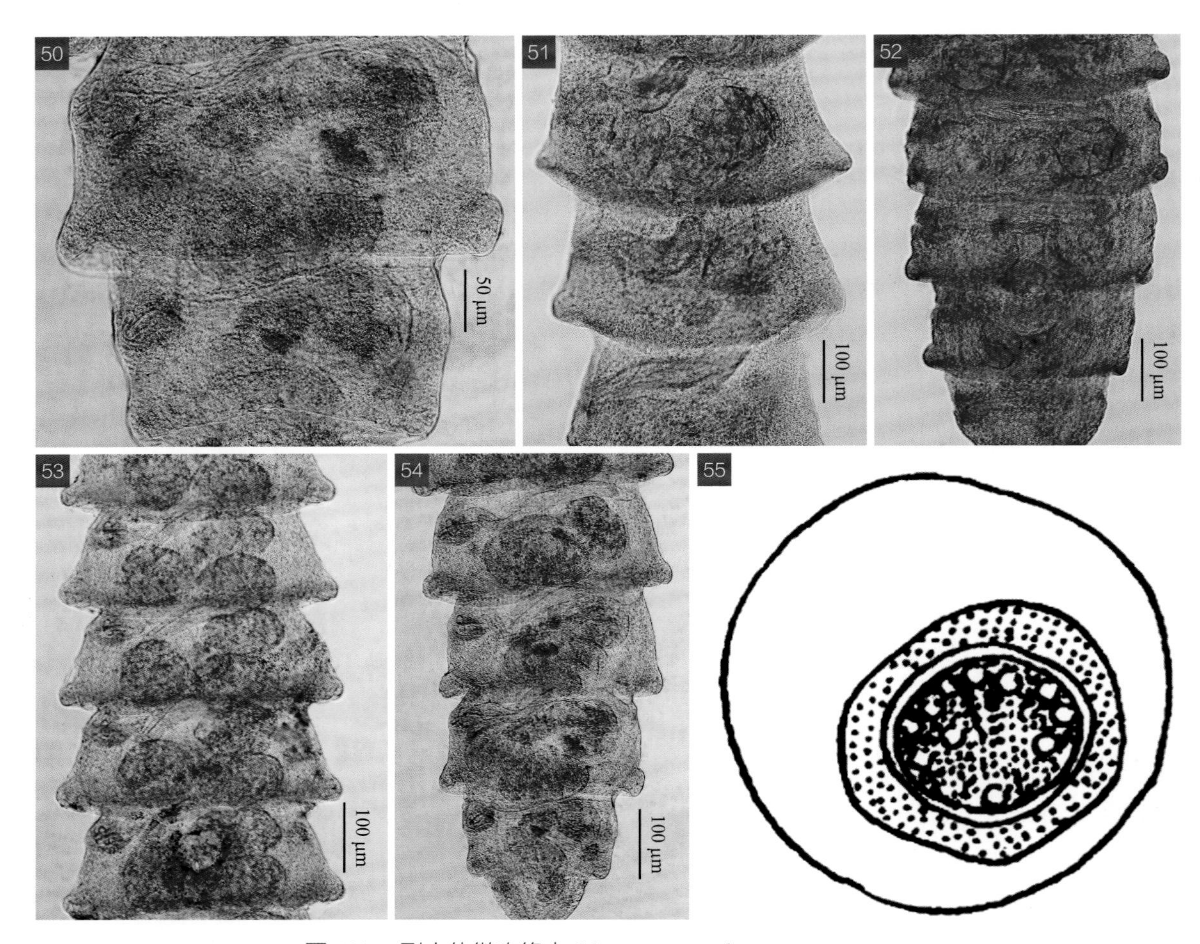

图 103　副小体微吻绦虫 *Microsomacanthus paramicrosoma*

图释

1～11. 虫体；12～27. 头节；28. 吻突；29～31. 吻钩；32～36. 未成熟节片；37～45. 成熟节片；46～54. 孕卵节片；55. 虫卵

1～11, 15～28, 32～36, 39～54. 原图（SHVRI）；12, 29. 引自 Beverley-Burton（1964）；13, 30, 37, 55. 引自黄兵和沈杰（2006）；14, 31, 38. 引自蒋学良等（2004）

大小为 0.052～0.079 mm×0.092～0.098 mm，无小棘。颈部狭窄，宽 0.075～0.133 mm，向后逐渐增宽。睾丸 3 枚，呈倒三角形排列，2 枚位于两侧的上端，1 枚位于节片的中央下方。成熟节片中的睾丸呈圆形或椭圆形，大小为 0.098～0.196 mm×0.094～0.156 mm。雄茎囊膨大呈球形，富有纵肌纤维，大小为 0.174～0.250 mm×0.070～0.112 mm。内贮精囊呈梭形，位于雄茎囊中间，大小为 0.111～0.144 mm×0.031～0.048 mm。外贮精囊呈卵圆形，位于节片中央，靠近生殖孔对侧排泄管的内侧，大小为 0.080～0.150 mm×0.055～0.096 mm。雄茎细短，长宽为 0.057～0.064 mm×0.014～0.016 mm，具小棘。卵巢两端较大，中间较窄，呈马蹄状，没有明显分支，大小为

0.251～0.403 mm×0.054～0.112 mm。卵黄腺呈圆形或椭圆形，位于卵巢中央的下方，大小为0.073～0.130 mm×0.040～0.096 mm。受精囊发达，呈卵圆形，位于卵巢上方节片的中央，大小约为0.112 mm×0.080 mm，早期孕卵节片的受精囊变大。孕卵节片的子宫发达，呈囊状，不分瓣，大小为0.144～0.288 mm×0.368～0.672 mm，内含虫卵130～150枚，通常最后2节孕卵节片的子宫因没有虫卵而缩小。虫卵薄而透明，呈圆形，直径约为69 μm，内含六钩蚴。外胚膜呈椭圆形，大小约为51 μm×45 μm，内有卵黄颗粒。内胚膜为双层结构，呈卵圆形，大小约为32 μm×27 μm。六钩蚴呈卵圆形，位于内胚膜中间，大小约为28 μm×24 μm。

5.16 黏 壳 属

Myxolepis Spasskii, 1959

【宿主范围】成虫寄生于雁形目禽类。

【形态结构】中型绦虫。头节具吻突、吻囊和4个吸盘，吻突细长可伸缩，有吻钩1圈10个，钩柄长于钩刃，吸盘无棘。节片的长度大于宽度，排泄管2对，生殖器官1套，生殖孔位于节片单侧，生殖管位于排泄管背侧。雄茎囊发达，可伸达或越过虫体中线。具内、外贮精囊，有附性囊。雄茎具刺。睾丸3枚，排成三角形，生殖孔侧1枚，生殖孔对侧2枚，呈前后排列。卵巢位于虫体中部、两侧睾丸之间，分为2瓣。卵黄腺小，位于卵巢之后。子宫早期呈管状，后期扩展呈囊状，充满节片大部分。模式种：领襟黏壳绦虫（*Myxolepis collaris* (Batsch, 1786) Spasskii, 1959）。

［注：Schmidt（1986）将本属列为 *Microsomacanthus* 的同物异名，Khalil等（1994）认为本属为无效属］

104 领襟黏壳绦虫 ***Myxolepis collaris* (Batsch, 1786) Spasskii, 1959**

【关联序号】42.18.1（19.16.1）/ 328。

【宿主范围】成虫寄生于鸡、鸭的小肠。

【地理分布】安徽、重庆、广东、湖南、江西、台湾。

【形态结构】虫体长2.50～16.00 cm，最大体宽0.07～0.20 cm。生殖孔位于节片一侧的前部1/3处。头节的直径为0.200～0.280 mm，吻突宽0.080～0.116 mm，具有吻钩10个，钩长0.051～0.061 mm。吸盘呈椭圆形，大小为0.115～0.132 mm×0.060～0.083 mm。成熟节片长

宽为 0.335～0.531 mm×0.670～1.072 mm。睾丸 3 枚，呈圆形或椭圆形，排成三角形，生殖孔侧 1 枚，生殖孔对侧 2 枚，睾丸大小为 0.107～0.161 mm×0.134～0.281 mm。雄茎囊呈长囊袋状，大小为 0.500～0.670 mm×0.094～0.121 mm。内贮精囊发达。外贮精囊呈纺锤形，大小为 0.187 mm×0.400 mm。雄茎披有小棘，内有长的交合刺。具附性囊，囊内有细毛。卵巢分瓣，位于节片中部。卵黄腺小。子宫早期呈小管，后期发育呈囊状，内含虫卵。虫卵大小为 75 μm×40 μm，六钩蚴直径为 40～44 μm。

［注：Schmidt（1986）将本种列为领襟微吻绦虫（*Microsomacanthus collaris*）的同物异名，见 95 领襟微吻绦虫］

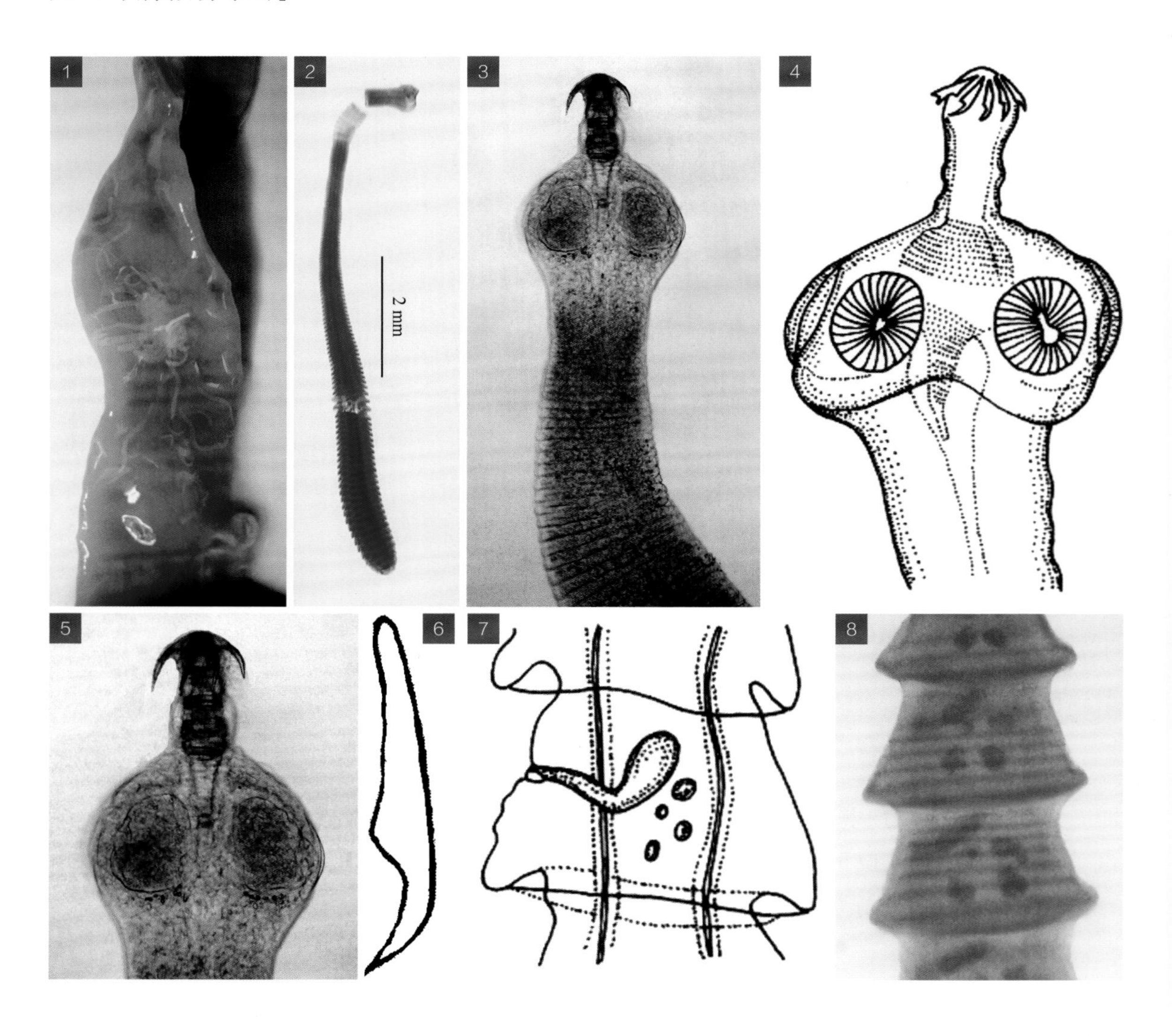

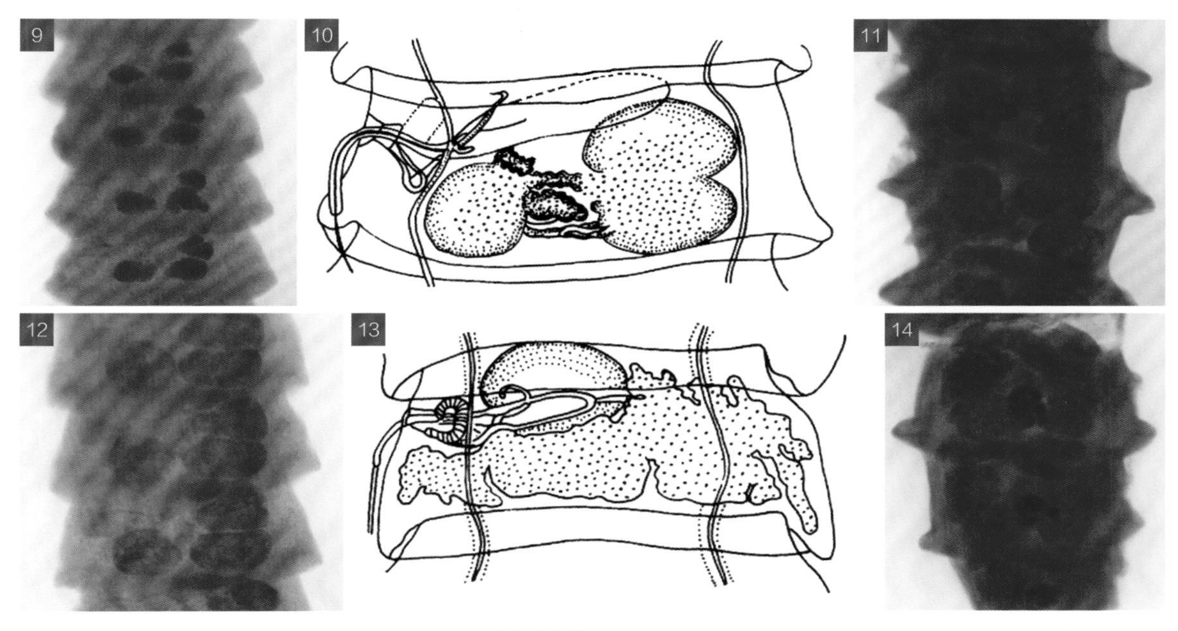

图 104　领襟黏壳绦虫 *Myxolepis collaris*

图释

1. 寄生于鸭小肠的虫体；2. 虫体；3. 虫体前部；4, 5. 头节；6. 吻钩；7～9. 未成熟节片；10～12. 成熟节片；13, 14. 孕卵节片

1, 3, 5. 引自江斌等（2012）；2, 8, 9, 11, 12, 14. 原图（HIAVS）；4, 6, 7, 10, 13. 引自陈淑玉和汪溥钦（1994）

5.17 那 壳 属

Nadejdolepis Spasskii et Spasskaya, 1954

【**宿主范围**】成虫寄生于禽类。

【**形态结构**】小型绦虫。节片有缘膜，生殖管位于排泄管的背面，生殖器官 1 套。吻突伸缩自如，具有镰刀形吻钩 1 圈 10 个，钩刃长而弯曲，钩柄相当长而稍有弯曲，根突呈圆锥形。吸盘无刺。睾丸 3 枚，位于节片后部形成横向排列，生殖孔侧 1 枚、生殖孔对侧 2 枚，或生殖孔侧 2 枚、生殖孔对侧 1 枚，有时中间睾丸与卵黄腺重叠。雄茎囊肌质壁异常厚，可横越或不到节片中央。雄茎无棘。通常具附性囊。卵巢结实呈双瓣。卵黄腺紧凑，位于卵巢后面。受精囊发育良好。阴道位于雄茎囊腹面。子宫呈囊状。模式种：光亮那壳绦虫［*Nadejdolepis nitidulans* (Krabbe, 1882) Spasskii et Spasskaya, 1954］。

105 狭窄那壳绦虫 *Nadejdolepis compressa* (Linton, 18920) Spasskii et Spasskaya, 1954

【关联序号】42.13.1（19.17.1）/ 323。

【同物异名】狭那壳绦虫。

【宿主范围】成虫寄生于鸭、鹅的小肠。

【地理分布】安徽、福建、河南、宁夏、云南。

【形态结构】虫体新鲜时呈白色，前端细小，后端逐渐宽大，虫体最宽 0.09 cm。排泄管 2 对，腹排泄管大于背排泄管。生殖孔位于节片的单侧边缘上缘。头节呈圆形，长宽约为 0.161 mm×0.237 mm。吻突伸出头节外，长宽约为 0.149 mm×0.080 mm。有吻钩 10 个，呈镰刀状，钩长 0.056～0.060 mm。吻囊延至吸盘后方，长宽约为 0.221 mm×0.088 mm。吸盘为圆形或椭圆形，无钩，大小为 0.133～0.141 mm×0.080～0.101 mm。睾丸 3 枚，呈直线排列于节片中部，有时生殖孔对侧的睾丸位于中间睾丸的斜上方，成熟睾丸呈椭圆形或卵圆形，大小为 0.101～0.121 mm×0.060～0.080 mm。雄茎囊呈球形或纺锤形，有肌质性膨大，大小为 0.173～0.193 mm×0.088～0.113 mm。内贮精囊呈梭形或纺锤形，有时弯曲。外贮精囊位于生殖孔侧睾丸的上方，呈囊状膨大。雄茎短，无小棘。卵巢呈长囊状，横向位于 3 枚睾丸的背面，略有弯曲，大小为 0.400～0.460 mm×0.035～0.050mm。卵黄腺呈卵圆形，位于节片生殖孔对侧卵巢的下方。

［注：Yamaguti（1959）和 Schmidt（1986）均将本种列为微吻属，见 96 狭窄微吻绦虫］

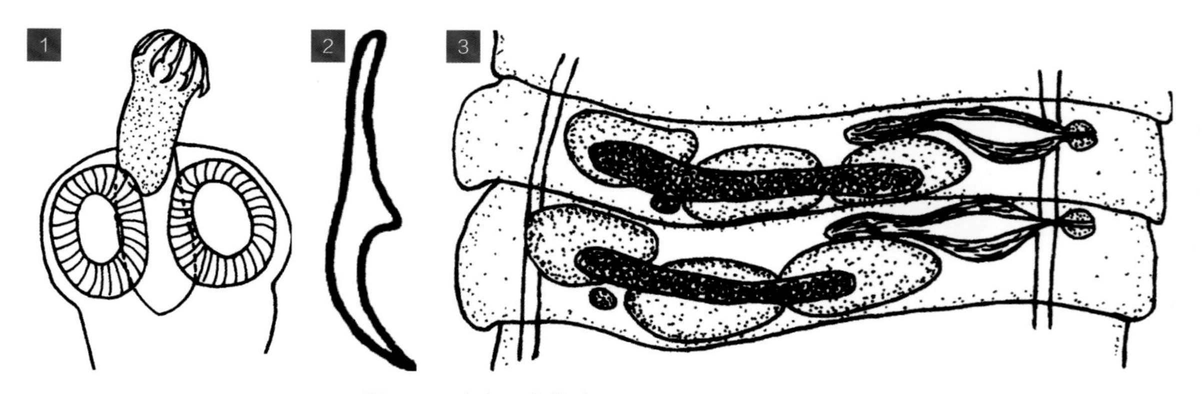

图 105 狭窄那壳绦虫 *Nadejdolepis compressa*

图释

1. 头节；2. 吻钩；3. 成熟节片

1～3. 引自黄兵和沈杰（2006）

106 长囊那壳绦虫 *Nadejdolepis longicirrosa* (Fuhrmann, 1906) Spasskii et Spasskaya, 1954

【关联序号】42.13.21（19.17.2）/。
【宿主范围】成虫寄生于鸭、鹅的小肠。
【地理分布】宁夏、云南。
【形态结构】虫体节片的宽度全部大于长度，最大宽度 0.10～0.11 cm。排泄管 2 对，腹排泄管大于背排泄管。生殖孔位于节片单侧边缘的上方。睾丸 3 枚，呈椭圆形，大小为 0.168～0.189 mm×0.084～0.095 mm，呈直线排列于节片中部下缘。雄茎囊呈长管状弯曲，位于第 1 睾丸上方，宽度约为 0.017 mm。内贮精囊呈梭形，位于雄茎囊末端。外贮精囊呈纺锤形，位于生殖孔对侧排泄管内侧的节片上缘，大小为 0.103～0.105 mm×0.048～0.059 mm。雄茎粗壮，具长鞭状的小棘。具附性囊，其周围有粗棘，生殖孔周围富含肌质。卵巢呈长瓣状，位于 3 枚睾丸的腹面稍下方。卵黄腺为椭圆形，有分瓣，位于节片中央下缘。受精囊发达，呈椭圆形或纺锤形，位于中间睾丸的上方，大小为 0.179～0.189 mm×0.053～0.063 mm。阴道弯曲，开口于生殖孔。

［注：Yamaguti（1959）将本种调整到膜钩属，即长茎膜钩绦虫（*Hymenosphenacanthus longicirrosus*），Schmidt（1986）则将本种列为网宫属，见 111 长茎网宫绦虫］

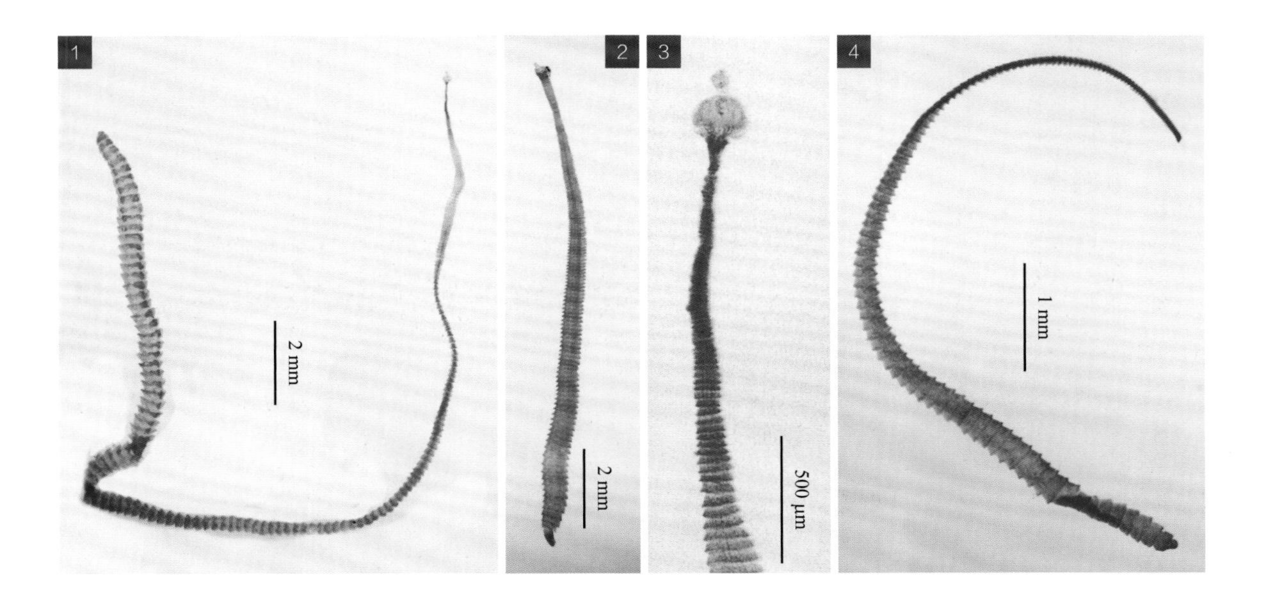

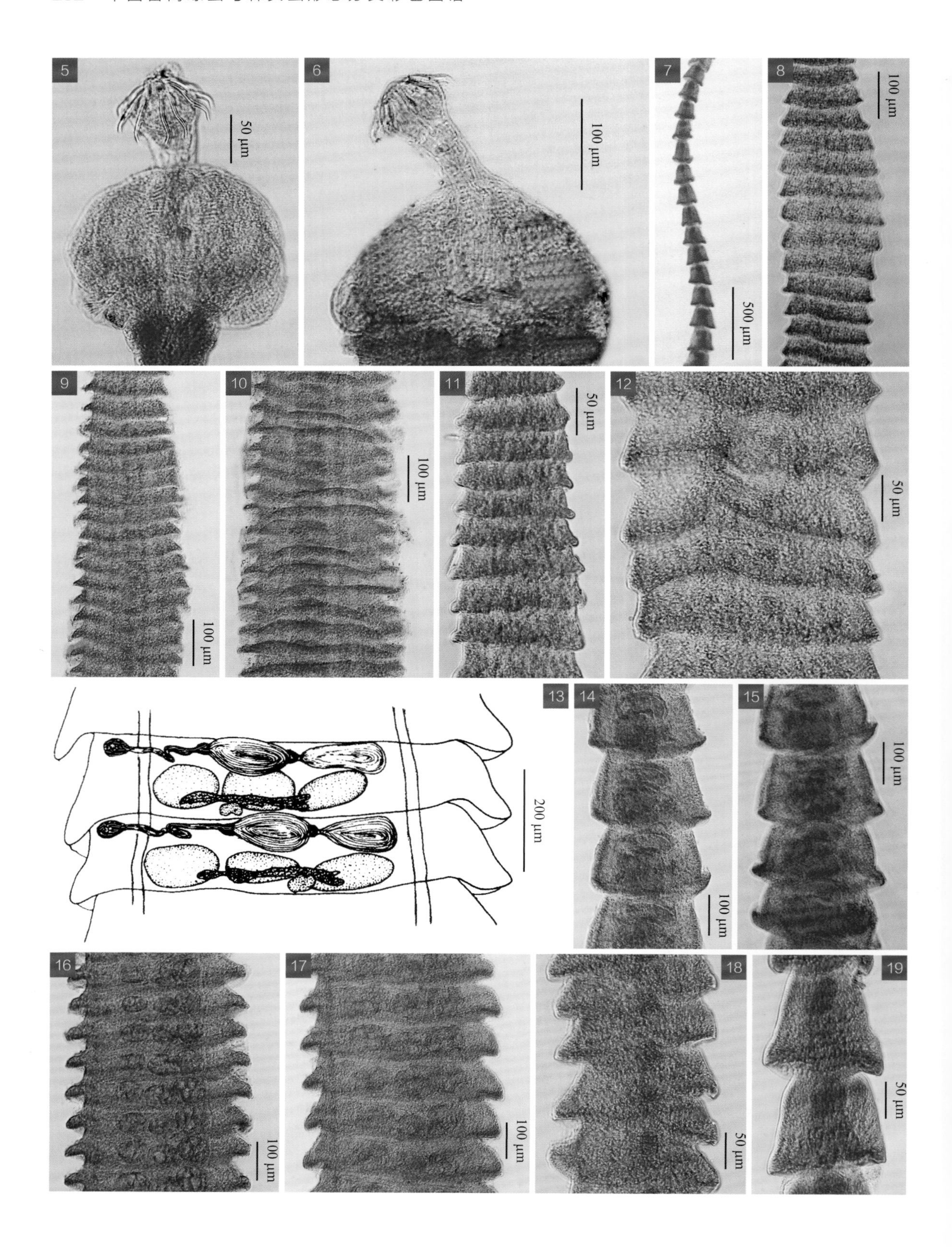
5
50 μm
6
100 μm
7
500 μm
8
100 μm
9
100 μm
10
100 μm
11
50 μm
12
50 μm
13
200 μm
14
100 μm
15
100 μm
16
100 μm
17
100 μm
18
50 μm
19
50 μm

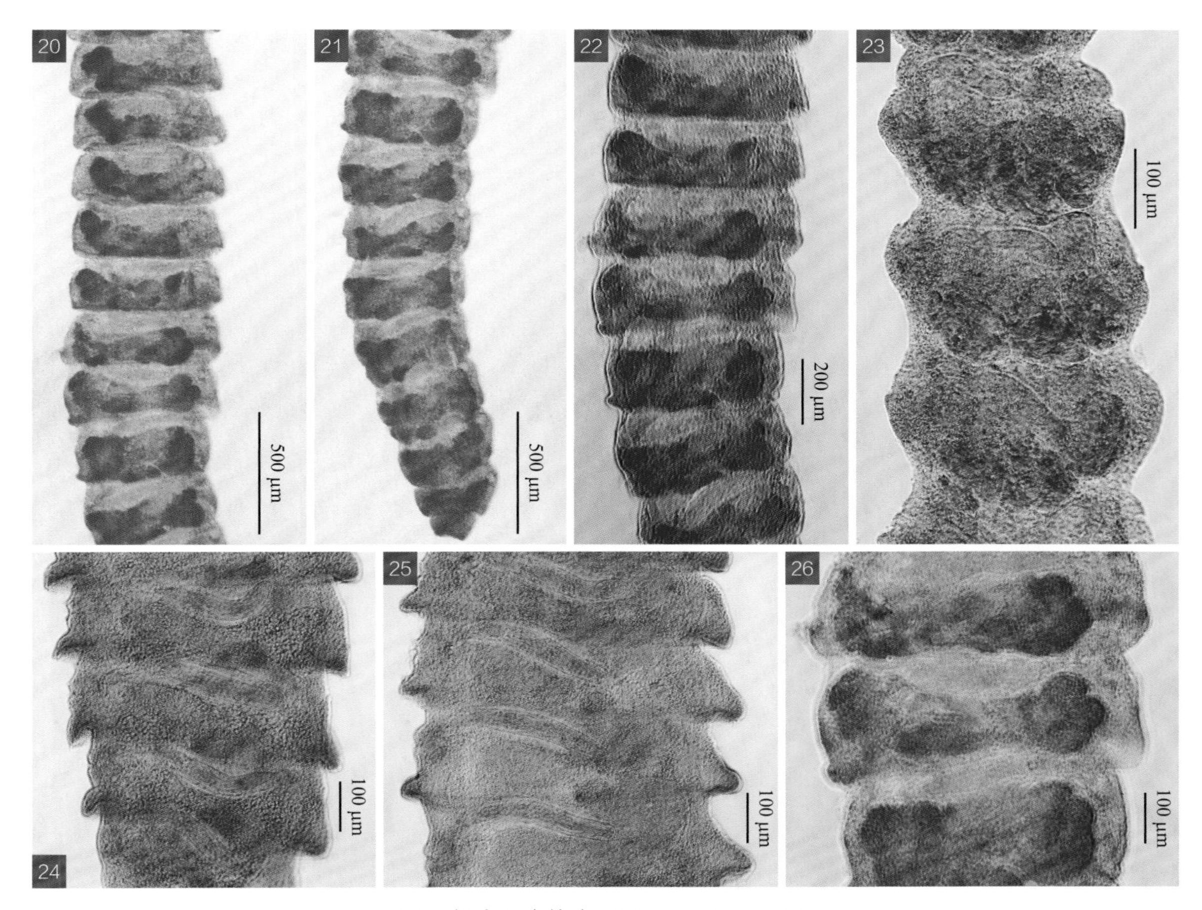

图 106　长囊那壳绦虫 *Nadejdolepis longicirrosa*

图释

1, 2. 虫体；3. 虫体前部；4. 链体；5, 6. 头节；7～12. 未成熟节片；13～19. 成熟节片；20～26. 孕卵节片

1～12, 14～26. 原图（SHVRI）；13. 引自黄德生等（1988）

5.18　伪裸头属

Pseudanoplocephala Baylis, 1927

【同物异名】许壳属（*Hsüolepis* Yang, Zhai et Chen, 1957）。

【宿主范围】成虫寄生于人、猪等哺乳动物。幼虫寄生于鞘翅目昆虫。

【形态结构】大型绦虫。头节小，呈圆形，前端的吻突与吻囊发育不全，无吻钩，吸盘 4 个、无棘。颈节细长。节片的宽度大于长度，腹排泄管发达，有横管相连，无背排泄管。每个成熟节片有生殖器官 1 套，生殖孔呈单侧开口于节片侧缘中央稍前方，个别虫体偶见左右交替开口。睾丸较多，15～44 枚，分 2 群分布于卵巢和卵黄腺的两侧区域，可达排泄管的外侧，生殖孔侧的睾丸数少于生殖孔对侧，两侧睾丸数比例约为 1∶1.8。雄茎囊呈袋状，位于腹排泄管的背侧面，不达节片中央。具内贮精囊和外贮精囊，雄茎短而具细棘。卵巢分叶，呈扇形，位于节片中央。卵黄腺呈致密块状或分几瓣，位于卵巢后面。受精囊呈葫芦形，有 2 或 3 个回旋在节片右侧上缘延伸至节片中央。阴道呈波状弯曲至生殖腔，位于贮精囊和雄茎囊的腹面。生殖管在生殖孔侧的排泄管背面穿过。孕卵节片的子宫呈囊袋状，扩延至节片四缘后呈囊状分支。虫卵呈球形，无梨形器，有六钩蚴，卵壳呈棕黄色或黄褐色，其外周呈波状花纹。模式种：柯氏伪裸头绦虫［*Pseudanoplocephala crawfordi* Baylis, 1927］。

［注：Yamaguti（1959）和 Schmidt（1986）将本属列入裸头科（Anoplocephalidae），Khalil 等（1994）、赵辉元（1996）将本属列入膜壳科（Hymenolepididae）］

107 柯氏伪裸头绦虫 *Pseudanoplocephala crawfordi* Baylis, 1927

【关联序号】42.11.1（19.18.1）/ 319。

【同物异名】柯洛氏伪裸头绦虫；克氏假裸头绦虫；盛氏许壳绦虫（*Hsüolepis shengi* Yang, Zhai et Chen, 1957）；陕西许壳绦虫（*Hsüolepis shensiensis* Liang et Chang, 1963）；日本伪裸头绦虫（*Pseudanoplocephala nipponensis* Hatsushika, Shimizu, Kawakami et Sawada, 1978）；盛氏伪裸头绦虫（*Pseudanoplocephala shengi* (Yang, Zhai et Chen, 1957) Wang, 1980）。

【宿主范围】成虫寄生于猪的小肠。

【地理分布】安徽、重庆、福建、甘肃、广东、广西、贵州、河南、湖北、湖南、江苏、辽宁、宁夏、山东、山西、陕西、上海、四川、云南。

【形态结构】新鲜虫体呈深黄色或浅色，经生理盐水洗涤后呈乳白色。虫体长 7.00～147.50 cm，最大宽度 0.19～1.11 cm，有节片 981～2900 个。头端纤细，节片向后逐渐宽大，节片的宽度大于长度，链体末端 3～5 个节片明显萎缩。有腹排泄管 1 对，较粗大，宽 0.035～0.242 mm，纵向贯穿链体，并由各节的横管相连，缺背排泄管。每个成熟节片有生殖器官 1 套，生殖孔开口于节片单侧边缘的中央略上方，偶尔有两侧交替开口。头节近圆形，前端钝圆，略向外突出，长宽为 0.290～0.814 mm×0.163～0.814 mm，有 1 个无钩的吻突和 4 个吸盘。吻突不发达，呈橄榄形，略向外突出，长宽为 0.140～0.180 mm×0.070～0.150 mm。吻囊为椭圆形，清晰，发育不全。吸盘近圆形，无刺，大小为 0.081～0.252 mm×0.081～0.293 mm。颈节细长，长宽为 0.174～3.670 mm×0.015～0.328 mm。未成熟节片短而宽，隐约可见正在发育的生殖器官，越往后越明显，长宽为 0.033～0.624 mm×0.380～2.306 mm。成熟节片较为宽大，两性生殖器官很发达，长宽为 0.238～0.774 mm×1.006～8.296 mm。每个节片有睾丸 15～44

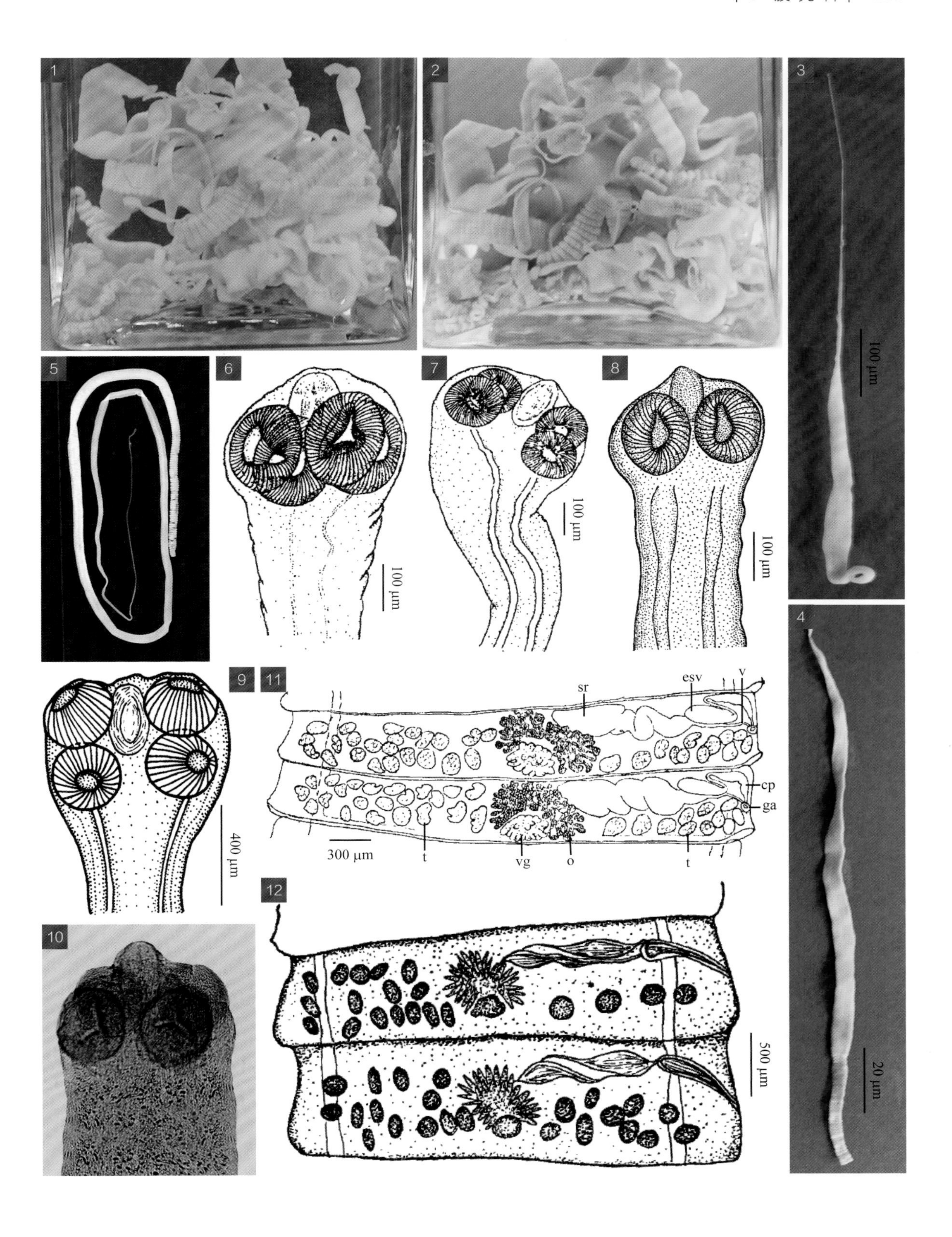
1
2
3
100 μm
4
20 μm
5
6
100 μm
7
100 μm
8
100 μm
9
400 μm
10
11
sr
esv
v
cp
ga
300 μm
t
vg
o
t
12
500 μm

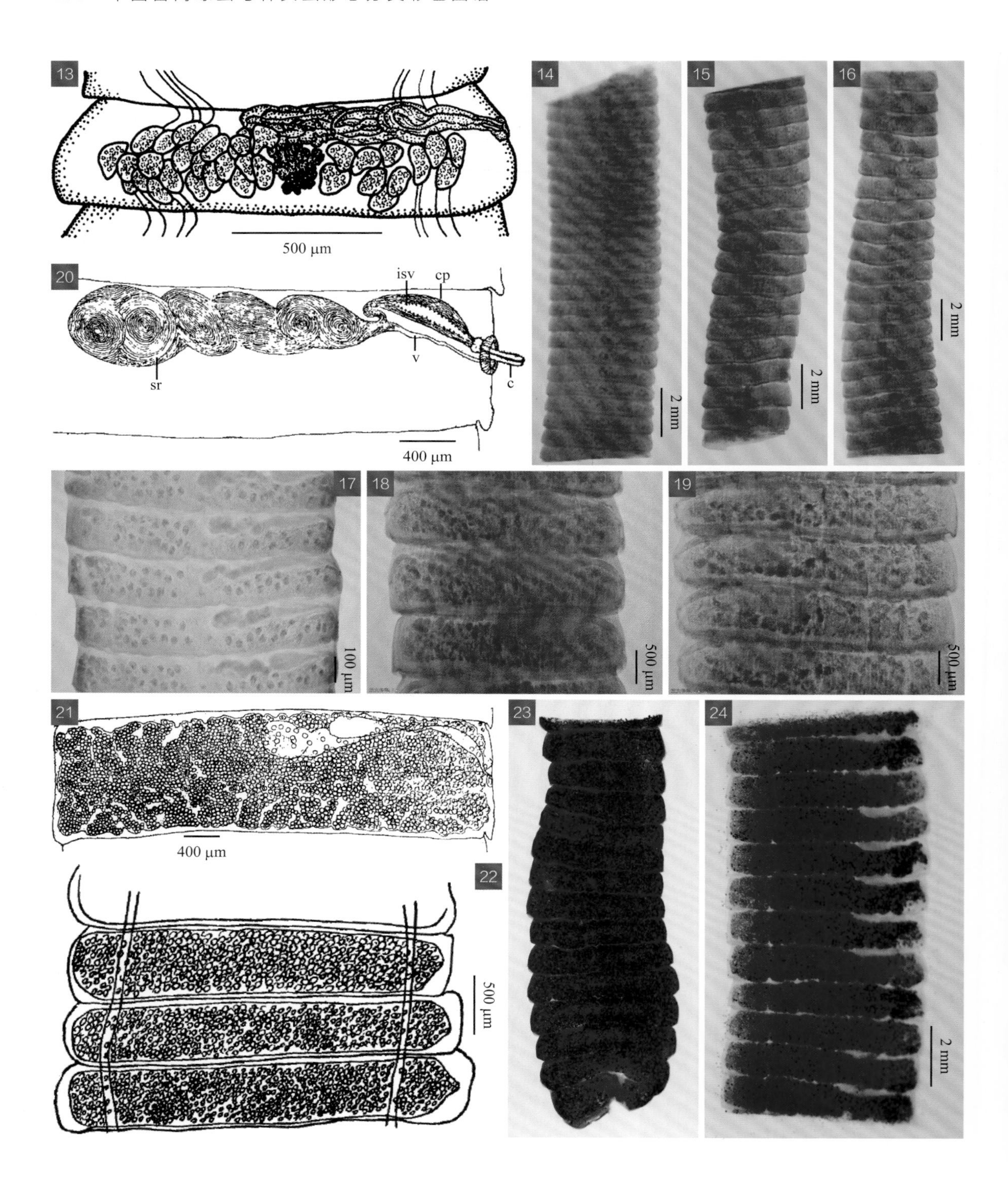
13
14
15
16
500 μm
20
isv
cp
v
sr
c
400 μm
2 mm
2 mm
2 mm
17
18
19
100 μm
500 μm
500 μm
21
400 μm
22
500 μm
23
24
2 mm

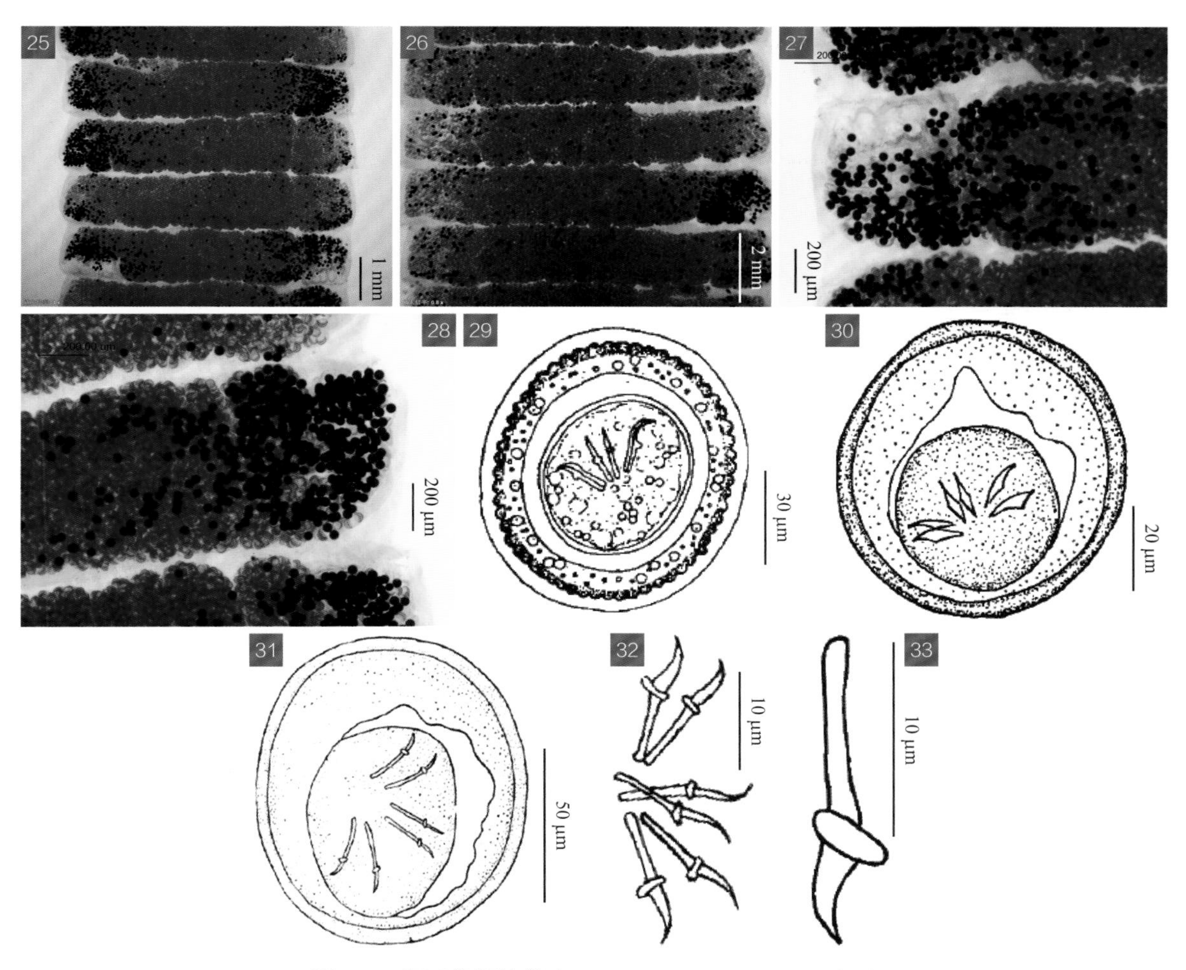

图 107　柯氏伪裸头绦虫 *Pseudanoplocephala crawfordi*

图释

1～5. 虫体；6～10. 头节；11～19. 成熟节片；20. 生殖器官；21～28. 孕卵节片；29～31. 虫卵；32, 33. 胚钩

1～4. 原图（LVRI）；5, 10. 引自李朝品和高兴政（2012）；6, 7, 11, 20, 21, 29, 32. 引自姜泰京等（1986）；8, 12, 22, 30, 33. 引自杨平等（1957）；9, 13. 引自蒋学良等（2004）；14～16, 23, 24. 原图（SASA）；17. 原图（YZU）；18, 19, 25～28. 原图（SHVRI）；31. 引自梁铬球和郑哲民（1963）

枚，通常呈圆形或卵圆形，接近孕卵节片的则呈肾形或蜜桃形，大小为 0.033～0.212 mm×0.041～0.180 mm，分布于卵巢和卵黄腺的两侧，越过腹排泄管，生殖孔侧睾丸数较少，为 3～19 枚，生殖孔对侧的睾丸数较多，为 8～35 枚，两侧睾丸数比例为 1∶1.8。输精管细长，从节片前缘通向膨大的外贮精囊，前与雄茎囊和细小的射精管相接至雄茎。雄茎囊狭长或呈纺锤形，从节片上缘弯曲至生殖孔，大小为 0.342～0.504 mm×0.033～0.163 mm。内贮精囊呈略膨大的管状，占据雄茎囊的大部分，大小为 0.212～0.358 mm×0.024～0.057 mm。外贮精囊呈

椭圆形或梨形，位于节片右侧上缘，大小为 0.223～0.623 mm×0.130～0.298 mm。雄茎短细，具细棘，常伸出生殖孔，长宽为 0.026～0.051 mm×0.009～0.018 mm。卵巢分叶呈菊花状，位于节片的正中央，部分与受精囊端部重叠，大小为 0.296～0.491 mm×0.374～0.546 mm。卵黄腺为不规则形团块，位于卵巢后方接近节片腹面，大小为 0.179～0.437 mm×0.130～0.218 mm。受精囊发达，呈梭形或椭圆形，向生殖孔方向形成 2～3 个回旋，与细长的阴道相连，大小为 0.155～0.780 mm×0.155～0.452 mm。阴道呈波状弯曲延伸至生殖孔，宽 0.008～0.062 mm，开口于雄性生殖孔下方。生殖孔呈圆形，大小为 0.098～0.163 mm×0.041～0.081 mm。孕卵节片较成熟节片宽大，长宽为 0.270～1.800 mm×3.180～11.681 mm，子宫呈囊袋状，充满虫卵。将要脱落的孕卵节片长度增加，宽度减少，明显萎缩。虫卵近圆形，卵壳较厚，大小为 70～94 μm×68～94 μm，内含六钩蚴。六钩蚴大小为 43～54 μm×43～54 μm，胚钩清晰可见，胚钩长 18 μm。

5.19 网 宫 属

Retinometra Spasskii, 1955

【同物异名】尖钩属（*Sphenacanthus* López-Neyra, 1942）；膜钩属（*Hymenosphenacanthus* López-Neyra, 1958）；类膜钩属（*Hymenosphenacanthoides* Yamaguti, 1959）；针壳属（*Stylolepis* Yamaguti, 1959）。

【宿主范围】成虫寄生于禽类。

【形态结构】小型或中型绦虫。头节明显，颈节短。头节具吻突和吸盘，吻突有吻钩 8～10 个，吸盘 4 个，无棘。节片有排泄管 2 对，生殖器官 1 套，生殖孔呈单侧排列。睾丸 3 枚，横列成一直线，或生殖孔对侧的睾丸稍靠前。雄茎囊较长，越过生殖孔侧的排泄管。无附性囊，具内贮精囊和外贮精囊，雄茎有刺。卵巢 1 枚，呈多叶形，位于节片中部。早期子宫为海绵状结构，成熟子宫呈袋状。模式种：宜兰网宫绦虫［*Retinometra giranensis* (Sugimoto, 1934) Spasskii, 1963］。

［注：Khalil 等（1994）将本属列为枝卵巢属（*Cladogynia* Baer, 1938）的同物异名］

108 中华网宫绦虫 ***Retinometra chinensis* Yun, 1982**

【宿主范围】成虫寄生于鸭的小肠。

【地理分布】山东。

【形态结构】虫体长 9.00～11.30 cm，最大宽度 0.20～0.30 cm。节片前端细小，后端渐宽，全部节片的宽度大于长度。有排泄管 2 对，腹排泄管粗大，直径为 0.076～0.085 mm；背排泄管较窄，直径为 0.021～0.025 mm。每节有生殖器官 1 套，生殖孔开口于节片单侧边缘的上方。头节呈圆形，长宽为 0.569～0.581 mm×0.415～0.510 mm，上有吻突和吸盘。吻突较短，长宽约为 0.118 mm×0.063 mm，多数缩于吻囊内，吻囊长宽约为 0.340 mm×0.127 mm。有吻钩 8 个，钩长 0.040～0.042 mm，钩柄与钩刃等长，钩刃长 0.020～0.012 mm，根突长约 0.003 mm。颈节的长宽为 0.089～0.129 mm×0.212～0.285 mm，未成熟节片的长宽为 0.129～0.155 mm×0.880～0.984 mm，成熟节片的长宽为 0.259～0.336 mm×1.139～1.373 mm，孕卵节片的长宽为 0.285～0.466 mm×2.098～2.253 mm。睾丸 3 枚，呈直线横列于节片中央区的后边缘，生殖孔侧 1 枚，生殖孔对侧 2 枚，偶尔呈钝三角形排列，钝角向后。在未成熟节片或早期成熟节片中，睾丸分为 4～7 瓣；而在完全成熟节片中，睾丸分瓣增多，形似菊花状，大小为 0.090～0.125 mm×0.181～0.244 mm。雄茎囊呈梭形或长袋形，大小为 0.209～0.314 mm×0.069～0.083 mm，通常囊底不越过生殖孔侧的排泄管，少数稍微越过。内贮精囊呈梭形，大小为 0.212～0.230 mm×0.059～0.068 mm，占据雄茎囊的大部分。外贮精囊呈纺锤形或长囊形，大小为 0.285～0.578 mm×0.083～0.153 mm，位于节片中部上方，其底部可达节片的中线。雄茎为圆柱状，长 0.052～0.065 mm，雄茎顶端直径约为 0.027 mm，底部直径为 0.031～0.035 mm，披有细棘。交合刺为细管状，长 0.187～0.212 mm，位于雄茎囊

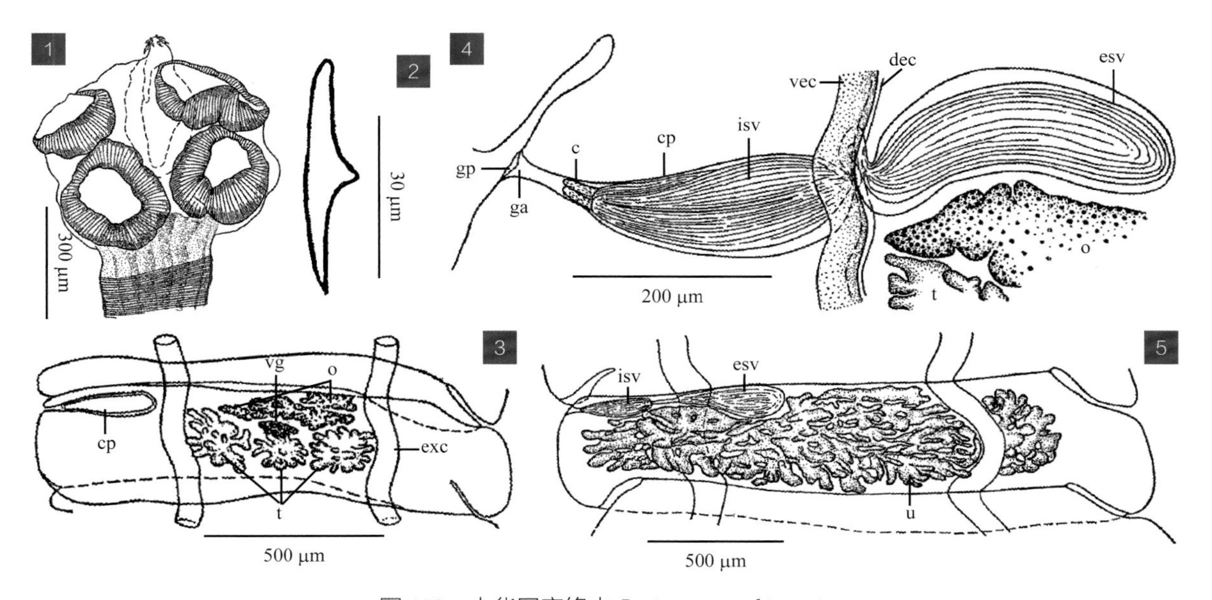

图 108 中华网宫绦虫 *Retinometra chinensis*

图释

1. 头节；2. 吻钩；3. 成熟节片；4. 雄性生殖器官；5. 孕卵节片

1～5. 引自负莲（1982）

内，有时伸出到生殖腔内。卵巢分为左右 2 叶或 3 叶，每叶又有大小不等的泡状分瓣，位于睾丸前方的中央髓质部。生殖孔侧的 1 叶较为窄长，生殖孔对侧的 2 叶前后排列，有时 2 叶融合为一扇形。卵黄腺呈椭圆形或不规则三角形的致密团块，位于卵巢后方，大小为 0.111～0.167 mm×0.048～0.083 mm。受精囊呈卵圆形，位于卵巢前方和外贮精囊的腹面。阴道细长，开口于生殖腔内。子宫早期呈网状分支，后期形成海绵状，在孕卵节片中又融合为囊状，囊壁稍有分瓣并扩展至节片四周，超出排泄管外侧，内含虫卵。虫卵呈圆形或椭圆形，大小为 16～20 μm×11～17 μm，内含六钩蚴。

109 弱小网宫绦虫 *Retinometra exiguus* (Yoshida, 1910) Spasskii, 1955

【关联序号】42.7.1（19.19.1）/ 。
【同物异名】有钩膜壳绦虫；纤小膜壳绦虫（*Hymenolepis exigua* Yoshida, 1910）；纤小尖钩绦虫（*Sphenacanthus exiguus* (Yoshida, 1910) López-Neyra, 1942）；纤小膜钩绦虫（*Hymenosphenacanthus exiguus* (Yoshida, 1910) Yamaguti, 1959）。
【宿主范围】成虫寄生于鸡的小肠。
【地理分布】福建、湖南、吉林、江苏、山东、陕西、台湾、浙江。
【形态结构】虫体长 0.64～1.24 cm，最大宽度 0.10 cm，全部体节的宽度大于长度。有排泄管 2 对，腹排泄管直径为 0.008～0.019 mm，背排泄管直径为 0.004～0.008 mm。每节生殖器官 1 套，生殖孔开口于节片单侧边缘的中间略前方。头节长宽为 0.099～0.166 mm×0.199～0.265 mm，上有吻突和吸盘。吻突伸于头节外，前面有吻钩 1 圈 8～10 个，吻钩长 0.045～0.049 mm。吸盘 4 个，呈圆形或椭圆形，大小约为 0.092 mm×0.084 mm，无刺。颈部短或不明显。

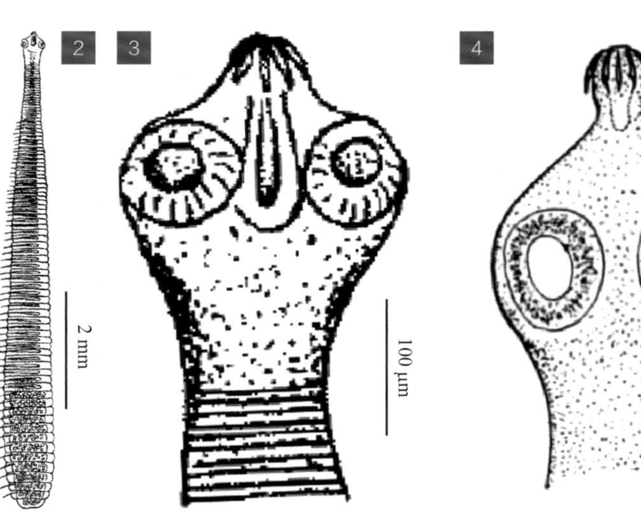

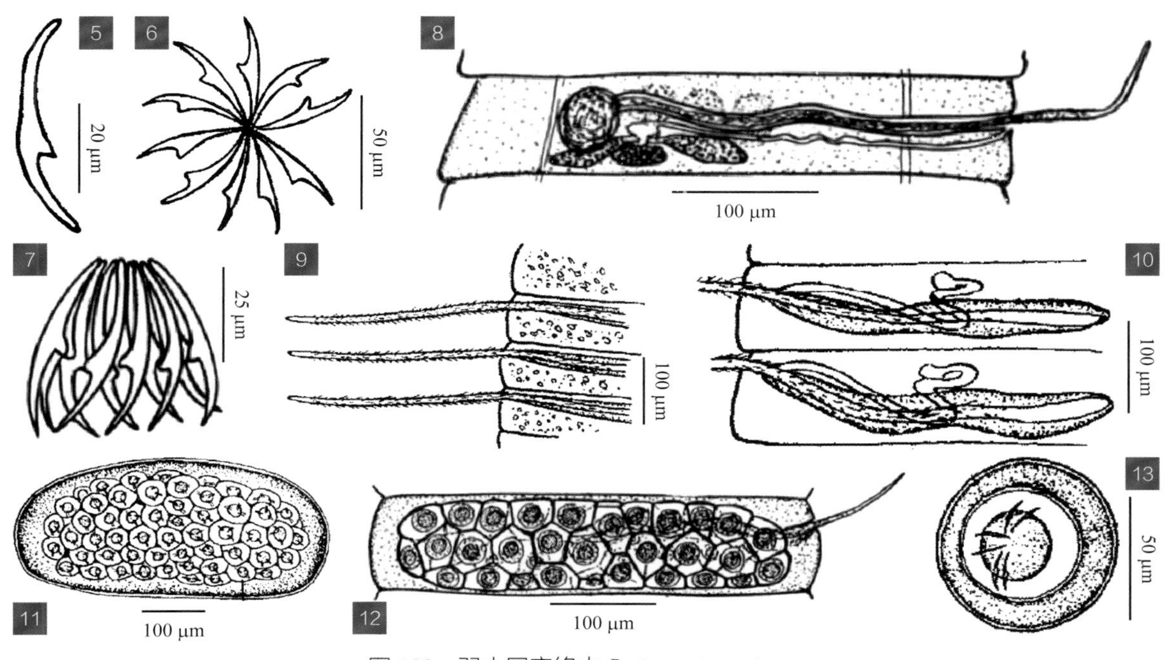

图 109　弱小网宫绦虫 *Retinometra exiguus*

图释

1. 寄生于鸡小肠的虫体；2. 虫体；3, 4. 头节；5～7. 吻钩；8. 成熟节片；9. 雄茎；10. 雄茎囊；11, 12. 孕卵节片；13. 虫卵

1～3, 5, 6, 9～11, 13. 引自 Sugimoto（1934）；4, 7, 8, 12. 引自 Alicata 和 Chang（1939）

睾丸 3 枚，呈圆形或椭圆形，直线横列于节片的中后部，大小约为 0.011 mm×0.023 mm，生殖孔侧 1 枚，生殖孔对侧 2 枚，也有 3 枚均位于生殖孔对侧。雄茎囊细长，呈棒状，其底部可达对侧的排泄管，大小约为 0.341 mm×0.115 mm。内贮精囊充满雄茎囊内，似一长管状。外贮精囊呈卵圆形，位于雄茎囊的远端，大小为 0.026～0.053 mm×0.023～0.030 mm。成熟节片的卵巢呈囊袋状，左右分叶不明显，长宽为 0.076～0.171 mm×0.012～0.379 mm。卵黄腺呈肾形，位于卵巢中央的后方，大小约为 0.014 mm×0.045 mm。受精囊呈椭圆形，位于雄茎囊中段的背侧，大小为 0.055～0.060 mm×0.030～0.035 mm。阴道为一细长而弯曲的管子，开口于生殖腔。孕卵节片的子宫呈囊袋状，内含虫卵 36～70 枚。虫卵呈圆形或椭圆形，大小为 24～26 μm×28～29 μm，有 1 对穿刺腺。

［注：本种归属的调整人，赵辉元（1996）记载为“Spasskii, 1955”，而 Schmidt（1986）记载该种时表述为“*Retinometra exiguus* (Yoshida 1910) comb. n.”。Yamaguti（1959）将本种调整到膜钩属，见 91 纤小膜钩绦虫］

110 宜兰网宫绦虫 *Retinometra giranensis* (Sugimoto, 1934) Spasskii, 1963

【关联序号】 42.7.2（19.19.2）/。

【同物异名】 格兰网宫绦虫；格兰膜壳绦虫，宜兰膜样绦虫，宜兰膜壳绦虫（*Hymenolepis giranensis* Sugimoto, 1934）；宜兰尖钩绦虫（*Sphenacanthus giranensis* (Sugimoto, 1934) López-Neyra, 1942；*Sphenacanthus giranensis* (Sugimoto, 1934) Spasskii et Spasskaya, 1954）；宜兰膜钩绦虫（*Hymenosphenacanthus giranensis* (Sugimoto, 1934) López-Neyra, 1958；*Hymenosphenacanthus giranensis* (Sugimoto, 1934) Yamaguti, 1959）。

【宿主范围】 成虫寄生于鸭的小肠。

【地理分布】 重庆、贵州、湖南、四川、台湾。

【形态结构】 虫体较为纤细，前半部细，后半部渐宽，体长3.50～25.00 cm，最大宽度0.11～0.29 cm，有节片230～400个。节片的前方较窄、后方较宽，其宽度大于长度，链体边缘呈锯齿状。排泄管2对，距节片边缘0.200～0.250 mm。每节有生殖器官1套，生殖孔开口于节片单侧边缘的中央略前方。头节呈半球形，长宽为0.320～0.680 mm×0.380～0.804 mm，其上有吻突和4个吸盘。吻突短，呈圆筒形，长宽为0.130～0.200 mm×0.035～0.070 mm，上有1圈较小的吻钩8个，钩长0.032～0.047 mm，钩柄略长于钩刃。吸盘较大，无刺，呈圆形或椭圆形，外径大小为0.294～0.323 mm×0.350～0.357 mm，内径大小为0.185～0.204 mm×0.289～0.306 mm。颈部明显变细，较短，长宽为0.306～0.340 mm×0.161～0.289 mm。未成熟节片长宽为0.241～0.500 mm×1.206～1.500 mm，成熟节片长宽为0.250～1.000 mm×1.530～1.780 mm。睾丸3枚，呈球形或类圆形，横列于节片的中央后部、两侧排泄管之间，中间睾丸稍后，两侧睾丸稍前，大小为0.200～0.280 mm×0.154～0.225 mm。雄茎囊为纺锤形，位于节片的上方，大小为0.238～0.400 mm×0.042～0.088 mm，从腹排泄管的背侧越过。内贮精囊占据雄茎囊大部分，大小为0.238～0.250 mm×0.045～0.086 mm。外贮精囊呈椭圆形，大小为0.224～0.470 mm×0.083～0.190 mm。雄茎呈圆柱形，披有小棘，雄茎长0.168～0.187 mm。卵巢呈分支状向两侧延伸，大小为0.160～0.170 mm×0.378～1.080 mm，位于节片中前部两侧排泄管之间。卵黄腺呈球形，大小为0.084～0.098 mm，位于节片中央卵巢下缘和中间睾丸之前。受精囊短，大小为0.180～0.310 mm×0.081～0.140 mm，位于卵巢的前方。孕卵节片的子宫呈网状，内含多数虫卵。六钩蚴呈椭圆形，大小约为25 μm×15 μm。

［注：《中国家畜家禽寄生虫名录》第一版（2004）、第二版（2014）均将本种中文名称记录为“格兰网宫绦虫”，依据Sugimoto（1934）发表新种时的中文名称“宜兰膜样绦虫”，应为“宜兰网宫绦虫”］

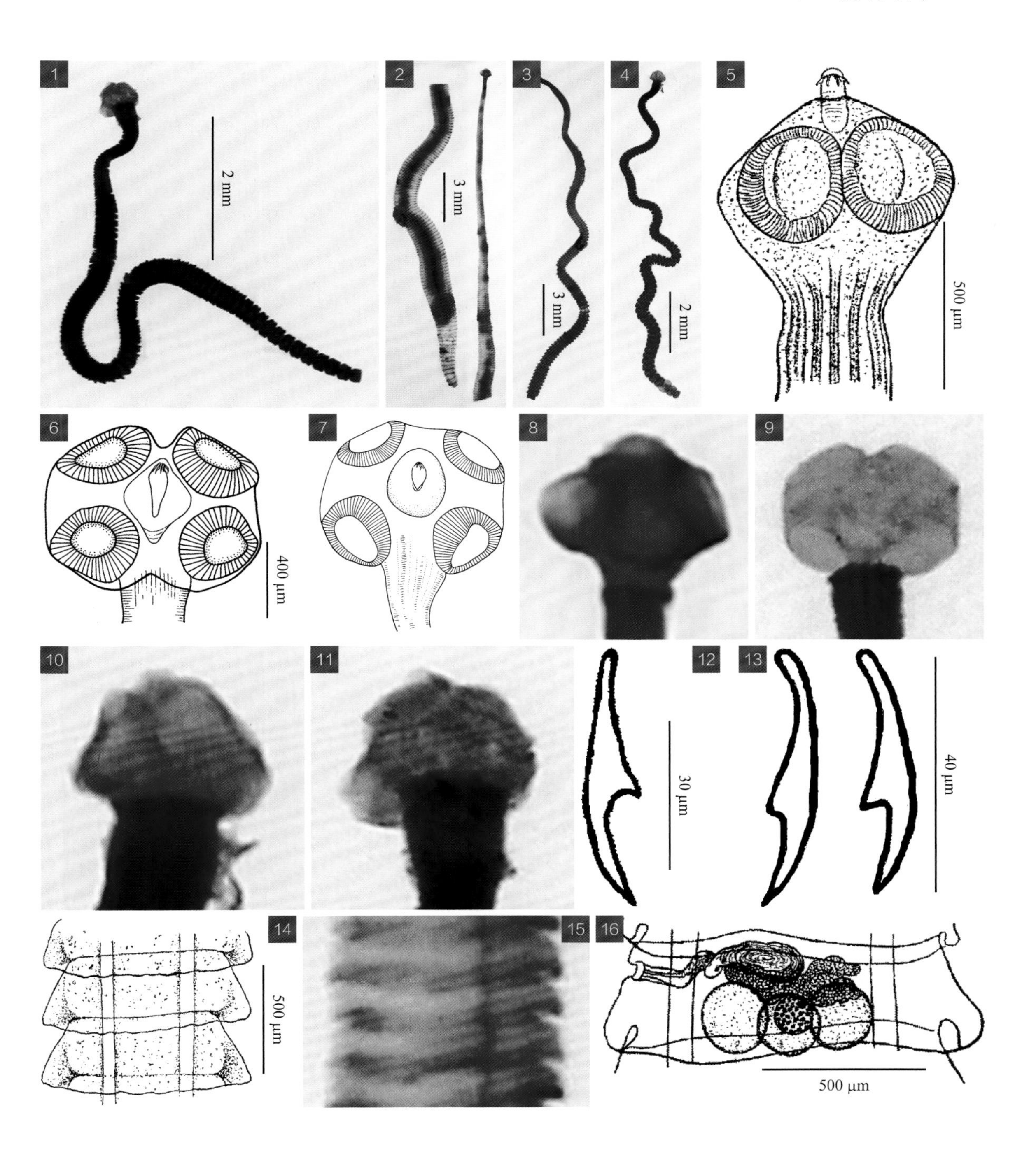
1
2 mm
2
3 mm
3
3 mm
4
2 mm
5
500 μm
6
400 μm
7
8
9
10
11
12
30 μm
13
40 μm
14
500 μm
15
16
500 μm

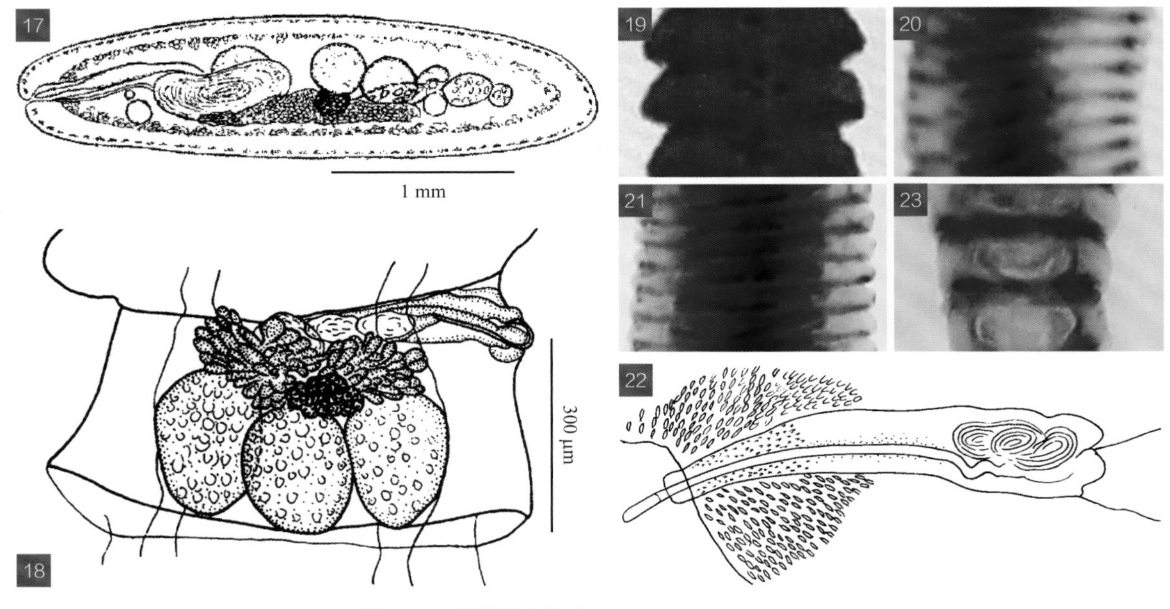

图 110　宜兰网宫绦虫 *Retinometra giranensis*

图释

1～4. 虫体；5～11. 头节；12, 13. 吻钩；14, 15. 未成熟节片；16～21. 成熟节片（17 示横切面）；22. 雄茎；23. 孕卵节片

1～4, 8～11, 15, 19～21, 23. 原图（SASA）；5, 12, 14, 16, 17. 引自 Sugimoto（1934）；6, 13, 18. 引自蒋学良等（2004）；7, 22. 引自成源达（2011）

111 长茎网宫绦虫 *Retinometra longicirrosa* (Fuhrmann, 1906) Spasskii, 1963

【关联序号】42.7.3（19.19.3）/。

【同物异名】长茎膜壳绦虫（*Hymenolepis longicirrosa* Fuhrmann, 1906）；长茎膜钩绦虫（*Hymenosphenacanthus longicirrosus* (Fuhrmann, 1906) Yamaguti, 1959）。

【宿主范围】成虫寄生于鸭的肠道。

【地理分布】福建、广东、广西、海南、台湾。

【形态结构】虫体长 5.00～18.00 cm，最大体宽 0.15～0.20 cm。头节的直径为 0.350 mm，吻突直径为 0.050 mm，吻突前端有吻钩 1 圈 8 个，吻钩长 0.057～0.060 mm。吸盘 4 个，大小约为 0.130 mm×0.140 mm。睾丸 3 枚，边缘常有缺刻，位于节片后半部横向排成 1 列，大小为 0.108～0.154 mm×0.078～0.136 mm。雄茎囊呈旋曲状，位于节片前部，大小为 0.240～0.420 mm×0.040～0.085 mm。外贮精囊大，呈椭圆形，大小为 0.170～0.180 mm×0.120～0.126 mm。雄茎弯曲，披有小棘，生殖孔位于节片一侧边缘的前部。卵巢分为 2 瓣，宽 0.600～0.657 mm。卵黄腺

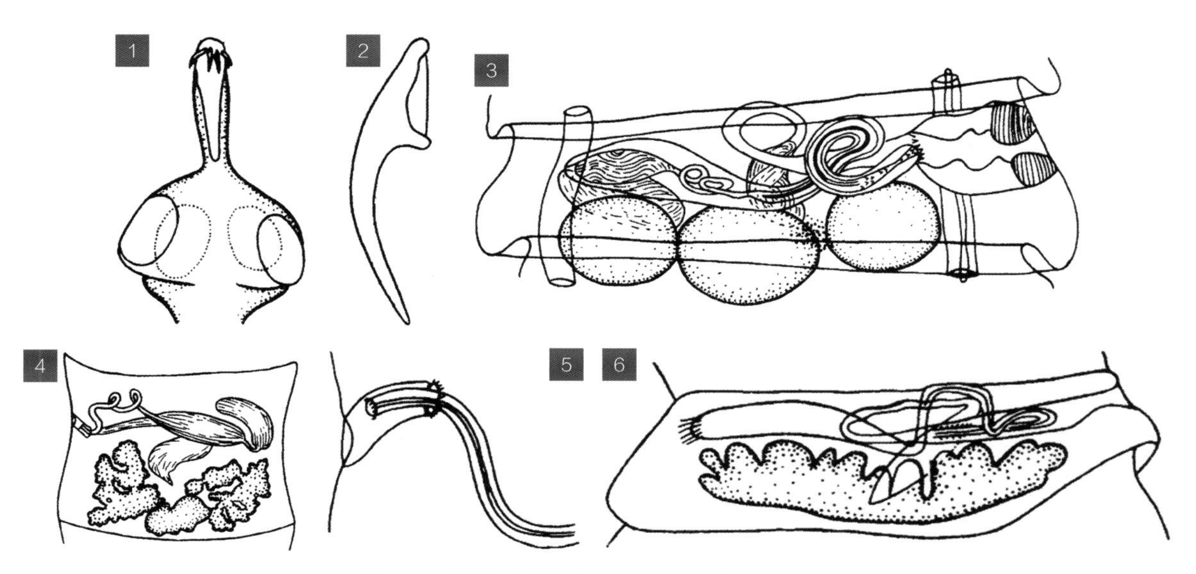

图 111 长茎网宫绦虫 *Retinometra longicirrosa*

图释

1. 头节；2. 吻钩；3, 4. 成熟节片；5. 生殖孔；6. 孕卵节片

1～6. 引自陈淑玉和汪溥钦（1994）

边缘完整，大小约为 0.204 mm×0.170 mm。阴道开口于雄茎囊的前、后或腹面。受精囊大，呈囊状弯曲，大小为 0.116～0.118 mm×0.086～0.096 mm。附性囊明显，生殖腔具厚壁。子宫呈囊状，分瓣，内含虫卵。虫卵大小约为 28 μm×17 μm，六钩蚴的胚钩长约 8 μm。

112 大岛网宫绦虫 *Retinometra oshimai* (Sugimoto, 1934) Spasskii, 1963

【同物异名】大岛氏膜壳绦虫（*Hymenolepis oshimai* Sugimoto, 1934）；大岛氏尖钩绦虫（*Sphenacanthus oshimai* (Sugimoto, 1934) Spasskii et Spasskaya, 1954）；大岛氏膜钩绦虫（*Hymenosphenacanthus oshimai* (Sugimoto, 1934) Yamaguti, 1959）。

【宿主范围】成虫寄生于鸭的小肠。

【地理分布】台湾。

【形态结构】虫体细长，体长 1.40～3.20 cm，最大体宽 0.02～0.06 cm。头部呈球形，长 0.210～0.252 mm，直径 0.252 mm。吻突长 0.210 mm，直径 0.070 mm，吻突有单圈吻钩 8 个，吻钩长 0.098 mm，吻囊长 0.168 mm，可达吸盘后方。吸盘为圆形或椭圆形，大小为 0.098 mm×0.112 mm。颈部长 0.490 mm，宽 0.098 mm。成熟节片的横切面呈横椭圆形，有时近圆形，其纵径与横径比例为（3：5）～（4：5）。生殖孔开口于节片左侧边缘的中央前方。睾丸 3 枚，呈球形或椭圆形，横向排列于节片中央，生殖孔侧 1 枚，生殖孔对侧 2 枚，大小为 0.035～0.042 mm×

0.035～0.070 mm。雄茎囊达到或超过节片正中线，长 0.084 mm，厚 0.014 mm。贮精囊呈长梨状，位于雄茎囊的背侧，长 0.140 mm，厚 0.042 mm。雄茎呈索状。卵巢呈两翼状分支，每翼再分叶，位于节片中央，大小为 0.028～0.042 mm×0.070～0.084 mm。卵黄腺呈球形，位于卵巢背侧，直径 0.028 mm。

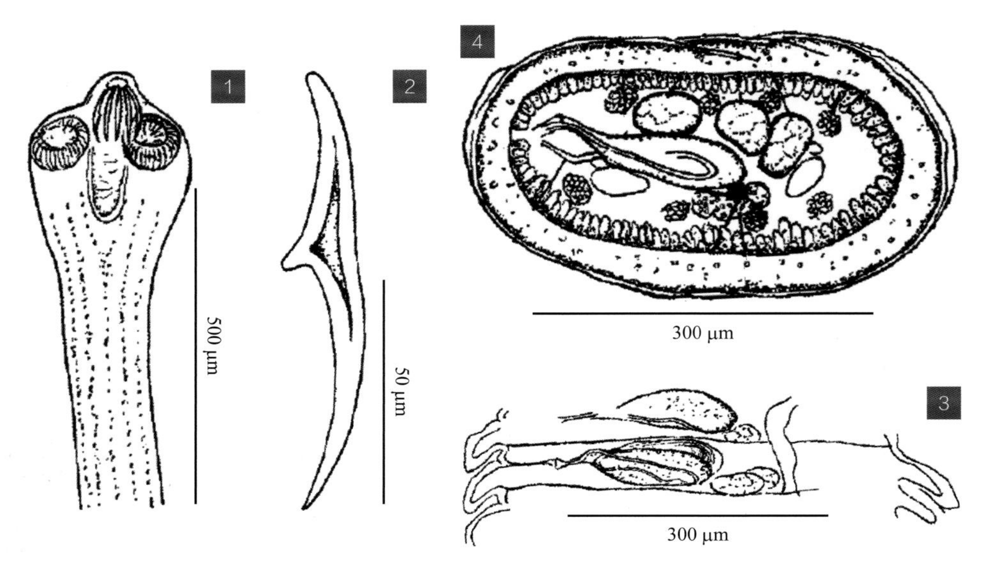

图 112 大岛网宫绦虫 *Retinometra oshimai*

图释

1. 头部；2. 吻钩；3, 4. 成熟节片（4 示横切面）

1～4. 引自 Sugimoto（1934）

113 美彩网宫绦虫 *Retinometra venusta* (Rosseter, 1897) Spasskaya, 1966

【关联序号】 42.7.4（19.19.4）/ 315。

【同物异名】 美彩带绦虫（*Taenia venusta* Rosseter, 1897）；美彩剑带绦虫（*Drepanidotaenia venusta* Rosseter, 1898）；美丽膜壳绦虫（*Hymenolepis venusta* (Rosseter, 1897) Fuhrmann, 1932）；美彩尖钩绦虫（*Sphenacanthus venusta* (Rosseter, 1897) López-Neyra, 1942）；美彩膜钩绦虫（*Hymenosphenacanthus venusta* (Rosseter, 1897) Yamaguti, 1959）。

【宿主范围】 成虫寄生于鸡、鸭、鹅的小肠。

【地理分布】 安徽、重庆、福建、广东、贵州、江西、四川、云南、浙江。

【形态结构】 虫体长 3.00～6.50 cm，最大宽度 0.18～0.28 cm。节片前端较小，后端较宽，全部节片的宽度大于长度。排泄管 2 对，腹排泄管粗大，在每个节片后方有横向联合，背排泄管较窄。

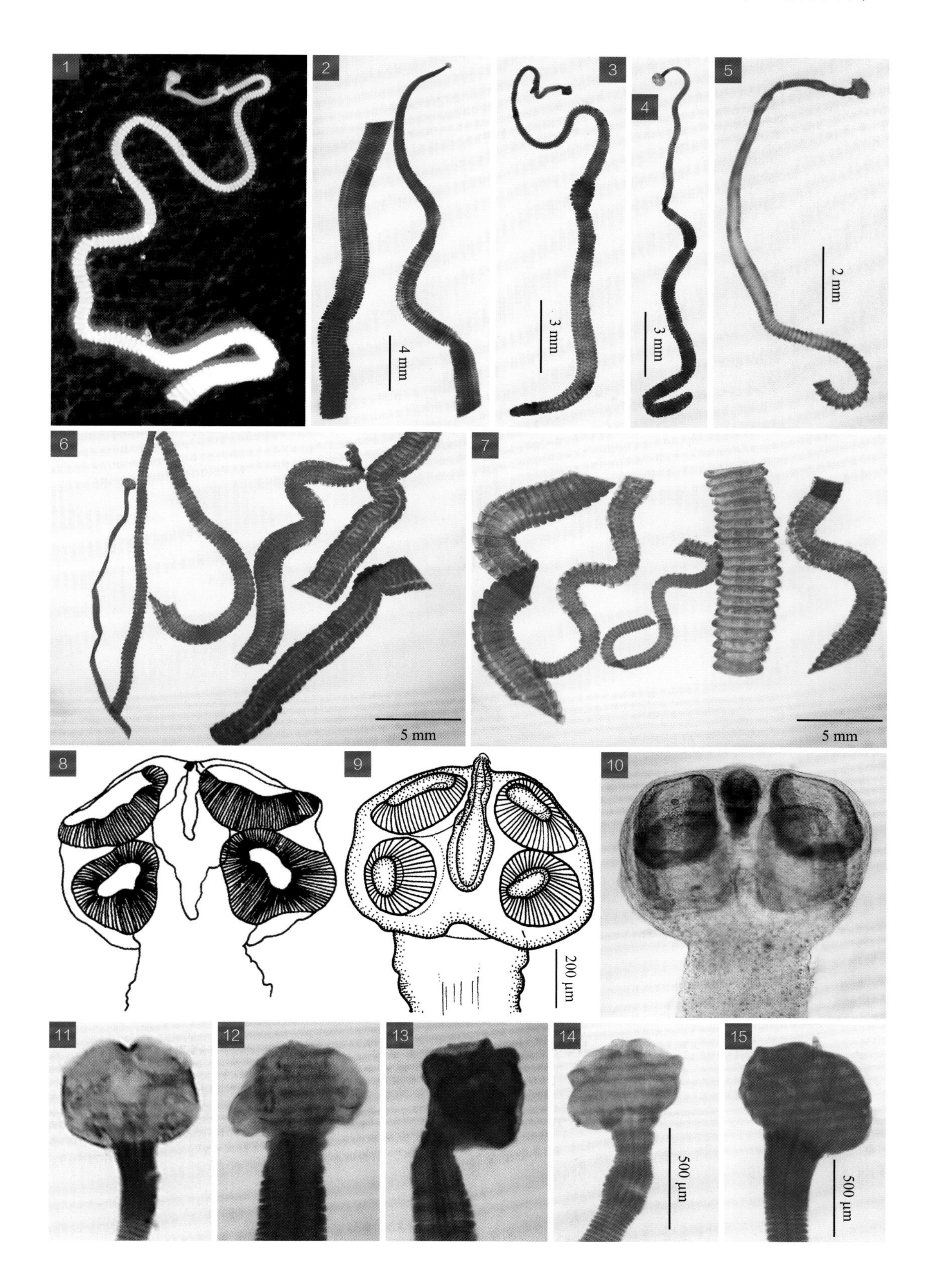
1
2
4 mm
3
3 mm
4
3 mm
5
2 mm
6
5 mm
7
5 mm
8
9
200 μm
10
11
12
13
14
500 μm
15
500 μm

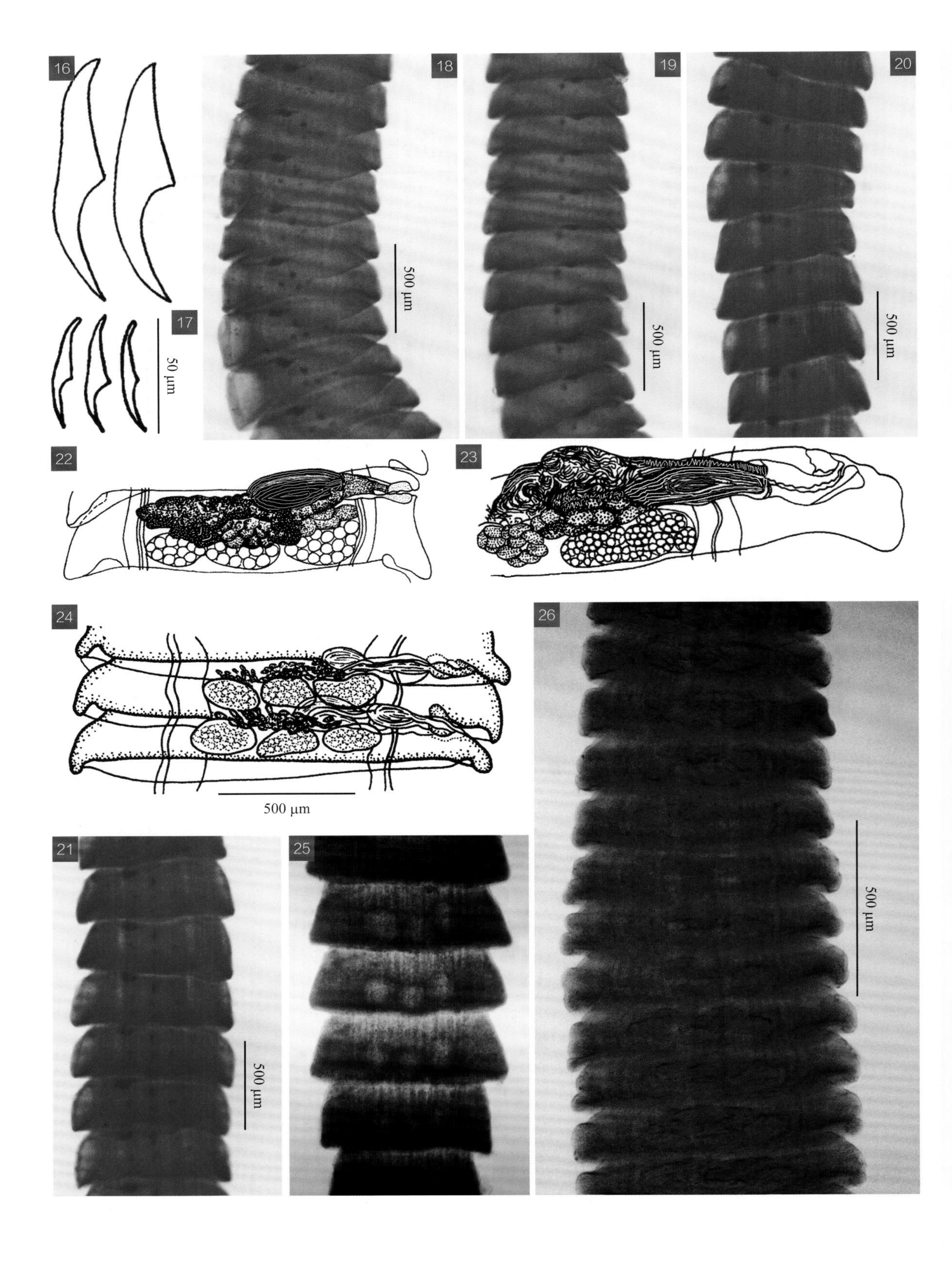
16
17
18
19
20
21
22
23
24
25
26
50 μm
500 μm
500 μm
500 μm
500 μm
500 μm
500 μm

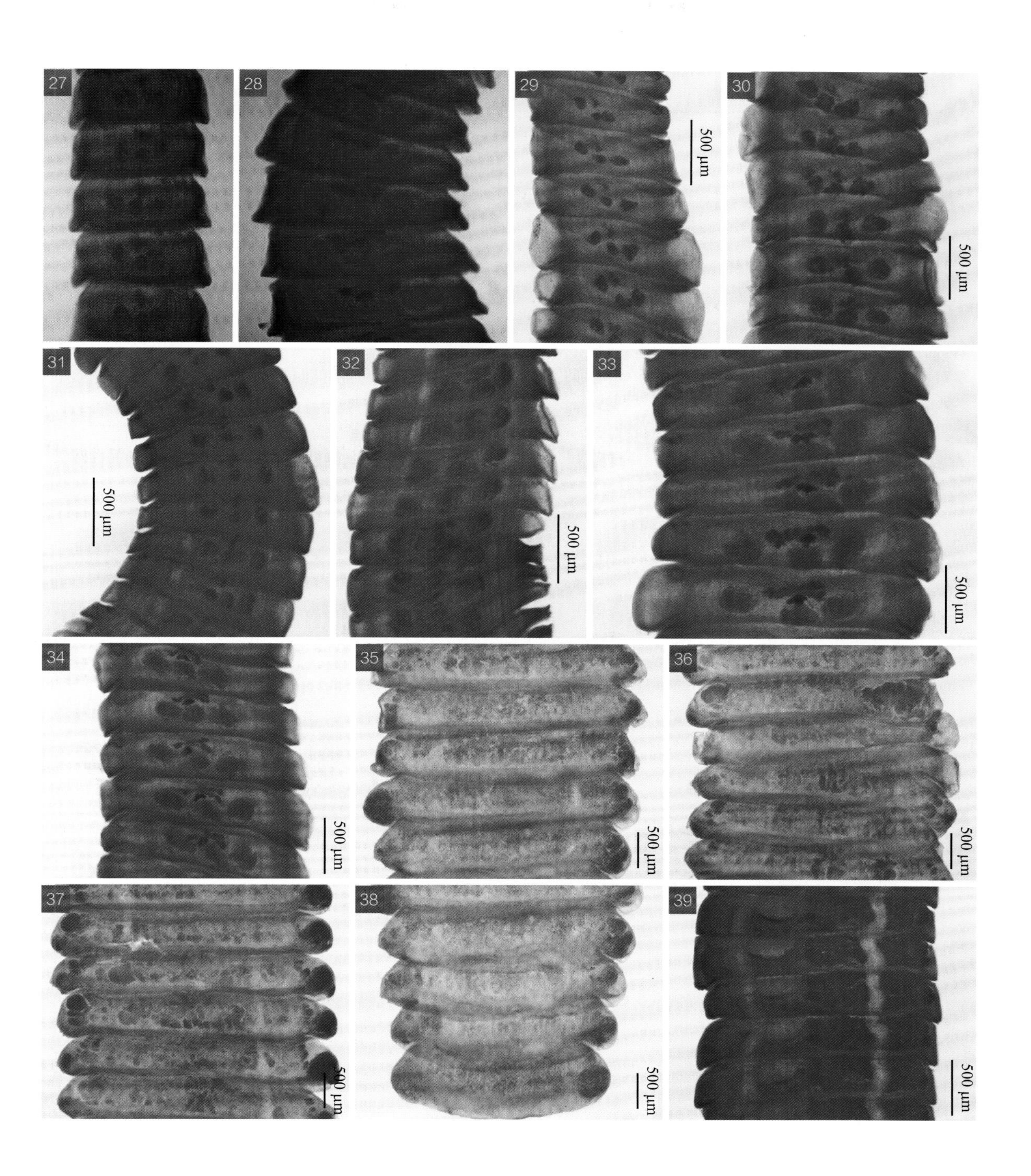
27
28
29
500 μm
30
500 μm
31
500 μm
32
500 μm
33
500 μm
34
500 μm
35
500 μm
36
500 μm
37
500 μm
38
500 μm
39
500 μm

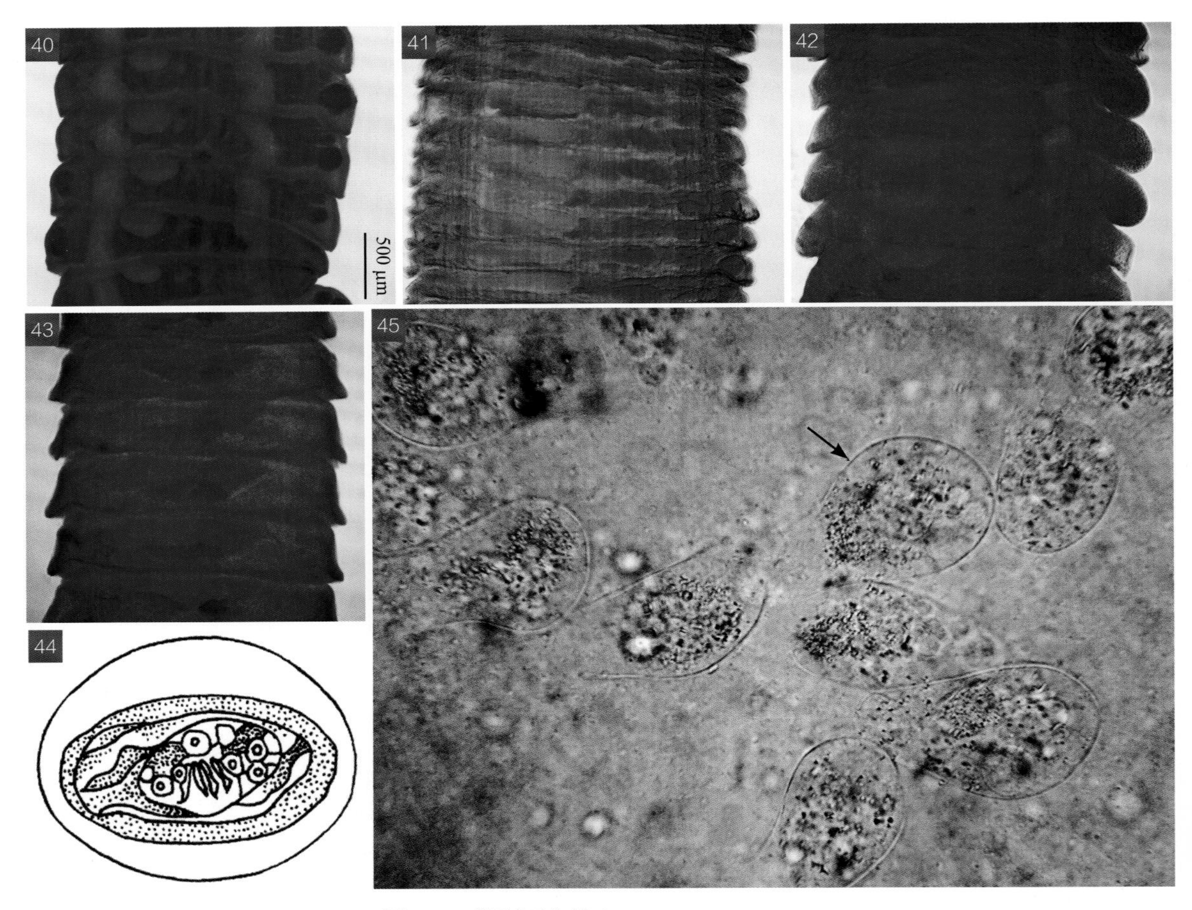

图 113 美彩网宫绦虫 *Retinometra venusta*

图释

1～6. 虫体；7. 链体；8～15. 头节；16, 17. 吻钩；18～21. 未成熟节片；22～34. 成熟节片；35～43. 孕卵节片；44, 45. 虫卵

1, 10, 25, 45. 引自江斌等（2012）；2～4, 11～13, 26～28, 41～43. 原图（SASA）；5～7, 14, 15, 18～21, 29～40. 原图（SHVRI）；8, 16, 22, 23, 44. 引自黄兵和沈杰（2006）；9, 17, 24. 引自蒋学良等（2004）

每个节片有生殖器官 1 套，生殖孔开口于虫体单侧边缘的前方。头节呈圆形或椭圆形，长宽为 0.380～0.590 mm×0.480～0.770 mm。吻突较短，长宽为 0.200～0.250 mm×0.050～0.064 mm，常缩入吻囊内，吻囊长宽为 0.300～0.432 mm×0.150～0.240 mm。有钩吻 8 个，钩长 0.042～0.051 mm，钩柄与钩刃近等长，根突不发达。吸盘呈圆形或椭圆形，直径 0.174～0.321 mm，无刺。颈部短而窄，宽度为 0.272～0.368 mm，成熟节片的长宽为 0.440～0.510 mm×1.328～2.260 mm，孕卵节片的长宽为 0.480～0.768 mm×1.760～2.000 mm。睾丸 3 枚，呈圆形或椭圆形，呈直线横列于节片中央区的后半部，大小为 0.130～0.560 mm×0.150～0.230 mm。雄茎囊呈纺锤形，大小为 0.073～0.240 mm×0.030～0.060 mm。内贮精囊占雄茎囊大部分，大小为 0.240～0.272 mm×0.080～

0.128 mm。外贮精囊呈卵圆形，位于节片中央区前部，大小为 0.320～0.530 mm×0.080～0.160 mm。雄茎似圆筒状，远端逐渐变细，末端钝圆，长度为 0.108～0.122 mm，外披许多细棘，内有一细长的交合刺。在未成熟节片和初期成熟节片中，卵巢位于 3 枚睾丸的前方，占据节片的前半部，略有分瓣；在后期成熟节片中，卵巢十分发达，部分覆盖于睾丸背面，分瓣明显，大小为 0.118～0.864 mm×0.075～0.304 mm。卵黄腺呈圆形或卵圆形，位于卵巢中央的后方，有块状分瓣，大小为 0.175～0.310 mm×0.083～0.160 mm。受精囊发达，呈袋状，位于卵巢前方、外贮精囊腹面，大小为 0.352～0.416 mm×0.112～0.160 mm。阴道细长，长约 0.224 mm。孕卵节片中的子宫呈网状分支，大小约为 0.480 mm×1.760 mm，内含虫卵。虫卵呈椭圆形，大小为 42～73 μm×30～56 μm，内含卵圆形的六钩蚴，六钩蚴大小为 24～33 μm×15～16 μm，胚钩长约 6 μm。

5.20 啮 壳 属

Rodentolepis Spasskii, 1954

【宿主范围】成虫寄生于哺乳动物。幼虫为拟囊尾蚴，寄生于陆生节肢动物。

【形态结构】小型或中型绦虫。链体节片多，节片呈横向拉长，每个节片有排泄管 2 对，生殖器官 1 套，生殖孔呈单侧排列。头节具吻突、吻囊和吸盘，吻突伸缩自如，有吻钩 1 圈 8～10 个或更多，吻钩近似扳手形，吸盘 4 个无刺。睾丸 3 枚，排成钝三角形或 1 条直线，生殖孔侧 1 枚，生殖孔对侧 2 枚，靠近中央的卵黄腺，中间睾丸可与卵黄腺重叠。雄茎囊通常不达节片中线，有内贮精囊和外贮精囊，无附性囊，雄茎光滑无交合刺或具小棘。卵巢呈三叶或多叶状，位于节片中央或亚中央。卵黄腺分叶，位于节片中央。成熟节片的子宫呈袋状，孕卵节片的子宫高度分裂而曲折，横向延伸越过排泄管。模式种：草黄啮壳绦虫［*Rodentolepis straminea*（Goeze, 1782）Spasskii, 1954］。

［注：Schmidt（1986）将本属列为蝠壳属（*Vampirolepis*）的同物异名］

114 矮小啮壳绦虫 ***Rodentolepis nana* (Siebold, 1852) Spasskii, 1954**

【关联序号】42.15.1（19.20.1）/ 325。

【同物异名】鼠膜壳绦虫（*Hymenolepis murina* Dujardin, 1845）；短小带绦虫（*Taenia nana* Siebold, 1852）；埃及带绦虫（*Taenia aegyptiaca* Bilharz in Siebold, 1852）；短小双钩绦虫（*Diplacanthus nana* (Siebold, 1852) Weinland, 1858）；短小鳞三绦虫（*Lepidotrias nana* (Siebold, 1852) Weinland,

1858）；微小膜壳绦虫，短膜壳绦虫，短小膜壳绦虫（*Hymenolepis nana* (Siebold, 1852) Blanchard, 1891）；短小膜壳绦虫鼠短变种（*Hymenolepis nana* var. *fraterna* Stiles, 1906）；中央膜壳绦虫（*Hymenolepis intermedius* Bacigalupo, 1927）；巴氏膜壳绦虫（*Hymenolepis bacigalupoi* Joyeux et Kobozieff, 1928）；鼠短蝠壳绦虫（*Vampirolepis fraterna* (Stiles, 1906) Spasskii, 1954）；短小蝠壳绦虫（*Vampirolepis nana* (Siebold, 1852) Spasskii, 1954）。

【宿主范围】成虫寄生于人、犬的肠道。

【地理分布】重庆、黑龙江。

【形态结构】虫体纤细，大小视宿主的种类及虫体数量的多寡而有所不同。体长一般为0.50～8.00 cm，最大宽度0.01～0.10 cm，有节片100～200个。当虫体仅为几条时，其长度可达12.00 cm，节片数可达1000个。所有节片的宽度大于长度，生殖孔开口于节片单侧边缘的中前部。头节细小，呈球形，直径为0.130～0.400 mm，有1个可伸缩的吻突和4个吸盘。吻

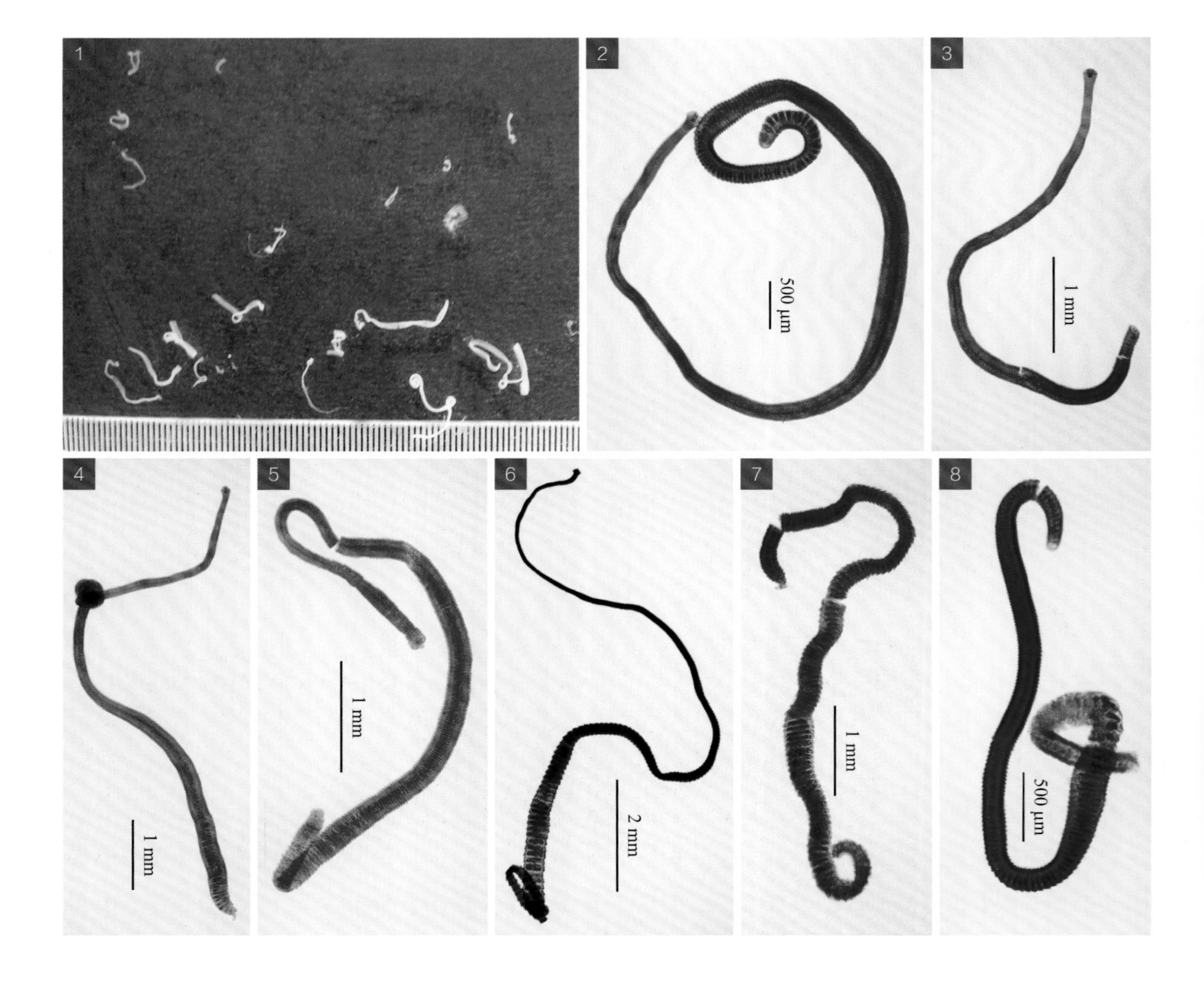

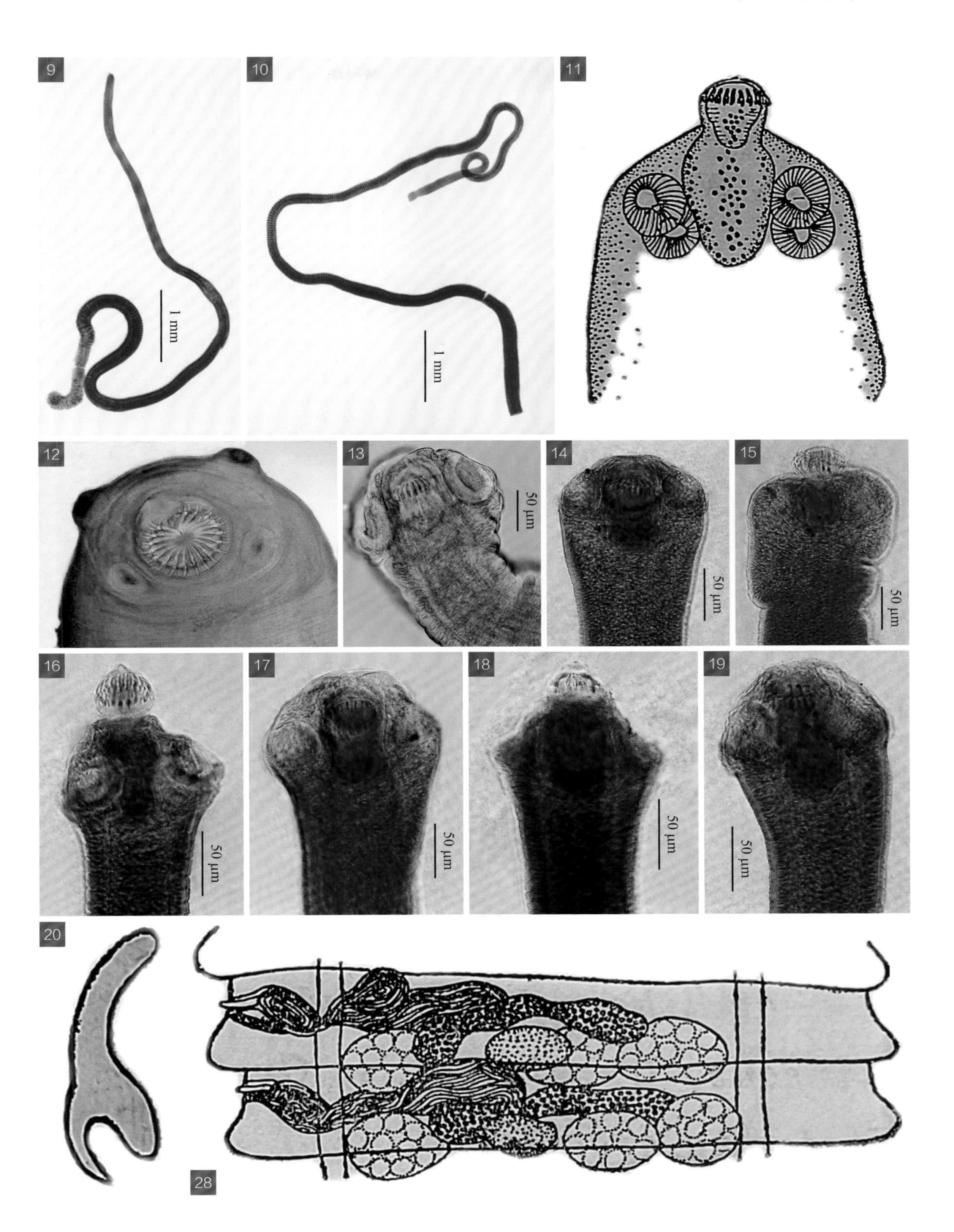
9
10
11
1 mm
1 mm
12
13
14
15
50 μm
50 μm
50 μm
16
17
18
19
50 μm
50 μm
50 μm
50 μm
20
28

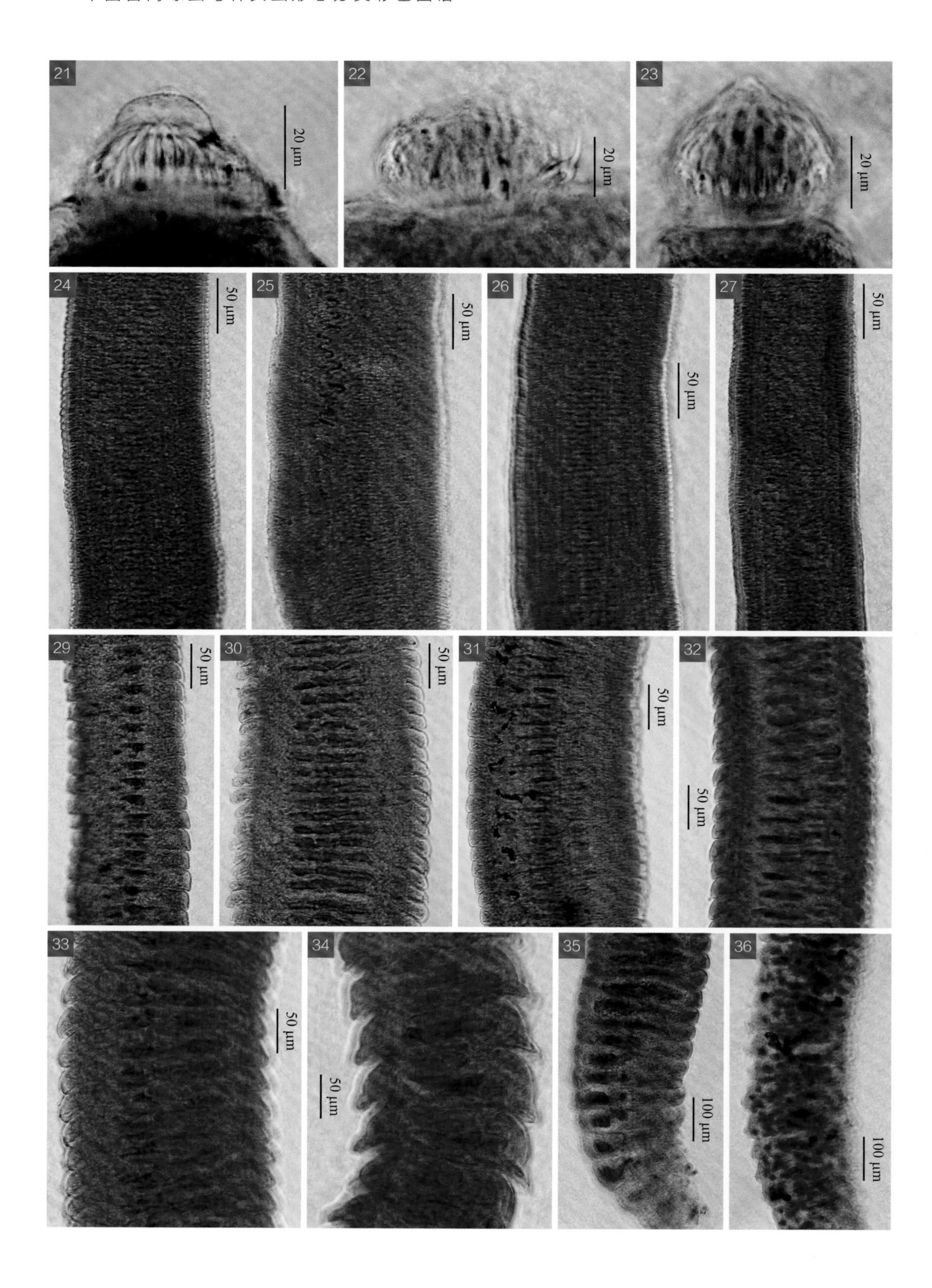
21
20 μm
22
20 μm
23
20 μm
24
50 μm
25
50 μm
26
50 μm
27
50 μm
29
50 μm
30
50 μm
31
50 μm
32
50 μm
33
50 μm
34
50 μm
35
100 μm
36
100 μm

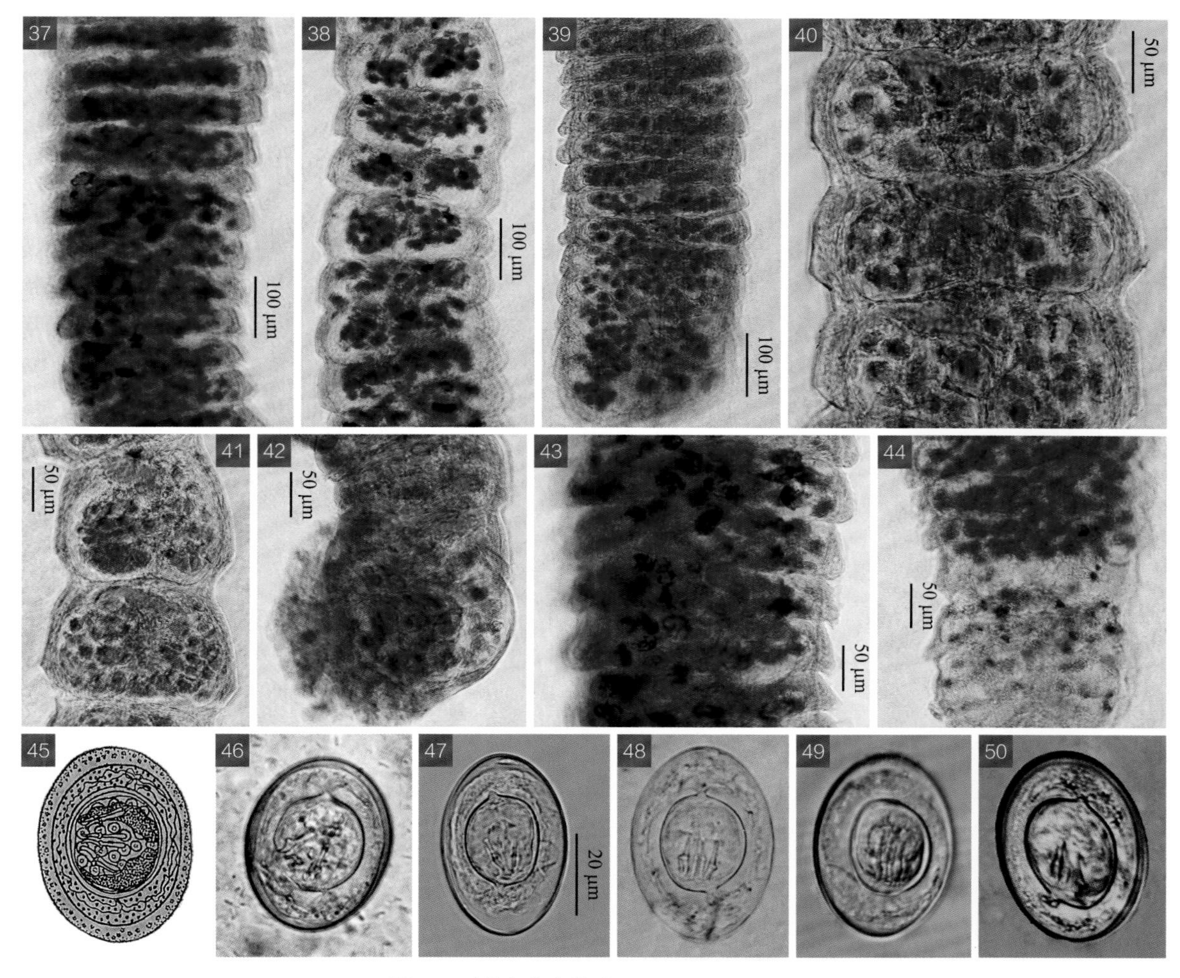

图 114 矮小啮壳绦虫 *Rodentolepis nana*

图释

1～6. 虫体；7～10. 链体；11～19. 头节；20. 吻钩；21～23. 吻突；24～27. 未成熟节片；28～34. 成熟节片；35～44. 孕卵节片；45～50. 虫卵

1. 原图（LVRI）；2～10, 14～19, 21～27, 29～44. 原图（SHVRI）；11, 20, 28, 45. 引自赵辉元（1996）；12, 46. 引自 Gupat 等（2017）；13, 47. 引自 Fitte 等（2017）；48～50. 引自李朝品和高兴政（2012）

突长宽约为 0.065 mm×0.052 mm，上有吻钩 1 圈 20～30 个，钩长 0.016～0.019 mm，钩柄明显长于钩刃，根突发达，与钩刃近等长。吸盘近圆形，大小约为 0.060 mm×0.050 mm。颈部细长，未成熟节片细小，成熟节片逐渐增大，孕卵节片最大，其长宽为 0.150～0.300 mm×0.800～0.900 mm。睾丸 3 枚，呈椭圆形，直线横列于节片的后半部，生殖孔侧 1 枚，生殖孔对侧 2 枚。雄茎囊呈梭形，大小为 0.050～0.070 mm×0.020～0.025 mm。有发达的内、外贮精囊。卵巢呈囊状，边缘呈不规则的分叶状或有时有分支，位于节片中央。卵黄腺呈圆形或椭圆形，位于卵巢的中央后方。受精囊发育充分时呈卵圆形。孕卵节片中的子宫呈囊袋状，扩张至节片四缘，其内充满虫卵。虫卵呈圆形或椭圆形，大小为 48～60 μm×30～48 μm，卵壳薄，内胚膜较厚，两端稍隆起，由此发出 4～8 条细丝。六钩蚴大小为 24～35 μm×21～27 μm，胚钩似矛形。

5.21 幼 钩 属

Sobolevicanthus Spasskii et Spasskaya, 1954

【同物异名】芽钩属；索钩属；双副囊属（*Bisaccanthes* Spasskii et Spasskaya, 1954）；副双腺属（*Parabiglandatrium* Gvozdev et Maksimova, 1968）；凤壳属（*Phoenicolepis* Jones et Khalil, 1980）。

【宿主范围】成虫寄生于禽类。幼虫为拟囊尾蚴，寄生于淡水甲壳动物。

【形态结构】中型绦虫。吻突伸缩自如，有吻钩 1 圈 8 个，吻钩呈脊柱形，钩刃长而粗大，根突不发达，吻囊较深，吸盘 4 个无刺。每个节片有排泄管 2 对，生殖器官 1 套，生殖管位于生殖孔侧排泄管的背面，生殖孔呈单侧排列。睾丸 3 枚，呈卵圆形或圆形，表面光滑或具轻微浅裂，多数排成三角形，偶尔呈横向排列。雄茎囊长，呈或不呈螺旋状，其底部常超过节片中线。有内贮精囊和外贮精囊，雄茎具小棘。附性囊位于雄茎囊前面，具肌质、腺体和小棘，接近雄性生殖孔，可以外翻。卵巢具浅裂，位于节片中部的睾丸腹面。卵黄腺致密，或呈轻微浅裂，位于卵巢后背面。受精囊发育良好，阴道从雄茎囊的背面越过到达其腹面。成熟子宫呈袋状或不规则网状。模式种：纤细幼钩绦虫［*Sobolevicanthus gracilis* (Zeder, 1803) Spasskii et Spasskaya, 1954］。

115 达菲幼钩绦虫 ***Sobolevicanthus dafilae* (Polk, 1942) Yamaguti, 1959**

【关联序号】（19.21.1）/。

【同物异名】杜撰幼钩绦虫；达菲膜壳绦虫（*Hymenolepis dafilae* Polk, 1942）；达菲隐壳绦虫（*Staphylepis dafilae* Polk, 1942）。

【宿主范围】成虫寄生于鸭的小肠。

【地理分布】安徽、云南。

【形态结构】虫体为白色或黄白色，体长 3.50～4.00 cm，最大体宽 0.10～0.16 cm，节片数可达 155 个。腹排泄管宽而稍呈波状，背排泄管非常细且呈蛇形，未见横向联合管。生殖管从纵排泄管背侧穿过。生殖原基起于头节后约 1.10 cm、第 91 个节片，成熟节片出现在头节后约 2.00 cm、第 116 个节片。头节宽 0.105～0.120 mm。吻突明显，长宽为 0.115 mm×0.033 mm，前端较小，有时有 6 个或 8 个不明显的纵向脊。吸盘呈椭球体，纵向拉长，大小为 0.077 mm×0.046 mm。颈节非常短，长 0.036 mm，最小宽度 0.050 mm。未成熟节片长约 0.013 mm，后面宽 0.076 mm。成熟节片呈梯形，长约 0.350 mm，前宽 0.642 mm，后宽 0.838 mm。孕卵节片长约 0.350 mm，最大宽为 1.000 mm。生殖孔为单侧开口，位于节片右侧边缘的赤道线稍前。睾丸 3 枚，边缘分叶或具浅刻，呈正三角形排列，生殖孔侧 1 枚，靠近节片的下缘，生殖孔对侧 2 枚，前后排列，大小为 0.145～0.209 mm×0.064～0.121 mm。雄茎囊呈宽梭形或椭圆形，位于生殖孔侧睾丸的上方，其后缘接近或达到节片的中线，大小为 0.280 mm×0.084 mm。内贮精囊几乎占据雄茎囊全部空间的一半。外贮精囊呈宽卵圆形，大小为 0.175 mm×0.110 mm，位于雄茎囊的前背侧。雄茎具小棘，长宽为 0.110 mm×0.034 mm，多数突出生殖腔 0.045 mm，有时则插入阴道。交合刺为坚硬的空心状棒，横伸于雄茎囊内，长 0.073～0.109 mm，直径约为 0.007 mm。生殖腔呈杯状，有附性囊，其直径约为 0.070 mm，壁厚、球状、带棘，位于雄茎囊远端背侧。卵巢呈长囊状或分为大小差异很大的 2 叶，有缺刻，由一宽横带连接，位于节片的中部，横向直径为 0.350 mm，生殖孔侧叶的纵向直径为 0.098 mm，生殖孔对侧叶的纵向直径为 0.118 mm。卵黄腺呈卵圆形，稍有缺刻，位于卵巢中央的下方，大小为 0.140 mm×

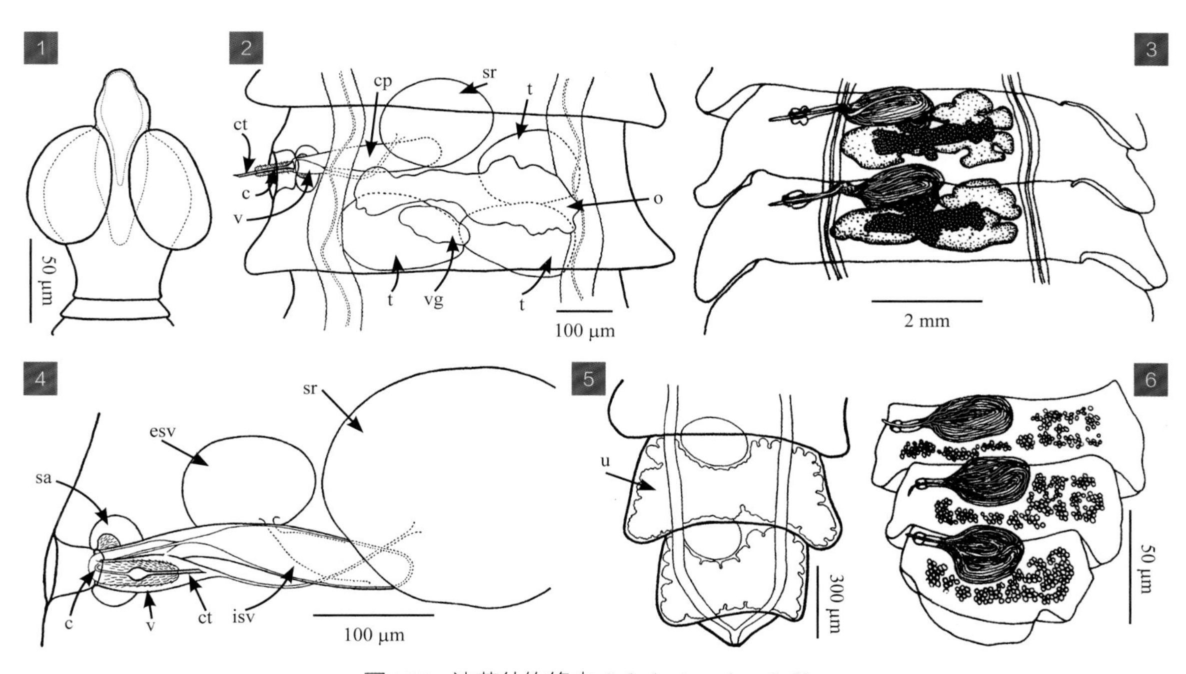

图 115　达菲幼钩绦虫 *Sobolevicanthus dafilae*

图释

1. 头节；2, 3. 成熟节片；4. 生殖道；5, 6. 孕卵节片

1, 2, 4, 5. 引自 Polk（1942a）；3, 6. 引自黄德生等（1988）

0.070 mm。受精囊巨大，呈椭圆球形，横向拉长，在成熟节片中长 0.210～0.260 mm，位于节片前部偏右亚中央的腹面。阴道远端膨大呈花瓶状，最大直径约 0.035 mm、深 0.076 mm，紧靠雄茎囊的腹面，常被外翻的雄茎占据。从阴道膨大部的末端开始，阴道为 1 根细管沿雄茎囊的腹面和后部向内延伸连接受精囊。孕卵节片的子宫呈囊状，横向拉长，具不规则缺刻，几乎充满整个节片，两侧越过纵排泄管达节片边缘。虫卵和六钩蚴的直径分别为 27 μm 和 17 μm。

116 丝形幼钩绦虫 *Sobolevicanthus filumferens* (Brock, 1942) Yamaguti, 1959

【关联序号】 42.8.1（19.21.2）/ 。

【同物异名】 丝形膜壳绦虫（*Hymenolepis filumferens* Brock, 1942）。

【宿主范围】 成虫寄生于鸭、鹅的小肠。

【地理分布】 安徽、贵州、云南。

【形态结构】 虫体前端较窄，向后逐渐变宽，体长 2.40～2.60 cm，最大宽度 0.06～0.16 cm，节片的宽度全部大于长度。头节呈三角形，长宽为 0.140～0.188 mm×0.156～0.208 mm。吻突的长宽为 0.116～0.190 mm×0.042～0.054 mm，有单圈吻钩 8 个，吻钩长 0.042～0.048 mm。吸盘 4 个，无刺，大小为 0.081～0.108 mm×0.056～0.081 mm。睾丸 3 枚，正三角形排列，生

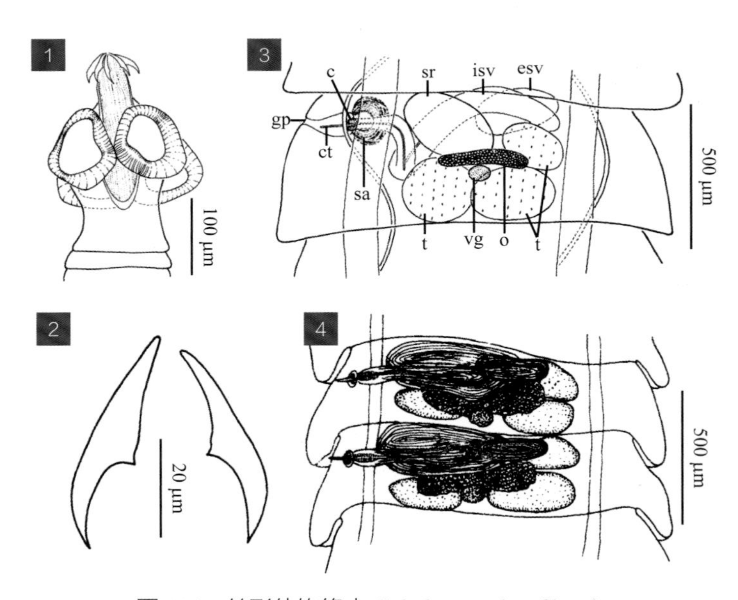

图 116 丝形幼钩绦虫 *Sobolevicanthus filumferens*

图释

1. 头节；2. 吻钩；3, 4. 成熟节片

1～3. 引自 McLaughlin 和 Burt（1979）；4. 引自黄德生等（1988）

殖孔侧 1 枚，接近节片的下缘，生殖孔对侧 2 枚，上下排列于排泄管之内，成熟睾丸呈横椭圆形，大小为 0.164～0.180 mm×0.369～0.385 mm。雄茎囊呈长囊状，横向位于节片的前半部，可到达但不越过生殖孔对侧的排泄管，大小为 0.123～0.139 mm×0.476～0.588 mm。附性囊具棘，位于雄茎囊背面，开口于生殖腔雄茎的上面。内贮精囊几乎占据整个雄茎囊，大小为 0.107～0.115 mm×0.467～0.492 mm。外贮精囊呈纺锤形，位于节片中央上缘偏于生殖孔对侧，大小为 0.096～0.121 mm×0.261～0.289 mm。雄茎呈管状，长可达 0.097 mm，披有细棘，其远端呈圆锥形变细。交合刺长可达 0.129 mm，通过雄茎伸出，作为射精管的延伸。卵巢呈长囊状，边缘不完整，位于节片中央 2 枚睾丸的前腹面。卵黄腺呈圆形或椭圆形，位于卵巢中央下方，大小为 0.093～0.123 mm×0.042～0.077 mm。受精囊发达，位于节片中央偏生殖孔侧的上缘、雄茎囊的腹面，大小为 0.262～0.303 mm×0.533～0.549 mm。子宫呈横向囊状袋，充满整个节片。虫卵不详。

117 脆弱幼钩绦虫 *Sobolevicanthus fragilis* (Krabbe, 1869) Spasskii et Spasskaya, 1954

【关联序号】42.8.2（19.21.3）/。

【同物异名】采幼钩绦虫；脆弱索钩绦虫；脆弱带绦虫（*Taenia fragilis* Krabbe, 1869）；脆弱膜壳绦虫（*Hymenolepis fragilis* Railliet, 1899）；脆弱尖钩绦虫（*Sphenacanthus fragilis* (Krabbe, 1869) López-Neyra, 1942）。

【宿主范围】成虫寄生于鸭、鹅的肠道。

【地理分布】北京、福建。

【形态结构】虫体较小，体长 1.50～2.00 cm，最大体宽 0.10～0.13 cm。排泄管 2 对，腹排泄管比背排泄管粗，腹排泄管宽 0.070 mm，背排泄管宽 0.010 mm。头节发达，吻突有吻钩 1 圈 8 个，钩长 0.057～0.061 mm。成熟节片的长宽约为 0.375 mm×1.250 mm，生殖孔位于节片一侧边缘的中部。睾丸 3 枚，呈倒三角形排列，或生殖孔对侧 1 枚的位置较前而不对称，睾丸大小为 0.300 mm×0.200～0.250 mm。雄茎囊位于节片中部，伸至中线，大小约为 0.445 mm×0.112 mm。内贮精囊呈长圆形，占据雄茎囊的大部分。外贮精囊呈椭圆形，位于生殖孔对侧，大小约为 0.300 mm×0.158 mm。雄茎呈圆柱形，披有小棘，长宽约为 0.154 mm×0.014 mm，内有锥形结构，近端宽 0.009 mm。具有附性囊，大小为 0.120～0.220 mm×0.085～0.164 mm，肌质壁厚，内有刺毛。卵巢位于节片中央，大小约为 0.182 mm×0.457 mm，常分为 3 叶，生殖孔侧 1 叶，生殖孔对侧 2 叶，每叶又分成许多梨形小叶。卵黄腺呈圆形，位于卵巢后方，直径 0.100 mm，边缘分瓣。受精囊发达，位于雄茎囊前方，大小约为 0.278 mm×0.150 mm。阴道弯曲，自节片前侧弯向后方至生殖腔。孕卵节片的子宫呈囊状，内含虫卵。虫卵直径为 12～13 μm。

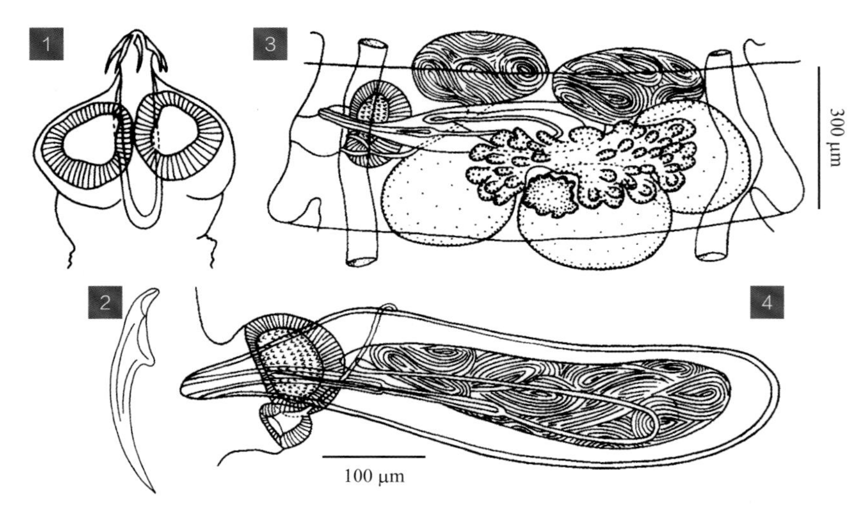

图 117 脆弱幼钩绦虫 *Sobolevicanthus fragilis*

图释

1. 头节；2. 吻钩；3. 成熟节片；4. 交配器官

1～4. 引自陈淑玉和汪溥钦（1994）

118 纤细幼钩绦虫 *Sobolevicanthus gracilis* (Zeder, 1803) Spasskii et Spasskaya, 1954

【关联序号】42.8.3（19.21.4）/ 316。

【同物异名】小索钩绦虫；纤细芽钩绦虫；纤细海利绦虫（*Halysis gracilis* Zeder, 1803）；纤细带绦虫（*Taenia gracilis* (Zeder, 1803) Railliet, 1893）；纤细膜壳绦虫（*Hymenolepis gracilis* (Zeder, 1803) Railliet, 1899）；纤细膜壳（剑带）绦虫（*Hymenolepis* (*Drepanidotaenia*) *gracilis* (Zeder, 1803) Cohn, 1901）；纤细维兰地绦虫（*Weinlandia gracilis* (Zeder, 1803) Meyhew, 1925）；纤细小弗尔曼绦虫（*Fuhrmanniella gracilis* (Zeder, 1803) Tseng-Shen, 1932）；纤细膜壳（维兰地）绦虫（*Hymenolepis* (*Weinlandia*) *gracilis* (Zeder, 1803) Neveu-Lemaire, 1936）；纤细尖钩绦虫（*Sphenacanthus gracilis* (Zeder, 1803) López-Neyra, 1942）。

【宿主范围】成虫寄生于鸡、鸭、鹅的小肠。

【地理分布】安徽、重庆、福建、广东、广西、贵州、湖南、江苏、江西、宁夏、四川、台湾、新疆、云南、浙江。

【形态结构】虫体长 8.00～27.00 cm，最大体宽 0.15～0.23 cm。节片前端细小，后部逐渐增大，全部宽度大于长度。排泄管 2 对，腹排泄管宽 0.128～0.160 mm，有横管相连，背排泄管较小，宽 0.018 mm。每节有生殖器官 1 套，生殖孔位于节片单侧边缘的前部。头节细小，长宽为 0.256～0.272 mm×0.170～0.228 mm。吻突长宽为 0.099～0.240 mm×0.040～0.064 mm，具吻钩 8 个，钩长 0.075～0.087 mm，呈角状。吻囊延至吸盘后方，长宽为 0.227 mm×0.072 mm。吸盘 4 个，呈圆形或椭圆形，无刺，大小为 0.090～0.176 mm×0.080～0.113 mm。颈部狭小，宽 0.096～0.200 mm。成熟节片长宽为 0.470～0.594 mm×1.305～1.645 mm，孕卵节片长宽为 0.496～0.528 mm×1.552～1.860 mm。睾丸 3 枚，呈椭圆形或圆形，呈倒三角形排列，生殖孔侧 1 枚，生殖孔对侧 2 枚，前后排列，大小为 0.150～0.543 mm×0.096～0.380 mm。雄茎囊呈纺锤形，大小为 0.560～1.137 mm×0.090～0.208 mm。内贮精囊呈纺锤形，占据雄茎囊的大部分，大小为 0.375～0.690 mm×0.080～0.176 mm。外贮精囊呈球形或椭圆形，位于节片上方接近生殖孔对侧的排泄管，大小为 0.182～0.192 mm×0.136～0.176 mm。雄茎细，具棘，长宽为 0.144～0.256 mm×0.019～0.036 mm。交合刺长，横贯内贮精囊，从雄茎伸出生殖孔之外。附性囊呈椭圆形的吸盘状，大小为 0.140～0.156 mm×0.050 mm，富含肌质，内有细棘。卵巢呈网状分支，中间狭窄呈两瓣状，位于节片中央，大小为 0.330～0.480 mm×0.118～0.240 mm。卵黄腺呈圆形或椭圆形，边缘分叶，位于卵巢下方的中央，大小为 0.100～0.128 mm×0.080～0.090 mm。受精囊呈卵圆形，位于雄茎囊的背面，大小为 0.170～0.550 mm×0.160～0.360 mm。阴道窄而弯曲。孕卵节片的子宫呈囊状，无分瓣但有波状囊壁，囊壁扩展至节片四周，内含多量虫卵。虫卵呈圆球形，直径 35～40 μm，内含六钩蚴。六钩蚴呈卵圆形，大小为 24～27 μm×17～19 μm。

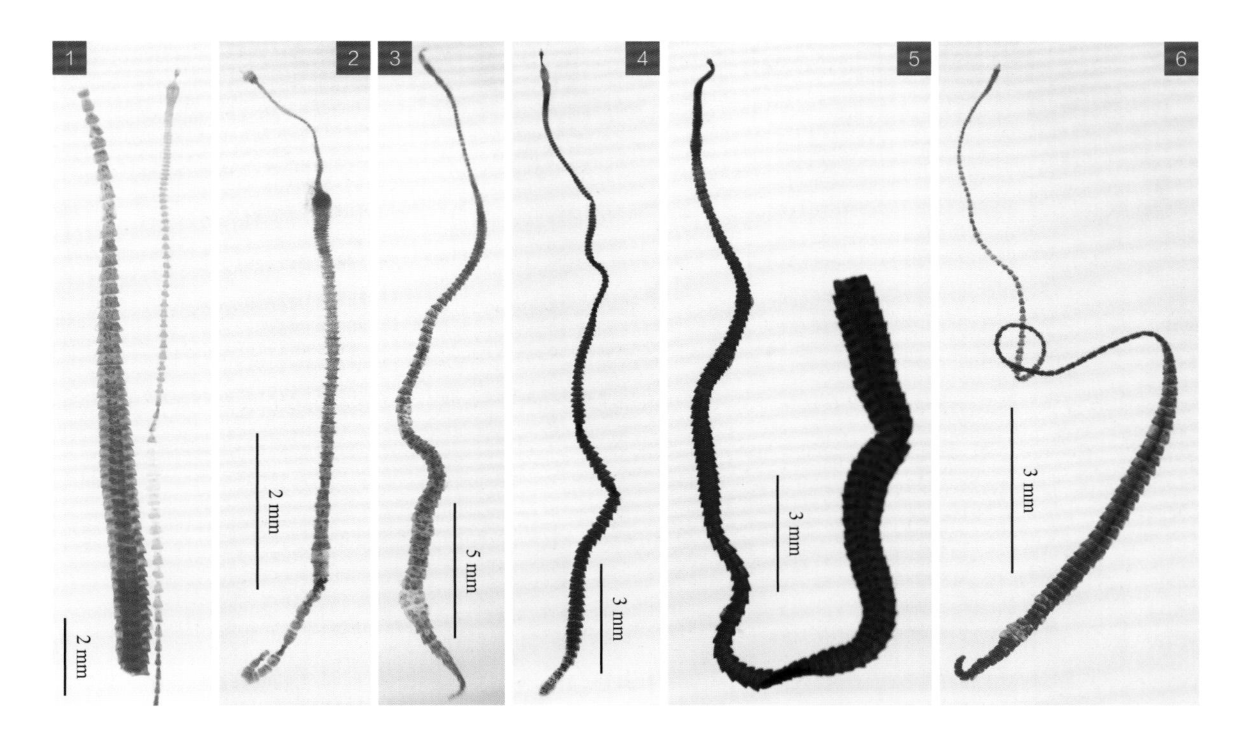

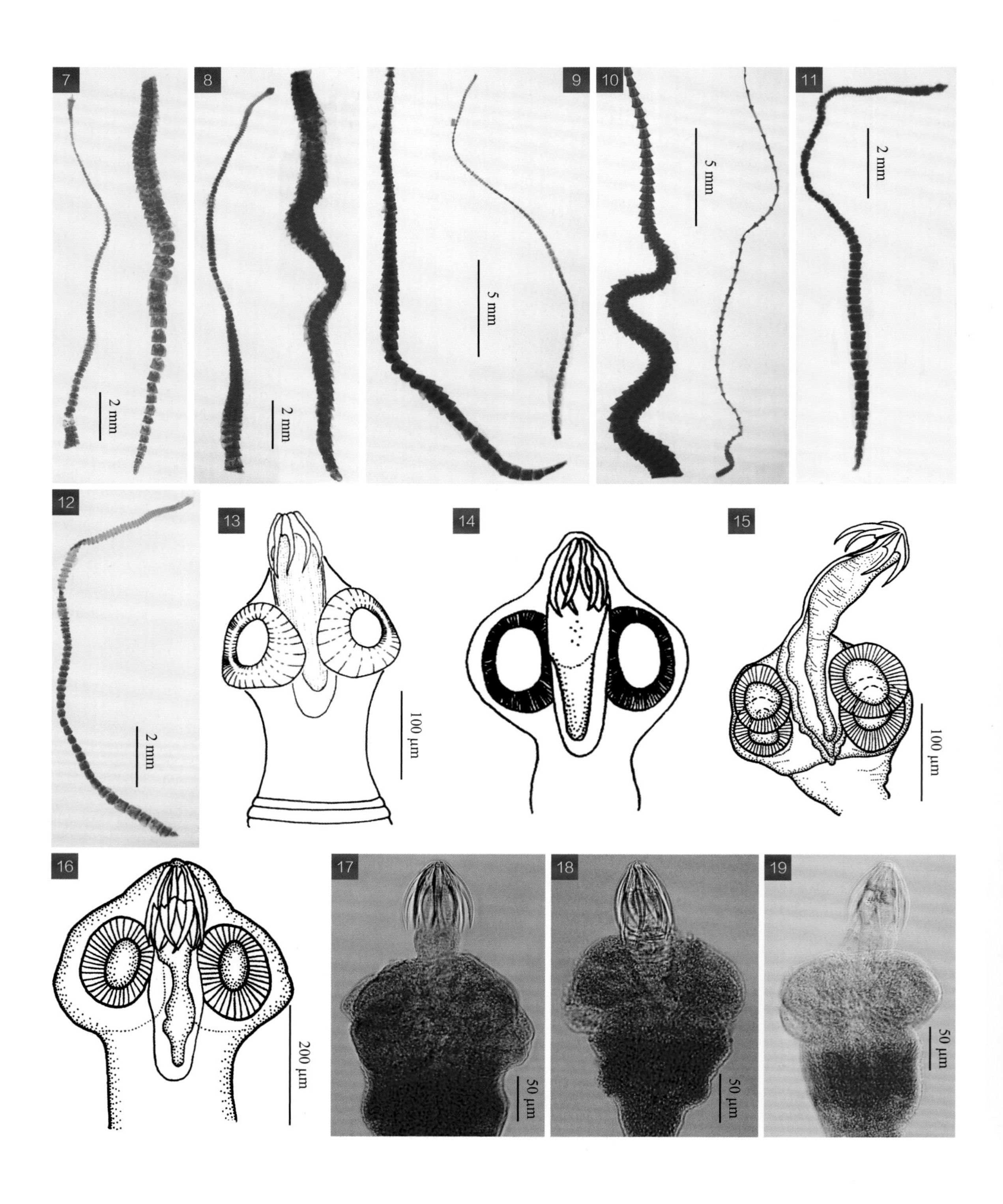
7
2 mm
8
2 mm
9
5 mm
10
5 mm
11
2 mm
12
2 mm
13
100 μm
14
15
100 μm
16
200 μm
17
50 μm
18
50 μm
19
50 μm

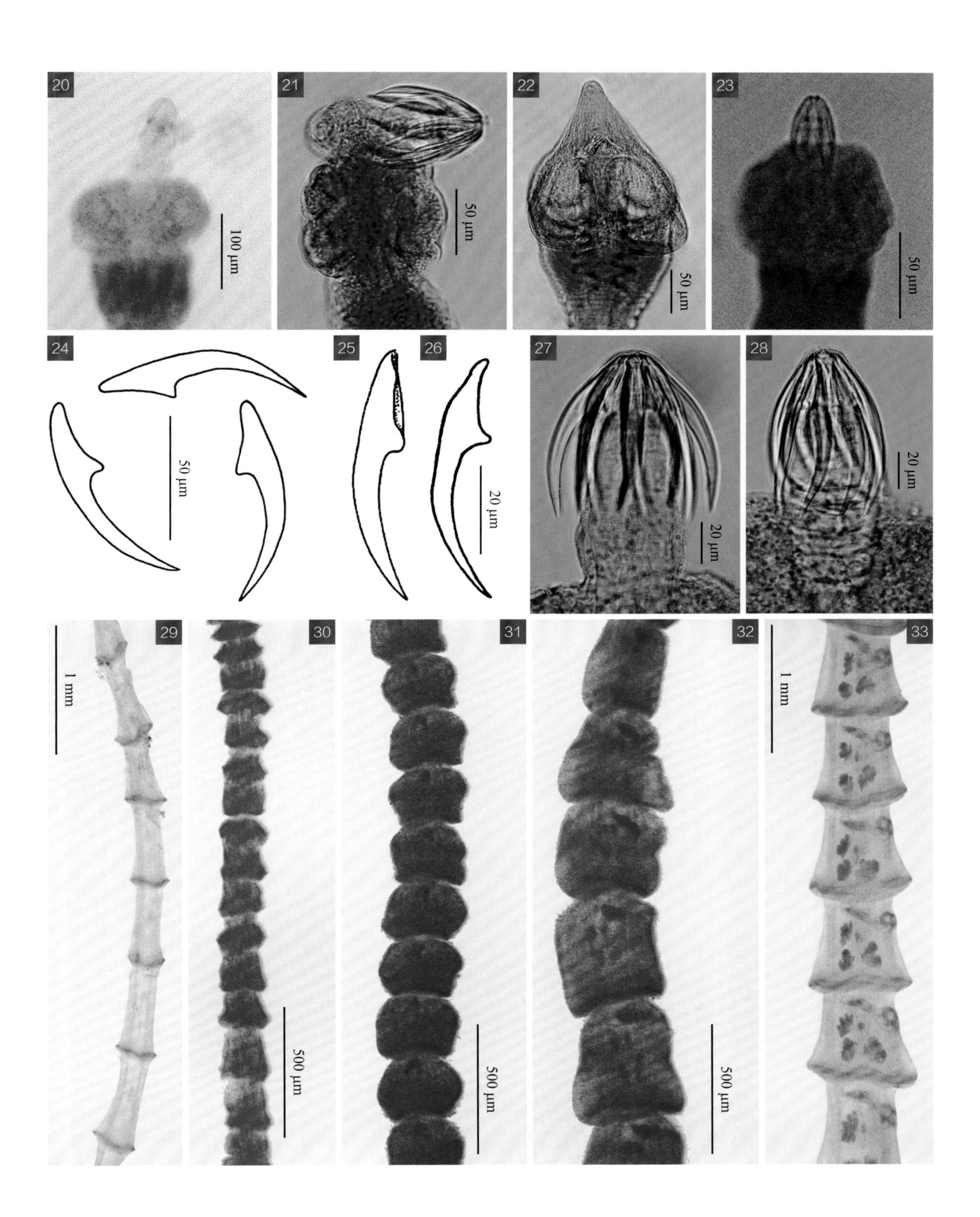
20
100 μm
21
50 μm
22
50 μm
23
50 μm
24
50 μm
25
26
20 μm
27
20 μm
28
20 μm
29
1 mm
30
500 μm
31
500 μm
32
500 μm
33
1 mm

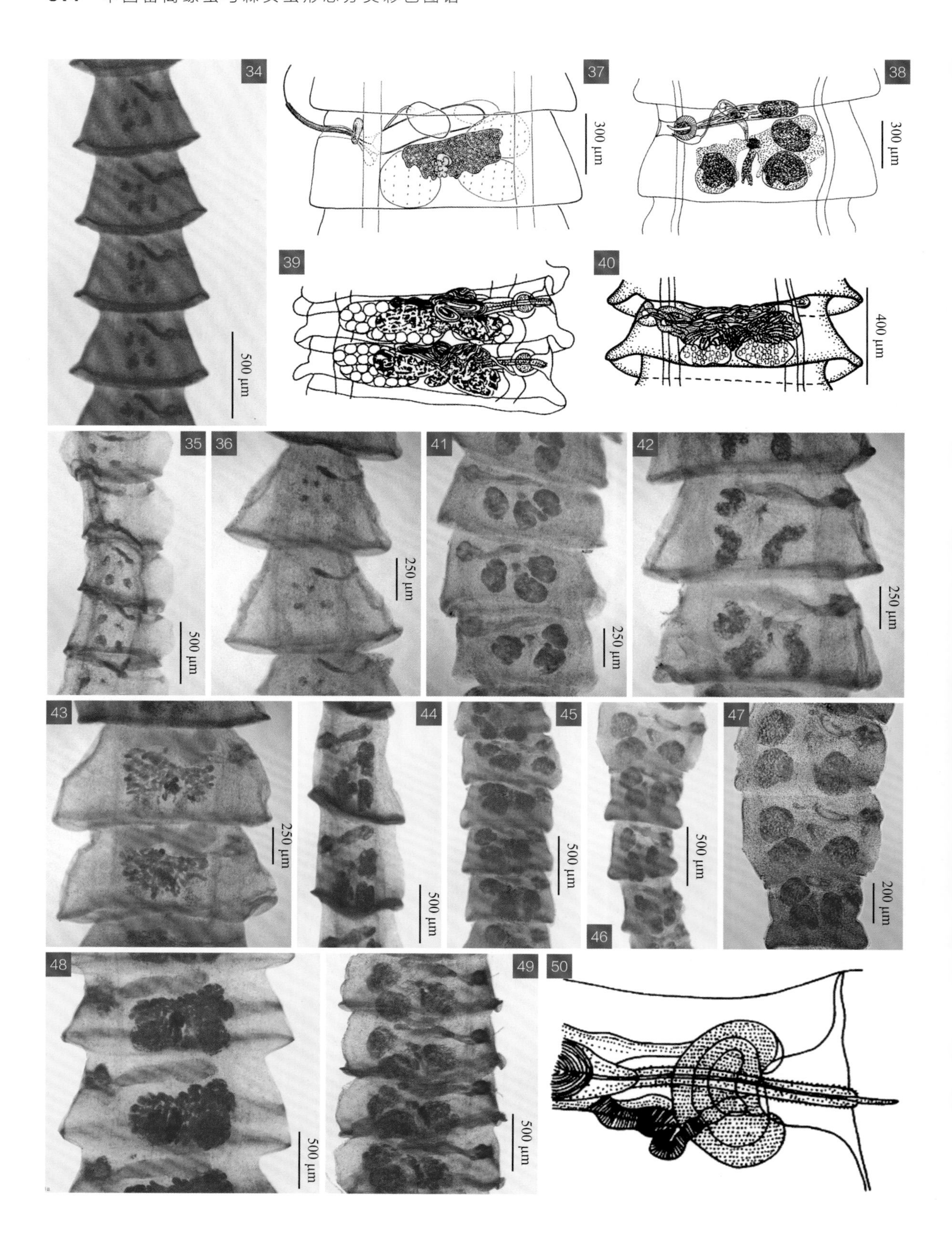
34
500 μm
37
300 μm
38
300 μm
39
40
400 μm
35
500 μm
36
250 μm
41
250 μm
42
250 μm
43
250 μm
44
500 μm
45
500 μm
46
500 μm
47
200 μm
48
500 μm
49
500 μm
50

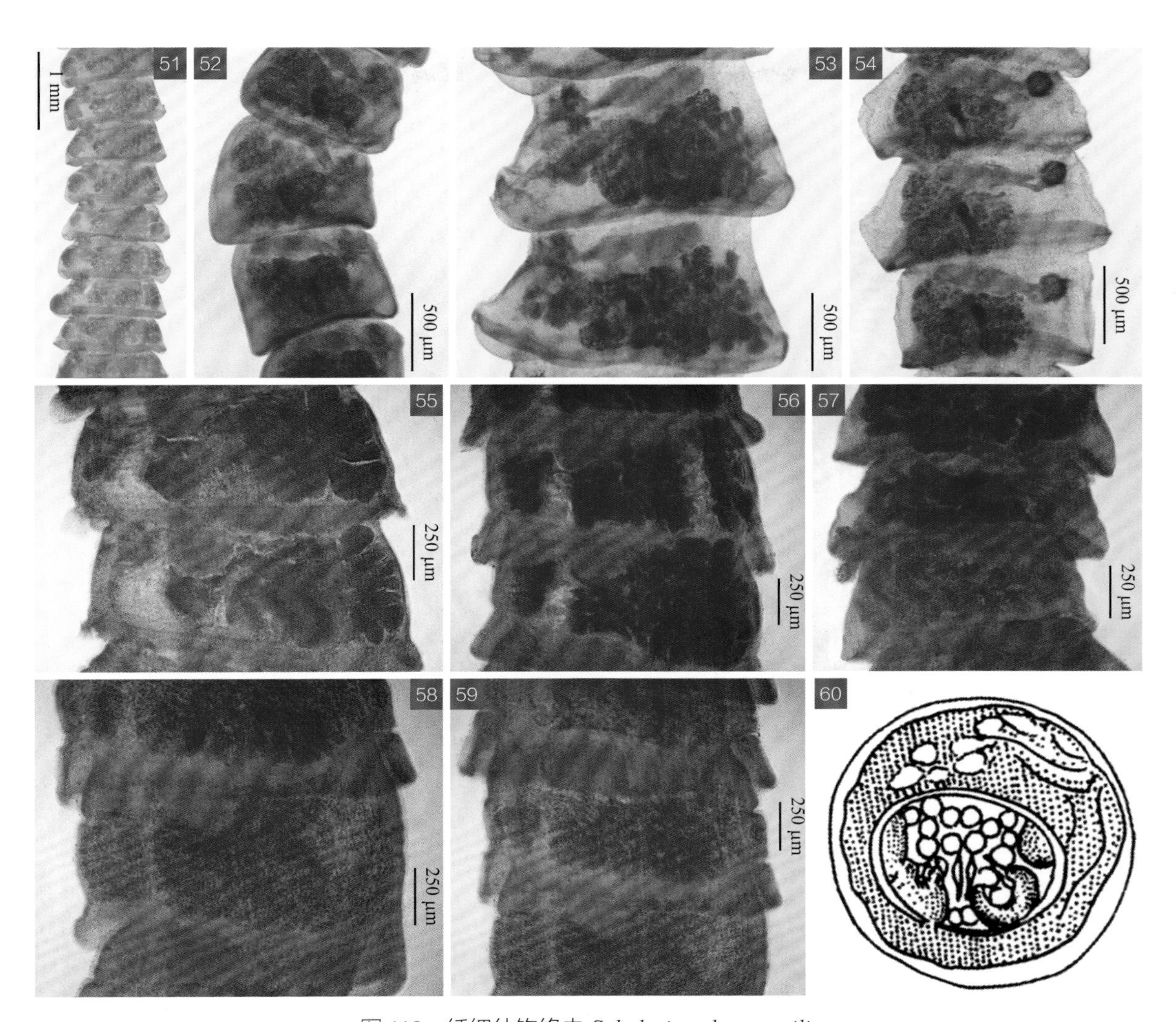

图 118　纤细幼钩绦虫 *Sobolevicanthus gracilis*

图释

1～5. 虫体；6～12. 链体；13～23. 头节；24～26. 吻钩；27, 28. 吻突；29～36. 未成熟节片；37～49. 成熟节片；50. 生殖孔放大，示生殖腔、雄茎、交合刺、附性囊；51～59. 孕卵节片；60. 虫卵

1～3, 6～12, 17～22, 27～35, 44～49, 51～54. 原图（SHVRI）；4, 5, 23, 36, 41～43, 55～59. 原图（SASA）；13, 24, 37. 引自 McLaughlin 和 Burt（1979）；14, 25, 39, 50, 60. 引自黄兵和沈杰（2006）；15, 16, 26, 40. 引自蒋学良等（2004）；38. 引自 Sey（1968）

119 鞭毛形幼钩绦虫 ***Sobolevicanthus mastigopraeditus* (Polk, 1942) Spasskii et Spasskaya, 1954**

【关联序号】42.8.4（19.21.5）/ 。

【同物异名】鞭毛形膜壳绦虫（*Hymenolepis mastigopraedita* Polk, 1942）。

【宿主范围】成虫寄生于鸭的小肠。

【地理分布】云南。

【形态结构】虫体为白色，体长 5.70～6.80 cm，最大体宽 0.10～0.15 cm，节片数可达 183 个。排泄管 2 对，腹排泄管宽，略呈波状，背排泄管非常狭窄，弯曲明显。头节不详。未成熟节片长 0.140 mm，前宽 0.054 mm，后宽 0.098 mm。成熟节片长 0.350 mm，前宽 0.700 mm，后宽 0.840 mm。充分发育成熟的节片和部分孕卵节片，长 0.450 mm，最大宽度 1.500 mm。生殖孔开口于节片右侧边缘中心稍前。睾丸 3 枚，呈倒三角形排列于节片的中后部，生殖孔侧 1 枚，生殖孔对侧 2 枚，前后排列，成熟睾丸呈圆形或椭圆形，大小为 0.133～0.201 mm×0.189～0.320 mm。雄茎囊发达，呈长囊状，横向位于节片的前半部，延伸至生殖孔对侧的排泄管内侧，大小为 0.090～0.113 mm×0.332～0.770 mm。内贮精囊占据雄茎囊的大部分，直径约为 0.080 mm。外贮精囊明显，多数位于雄茎囊的背侧，大小约为 0.420 mm×0.112 mm。内、外贮精囊由一弯曲而狭窄的细管相连，该细管穿过雄茎囊的底部。输精管位于内贮精囊与雄茎之间，为一弯曲呈横向“8”字形的细管。雄茎具小棘，长宽为 0.101～0.280 mm×0.020～0.024 mm。交合刺 1 根，长而弯曲，横列于内贮精囊，从雄茎伸出生殖孔外，长度可达 0.300 mm。生殖腔呈钟形，狭窄，横向拉长。附性囊明显，类球形，壁厚，具棘，直径为 0.168 mm，位于雄茎囊远端的亚前背侧。卵巢由 2 个大小极不相等、分叶不规则、分开明显的翼块组成，两翼块之间连接物狭窄而细长，位于节片中央，生殖孔侧的翼块直径可达 0.182 mm，生殖孔对侧的翼块直径可达 0.350 mm。卵黄腺呈圆形或椭圆形，略有缺刻，位于卵巢下方的中央，大

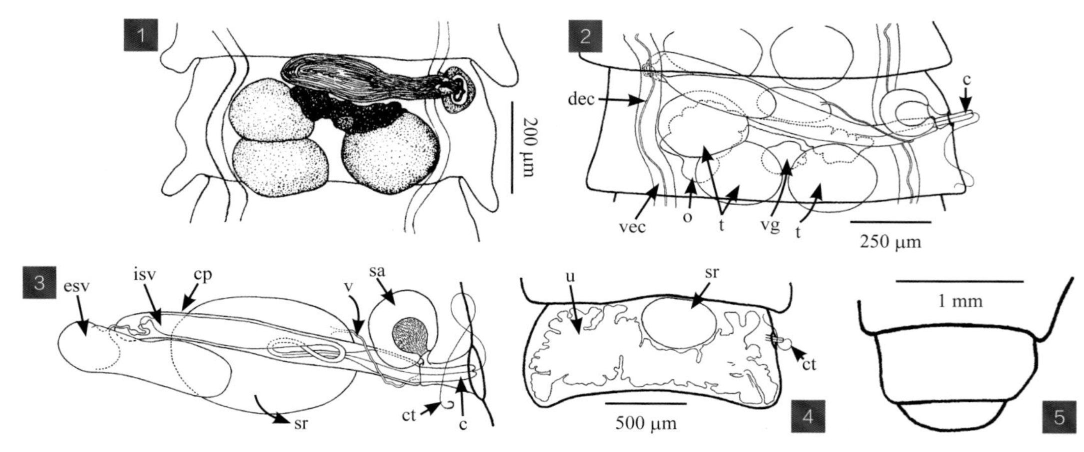

图 119 鞭毛形幼钩绦虫 *Sobolevicanthus mastigopraeditus*

图释

1, 2. 成熟节片；3. 生殖道；4. 孕卵节片；5. 虫体末端

1. 引自黄德生等（1988）；2～5. 引自 Polk（1942b）

小为 0.032～0.060 mm×0.048～0.072 mm。雌性生殖孔紧邻雄性生殖孔的腹面。阴道为一极其纤细的管，外形似发丝，起自生殖腔，绕过雄茎囊连接受精囊。受精囊呈光滑的卵圆形，横向拉长，在成熟节片其长度可达 0.200 mm，位于节片前半部雄茎囊的腹侧。在较后端的节片中，子宫几乎充满整个节片，延伸到两侧并越过排泄管。含虫卵的孕卵节片与虫卵不详。

120 八刺幼钩绦虫 *Sobolevicanthus octacantha* (Krabbe, 1869) Spasskii et Spasskaya, 1954

【关联序号】42.8.5（19.21.6）/。

【同物异名】八幼钩绦虫；八索幼钩绦虫；八刺带绦虫（*Taenia octacantha* Krabbe, 1869）；八刺膜壳绦虫（*Hymenolepis octacantha* (Krabbe, 1869) Railliet, 1899）；八刺剑带绦虫（*Drepanidotaenia octacantha* (Krabbe, 1869) Clerc, 1903）；八刺维兰地绦虫（*Weinlandia octacantha* (Krabbe, 1869) Fuhrmann, 1906）；八刺尖钩绦虫（*Sphenacanthus octacantha* (Krabbe, 1869) López-Neyra, 1942）；八刺双盔带绦虫（*Dicranotaenia octacantha* (Krabbe, 1869) Skrjabin et Mathevossian, 1945）。

【宿主范围】成虫寄生于鸡、鸭的小肠。

【地理分布】安徽、福建、江苏、江西、宁夏、云南、浙江。

【形态结构】虫体长 3.00～8.00 cm，前端节片较细，后端节片逐渐宽大，最大体宽为 0.09～0.22 cm。排泄管 2 对，腹排泄管较宽，最大宽度 0.057 mm，有节间横管相连，背排泄管较窄，宽度为 0.018 mm。生殖孔位于节片单侧边缘的上方 1/3 处。头节直径为 0.128～0.239 mm。吻突长 0.182 mm，前端有吻钩 1 圈 8 个，吻钩长 0.036～0.038 mm，吻囊长 0.239 mm。吸盘 4 个，呈圆形或椭圆形，直径为 0.145 mm。成熟节片的长宽约为 0.500 mm×1.080 mm。睾丸 3 枚，呈椭圆形，正三角形排列，生殖孔侧 1 枚，位于节片下方，生殖孔对侧 2 枚，呈前后排列，大小为 0.066～0.176 mm×0.164～0.352 mm。雄茎囊十分发达，呈纺锤形的半月状弯曲，位于节片上缘，直达生殖孔对侧排泄管的内缘，大小为 0.066～0.144 mm×0.344～0.624 mm。内贮精囊占据雄茎囊的大部分，大小为 0.064～0.112 mm×0.464～0.512 mm。外贮精囊呈椭圆形，位于生殖孔对侧排泄管的内侧、雄茎囊的腹面，大小为 0.060～0.176 mm×0.181～0.320 mm。雄茎粗壮，长宽为 0.123～0.164 mm×0.016～0.036 mm，外缘具有毛状细棘，可从附性囊内穿过达生殖孔外。交合刺横穿于雄茎之内，可穿出雄茎伸达生殖孔外。在生殖孔内侧有吸盘状的附性囊，呈椭圆形，富有肌质，大小约为 0.137 mm×0.112 mm。卵巢有瓣状分支，位于节片中央、睾丸的背侧，大小为 0.128～0.240 mm×0.496～0.576 mm。卵黄腺位于卵巢中央的下方，早期呈块状分瓣，后期呈块状、圆形或椭圆形，直径为 0.080～0.256 mm。受精囊位于雄茎囊的腹侧，呈椭圆形，早期较小，后期发达，大小为 0.208～0.256 mm×0.416～0.528 mm。阴道越过雄茎囊，与受精囊相通。孕卵节片的子宫呈囊状，囊壁扩张到节片的四边缘，其大小可达 0.512 mm×1.280 mm，充满虫卵。虫卵直径为 72～84 μm，六钩蚴呈梨形，大小为 32～38 μm×30～34 μm，胚钩长 11 μm。

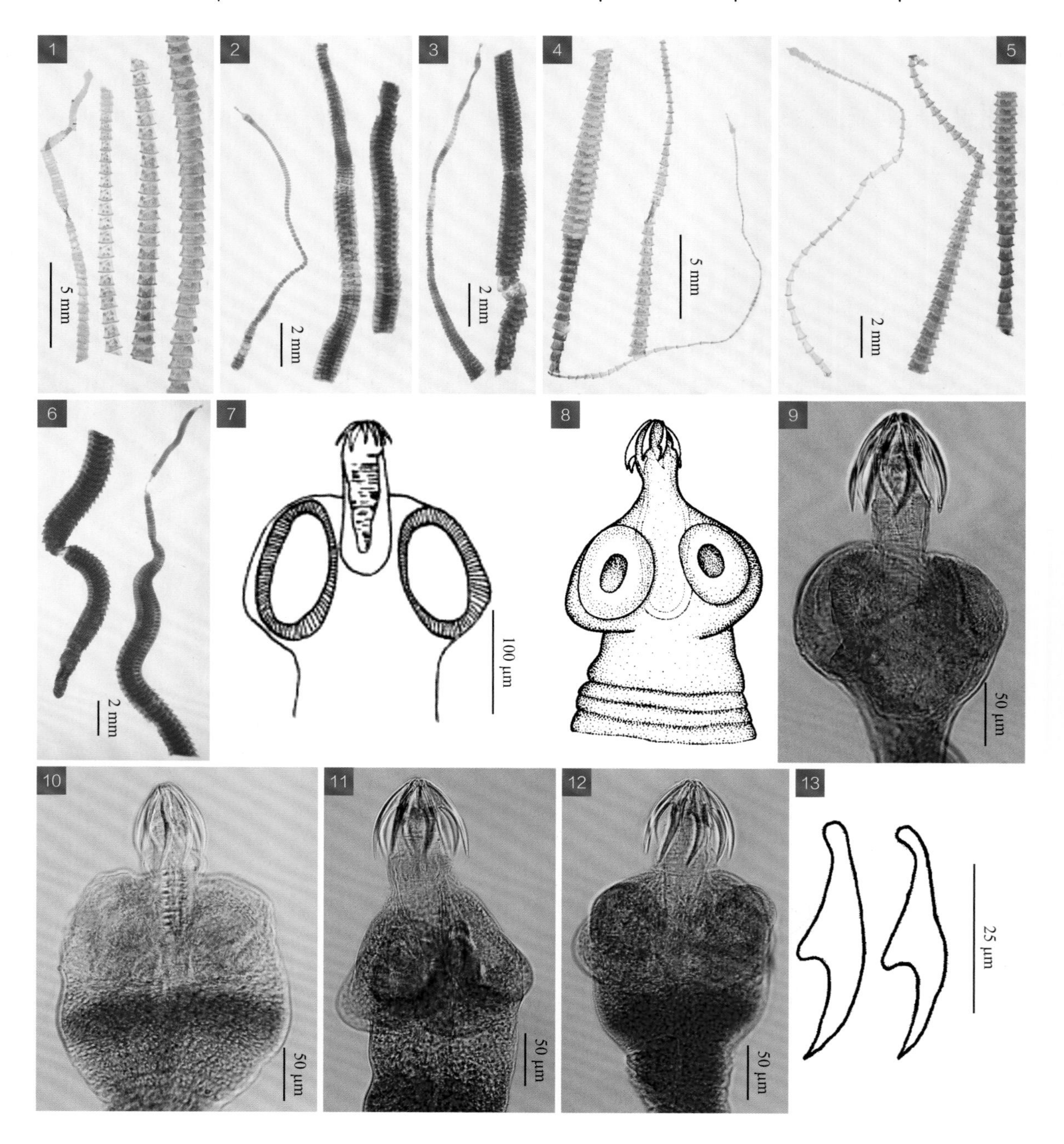

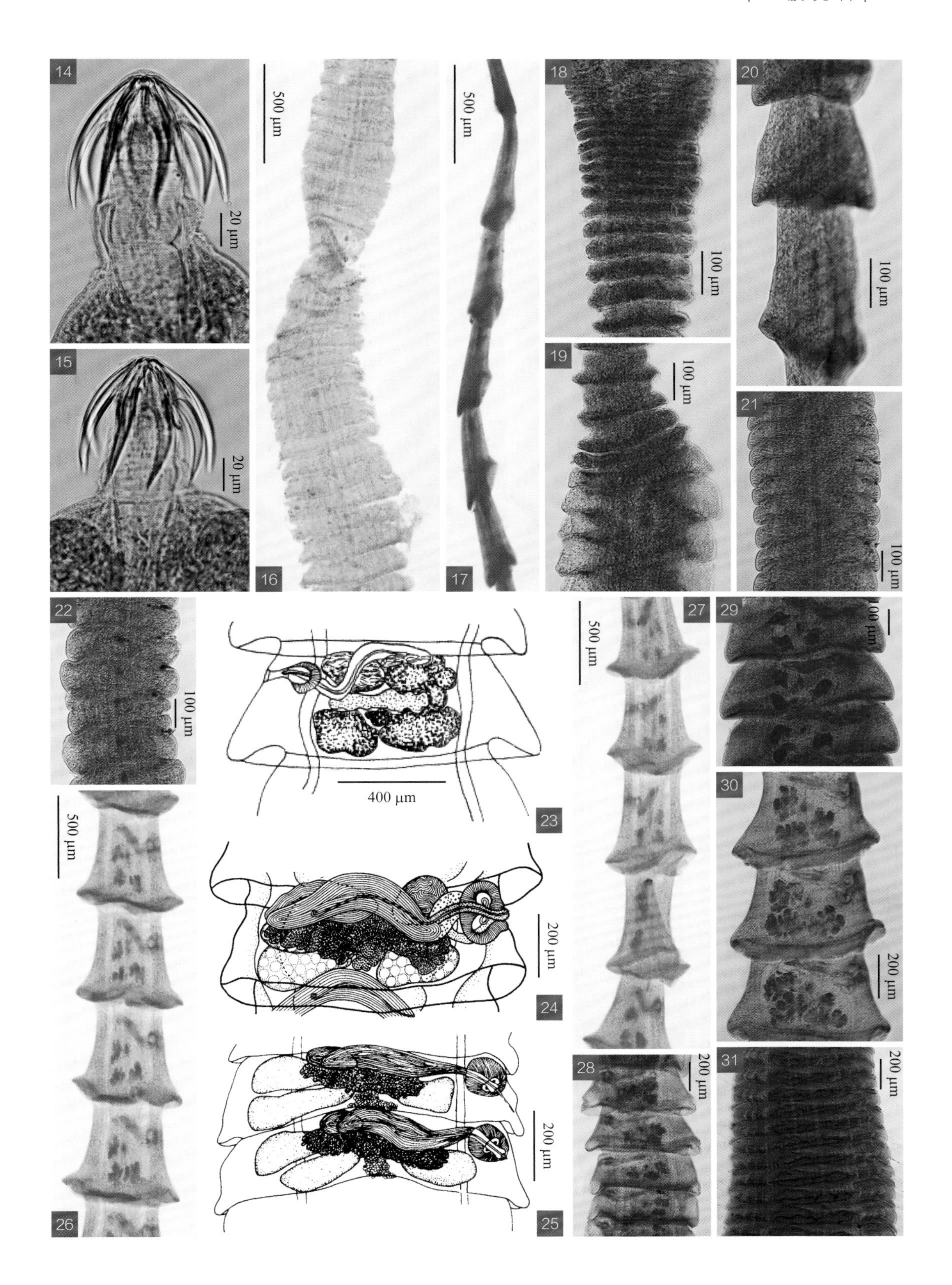
14
20 μm
15
20 μm
16
500 μm
17
500 μm
18
100 μm
19
100 μm
20
100 μm
21
100 μm
22
100 μm
23
400 μm
24
200 μm
25
200 μm
26
500 μm
27
500 μm
28
200 μm
29
100 μm
30
200 μm
31
200 μm

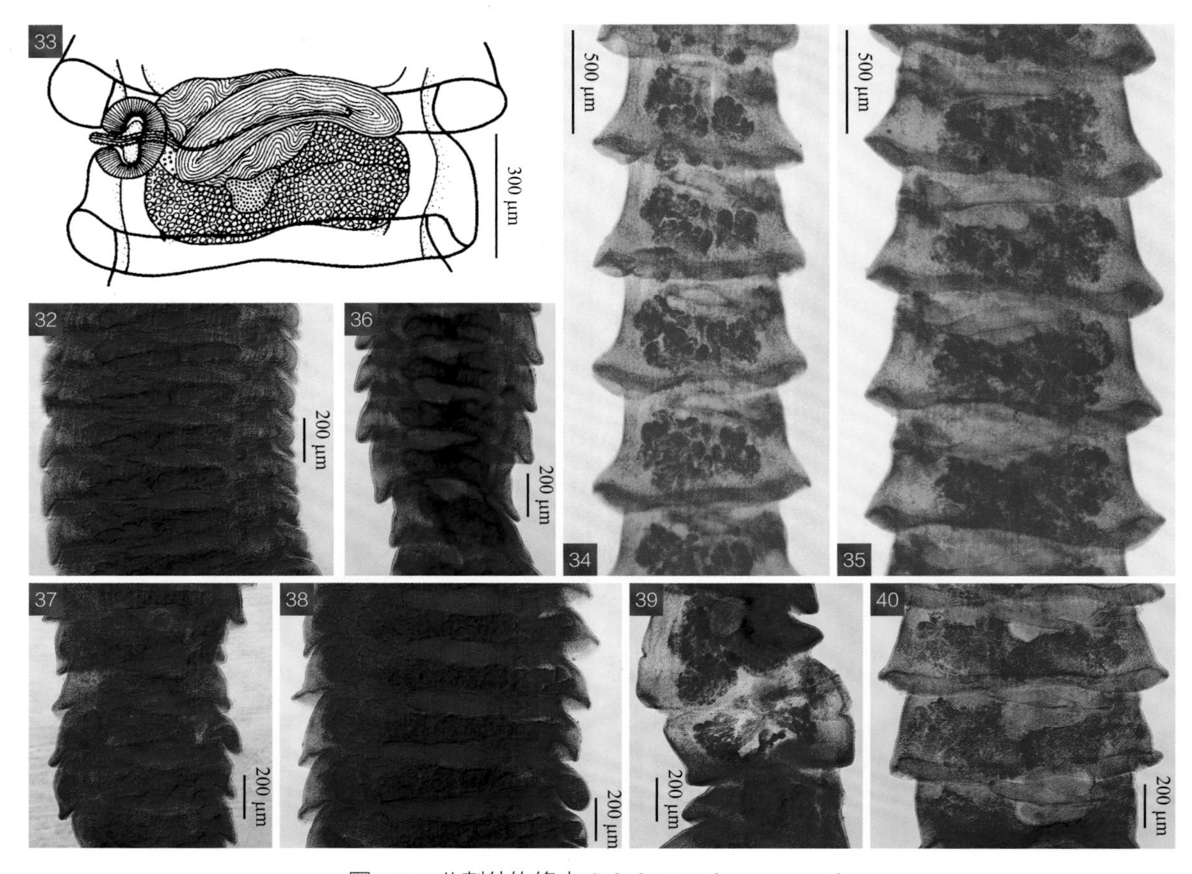

图 120 八刺幼钩绦虫 *Sobolevicanthus octacantha*

图释

1～6. 虫体；7～12. 头节；13. 吻钩；14, 15. 吻突；16～22. 未成熟节片；23～32. 成熟节片；33～40. 孕卵节片

1～6, 9～12, 14～22, 26～32, 34～40. 原图（SHVRI）；7, 13, 23. 引自 Sey（1968）；8, 24, 33. 引自陈淑玉和汪溥钦（1994）；25. 引自黄德生等（1988）

5.22 隐 壳 属

Staphylepis Spasskii et Oschmarin, 1954

【同物异名】葡壳属；隐孔属。

【宿主范围】成虫寄生于禽类。幼虫寄生于陆生节肢动物。

【形态结构】小型或中型绦虫。头节上的吻突退化或缺，无吻钩，吸盘 4 个无棘。链体节片多，成熟节片横向延伸，节片的宽度大于长度，有排泄管 2 对，生殖器官 1 套，生殖孔呈单侧排列。睾丸 3 枚，呈横向排列或排成三角形，生殖孔侧 1 枚，生殖孔对侧 2 枚。雄茎囊常呈梨形或纺锤形，其底部常不伸达节片中线，偶尔可达生殖孔对侧的排泄管。内贮精囊和外贮精囊发育良好，无附性囊和交合刺。卵巢位于节片中央。卵黄腺位于卵巢后方、生殖孔侧睾丸与中间睾丸之间，或与中间睾丸重叠。受精囊呈圆形，位于雄茎囊腹面。子宫呈囊状或袋状。模式种：坎塔尼亚隐壳绦虫［*Staphylepis cantaniana* (Polonio, 1860) Spasskii et Oschmarin, 1954］。

［注：Khalil 等（1994）将本属列入膜壳属（*Hymenolepis* Weinland, 1958）的同物异名］

121 坎塔尼亚隐壳绦虫 ***Staphylepis cantaniana* (Polonio, 1860) Spasskii et Oschmarin, 1954**

【关联序号】42.9.1（19.22.1）/ 317。

【同物异名】康坦葡壳绦虫；肯坦葡壳绦虫；坎塔尼亚带绦虫（*Taenia cantaniana* Polonio, 1860）；少柄戴维绦虫（*Davainea oligophora* Magalhães, 1898）；坎塔尼亚戴维绦虫（*Davainea cantaniana* Railliet et Lucet, 1899）；坎塔尼亚膜壳绦虫（*Hymenolepis cantaniana* Ransom, 1909）；无钩膜壳绦虫（*Hymenolepis inermis* (Yoshida, 1910) Fuhrmann, 1932）。

【宿主范围】成虫寄生于鸡、鸭的小肠。

【地理分布】安徽、重庆、福建、广东、广西、海南、湖南、四川。

【形态结构】小型绦虫。体长 0.60～1.20 cm，最大体宽 0.03～0.04 cm。有节片 210～270 个，

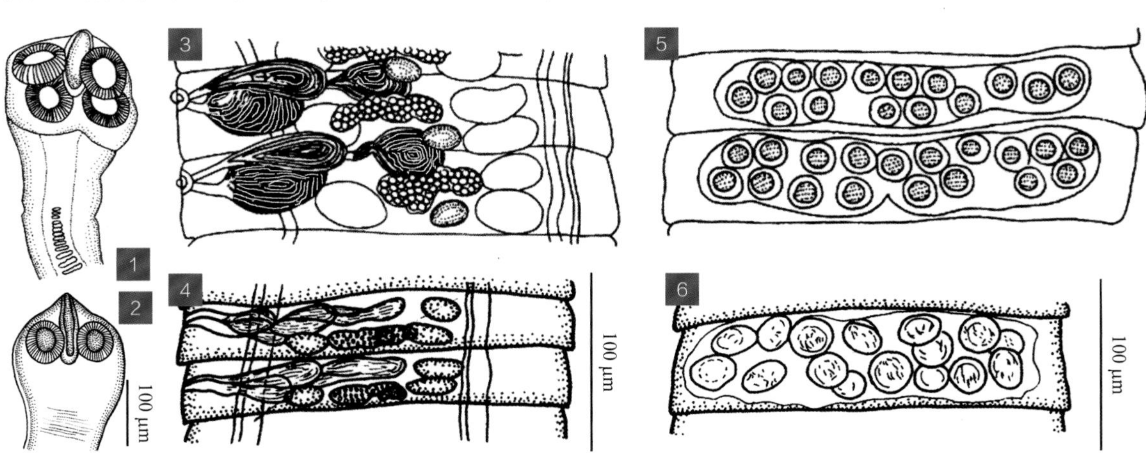

图 121 坎塔尼亚隐壳绦虫 *Staphylepis cantaniana*

图释

1, 2. 头节；3, 4. 成熟节片；5, 6. 孕卵节片

1, 3, 5. 引自黄兵和沈杰（2006）；2, 4, 6. 引自蒋学良等（2004）

全部节片的宽度大于长度。腹排泄管宽 0.007 mm，背排泄管宽 0.004 mm。每节有生殖器官1套，生殖孔开口于节片单侧边缘的中前部。头节呈圆形或锥形，直径为 0.120～0.170 mm。吻突无吻钩，长宽为 0.077～0.080 mm×0.030～0.048 mm。吻囊呈长椭圆形，底部与吸盘后缘平等，长宽为 0.077 mm×0.050 mm。吸盘4个，无刺，大小为 0.056～0.058 mm×0.057～0.070 mm。睾丸3枚，呈直角或正三角形排列，生殖孔侧1枚，生殖孔对侧2枚，前后排列，成熟睾丸的直径为 0.026～0.038 mm。雄茎囊呈长纺锤形，约为体宽的 1/3，大小为 0.012～0.022 mm×0.067～0.095 mm。外贮精囊呈卵圆形，大小为 0.025～0.035 mm×0.026～0.045 mm，位于节片上缘的中央。卵巢分为左右两瓣或呈不规则囊状，大小为 0.020 mm×0.086～0.135 mm。卵黄腺呈椭圆形，位于节片亚中央，大小为 0.019 mm×0.021 mm。阴道较短，末端膨大为卵圆形的受精囊，其大小为 0.053 mm×0.330 mm。孕卵节片的子宫呈袋状，内含虫卵 11～20 枚。虫卵呈圆形或椭圆形，大小为 32～55 μm×48～60 μm，内胚膜与外胚膜之间有大量的卵黄颗粒。六钩蚴为卵圆形，大小为 22～32 μm×25～33 μm，胚钩长 13～14 μm。

122 朴实隐壳绦虫 *Staphylepis rustica* (Meggitt, 1926) Yamaguti, 1959

【关联序号】42.9.3（19.22.3）/。

【同物异名】乡野隐壳绦虫；锈色隐孔绦虫；朴实维兰地绦虫（*Weinlandia rustica* Meggitt, 1926）；朴实膜壳绦虫（*Hymenolepis rustica* Fuhrmann, 1932）；朴实双盔带绦虫（*Dicranotaenia rustica* (Meggitt, 1926) Skrjabin et Mathevossian, 1945）。

【宿主范围】成虫寄生于鸡、鸭的小肠。

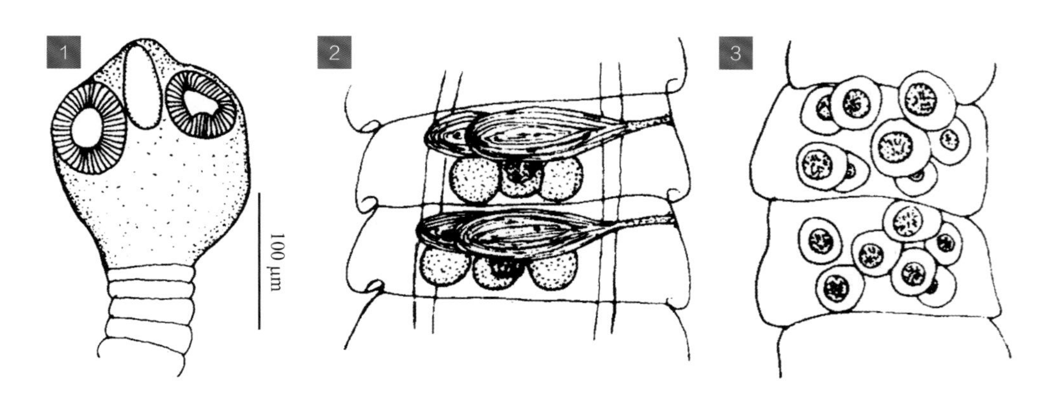

图 122 朴实隐壳绦虫 *Staphylepis rustica*

图释

1. 头节；2. 成熟节片；3. 孕卵节片

1～3. 引自黄德生等（1988）

【地理分布】广西、云南。

【形态结构】虫体细小，呈白色或黄白色，虫体 0.20～0.26 cm，最大体宽 0.01～0.02 cm。节片除最后几节的宽度小于长度外，其余节片的宽度均大于长度，节片数为 58～105 个。每个节片有生殖器官 1 套，生殖孔开口于节片单侧边缘的上方。头节呈圆形，长宽为 0.084～0.173 mm×0.088～0.145 mm。吻突常突出于体外，无吻钩，吻囊透明，长宽为 0.056～0.068 mm×0.020～0.032 mm。吸盘 4 个，椭圆形，无刺，长宽为 0.056～0.068 mm×0.044～0.052 mm。颈部宽 0.044～0.072 mm。睾丸 3 枚，圆形，直线排列于节片的后半部，大小为 0.018～0.022 mm×0.022～0.030 mm。雄茎囊发达，呈横囊状，位于节片的上缘，其后端伸达生殖孔对侧睾丸的上方，大小为 0.016～0.018 mm×0.054～0.068 mm。内贮精囊占据雄茎囊的大部分。外贮精囊位于雄茎囊的后方、排泄管内侧，大小为 0.015～0.018 mm×0.026～0.029 mm。卵巢 1 枚，呈类方形，位于中间睾丸的上缘，横径为 0.014～0.016 mm。受精囊较为发达，呈椭圆形，位于节片中部，大小为 0.024～0.036 mm×0.036～0.048 mm。子宫呈囊状，孕卵节片中可见多个虫卵。虫卵直径为 35～44 μm，六钩蚴的胚钩长 11～15 μm。

［注：Schmidt（1986）将本种列为致疡棘壳绦虫（*Echinolepis carioca*）的同物异名］

5.23 柴 壳 属

Tschertkovilepis Spasskii et Spasskaya, 1954

【宿主范围】成虫寄生于禽类。幼虫寄生于甲壳动物。

【形态结构】大型绦虫。节片有排泄管 2 对，生殖器官 1 套，生殖孔呈单侧排列。头节上的吻突呈圆锥形，吻突具吻钩 1 圈 10 个，吻钩呈匙状，钩柄长于或短于钩刃，钩刃弯成弧形，根突呈圆锥形，吸盘 4 个，无刺。颈节短。链体节片多，节片短而宽，其前部狭、后部宽，使虫体两侧呈明显的锯齿状。睾丸 3 枚，呈横向排列，生殖孔侧 2 枚，生殖孔对侧 1 枚。雄茎囊发达，其底部可伸至节片中线或不达到中线。具外贮精囊，无附性囊和交合刺。雄茎具刺。卵巢小而具浅裂，位于节片中线与生殖孔对侧睾丸之间。卵黄腺分瓣，位于卵巢后面。子宫呈囊状。模式种：刚刺柴壳绦虫［*Tschertkovilepis setigera* (Fröelich, 1789) Spasskii et Spasskaya, 1954］。

［注：Schmidt（1986）和 Khalil 等（1994）将本属列为微吻属（*Microsomacanthus* López-Neyra, 1942）的同物异名］

123 刚刺柴壳绦虫 *Tschertkovilepis setigera* (Fröelich, 1789) Spasskii et Spasskaya, 1954

【关联序号】 42.10.1（19.23.1）/ 318。

【同物异名】 刚毛柴壳绦虫；细刺柴壳绦虫；刚刺带绦虫（*Taenia setigera* Fröelich, 1789）；片形柴壳绦虫（*Tschertkovilepis fasciata* Rudolphi, 1810）；刚刺剑带绦虫（*Drepanidotaenia setigera* (Fröelich, 1789) Railliet, 1893）；刚刺双钩（囊宫）绦虫（*Diplacanthus* (*Dilepis*) *setigera* (Fröelich, 1789) Cohn, 1899）；刚刺膜壳绦虫（*Hymenolepis setigera* (Fröelich, 1789) Railliet, 1899）；带形膜壳绦虫（*Hymenolepis taeniata* Skrjabin, 1914）；鹅膜壳绦虫（*Hymenolepis anseris* Skrjabin et Mathevossian, 1942）；刚刺韦带绦虫（*Vigissotaenia setigera* (Fröelich, 1789) Mathevossian, 1968）；刚刺微吻绦虫（*Microsomacanthus setigera* (Fröelich, 1789) Schmidt, 1986）。

【宿主范围】 成虫寄生于鸡、鸭、鹅的小肠。

【地理分布】 安徽、重庆、福建、广东、广西、湖北、湖南、江苏、江西、宁夏、上海、四川、云南、浙江。

【形态结构】 大型绦虫。新鲜时为白色或黄白色，体长 10.00～20.00 cm，最大宽度 0.40 cm，节片前端细小，后端逐渐宽大，全部宽度大于长度。排泄管 2 对，腹排泄管宽 0.057～0.128 mm，背排泄管宽约 0.025 mm。每个节片有生殖器官 1 套，生殖孔开口于节片单侧边缘的前方。头节细小，呈圆形，宽度为 0.205～0.252 mm。吻突常伸出头节，长宽为 0.108～0.176 mm×0.054～0.068 mm。吻突前端有吻钩 10 个，吻钩长 0.039～0.044 mm。吻囊不达吸盘后缘，长宽为 0.129～0.187 mm×0.072～0.108 mm。吸盘 4 个，呈圆形或椭圆形，无刺，大小为 0.086～0.126 mm×0.061～0.075 mm。颈部细窄，宽为 0.101～0.165 mm。未成熟节片的长宽为 0.160～0.208 mm×0.176～1.120 mm，成熟节片的长宽为 0.160～0.288 mm×1.264～2.432 mm，孕卵节片的长宽为 0.240～0.416 mm×3.000～4.000 mm。睾丸 3 枚，呈椭圆形或圆形，直线横列，大小为 0.144～0.336 mm×0.112～0.192 mm。雄茎囊呈长梭形，大小为 0.384～0.480 mm×0.112～0.144 mm。内贮精囊呈纺锤形，占据雄茎囊的大部分，大小为 0.240～0.384 mm×0.064～0.128 mm。成熟节片的外贮精囊呈椭圆形，位于节片中央前缘，大小为 0.336～0.368 mm×0.160～0.176 mm。雄茎细长，外具毛状小棘，长宽约为 0.320 mm×0.032 mm。卵巢呈瓣状分支，早期有 7～8 瓣，后期高度发育，呈 1 朵菊花状，又似张开的扇形，大小为 0.224～0.336 mm×0.096～0.128 mm。卵黄腺位于卵巢中央后方，早期分瓣不明显，后期高度发育时似 1 朵梅花，大小为 0.096～0.288 mm×0.032～0.208 mm。受精囊十分发达，呈椭圆囊状，有弯曲，大小为 0.544～0.928 mm×0.128～0.176 mm。孕卵节片的子宫呈囊状，有波状囊壁，高度发育时子宫扩张到节片的四周边缘，最大可达 3.200 mm×0.400 mm。成熟虫卵呈球形，直径

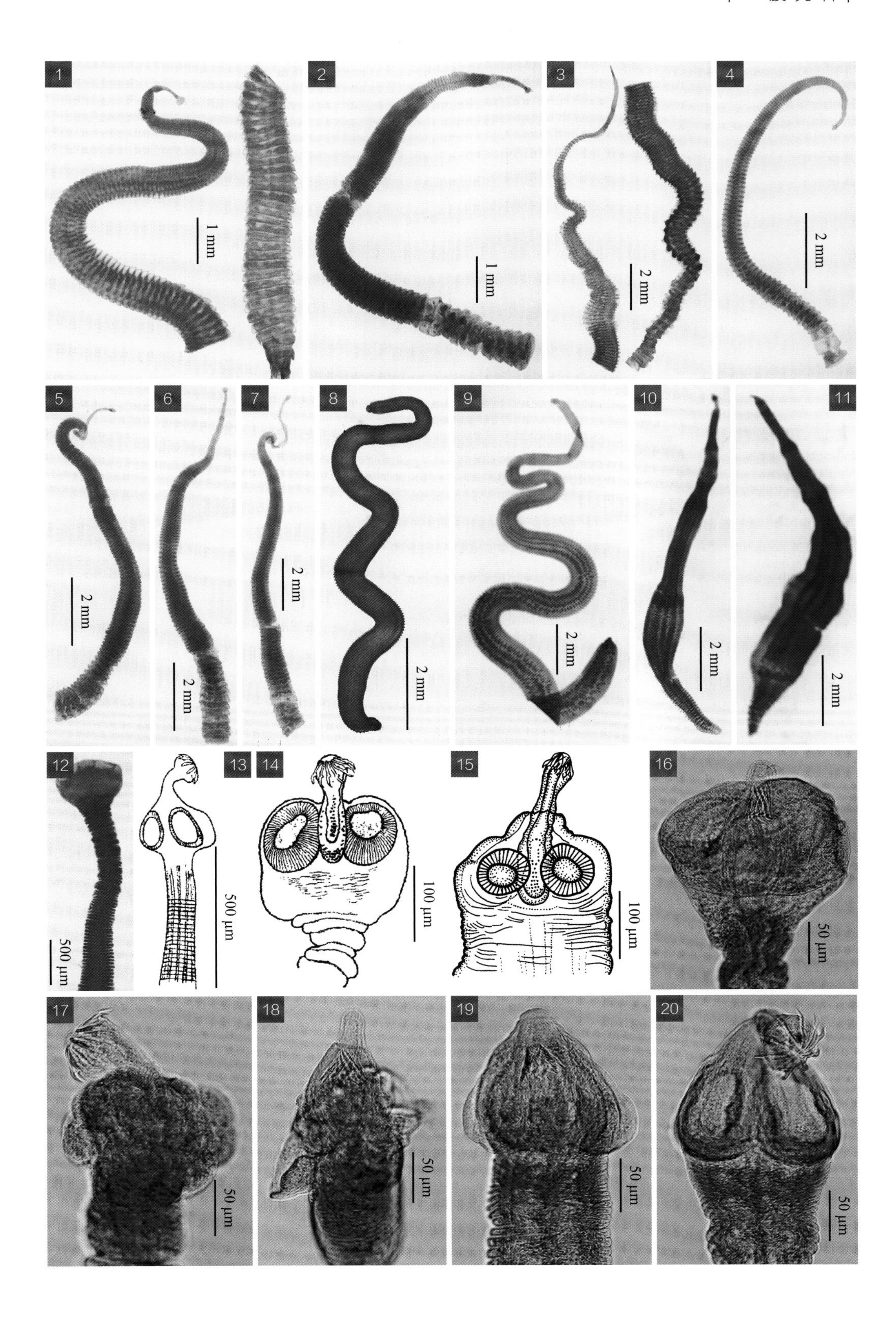
1
1 mm
2
1 mm
3
2 mm
4
2 mm
5
2 mm
6
2 mm
7
2 mm
8
2 mm
9
2 mm
10
2 mm
11
2 mm
12
500 μm
13
500 μm
14
100 μm
15
100 μm
16
50 μm
17
50 μm
18
50 μm
19
50 μm
20
50 μm

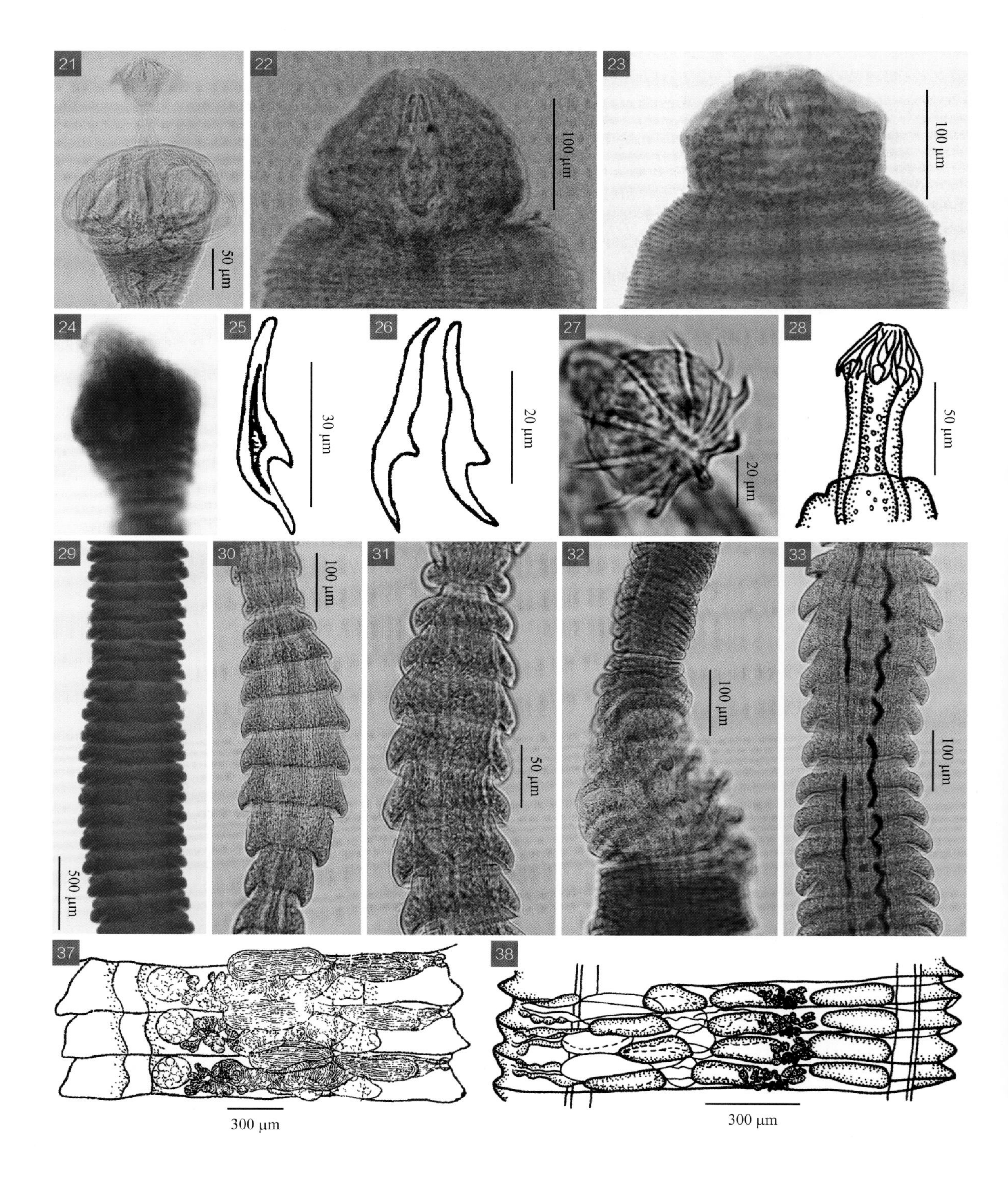
21
50 μm
22
100 μm
23
100 μm
24
25
30 μm
26
20 μm
27
20 μm
28
50 μm
29
500 μm
30
100 μm
31
50 μm
32
100 μm
33
100 μm
37
300 μm
38
300 μm

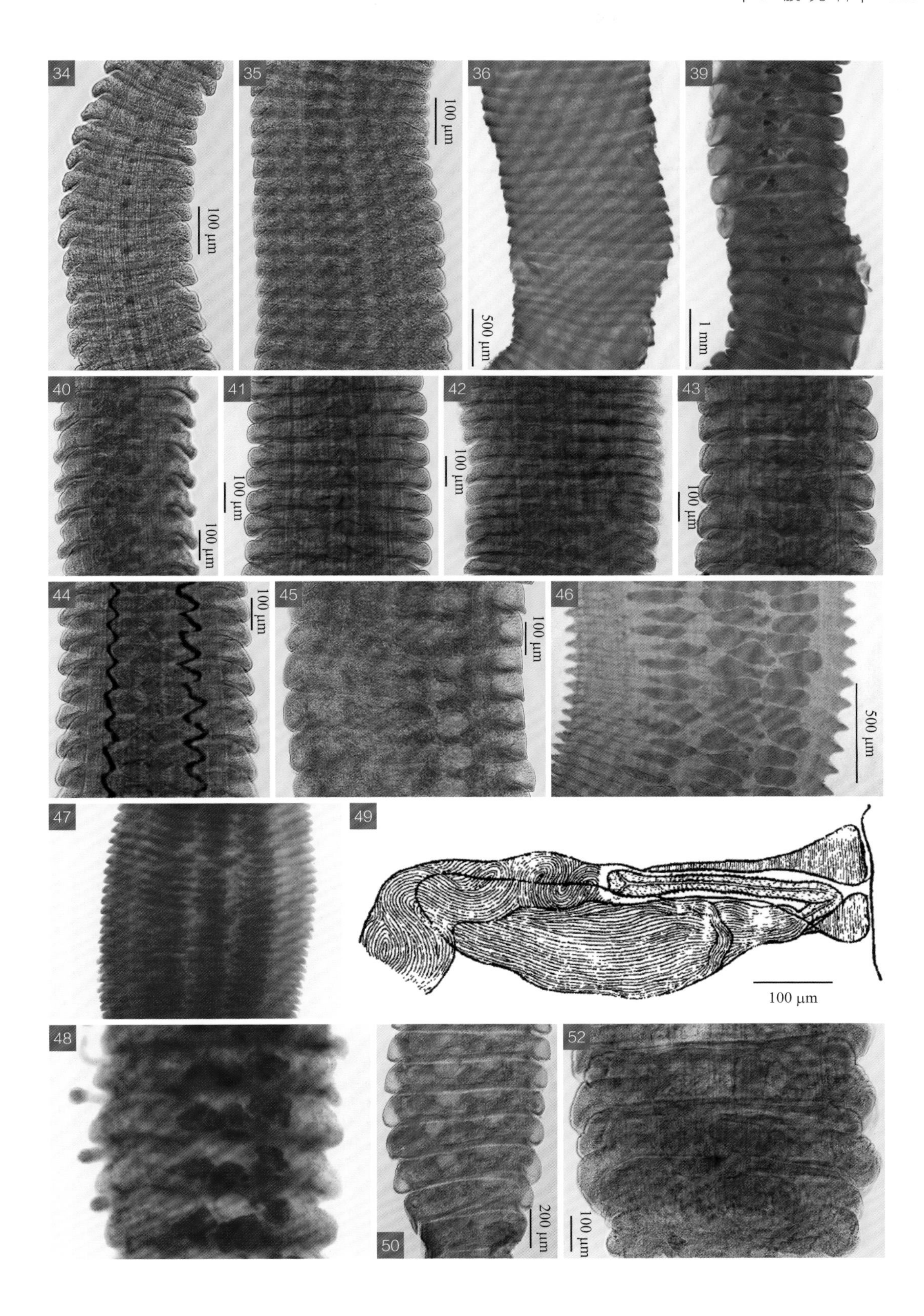
34
35
100 μm
100 μm
36
500 μm
39
1 mm
40
100 μm
41
100 μm
42
100 μm
43
100 μm
44
100 μm
45
100 μm
46
500 μm
47
49
100 μm
48
50
200 μm
52
100 μm

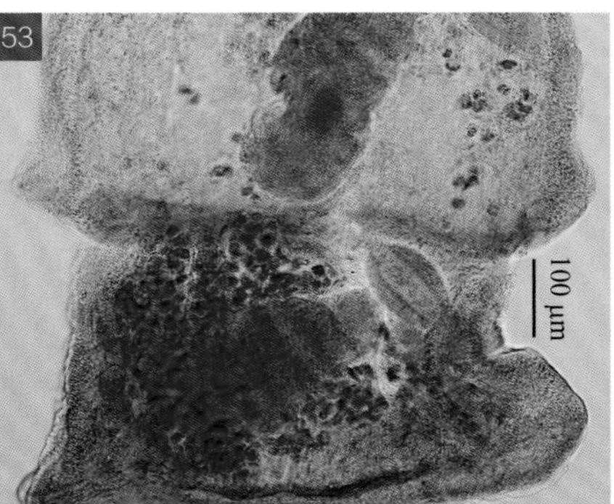

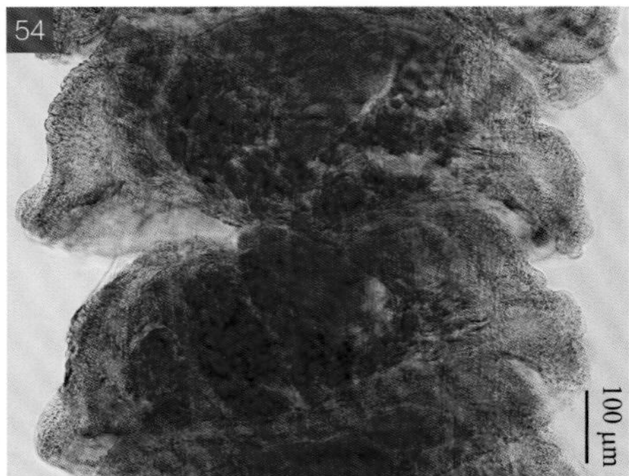

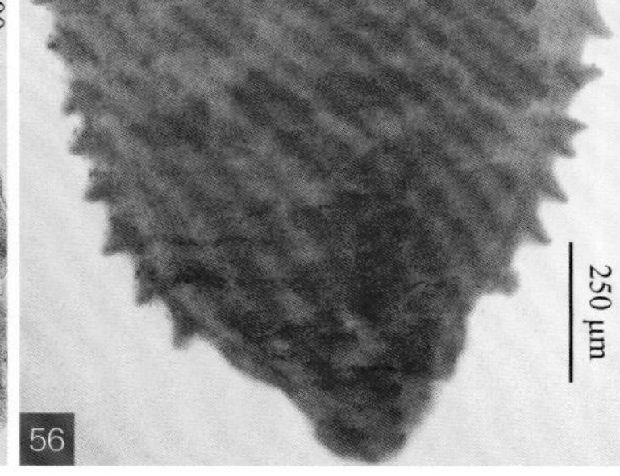

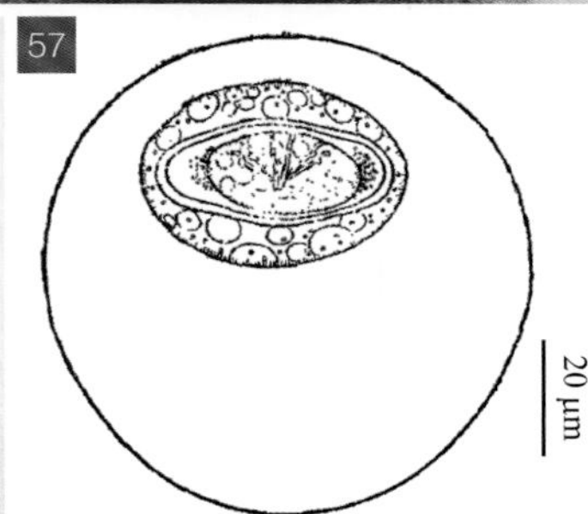

图 123　刚刺柴壳绦虫 *Tschertkovilepis setigera*

图释

1～11. 虫体；12. 虫体前部；13～24. 头节；25～27. 吻钩；28. 吻突；29～36. 未成熟节片；37～48. 成熟节片；49. 生殖孔放大，示具细棘的雄茎插入阴道；50～56. 孕卵节片；57. 虫卵

1～7, 12, 16～21, 27, 29～36, 39～45, 50～55. 原图（SHVRI）；8, 9, 22, 23, 46, 56. 原图（SASA）；10, 11, 24, 47, 48. 原图（HIAVS）；13, 25. 引自 Sugimoto（1934）；14, 26, 37, 49, 57. 引自林宇光（1959）；15, 28, 38. 引自蒋学良等（2004）

为 76～104 µm。外胚膜呈椭圆形，大小为 66～72 µm×49～57 µm。内胚膜呈橄榄形，大小为 24～32 µm×54～61 µm。六钩蚴呈橄榄形，大小为 19～22 µm×30～32 µm。

［注：Yamaguti（1959）将本种列为柴壳属（*Tschertkovilepis*）的模式种，Schmidt（1986）将本种调整到微吻属（*Microsomacanthus*）］

5.24 变　壳　属

Variolepis Spasskii et Spasskaya, 1954

【宿主范围】成虫寄生于禽类。幼虫寄生于甲壳动物。

【形态结构】每个节片有排泄管 2 对，生殖器官 1 套。头节具吻突和吸盘。吻突有吻钩 1 圈

8～10 个，吻钩的根突粗壮，几乎与钩刃等长，且与之平行，钩柄通常相对较短，略带弯曲。吸盘 4 个，无刺。睾丸 3 枚，生殖孔侧 1 枚，生殖孔对侧 2 枚，斜列、轻度重叠。雄茎囊较短，囊底不达节片的中线。有内贮精囊和外贮精囊，偶有附性囊。卵巢与卵黄腺位于节片中央。具受精囊。子宫呈囊状。模式种：腊肠变壳绦虫［*Variolepis farciminosa* (Goeze, 1782) Spasskii et Spasskaya, 1954］。

［注：Khalil 等（1994）将本属列为华德属（*Wardium* Mayhew, 1925）的同物异名］

124 变异变壳绦虫 *Variolepis variabilis* (Mayhew, 1925) Yamaguti, 1959

【关联序号】42.21.1（19.24.1）/ 331。

【宿主范围】变异华德绦虫（*Wardium variabilis* Mayhew, 1925）；变异膜壳绦虫（*Hymenolepis variabilis* (Mayhew, 1925) Fuhrmann, 1932）；变异双盔带绦虫（*Dicranotaenia variabilis* (Mayhew, 1925) López-Neyra, 1942）。

【宿主范围】成虫寄生于鸡、鸭、鹅的小肠。

【地理分布】广西。

【形态结构】体长 2.00～3.00 cm，最大体宽 0.07～0.10 cm。有节片约 250 个，前 100 个节片很短，随后的节片生殖器官发育迅速，先出现睾丸，随后出现卵巢。排泄管 2 对，腹排泄管的直径为 0.025 mm，背排泄管的直径为 0.014 mm，两侧的腹排泄管有横管相连，横管直径为 0.007 mm，背排泄管无横管相连。纵神经束通常位于排泄管与节片边缘之间约一半。成熟节片有生殖器官 1 套，生殖孔位于节片单侧边缘约前 1/4。头节明显，其宽度大于链体前端，当颈部宽为 0.060 mm 时，头节的宽约为 0.200 mm。吻突顶面观为圆形，其直径为 0.020 mm，有单圈吻钩 8～10 个，钩长 0.020～0.022 mm，根突粗壮，几乎与钩刃等长，并与之平行，钩柄相对较短，略有弯曲。吸盘 4 个，无刺，直径约为 0.080 mm，稍微突出于头节表面。睾丸通常为 3 枚，成排列于节片后缘，生殖孔侧 1 枚，生殖孔对侧 2 枚，前后斜列、稍有重叠。雄茎囊短，向内延伸到约节片宽度的 1/3，内有较小的内贮精囊。外贮精囊位于卵黄腺和卵巢的正前方。雄茎从内贮精囊的外端向外延伸，其长度约为雄茎囊长度的 2/3，开口于生殖腔的背侧或阴道的前面。生殖腔为一宽圆形腔。偶见附性囊。卵巢位于节片的前腹部、外贮精囊和阴道的下方，其前侧深缩裂成约 6 个指尖状向前和侧面延伸，卵巢的中心向前略弯曲，卵黄腺位于其后凹处，当完全发育时，卵巢向侧面延伸得更远，但不达排泄管。阴道位于雄茎囊的下方，为一厚壁管道，其内端膨大形成受精囊，受精囊位于卵巢的背后侧。卵黄腺呈球形或卵圆形，位于卵巢后面。子宫呈横囊袋，被部分隔膜不规则地分割成几叶，内充满虫卵。成熟虫卵不详。

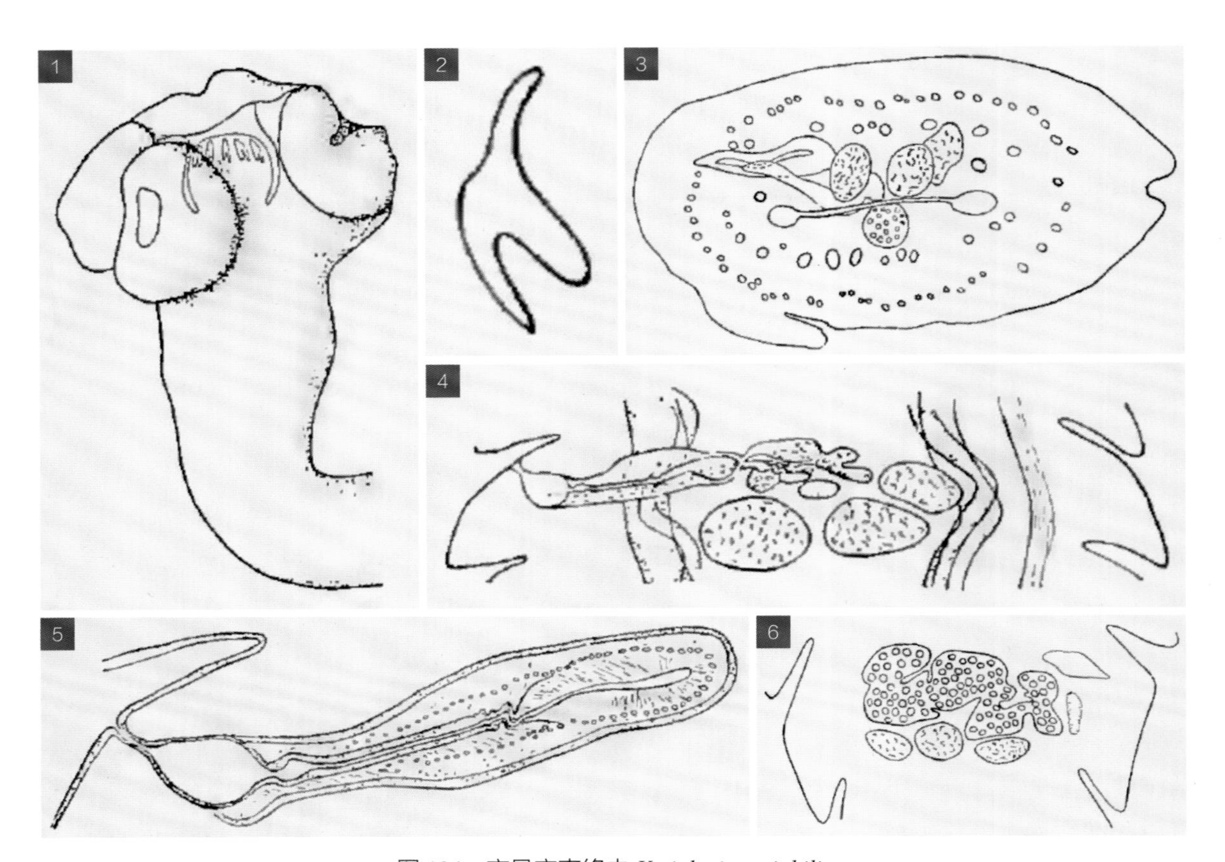

图 124　变异变壳绦虫 *Variolepis variabilis*

图释

1. 头节；2. 吻钩；3, 4. 成熟节片（3 示横切面，4 示纵切面）；5. 雄茎囊纵切面；6. 孕卵节片纵切面

1～6. 引自 Mayhew（1925）

6 中殖孔科

Mesocestoididae Perrier, 1897

【**同物异名**】中带科。

【**宿主范围**】成虫寄生于哺乳动物，偶尔寄生于鸟类。第一期幼虫和中间宿主不清楚，第二期幼虫为线状的四斑蚴（Tetrathyridium），第二中间宿主为两栖、爬行、哺乳动物和鸟类。

【**形态结构**】小型到中型绦虫。头节无吻突和吻钩，吸盘 4 个，无刺。成熟节片的宽度大于长度，随着节片往后，其长度逐渐增加，孕卵节片的长度大于或等于宽度。每个节片有生殖器官 1 套，两性生殖孔开口于节片腹面中央稍后方，雌性孔在前，雄性孔在后。睾丸较多，形成 1 或 2 层的 2 组，主要位于两侧排泄管的内侧，占据整个节片的长度。雄茎囊呈卵圆形，位于节片中央。输精管卷曲状，无贮精囊。卵巢由分离或相邻的 2 瓣块组成，位于节片后部中央的背侧，与睾丸为同一平面。卵黄腺分为 2 瓣或呈单一横管状，前者位于卵巢瓣的腹面，后者位于卵巢的中后部。早期子宫呈囊管状，位于节片腹面，弯曲纵列于节片中央；后期子宫的后端发育为副子宫器或卵袋，无子宫孔。副子宫器呈囊状，内含小而数量多的虫卵。卵袋内含大而数量少的虫卵。虫卵通常呈卵圆形或椭圆形，内含六钩蚴 1 个。模式属：中殖孔属［*Mesocestoides* Vaillant, 1863］。

据 Yamaguti（1959）和 Khalil 等（1994）记载，中殖孔科分为中殖孔属和中雌属（*Mesogyna* Voge, 1952），《中国家畜家禽寄生虫名录》（2014）记录中殖孔科绦虫 1 属 1 种，本书收录 1 种，参考 Khalil 等（1994）编制中殖孔科 2 属的分类检索表如下所示。

中殖孔科分属检索表

有副子宫器，成虫寄生于食肉动物（偶尔鸟类）的小肠 ································ 中殖孔属 *Mesocestoides*

无副子宫器，成虫寄生于沙狐的胆囊和胆管 ······················ 中雌属 *Mesogyna*

［注：关于本科的命名人和命名年，不同文献记载略有差异，Yamaguti（1959）记录为 Mesocestoididae Perrier, 1897；Khalil 等（1994）记录为 Mesocestoididae Fuhrmann, 1907（同物异名：Mesocestoidae Perrier, 1897）；Schmidt（1986）记录为中殖孔亚科 Mesocestoidinae Perrier, 1897］

6.1 中殖孔属

Mesocestoides Vaillant, 1863

【同物异名】单囊属（*Monodoridium* Walter, 1866）；皱囊属（*Ptychophysa* Hamann, 1885）。

【宿主范围】成虫寄生于食肉动物，偶尔寄生于鸟类。第一期幼虫不详，第二期幼虫为四斑蚴，寄生于各种脊椎动物。

【形态结构】链体呈锯齿状或钟状，较窄，其长度可达 150.00 cm。头节呈四棱形，无吻突，有吸盘 4 个无棘。颈节细长，成熟节片的宽度大于长度，越往后节片的长度增加，孕卵节片的长度大于宽度。脱落节片的长度大于宽度，两边凸起，两端收缩。除前端密集节片外，腹排泄管明显，并在节间横向相通。每个节片有生殖器官 1 套，雄茎囊和阴道开口于节片腹面中线的生殖腔，雌性孔在前，雄性孔在后。睾丸数目多，通常为 1 或 2 层形成 2 组位于两侧排泄管的侧面和中央。雄茎囊呈卵圆形或梨形，位于节片前 1/3 或中 1/3 的中央。无贮精囊。卵巢和卵黄腺呈双瓣状，前后相接位于节片的后部中央。子宫为弯曲的纵管，位于节片腹面中线，子宫后端形成副子宫器，内含六钩蚴虫卵。模式种：不定中殖孔绦虫［*Mesocestoides ambiguus* Vaillant, 1863］。

125 线形中殖孔绦虫 ***Mesocestoides lineatus* (Goeze, 1782) Railliet, 1893**

【关联序号】45.1.1（20.1.1）/ 346。

【同物异名】线形带绦虫（*Taenia lineata* Goeze, 1782）；狐狸带绦虫（*Taenia vulpina* Schrank, 1788）；链松狐带绦虫（*Taenia cataeniformisvulpes* Gmelin, 1790）；线形霍斯绦虫（*Halisis lineata* (Goeze, 1782) Zeder, 1803）；拟黄瓜样带绦虫（*Taenia pseudocucumerina* Railliet, 1863）；狸藻状中殖孔绦虫（*Monoderidum urticulifera* Walter, 1866）；线形皱囊绦虫（*Ptychophysa lineata* (Goeze, 1782) Hamann, 1885）；细弱中殖孔绦虫（*Mesocestoides tenuis* Meggitt, 1931）；食肉兽中殖孔绦虫（*Mesocestoides carnivoricolus* Grundmann, 1956）；少睾中殖孔绦虫（*Mesocestoides paucitesticulatus* Sawada et Kugi, 1973）。

【宿主范围】成虫寄生于犬、猫的小肠，偶尔感染人。

【地理分布】北京、福建、甘肃、贵州、河南、黑龙江、湖南、吉林、江苏、宁夏、陕西、四川、西藏、新疆、浙江。

【形态结构】虫体长 30.00～250.00 cm，最大宽度 0.05～0.30 cm，链体节片数可超过 980 个。头节略呈方形，顶端平而稍凹陷，长宽为 0.520～0.612 mm×0.480～0.900 mm。无吻突与吻钩。有吸盘 4 个，呈近圆形或椭圆形，大小为 0.173～0.184 mm×0.133～0.163 mm。颈部短而细，

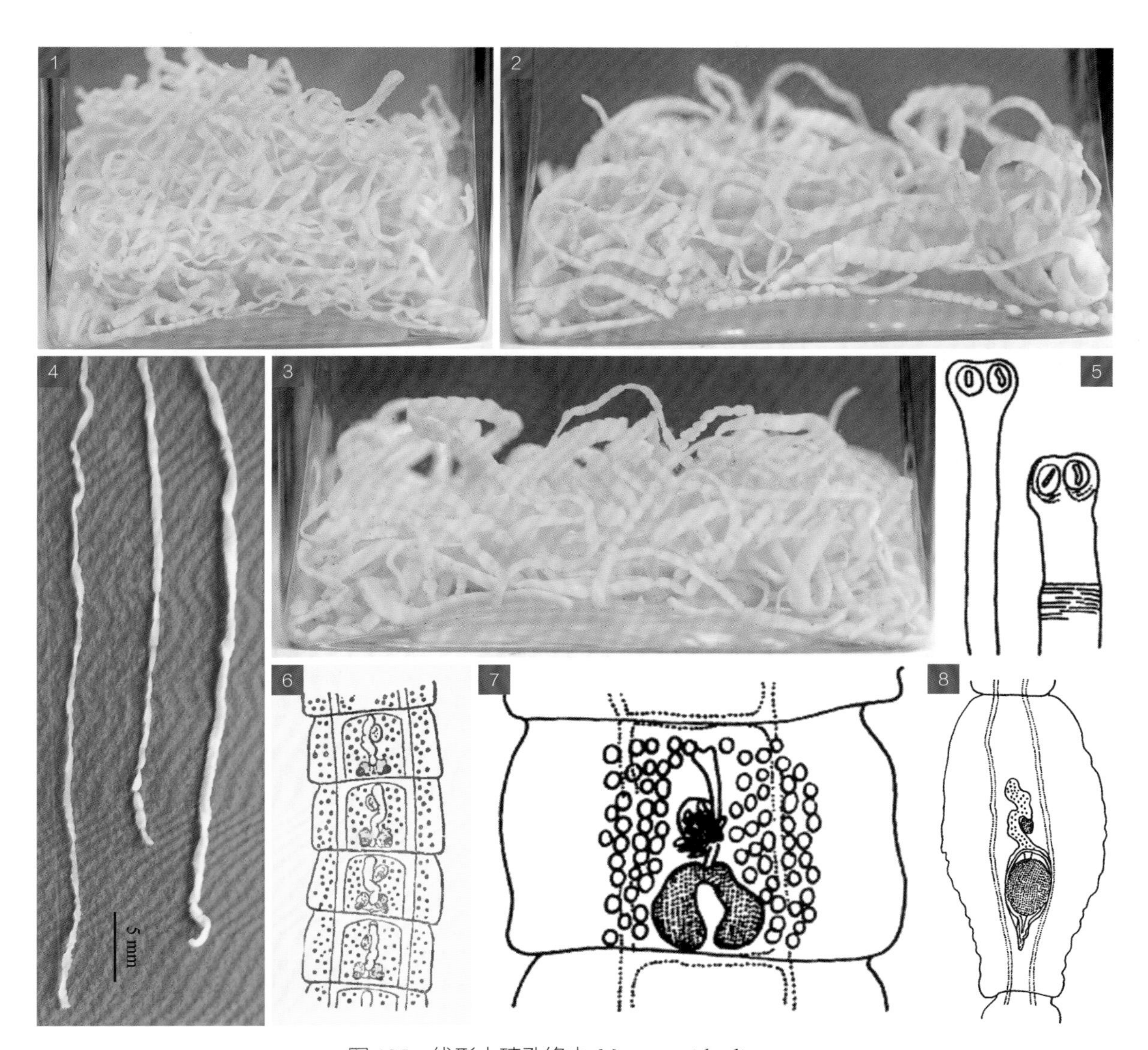

图 125 线形中殖孔绦虫 *Mesocestoides lineatus*

图释

1～4. 虫体；5. 头节；6～8. 成熟节片

1～4. 原图（LVRI）；5, 7, 8. 引自黄兵和沈杰（2006）；6. 引自 Hall（1919）

与头节界限不明显。未成熟节片短而宽，且逐渐增大。成熟节片的长宽为 0.143～0.204 mm×0.631～0.842 mm，随着长度的增加，逐渐接近方形。孕卵节片的长度大于宽度，略呈桶状，长宽为 0.550～2.480 mm×0.450～1.540 mm。每个节片有生殖器官 1 套，生殖孔开口于节片腹面中央。睾丸 38～60 枚，呈椭圆形，大小为 0.035～0.089 mm×0.030～0.068 mm，分布于节片两侧的排泄管内外侧。雄茎囊呈卵圆形，大小为 0.075～0.253 mm×0.055～0.209 mm。输精管呈卷曲状。卵巢与卵黄腺各呈两瓣状，位于节片的后缘。成熟节片的子宫呈管状，直列于节片中央，无开口。孕卵节片的子宫呈囊状，其后端发育为副子宫器。副子宫器呈卵圆形，大小为 0.450～0.600 mm×0.410～0.550 mm，内含成熟虫卵。虫卵呈椭圆形，卵壳薄，无色透明，大小为 28～36 μm×20～29 μm，具有 3 层胚膜，内含六钩蚴 1 个。六钩蚴呈卵圆形，直径为 20～21 μm。

7 带 科

Taeniidae Ludwig, 1886

【宿主范围】成虫和幼虫主要寄生于哺乳动物，个别虫种寄生于鸟类。幼虫期为囊尾蚴（*Cysticercus*）、链尾蚴（*Strobilocercus*）、多头蚴（*Coenurus*）或棘球蚴（*Echinococcus*）。

【形态结构】小型、中型或大型绦虫。链体呈带状而节片多，或小而节片少。头节一般有 1 个吻突和 1 或 2 圈吻钩，少数不具吻突和吻钩，但都有吸盘 4 个无棘。孕卵节片的长度大于宽度。有背、腹排泄管各 1 对，腹排泄管通常在节片间横向相连。每个节片有生殖器官 1 套，生殖孔通常不规则交替开口于节片两侧，少数位于节片单侧。睾丸数目多，分布于排泄管内侧区域。具雄茎囊，有或无内贮精囊，无外贮精囊。卵巢一般分左右 2 瓣，位于节片后部中央、多数睾丸之后。卵黄腺多呈网状或块状，位于节片后缘中央、卵巢之后。早期子宫呈管状，直立于节片中央，后期子宫两侧分支，并扩张占满孕卵节片。虫卵通常有 3 层膜，中层厚，卵壳有放射状条纹。模式属：带属［*Taenia* Linnaeus, 1758］。

《中国家畜家禽寄生虫名录》（2014）记载带科绦虫 5 属 17 种 26 个记录（成虫 13 种、中绦期幼虫 13 种），本书收录 5 属 14 种 23 个记录（成虫 12 种、中绦期幼虫 11 种），参考 Yamaguti（1959）编制带科 5 属的分类检索表如下所示。

带科分属检索表

1. 链体节片超过 5 个 ·· 2
   链体节片不超过 5 个 ································ 7.1 棘球属 *Echinococcus*
2. 头节无吻突和吻钩 ·· 3
   头节有吻突和吻钩 ·· 4
3. 雄茎囊呈球形，卵黄腺后有 1 排滤泡状的睾丸 ································
   ································ 裸带属 *Anoplotaenia*（成虫寄生于有袋动物）
   雄茎囊呈梨形，睾丸不延伸到卵黄腺之后 ······ 7.5 带吻属 *Taeniarhynchus*
4. 吻钩 1 圈 ······························ 美洲獾属 *Fossor*（成虫寄生于食肉动物）
   吻钩 2 圈 ·· 5

5. 生殖孔位于节片单侧………毛带属 *Dasyurotaenia*（成虫寄生于有袋动物）
   生殖孔不规则交替位于节片两侧…………………………………………………………6
6. 缺颈节或颈节不明显，幼虫是链尾蚴……………………7.2 泡尾属 *Hydatigera*
   有颈节或颈节明显，幼虫不是链尾蚴…………………………………………………7
7. 雄茎囊后的阴道管有弧形小弯曲，幼虫为多头蚴……7.3 多头属 *Multiceps*
   雄茎囊后的阴道管无弧形小弯曲，幼虫为囊尾蚴……………7.4 带属 *Taenia*

［注：Khalil 等（1994）在带科下面设立了带亚科（Taeniinae Stiles, 1896）和棘球亚科（Echinococcinae Abuladze, 1960），带亚科下设带属（*Taenia* Linnaeus, 1758），将多头属（*Multiceps* Goeze, 1782）、泡尾属（*Hydatigera* Lamarck, 1816）、带吻属（*Taeniarhynchus* Weinland, 1858）、美洲獾属（*Fossor* Honess, 1937）等列为带属的同物异名，棘球亚科下设棘球属（*Echinococcus* Rudolphi, 1801）］

7.1 棘球属

Echinococcus Rudolphi, 1801

【同物异名】无头囊属（*Acephalocystis* Laennec, 1804）；滑球属（*Liococcus* Bremser, 1819）；脏球属（*Splanchnococcus* Bremser, 1819）；棘合属（*Echinokokkus* Buhl, 1856）；棘球形属（*Echinococcifer* Weinland, 1858）；多房球属（*Alveococcus* Abuladze, 1960）。

【宿主范围】成虫寄生于食肉动物。幼虫为棘球蚴，呈单囊或多囊，生发囊内产生原头蚴。寄生于脊椎动物。

【形态结构】小型绦虫。链体节片数不超过 4 或 5 节，只有最后 1 节为孕卵节片。头节有吻突和 4 个吸盘，吻突具吻钩 2 圈，吸盘无棘。无颈节。成熟节片的长度通常大于宽度，孕卵节片更长。每个节片有生殖器官 1 套，生殖孔不规则交叉开口于节片侧缘。睾丸相对较少，大多数位于雌性生殖器官的前面和侧面。雄茎囊呈卵圆形到梨形，有内贮精囊，无外贮精囊。卵巢呈双瓣状，靠近节片后部分的中央。卵黄腺紧凑，位于卵巢之后。阴道具括约肌，有受精囊。子宫为纵管，位于节片中央。孕卵节片的子宫膨大呈囊状，有或没有侧支，充满整个节片。虫卵呈球形，卵壳有放射状条纹。模式种：细粒棘球绦虫［*Echinococcus granulosus* (Batsch, 1786) Rudolphi, 1805］。

126 细粒棘球绦虫 *Echinococcus granulosus* (Batsch, 1786) Rudolphi, 1805

【关联序号】41.1.1（21.1.1）/ 286。

【同物异名】细粒泡状绦虫（*Hydatigena granulosa* Batsch, 1786）；棘球棘球形绦虫（*Echinococcifer echinococcus* Zeder, 1803）。

【宿主范围】成虫寄生于犬、猫和野生食肉动物的小肠。幼虫寄生于包括人在内的哺乳动物。

【地理分布】安徽、北京、重庆、福建、甘肃、广东、广西、贵州、黑龙江、湖南、吉林、江苏、江西、辽宁、内蒙古、宁夏、山西、陕西、上海、四川、西藏、新疆、云南、浙江。

【形态结构】虫体长 0.20～0.60 cm，由 1 个头节和 2～5 个节片组成，节片以 4 个常见。头节呈梨形，头顶上具吻突，吻突上具有大、小吻钩 28～52 个，内外交叉排列成 2 圈，大吻钩长 0.024～0.050 mm，小吻钩长 0.015～0.039 mm。头节上有 4 个吸盘，呈圆形，离吻突较远。未成熟节片略呈长方形，前部分窄，后部分宽。成熟节片略呈长方形，含生殖器官 1 套，生殖孔不规则开口于节片侧缘中线之后。睾丸 36～74 枚，略呈圆形，分布于生殖孔水平线的前后，数目相似。雄茎囊发达，呈横列的长梨形或椭圆形或近圆形，大小为 0.086～0.180 mm×0.061～0.186 mm。内贮精囊约占雄茎囊的 2/3。输精管如弹簧状几度弯曲，位于雄茎囊的前下方。雄茎角质化较强，表层密布小棘。卵巢分为左右 2 瓣，呈圆形花瓣状，生殖孔侧较小，大小为 0.100～0.162 mm×0.054～0.088 mm，生殖孔对侧较大，大小为 0.144～0.198 mm×0.060～0.064 mm，2 瓣之间有一细狭的横管相连，并在其中央发出 1 条输卵管通于卵模。卵黄腺呈块状，不分叶，位于卵巢中央之后，有卵黄腺管与卵模相通。阴道管壁粗厚，位于雄茎囊后方，开口于生殖腔，其远端膨大为受精囊。受精囊呈球形或纺锤形，大小为 0.054～0.074 mm×0.046～0.072 mm，经输卵管与卵模相通。成熟节片中的子宫呈管状，直

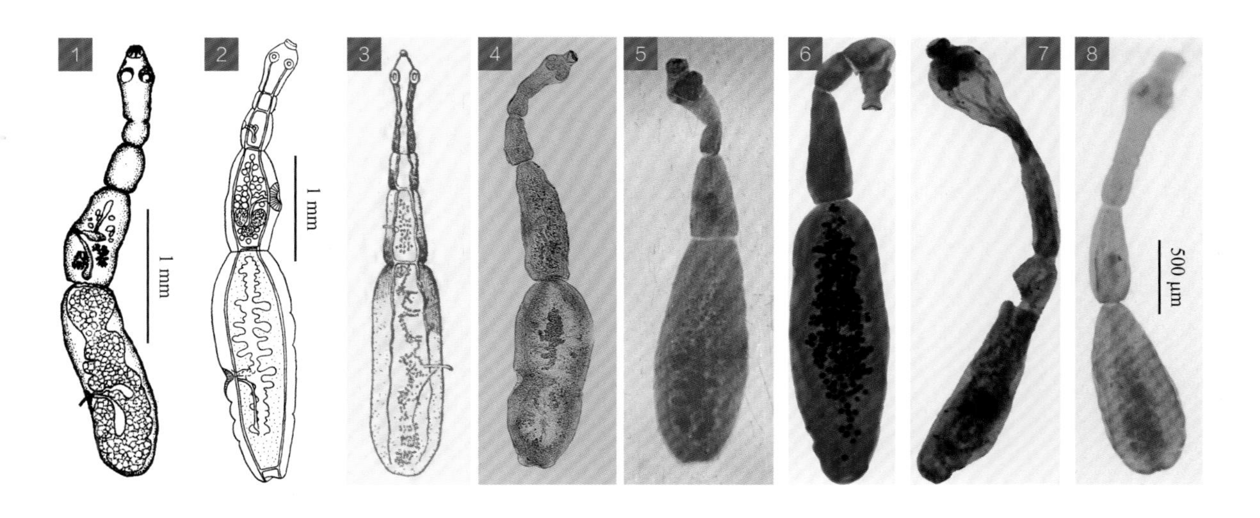

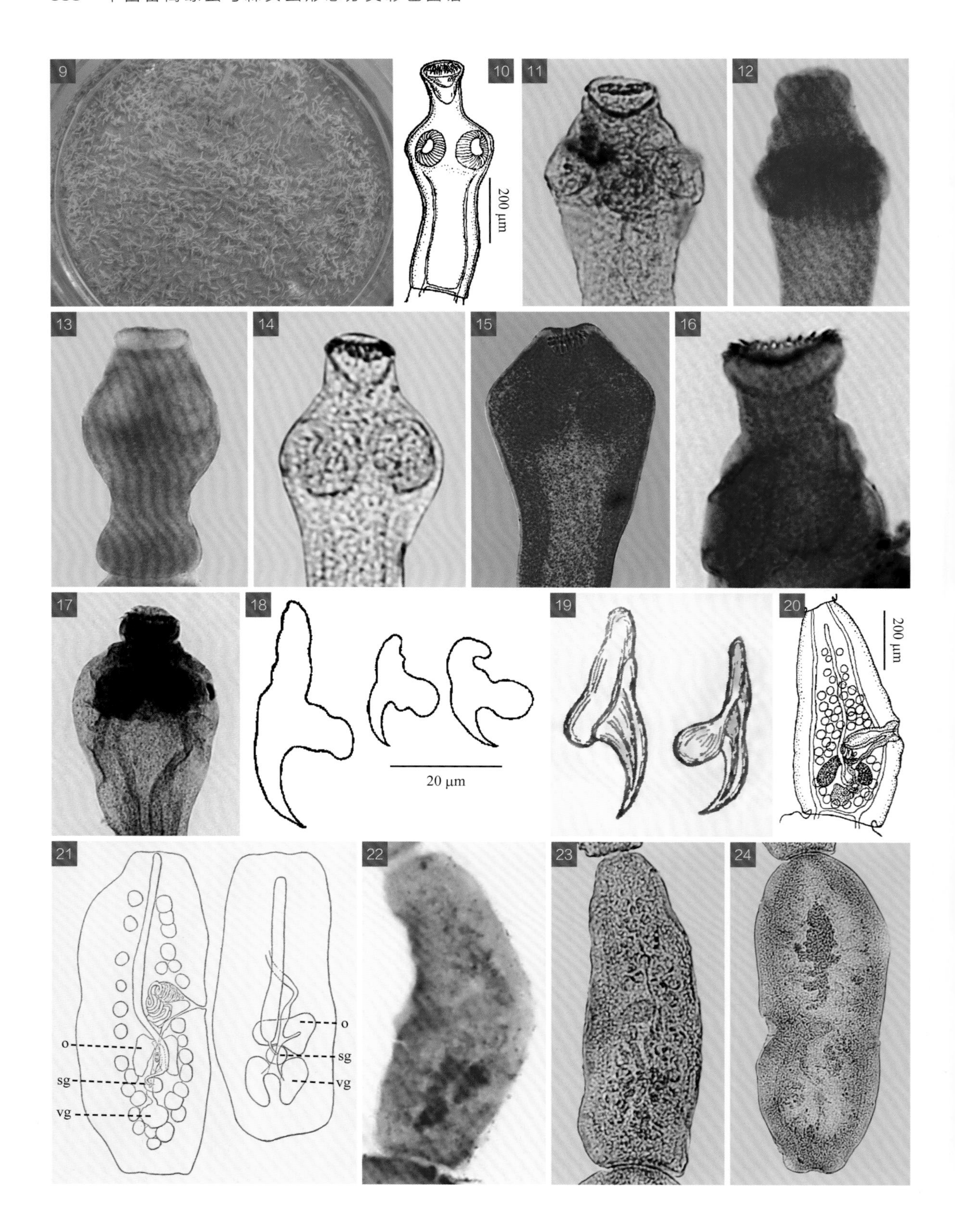
9
10
200 μm
11
12
13
14
15
16
17
18
20 μm
19
20
200 μm
21
o
sg
vg
o
sg
vg
22
23
24

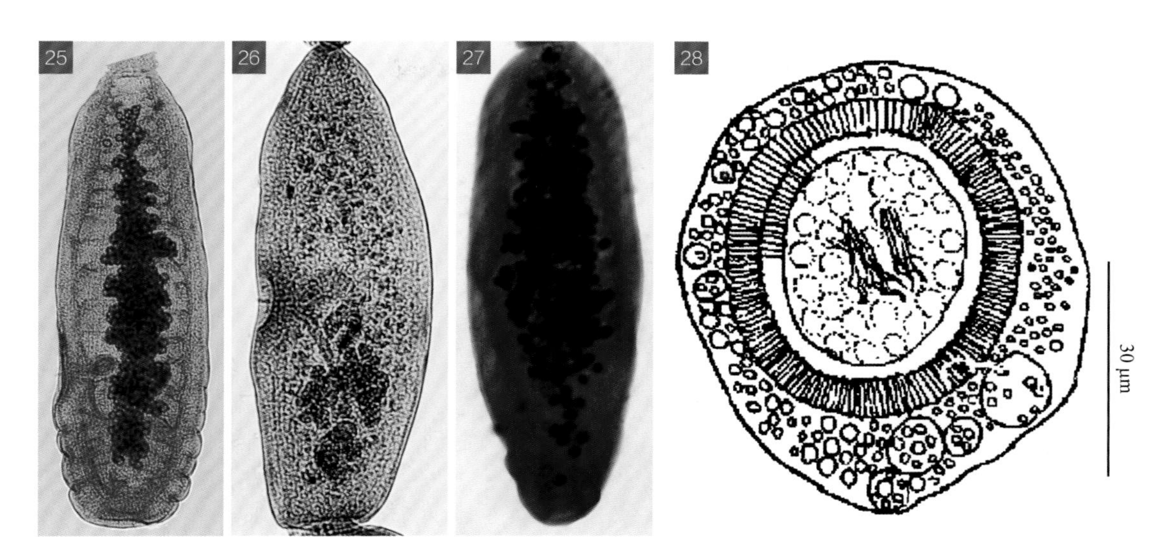

图 126　细粒棘球绦虫 *Echinococcus granulosus*

图释

1～9. 虫体；10～17. 头节；18, 19. 大小吻钩；20～23. 成熟节片（21 示纵切面）；24～27. 孕卵节片；28. 虫卵

1. 引自黄兵和沈杰（2006）；2. 引自蒋学良等（2004）；3, 19, 21. 引自 Hall（1919）；4, 5, 12～15, 25, 26. 引自李朝品和高兴政（2012）；11, 22～24. 原图（WNMC）；6, 7, 16, 17, 27. 原图（SCAU）；8. 原图（YZU）；9. 原图（LVRI）；10, 18, 20, 28. 引自林宇光等（1985）

立于节片中央，其基部有小管通于卵模。孕卵节片显著大于成熟节片，其子宫膨大呈囊状，子宫囊向两侧分出 5～15 对盲囊，其余生殖器官几乎退化，子宫囊内充满虫卵。虫卵大小为 37～41 μm×30～36 μm，内含六钩蚴。六钩蚴呈球形或卵圆形，大小为 25～30 μm×22～25 μm。

127 细粒棘球蚴　*Echinococcus granulosus* (larva)

【关联序号】 41.1.1.1（21.1.1.1）/ 287。

【同物异名】 囊状棘球蚴（*Echinococcus cysticus* Huber, 1891）；兽形棘球蚴（*Echinococcus veterinarum* Huber, 1891）。

【宿主范围】 寄生于骆驼、马、黄牛、水牛、牦牛、绵羊、山羊、猪等家畜及多种野生动物和人的肝脏、肺脏等各种器官。

【地理分布】 安徽、重庆、福建、甘肃、广东、广西、贵州、河北、河南、黑龙江、湖北、湖南、吉林、江苏、江西、辽宁、内蒙古、宁夏、青海、山东、山西、四川、天津、西藏、新疆、云南、浙江。

【形态结构】 为细粒棘球绦虫的幼虫。虫体呈白色圆形包囊状，内充满液体，其大小随寄生时间、寄生部位和寄生宿主不同而异，一般近似球形，直径为 5.00～10.00 cm，小的仅有黄豆大，巨大的虫体直径可达 50.00 cm，含囊液 10 L 左右。棘球蚴的囊壁较厚、较硬，分为外层和内层，外层由内层分泌而成。外层为角质层，呈乳白色，坚实透明，内无细胞结构，厚度约为 1 mm。内层为生发层，即胚层或生殖层，较薄，厚度为 0.010～0.025 mm，内面散在许多胞核和少数肌纤维，同时沉积许多石灰质颗粒。生发层紧贴在角质层内，向囊内生出许多头节样的幼虫，即原头蚴或原头节。有的原头蚴可再生空泡，长大后形成生发囊，该囊有小蒂与母囊的生发层相连，有的则脱落悬浮于囊液中。生发囊又称为育囊，是具有 1 层生发层的小囊，由生发层的有核细胞发育而来，也可长出原头蚴，数目一般为 10～30 个。生发层或生发囊有时还能在母囊内产生出或转化为有囊腔的子囊，子囊的结构与母囊相似，可同样产生原头蚴和生发囊，还可产生孙囊，孙囊也能产生原头蚴。生发层可向囊外生出外源性的原头蚴、子囊。原头蚴、生发囊和子囊可从生发层上脱落，悬浮于囊腔的囊液中，称为囊砂或棘球砂。原头蚴呈椭圆形或卵圆形，前端中央有一凹陷为头节伸缩的孔道，后端中央处伸出尾柄与生发层相连，其头节能伸出囊外，也能缩入囊内。原头蚴的大小为 0.122～0.238 mm×0.094～0.180 mm，其头节的长宽为 0.079～0.190 mm×0.072～0.126 mm，头节上有 1 个吻突和 4 个吸盘，吻突上有 2 圈交错排列的大小吻钩，吻钩数为 32～51 个，大钩长 0.020～0.023 mm，小钩长 0.013～0.020 mm。

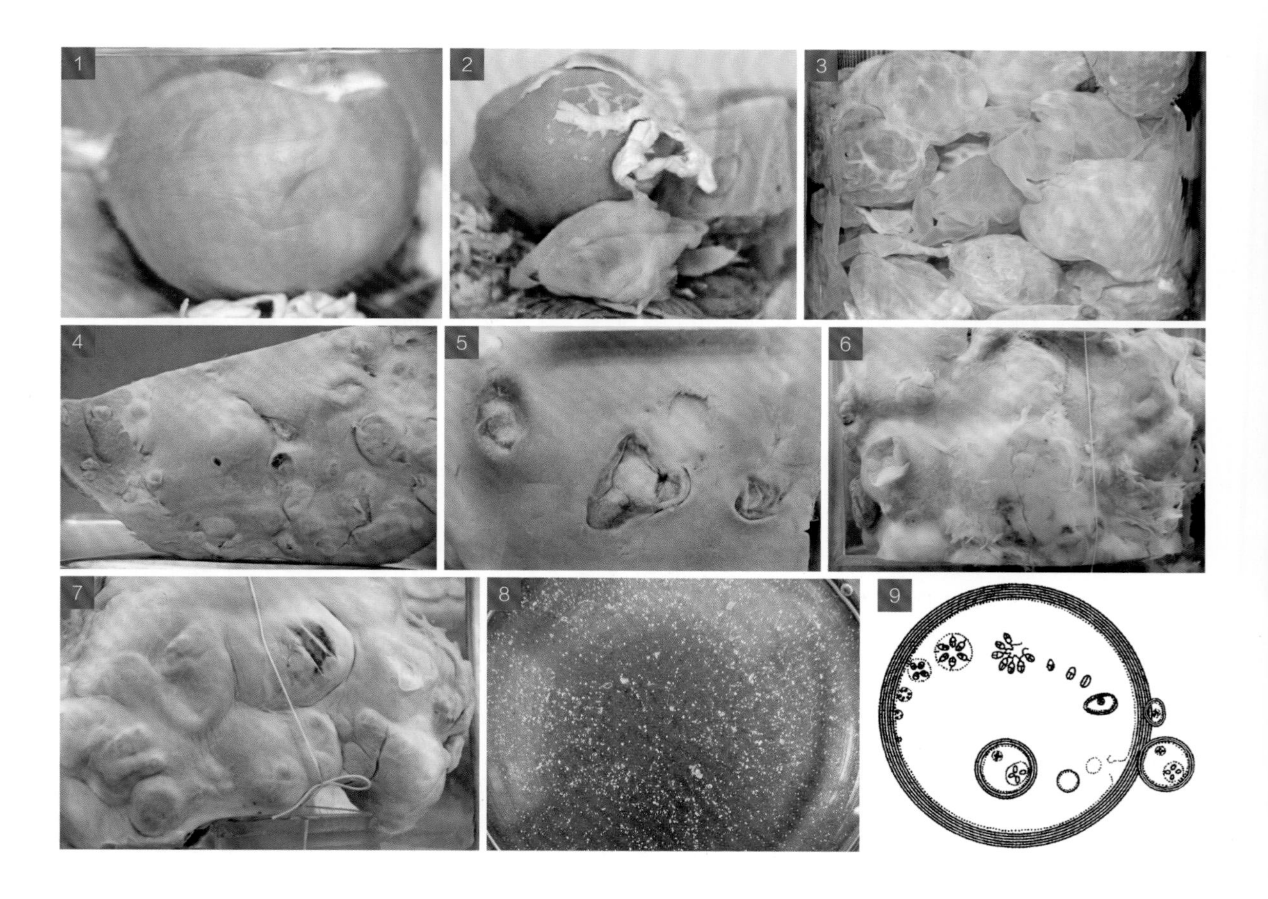

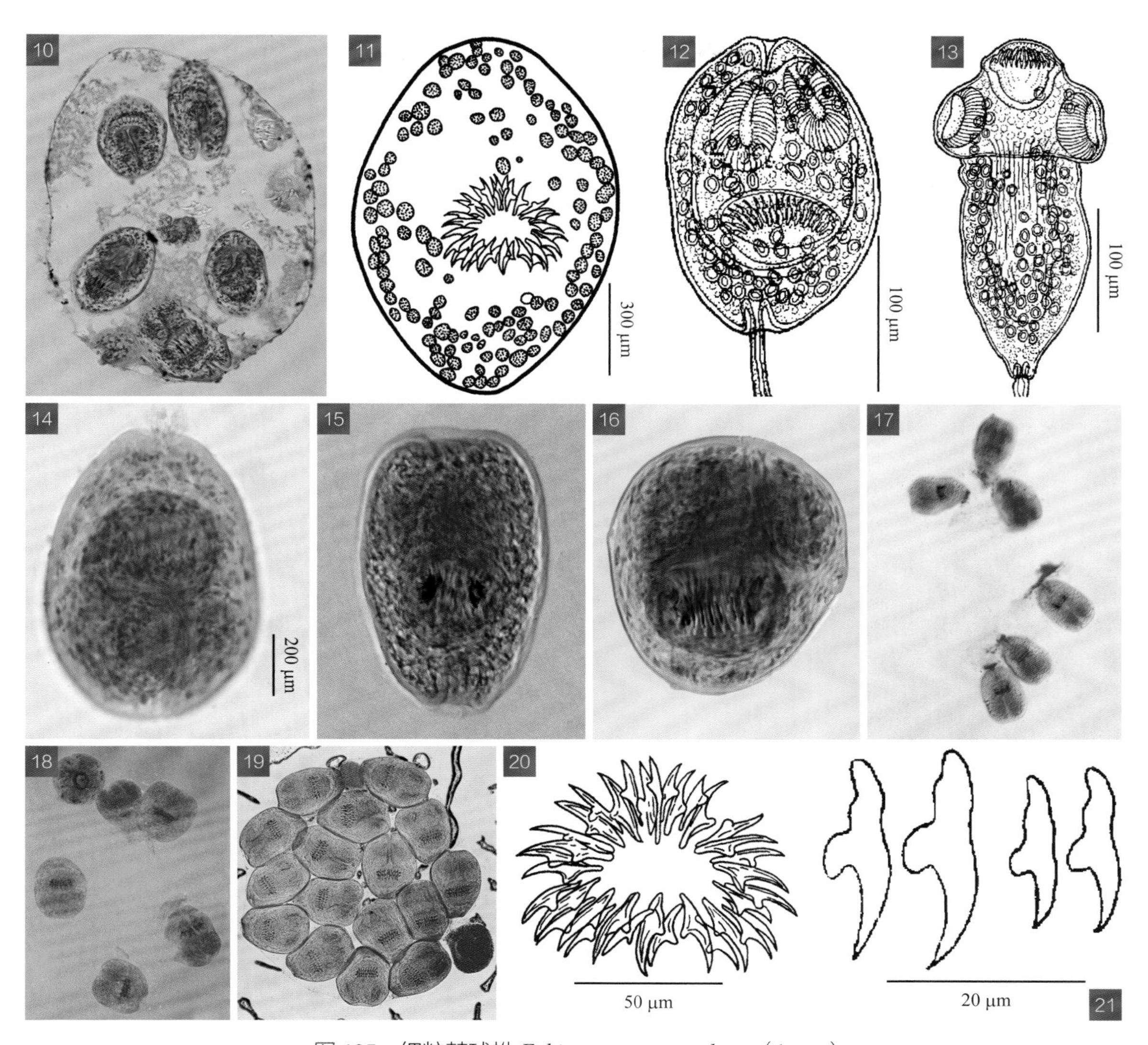

图 127　细粒棘球蚴 *Echinococcus granulosus*（larva）

图释

1～7. 虫体（4～7 示寄生于羊肺脏或肝脏的包囊）；8. 棘球砂；9, 10. 生发囊；11～19. 原头蚴（13 示头节伸出）；20, 21. 原头蚴的大小吻钩

1～8. 原图（LVRI）；9. 引自黄兵和沈杰（2006）；10, 15～19. 引自李朝品和高兴政（2012）；11, 20. 引自蒋学良等（2004）；12, 13, 21. 引自林宇光等（1985）；14. 原图（YZU）

128 多房棘球绦虫　*Echinococcus multilocularis* Leuckart, 1863

【关联序号】41.1.2（21.1.2）/ 288。

【同物异名】多腔棘球绦虫（*Echinococcus alveolaris* Klemm, 1883）；多腔带绦虫（*Taenia alveolaris* Klemm, 1883）；西伯利亚棘球绦虫（*Echinococcus sibericensis* Rausch et Schiller, 1954）；多房多球绦虫（*Alveococcus multilocularis* (Leuckart, 1863) Abuladze, 1960）。

【宿主范围】成虫寄生于犬、猫和野生食肉动物的小肠。幼虫寄生于人和啮齿动物。

【地理分布】重庆、甘肃、内蒙古、宁夏、青海、四川、西藏、新疆。

【形态结构】虫体长 0.11～0.33 cm，宽 0.03～0.05 cm，多数只有 4～5 个体节，偶见 3 个或 6～7 个体节，前 3 个节片与孕卵节片的长度之比约为 1∶1.57。头节长宽为 0.200～0.550 mm×0.167～0.350 mm，吸盘 4 个，呈圆形，直径为 0.067～0.133 mm。吻突顶端有大小吻钩 24～

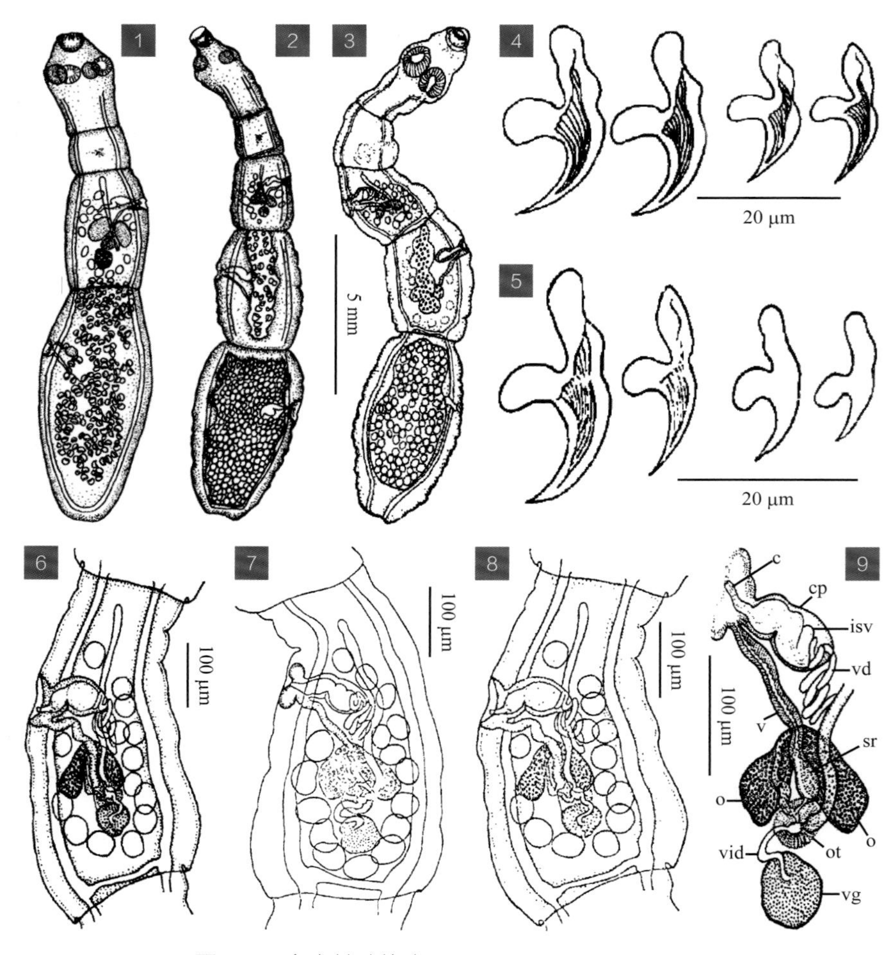

图 128 多房棘球绦虫 *Echinococcus multilocularis*

图释

1～3. 虫体；4, 5. 大小吻钩；6～8. 成熟节片；9. 生殖器官放大

1, 2. 引自黄兵和沈杰（2006）；3, 4, 6, 9. 引自李维新等（1985）；5, 7, 8. 引自林宇光和凌洪仙（1991）

40 个，排成 2 圈，大吻钩长 0.023～0.034 mm，小吻钩长 0.016～0.028 mm。未成熟节片略呈方形，长 0.133～0.350 mm。成熟节片长 0.217～0.583 mm。孕卵节片长 0.450～1.167 mm，与体长之比为（1∶2.1）～（1∶3.8）。每个节片有生殖器官 1 套，生殖孔不规则交替开口于节片的侧缘中线之前。睾丸有 15～29 枚，主要分布于生殖孔水平之后的半个节片，可达节片后缘，在节片两侧常为不规则的单数排列。雄茎囊呈梨形或椭圆形，横列于节片中线之前，大小为 0.050～0.110 mm×0.020～0.058 mm，其远端约达节片的中轴线。输精管卷曲，位于卵巢的上方，进入雄茎囊内形成内贮精囊。雄茎呈管状，表面具细棘。卵巢分为左右 2 瓣，生殖孔侧较小，大小为 0.036～0.110 mm×0.039～0.057 mm，生殖孔对侧较大，大小为 0.043～0.122 mm×0.043～0.075 mm，2 瓣之间有一狭小的横管相连，并在横管的中央发出 1 条输卵管向后通入卵模。卵模呈卵圆形，周围由梅氏腺包绕，位于卵巢之后的节片中央。卵黄腺位于卵模之后，呈不规则的球形、椭圆形或豆状，大小为 0.036～0.064 mm×0.032～0.057 mm，有 1 条卵黄腺管通入卵模。阴道具有粗厚管壁，位于雄茎囊之后，其远端膨大为球状的受精囊。受精囊大小为 0.011 mm×0.018 mm，其末端有细管与输卵管后端相连后通入卵模。成熟节片的子宫呈管状，直立于节片的中央。孕卵节片的子宫呈囊袋状，无侧支，扩展至节片的周缘，内充满虫卵。虫卵呈球形或略呈椭圆形，直径为 29～39 μm，内含六钩蚴。六钩蚴呈卵圆形，平均大小为 22 μm×26 μm。

129 多房棘球蚴　*Echinococcus multilocularis* (larva)

【关联序号】41.1.2.1（21.1.2.1）/ 。

【宿主范围】寄生于牦牛、绵羊、猪等家畜及各种啮齿动物和人的肝脏、肺脏、脑等器官。

【地理分布】甘肃、黑龙江、内蒙古、宁夏、青海、四川、新疆。

【形态结构】为多房棘球绦虫的幼虫。虫体为淡黄色或白色的不规则囊泡状团块，由大小不等的囊泡连接、聚集而成。囊泡呈圆形或椭圆形，直径 0.10～0.70 cm，囊壁由角质层和生发层构成，角皮层厚薄不均且常不完整，生发层细胞呈丝状向囊外延伸，相互构成网状向周围浸润生长，不断有新囊泡长入组织，少数也可向内芽生而分离出新囊泡。囊泡内充满白色或淡黄色囊液，内含脱落的成熟原头蚴（原头节），有的囊泡含胶状物而很少有原头蚴。每个小囊泡的囊壁生有大量的原头蚴，发育不等，多数为成熟。整个多房棘球蚴周围无完整的纤维性包膜，与宿主组织明显分隔。大小不等的囊泡互相连结一起，不易分离，几乎取代所寄生的整个器官，还可沿器官表面蔓延至体腔内。此外，多房棘球蚴的外生性子囊可经血流及淋巴侵入其他部位，发育为新的多房棘球蚴。原头蚴呈卵圆形或球形，前端中央处有凹入的头节孔道，后端的中央基部伸出 1 条尾柄与囊壁生发层相连。原头蚴的外层为角质层，内面为含有浓密颗粒的柔软细胞组成的体壁（近似生发层），体壁之内为囊腔，头节倒缩其中，体壁与头

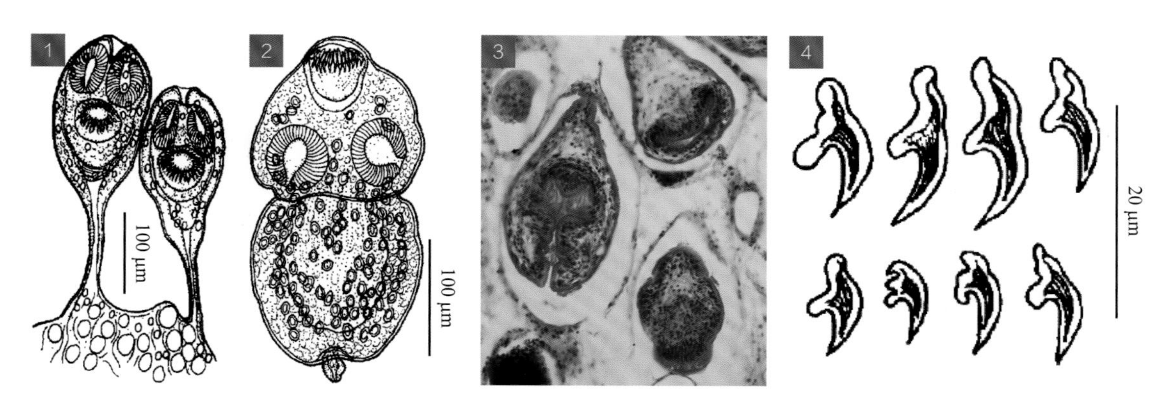

图 129　多房棘球蚴 *Echinococcus multilocularis*（larva）

图释

1～3. 原头蚴；4. 大小吻钩

1, 2, 4. 引自李维新等（1985）；3. 引自李朝品和高兴政（2012）

节之间密布许多石灰颗粒。原头蚴的大小为 0.102～0.177 mm×0.099～0.147 mm，吸盘为卵圆形，平均大小为 0.042 mm×0.044 mm，吻突上有大小吻钩 20～32 个，排列成 2 圈，大吻钩长 0.017～0.027 mm，小吻钩长 0.011～0.016 mm。

7.2　泡 尾 属

Hydatigera Lamarck, 1816

【同物异名】泡尾带属（*Reditaenia* Sambon, 1924）。

【宿主范围】成虫寄生于猫、犬等食肉动物。幼虫为典型的链尾蚴（头节之后可见分节，分节体的末端为一小囊袋），寄生于啮齿动物。

【形态结构】中型绦虫。头节有吻突和吸盘，吻突呈柱状，有大小吻钩各 1 圈，吸盘突出。缺颈节。虫体末端孕卵节片的长度大于宽度。睾丸数目多，分布于两侧纵排泄管之间的背侧。生殖管从排泄管和神经干的腹面穿过。生殖孔不规则交叉位于节片两侧边缘。雄茎囊长，呈圆柱形。无内、外贮精囊。卵巢呈双瓣状，位于节片后部。阴道开口于雄茎的腹面，其末端具括约肌。早期子宫呈管状，直立于节片的中央，孕卵节片的子宫由中心干和大量指状侧支组成。虫卵卵壳的中部有放射状条纹。模式种：带状泡尾绦虫［*Hydatigera taeniaeformis* (Batsch, 1786) Lamarck, 1816］。

［注：Yamaguti（1959）记录为独立属，Schmidt（1986）列为带属（*Taenia*）的同物异名］

130 宽颈泡尾绦虫 *Hydatigera laticollis*（Rudolphi, 1819）

【关联序号】41.4.2（21.2.2）/。

【同物异名】宽颈带绦虫（*Taenia laticollis* Rudolphi, 1819）。

【宿主范围】成虫寄生于犬的小肠。

【地理分布】河北、上海、天津。

【形态结构】虫体长度可达 14.00 cm，最大宽度 0.32 cm。头节上的吻突和吸盘明显。吻突直径约为 0.700 mm，有大小吻钩 38～42 个，排列成 2 圈，大钩长 0.390～0.415 mm，小钩长 0.214～0.238 mm，根突略呈叉形。颈部明显，通常比头节稍窄，有时因收缩而模糊不清。未成熟节片的宽度大于长度，成熟节片接近正方形，孕卵节片的长度大于宽度。两侧的腹纵排泄管较为明显，其形状和大小变化大，直径可达 0.125 mm，在节片后缘有横管相连。每节有生殖器官 1 套，生殖孔不规则交替排列于节片边缘的中部。睾丸近球形，直径 0.037～0.049 mm，有 180～250 枚，分布于排泄管之间的区域，但不达卵巢瓣之间或卵黄腺的后面。输精管松散卷曲而明显，从节片的中央略微弯曲延伸通入雄茎囊。雄茎囊呈长袋状，长宽为 0.275～0.293 mm×0.066～0.131 mm，伸达排泄管。卵巢分为左右 2 瓣，生殖孔侧瓣小，长宽约为 0.295 mm×0.180 mm，生殖孔对侧瓣大，

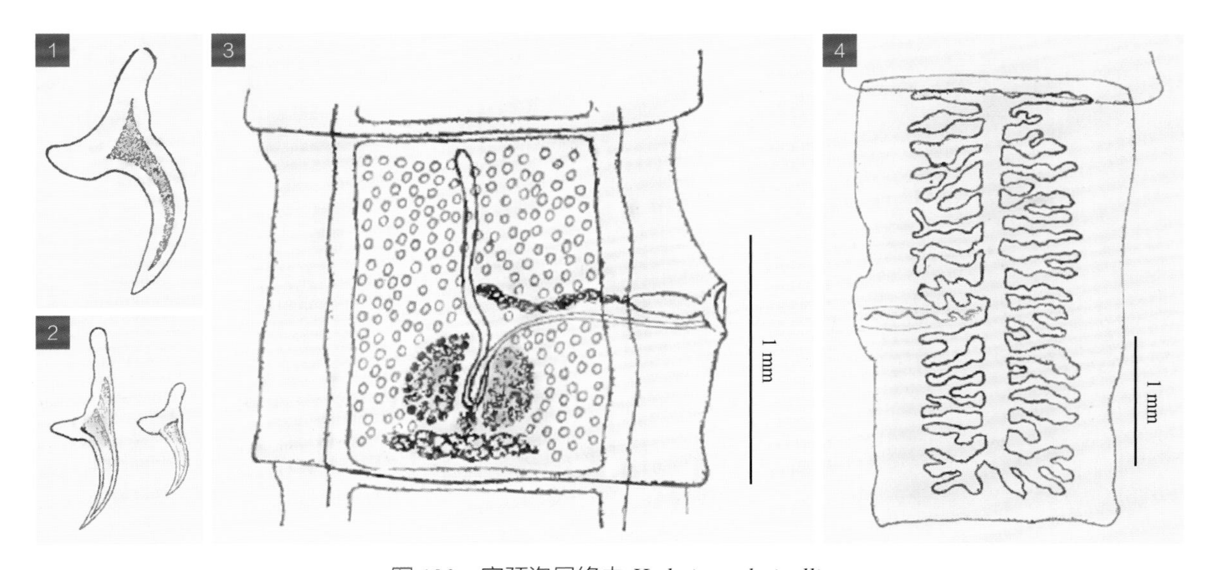

图 130　宽颈泡尾绦虫 *Hydatigera laticollis*

图释

1. 小吻钩；2. 大小吻钩；3. 成熟节片；4. 孕卵节片

1. 引自 Hall（1919）；2～4. 引自 Skinker（1935）

长宽为 0.360 mm×0.180 mm。卵黄腺呈长块状，长宽为 0.060～0.120 mm×0.595～0.655 mm，横向位于卵巢之后，通常向外延伸至卵巢以外。早期子宫呈管状，略微弯曲，直立于节片中央。孕卵节片的子宫高度分支，向左右两侧扩展至整个节片，每侧有 10～15 个主侧支，部分主侧支再分细支，子宫内充满虫卵。虫卵大小为 40 μm×28～32 μm。

131 带状泡尾绦虫 *Hydatigera taeniaeformis* (Batsch, 1786) Lamarck, 1816

【关联序号】41.4.3（21.2.3）/ 298。

【同物异名】带形泡状绦虫（*Hydatigena taeniaeformis* Batsch, 1786）；束形泡尾绦虫（*Hydatigera fasciolaris* Rudolphi, 1808）；肥颈带绦虫（*Taenia crassicollis* Rudolphi, 1810）；带状带绦虫（*Taenia taeniaeformis* (Batsch, 1786) Wolffhügel, 1911）。

【宿主范围】成虫寄生于犬、猫、狐等食肉动物的小肠。幼虫主要寄生于啮齿动物的肝脏。

【地理分布】安徽、北京、重庆、福建、甘肃、广东、广西、贵州、河北、河南、黑龙江、湖北、江苏、江西、辽宁、内蒙古、宁夏、陕西、上海、四川、台湾、天津、西藏、新疆、浙江。

【形态结构】虫体较粗壮肥厚，为白色或淡黄色，每个节片都前小后大，成熟节片更为明显，虫体两侧缘呈不规则锯齿状，体长 15.00～60.00 cm，最大宽度 0.54～0.90 cm，由 120～274 个节片组成。头节短而宽，长宽为 0.935～1.165 mm×1.074～2.250 mm。吻突肥大而明显，呈半球形，顶端有大小吻钩 32～42 个，排列成 2 圈，前圈大吻钩长 0.397～0.435 mm，后圈小吻钩长 0.231～0.310 mm，钩盘直径为 0.820～1.100 mm。吸盘 4 个，呈半球形向头节外方突出，大小为 0.440～0.600 mm×0.310～0.580 mm。颈节短而宽，大于头节，宽度为 1.830～2.900 mm。未成熟节片短而宽。成熟节片呈楔形，宽度大于长度，长宽为 1.076～2.433 mm×3.350～6.750 mm。孕卵节片呈古钟形，长度大于宽度，长宽为 4.000～10.000 mm×3.000～6.600 mm。排泄管 2 对，腹排泄管呈螺旋状弯曲，在节片间有横管相连。每个节片有生殖器官 1 套，生殖孔不规则左右交替开口于节片一侧边缘的中部或稍前方。睾丸 218～681 枚，呈圆形或椭圆形，直径为 0.036～0.060 mm，弥散分布于两纵排泄管内侧的区域，在子宫和卵巢周围较少。雄茎囊膨大不明显，有弯曲，大小为 0.180～0.450 mm×0.080～0.170 mm。输精管具有波状弯曲，从雄茎囊底部通入生殖腔。卵巢位于节片的后半部，分为左右 2 瓣，生殖孔侧瓣较小，大小为 0.340～0.420 mm×0.400～0.520 mm，生殖孔对侧瓣较大，大小为 1.600～2.000 mm×0.540～0.580 mm。卵黄腺致密呈长块状，横列于卵巢的后方，长宽为 0.089～0.300 mm×0.858～1.419 mm。阴道位于雄茎囊下方，近生殖孔处膨大有 1 个弯曲。受精囊有膨大，呈卵圆形。早期子宫呈管状，直立于节片中前部的中央。孕卵节片的子宫向左右两侧分支，每侧有 8～12 个主侧支，每个主侧支又再分细支，子宫内充满虫卵。虫卵呈圆形或卵圆形，长 48～60 μm，外胚膜长宽为 40～48 μm×24～36 μm，内胚膜长 36～40 μm，六钩蚴长 22～36 μm。

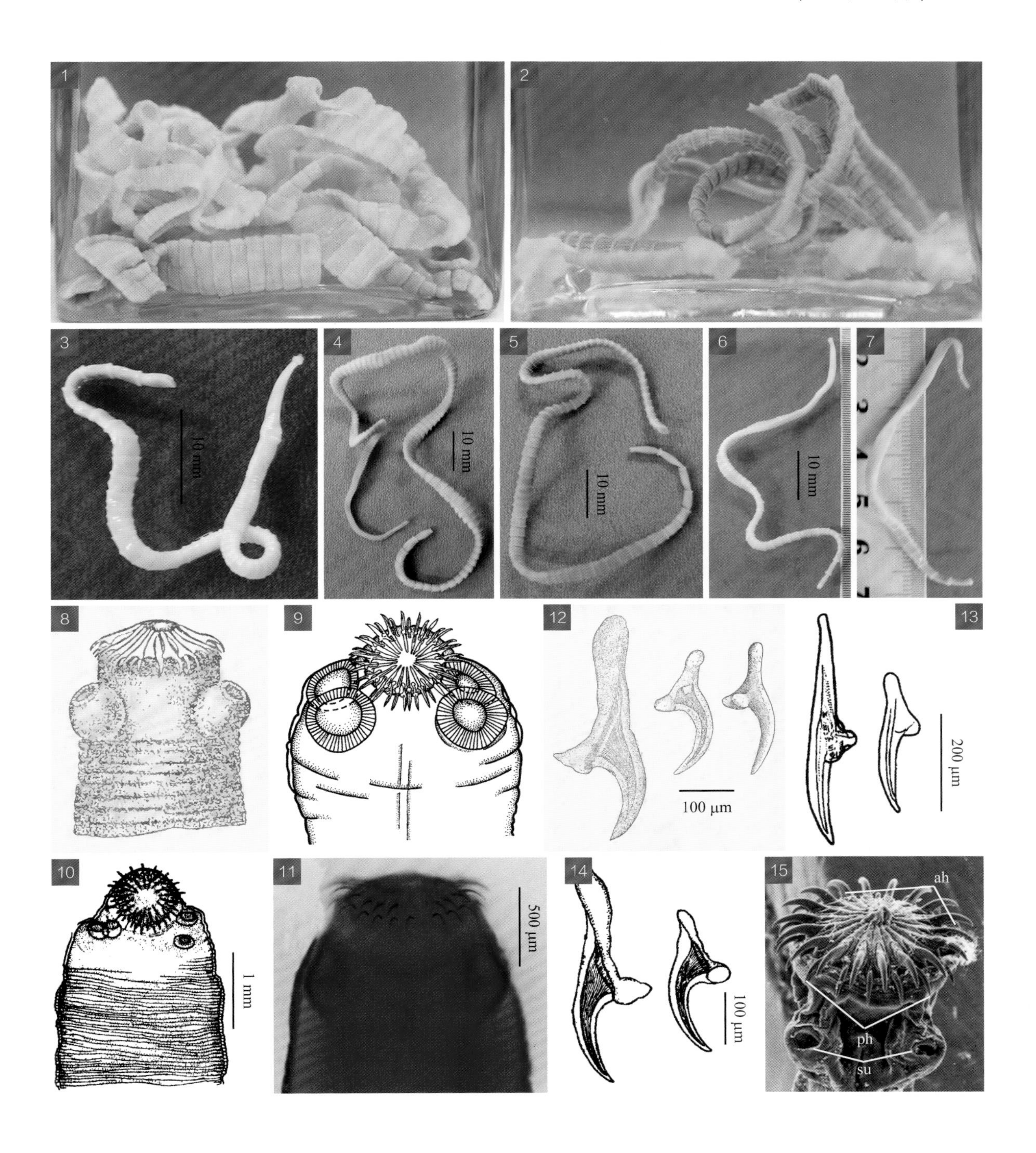
1
2
3
10 mm
4
10 mm
5
10 mm
6
10 mm
7
8
9
12
100 μm
13
200 μm
10
1 mm
11
500 μm
14
100 μm
15
ah
ph
su

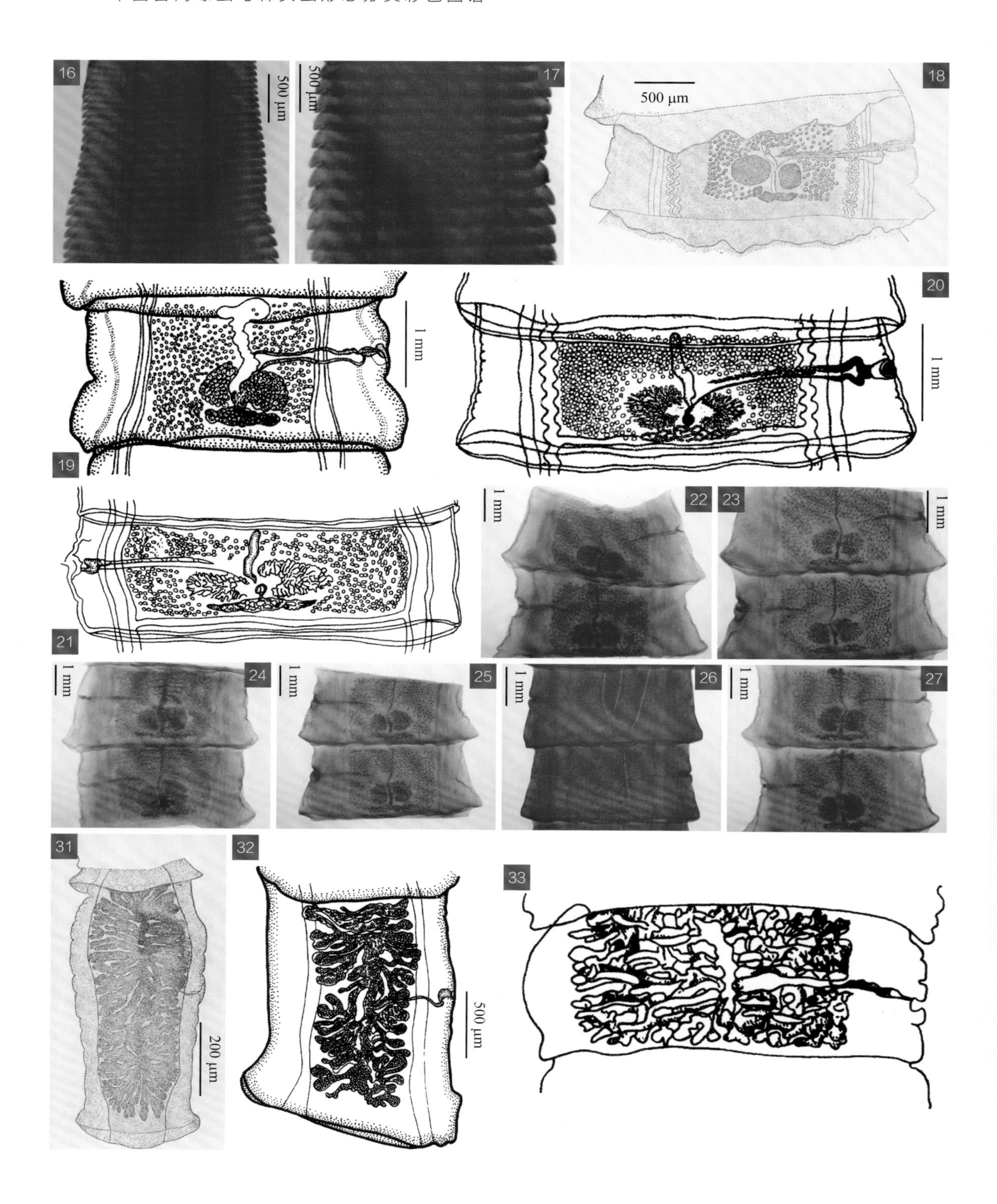
16
500 μm
17
500 μm
18
500 μm
19
1 mm
20
1 mm
21
22
1 mm
23
1 mm
24
1 mm
25
1 mm
26
1 mm
27
1 mm
31
200 μm
32
500 μm
33

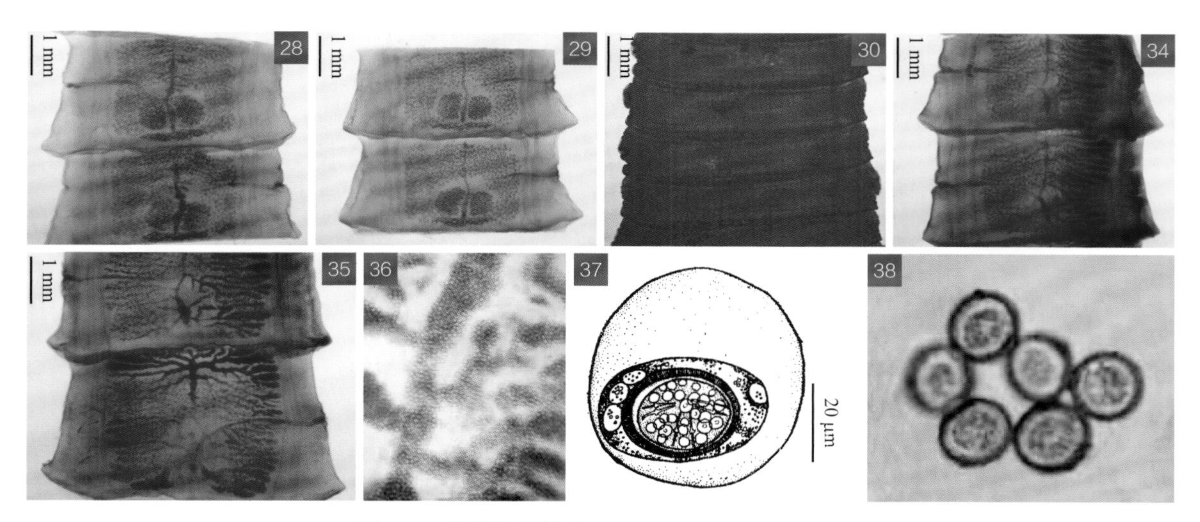

图 131　带状泡尾绦虫 *Hydatigera taeniaeformis*

图释

1～7. 虫体；8～11. 头节；12～14. 大小吻钩；15. 双圈吻钩与无棘吸盘；16, 17. 未成熟节片；18～30. 成熟节片；31～35. 孕卵节片；36. 充满虫卵的树枝状子宫；37, 38. 虫卵

1～7. 原图（LVRI）；8, 12, 18, 31. 引自 Hall（1919）；9, 13, 19, 32. 引自蒋学良等（2004）；10, 14, 20, 37. 引自林宇光（1956）；11, 16, 17, 22～30, 34, 35. 原图（SHVRI）；15, 36, 38. 引自 Singla 等（2009）；21, 33. 引自黄兵和沈杰（2006）

132 带状链尾蚴　*Strobilocercus taeniaeformis* Rudolphi, 1808

【关联序号】41.4.3.1（21.2.3.1）/ 。

【同物异名】束形链尾蚴（*Strobilocercus fasciolaris*）；带状囊尾蚴（*Cysticercus taeniaeformis*）；束形囊尾蚴（*Cysticercus fasciolaris*）。

【宿主范围】幼虫主要寄生于啮齿动物的肝脏，少数见于肠系膜、肺脏、肾脏等，亦可寄生于人、兔的内脏。

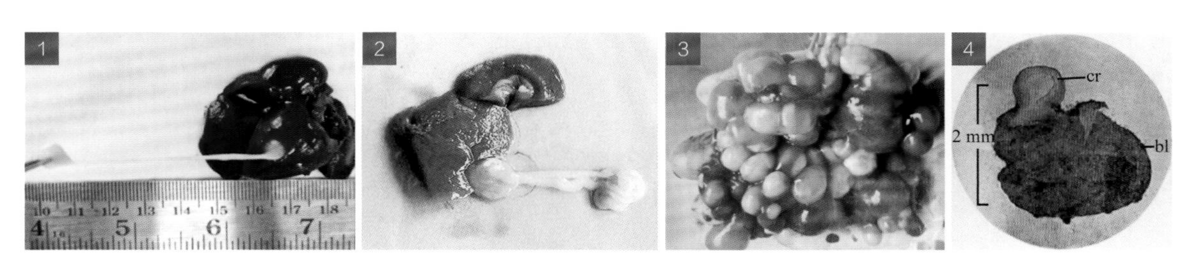

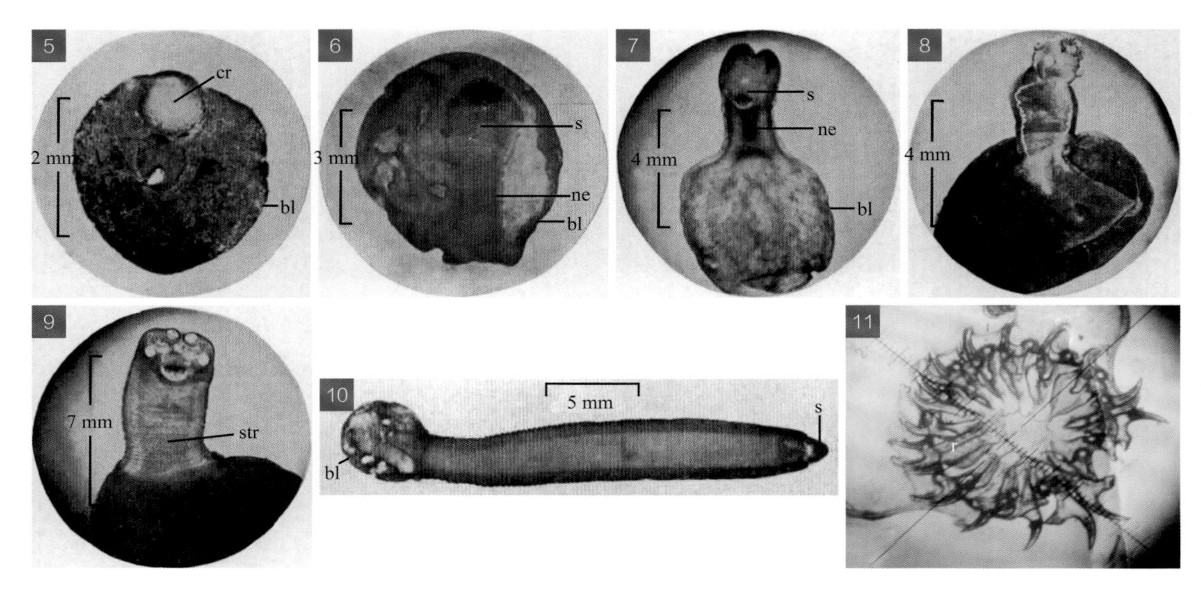

图 132　带状链尾蚴 *Strobilocercus taeniaeformis*

图释

1, 2. 虫体；3. 包囊；4～10. 虫卵感染小鼠后不同发育时间的虫体（4、5 示感染后 14 天，6 示感染后 30 天，7 示感染后 41 天，8 示感染后 42 天，9 示感染后 48 天，10 示感染后 62 天）；11. 吻钩

1, 3, 11. 引自 Thangapandiyana 等（2017）；2. 引自 Premaalatha 等（2016）；4～10. 引自 Hutchison（1958）

【地理分布】宁夏（感染兔）。

【形态结构】为带状泡尾绦虫的幼虫。在宿主肝脏上形成数量不等如豌豆样的包囊，壁厚，大小随发育时间不同而异，直径为 0.20～2.10 cm，颜色从透明、白色、奶油色到灰白色不等，在肝脏表面嵌入到凸起。每个包囊内含有单条盘绕、奶油色、分节的幼虫，包埋在白色的混浊液中。幼虫呈长链形，一般长 1.50～27.00 cm，可达 32.00 cm，宽 0.10～0.60 cm，前端为裸露不内嵌的大头节，头节的吻突上有 2 圈 32～42 个吻钩，头节后为长度不同的颈节和未真正分节、数量不等的未成熟节片，末端形成 1 个小尾囊。

7.3　多 头 属

Multiceps Goeze, 1782

【同物异名】囊泡属（*Vesicaria* Schrank, 1788）；多头属（*Polycephalus* Zeder, 1800）。

【宿主范围】成虫寄生于犬、猫等食肉动物。幼虫为多头蚴，囊壁生发层生长出许多头节，寄生于哺乳动物。

【形态结构】中型绦虫。头节有吻突和吸盘，吻突无柄，有大小吻钩各 1 圈，吸盘突出。有颈节。虫体后部的节片为四边形或长度大于宽度，呈叠瓦状。每个节片有生殖器官 1 套，生殖腔发育良好，生殖孔无规律地开口于节片的两侧，生殖管从排泄管和神经干的背面穿过。睾丸数目多，分布于两侧排泄管内侧。雄茎囊小，呈长梨形。卵巢分左右 2 瓣，每瓣有网状分叶。卵黄腺为横向拉长，位于卵巢后面。阴道为管状，位于雄茎囊之后的阴道管有弧形小弯曲，开口于雄茎背侧的后方。有受精囊。早期子宫呈管状，直立于节片的中央，孕卵节片的子宫由中心主干支和大量侧支组成。虫卵壁非常厚，卵壳有放射状条纹。模式种：多头多头绦虫［*Multiceps multiceps* (Leske, 1780) Hall, 1910］。

［注：Yamaguti（1959）记录为独立属，Schmidt（1986）和 Khalil 等（1994）列为带属的同物异名］

133 格氏多头绦虫　*Multiceps gaigeri* Hall, 1916

【关联序号】41.2.1（21.3.1）/。

【同物异名】格氏带绦虫（*Taenia gaigeri* (Hall, 1916) Baer, 1926）；格氏多头绦虫（*Polycephalus gaigeri* (Hall, 1916) Sprehn, 1932）。

【宿主范围】成虫寄生于犬的小肠。

【地理分布】重庆、四川。

【形态结构】虫体呈淡黄白色，较薄，半透明，体长 25.00～182.00 cm。头节侧面呈梨状，正面几乎呈正方形，直径约 0.950 mm。吻突不发达，直径约为 0.360 mm，顶端有交替排列的吻钩 2 圈 28～32 个。前圈大钩长 0.160～0.180 mm，钩刃稍弯曲，钩柄较直，其背缘和腹缘接近平行，有时在其远端有轻微的弯曲，在钩柄和钩刃联合处的背面通常有一轻微或明显的凹陷，根突的侧面观近似心形。后圈小钩长 0.110～0.150 mm，钩刃弯曲明显，钩柄长而直，略有弯曲，其远端渐缩成钝尖，根突的侧面观为卵圆形。吸盘 4 个，近圆形，位于方形头节的四角，直径为 0.310～0.330 mm，相邻吸盘之间有较小的间隔。颈节明显，其直径稍小于头节，长度约为 0.690 mm。生殖原基出现在约第 30 个节片、头节后的 0.20～0.30 cm。未成熟节片的长度从小于宽度到等于宽度，成熟节片和孕卵节片的长度大于宽度。纵排泄管十分明显，腹排泄管位于距节片边缘约 0.225 mm 处，在节片间有横管与两侧腹排泄管相连，背排泄管位于腹排泄管的侧面。每节有生殖器官 1 套，生殖孔不规则开口于节片两侧边缘的中部或稍后，生殖乳突突出于节片边缘。睾丸呈不规则球形，200～230 枚，弥散分布于纵排泄管的内侧区域，前面接近节片前缘，后面可至卵黄腺底部。输精管起始于节片中线，横向迂回弯曲，通入雄茎囊。雄茎囊呈梨形到长纺锤形，大小为 0.250～0.275 mm×0.050～0.075 mm，其后侧通常呈

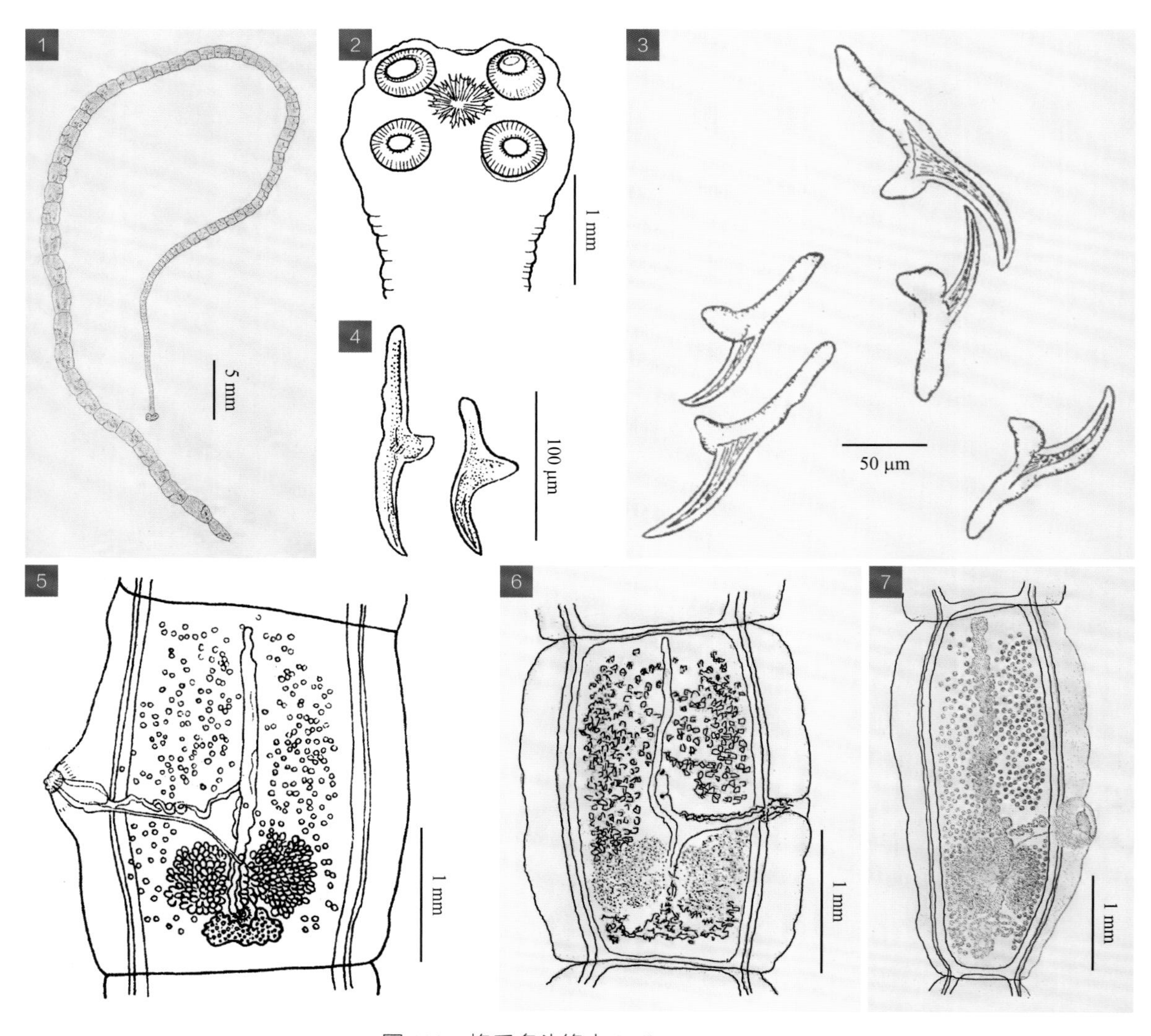

图 133 格氏多头绦虫 *Multiceps gaigeri*

图释

1. 虫体；2. 头节；3, 4. 吻钩；5～7. 成熟节片

1, 3, 6, 7. 引自 Hall（1919）；2, 4, 5. 引自蒋学良等（2004）

凹形朝向阴道。卵巢位于节片后部，沿中纵轴分成 2 个相同大小瓣，呈肾形或扇形，大小为 0.800～0.950 mm×0.500～0.550 mm。卵黄腺位于卵巢后下方，大小为 0.425 mm×0.050 mm，两侧缘不达卵巢外侧。阴道呈管状，从雄茎囊下方呈弧形弯向两瓣卵巢之间，膨大成受精囊。成熟节片的子宫在 2 瓣卵巢之间由后向前形成纵干，孕卵节片的子宫纵干向两侧分为 12～15 对侧支，侧支再分出细支。虫卵近球形，直径为 25～30 μm。

134 多头多头绦虫　*Multiceps multiceps* (Leske, 1780) Hall, 1910

【关联序号】41.2.2（21.3.2）/ 289。

【同物异名】多头带绦虫（*Taenia multiceps* Leske, 1780）；群落带绦虫（*Taenia socialis* Bloch, 1780）；囊状蠕形绦虫群落亚种（*Vermis vesicularis socialis* Bloch, 1780）；囊状带绦虫脑亚种（*Taenia vesicularis cerebrina* Goeze, 1782）；脑泡状绦虫（*Hydatigena cerebralis* Batsch, 1786）；群落囊泡绦虫（*Vesicaria socialis* (Bloch, 1780) Schrank, 1788）；脑带绦虫（*Taenia cerebralis* (Batsch, 1786) Gmelin, 1790）；羊多头绦虫（*Polycephalus ovinus* Zeder, 1803）；多头蚴多头绦虫（*Polycephalus coenurus* Tschudi, 1837）；多丛带绦虫（*Taenia multiplex* Leuckart, 1852）；多头蚴带绦虫（*Taenia coenurus* (Tschudi, 1837) Küchenmeister, 1853）。

【宿主范围】成虫寄生于犬、猫的小肠。

【地理分布】北京、重庆、福建、甘肃、广西、贵州、黑龙江、湖北、湖南、吉林、江苏、江西、辽宁、内蒙古、宁夏、青海、山东、山西、陕西、四川、西藏、新疆、云南、浙江。

【形态结构】虫体呈白色，体长 30.00～100.00 cm，最大体宽 0.50 cm，由 170～250 个薄而半透明的节片组成。头节侧面观呈梨形，正面观呈正方形，直径 0.800～1.126 mm，有不发达的吻突和 4 个吸盘。吻突直径约 0.300 mm，顶端有交叉排列成 2 圈的大小吻钩 22～32 个，钩盘直径为 0.320～0.384 mm。大钩长 0.142～0.170 mm，钩刃有轻度弯曲，钩柄笔直，在钩柄背侧的中部有一小凹陷，根突的下部近圆柱形，上部呈圆锥状，在上下部的结合处稍增厚。小钩长 0.090～0.130 mm，钩刃呈中度弯曲，钩柄相对较长，其远端渐细而有弯曲，根突的下部通常呈近圆柱形，上部呈不规则圆锥形，上下部的结合处最厚，其正中线上有轻微凹槽。吸盘位于头节的四角，呈圆形，直径为 0.290～0.300 mm。颈节明显，从吸盘后到第 1 个明显分节的距离为 0.20～0.30 cm。未成熟节片的宽度大于长度，在头节后 4.70 cm（约第 18 个节片）处可见明显的生殖孔。成熟节片出现在头节后 10.00～18.00 cm 处，第 1 个成熟节片约为第 125 节，呈正方形或长度大于宽度的长方形，节片两侧边缘微凸。孕卵节片有 12～20 节，长度大于宽度，长宽为 6.000～11.000 mm×3.000～5.300 mm，宽度通常不超过 4.000 mm。纵排泄管细小，腹排泄管距节片边缘约 0.420 mm，有横管与两侧腹排泄管相连，横管不弯曲。每个节片有生殖器官 1 套，生殖孔不规则地交叉开口于节片侧缘中央或稍后，生殖乳突扁平，不突出于节片边缘。睾丸有 200～310 枚，略呈长圆形，直径 0.044～0.088 mm，主要分布在中轴线的两侧与排泄管的内侧，在节片中央子宫附近稀少，不靠近输卵管和阴道，沿卵巢两侧延伸，但不达卵巢和卵黄腺的后面。输精囊起于生殖孔侧靠近子宫主干，经一系列环绕后延伸到雄茎囊。雄茎囊常起于纵排泄管的外侧，略微弯曲，或无弯曲呈梨形或圆柱形，大小为 0.315～0.350 mm×0.110～0.145 mm。卵巢分为左右 2 瓣，沿纵轴拉长，呈菊花状，大小几乎相等，或生殖孔侧

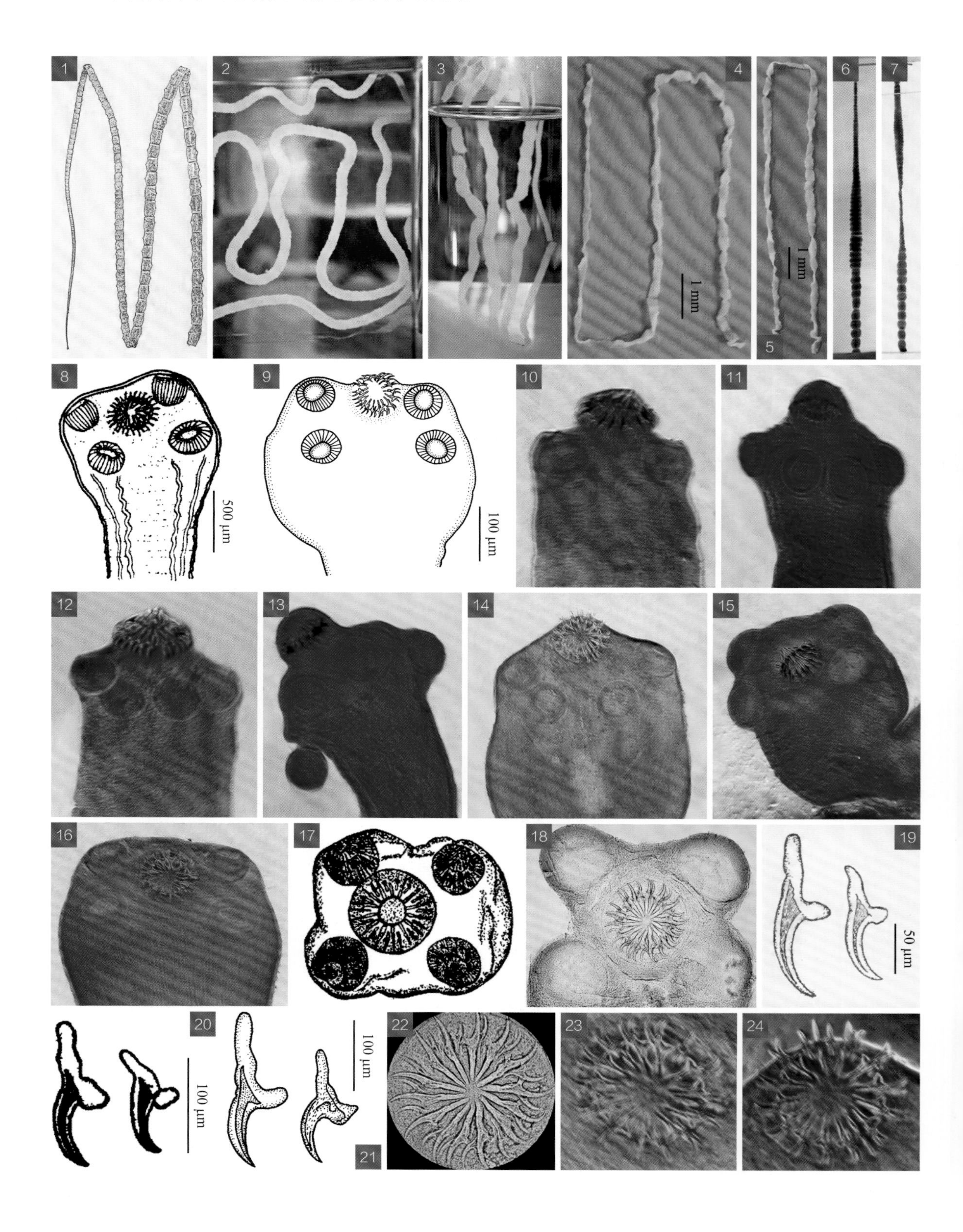
1
2
3
4
5
6
7
1 mm
1 mm
8
9
10
11
500 μm
100 μm
12
13
14
15
16
17
18
19
50 μm
20
21
22
23
24
100 μm
100 μm

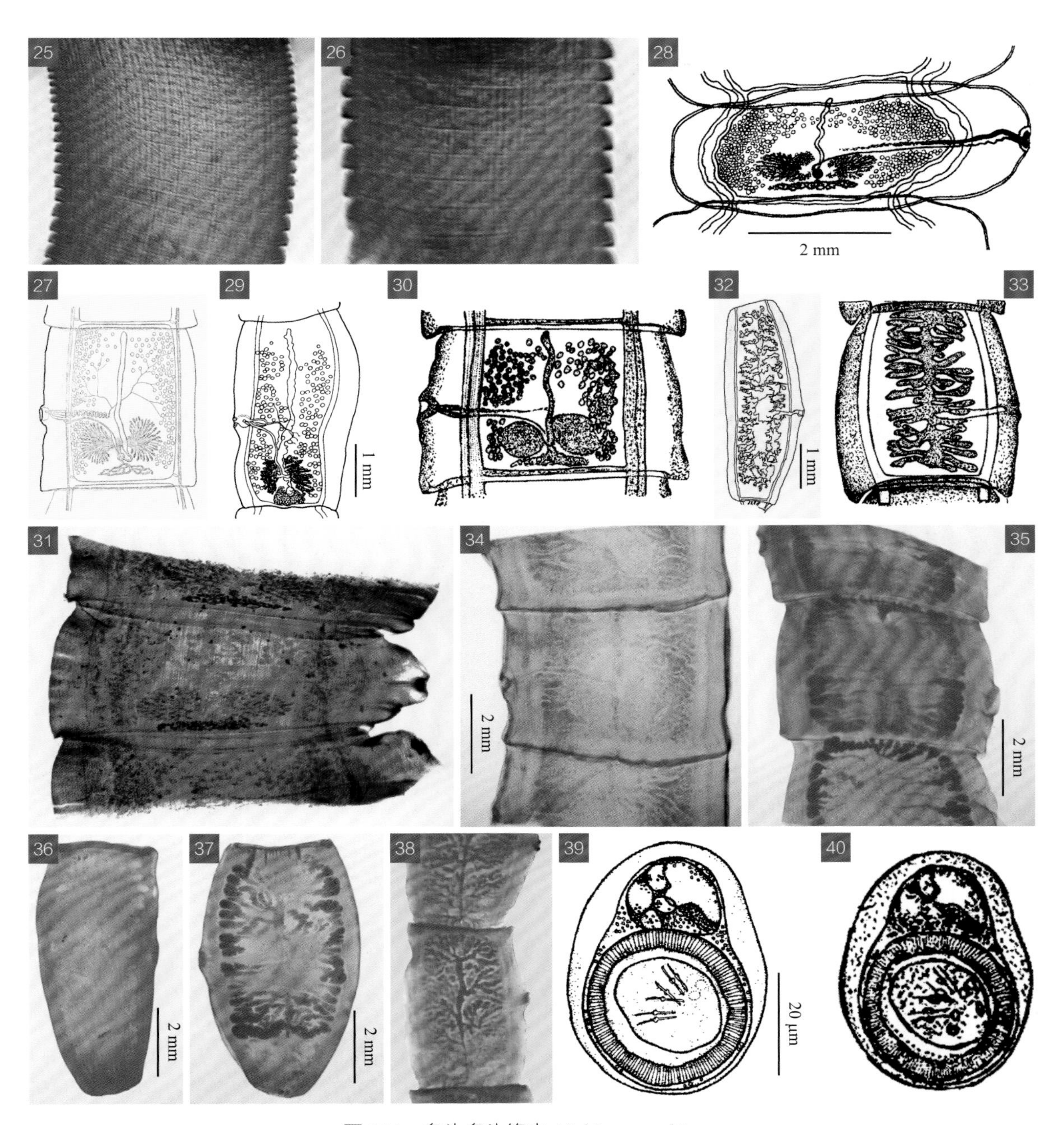

图 134　多头多头绦虫 *Multiceps multiceps*

图释

1～7. 虫体；8～18. 头节（17、18 示顶面观）；19～21. 吻钩；22～24. 吻钩盘；25, 26. 未成熟节片；27～31. 成熟节片；32～38. 孕卵节片；39, 40. 虫卵

1, 19, 27, 32. 引自 Hall（1919）；2, 3, 10～16, 23～26, 34～37. 原图（YNAU）；4, 5. 原图（LVRI）；6, 7. 原图（SCAU）；8, 20, 28, 39. 引自林宇光（1956）；9, 21, 29. 引自蒋学良等（2004）；17, 30, 33, 40. 引自黄兵和沈杰（2006）；18, 22. 引自 Oryan 等（2014）；31, 38. 引自李朝品和高兴政（2012）

略小于生殖孔对侧，生殖孔侧的大小为 0.450～0.640 mm×0.320～0.470 mm，生殖孔对侧的大小为 0.540～0.750 mm×0.340～0.520mm。卵黄腺呈不规则的棒状，两端尖圆，长宽约为 0.160 mm×0.800 mm，横列于卵巢之后。阴道呈管状，开口于生殖孔，在雄茎囊之后有弧形小弯曲。阴道远端在两卵巢瓣之间膨大为受精囊，受精囊呈卵圆形。成熟节片的子宫呈棒状，有 3～4 个微弯曲，直立于节片中央。孕卵节片的子宫呈囊状，每侧分出 14～17 个侧支，其余生殖器官几乎退化，子宫囊内充满虫卵。虫卵近圆形，外观白色，直径为 44～64 μm，外胚膜大小为 40～48 μm×20～24 μm，内胚膜直径为 28～36 μm，内含六钩蚴。六钩蚴呈梨形，直径为 20～26 μm。

135 脑多头蚴 *Coenurus cerebralis* Batsch, 1786

【关联序号】 41.2.2.1（21.3.2.1）/ 290。

【宿主范围】 幼虫寄生于骆驼、马、黄牛、水牛、牦牛、绵羊、山羊、猪、兔的脑、脊髓、肌肉。

【地理分布】 安徽、北京、重庆、福建、甘肃、广西、贵州、海南、河南、黑龙江、湖北、湖南、吉林、江苏、辽宁、内蒙古、宁夏、青海、山东、山西、陕西、四川、西藏、新疆、云南、浙江。

【形态结构】 为多头多头绦虫的幼虫。虫体呈囊泡状，为乳白色半透明，囊内充满液体，囊泡的大小由豌豆大至鸡蛋大，长宽为 0.15～0.60 cm×0.10～0.40 cm。囊壁由外膜和内膜 2 层组成，外膜为角皮层，内膜为生发层。内膜上簇生出许多白色颗粒状的原头蚴（原头节），数量为 40～400 个，呈菜花状排列，其数目与囊泡的大小成正比。原头蚴的头节呈类方形，直径为 2.100～3.200 mm，其顶端吻突上有大小相间排列的 2 圈钩，数目为 26～32 个，大钩长 0.137～0.155 mm，小钩长 0.093～0.113 mm，具有 4 个圆形吸盘，直径为 0.206～0.310 mm。头节后有稍窄的颈节和链体雏型，内充满石灰质的小颗粒。

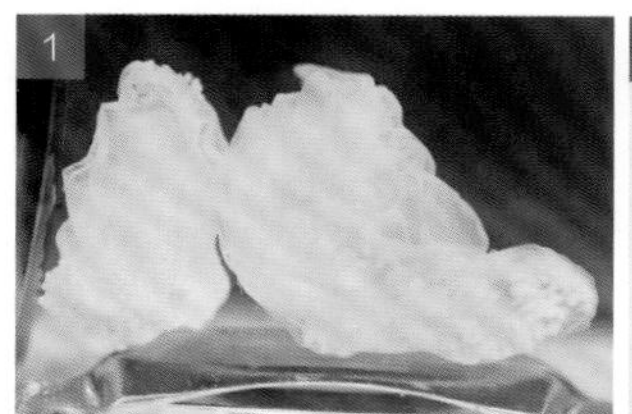
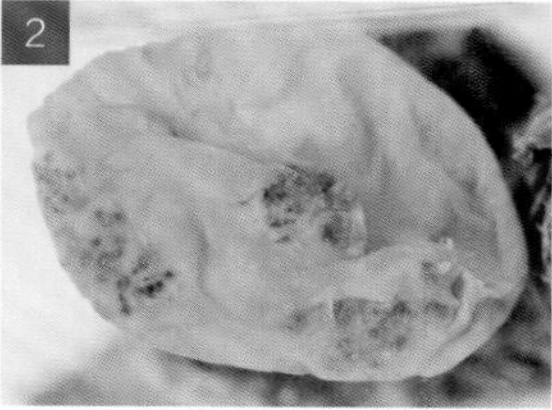

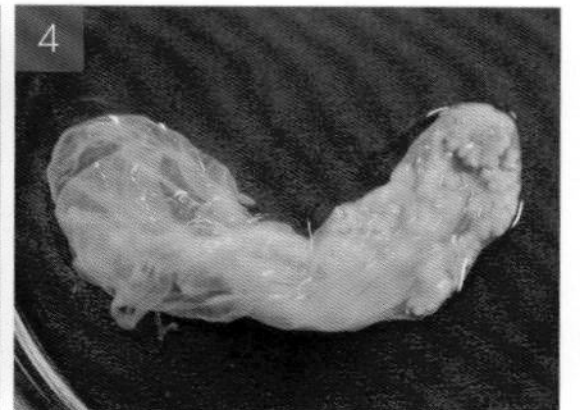

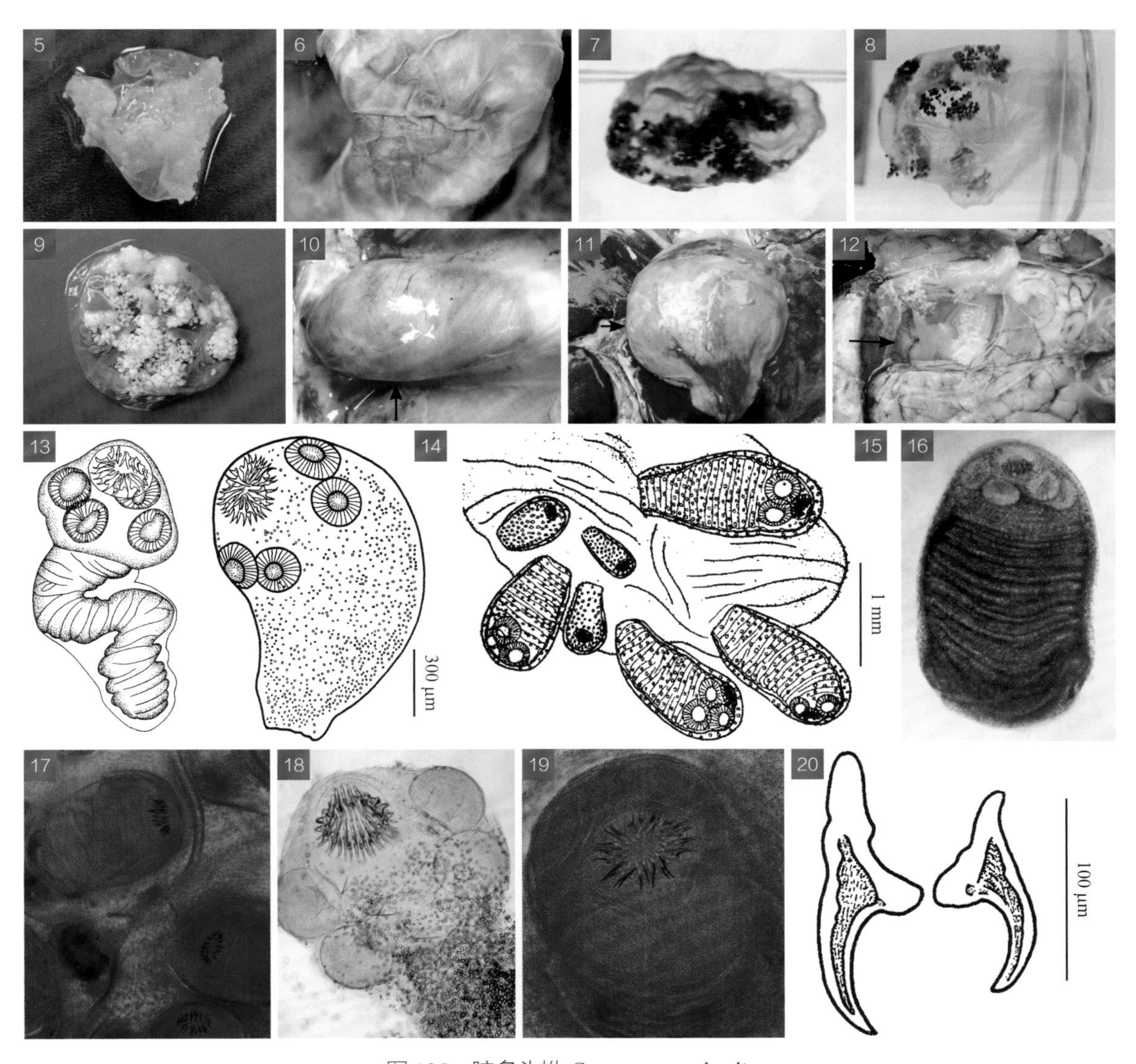

图 135　脑多头蚴 *Coenurus cerebralis*

图释

1～12. 包囊；13～19. 原头蚴（18、19 示吻钩和吸盘）；20. 吻钩

1～5. 原图（LVRI）；6. 原图（YNAU）；7, 8. 原图（SCAU）；9～12, 16, 18. 引自江斌等（2012）；13. 引自黄兵和沈杰（2006）；14, 20. 引自蒋学良等（2004）；15. 引自林宇光（1956）；17, 19. 引自李朝品和高兴政（2012）

136 塞状多头绦虫　*Multiceps packi* Christenson, 1929

【关联序号】41.2.3（21.3.3）/。

【同物异名】塞状带绦虫（*Taenia packi* (Christenson, 1929) Neveu-Lemaire, 1936）；塞状多头绦虫（*Polycephalus packi* (Christenson, 1929) Sprehn, 1957）。

【宿主范围】成虫寄生于犬的小肠。

【地理分布】贵州、西藏。

【形态结构】虫体长36.00～60.00 cm，由150～200个节片组成。链体前部因每个节片的前端收缩而呈锯齿状，后部节片明显拉长，节片两端逐渐变细，大量的钙化小体出现在整个头节及虫体的其余部分。头节通常呈圆锥形，长0.600～0.760 mm，宽0.660～0.910 mm，最宽处为吸盘水平。吻突肌质，近球形，长0.230～0.350 mm，没有吻囊，吻突不能内陷。吻突顶端有大小吻钩26～32个，交错排列成2圈，前排为大钩，后排为小钩。大钩长0.140～0.150 mm，钩刃略微弯曲，钩柄轻度波状，根突完整无裂纹。小钩长0.096～0.100 mm，钩刃弯曲，钩柄轻度波状，根突有凹槽，凹槽较深或不明显。吸盘略为突出，直径为0.180～0.250 mm。吸盘后0.15～0.20 cm为颈节，宽度为0.400～0.480 mm。在头节后约125个节片为未成熟节片，可见发育中的生殖器官。随后的12～20个节片为成熟节片，呈正方形或长度大于宽度，长宽为2.500～5.500 mm×2.500～3.000 mm，依据节片的收缩程度其长宽变化较大。其后的30～40节为孕卵节片，长度明显大于宽度，长宽可达6.200～7.700 mm×3.000～4.000 mm。每节有生殖器官1套，生殖孔无规律地交替开口于节片两侧边缘的中后部，生殖腔呈杯状。睾丸呈蔓块状，有300～390枚，直径0.032～0.128 mm，平均为0.071 mm，分布于排泄管内侧除卵巢、卵黄腺和节片前端小部分外的区域。输精管起源于杯状生殖孔前面的节片正中央，在排泄管内侧向后弯曲形成1个钝角，通入雄茎囊。未见贮精囊。卵巢较大，位于节片后部，分为左右2瓣，生殖孔侧瓣小于生殖孔对侧瓣。卵黄腺呈长块状，靠近节片的后边缘，向两侧延伸几乎达卵巢的侧面。梅氏腺为一球状小体，位于卵黄腺的中前部。阴道起于生殖孔，靠近雄性孔，在雄茎囊后面向排泄管延伸，接近排泄管时向后下方急转，然后弯曲向前越过排泄管通入受精囊。受精囊长0.100～0.180 mm，位于节片后部两卵巢瓣之间。成熟节片的子宫呈管状，位于节片中轴线，有弯曲。孕卵节片的子宫每侧分8～12个侧支，每个侧支再分细支。虫卵呈卵圆形，平均长宽为40 μm×36 μm。

［注：本种的种名在Christenson（1929）发表新种的文章中，有"*Multiceps packii*"和"*Multiceps packi*"2种拼写，前者仅出现在文章标题中，正文、检索表及图题中均为后者，依据原文"the intestine was found packed with tapeworm ... I propose the name *Multiceps packi*"，因此，种名用后者为宜，且"packi"应来自动词"pack"，而非人名。Byrd和Fite（1955）报道，本种有呈三角形的虫体，其头节每侧有2个吸盘］

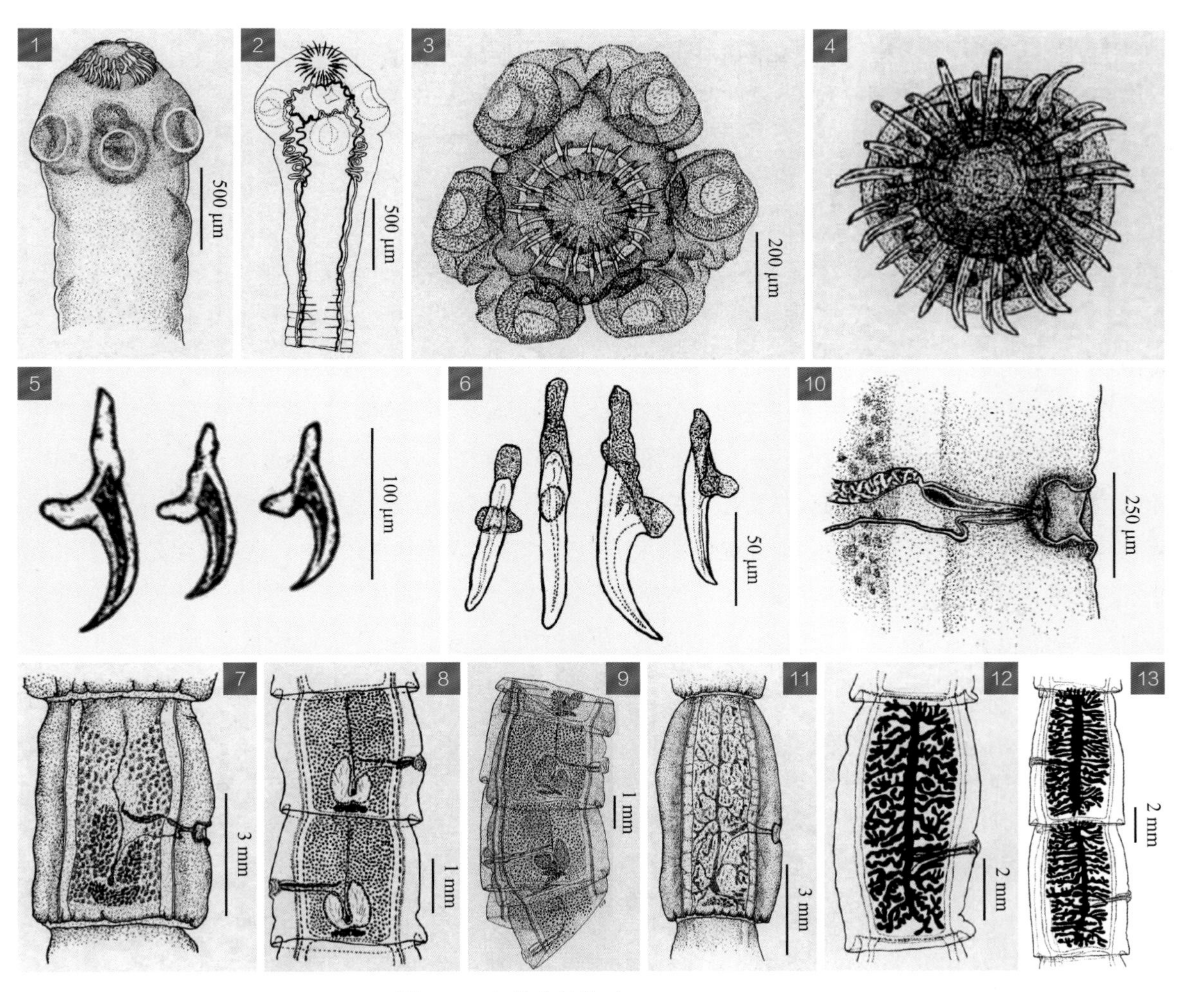

图 136　塞状多头绦虫 *Multiceps packi*

图释

1～3. 头节（3 示顶面观显示吻钩盘和 6 个吸盘）；4～6. 大小吻钩（4 示吻钩盘）；7～9. 成熟节片；10. 生殖孔放大；11～13. 孕卵节片

1, 5, 7, 10, 11. 引自 Christenson（1929）；2～4, 6, 8, 9, 12, 13. 引自 Byrd 和 Fite（1955）

137 链状多头绦虫 *Multiceps serialis* (Gervais, 1847) Stiles et Stevenson, 1905

【关联序号】41.2.4（21.3.4）/ 。

【同物异名】链状带绦虫（*Taenia serialis* (Gervais, 1847) Baillet, 1863）；链状囊带绦虫（*Cystotaenia serialis* (Gervais, 1847) Benham, 1901）。

【宿主范围】成虫寄生于犬的小肠。

【**地理分布**】贵州。

【**形态结构**】成虫体长20.00～72.00 cm，最大宽度0.35～0.50 cm，背腹扁平而厚实。链体外观既不呈锯齿状也不光滑，而是因节片的正常凸起与生殖乳头的突出，在节片形成的横沟造成链体凹凸不平。头节从侧面观呈近球形，而从正面观则呈四边形，直径为0.850～1.500 mm，上有吻突和4个吸盘。吻突直径约0.390 mm，有大小吻钩2圈26～32个。大吻钩长0.135～0.175 mm，钩刃中度弯曲，钩柄轻度弯曲、常变细，根突的侧面观呈心形。小吻钩长0.078～0.120 mm，钩刃强到中度弯曲，钩柄短、厚、弯曲，并向腹面凸起，根突呈卵圆形到心形，其中央腹面有缺刻。吸盘大，直径约0.300 mm。颈部明显而狭窄，长近1.000 mm，有时明显收缩。成熟节片的宽度大于长度，长宽为1.500～2.000 mm×2.500～3.000 mm，其后边缘拉长形成1个漏斗状部分，围绕着下一节片的前部分。孕卵节片的长度大于宽度，长宽为6.000～12.000 mm×3.000～4.000 mm。睾丸数目众多，并紧密地结合在一起，分布于子宫干、卵巢和卵黄腺的两侧。输精管起源于离子宫中段一定距离的区域，极少有盘曲。雄茎囊细长，其长度为0.200～0.300 mm，最大宽度0.055～0.099 mm。雄茎的中部稍有盘曲。雄性孔开口于生殖锥的侧面。卵巢2枚，大小相近，横向拉长。卵黄腺呈块状，位于卵巢后面，横向拉长但不超

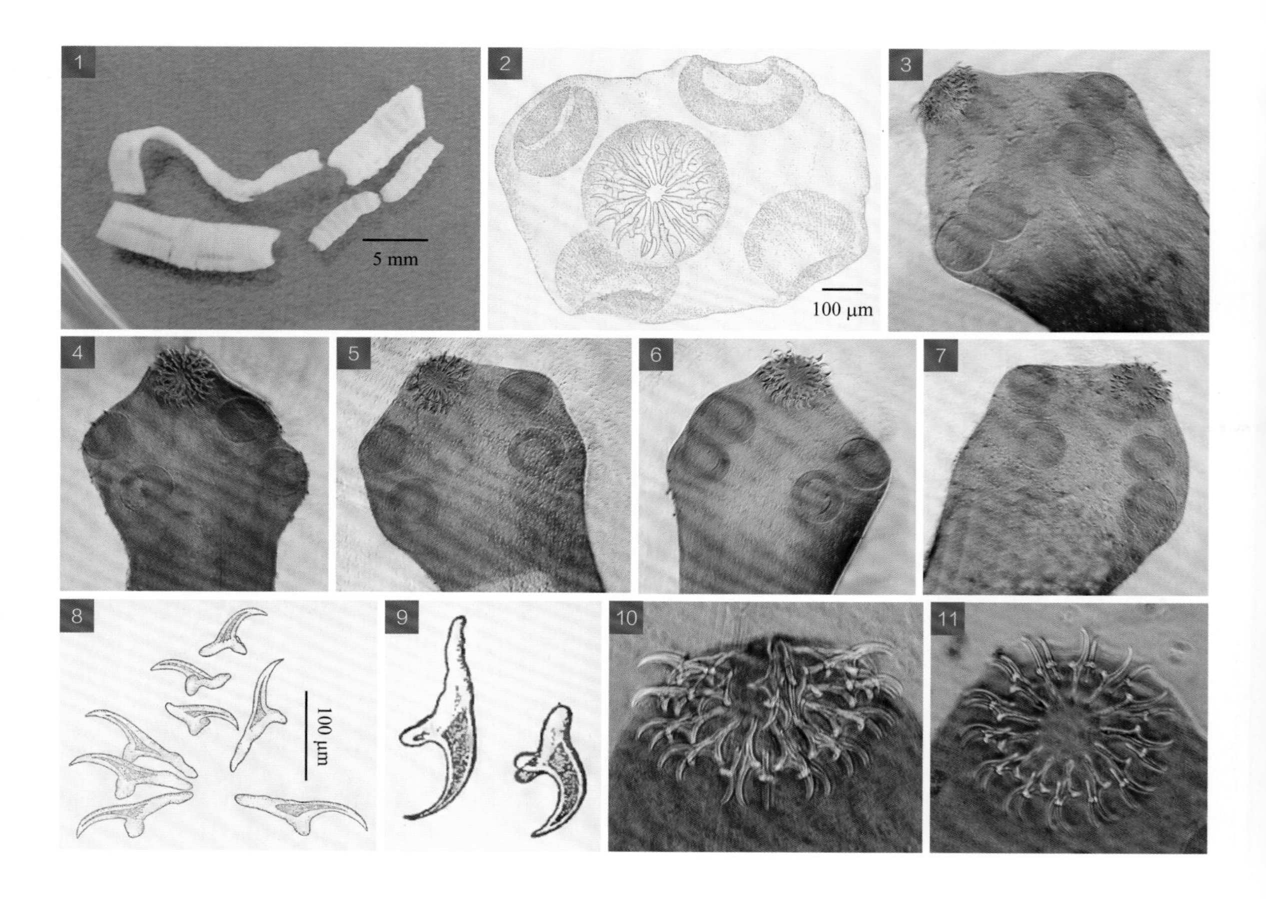

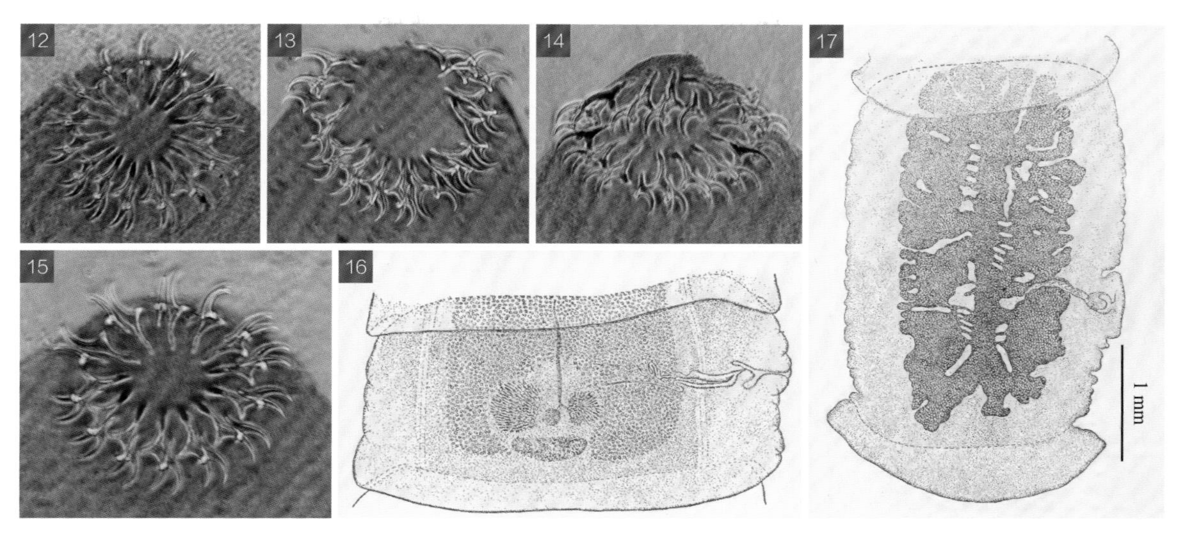

图 137　链状多头绦虫 *Multiceps serialis*

图释

1. 部分链体；2～7. 头节（2 示顶面观显示吻钩盘和 4 个吸盘）；8～15. 大小吻钩（10～15 示吻钩盘）；16. 成熟节片；17. 孕卵节片

1. 原图（LVRI）；2, 8, 9, 16, 17. 引自 Hall（1919）；3～7, 10～15. 原图（YNAU）

过卵巢两侧。梅氏腺小而不明显。阴道从节片外侧缘向内延伸，在纵排泄管附近有 1 个或几个回折，在最近的卵巢附近急剧弯曲至卵巢之间。孕卵节片的子宫主干分出 20～25 个侧支，侧支又分出许多细支并相互连接，充满整个节片的髓质区，内含大量虫卵。虫卵呈椭圆形，大小为 31～34 μm×29～30 μm。

138 链状多头蚴　*Coenurus serialis* Gervais, 1847

【关联序号】41.2.4.1（21.3.4.1）/ 。

【同物异名】连续多头蚴；脑多头蚴狮兔亚种（*Coenurus cerebralis leporiscuniculi* Diesing, 1863）；兔多头蚴（*Coenurus cuniculi* (Diesing, 1863) Cobbold, 1864）；洛氏多头蚴（*Coenurus lowzowi* Lindemann, 1867）。

【宿主范围】幼虫寄生于兔的肌肉、结缔组织、胸腔、腹腔、心脏、脑、眼球。

【地理分布】安徽、福建、贵州、陕西。

【形态结构】为链状多头绦虫的幼虫。虫体为椭圆形或葫芦状的囊泡（母囊），多数大小为 3.50～6.50 cm×2.40～5.00 cm，大的直径可达 15.00 cm，小的直径为 0.50 cm。在母囊的外壁和内壁上均有数量不等、大小不同、成串排列的原头蚴（子囊），每串少者数个、多者上百个，在母囊内还有数量不等游离于淋巴液中的原头蚴，原头蚴大小为 0.20～0.35 cm×0.16～0.30 cm。每个母囊和原头蚴都有 1 个头节，大多数头节均外翻，每个头节上有交叉排列的大小吻钩 28～32 个，母囊和原头蚴的吻钩数量、大小和形状相似。当子囊在母囊内开始可见时，其直径为 0.20～0.30 cm，随后逐渐增大，最大的子囊直径可达 3.00 cm。当子囊直径在 0.40～0.50 cm 时，整个头节与母囊生发层分离，成为游离的多头蚴，有时头节脱离生发层后黏连在一起形成串珠样的囊泡。

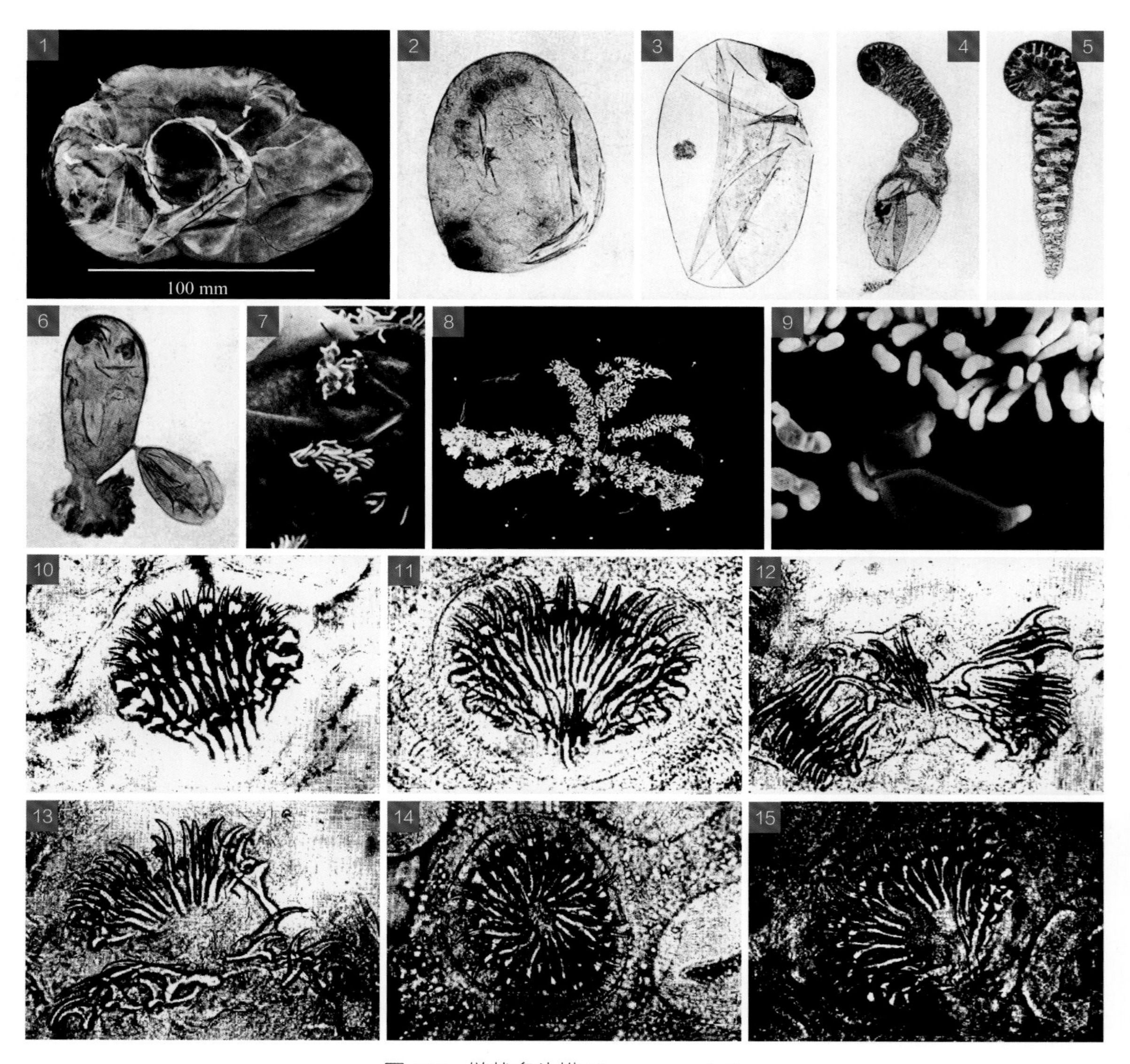

图 138　链状多头蚴 *Coenurus serialis*

图释

1～3. 母囊；4, 5. 头节；6. 母囊与子囊；7～9. 成串子囊（原头蚴）；10, 11. 母囊吻钩；12～15. 子囊吻钩

1～9. 引自 Hamilton（1950）；10～15. 引自 Yamashita 等（1957）

139 斯氏多头绦虫 *Multiceps skrjabini* Popov, 1937

【关联序号】41.2.5（21.3.5）/。

【同物异名】斯氏带绦虫（*Taenia skrjabini* Romanov, 1952）。

【宿主范围】成虫寄生于犬的小肠。

【地理分布】陕西、四川、西藏、新疆。

【形态结构】虫体长可达 20.00 cm。头节宽 0.750～0.900 mm，其亚前端有 2 圈交错排列的大小吻钩，每圈 16 个，共计 32 个。大钩的长度平均为 0.150 mm，钩刃与钩柄的长度相近，根突略呈锥形，突出于钩的中部，钩刃略向腹面弯曲，钩柄的背面有波浪状凹凸。小钩的长度平均为 0.110 mm，钩刃长于钩柄，根突粗壮，钩刃向腹面弯曲明显，钩柄背面平滑无凹凸。成熟节片和孕卵节片的长度大于宽度。有背、腹排泄管 2 对，腹排泄管在节间有横管相连。每个节片有生殖器官 1 套，生殖孔无规律地交替开口于节片两侧。睾丸数目多，分布于子宫干及卵巢和卵黄腺的两侧，不达卵巢和卵黄腺之后。雄茎囊呈管状，横向位于节片的中线略偏后，外接生殖腔。卵巢 2 枚，呈块状，中央连接部分稍狭窄，位于节片后 1/3 的中央。卵黄腺呈横向拉长，位于卵巢之后，两侧不超过卵巢侧面。梅氏腺较小，位于卵巢与卵黄腺之间。阴道起于生殖腔，沿雄茎囊后缘向节片内延伸，并呈弧形弯向 2 瓣卵巢之间。成熟节片的子宫呈棒状，直立于节片中轴线。孕卵节片的子宫有 20～24 个侧支，有的侧支再分细支，子宫内充满虫卵。虫卵呈椭圆形或卵圆形，大小为 29～32 μm×27～30 μm，具 3 层卵膜，外层薄而透明，中层厚。

图 139　斯氏多头绦虫 *Multiceps skrjabini*（图暂缺）

140 斯氏多头蚴 *Coenurus skrjabini* Popov, 1937

【关联序号】41.2.5.1（21.3.5.1）/。

【宿主范围】幼虫寄生于羊、兔的肌肉、皮下、胸腔。

【地理分布】福建、广西、贵州、河南、湖北、江苏、辽宁、内蒙古、山东、陕西、四川、西藏、新疆、云南、浙江。

【形态结构】为斯氏多头绦虫的幼虫。虫体呈囊状，长 8.00 cm，宽 5.00 cm，两端钝圆，囊内为成簇、粟粒大小的白色头节，倒悬在囊内的胚膜上，有的头节离开胚膜悬浮在囊液中。囊内有头节约 350 个，均为单头节的子囊。头节长宽为 2.000～3.000 mm×1.000～1.500 mm，在每个头节顶端有 1 个明显的吻突。吻突周围有 28～30 个钩，大钩和小钩有规则地交错排列，大钩长 0.169～0.174 mm，小钩长 0. 107～0.124 mm。大钩的钩柄长于钩刃，钩柄长 0.076～0.084 mm，钩刃长 0.063～0.071 mm，根突较大，与大钩长轴呈垂直角度排列。小钩弯曲度较大，钩柄短于钩刃，钩柄长 0.033～0.034 mm，钩刃长 0.046～0.055 mm，根突大，与小钩长轴呈一定角度排列。头节上有吸盘 4 个，呈圆形或椭圆形，直径为 0.192～0.264 mm。

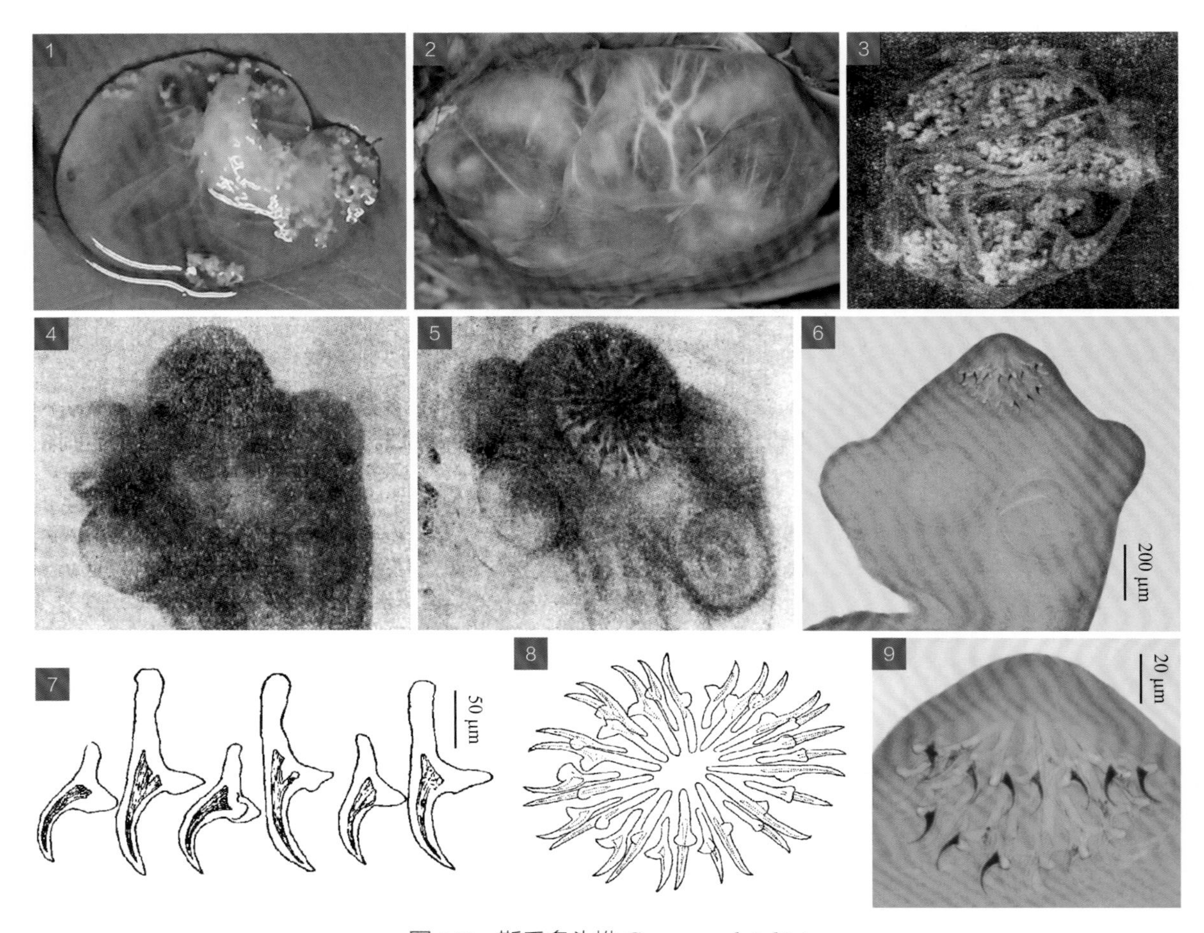

图 140　斯氏多头蚴 *Coenurus skrjabini*

图释

1～3. 母囊；4～6. 头节；7～9. 吻钩

1, 6, 9. 原图（YZU）；2. 原图（YNAU）；3～5, 7, 8. 引自邬捷等（1979）

7.4　带　　属

Taenia Linnaeus, 1758

【同物异名】小带属（*Taeniola* Pallas, 1760）；水泡属（*Hydatis* Maratti, 1776）；泡状属（*Hydatigena* Goeze, 1782）；大头属（*Megocephalos* Goeze, 1782）；泡形属（*Hydatula* Abildgaard,

1790)；阿塞属（*Alyselminthus* Zeder, 1800）；囊尾蚴属（*Cysticercus* Zeder, 1800）；海利属（*Halysis* Zeder, 1803）；水囊属（*Hygroma* Schrank, 1803）；芬那属（*Finna* Brera, 1809）；菲体属（*Fischiosoma* Brera, 1809）；泡体属（*Physchiosoma* Brera, 1809）；戈茨属（*Goeziana* Rudolphi, 1810）；弯颈属（*Trachelocampylus* Frédault, 1847）；三棘属（*Acanthotrias* Weinland, 1858）；囊带属（*Cystotaenia* Leuchart, 1863）；新带属（*Neotenia* Sodero, 1886）。

【宿主范围】成虫主要寄生于人和食肉动物，偶尔寄生于鸟类。幼虫为囊尾蚴，只有1个头节，主要寄生于食草哺乳动物，偶尔寄生于人类。

【形态结构】中型或大型绦虫，具有科的典型特征。头节具吻突、吻囊和吸盘，吻突上有大小吻钩各1圈，吸盘4个，无刺。颈节明显。链体大而节片数多。每个节片生殖器官1套，生殖孔不规则交叉开口于节片侧缘。睾丸数目很多，分布于子宫两侧和纵排泄管内侧，通常不伸入卵黄腺后或卵巢与卵黄腺之间区域。雄茎囊呈梨形，无肌质。卵巢呈双翅状，位于节片后部。卵黄腺紧凑或横向拉长，位于卵巢之后。阴道开口于雄茎囊下方。早期子宫呈盲管状，直立于节片中央。孕卵节片子宫由中心长主干和细分的侧支组成，充满整个节片。模式种：有钩带绦虫［*Taenia solium* Linnaeus, 1758］。

141 泡状带绦虫　*Taenia hydatigena* Pallas, 1766

【关联序号】41.3.2（21.4.1）/ 292。

【同物异名】囊状蠕形绦虫独居亚种（*Vermis vesicularis eremita* Bloch, 1780）；有缘带绦虫（*Taenia marginata* Batsch, 1786）。

【宿主范围】成虫寄生于犬、猫的小肠。

【地理分布】安徽、北京、重庆、福建、甘肃、广东、广西、贵州、海南、河北、河南、黑龙江、湖北、湖南、吉林、江苏、江西、辽宁、内蒙古、宁夏、山西、陕西、上海、四川、天津、西藏、新疆、云南、浙江。

【形态结构】大型绦虫。虫体新鲜时呈白色、黄白色或淡黄色，扁平带状，体长60.00～210.00 cm，体宽0.10～0.60 cm，有节片300～950节。头节小，呈球形，长1.032～1.290 mm，宽1.250～1.650 mm。吻突上有2圈大小交替排列的吻钩26～32个，钩盘直径为0.375～0.500 mm，大钩长0.161～0.217 mm，小钩长0.100～0.145 mm。吸盘4个，呈圆形，无刺，直径为0.258～0.352 mm。颈节比头节细而窄，宽0.500～1.350 mm。未成熟节片短而宽。成熟节片的宽度大于长度，长1.200～2.967 mm，宽4.308～6.837 mm。孕卵节片的长度大于宽度，长7.000～15.000 mm，宽4.000～6.000 mm。每节有生殖器官1套，生殖孔不规则交替开口于节片一侧边缘的中部，生殖乳突不突出于节片侧缘。睾丸540～700枚，直径为0.040～0.080 mm，主要分布于节片两侧的排泄管内侧，在卵黄腺后部、卵巢与卵黄腺、输精管和阴道之间无分布。输精管呈直线疏松卷曲。雄茎囊呈圆柱形，疏松膨大，不弯曲，大小为 0.350～0.600 mm×0.100～0.150 mm。卵巢分为左右 2 叶，位于生殖孔一侧的较小，大小为 0.386～0.448 mm×0.848～0.912 mm，位于生殖孔对侧的较大，大小为 0.512～0.608 mm×0.880～1.040 mm。卵黄腺呈长椭圆形，两端尖圆、中央膨大，位于卵巢后方，大小为 0.200～0.330 mm×1.210～1.850 mm。阴道呈细管状，在接近生殖孔处膨大并有 2 个曲折，沿雄茎囊和输精管下面向内延伸，弯向卵巢之间膨大成受精囊。受精囊呈卵圆形。早期子宫呈纵管状，位于节片中央。孕卵节片的子宫每侧分出 7～11 个主侧支，每个主侧支又分出若干细支，子宫内充满虫卵。虫卵呈圆形或椭圆形，大小为 56～68 μm，外胚膜大小为 48～52 μm×32～38 μm，内胚膜厚约 4 μm，内胚膜大小为 40～52 μm，六钩蚴大小为 20～24 μm。

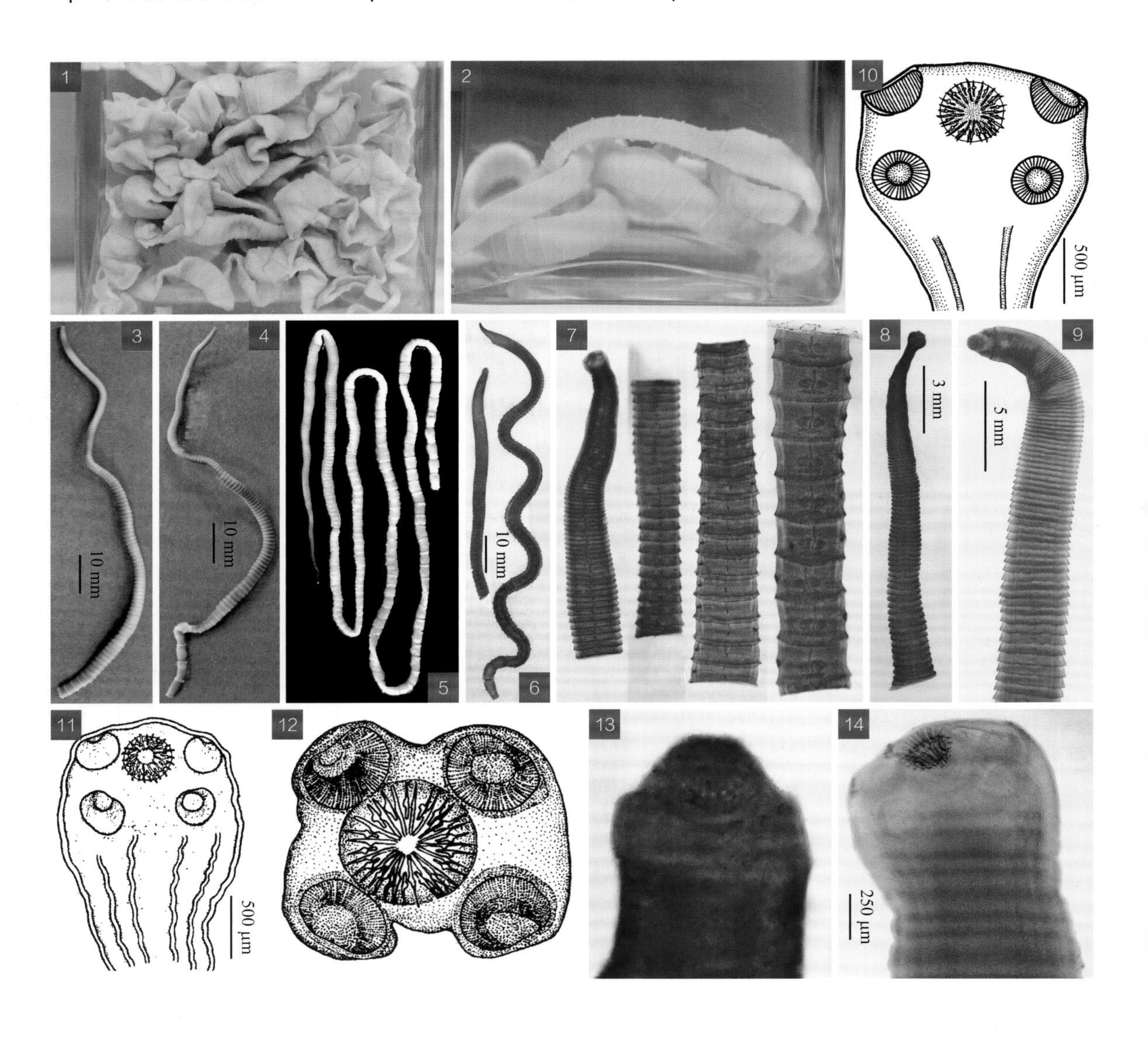

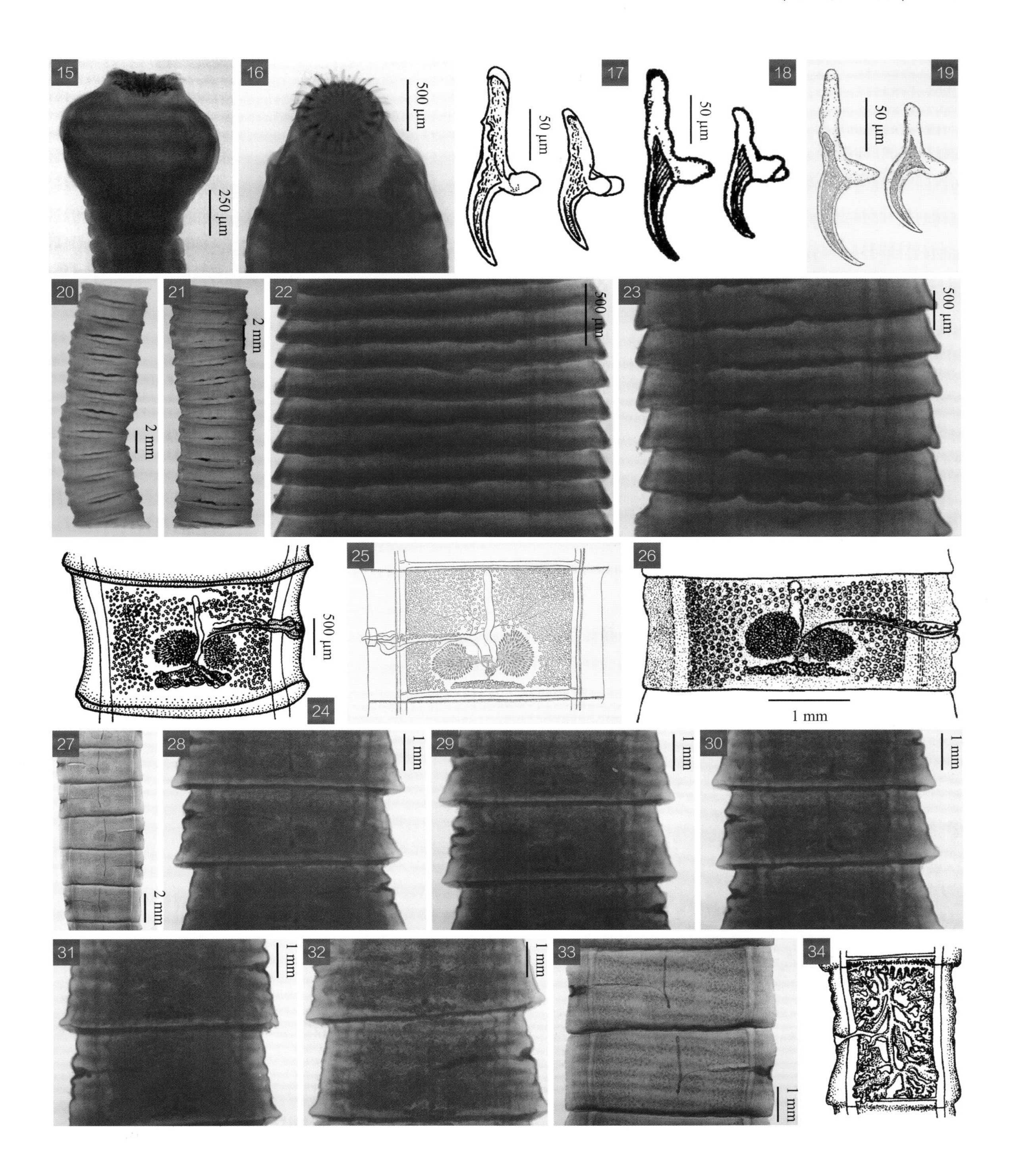
15
250 μm
16
500 μm
17
50 μm
18
50 μm
19
50 μm
20
2 mm
21
2 mm
22
500 μm
23
500 μm
24
500 μm
25
26
1 mm
27
2 mm
28
1 mm
29
1 mm
30
1 mm
31
1 mm
32
1 mm
33
1 mm
34

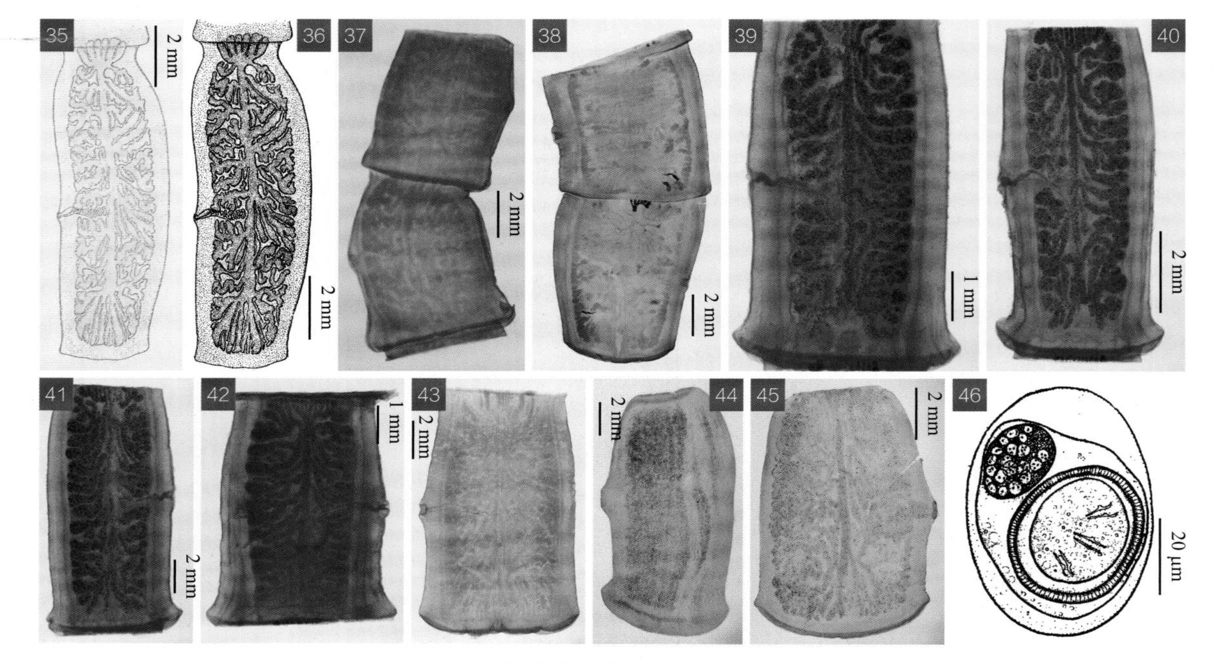

图 141 泡状带绦虫 *Taenia hydatigena*

图释

1～7. 虫体；8, 9. 虫体前部；10～16. 头节（12 示顶面观）；17～19. 吻钩；20～23. 未成熟节片；24～33. 成熟节片；34～45. 孕卵节片；46. 虫卵

1～4. 原图（LVRI）；5. 引自李朝品和高兴政（2012）；6, 13. 原图（HIAVS）；7, 8, 14, 15, 20, 21, 37, 38. 原图（SASA）；9, 16, 22, 23, 27～33, 39～45. 原图（SHVRI）；10, 17, 24. 引自蒋学良等（2004）；11, 18, 46. 引自林宇光（1956）；12, 34. 引自黄兵和沈杰（2006）；19, 25, 35. 引自 Hall（1919）；26, 36. 引自 Ransom（1913）

142 细颈囊尾蚴 *Cysticercus tenuicollis* Rudolphi, 1810

【关联序号】 41.3.2.1（21.4.1.1）/ 293。

【宿主范围】 幼虫寄生于骆驼、马、黄牛、水牛、牦牛、绵羊、山羊、猪、兔、鸡的胃、肠系膜、网膜、肝脏、胸腔。

【地理分布】 安徽、北京、重庆、福建、甘肃、广东、广西、贵州、海南、河北、河南、黑龙江、湖北、湖南、吉林、江苏、江西、辽宁、内蒙古、宁夏、青海、山东、山西、陕西、上海、四川、天津、西藏、新疆、云南、浙江。

【形态结构】 为泡状带绦虫的幼虫。虫体呈囊泡状，囊壁薄软呈乳白色，囊内充满透明液体和 1 个肉眼可见、不透明、乳白色的头节。囊体大小差异很大，小的如黄豆大，大的如排球大，多数为鸡蛋大，囊液的多少则随囊泡的大小而增减。头节通常倒伏在囊内如豆状，后有细长的颈部与囊壁内膜相连，有时头节可游离于囊液内。头节长 0.825～1.032 mm，宽 0.826～

1.320 mm，头节上有 4 个吸盘和 1 个吻突。吸盘呈圆形，直径为 0.258～0.310 mm。吻突前端有大小 2 圈吻钩 26～32 个，大钩长 0.165～0.213 mm，小钩长 0.113～0.150 mm。将头节从内凹部翻出来，可见细长的颈部，颈部长 4.000～13.000 mm，宽 1.500～4.000 mm。

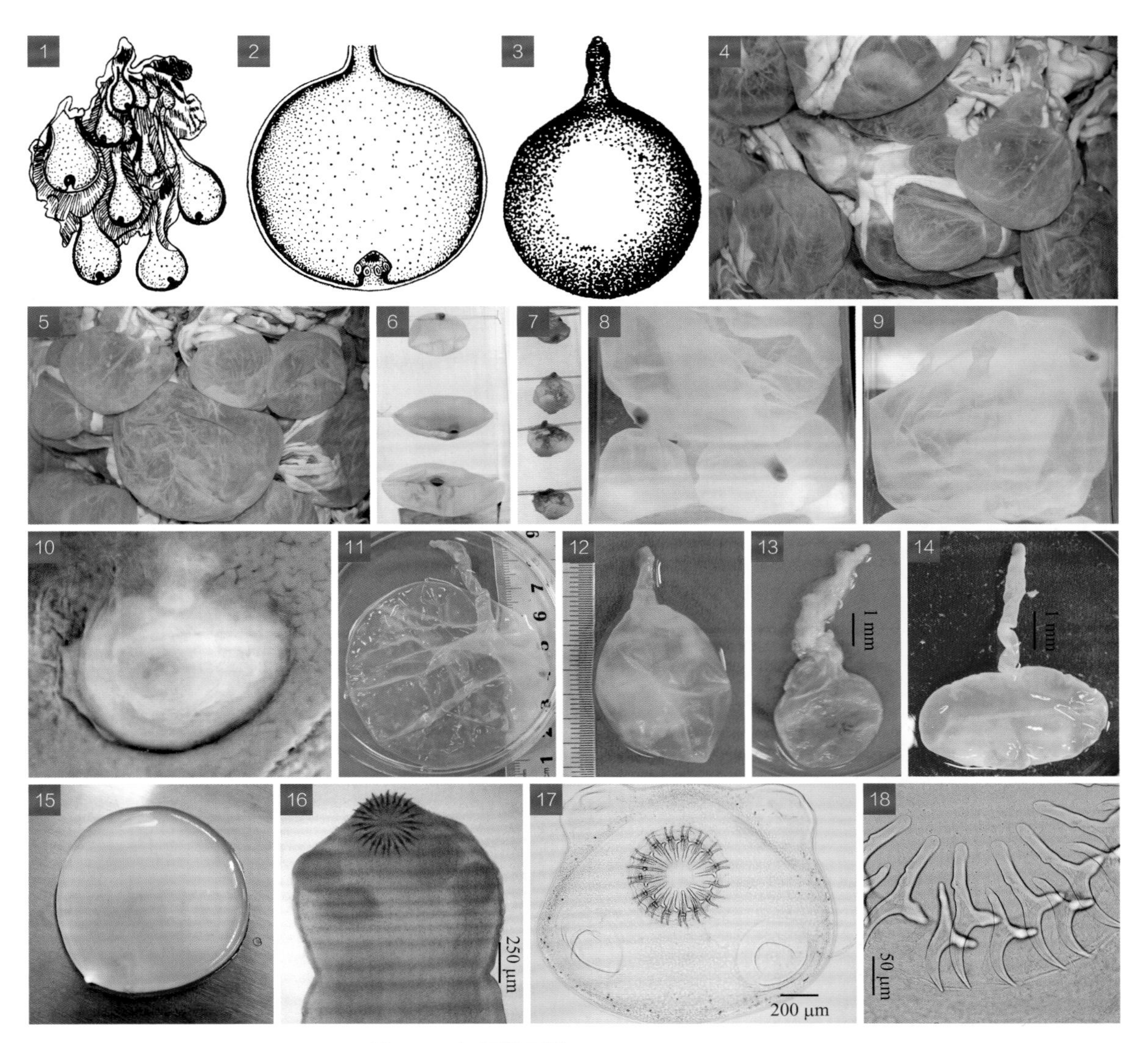

图 142　细颈囊尾蚴 *Cysticercus tenuicollis*

图释

1～15. 虫体（3、11～14 示头节翻出）；16, 17. 头节；18. 吻钩

1, 2. 引自黄兵和沈杰（2006）；3. 引自 Stiles（1898）；4, 5. 原图（YNAU）；6, 7. 原图（SCAU）；8～14. 原图（LVRI）；15. 原图（YZU）；16. 原图（SASA）；17, 18. 原图（Schuster R K 摄）

143 羊带绦虫 *Taenia ovis* (Cobbold, 1869) Ransom, 1913

【关联序号】41.3.3（21.4.2）/ 294。

【宿主范围】成虫寄生于犬、猫的小肠。

【地理分布】甘肃、贵州、辽宁、新疆。

【形态结构】大型绦虫。虫体长 45.00～110.00 cm，最大宽度 0.40～0.85 cm，常呈螺旋状卷曲。头节宽大，直径 0.800～1.250 mm，有 1 个吻突和 4 个吸盘。吻突发育良好，直径 0.375～0.430 mm，有 2 圈交替排列的大小吻钩 24～36 个，大钩长 0.160～0.184 mm，钩刃长 0.068～0.084 mm，小钩长 0.104～0.128 mm，钩刃长 0.048～0.060 mm。吸盘呈圆形，直径 0.270～0.320 mm。颈节显著，宽 0.650～0.900 mm，石灰质颗粒极多。未成熟节片和成熟节片的宽度大于长度，而孕卵节片的长度则大于宽度。节片的侧缘因生殖乳突而向外突起，生殖乳突无规律地交替位于体节边缘的中央略偏后。在孕卵节片中，生殖乳突的直径可超过 1.000 mm，高度可达 0.750 mm。生殖窦大，其深度和宽度大小各异，最大可达 0.400 mm。睾丸约 300 枚，略呈长形，分布于节片的前半部至前缘和纵排泄管的内侧区域，达卵巢外侧，但不达卵巢后缘水平线之后，在接近两侧的纵排泄管，尤其在输精管及阴道周围的睾丸较为拥挤，在卵巢前和卵巢后形成一个半圆形的无睾丸区。雄茎囊长 0.450～0.550 mm，其内端接近腹纵排泄管的外侧。卵巢不甚结实，分为 2 叶，每叶均呈长椭圆形，横置在节片的后半部，近生殖孔侧的卵巢略小于生殖孔对侧。卵黄腺为网状体，横列在卵巢之后，两侧不达卵巢外缘。阴道略弯曲，位于雄茎囊后面，开口于生殖窦，向内从卵巢前缘或前端越过延伸至两卵巢之间。孕卵节片的子宫分出 20～25 个侧支，每个侧支又分许多小支，部分小支相互融合相通，子宫内充满虫卵。虫卵呈卵圆形，大小为 30～34 μm×24～28 μm。

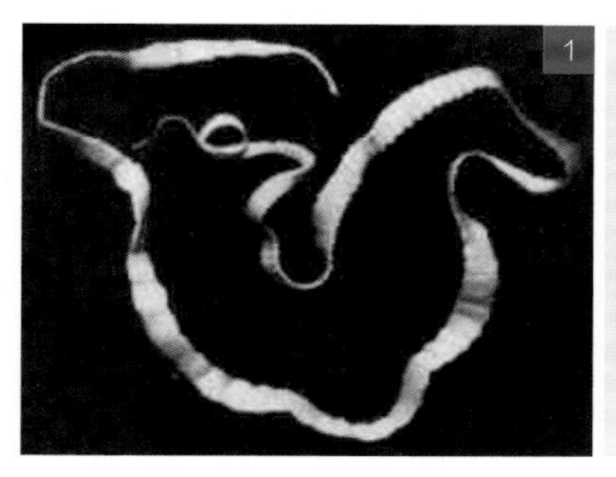
1

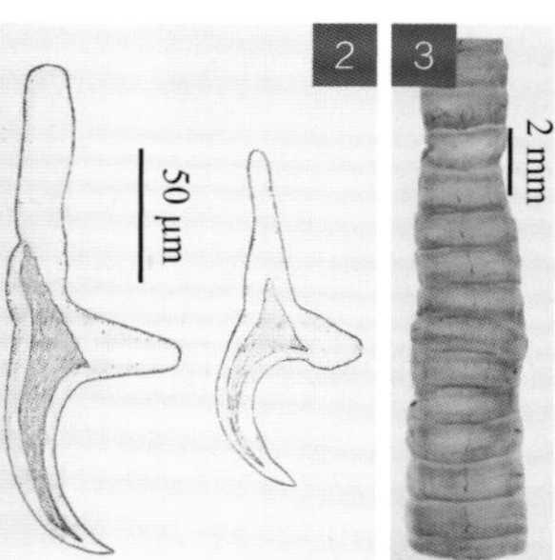
2

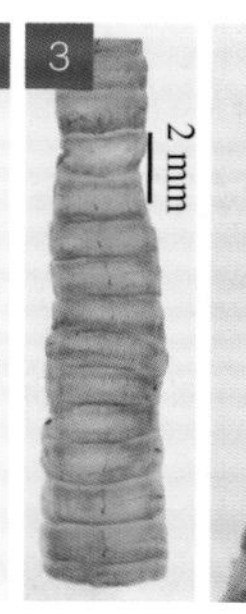
3

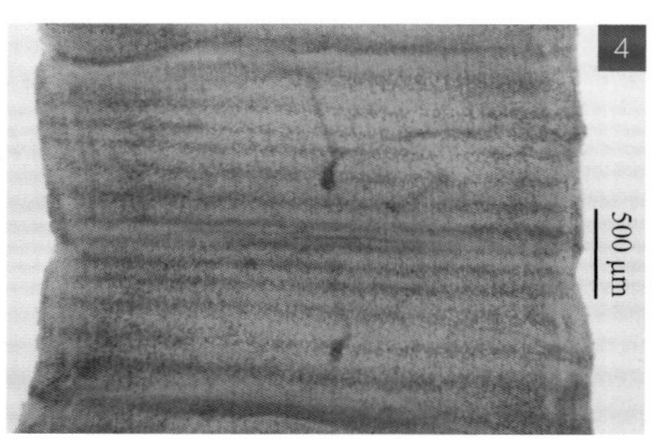
4

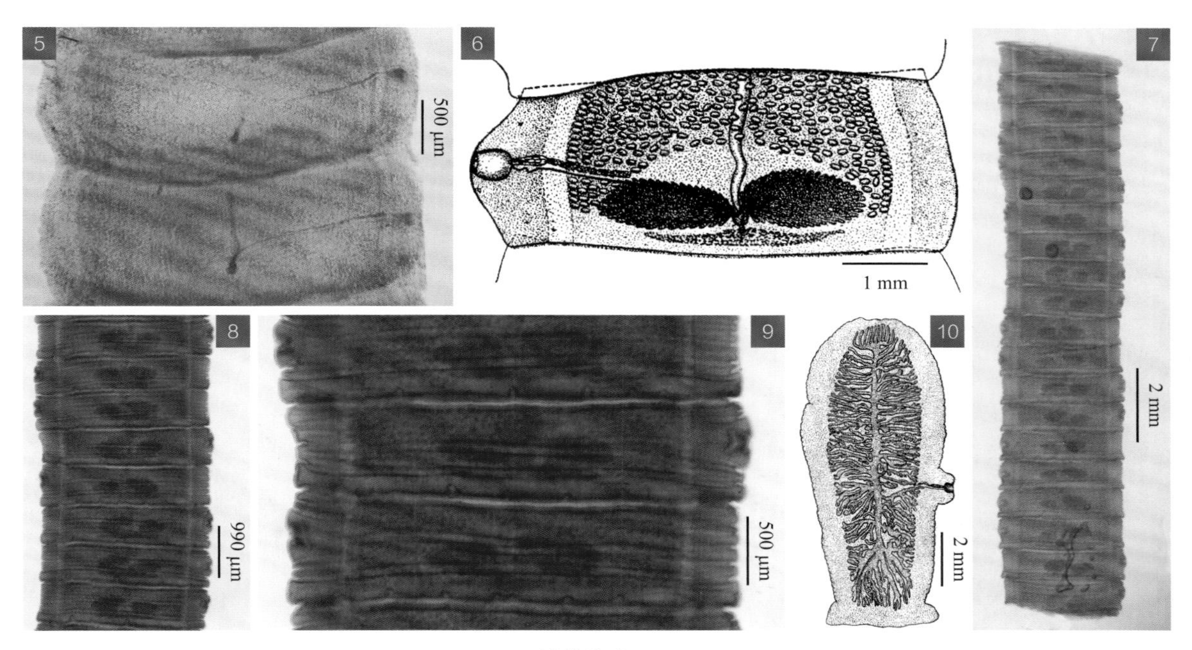

图 143　羊带绦虫 *Taenia ovis*

图释

1. 虫体；2. 吻钩；3～5. 未成熟节片；6～9. 成熟节片；10. 孕卵节片

1, 6, 10. 引自 Ransom（1913）；2. 引自 Hall（1919）；3～5, 7～9. 原图（SHVRI）

144 羊囊尾蚴　*Cysticercus ovis* Cobbold, 1869

【关联序号】 41.3.3.1（21.4.2.1）/ 。

【宿主范围】 幼虫寄生于绵羊、山羊的肌肉。

【地理分布】 甘肃、黑龙江、辽宁、青海、山西、新疆。

【形态结构】 为羊带绦虫的幼虫。虫体呈卵圆形囊泡，大小为 0.35～0.90 cm×0.20～0.40 cm，头部和颈部在囊泡中央内陷，囊壁很薄，表面有小乳头状突起。颈部有横向皱纹，内陷时呈卷曲状，外翻时长 0.10～0.50 cm。头节宽 0.500～0.800 mm，吻突突起，直径 0.275～0.375 mm。吻突上有交替排列的大小吻钩 2 圈 24～36 个，通常为 28～32 个。吻钩相当纤细，大钩的钩柄长于钩刃，大钩长 0.156～0.188 mm，钩刃长 0.076～0.080 mm，小钩长 0.096～0.120 mm，钩刃长 0.052～0.060 mm。吸盘呈椭圆形，直径 0.240～0.320 mm。石灰质颗粒在颈部很多，而在头部较少，这在囊尾蚴中非常罕见。

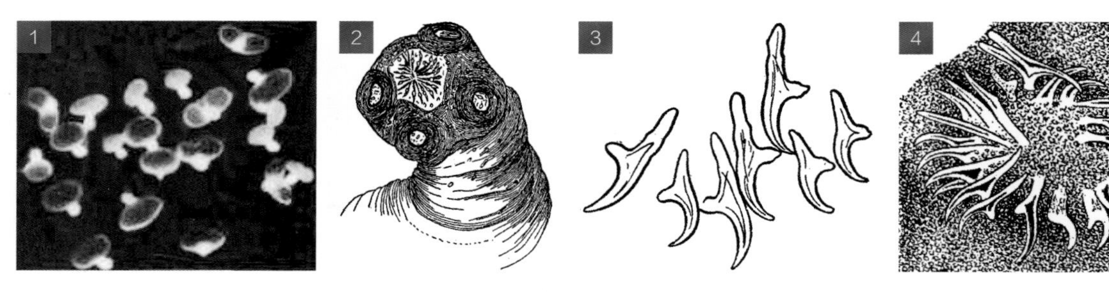

图 144 羊囊尾蚴 *Cysticercus ovis*

图释

1. 虫体；2. 头节与颈部；3, 4. 吻钩

1～4. 引自 Ransom（1913）

145 豆状带绦虫 ***Taenia pisiformis* (Bloch, 1780) Gmelin, 1790**

【关联序号】41.3.4（21.4.3）/ 295。

【同物异名】囊状蠕形绦虫豆状亚种（*Vermis vesicularis pisiformis* Bloch, 1780）；豆状泡状绦虫（*Hydatigena pisiformis* (Bloch, 1780) Goeze, 1782）；小囊泡状绦虫（*Hydatigena utriculenta* Goeze, 1782）；犬带绦虫猪亚种（*Taenia caninum solium* Werner, 1782）；齿形带绦虫（*Taenia serrata* Goeze, 1782）；豆状囊带绦虫（*Cystotaenia pisiformis* Batsch, 1786）；心形泡状绦虫（*Hydatigena cordata* Batsch, 1786）；葫芦形带绦虫犬亚种（*Taenia cucurbitina canis* Batsch, 1786）；豆状水泡绦虫（*Vesicaria pisiformis* (Bloch, 1780) Schrank, 1788）；兔单盘绦虫（*Monostomum leporis* Kuhn, 1830）；新小带绦虫（*Taenia novella* Neumann, 1896）；小囊带绦虫（*Taenia utricularis* Hall, 1912）。

【宿主范围】成虫寄生于犬、猫的小肠。

【地理分布】安徽、北京、重庆、福建、甘肃、广东、广西、贵州、河北、黑龙江、吉林、江苏、江西、辽宁、宁夏、山东、山西、陕西、上海、四川、天津、新疆、云南、浙江。

【形态结构】大型绦虫。虫体新鲜时呈白色，体长 30.00～200.00 cm，多数为 40.00～100.00 cm，体宽 0.08～0.48 cm，有节片 267～400 个，节片呈长方形。头节呈球形，宽 1.136～1.300 mm，有 1 个吻突和 4 个圆形吸盘。吻突直径为 0.515～0.640 mm，有大小吻钩 28～48 个，交替排列成 2 圈，钩盘直径 0.288～0.400 mm，大钩长 0.160～0.294 mm，小钩长 0.112～0.177 mm。吸盘大小为 0.230～0.480 mm×0.220～0.510 mm。颈部稍窄于头节，宽 0.768～0.960 mm，从吸盘后边缘到第 1 个明显节片的长度为 0.07～0.17 cm。成熟节片的长宽为 2.300～3.750 mm×1.750～2.350 mm，孕卵节片的长宽为 10.000～12.000 mm×4.000～6.000 mm。排泄管 2 对，腹排泄管在节间有横管相通。生殖孔不规则地交叉开口于节片侧缘中央。睾丸有 250～400 枚，大

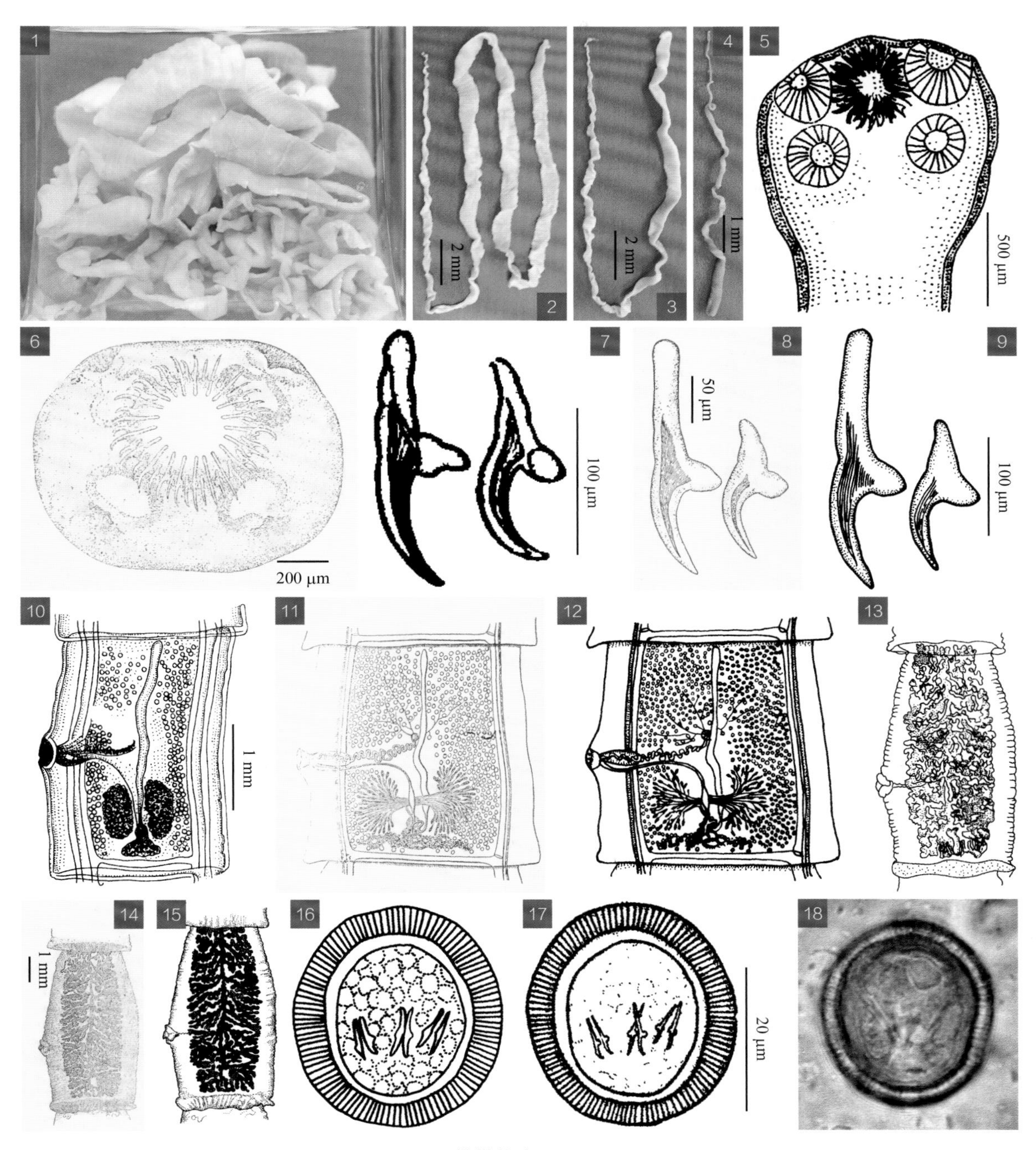

图 145　豆状带绦虫 *Taenia pisiformis*

图释

1～4. 虫体；5, 6. 头节（6 示顶面观）；7～9. 吻钩；10～12. 成熟节片；13～15. 孕卵节片；16～18. 虫卵

1～4. 原图（LVRI）；5, 10, 13, 16. 引自黄兵和沈杰（2006）；6, 8, 11, 14. 引自 Hall（1919）；7, 17. 引自林宇光（1956）；9, 12, 15. 引自蒋学良等（2004）；18. 原图（YZU）

小为 0.060～0.096 mm×0.090～0.132 mm，密集分布于两排泄管的内侧，中央子宫附近稀少，卵黄腺下面极少。输精管呈疏松状卷曲，在子宫处向上弯曲。雄茎囊膨大呈纺锤形，无弯曲。卵巢分为大小相近的左右 2 瓣，每瓣有叶状分支，生殖孔侧的大小为 0.508～0.960 mm×0.336～0.560 mm，生殖孔对侧的大小为 0.640～0.880 mm×0.388～0.560 mm。卵黄腺呈块状，前窄后宽，位于卵巢后面。阴道在近生殖孔处有膨大，越过排泄管后弯向卵巢中央，膨大为受精囊。早期子宫呈长管状，有弯曲，直立于节片的中央，长 1.850～3.000 mm，横径 0.112 mm。孕卵节片的子宫向每侧分出 8～14 个侧支，每个侧支再分细支，子宫内充满虫卵。虫卵呈球形，直径 50～60 μm，外胚膜大小为 44～48 μm×28～32 μm，内胚膜直径 40～44 μm，六钩蚴直径 32～36 μm。

146 豆状囊尾蚴 *Cysticercus pisiformis* (Bloch, 1780) Zeder, 1803

【关联序号】 41.3.4.1（21.4.3.1）/ 296。

【宿主范围】 幼虫寄生于兔的肠系膜、网膜、肝脏、胃黏膜，偶尔在肺脏。

【地理分布】 安徽、重庆、福建、甘肃、广东、广西、贵州、海南、河南、黑龙江、湖北、吉林、江苏、江西、辽宁、宁夏、青海、山东、山西、陕西、上海、四川、西藏、新疆、云南、浙江。

【形态结构】 为豆状带绦虫的幼虫。虫体为卵圆形囊泡，大小为 0.20～1.10 cm×0.12～1.00 cm，单个或多个串成葡萄状，囊壁无色透明，囊内充满液体和 1 个白色头节。头节长宽为 0.800～1.200 mm×0.500～0.800 mm，上有排列成 2 圈 28～36 个钩和 4 个吸盘。吸盘呈圆形或椭圆形，大小为 0.300～0.325 mm×0.250～0.300 mm。头节后为细长的颈部，颈部长宽为 2.000～4.000 mm×1.000～2.400 mm。颈部后为半透明的膜状链体雏型，其远端与囊内壁相连。

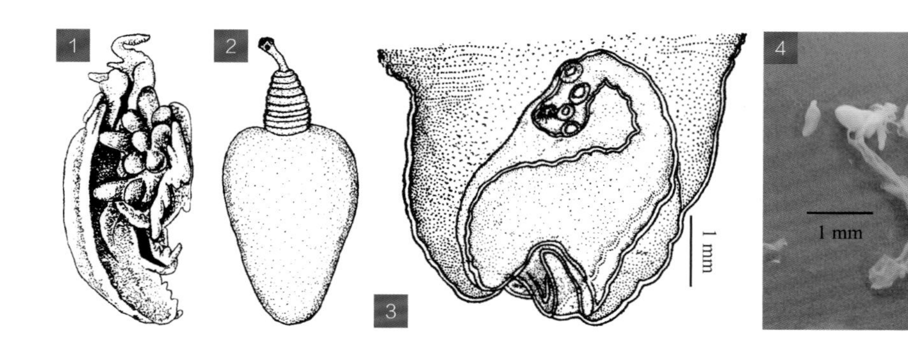

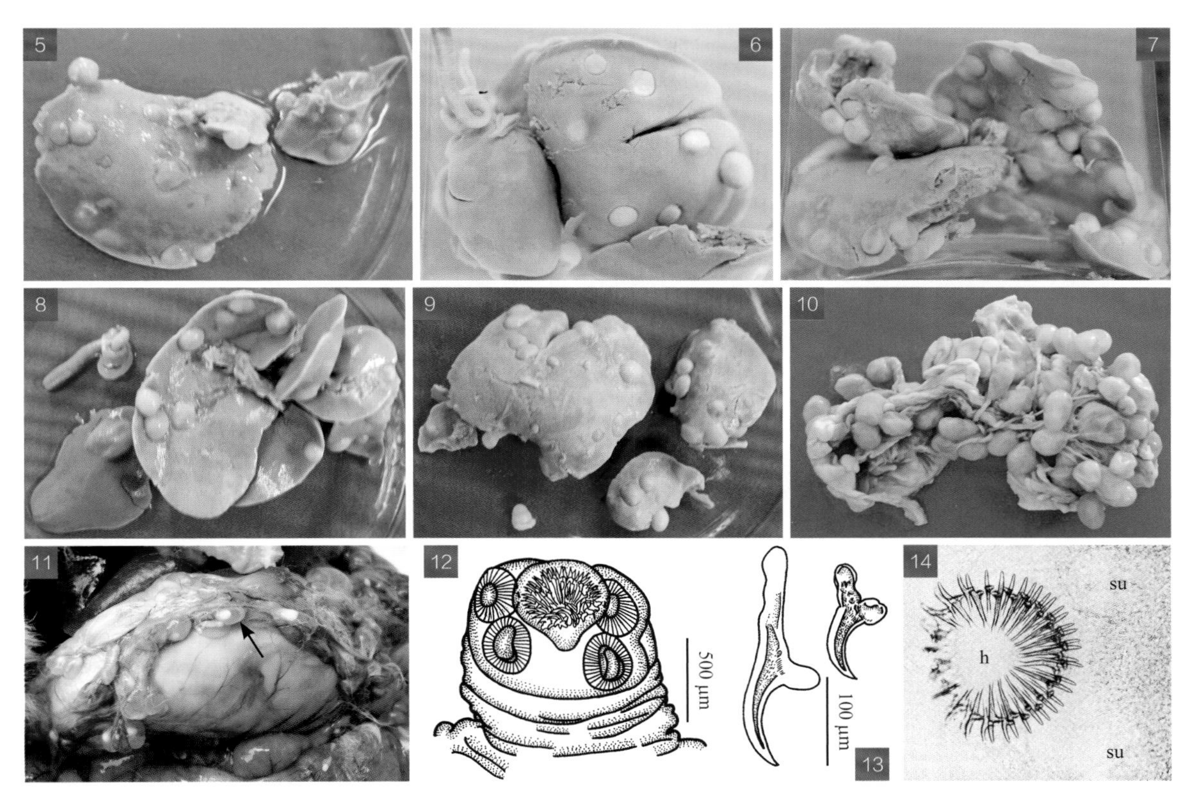

图 146　豆状囊尾蚴 *Cysticercus pisiformis*

图释

1～4. 虫体（2 示头节外翻，3 示头节内陷）；5～9. 寄生于鼠肝脏上的包囊；10, 11. 寄生于兔肠系膜上的包囊；12. 头节；13. 吻钩；14. 钩盘与吸盘

1, 2. 引自黄兵和沈杰（2006）；3. 引自林宇光（1956）；4～9. 原图（LVRI）；10, 11. 引自江斌等（2012）；12, 13. 引自蒋学良等（2004）；14. 引自 Greve 和 Tyler（1964）

147 猪囊尾蚴　*Cysticercus cellulosae* Gmelin, 1790

【关联序号】 41.3.1（21.4.5）/ 291。

【宿主范围】 幼虫主要寄生于猪的皮下、肌肉、脑、肾脏、心脏、舌、肝脏、肺脏、眼、口腔黏膜，偶尔寄生于犬，人可感染。

【地理分布】 安徽、北京、重庆、福建、甘肃、广东、广西、贵州、海南、河北、河南、黑龙江、湖北、湖南、吉林、江苏、江西、辽宁、内蒙古、宁夏、青海、山东、山西、陕西、上海、四川、天津、西藏、新疆、云南、浙江。

【形态结构】 为有钩带绦虫的幼虫。虫体为圆形或椭圆形的囊泡，其大小因发育时间不同而差异较大，小的仅为 0.024～0.042 mm×0.021～0.036 mm，大的可达 8.000～14.500 mm×4.500～8.000 mm。囊内充满液体，囊外形成被膜，囊壁为 1 层薄壁，壁上有 1 个圆形黍粒大的乳白色小结，为内翻的头节。经压片染色或孵化试验外翻出的头节，与成虫头节相同，头节上有吻突和 4 个吸盘，吻突上带有许多角质小钩，分为 2 圈排列。头节直径为 0.870～0.950 mm，吻突上有大小吻钩 25～28 个。大钩长 0.160～0.170 mm，钩柄长 0.070～0.077 mm，钩刃长 0.090～0.100 mm。小钩长 0.108～0.125 mm，钩柄长 0.045～0.050 mm，钩刃长 0.063～0.057 mm。吸盘近圆形，大小为 0.250～0.325 mm×0.225～0.320 mm。头节后为颈节和无生殖腺的链体雏型，其远端与囊内壁相连。

［注：成虫为有钩带绦虫（*Taenia solium* Linnaeus, 1758），又名：猪带绦虫、链状带绦虫，寄生于人的小肠］

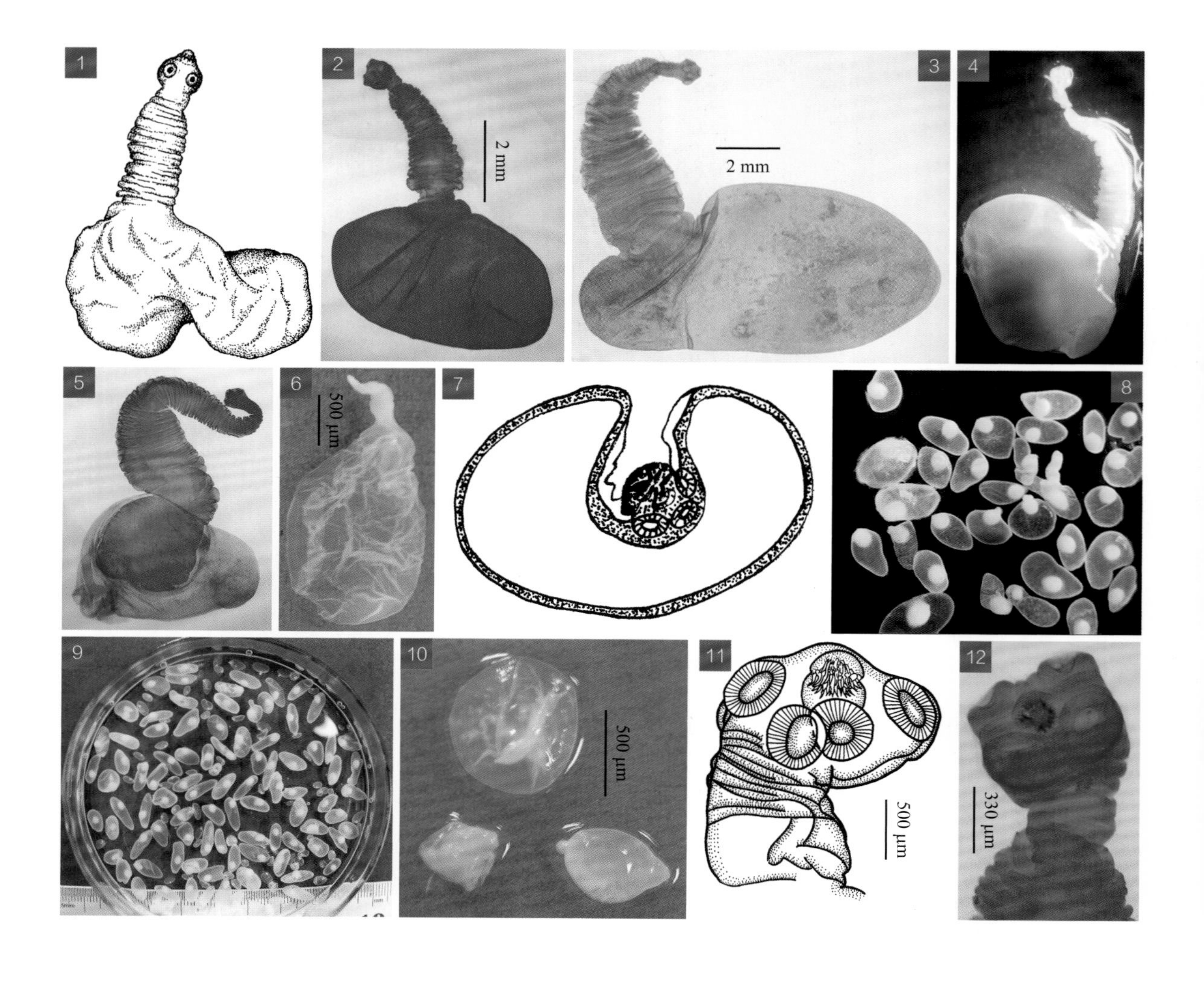

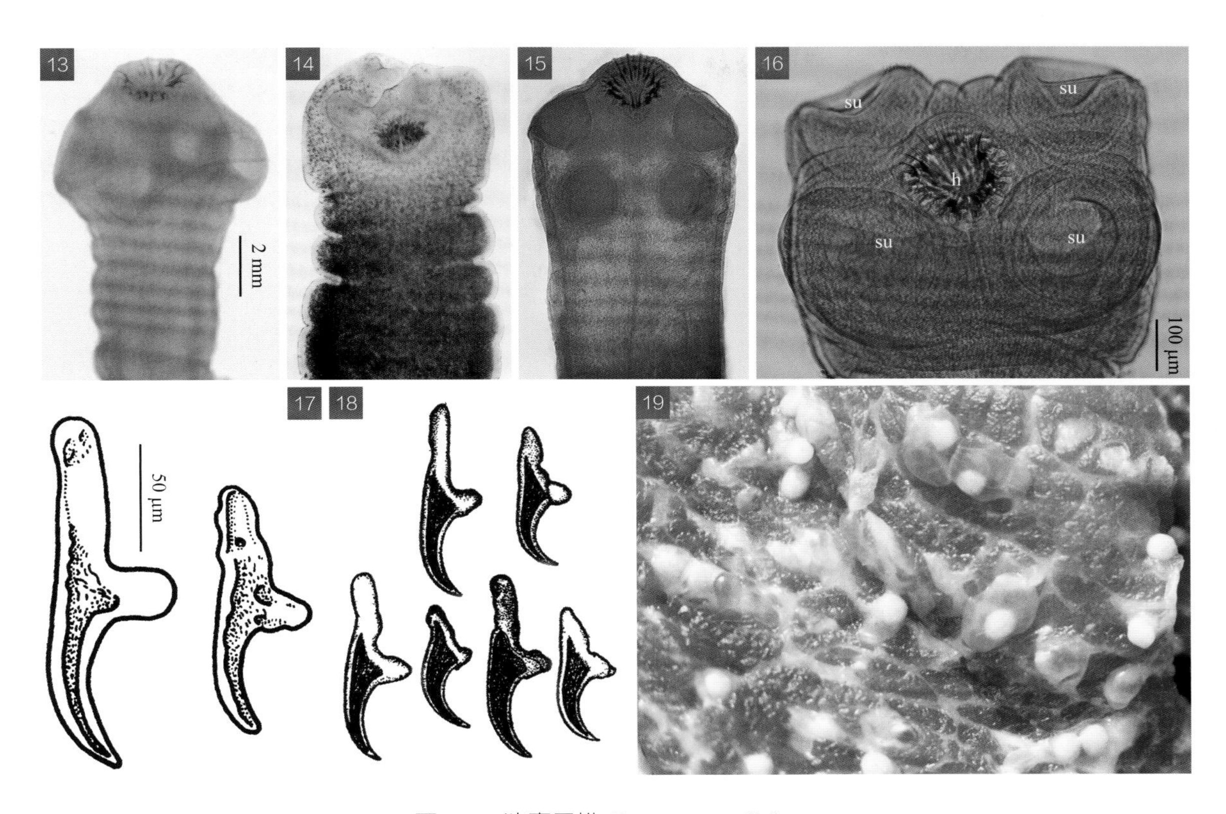

图 147　猪囊尾蚴 *Cysticercus cellulosae*

图释

1～6. 头节伸出虫体；7～10. 头节未伸出虫体；11～15. 头节与颈部；16. 头节顶面观；17, 18. 吻钩；19. 寄生于猪肌肉的虫体

1. 引自 Stiles（1898）；2, 12, 16. 原图（SHVRI）；3, 13. 原图（YZU）；4, 14, 15. 引自江斌等（2012）；5, 8, 19. 引自李朝品和高兴政（2012）；6, 9, 10. 原图（LVRI）；7. 引自黄兵和沈杰（2006）；11, 17. 引自蒋学良等（2004）；18. 引自 Ransom（1913）

7.5　带 吻 属

Taeniarhynchus Weinland, 1858

【**宿主范围**】成虫寄生于人体。幼虫为囊尾蚴，只有 1 个头节，寄生于牛、羊、骆驼等食草动物。

【**形态结构**】中型或大型绦虫。虫体肥厚。头节的吻突退化成斑状痕迹，无吻钩，有发达的吸盘 4 个。颈节细长。链体大而节片数量多，有节片 742～1847 个。每个节片有生殖器官 1 套，生殖孔不规则交叉开口于节片侧缘中部，略向外突出。睾丸数目多，分布于两侧纵排泄管之间的区域。输精管呈曲线或螺旋状。雄茎囊呈长椭圆形，无内、外贮精囊。卵巢分为 2 叶，其生殖孔侧叶小于另一侧叶，位于节片后部。卵黄腺呈横向拉长，位于卵巢之后。早期子宫呈盲管状，直立于节片中央。孕卵节片的子宫由主干向两侧高度分支，充满整个节片。虫卵近圆形，卵壳极薄，无色透明。模式种：无钩带吻绦虫［*Taeniarhynchus saginatus* (Goeze, 1782) Weinland, 1858］。

［注：Yamaguti（1959）和 Schmidt（1986）记录为独立属，Khalil 等（1994）列为带属的同物异名］

148 牛囊尾蚴 *Cysticercus bovis* Cobbold, 1866

【关联序号】41.5.1（21.5.1）/ 299。

【宿主范围】幼虫寄生于牛、黄牛、牦牛、山羊的肌肉、心脏、肺脏、皮下和猪的肝脏、大网膜及肠系膜，人可感染。

【地理分布】安徽、重庆、福建、甘肃、广西、贵州、河北、黑龙江、湖南、吉林、江苏、江西、辽宁、内蒙古、宁夏、青海、山东、上海、四川、台湾、天津、西藏、新疆、云南。

【形态结构】为无钩带吻绦虫的幼虫。虫体呈灰白色，为圆形或椭圆形的半透明囊泡，其大小因发育时间不同而差异较大，具感染性的囊泡大小为 0.75～1.00 cm×0.30～0.80 cm。囊内充满液体，囊壁为内外 2 层，外层为角质层，内层为间质层。在间质层有一处增厚凹入囊腔，上有一粟粒大的白色头节。头节直径为 1.500～2.000 mm，上有 4 个吸盘，无吻突和吻钩。

［注：成虫为无钩带吻绦虫（*Taeniarhynchus saginatus* (Goeze, 1782) Weinland, 1858），又名：牛带绦虫、无钩带绦虫、肥胖带绦虫（*Taenia saginata* Goeze, 1782），寄生于人的小肠］

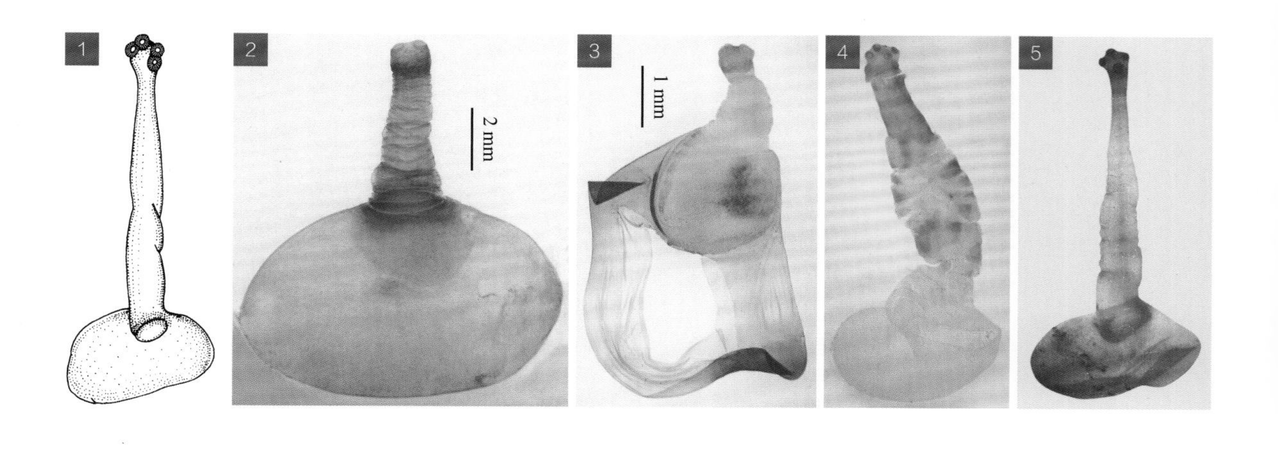

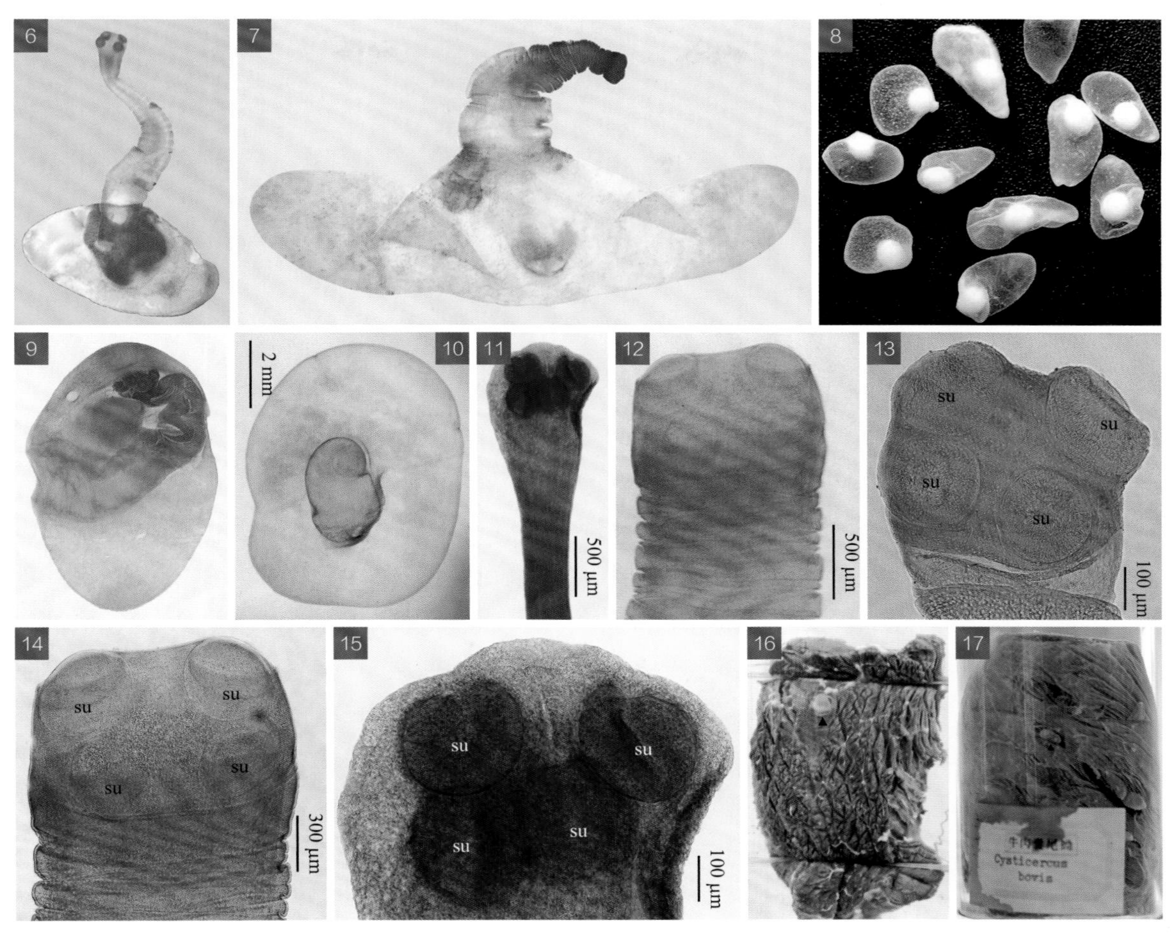

图 148 牛囊尾蚴 *Cysticercus bovis*

图释

1～7. 头节伸出虫体；8～10. 头节未伸出虫体；11, 12. 头节与颈部；13～15. 头节（15 示顶面观）；16, 17. 寄生于牛肌肉的虫体

1. 引自黄兵和沈杰（2006）；2, 3, 10～15. 原图（SHVRI）；4～9. 引自李朝品和高兴政（2012）；16, 17. 原图（SCAU）

8 双槽头科

Dibothriocephalidae Lühe, 1902

【同物异名】 裂头科；双叶槽科（Diphyllobothriidae Lühe, 1910）。

【宿主范围】 成虫主要寄生于哺乳、爬行动物和鸟类、鱼类。第一中间宿主为甲壳动物，第二中间宿主为哺乳、爬行、两栖动物和鸟类、鱼类。

【形态结构】 中型到大型绦虫。头节通常呈扁长形，双面表面有槽沟。颈节长而明显或不明显。链体分节通常明显，分节完全或不完全。排泄管位于皮层或髓质。每个节片的生殖器官多数为1套，也可为2套，偶尔为多套。生殖腔位于节片中腹部表面，雄性和雌性管共同或分别开口于生殖腔。睾丸数目多，分布于雌性生殖器官两侧的髓质区。雄茎囊壁厚，内有较小的内贮精囊，并有外贮精囊。卵巢呈2瓣，位于节片后部中央腹面髓质区。卵黄腺滤泡小而多，位于皮层，通常在生殖孔前相汇合。子宫形状多样，其末端的子宫囊开口于腹面生殖腔之后。虫卵有卵盖，内含受精的卵细胞而无发育的六钩蚴。虫卵需在外界经一段时间发育为钩球蚴（Coracidium），进入第一中间宿主体腔内发育为原尾蚴（Procercoid），再进入第二中间宿主体内发育为实尾蚴（Plerocercus）或裂头蚴（Plerocercoid，全尾蚴），最后进入终末宿主的肠道发育为成虫。模式属：双槽头属［*Dibothriocephalus* Lühe, 1899］。

《中国家畜家禽寄生虫名录》（2014）记载双槽头科绦虫3属7种8个记录（成虫7种、中绦期幼虫1种），本书全部收录，参考Khalil等（1994）编制双槽头科3属的分类检索表如下所示。

双槽头科分属检索表

1. 分节限于链体前部 ·· 2
   分节贯穿整个链体 ·· 3
2. 节片有生殖器官1套 ··· 8.2 舌状属 *Ligula*
   节片有生殖器官2套 ··················· 双线属 *Digramma*（成虫寄生于鸟类）
3. 头节发育不良，仅在最前端有2个细裂缝 ··
   ····················· 裂首属 *Schistocephalus*（成虫寄生于鸟类）
   头节明显，发育良好 ·· 4

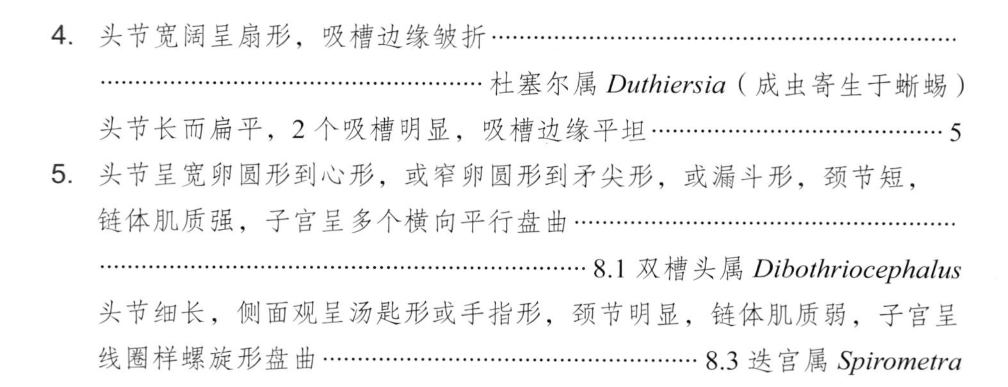

4\. 头节宽阔呈扇形，吸槽边缘皱折 ……………………………………………………
…………………………………………… 杜塞尔属 *Duthiersia*（成虫寄生于蜥蜴）
头节长而扁平，2 个吸槽明显，吸槽边缘平坦 …………………………………… 5

5\. 头节呈宽卵圆形到心形，或窄卵圆形到矛尖形，或漏斗形，颈节短，
链体肌质强，子宫呈多个横向平行盘曲 ……………………………………………
…………………………………………………… 8.1 双槽头属 *Dibothriocephalus*
头节细长，侧面观呈汤匙形或手指形，颈节明显，链体肌质弱，子宫呈
线圈样螺旋形盘曲 …………………………………………… 8.3 迭宫属 *Spirometra*

［注：Yamaguti（1959）、Schmidt（1986）和 Khalil 等（1994）以双叶槽科（Diphyllobothriidae Lühe, 1910）作为本科的正式名称，模式属为双叶槽属（*Diphyllobothrium* Cobbold, 1858），模式种为冠头双叶槽绦虫（*Diphyllobothrium stemmacephalum* Cobbold, 1858）。Khalil 等（1994）将双槽头科（Dibothriocephalidae Lühe, 1902）、双槽头属（*Dibothriocephalus* Lühe, 1899）列为双叶槽科、双叶槽属的同物异名。而赵辉元（1996）记录双槽头科作为本科的正式名称，模式属为双槽头属，模式种为阔节双槽头绦虫（*Dibothriocephalus latus* (Linnaeus, 1758) Lühe, 1899），并对本科及模式属的名称变化情况进行了说明］

8.1 双槽头属

Dibothriocephalus Lühe, 1899

【同物异名】 裂头属，双叶槽属（*Diphyllobothrium* Cobbold, 1858）；菜花首属（*Pyramicocephalus* Monticelli, 1890）；裂头蚴属（*Gatesius* Stiles, 1908）；*Lueheella* Baer, 1924；腺首属（*Adenocephalus* Nybelin, 1929）；双锚槽属（*Diancyrobothrium* Bacigalupo, 1945）；心首属（*Cordicephalus* Wardle, McLeod et Stewart, 1947）；曲槽属（*Flexobothrium* Yurakhno, 1989）。

【宿主范围】 成虫寄生于陆生、海洋哺乳动物和食鱼鸟类。幼虫为裂头蚴，寄生于鱼类。

【形态结构】 中型或大型绦虫。头节长而扁平，呈宽卵圆形至心形，或窄卵圆形至矛尖形，或漏斗形，2 个吸槽明显。颈节长度不定。链体肌质强，表面有纵皱。节片略带缘膜，通常宽度大于长度，每个节片有生殖器官 1 套。睾丸和卵黄腺数目多，分布于节片两侧，可在节片前部和后部延伸越过中线。雄性生殖孔位于雌性生殖孔前，共同开口于生殖腔。生殖腔位于节片表层，表面有小乳头状突起，开口于节片中央前 1/3 接近节片前缘处。卵巢 2 瓣，位于节片后部。阴道呈直管状，位于节片中央。子宫呈多个横向平行盘曲或呈莲花状，开口于雌雄生

殖孔后面。虫卵两端钝圆。模式种：阔节双槽头绦虫［*Dibothriocephalus latus* (Linnaeus, 1758) Lühe, 1899］。

149 心形双槽头绦虫 *Dibothriocephalus cordatus* (Leuckart, 1863) Lühe, 1910

【关联序号】（22.1.1）/。

【同物异名】心形槽头绦虫（*Bothriocephalus cordatus* Leuckart, 1863）；心形双槽绦虫（*Dibothrium cordatum* (Leuckart, 1863) Diesing, 1863）；心形双叶槽绦虫（*Diphyllobothrium cordatum* (Leuckart, 1863) Gedoelst，1911）；裂唇槽头绦虫（*Bothriocephalus schistochilos* Germanos, 1895）；裂唇双槽头绦虫（*Dibothriocephalus schistochilos* (Germanos, 1895) Lühe, 1899）；裂唇双叶槽绦虫（*Diphyllobothrium schistochilos* (Germanos, 1895) Meggitt, 1921）；勒氏双槽头绦虫（*Dibothriocephalus römeri* Zschokke, 1903）；勒氏双叶槽绦虫（*Diphyllobothrium römeri* (Zschokke, 1903) Meggitt, 1924）；圆首槽头绦虫（*Bothriocephalus coniceps* Linstow, 1905）；圆首双叶槽绦虫（*Diphyllobothrium coniceps* (Linstow, 1905) Meggitt, 1921）；巨茎槽头绦虫（*Bothriocephalus macrophallus* Linstow, 1905）；巨茎双叶槽绦虫（*Diphyllobothrium macrophallus* (Linstow, 1905) Meggitt, 1924）。

【宿主范围】成虫寄生于犬的小肠，海豹、海象等海洋哺乳动物和人体亦可感染。

【地理分布】台湾。

【形态结构】中型绦虫。虫体形状极其多变，小虫体扁平呈柳叶刀形，而大虫体呈蠕虫状，而非柳叶刀形。虫体通常长 10.00～20.00 cm，最长达 35.00 cm，最短为 2.00 cm，最大宽度 0.50～0.60 cm。舒展的链体薄而半透明，其中线处的最大厚度为 0.06～0.08 cm。节片数量多（如 34.00 cm 长的虫体有节片 597 个），链体边缘呈锯齿状，越往后越明显。头节呈心形，突出于较宽的“肩”上，长宽为 0.071～1.000 mm×0.090～1.50 mm。缺颈节，节片紧随头节之后。节片略呈梯形，链体前 2/3 的节片，包括多数孕卵节片，其宽度明显大于长度；链体后 1/3 的节片，其长度增加，接近或大于宽度。生殖原基通常出现在头节后大约第 50 个节片，在子宫中首次发现成熟虫卵的节片位于链体的中部或其后。生殖腔开口于节片腹侧，距节片前缘 0.020～0.025 mm，阴道孔靠近雄性孔并共同开口于生殖腔，子宫孔位于生殖腔开口后 0.040～0.080 mm 处。睾丸数目多，呈不规则球形，大小为 0.051～0.083 mm×0.027～0.066 mm，在髓质中排列 2 或 3 层，分布于节片两侧，在节片的前端或后端中央不汇合，与卵巢边缘轻微重叠。雄茎囊呈梨形或卵圆形，显著大于同属其他种类的雄茎囊，大小为 0.450～0.752 mm×0.225～0.349 mm，位于节片的前背侧，其远端延伸至或略超过节片前缘。贮精囊呈亚球形到球形，大小为 0.151～0.230 mm×0.150～0.195 mm，位于雄茎囊之后。雄茎卷曲，较粗，表面具微棘，肌壁厚实。输精管位于背侧，呈卷曲状。卵巢分为紧凑的 2 瓣，呈网状，由卵细胞组成，位于节片中部后缘，宽为 1.040～1.500 mm。卵黄腺丰富，排列紧凑，位于纵向肌束的中间层与最内层之间，与节片中央生殖器官周围有狭窄间隙，腹面观其大小为 0.027～0.041 mm×0.020～0.032 mm，在节片前缘不汇合，通常在很成熟节片的卵巢后面汇合，可与子宫盘曲末端和卵巢外侧边缘重叠。阴道厚壁，延伸至生殖腔的背侧越过贮精囊到达纵肌背层的内缘，转向腹侧并延伸接近节片的腹表面。子宫盘曲松散，每侧通常有 5 或 6 个盘曲，最后 1 或 2 个盘曲向后外侧延伸，与两侧卵巢瓣重叠，内含虫卵。虫卵呈椭圆形，大小为 51～79 μm×37～58 μm，有卵盖，直径为 19～22 μm。

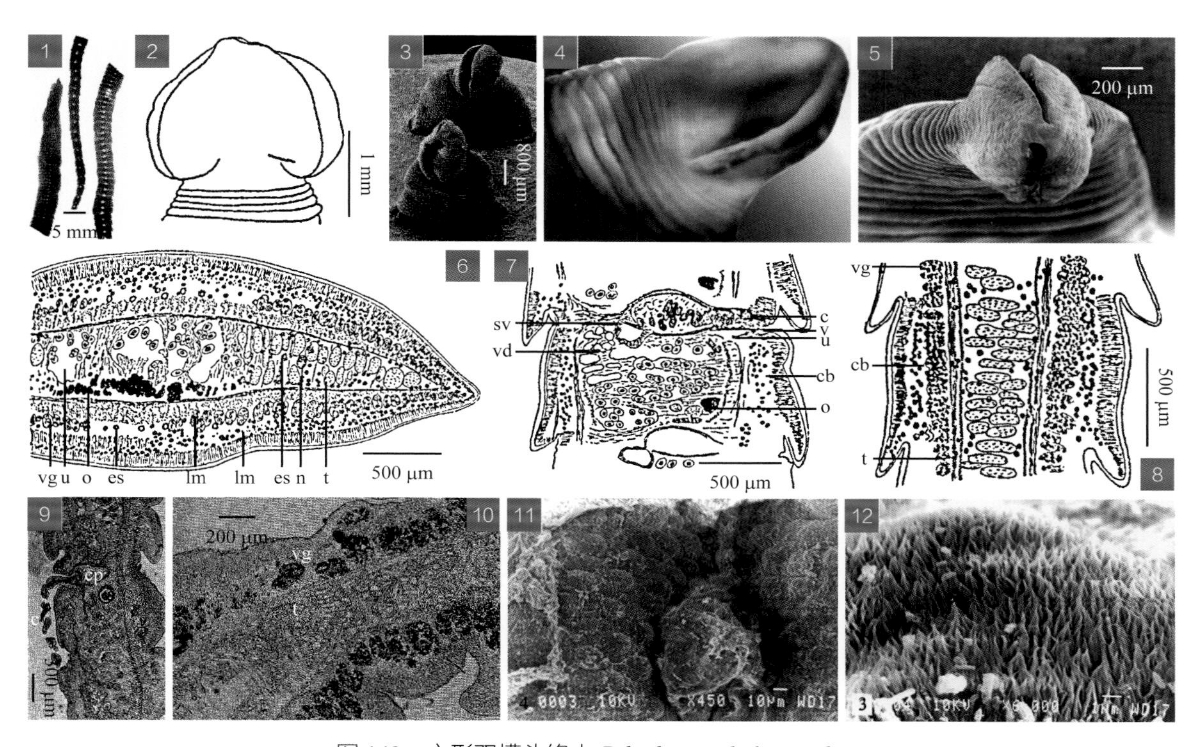

图 149　心形双槽头绦虫 *Dibothriocephalus cordatus*

图释

1. 虫体；2～5. 头节；6～10. 成熟节片（6 示横切面，7～10 示纵切面）；11. 雄茎与性乳突；12. 雄茎表面微棘

1, 3, 9, 10. 引自 Andersen（1987）；2, 6～8. 引自 Markowski（1952）；4, 5, 11, 12. 引自 Протасова 等（2006）

150 伪装双槽头绦虫 *Dibothriocephalus decipiens* (Diesing, 1850) Lühe, 1899

【关联序号】39.1.1（22.1.2）/ 。

【同物异名】狄西双槽头绦虫；猫槽头绦虫（*Bothriocephalus felis* Creplin, 1825）；伪装双槽绦

虫（*Dibothrium decipiens* Diesing, 1850）；伪装槽头绦虫（*Bothriocephalus decipiens* (Diesing, 1850) Railliet, 1866）；迷走裂头绦虫，伪装双叶槽绦虫（*Diphyllobothrium decipiens* (Diesing, 1850) Gedoelst, 1911）；伪装旋宫绦虫（*Spirometra decipiens* (Diesing, 1850) Faust, Campbell et Kellogg, 1929）。

【宿主范围】成虫寄生于犬、猫的小肠。第一中间宿主为剑水蚤，第二中间宿主为蛙和蛇。

【地理分布】北京、福建。

【形态结构】大型绦虫。虫体长 41.00～150.00 cm，最大宽度 0.40～0.80 cm。头节呈小汤匙状，具 2 个明显的吸槽，长宽为 1.500～3.170 mm×0.200～0.840 mm。头节之后为颈节，长约 1.000 mm。生殖原基出现在头节后 0.20～0.30 cm，最先可见有虫卵的成熟节片位于头节后 10.00～14.00 cm。成熟节片的宽度明显大于长度，平均长宽为 1.700 mm×4.200 mm，孕卵节片的长宽为 2.100～3.200 mm×3.100～4.200 mm。每个节片有生殖器官 1 套。雄性生殖孔细小、肌质弱，有时内陷而不易见，位于节片前 1/5 中线的腹面。阴道孔有肌质边缘，呈新月形而易见，靠近并位于雄性生殖孔之后。子宫孔具明显的括约肌，位于子宫球前缘之后 0.070～0.110 mm 的中线上。子宫球前缘与阴道孔和雄性生殖孔之间有明显间隙。在成熟节片的两侧，背面分布有不规则多角形的睾丸，腹面分布有细小的卵黄腺，其数目取决于节片的

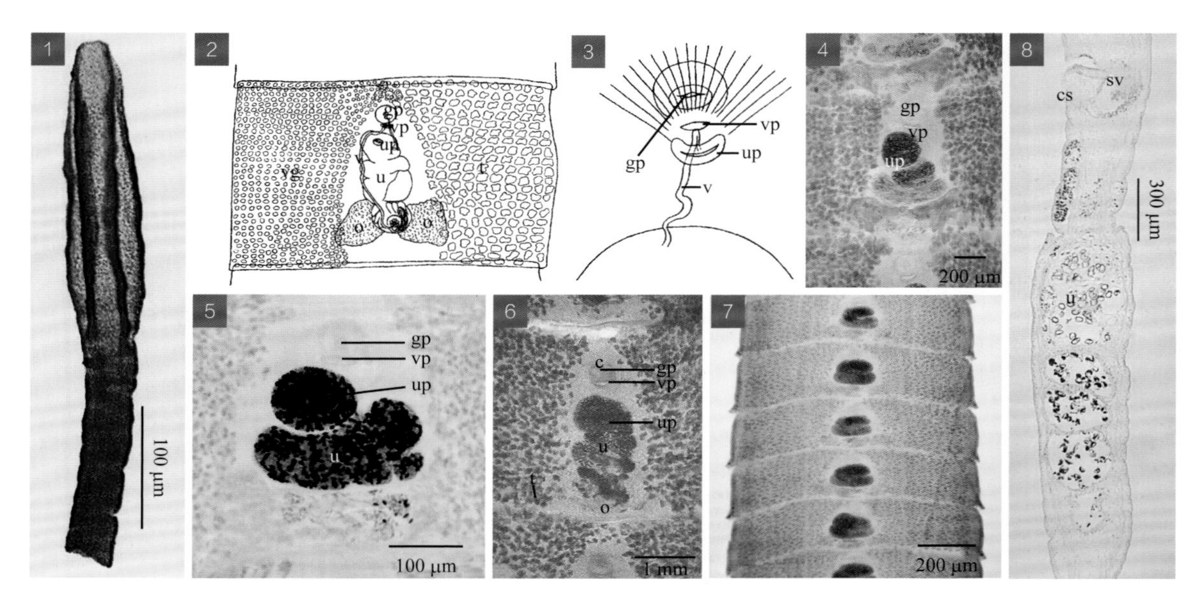

图 150 伪装双槽头绦虫 *Dibothriocephalus decipiens*

图释

1. 头节；2. 成熟节片；3～6. 生殖器官开口区域；7, 8. 孕卵节片（8 示纵切面）

1, 6. 引自 Jeon 等（2018a）；2, 3. 引自 Faust 等（1929）；4, 8. 引自 Jeon 等（2015）；5, 7. 引自 Jeon 等（2016）

成熟度。睾丸和卵黄腺在节片的正中前缘相交，但在节片中心生殖器的周围会留有 1 个无睾丸和卵黄腺的锥状区域。睾丸的最大直径 0.070～0.080 mm，平均为 0.071 mm。雄茎囊呈卵圆形，大小为 0.200～0.260 mm×0.150～0.170 mm。贮精囊呈椭圆形，大小为 0.240～0.280 mm×0.100～0.150 mm。雄茎肌质强，呈细长圆锥状。输精管一端沿末端子宫球左侧向上进入雄茎囊，另一端则分叉成 2 条输出管。卵巢分为左右 2 瓣，呈高度网状，与子宫相连，位于节片中央且靠近节片后缘。卵模较大，位于两卵巢瓣的中央腹面，距节片后缘有一定距离。在卵模的右侧，一条长而略微卷曲的阴道，沿子宫堆边缘向上至阴道口。在卵模的左侧，为倒立的受精囊，其底端有一短管与阴道相连。卵模周围是紧密缠绕和卷曲的子宫，子宫前端源于卵模前缘，并向外扩张形成子宫堆。子宫堆有 3～4 个（最多 5 个）盘曲，末端盘曲为亚球形的子宫球，直径平均为 0.458 mm，内含虫卵。虫卵呈椭圆形，卵盖呈圆锥形，虫卵大小为 56～60 μm×34～36 μm。

［注：Yamaguti（1959）和 Schmidt（1986）将 *Bothriocephalus felis*、*Dibothrium decipiens* 和 *Spirometra decipiens* 分别列为欧猬迭宫绦虫（*Spirometra erinaceieuropaei*）和欧猬双叶槽绦虫（*Diphyllobothrium erinaceieuropaei*）的同物异名］

151 霍氏双槽头绦虫 *Dibothriocephalus houghtoni* Faust, Campbell et Kellogg, 1929

【关联序号】 39.1.2（22.1.3）/。

【同物异名】 伏氏双槽头绦虫；曼氏双叶槽绦虫（*Diphyllobothrium mansoni* of Faust and Wassell, 1921）；霍氏双叶槽绦虫（*Diphyllobothrium houghtoni* Faust, Campbell et Kellogg, 1929），霍氏迭宫绦虫（*Spirometra houghtoni* Faust, Campbell et Kellogg, 1929）。

【宿主范围】 成虫寄生于犬、猫的小肠，人可感染。

【地理分布】 北京、福建、湖北、江西（寄生于人）、上海（寄生于人）。

【形态结构】 大型绦虫。虫体长约 180.00 cm，虫体中部最宽为 0.50 cm，中部节片的长度约为宽度的 2/3。在虫体的后 1/4，节片变窄到 0.30 cm，且节片的长度大于宽度。头部长 0.800 mm，吻突呈锯齿状，最大宽度 0.400 mm。颈部变窄，约为 0.320 mm。成熟节片两侧的睾丸和卵黄腺靠近外子宫堆，部分与卵巢重叠，并在雄性生殖孔前面交汇。雄性生殖孔呈圆形，开口于生殖腔的中央。睾丸呈椭圆形，横向直径较大，位

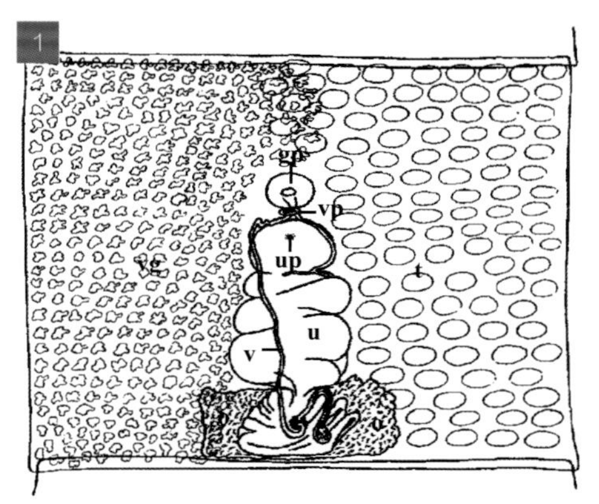

图 151　霍氏双槽头绦虫 *Dibothriocephalus houghtoni*

图释

成熟节片（引自 Faust et al., 1929）

于节片背面。输精管一端绕过子宫末端盘曲的左侧向上进入雄茎囊，另一端在倒数第2个子宫盘曲处分叉成2条输出管。卵巢外观近似方形，延伸到节片的后缘。卵黄腺呈小碎块或树枝状，位于节片腹面。阴道沿子宫堆向上通至阴道孔。卵模位于内子宫团的中央。卵模左侧为受精囊，有一长管通向卵模。内子宫团由大量密集排列和缠绕的子宫圈组成。外子宫堆有4～6个盘曲，其下部盘曲略宽，末端盘曲呈半球形，子宫孔位于半球形盘曲中线的腹面。虫卵呈椭圆形，有卵盖，大小因宿主不同而异，来自人的虫卵大小为57～62 μm×35～37 μm，来自猫的虫卵大小为59～61 μm×33～35 μm，来自犬的虫卵平均大小为65 μm×36 μm。

［注：《中国家畜家禽寄生虫名录》第一版（2004）、第二版（2014）均将本种中文名称记录为“伏氏双槽头绦虫”，依据Faust等（1929）命名新种的名称来源为Dr. Henry S. Houghton，中文名称应为“霍氏双槽头绦虫”。Yamaguti（1959）和Schmidt（1986）将*Spirometra houghtoni*分别列为*Spirometra erinaceieuropaei*和*Diphyllobothrium erinaceieuropaei*的同物异名］

152 阔节双槽头绦虫 *Dibothriocephalus latus* (Linnaeus, 1758) Lühe, 1899

【关联序号】39.1.3（22.1.4）/ 272。

【同物异名】阔节带绦虫（*Taenia lata* Linnaeus, 1758）；阔节槽头绦虫（*Bothriocephalus latus* (Linnaeus, 1758) Bremser, 1819）；阔节双槽绦虫（*Dibothrium latum* (Linnaeus, 1758) Diesing, 1850）；锯齿双槽绦虫（*Dibothrium serratum* Diesing, 1850）；阔节裂头绦虫，阔节双叶槽绦虫（*Diphyllobothrium latum* (Linnaeus, 1758) Cobbold, 1858、*Diphyllobothrium latum* (Linnaeus, 1758) Lühe, 1910）；小双叶槽绦虫（*Diphyllobothrium parvum* Stephens, 1908）；美洲双叶槽绦虫（*Diphyllobothrium americanus* Hall et Wigdor, 1918）；点状双叶槽绦虫（*Diphyllobothrium stictus* Talysin, 1932）；似带双叶槽绦虫（*Diphyllobothrium taenioides* Leon, 1920）；似带双锚槽绦虫（*Diancyrobothrium taenioides* Bacigalupo, 1945）。

【宿主范围】成虫寄生于犬、猫的小肠。豹、獴、熊、狐、貂等野生动物和人体亦可感染。

【地理分布】安徽、福建、广东、广西、贵州、黑龙江、湖北、湖南、吉林、江苏、辽宁、上海、四川、台湾、新疆、云南、浙江。

【形态结构】大型绦虫。新鲜虫体呈乳白色，扁平，半透明。体长156.00～1140.00 cm，有节片3000～4000个，链体前部细小，后部渐宽，最大宽度可达0.80～1.40 cm，背侧与腹侧具浅纵槽。头节细长，扁平，常呈匙形或长舌状，完全松弛时呈棒状，长宽为1.300～2.400 mm×0.600～1.000 mm，背面与腹面各有1个深吸槽。颈节细小，颈节长0.84～1.40 cm。链体从颈部向后逐渐变宽，成熟节片的宽度明显大于长度，随后节片的长度逐渐增加，孕卵节片的长宽之比为（1∶4）～（1∶1）。每个节片边缘常稍凸出，使链体两边呈锯齿状。生殖原基出现在头节后1.80～4.00 cm，即第34～216个节片。每个节片有生殖器官1套，生殖腔位于节片腹面前 1/5～1/4 的中线，深约 0.150 mm。生殖孔直径约 0.200 mm，开口于生殖腔，开口处隆起。睾丸为单层分布，有 700～1200 枚，大小为 0.176～0.260 mm×0.078～0.143 mm，分布于节片两侧的背面，与卵巢侧边缘的背侧轻度重叠，很少在节片的前缘和后缘汇合。每侧的输出管汇合成输出总管，在卵巢前缘附近的中线处连接成输精管。输精管直径为 0.060～0.090 mm，沿子宫盘曲蜿蜒向前，在生殖腔附近膨大为贮精囊。贮精囊大小为 0.172～0.357 mm×0.130～0.233 mm，连接雄茎囊。雄茎囊呈卵圆形，壁厚，大小为 0.375～0.640 mm×0.245～0.390 mm，内有微螺旋状的射精管，开口于生殖腔上部。雄茎较粗，完全伸出时长 0.500～0.615 mm，近尖端直径为 0.064～0.113 mm。卵巢呈网状，分为左右相似的 2 瓣，位于节片的腹面接近后边缘，占据节片宽度的中 1/3。卵黄腺丰富，呈小泡状，分布于节片两侧的背面和腹面，与卵巢瓣和子宫环略有重叠。两侧卵黄管在接近节片后缘的腹表面汇合成卵黄总管，直接通入卵黄储囊。卵黄储囊呈椭圆体，大小为 0.179～0.219 mm×0.146～0.170 mm，由一极短的小管与卵模相连。卵模由梅氏腺部分环绕，梅氏腺的横向直径为 0.428～0.714 mm，可延伸到卵模后 0.143～0.262 mm。阴道开口于生殖腔下部，管壁厚，直径约 0.060 mm，先沿雄茎囊后壁

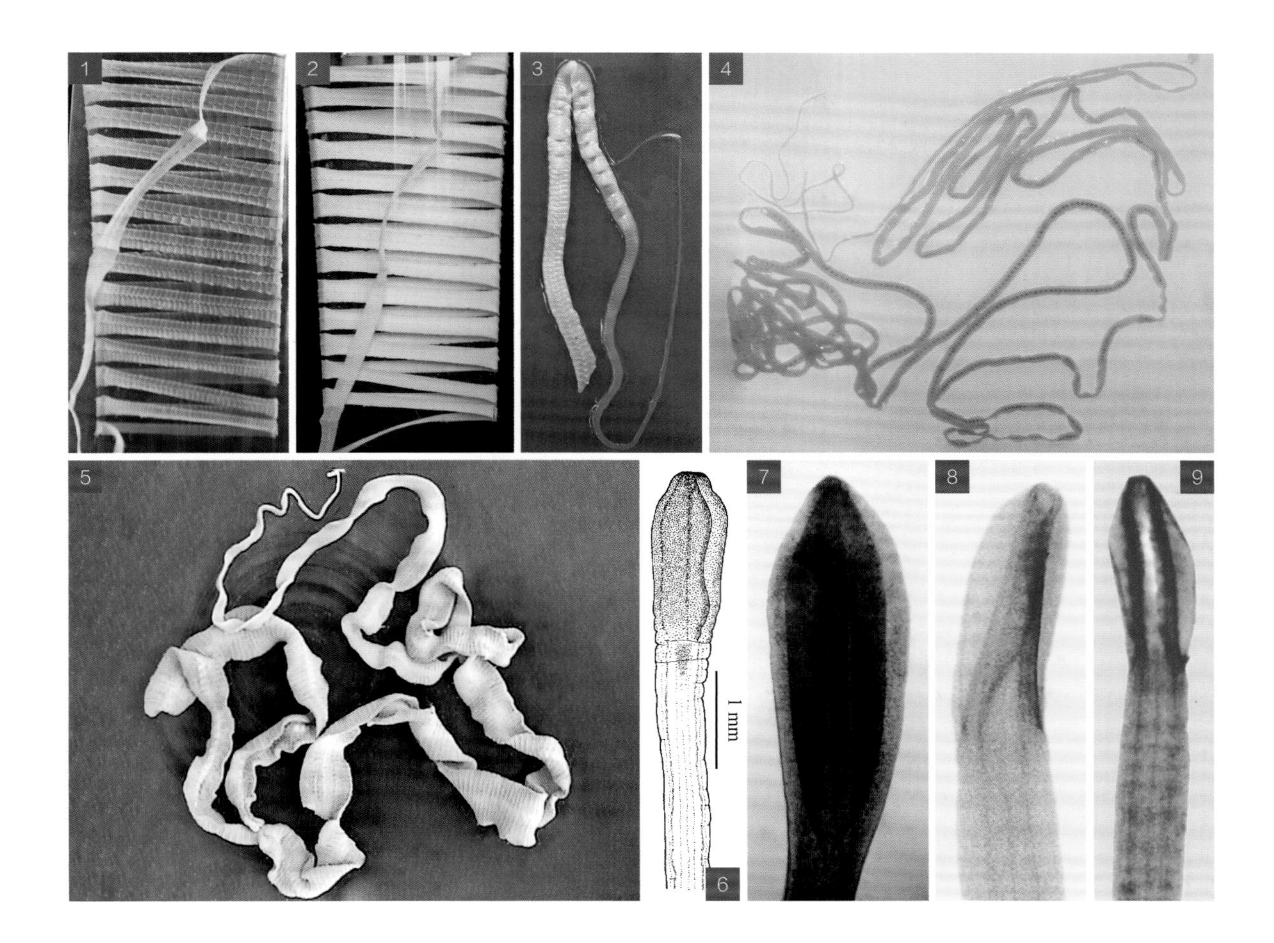

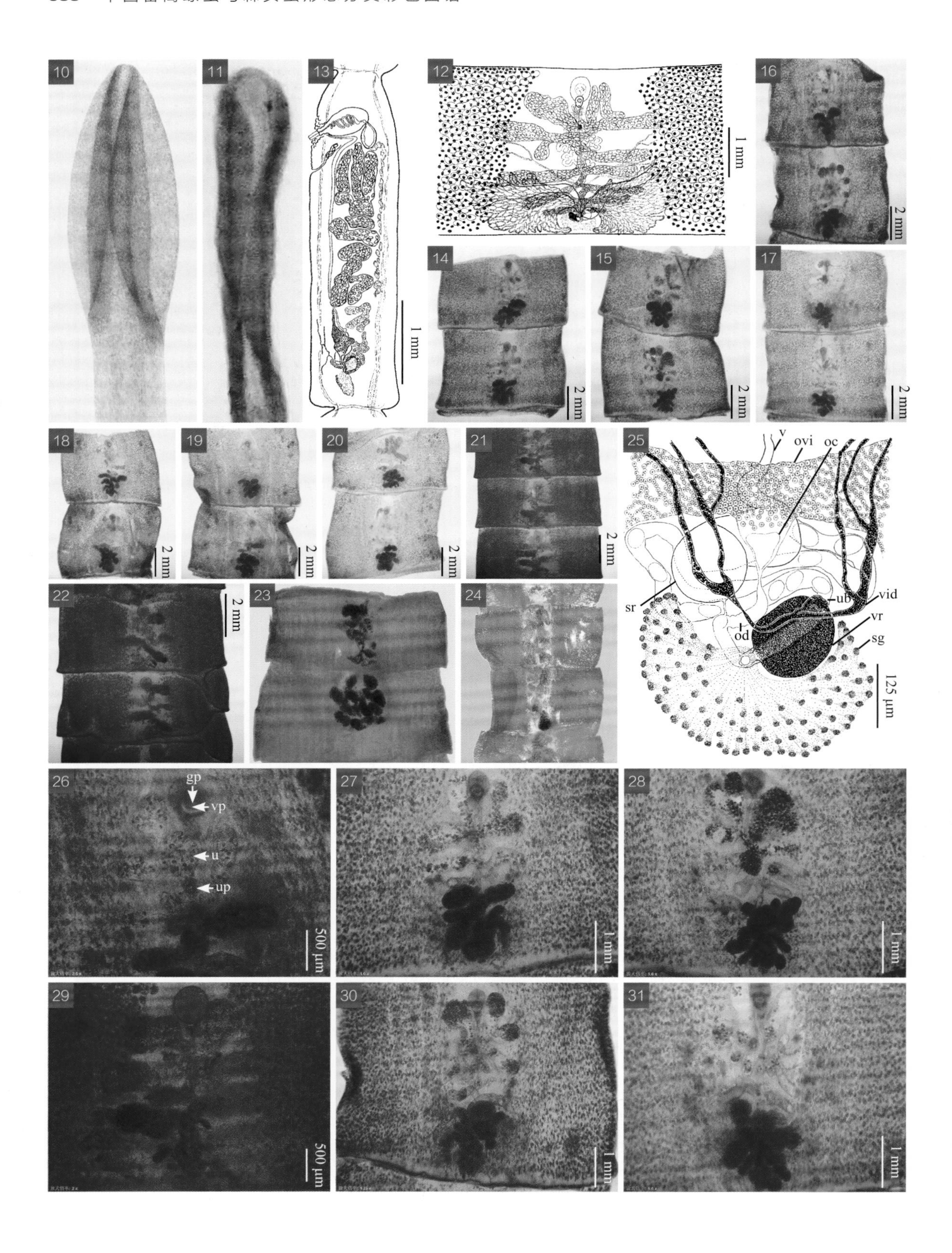
10
11
13
1 mm
12
1 mm
16
2 mm
14
2 mm
15
2 mm
17
2 mm
18
2 mm
19
2 mm
20
2 mm
21
2 mm
25
v
ovi
oc
ub
vid
sr
vr
od
sg
125 μm
22
2 mm
23
24
26
gp
vp
u
up
500 μm
27
1 mm
28
1 mm
29
500 μm
30
1 mm
31
1 mm

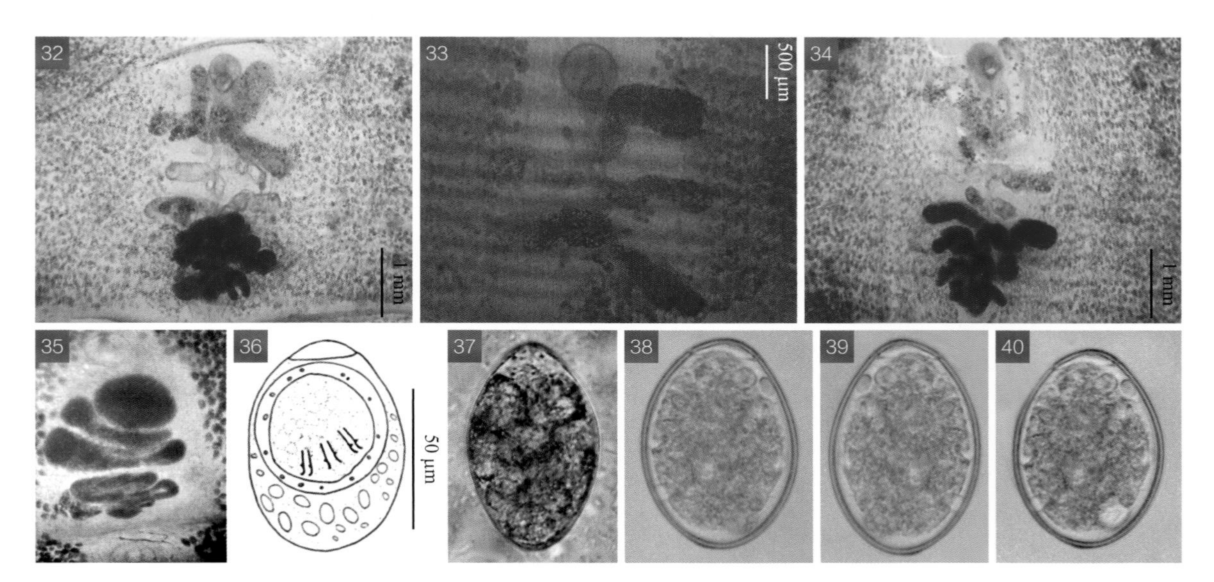

图 152 阔节双槽头绦虫 *Dibothriocephalus latus*

图释

1～5. 虫体；6～11. 头节；12～24. 成熟与孕卵节片（13 示侧面观）；25～35. 雌性生殖器官；36～40. 虫卵

1, 2. 原图（SASA）；3, 7, 35, 37. 原图（FAAS）；4, 5, 8～11, 23, 24. 引自李朝品和高兴政（2012）；38～40. 原图（WNMC）；6, 12, 13, 25. 引自 Rausch 和 Hilliard（1970）；14～22, 26～34. 原图（SHVRI）；36. 引自 Essex（1927）

平行向节片背面延伸，后转向贮精囊的腹面，接近节片腹面时收缩为直径 0.052 mm 的薄壁管，沿节片中线向后纵向延伸，经过卵巢峡部背侧，膨大形成受精囊。受精囊呈拱形，大小为 0.260～0.462 mm×0.112～0.204 mm。子宫起源于卵模，管壁薄，直径为 0.026～0.036 mm，沿卵黄储囊的背面折曲向前，在子宫基部形成大量环绕，然后向前形成 4～8 个充满虫卵的子宫环，左右蜷曲呈玫瑰花状，位于节片中央。子宫孔位于生殖孔后 0.260～1.240 mm 的中线，与生殖孔的距离与节片长度成正比。虫卵呈宽卵圆形，前端有卵盖，内含 1 个卵细胞和数个卵黄细胞，虫卵大小为 58～76 μm×40～51 μm。

153 蛙双槽头绦虫 ***Dibothriocephalus ranarum* (Gastaldi, 1854) Meggitt, 1925**

【关联序号】39.1.4（22.1.5）/ 。

【同物异名】蛙舌状绦虫（*Ligula ranarum* Gastaldi, 1854）；蛙双叶槽绦虫（*Diphyllobothrium ranarum* (Gastaldi, 1854) Meggitt, 1925）；蛙迭宫绦虫（*Spirometra ranarum* Meggitt, 1925）。

【宿主范围】成虫寄生于犬、猫的小肠。狮、豹等野生动物亦可感染。

【地理分布】北京、福建、广东。

【**形态结构**】虫体长 75.00～237.00 cm，宽达 0.50 cm。头节呈匙状，长宽为 1.400～1.700 mm×0.370～0.410 mm。所有节片的宽度均大于长度或呈正方形，孕卵节片的平均长宽约为 3.000 mm×12.000 mm。生殖孔和阴道孔位于节片前 1/3 中央腹面，阴道孔开口于生殖孔稍后方，邻近子宫盘曲顶端。睾丸呈多边形，宽 0.070～0.075 mm，分布于节片两侧的背面，每侧 100～110 枚，中部接近子宫盘曲侧面，在节片前部中央不汇合。雄茎囊呈卵圆形，直径为 0.175～0.250 mm。贮精囊几乎呈圆形，直径为 0.197～0.220 mm。卵巢呈高度树突状，与子宫相连，接近节片的后边缘。卵黄腺分布同睾丸，位于节片的腹面，呈颗粒状。阴道和输精管盘曲于雌、雄生殖孔与子宫之间。内子宫盘曲多重缠绕，位于两卵巢瓣之间。外子宫盘曲 3～5 个，位于阴道孔与卵巢之间，可扩延至生殖孔侧面，上端盘曲明显小于下端盘曲，子宫末端呈球形，子宫孔位于末端子宫球的中线处，末端子宫球直径为 0.370～0.420 mm。虫卵呈椭圆形，有卵盖，大小为 52～67 μm×31～36 μm。

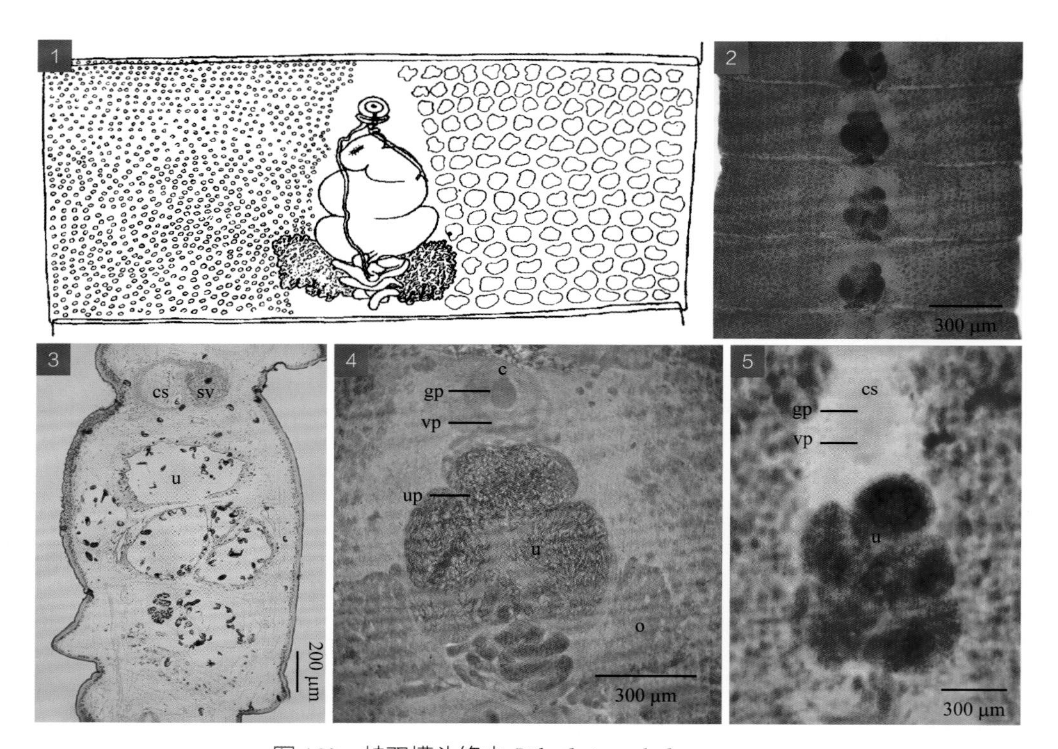

图 153　蛙双槽头绦虫 *Dibothriocephalus ranarum*

图释

1. 成熟节片；2, 3. 孕卵节片（3 示侧切面）；4, 5. 生殖孔与子宫

1. 引自 Faust 等（1929）；2, 4. 引自 Eom 等（2018）；3, 5. 引自 Jeon 等（2018b）

［注：Yamaguti（1959）将 *Ligula ranarum* 列为 *Spirometra erinaceieuropaei* 的同物异名，并将 *Spirometra ranarum* 作为独立种，而 Schmidt（1986）则将 *Ligula ranarum* 和 *Spirometra ranarum* 均列为 *Diphyllobothrium erinaceieuropaei* 的同物异名］

8.2 舌状属

Ligula Bloch, 1782

【同物异名】布朗属（*Braunia* Leon, 1908）。

【宿主范围】成虫寄生于水禽。第二期幼虫寄生于硬骨鱼类。

【形态结构】小型或中型绦虫。虫体肥胖，长可达 40.00 cm，宽 0.70～0.80 cm。前端为发育不良的头节，吸槽仅为 2 条浅细的裂缝，头节小而尖呈三角形或钝圆形。缺颈节。链体的分节限于前部分，其余部分不分节，但具横向皱纹。每个节片具生殖系统 1 套。睾丸分布于节片背面髓质，中间由子宫阻断，两侧大部分为神经干。输精管在进入雄茎囊之前形成肌球。两性生殖孔开口于节片腹面中央。卵巢位于节片中央生殖孔的后部，卵黄腺分布于皮层，有受精囊。子宫盘曲于节片中线，开口于腹面中央生殖孔之后。幼虫在硬骨鱼类的腹腔发育到一定体形和出现生殖器官原基，然后在水禽的肠道发育到成虫。模式种：肠舌状绦虫［*Ligula intestinalis* (Linnaeus, 1758) Bloch, 1782］。

154 肠舌状绦虫　*Ligula intestinalis* (Linnaeus, 1758) Bloch, 1782

【关联序号】（22.2.1）/。

【同物异名】带形舌状绦虫（*Ligula cingulum* Pallas, 1781）；禽舌状绦虫（*Ligula avium* Bloch, 1782）；鱼舌状绦虫（*Ligula piscium* Bloch, 1782）；腹腔舌状绦虫（*Ligula abdominalis* Goeze, 1782）；彼得舌状绦虫（*Ligula peteromyzontis* Schrank, 1790）；欧鲌舌状绦虫（*Ligula alburni* Gmelin 1790）；乌鲂舌状绦虫（*Ligula bramae* Gmelin, 1790）；鳅舌状绦虫（*Ligula cobitidis* Gmelin, 1790）；鮈舌状绦虫（*Ligula gobionis* Gmelin, 1790）；雅罗鱼舌状绦虫（*Ligula leucisci* Gmelin, 1790）；文鳊舌状绦虫（*Ligula vimbae* Gmelin, 1790）；小鲑鱼舌状绦虫（*Ligula salvelini* (Schrank, 1790)）；简单舌状绦虫（*Ligula simplicissima* Rudolphi, 1802）；丁鲹舌状绦虫（*Ligula tincae* Zeder, 1803）；尖锐舌状绦虫（*Ligula acuminata* Rudolphi, 1810）；交替舌状绦虫（*Ligula alternans* Rudolphi, 1810）；鲤舌状绦虫（*Ligula carpionis* Rudolphi, 1810）；鹡鸰舌状绦

虫（*Ligula colymbi-cristati* Rudolphi, 1810）；旋转舌状绦虫（*Ligula contortrix* Rudolphi, 1810）；断裂舌状绦虫（*Ligula interrupta* Rudolphi, 1810）；肠道舌状绦虫（*Ligula intestinali* Rudolphi, 1810）；秋沙鸭舌状绦虫（*Ligula mergorum* Rudolphi, 1810）；单链舌状绦虫（*Ligula uniserialis* Rudolphi, 1810）；双斑舌状绦虫（*Ligula diagramma* Creplin, 1839）；单斑舌状绦虫（*Ligula monogramma* Creplin, 1839）；瓦氏舌状绦虫（*Ligula wartmanni* Diesing, 1850）；雅西布朗绦虫（*Braunia jassyensis* Leon, 1908）。

【宿主范围】成虫寄生于鸭的小肠。

【地理分布】台湾。

【形态结构】成虫的体长通常为10.00～40.00 cm，短的为4.00 cm，最长可达100.00 cm，最大体宽为0.40～0.70 cm。链体分节仅在虫体前部分，头节呈三角形或钝圆形。在一条长约5.60 cm的固定标本中，仅在前1.20 cm出现分节，有38个明显节片，其后分节突然终止，随后部分呈现横向皱纹，即便出现连续的成套生殖器官，也无节片迹象；在距虫体前端约0.35 cm处可见生殖原基，约1.00 cm处可见虫卵；距前端约2.00 cm，成套生殖器官的间距约为0.150 mm；向后4套生殖器官仅占据虫体长度的0.630 mm，在接近虫体后端有卵团的3套生殖器官占据的长度为0.920～2.100 mm。虫卵大小为57～69 μm×36～42 μm，平均为61 μm×39 μm。

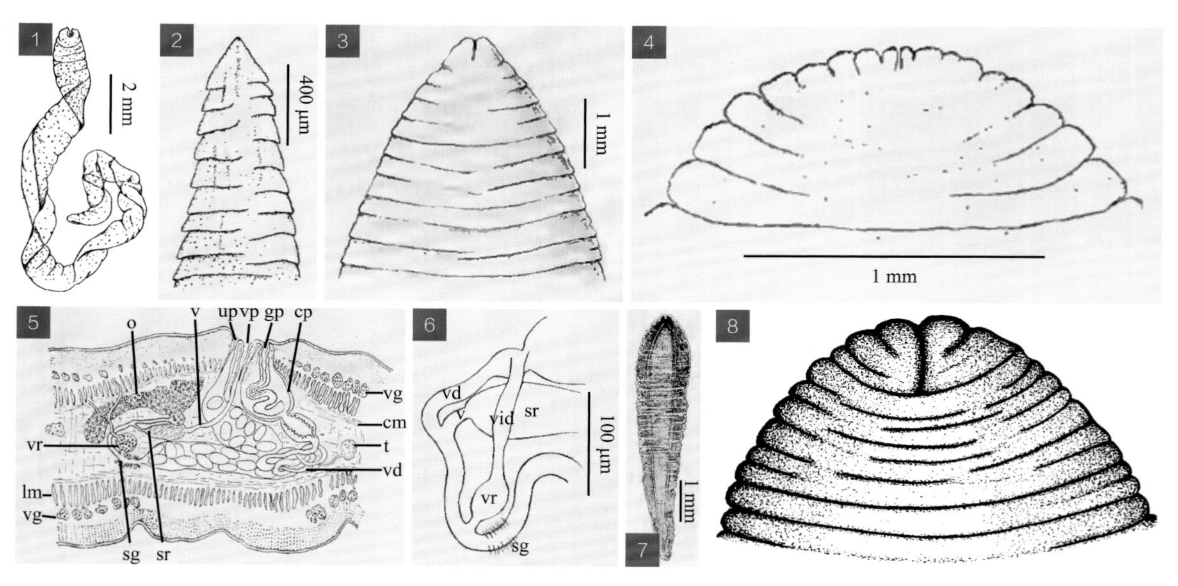

图154 肠舌状绦虫 *Ligula intestinalis*

图释

1. 虫体；2～4. 虫体前端；5. 成熟节片横切面；6. 输卵管、阴道、卵黄管联合部；7, 8. 裂头蚴（8示前端）

1. 引自Sugimoto（1934）；2, 4, 5. 引自Linton（1927）；3, 6, 7. 引自Cooper（1917）；8. 引自Khalil等（1994）

8.3 迭 宫 属

Spirometra Mueller, 1937

【同物异名】旋宫属。

【宿主范围】成虫主要寄生于猫科食肉动物，偶尔寄生于犬科动物和人类。第一期幼虫为原尾蚴，寄生于剑水蚤。第二期幼虫为裂头蚴，寄生于两栖、爬行和哺乳动物。

【形态结构】中型绦虫。头节细长，背腹扁平，侧面观呈汤匙形或手指形，吸槽明显，槽盘宽而浅。颈节细长或较短。链体肌质弱，节片略带或不具缘膜，节片的宽度大于长度，但最后少量节片的长度可大于宽度，每个节片生殖器官 1 套。雄性和雌性生殖孔各自独立开口。睾丸数目多，分布于髓质区雌性器官两侧的大部分，两侧的睾丸可在节片前部汇合或不汇合。卵巢或多或少呈明显的双瓣状，位于节片后部。卵黄腺分布于除中央生殖器区域外的整个髓质。子宫呈线圈样螺旋形盘曲，位于节片中央，在到子宫孔前膨大成囊，子宫孔位于雌雄生殖孔之后。虫卵两端较尖。模式种：欧猬迭宫绦虫［*Spirometra erinaceieuropaei* Rudolphi, 1819］。

［注：Yamaguti（1959）和 Khalil 等（1994）将本属列为独立属，模式种为 *Spirometra erinaceieuropaei*，而 Schmidt（1986）将其列为 *Diphyllobothrium* 的同物异名。对本属的命名人与命名年，Yamaguti（1959）记录为“Mueller, 1937”，Khalil 等（1994）记录为“Faust, Campbell et Kellogg, 1929”。有关本属建立与模式种的讨论可见温廷桓（2010）］

155 曼氏迭宫绦虫 *Spirometra mansoni* Joyeux et Houdemer, 1928

【关联序号】39.2.1（22.3.1）/ 273。

【同物异名】孟氏旋宫绦虫；曼氏舌状绦虫（*Ligula mansoni* Cobbold, 1882）；拟舌槽头绦虫（*Bothriocephalus liguloides* Leuckart, 1886）；曼氏槽头绦虫（*Bothriocephalus mansoni* (Cobbold, 1882) Blanchard, 1888）；曼氏双槽绦虫（*Dibothrium mansoni* (Cobbold, 1882) Ariola, 1900）；曼氏双叶槽绦虫（*Diphyllobothrium mansoni* (Cobbold, 1882) Joyeux, 1927）。

【宿主范围】成虫寄生于猪、犬、猫的小肠，人可感染。

【地理分布】安徽、北京、重庆、福建、广东、广西、贵州、河北、河南、黑龙江、湖北、湖南、江苏、江西、辽宁、山东、陕西、上海、四川、台湾、天津、新疆、云南、浙江。

【形态结构】虫体扁平呈带状，体长 30.00～100.00 cm，宽 0.50～1.00 cm，节片数可达 1000 个，节片宽度一般大于长度，虫体后端的节片从长宽相似逐渐到长度大于宽度。头节呈矛形、指形或汤匙状，长 1.000～1.700 mm，宽 0.370～0.800 mm，在背腹两侧各有 1 条纵形的吸槽，从近头顶延伸至颈部。颈节与头节几乎等宽。每个节片有生殖器官 1 套，两性生殖孔和子宫孔都排列在节片的中线上，雄性生殖孔开口于节片前 1/3 的中央腹面，雌性生殖孔呈半月形横裂状紧靠雄性生殖孔后面，子宫孔位于节片腹面近中央，与两性生殖孔有一定距离。在成熟节片中，睾丸呈圆形或椭圆形，多数为 320～560 枚，部分为 200～220 枚，大小为 0.050～0.080 mm×0.038～0.083 mm，散布在节片两侧的背面，中间被卵巢和子宫等雌性器官隔开。雄茎囊呈球形或卵圆形，位于节片中央近腹面，使得虫体中央的外观似有 1 条点状纵行直线。卵巢分为左右 2 瓣，每瓣似网状分叶，大小为 0.275～0.300 mm×0.530～0.850 mm，位于节片近后缘的中央两侧。在两瓣卵巢的中间有梅氏腺和卵模。卵黄腺呈泡状，散在分布于节片两侧睾丸的腹面。阴道为稍弯曲的管道，前端开口于雌性生殖孔，后接受精囊通达卵模。子宫盘曲呈髻状，每侧有 3～5 个盘曲，紧密重叠，基部宽而顶端窄小，略呈金字塔形，后端内层的子宫小而弯曲，前端外层的子宫膨大而微曲。孕卵节片的子宫充满虫卵。虫卵呈卵圆形或纺锤形，有卵盖，大小为 52～68 μm×32～43 μm。

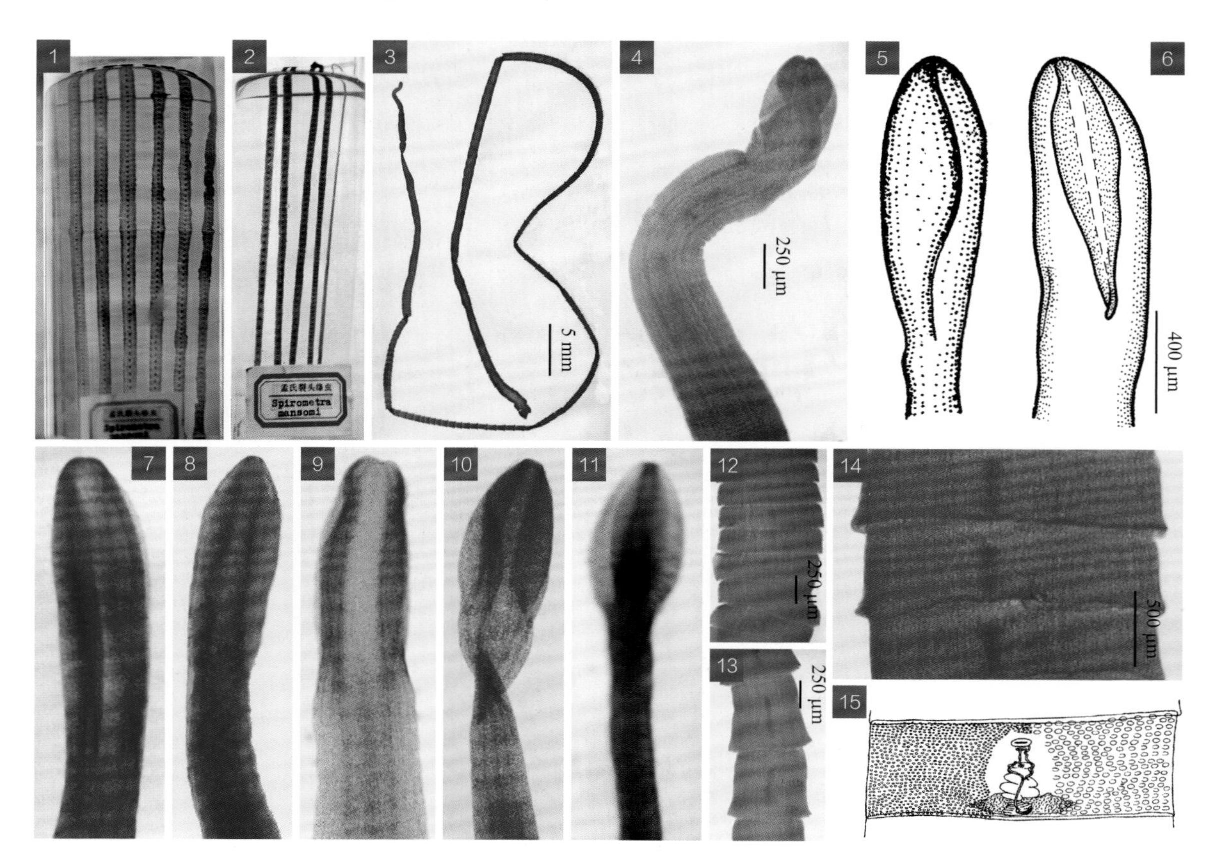

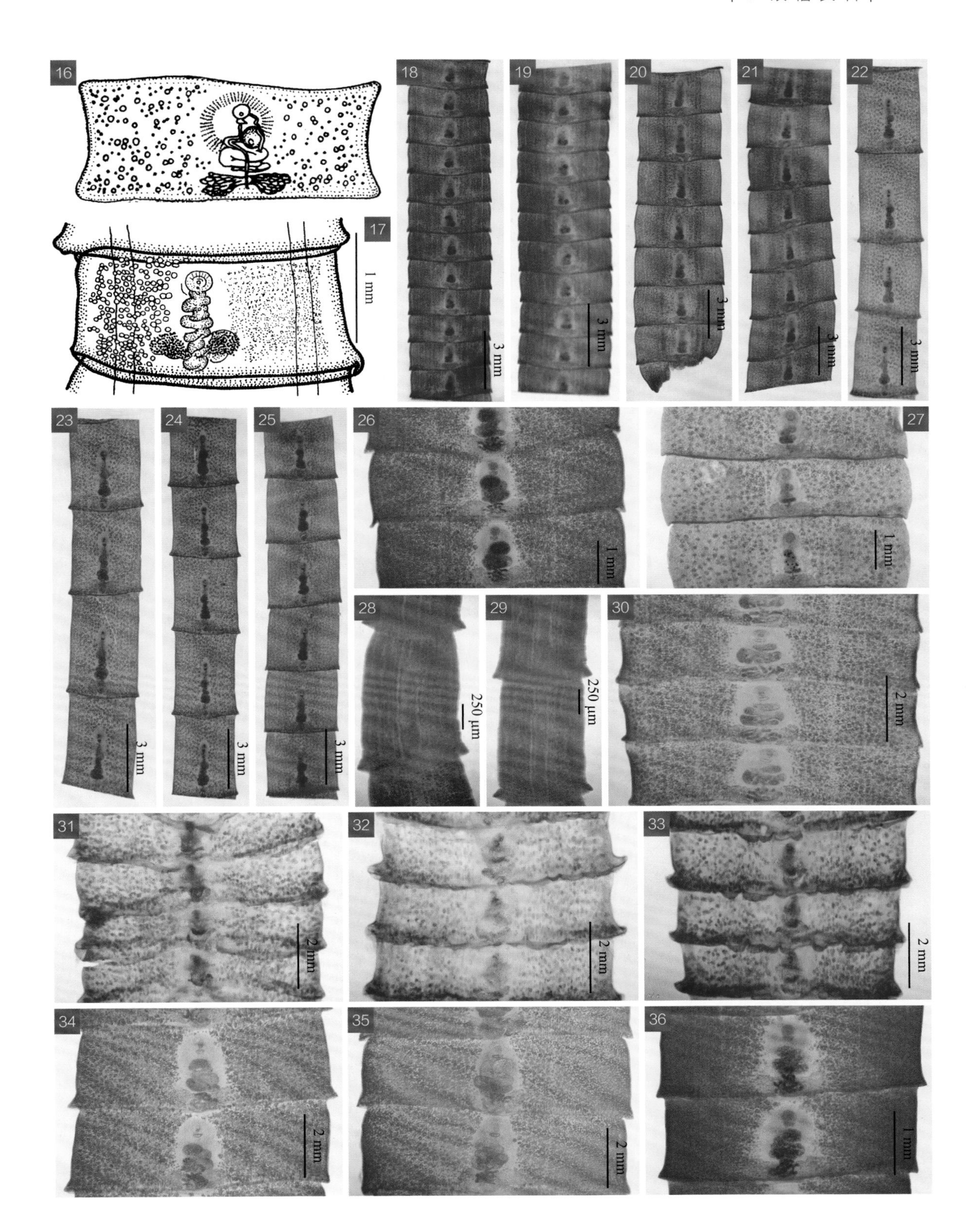
16
17
1 mm
18
3 mm
19
3 mm
20
3 mm
21
3 mm
22
3 mm
23
3 mm
24
3 mm
25
3 mm
26
1 mm
27
1 mm
28
250 μm
29
250 μm
30
2 mm
31
2 mm
32
2 mm
33
2 mm
34
2 mm
35
2 mm
36
1 mm

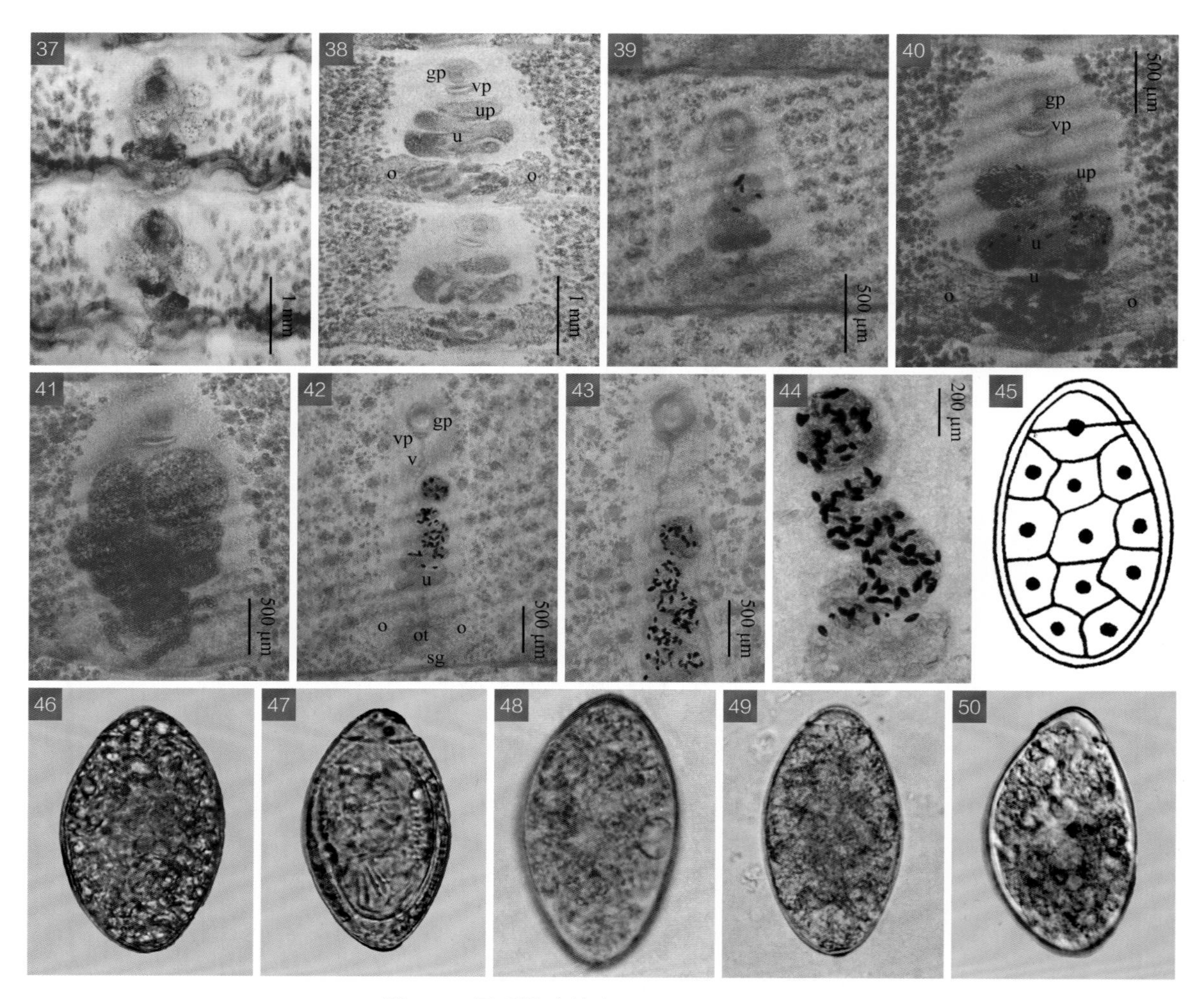

图 155　曼氏迭宫绦虫 *Spirometra mansoni*

图释

1～3. 虫体；4. 虫体前部；5～11. 头节；12～14. 未成熟节片；15～27. 成熟节片；28～36. 孕卵节片；37～43. 生殖腔与子宫；44. 子宫；45～50. 虫卵

1, 2, 7. 原图（SCAU）；3, 4, 12, 13, 18～25, 28, 29. 原图（SASA）；5, 16, 45. 引自黄兵和沈杰（2006）；6, 17. 引自蒋学良等（2004）；8～10, 46～50. 引自李朝品和高兴政（2012）；11. 原图（YZU）；14, 26, 27, 30～44. 原图（SHVRI）；15. 引自 Faust 等（1929）

156 曼氏裂头蚴　*Sparganum mansoni* (Cobbold, 1882) Stiles and Tayler, 1902

【关联序号】39.2.1.1（22.3.1.1）/ 。

【同物异名】孟氏裂头蚴；增殖拟实尾蚴（*Plerocercoides prolifer* Ijima, 1905）；增殖裂头蚴（*Sparganum proliferum* Stiles，1906）；曼氏拟实尾蚴（*Plerocercoides mansoni* (Cobbold, 1882)

Guiart, 1910）；菲律宾裂头蚴（*Sparganum philippinensis* Tubangui, 1924）。

【**宿主范围**】幼虫寄生于猪、鸡、鸭、蛇、蛙的腰肌、腹肌、皮下脂肪，人可感染。

【**地理分布**】安徽、重庆、广东、广西、贵州、河南、黑龙江、湖北、江苏、辽宁、台湾、云南。

【**形态结构**】为曼氏迭宫绦虫的幼虫。外形似成虫，条带状，细而长，乳白色，体长 3.00～80.00 cm，体宽 0.30～1.00 cm，不同宿主体内或不同时期的裂头蚴大小差异较大。虫体不分节，具有不规则的横皱褶，体壁皮层表面密布绒毛，其长短较一致，但较成虫的绒毛短而细。虫体前端稍大，无吸槽，而有 1 个明显的凹陷，凹陷周围的体壁呈唇形隆起，中央有一小凹孔。虫体后端多呈钝圆形，活时伸缩能力很强。

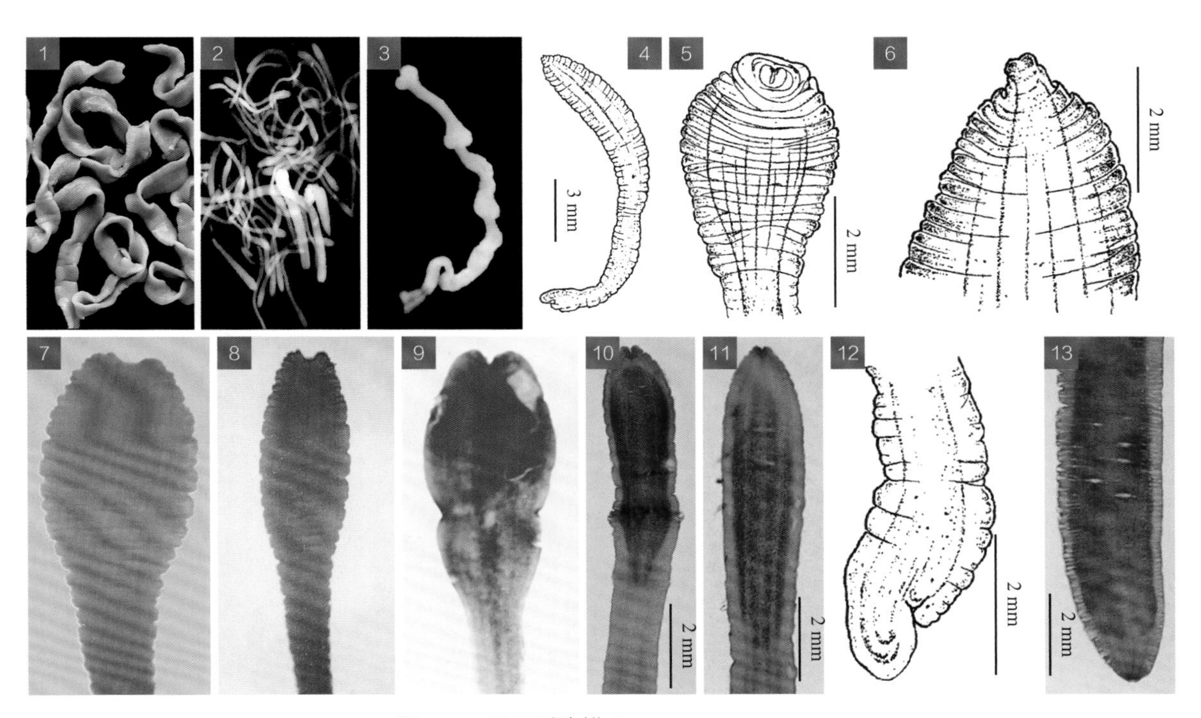

图 156　曼氏裂头蚴 *Sparganum mansoni*

图释

1～4. 虫体；5～11. 虫体前部；12, 13. 虫体后部

1～3, 7～9. 引自李朝品和高兴政（2012）；4～6, 12. 引自 Sugimoto（1934）；10, 11, 13. 原图（SHVRI）

9 少棘吻科

Oligacanthorhynchidae Southwell et Macfie, 1925

【同物异名】少棘吻科（Oligacanthorhynchidae Meyer, 1931）。

【宿主范围】成虫寄生于哺乳动物和鸟类。幼虫寄生于节肢动物，特别是土鳖虫，偶尔寄生于蛇类。

【形态结构】大型棘头虫。虫体常弯向腹面，甚至卷曲，体表有横皱纹。有原肾器官。吻突呈卵圆形到球形，或短圆柱形到棒状形。吻突上的吻钩为左向螺旋排列，有6或7列，每列5～8个，后排的每个钩都位于其前一排两钩之间的中线上。颈部每侧有颈乳突1个。吻囊较短，囊壁为单层或双层，其插入远离或接近吻突的基部。吻腺长而呈线状，偶尔短而呈带状，通常有少量的核。营养系统具中央纵管。睾丸拉长，位于躯干前半部或后半部。黏液腺8个，呈块状，三三两两聚在一起。虫卵呈卵圆形，外壳具有致密颗粒或放射状条纹，中层卵壳无极突。模式属：少棘吻属［*Oligacanthorhynchus* Travassos, 1915］。

《中国家畜家禽寄生虫名录》（2014）记载少棘吻科棘头虫3属4种，本书全部收录，参考Yamaguti（1963）编制少棘吻科3属的分类检索表如下所示。

少棘吻科分属检索表

1. 吻囊插入接近吻突基部，吻囊壁为单层……2
   吻囊插入远离吻突基部……9.1 巨吻属 *Macracanthorhynchus*
2. 虫卵外壳有网状刻纹，睾丸位于躯干的前半部……
   ……9.3 前睾属 *Prosthenorchis*
   虫卵外壳无网状刻纹，睾丸位于躯干的前半部或中部……
   ……9.2 钩吻属 *Oncicola*

9.1 巨吻属

Macracanthorhynchus Travassos, 1917

【同物异名】棘吻属（*Echinorhynchus* Zoega in Müller, 1776 in part）；巨吻属（*Gigantorhynchus* Hamann, 1892 in part）。

【宿主范围】成虫寄生于哺乳动物。

【形态结构】大型虫体。虫体或多或少向腹面弯曲，体表常有横皱纹。腔隙系统由 2 条中央纵主管和环联合管组成。原肾器官位于子宫钟前端或射精管两侧。吻突呈球形，有吻钩 6 列，每列 6 个，吻钩呈螺旋形排列，每个吻钩的根部粗壮。颈部每侧有颈乳突 1 个。吻囊插入远离吻突的基部。吻腺呈短带状，有少数大核。睾丸呈长形，位于躯干的前半部。黏液腺 8 个，紧凑，前后成对排列。虫卵呈卵圆形，卵壳外层表面有颗粒并带网状刻纹和一环绕的中央纵嵴，中层无极线延伸。模式种：蛭形巨吻棘头虫［*Macracanthorhynchus hirudinaceus* (Pallas, 1781) Travassos, 1917］。

157 蛭形巨吻棘头虫 ***Macracanthorhynchus hirudinaceus* (Pallas, 1781) Travassos, 1917**

【关联序号】85.1.1（86.1.1）/ 599。

【同物异名】猪巨吻棘头虫；哈鲁卡带绦虫（*Taenia haeruca* Pallas, 1776）；蛭形带绦虫（*Taenia hirudinacea* Pallas, 1781）；蛭形棘吻棘头虫（*Echinorhynchus hirudinaceus* Pallas, 1781）；巨形棘吻棘头虫（*Echinorhynchus gigas* Bloch, 1782）；蛭形巨吻棘头虫（*Gigantorhynchus hirudinaceus* (Pallas, 1781) Hamann, 1892）；巨形巨吻棘头虫（*Gigantorhynchus gigas* (Bloch, 1782) Johnston, 1918）；巨形绳吻棘头虫（*Hormorhynchus gigas* (Bloch, 1782) Johnston, 1918）；蛭形绳吻棘头虫（*Hormorhynchus hirudinaceus* (Pallas, 1781) Johnston, 1918）。

【宿主范围】成虫寄生于猪、羊的小肠。

【地理分布】安徽、北京、重庆、福建、甘肃、广东、广西、贵州、海南、河北、河南、黑龙江、湖北、湖南、吉林、江苏、江西、辽宁、内蒙古、山东、山西、陕西、上海、四川、台湾、天津、西藏、新疆、云南、浙江。

【形态结构】虫体粗大，呈长圆形，淡红色或黄红色，中前部较粗，向后逐渐细小，尾端钝圆，体表有横纹。吻突较小，呈类圆形，顶部略平有乳突。吻突具有呈螺旋形排列的吻钩 6

列，每列6个，中部的钩最大，顶部次之，后部最小。颈部短，吻囊为椭圆形，吻腺2条、呈带状。

雄虫：体长5.00～16.00 cm，前部体宽0.50～0.70 cm，后部体宽0.20～0.40 cm。吻突长宽为0.780～0.820 mm×0.880～0.920 mm。第1吻钩的钩尖长0.192～0.208 mm、根部长0.176～0.192 mm，第2吻钩的钩尖长0.216～0.224 mm、根部长0.214～0.226 mm，第3吻钩的钩尖长0.240～0.256 mm、根部长0.208～0.216 mm，第4吻钩的钩尖长0.176～0.192 mm、根部长0.176～0.192 mm，第5吻钩的钩尖长0.160～0.172 mm、根部长0.160～0.176 mm，第6吻钩的钩尖长0.128～0.142 mm、根部长0.128～0.132 mm。吻腺长0.028～0.030 mm。睾丸2枚，呈圆柱形，前后排列于虫体中部，大小为13.000～13.800 mm×1.200～1.400 mm。黏液腺8个，呈长椭圆形，左右相互排列。交合伞呈钟罩状。

雌虫：体长10.50～68.70 cm，前部体宽0.60～1.00 cm，后部体宽0.30～0.50 cm。吻突长宽为0.960～0.980 mm×0.980～1.080 mm。第1吻钩的钩尖长0.256～0.272 mm、根部长0.240～0.256 mm，第2吻钩的钩尖长0.256～0.218 mm、根部长0.240～0.256 mm，第3吻钩的钩尖长0.298～0.320 mm、根部长0.298～0.314 mm，第4吻钩的钩尖长0.208～0.240 mm、根部长0.192～0.208 mm，第5吻钩的钩尖长0.160～0.172 mm、根部长0.160～0.176 mm，第6吻钩的钩尖长0.160～0.176 mm、根部长0.154～0.160 mm。吻腺长0.034～0.038 mm。体内充满各期虫卵，成熟虫卵呈椭圆形，褐色，大小为87～102 μm×42～65 μm，有3层卵膜，外层薄而透明，中层较厚呈褐色，内层薄、透明、平滑，内裹住幼虫。

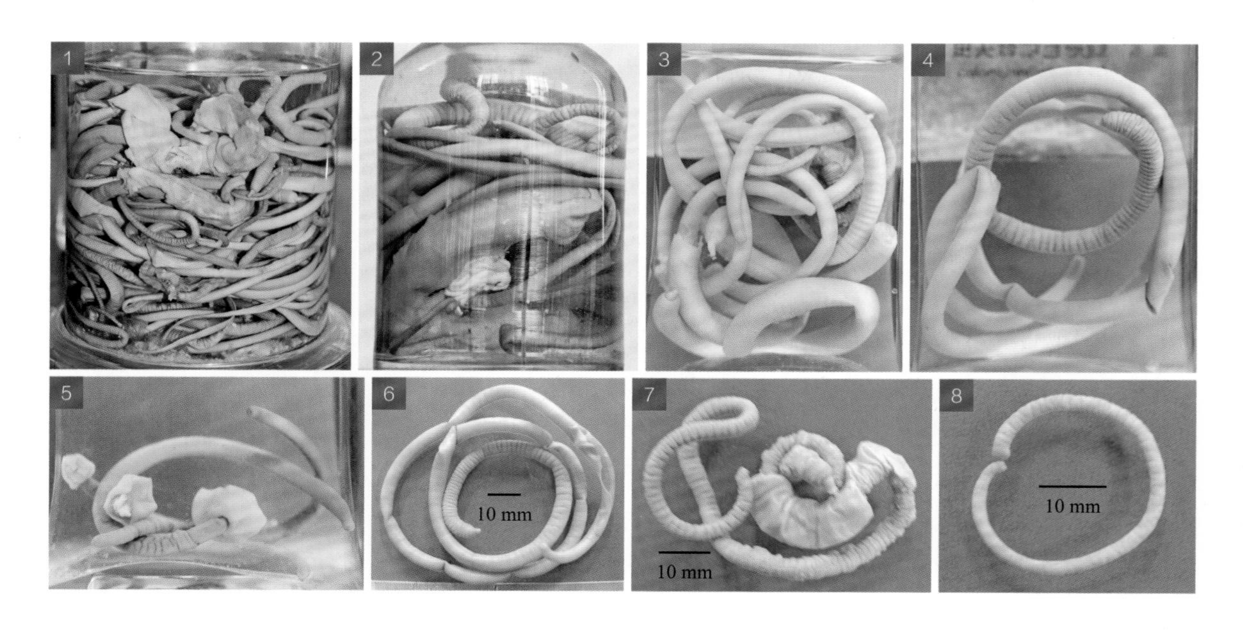

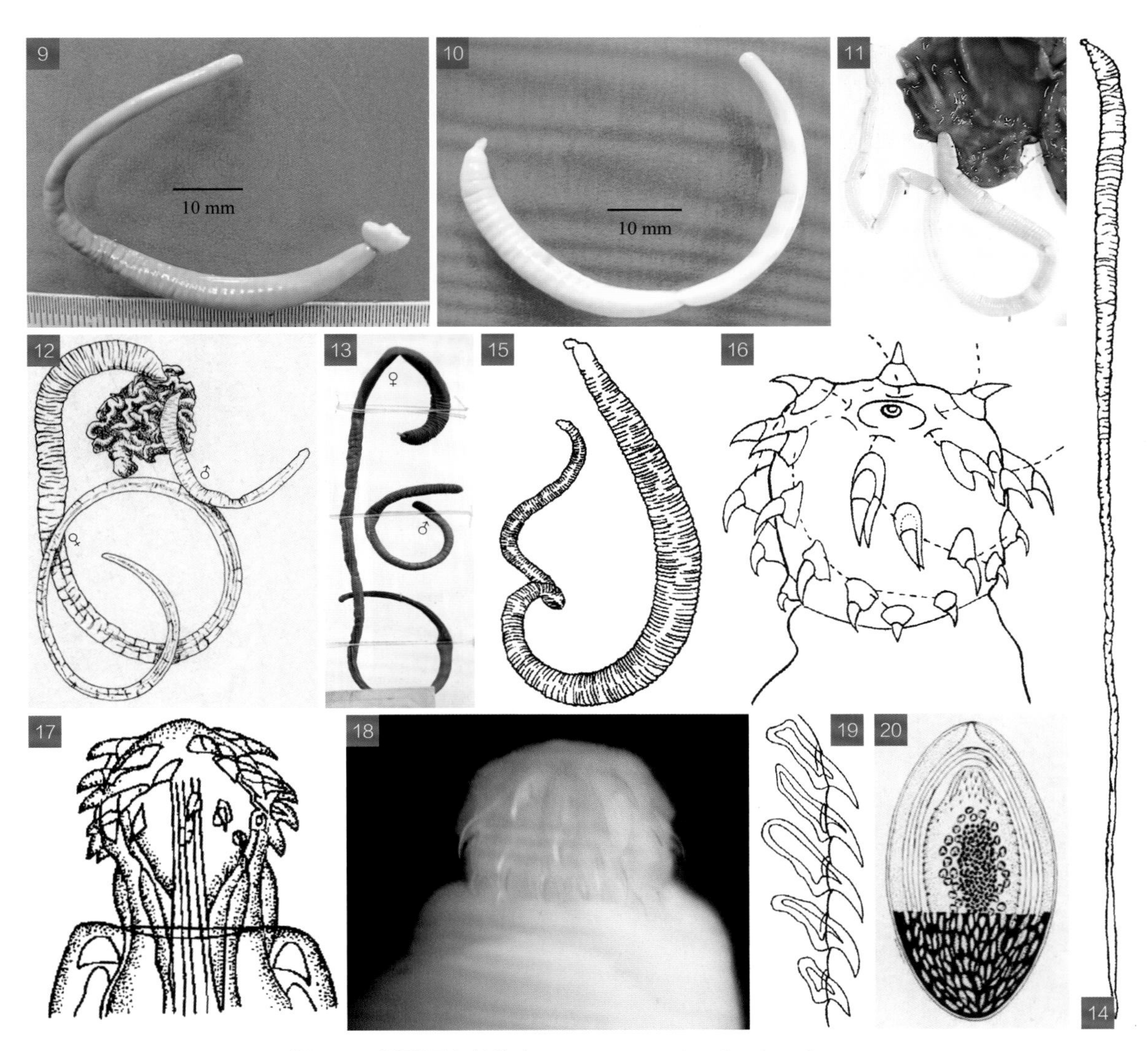

图 157 蛭形巨吻棘头虫 *Macracanthorhynchus hirudinaceus*

图释

1～11. 虫体；12, 13. 雄虫与雌虫；14, 15. 雌虫；16～18. 吻突；19. 吻钩；20. 虫卵

1, 2. 原图（YNAU）；3～10. 原图（LVRI）；11. 原图（YZU）；12, 20. 引自 Van Cleave（1947）；13. 原图（SCAU）；14, 16, 19. 引自 Yamaguti（1963）；15, 17. 引自黄兵和沈杰（2006）；18. 引自江斌等（2012）

9.2 钩吻属

Oncicola Travassos, 1916

【宿主范围】成虫寄生于食肉动物。

【形态结构】虫体肥胖，前端呈圆锥形，在睾丸和黏液腺后逐渐变细。腔隙系统由 2 条中央纵主管和环联合管组成，有原肾器官。吻突为亚球形，有吻钩 6 列，每列 5 或 6 个，前面的钩形如绦虫钩，后面钩像玫瑰刺，除最后钩无根部外每个钩的根部伸向前方。颈部每侧有颈乳突 1 个。吻囊壁为单层，插入吻突基部，腹面囊壁变薄，神经节正好位于其中间。吻腺呈长细管状。睾丸呈卵圆形，前后列，位于躯干的前半部或中部。黏液腺或为 8 个，不一定成对排列。虫卵呈宽卵圆形，外壳无网状刻纹，易碎，有时内层表面较硬。模式种：钩吻钩吻棘头虫［*Oncicola oncicola* (von Ihering, 1892) Travassos, 1917］。

158 犬钩吻棘头虫 *Oncicola canis* (Kaupp, 1909) Hall et Wigdor, 1918

【关联序号】85.2.1（86.2.1）/ 600。

【同物异名】犬棘吻棘头虫（*Echinorhynchus canis* Kaupp, 1909）。

【宿主范围】成虫寄生于犬的小肠。

【地理分布】河南。

【形态结构】虫体呈淡灰色，圆柱形，体表具横向皱纹，前端圆锥状，向后逐渐变细。头部有 1 个可以伸缩的吻突，吻突上有吻钩 5 列，每列吻钩 6 个。

雄虫：体长 0.60～1.30 cm，睾丸 2 枚，呈椭圆形，前后排列于虫体前半部。

雌虫：体长 0.70～1.40 cm，宽 0.20～0.40 cm。虫卵呈卵圆形，褐色，大小为 59～71 μm×40～50 μm。

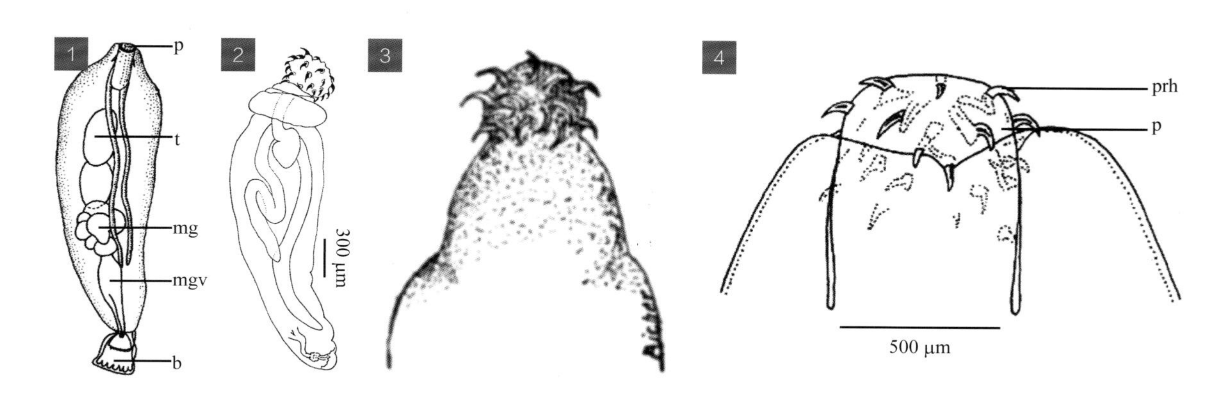

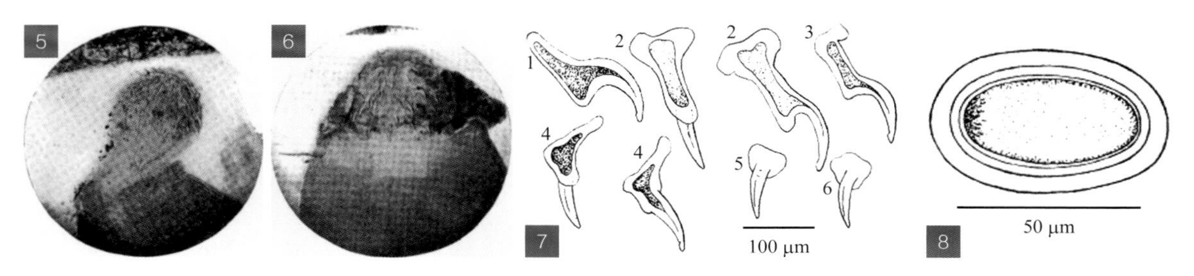

图 158　犬钩吻棘头虫 *Oncicola canis*

图释

1. 雄虫；2. 雌虫；3. 虫体前部；4～6. 吻突（5 示雄虫吻突，6 示雌虫吻突）；7. 吻钩（图中数字示每列钩的形状）；8. 虫卵

1, 4. 引自黄兵和沈杰（2006）；2. 引自 Yamaguti（1963）；3. 引自 Kaupp（1909）；5, 6. 引自 Parker（1909）7, 8. 引自 McDougald（2013）

159 新疆钩吻棘头虫 *Oncicola sinkienensis* Feng et Ding, 1987

【关联序号】（86.2.1）/。

【宿主范围】成虫寄生于犬和红狐的小肠。

【地理分布】新疆。

【形态结构】虫体为乳白色，前端较细，中前部粗，向后逐渐变细，体表具多环状皱纹。

雄虫：未见报道。

雌虫：体长 4.00～6.40 cm，前部宽 0.40～0.90 cm，后部宽 0.20～0.30 cm，个别虫体两端宽度相似。吻突略呈圆形，长宽约为 0.520 mm×0.590 mm，顶端中央有一宽 0.031 mm、高 0.071 mm 大小的突起。吻突上有纵排吻钩 6 列，每列 5～7 个。吻腺 2 条，呈带状，长约 12.500 mm。体内充满虫卵。虫卵呈长椭圆形，大小为 69～77 μm×40～48 μm，内含棘头蚴。棘头蚴大小约为 48 μm×22 μm，其头端有刀状长钩 4～6 个，钩长 9 μm。

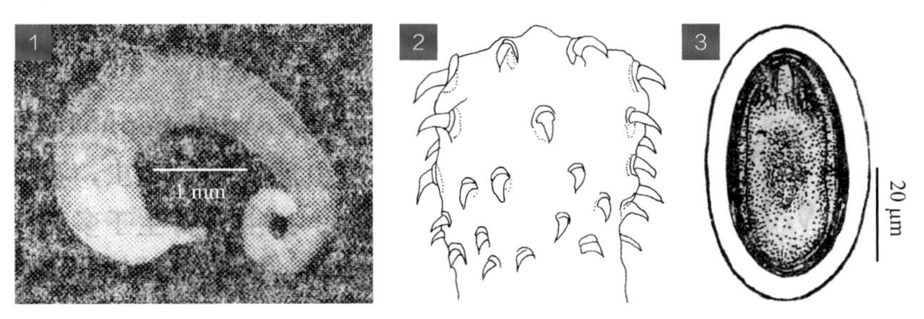

图 159　新疆钩吻棘头虫 *Oncicola sinkienensis*

图释

1. 虫体；2. 吻突；3. 虫卵

1～3. 引自冯新华和丁兆勋（1987）

9.3 前 睾 属

Prosthenorchis Travassos, 1915

【宿主范围】成虫寄生于哺乳动物，偶尔寄生于鸟类。

【形态结构】虫体呈圆柱形，弯向腹面或呈螺旋状，体表有不规则的横皱纹。有些种类有原肾器官。吻突呈球形，有 5～7 列横向（螺旋）的强壮吻钩，每个钩的根部伸向前方。有颈部。吻囊短，单层，插入吻突基部，腹面囊壁有吻缩肌。吻腺细长而扁平。睾丸通常位于躯干的前半部。黏液腺 8 个，结实，前后相叠或成对排列于睾丸后方一定距离。子宫钟有 2 个非常突出的侧憩室。虫卵呈卵圆形，外壳有颗粒和网状刻纹。模式种：长形前睾棘头虫［*Prosthenorchis elegans* (Diesing, 1851) Travassos, 1915］。

［注：Yamaguti（1963）记录螺旋前睾棘头虫（*Prosthenorchis spirula* (Olfers in Rudolphi, 1819) Travassos, 1917）为本属的模式种，Amin（2013）记录长形前睾棘头虫为本属的模式种，并将螺旋前睾棘头虫列为螺旋钩吻棘头虫（*Oncicola spirula* (Olfers in Rudolphi, 1819) Schmidt, 1972）的同物异名］

160 中华前睾棘头虫 ***Prosthenorchis sinicus*** **Hu, 1990**

【关联序号】（86.3.1）/。

【宿主范围】成虫寄生于犬的小肠。

【地理分布】新疆。

【形态结构】虫体向腹面卷曲呈螺旋状，最大宽度在虫体前部，向后逐渐变细，尾端钝圆，体表无棘而有大量横皱纹。

雄虫：体长 3.50 cm，最大宽度 0.36 cm。吻突呈倒卵圆形，前宽后窄，长 0.442 mm，前部宽 0.393 mm，后部宽 0.314 mm，顶端中央有一宽 0.052 mm、高 0.026 mm 的中央乳突。吻突上有呈螺旋形排列的吻钩 6 列，每列 6 个，共计 36 个，钩尖无突起，顶端的吻钩最大，向后依次逐渐变小，第 1 和第 2 个钩的根部长于钩尖。各钩的大小（长 × 宽）依次为，第 1 钩的钩尖为 0.103～0.105 mm×0.039～0.044 mm、根部 0.111～0.128 mm×0.030～0.032 mm，第 2 钩的钩尖为 0.091～0.098 mm×0.037～0.039 mm、根部 0.111～0.116 mm×0.031～0.032 mm，第 3 钩的钩尖为 0.084～0.091 mm×0.022～0.025 mm、根部 0.057～0.062 mm×0.020～0.022 mm，第 4 钩的钩尖为 0.074～0.081 mm×0.020～0.022 mm、根部 0.047～0.049 mm×0.021 mm，第 5 钩的钩尖为 0.069～0.071 mm×0.017～0.019 mm、根部 0.030～0.032 mm×0.020 mm，第 6 钩的钩尖为 0.064～0.067 mm×0.015～0.016 mm、根部 0.025～0.028 mm×0.017～0.019 mm。吻囊呈袋状，长宽为

1.552 mm×0.442 mm。吻腺 2 条，长带状，不等长，有 1～2 个盘绕，右侧长 7.089 mm，左侧长 5.548 mm，长者接近前睾丸前缘。睾丸 2 枚，呈长椭圆形，纵向拉长，前后排列于虫体前半部，前睾丸大小为 3.388 mm×0.962 mm，后睾丸大小为 4.861 mm×1.473 mm，两睾丸间距约为 2.357 mm。黏液腺 8 个，呈纵椭圆形，为单行纵列，前端距后睾丸约为 1.080 mm，每个长宽为 1.178 mm×0.933 mm，全长约 8.642 mm，每个黏液腺内各有一明显的大核。

雌虫：未见报道。

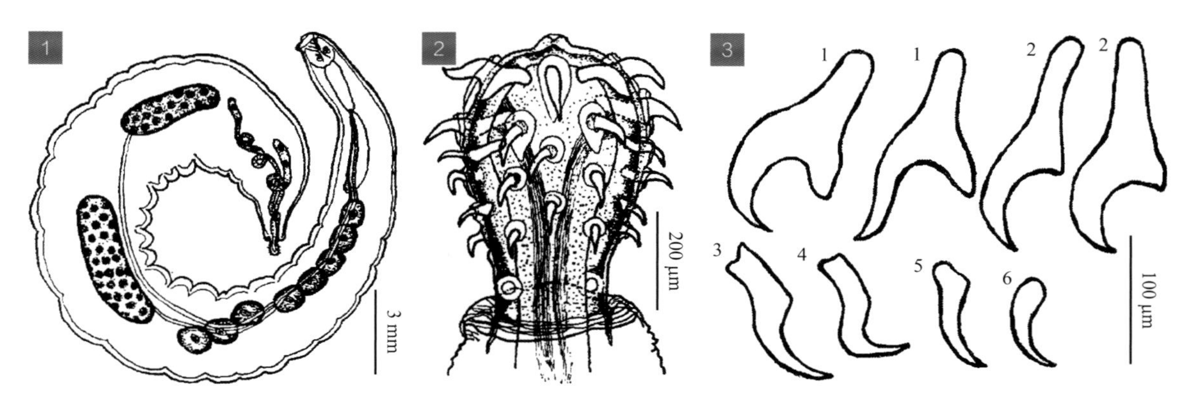

图 160　中华前睾棘头虫 *Prosthenorchis sinicus*

图释

1. 雄虫；2. 雄虫吻突；3. 吻钩（图中数字示每列钩的形状）

1～3. 引自胡建德（1990）

10 多形科

Polymorphidae Meyer, 1931

【同物异名】细颈科（Filicollidae Petrochenko, 1956）。

【宿主范围】成虫寄生于水禽或半水生鸟类和海洋哺乳动物。中间宿主为甲壳动物。

【形态结构】虫体体表常有棘或刺，皮下组织的细胞核小而多。吻突或躯干呈球形。颈部明显，或长或短。吻囊壁双层，靠近吻囊中部有神经节。吻腺呈梨形、肾形、肠形、管状或棒状。黏液腺常为2～6个，少数达8个，常呈管状。虫卵呈纺锤形、卵圆形或椭圆形。模式属：多形属［*Polymorphus* Lühe, 1911］。

《中国家畜家禽寄生虫名录》（2014）记载多形科棘头虫2属8种，本书全部收录。

10.1 细颈属

Filicollis Lühe, 1911

【宿主范围】成虫主要寄生于水禽。

【形态结构】虫体粗壮，外表皮厚，雌虫和雄虫的体形差异明显。仅在雌虫或者在雌虫和雄虫的吻突形成1个球状的球茎，其顶部的小钩呈放射状排列。雄虫躯干的前部有棘。躯干的缢缩痕明显或不明显，皮下的细胞核小而多。腔隙系统呈网状。颈部细长而明显。吻囊常长而狭窄，囊壁双层，神经节位于吻囊基部略前。吻腺很长而细，偶尔呈指状。睾丸2枚，相邻近或不邻近，通常位于虫体中部。黏液腺4个或6个，呈梨形或管状。虫卵呈椭圆形，在卵壳中层没有向两端延伸的突出物。模式种：鸭细颈棘头虫［*Filicollis anatis* (Schrank, 1788) Lühe, 1911］。

161 鸭细颈棘头虫 *Filicollis anatis* (Schrank, 1788) Lühe, 1911

【关联序号】86.2.1（87.1.1）/ 606。

【同物异名】鸭棘吻棘头虫（*Echinorhynchus anatis* Schank, 1788）；细颈棘吻棘头虫（*Echinor-*

hynchus filicollis Rudolphi, 1809）；多形棘吻棘头虫（*Echinorhynchus polymorphus* Bremser, 1824）；拉维棘吻棘头虫（*Echinorhynchus laevis* von Linstow, 1905）。

【宿主范围】成虫寄生于鸭、鹅的小肠。

【地理分布】重庆、广西、贵州、江苏、江西、四川。

【形态结构】虫体为白色或黄白色，呈纺锤形。雌虫比雄虫大，其颈部长，吻突呈球状，有薄壁，吻钩细小。雄虫体小，颈部短，吻突不呈球状。

雄虫：呈梭形，体长 0.40～0.80 cm，体宽 0.14～0.20 cm。吻突呈椭圆形或梨形，长宽为 0.360～0.400 mm×0.200～0.330 mm，具有纵排吻钩 18 列，每列 10～11 个。各吻钩的大小相近，钩尖长 0.027～0.031 mm，前部 7 个吻钩的根部发达，长 0.036～0.040 mm，后部 3～4 个

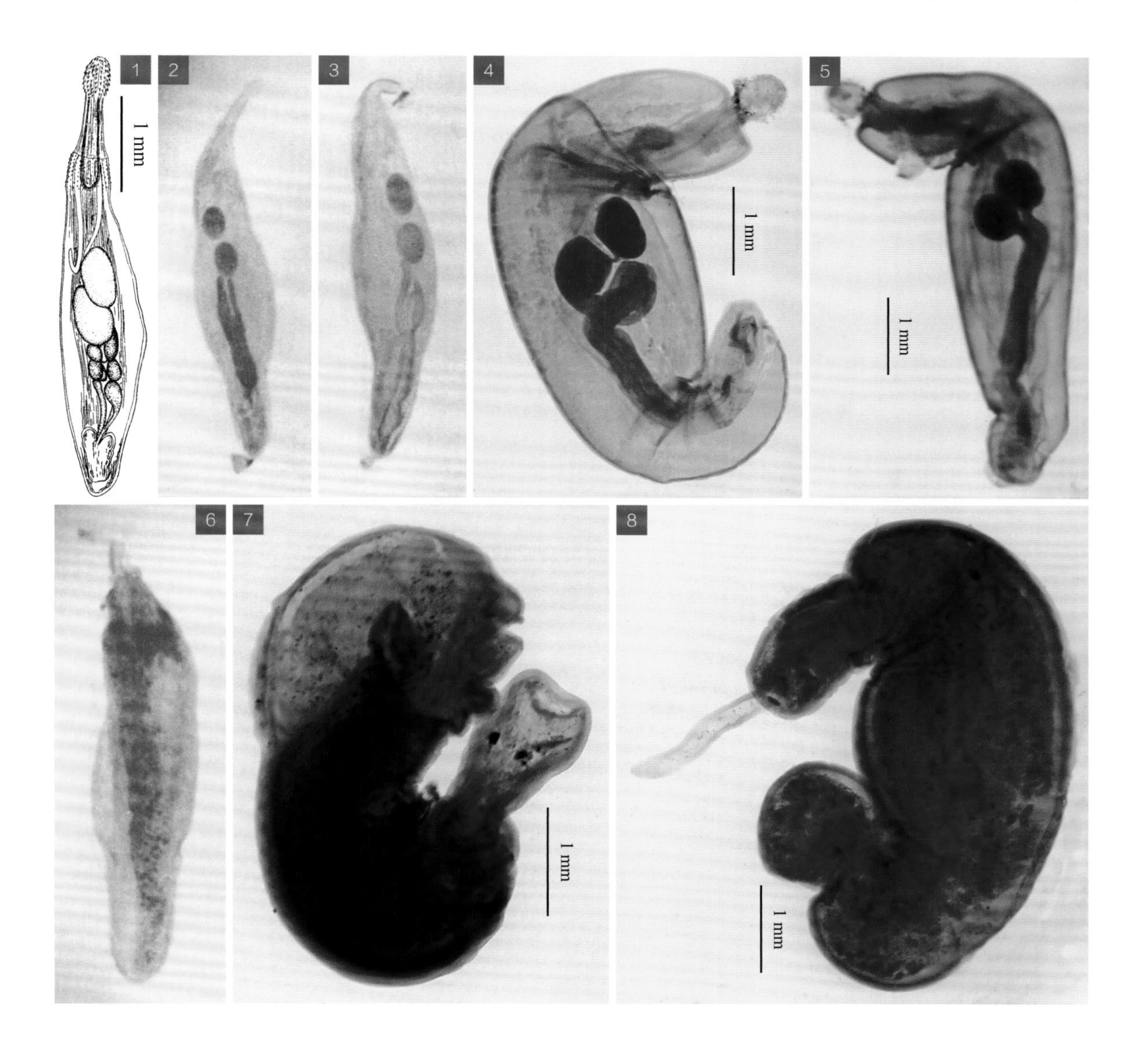

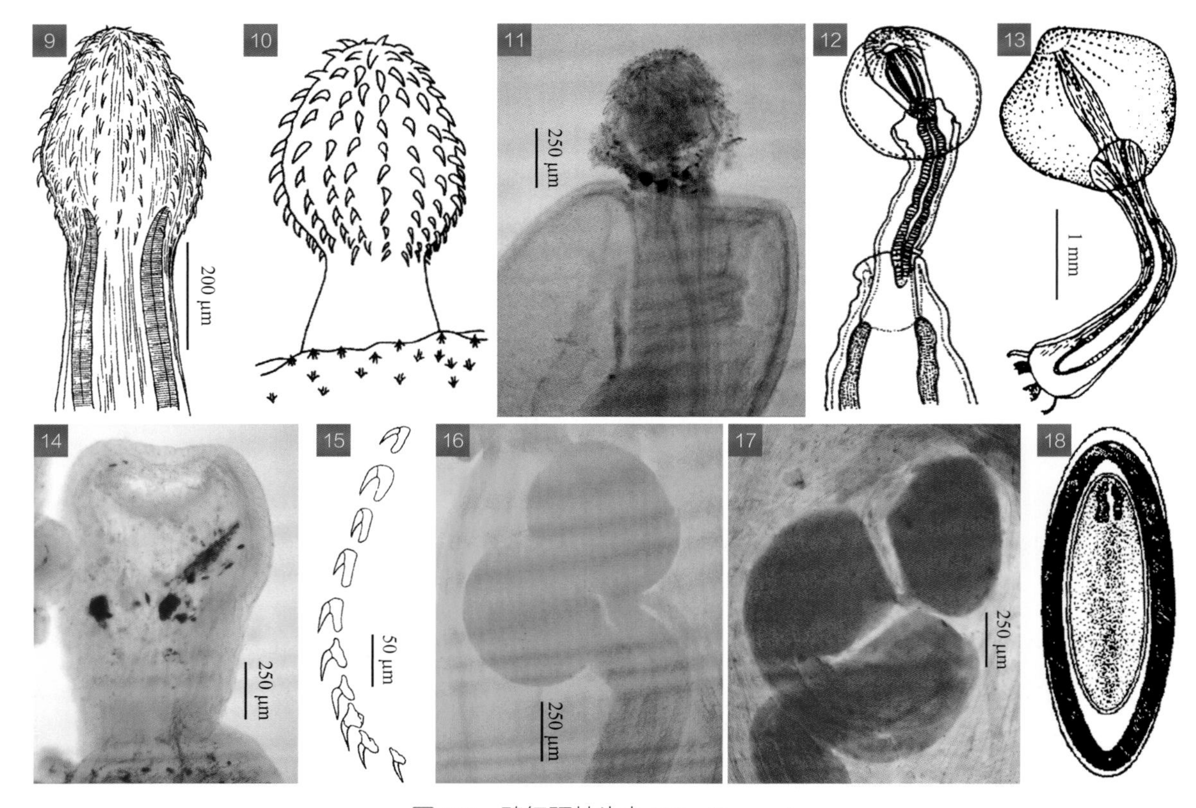

图 161 鸭细颈棘头虫 *Filicollis anatis*

图释

1～5. 雄虫；6～8. 雌虫；9～11. 雄虫吻突与颈部；12～14. 雌虫吻突与颈部；15. 吻钩；16, 17. 睾丸；18. 虫卵

1, 9, 15. 引自 Yamaguti（1963）；2, 3, 6. 原图（黄德生摄）；4, 5, 7, 8, 11, 14, 16, 17. 原图（SASA）；10, 12. 引自黄兵和沈杰（2006）；13. 引自蒋学良等（2004）；18. 引自陈淑玉和汪溥钦（1994）

吻钩的根部小，不发达。吻囊长宽为 1.090～2.000 mm×0.170 mm，囊壁双层。颈部短，呈圆锥状，长 0.570～0.640 mm，宽 0.270 mm。吻腺长，呈带状，大小为 1.560～2.120 mm×0.080～0.100 mm。体前部具有纵排体棘 50～52 列，每列 8 个，长约 0.022 mm。睾丸 2 枚，呈卵圆形，前后靠近或倾斜排列于虫体中部，大小为 0.710～0.820 mm×0.380～0.450 mm，距吻囊底部 0.710～1.230 mm。睾丸后方有黏液腺 6 个，呈肾形或椭圆形，彼此靠近。交合伞呈钟形，位于虫体后端。

雌虫：前后两端稍狭小，体长 1.00～2.60 cm，体宽 0.40～0.43 cm。吻突膨大呈球形，直径为 2.000～3.000 mm。吻突前部有细小的吻钩 18 纵列，每列 10～11 个，呈星芒状排列，其他部分光滑无钩。吻囊长宽为 2.300 mm×0.490 mm。吻腺较长，呈带状，长约 3.800 mm。体棘细小。虫卵呈椭圆形或卵圆形，大小为 62～84 μm×19～31 μm，卵膜 3 层，外层很薄，中层厚而致密，两端无极突，内层薄，包含棘头蚴。

10.2 多 形 属

Polymorphus Lühe, 1911

【同物异名】原细颈属（*Profilicollis* Meyer, 1931）；六腺属（*Hexaglandula* Petrochenko, 1950）；亚棒体属（*Subcorynosoma* Khokhlova, 1967）；亚细颈属（*Subfilicollis* Khokhlova, 1967）。

【宿主范围】成虫寄生于水禽或半水生禽类，偶尔寄生于哺乳动物。

【形态结构】小型棘头虫。虫体多少有些肥胖，躯干的前部具体棘，前部与其余部分之间有浅收缩。吻突呈圆柱状或近卵圆形，其上有纵列小钩 12～22 列，每列有小钩 6～16 个，钩的大小由吻突顶端向后逐渐增大，然后向吻突基部又逐渐变小，且钩根缩小。颈部明显。吻囊壁双层，产生于吻突基部，吻突基部稍前有神经节。吻腺呈圆筒形或棍棒形。皮下核小而多。腔隙系统呈网状。睾丸 2 枚，呈前后纵列或斜列，常位于虫体前半部。黏液腺呈管状。生殖孔末端无刺。虫卵呈纺锤形，在卵壳中层有明显向两端延伸的突出物。模式种：小多形棘头虫［*Polymorphus minutus* (Goeze, 1782) Lühe, 1911］。

［注：Yamaguti（1963）记录本属的模式种为鸭多形棘头虫（*Polymorphus boschadis* (Schrank, 1788) Railliet, 1919），将小多形棘头虫（*Polymorphus minutus* (Zeder, 1800) Lühe, 1911）列为其同物异名。Amin（2013）记录本属的模式种为小多形棘头虫（*Polymorphus minutus* (Goeze, 1782) Lühe, 1911），将鸭多形棘头虫列为其同物异名］

162 腊肠状多形棘头虫 *Polymorphus botulus* (Van Cleave, 1916) Van Cleave, 1939

【关联序号】86.1.1（87.2.1）/ 601。

【同物异名】腊肠状细颈棘头虫（*Filicollis botulus* Van Cleave, 1916）；腊肠状原细颈棘头虫（*Profilicollis botulus* (Van Cleave, 1916) Meyer, 1931）。

【宿主范围】成虫寄生于鸭和绒鸭的小肠。

【地理分布】福建、广东、陕西。

【形态结构】虫体呈圆柱形或纺锤形，大而厚，腊肠状。吻突呈卵形或球形，具有纵排的吻钩 12 或 16 列，每列 7～8 个，多数为 8 个。吻钩大小相近，钩尖细长，前部钩根由短渐长，后部钩根渐短至无。颈部细长，裸露，可收缩。在雄虫体前部紧接颈节基部的部位有体棘，棘长 0.012 mm，而在成熟雌虫的相同部位无明显体棘，体前部的体表略微隆起。吻腺呈带状等长。雄虫：体长 1.30～1.46 cm，宽 0.31～0.37 cm。吻突长宽为 0.560～0.640 mm×0.320～0.400 mm。前部吻钩的钩尖长 0.098～0.105 mm，根部长 0.105～0.110 mm；后部吻钩的钩尖长 0.076～

0.080 mm，根部长 0.060 mm。颈部长 0.800～0.960 mm，宽 0.450～0.640 mm。吻囊长 2.400～2.560 mm，宽 0.400～0.420 mm。睾丸 2 枚，呈椭圆形，前后倾斜排列于虫体中前部，前睾丸大小为 0.640～1.360 mm×0.720～0.800 mm，后睾丸大小为 1.080～1.540 mm×0.720～0.960 mm。黏液腺呈管状，长 3.200～4.620 mm。交合伞位于体末端，大小为 1.120 mm×0.720 mm。

雌虫：体长 1.54～2.00 cm，宽 0.31～0.40 cm。吻突长宽为 0.560～0.650 mm×0.480～0.520 mm。前第 1～2 个吻钩稍小，中部吻钩较大，其钩尖长 0.077～0.092 mm，根部长 0.108～0.114 mm；后部吻钩的钩尖长 0.070～0.082 mm，根部长 0.070 mm。颈部长 0.800～0.960 mm，宽 0.430～0.560 mm。吻囊长 2.440～2.540 mm，宽 0.800 mm。吻腺长 4.800～5.680 mm。虫卵呈椭圆形，卵膜 3 层，大小为 63～83 μm×21～30 μm。

［注：本种的种名和同物异名采用 Yamaguti（1963），而在 Amin（2013）记载中，种名为腊肠状原细颈棘头虫（*Profilicollis botulus* (Van Cleave, 1916) Witenberg, 1932），并作为原细颈属（*Profilicollis* Meyer, 1931）的模式种］

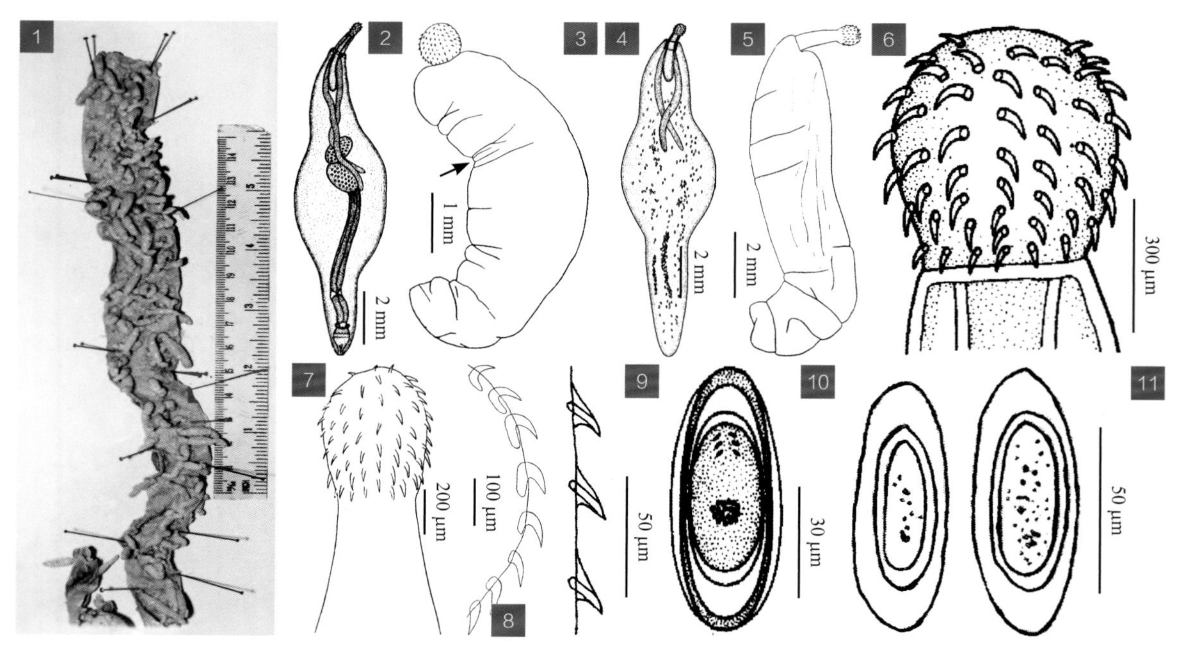

图 162　腊肠状多形棘头虫 *Polymorphus botulus*

图释

1. 寄生于鸭小肠的虫体；2, 3. 雄虫（3 中箭头示体棘末端区域）；4, 5. 雌虫；6. 吻突；7. 吻突与颈部；8. 吻钩；9. 体棘；10, 11. 虫卵

1. 引自 Bishop（1971）；2, 4, 6, 10. 引自陈淑玉和汪溥钦（1994）；3, 5, 7～9, 11. 引自 Van Cleave（1916）

163 重庆多形棘头虫 *Polymorphus chongqingensis* Liu, Zhang et Zhang, 1990

【关联序号】86.1.2（87.2.2）/。

【宿主范围】成虫寄生于鸭的小肠。

【地理分布】重庆。

【形态结构】虫体短小，呈梭形，中间粗，两端狭细，活体时呈淡黄色。虫体前部具有体棘15～16环列，分布于体前1/6区域，体棘呈刀片状，有锐利的尖部伸出体外。雌、雄虫体的吻钩数目相同。

雄虫：体长0.73～0.75 cm，体中部宽0.17～0.19 cm。吻突呈卵圆形，长宽为0.520～0.550 mm×0.360～0.380 mm，具有纵排的吻钩14列，每列8个。吻钩的根部短，而钩尖从前向后逐渐缩短，第1～8个钩尖的长度依次为0.094～1.000 mm、0.088～0.094 mm、0.084～0.088 mm、0.081 mm、0.075～0.078 mm、0.069～0.072 mm、0.063～0.069 mm、0.056 mm。颈部大小为0.330 mm×0.220 mm。吻囊呈长囊状，长宽为1.380～2.080 mm×0.250～0.270 mm。吻腺2条，呈圆柱形，左右不等长，长度分别为2.770～2.910 mm和3.050～4.160 mm，宽度为0.040～0.070 mm，伸达睾丸水平。睾丸2枚，呈椭圆形，前后斜列于虫体中前部，前睾丸大小为0.830 mm×0.620 mm，后睾丸大小为0.830 mm×0.620～0.690 mm。黏液腺4条，起于后睾丸之后，呈弯曲管状并列，长宽为1.940～2.080 mm×0.410～0.440 mm。黏液腺囊呈圆柱形，长宽为0.760～0.900 mm×0.330～0.370 mm。交合伞位于黏液腺囊之后，大小为0.410～0.970 mm×

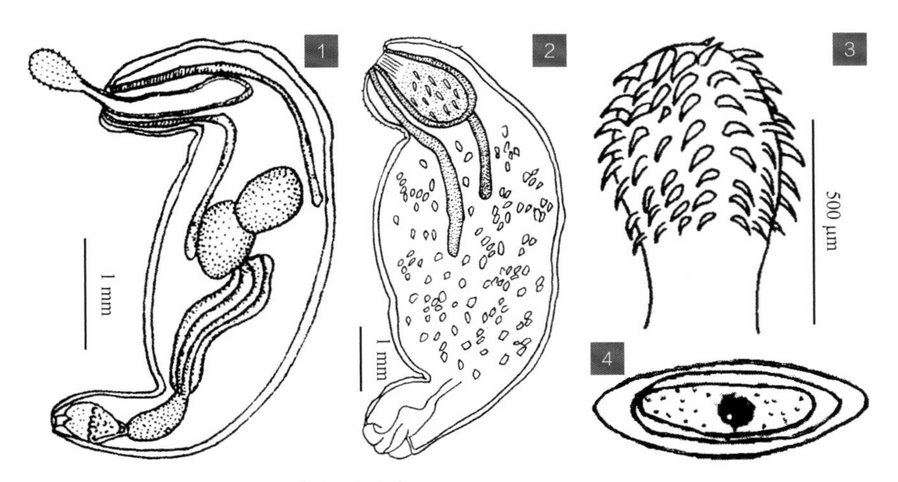

图163 重庆多形棘头虫 *Polymorphus chongqingensis*

图释

1. 雄虫；2. 雌虫；3. 吻突；4. 虫卵

1～4. 引自蒋学良等（2004）

0.370～0.410 mm。

雌虫：体长 0.59～0.79 cm，体中部宽 0.21～0.26 cm。吻囊呈椭圆形，长宽为 1.600～1.630 mm×0.890～0.940 mm。吻腺 2 条，圆柱形，左右不等长，长度分别为 3.010～3.220 mm 和 2.800～2.910 mm，宽度为 0.180～0.240 mm。体内充满大量虫卵。虫卵呈纺锤形，外层薄而光滑，中层厚，两端无极突，虫卵大小为 37～44 μm×15～17 μm。

164 双扩多形棘头虫 *Polymorphus diploinflatus* Lundström, 1942

【关联序号】 86.1.3（87.2.3）/ 。

【宿主范围】 成虫寄生于鸭的小肠。

【地理分布】 广西、新疆。

【形态结构】 虫体呈橘黄或橘红色，在前部与中部 1/3 处具有很明显的缢缩，虫体前部膨大，后 1/3 突然变狭窄，将虫体分成不同宽度的三部分，末端钝圆。在虫体前部的体表有体棘，体棘只达前体膨大部的 2/3 左右，不达缢缩外，有 36～66 列，每列 20～28 个，排列不规整，其大小由前向后逐渐缩小，前部者长 0.022～0.027 mm，后部者长 0.017～0.024 mm。吻突呈卵圆形，有纵排吻钩 14 列（个别为 15 或 16 列），每列 8～9 个，9 个居多。前 4～5 个吻钩粗大，

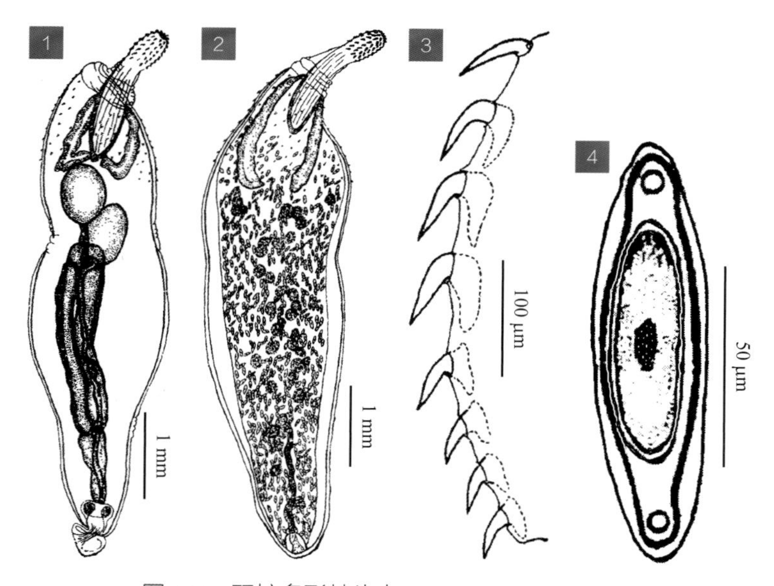

图 164 双扩多形棘头虫 *Polymorphus diploinflatus*

图释

1. 雄虫；2. 雌虫；3. 吻钩；4. 虫卵

1～4. 引自胡建德和侯光（1987）

钩尖长 0.042～0.062 mm，根部长 0.037～0.069 mm，其中除第 4 或 5 个吻钩的钩尖、根部最粗大和第 1 个吻钩的钩尖较细长、根部小于钩尖外，其余吻钩的根部均稍大于钩尖。后 4～5 个吻钩明显变小，大小相近，钩尖长 0.034～0.047 mm，根部小于钩尖，长 0.022～0.037 mm。
雄虫：体长 0.38～0.65 cm，最大宽度 0.09～0.11 cm。吻突长 0.354～0.442 mm，宽 0.210～0.250 mm。颈部长 0.344～0.579 mm，宽 0.363～0.491 mm。吻囊长 0.982～1.473 mm，宽 0.216～0.304 mm。吻腺长 1.031～1.178 mm，宽 0.213 mm。睾丸 2 枚，呈椭圆形，前后排列或稍斜列于虫体中前部，前睾丸靠近吻囊后缘，大小为 0.442～0.835 mm×0.302～0.619 mm，后睾丸大小为 0.530～0.835 mm×0.295～0.501 mm。黏液腺 4 条，管状，长为 1.228～1.868 mm，其后接 2 条黏液腺导管，长 0.687～0.835 mm。交合伞位于虫体末端，呈钟形，大小为 0.412 mm×0.324 mm。
雌虫：体长 0.42～0.79 cm，最大宽度 0.10～0.19 cm。吻突长 0.324～0.445 mm，宽 0.177～0.280 mm。颈部长 0.442～0.638 mm，宽 0.344～0.579 mm。吻囊长 1.031～1.787 mm，宽 0.118～0.324 mm。吻腺长 0.982～1.277 mm，宽 0.236 mm。虫卵大小为 89～103 μm×20～22 μm。

165 台湾多形棘头虫 *Polymorphus formosus* **Schmidt et Kuntz, 1967**

【**关联序号**】86.1.4（87.2.4）/ 602。
【**宿主范围**】成虫寄生于鸭和绿头鸭的小肠。
【**地理分布**】重庆、湖南、台湾。
【**形态结构**】虫体中部粗大，两端狭小呈梭形。颈部细长。体前部的体棘细小而少，背、腹面分布均匀。吻突短而宽，呈卵圆形到球形，具有纵排吻钩 12～15 列（通常为 14 列），每列 7～9 个（通常为 8 个），大小和形状相似。前 2 个钩长 0.070～0.090 mm，第 3～4 个钩长 0.095～0.117 mm，后 4 个钩长 0.073～0.081 mm；前 3 或 4 个钩有大而简单的根部，紧接的 1 或 2 个钩的根部小，最后几个钩无根部。吻腺长，扁平。生殖孔位于虫体末端。
雄虫：体长 0.90～1.50 cm，体宽 0.18～0.34 cm。颈部长 0.773～0.900 mm，宽 0.430～0.536 mm。吻突长宽为 0.485～0.546 mm×0.465～0.536 mm。吻鞘大小为 2.200～2.700 mm×0.350～0.400 mm。吻腺长 3.000～4.300 mm。睾丸 2 枚，呈卵形到球形，前后相接排列于虫体中前部，大小为 1.200～1.450 mm×0.690～1.100 mm。黏液腺 4 个，管状，起于睾丸后端，止于虫体亚末端的交合伞前。
雌虫：体长 1.20～1.85 cm，体宽 0.20～0.45 cm。颈部长 0.850～1.000 mm，宽 0.464～0.495 mm。吻突长宽为 0.525～0.618 mm×0.515～0.567 mm。吻鞘大小为 2.300～2.500 mm×0.390～0.412 mm。吻腺长 5.000～5.200 mm。虫卵呈椭圆形，卵膜 3 层，外层薄而光滑，中层厚无极突，虫卵大小为 57～65 μm×17～23 μm。

［注：Amin（2013）记载本种的名称为台湾原细颈棘头虫（*Profilicollis formosus* (Schmidt et Kuntz, 1967) Khokhlova, 1974）］

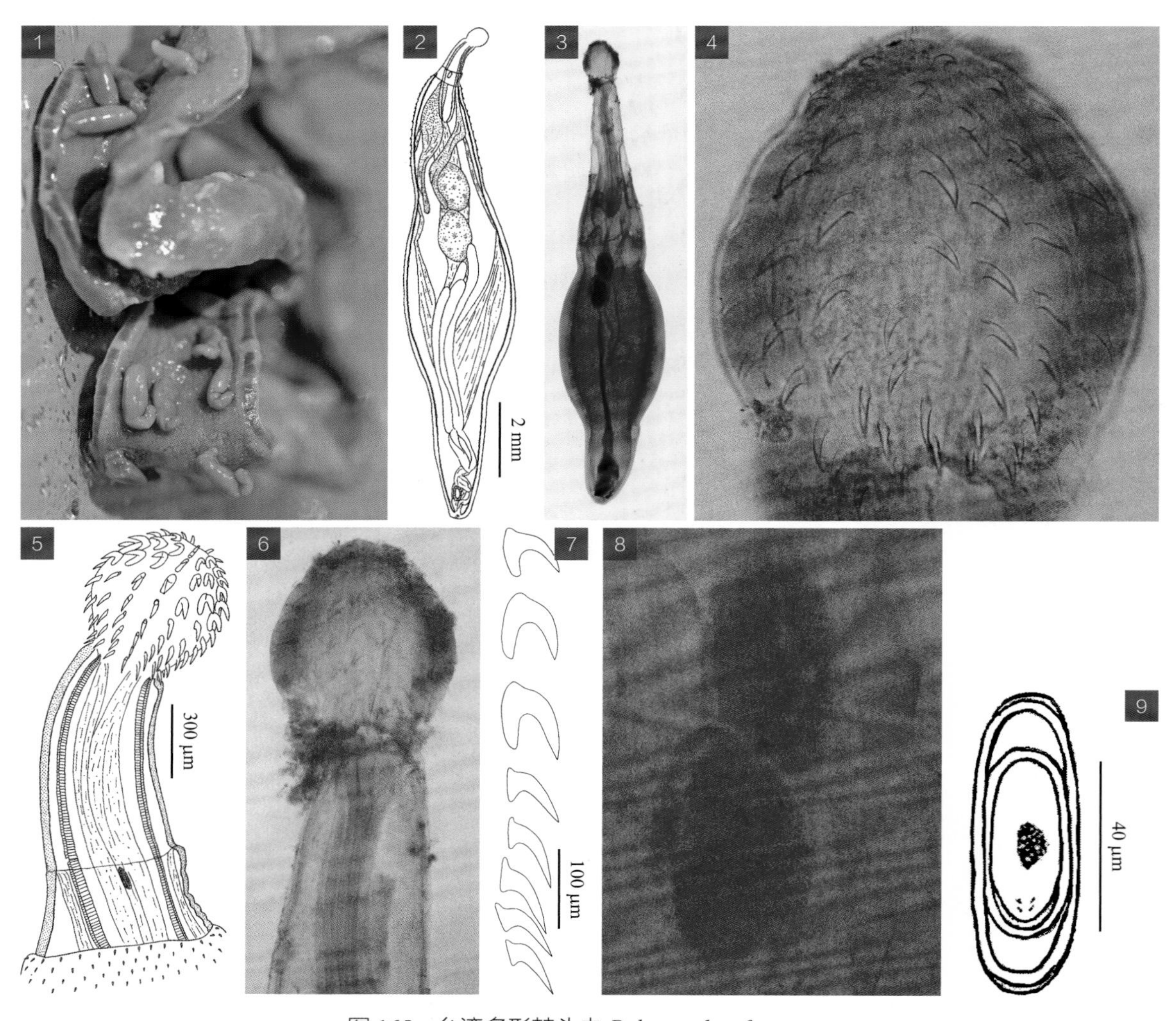

图 165 台湾多形棘头虫 *Polymorphus formosus*

图释

1. 寄生于鸭小肠的虫体；2, 3. 雄虫；4. 吻突；5, 6. 吻突与颈部；7. 吻钩；8. 睾丸；9. 虫卵

1. 原图（SHVRI）；2, 5, 7, 9. 引自 Schmidt 和 Kuntz（1967）；3, 4, 6, 8. 原图（SASA）

166 大多形棘头虫 *Polymorphus magnus* Skrjabin, 1913

【关联序号】86.1.5（87.2.5）/ 603。

【宿主范围】成虫寄生于鸡、鸭、鹅和野鸭的小肠，偶见大肠。

【地理分布】重庆、福建、广东、广西、贵州、河南、湖北、湖南、江西、辽宁、四川、新疆、云南。

【形态结构】虫体呈橘红色，纺锤形。吻突呈球形、卵圆形或椭圆形，长宽为 0.402～0.563 mm×0.249～0.469 mm。吻突上有纵排的吻钩 16～18 列，每列 7～9 个，多数为 8 个，每列前 4 个吻钩较大，具有发达的钩尖和根部，其余吻钩不发达呈小针状。吻囊呈长圆柱形，为双层壁，附着于吻突的基部，长宽为 1.226～1.874 mm×0.182～0.402 mm。吻腺 2 条，呈带状，位于吻囊两侧，长 1.561～2.410 mm。颈部呈圆锥形，长 0.603～0.892 mm，基部宽 0.402～0.593 mm。

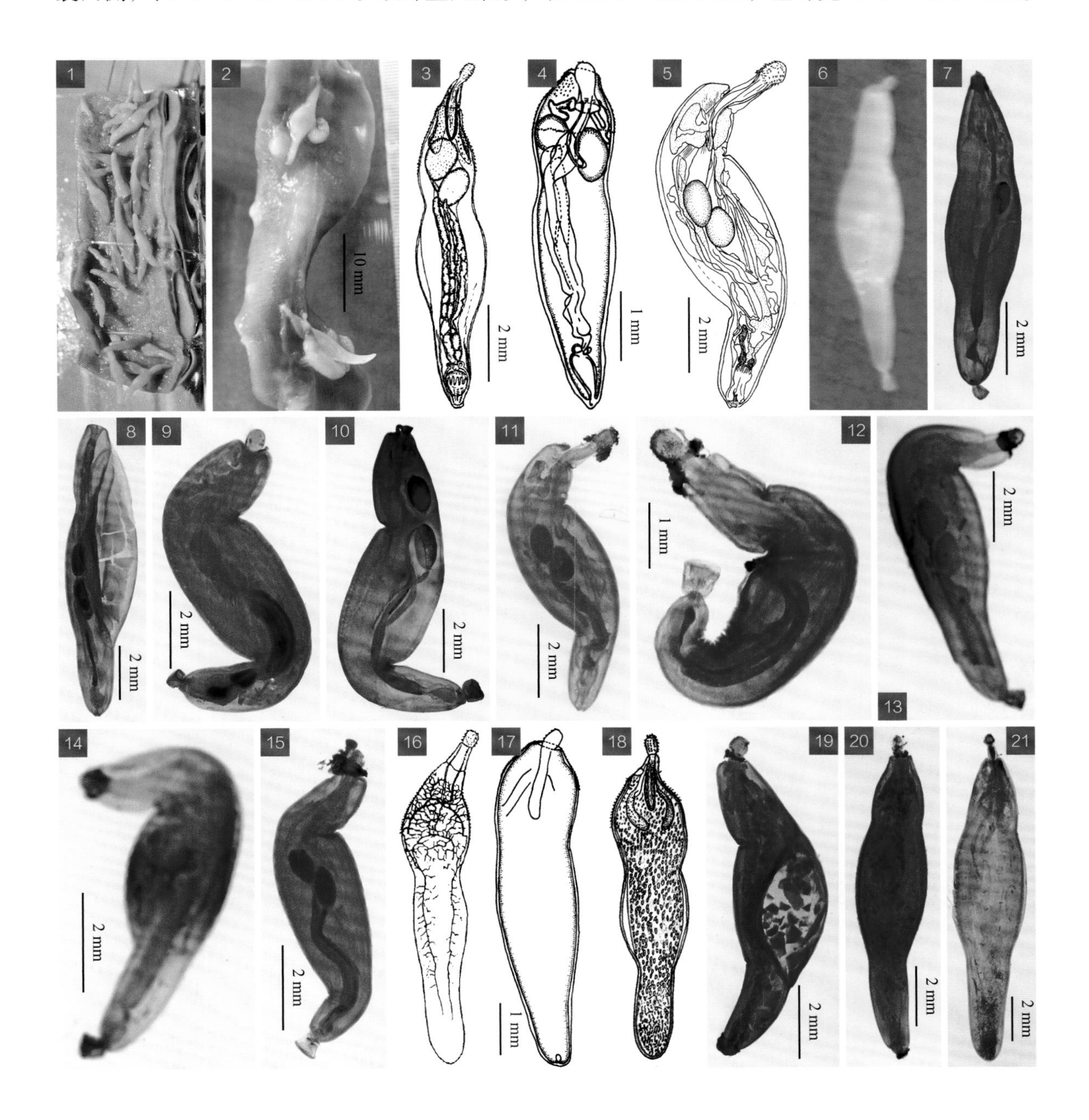

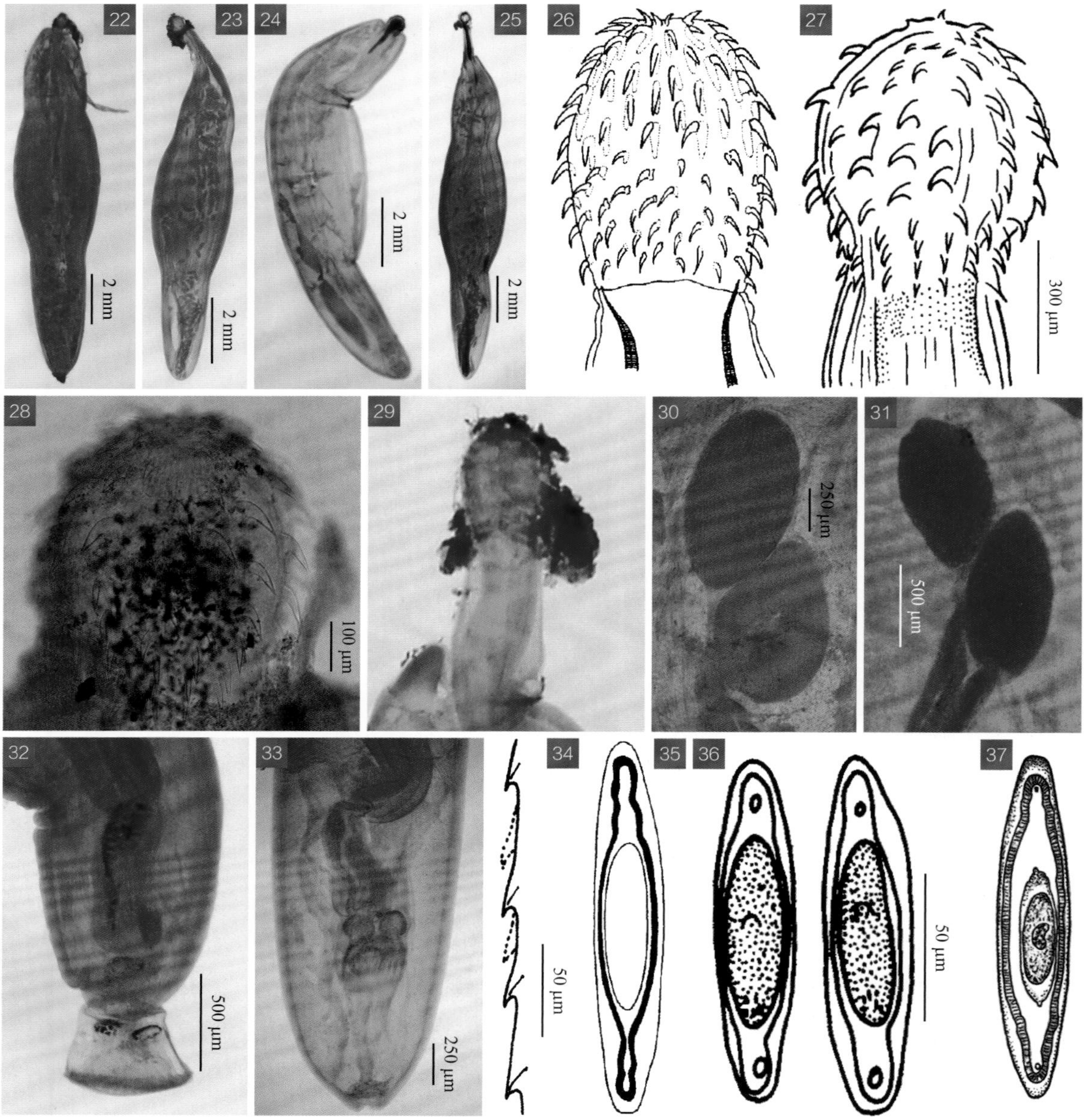

图 166 大多形棘头虫 *Polymorphus magnus*

图释

1, 2. 寄生于鸭小肠的虫体；3～15. 雄虫；16～25. 雌虫；26～28. 吻突；29. 雄虫吻突与颈部；30, 31. 睾丸；32. 雄虫后部；33. 雌虫后部；34. 虫体前部体表棘；35～37. 虫卵

1, 15, 25, 31, 32. 原图（SHVRI）；2, 6. 原图（LVRI）；3, 16, 26, 35. 引自 Yamaguti（1963）；4, 17, 34, 36. 引自 Dimitrova 和 Genov（1992）；5, 27. 引自蒋学良等（2004）；7～14, 19～24, 28～30, 33. 原图（SASA）；18, 37. 引自黄兵和沈杰（2006）

虫体前部膨大处有细小而纵列的体棘 50～60 列，每列 18～20 个，棘长约 0.009 mm，由密而稀，分布至吻囊底部水平，后部体棘不明显。

雄虫：体长 0.70～1.12 cm，体宽 0.10～0.23 cm。睾丸 2 枚，呈卵圆形或椭圆形，大小为 0.800～2.412 mm×0.500～0.892 mm，前后斜列于虫体前部吻囊的后方，距吻囊很近，有的前睾丸接近吻囊。睾丸后方有 4 条呈肠管状的黏液腺，长 3.320～3.618 mm。黏液腺管长 0.960～1.180 mm。交合伞呈钟形，位于虫体后端，大小为 0.764～1.003 mm×0.557～0.831 mm，前面两侧有 2 个膨大的侧突，后部边缘有 18 个指状辐肋，生殖孔开口于虫体末端。

雌虫：体长 0.90～1.60 cm，体宽 0.12～0.25 cm，体内充满大量虫卵。虫卵呈长纺锤形，大小为 112～133 μm×17～22 μm，有 3 层卵膜，外层膜薄而透明，中层膜厚而致密，在中间层的两端有延伸的突出物。

167 小多形棘头虫 *Polymorphus minutus* (Goeze, 1782) Lühe, 1911

【关联序号】 86.1.6（87.2.6）/ 603。

【同物异名】 微小多形棘头虫；小棘吻棘头虫（*Echinorhynchus minutus* Goeze, 1782）；鸭棘吻棘头虫（*Echinorhynchus boschadis* Schrank, 1788）；鸭棘吻棘头虫（*Echinorhynchus anatis* Gmelin, 1791）；领襟棘吻棘头虫（*Echinorhynchus collaris* Schrank, 1792）；鸭多形棘头虫（*Polymorphus boschadis* (Schrank, 1788) Railliet, 1919）。

【宿主范围】 成虫寄生于鸭、鹅和天鹅、绿头鸭、针尾鸭的小肠，偶见大肠。

【地理分布】 安徽、重庆、广西、贵州、江苏、江西、辽宁、陕西、四川、台湾。

【形态结构】 虫体呈橘红色，纺锤形。吻突呈卵圆形，长宽为 0.267～0.298 mm×0.165～0.200 mm，有纵排吻钩 16 列，每列 7～8 个，前部的钩发达、根部大，后面的钩逐渐变小。第 1 钩尖长 0.022～0.026 mm，根部长 0.027 mm；第 2～3 钩尖长 0.031～0.036 mm，根部长 0.031～0.042 mm；其余 4～5 个钩较小，根部不明显，钩尖长 0.022～0.026 mm，根部长约 0.018 mm。颈部呈圆锥形，长 0.379～0.445 mm，基部宽 0.379～0.543 mm。吻囊发达，吻腺呈带状，长宽为 0.446～0.534 mm×0.089～0.090 mm。虫体前部有细小体棘 50～60 纵列，每列 18～20 个，棘长约 0.027 mm。

雄虫：体长 0.25～0.39 cm，体宽 0.07～0.09 cm。吻囊大，其底部与前睾丸接近，长宽为 0.513～0.691 mm×0.156～0.240 mm。睾丸 2 枚，呈类圆形，前后斜列于虫体的前半部，大小为 0.356～0.445 mm×0.356 mm。黏液腺 4 条，呈腊肠状，长 0.936～1.449 mm。黏液腺管紧接其后，长约 0.335 mm。交合伞呈钟形，大小为 0.401 mm×0.200 mm，前部有侧盲突，生殖孔开口于虫体亚末端。

雌虫：体长 0.28～1.00 cm，体宽 0.08～0.10 cm。有发达的吻囊和吻腺，体内充满卵泡和虫

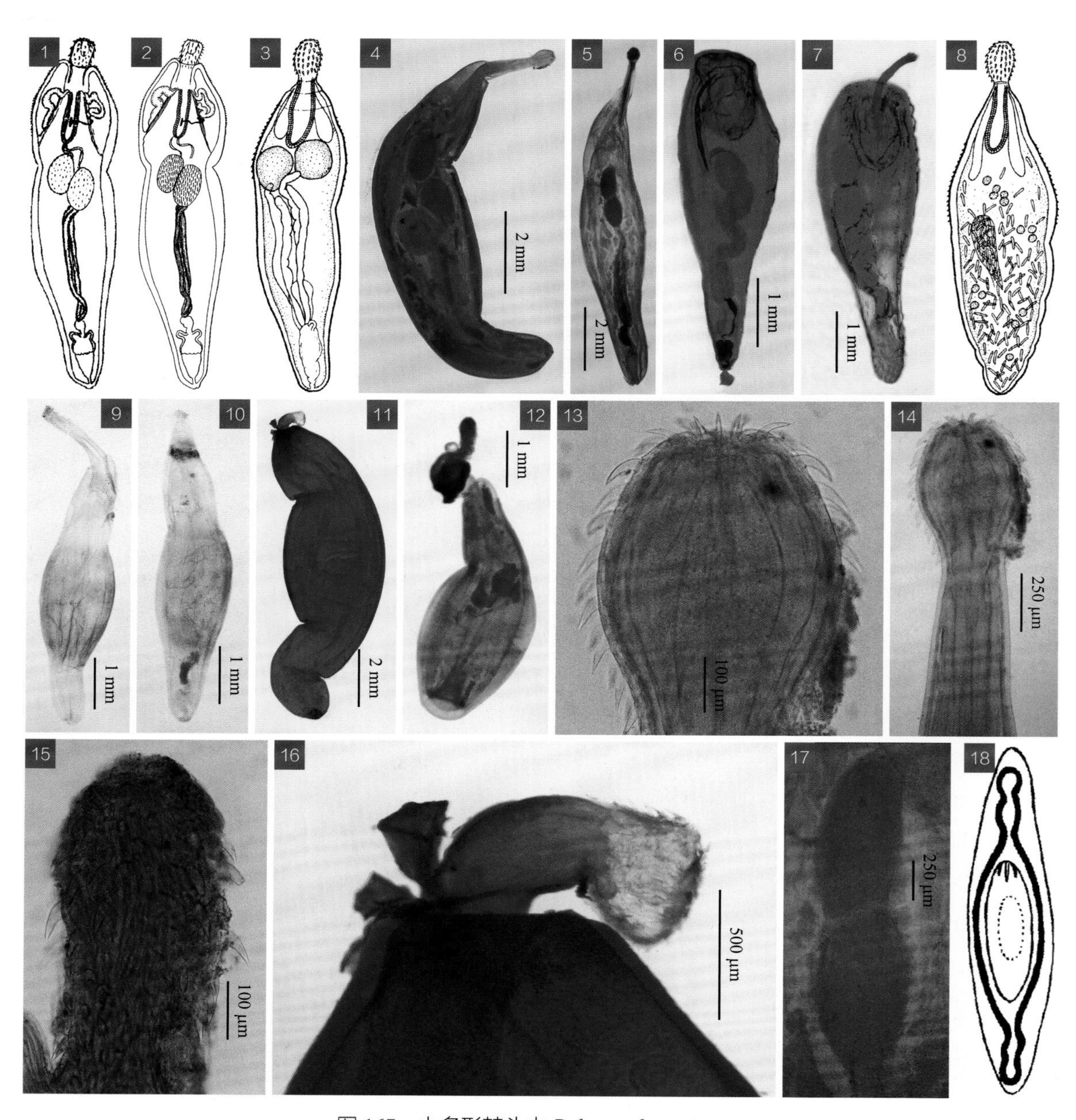

图 167　小多形棘头虫 *Polymorphus minutus*

图释

1～7. 雄虫；8～12. 雌虫；13. 雄虫吻突；14. 雄虫吻突与颈部；15. 雌虫吻突；16. 雌虫吻突与前部；17. 睾丸；18. 虫卵

1, 18. 引自 Yamaguti（1963）；2. 引自 McDougald（2013）；3, 8. 引自陈淑玉和汪溥钦（1994）；4, 5, 12～15, 17. 原图（SASA）；6, 7, 9～11, 16. 原图（SHVRI）

卵。虫卵呈纺锤形，卵膜 3 层，外层光滑，中层较厚并在两端形成明显的突起，虫卵大小为 107～111 μm×18～20 μm，卵内含有黄褐色的棘头蚴。

168 四川多形棘头虫 *Polymorphus sichuanensis* Wang et Zhang, 1987

【关联序号】86.1.7（87.2.7）/ 605。

【宿主范围】成虫寄生于鸭的小肠。

【地理分布】四川。

【形态结构】虫体短钝，呈圆柱形，中部较粗，弯向腹面。吻突呈球形，具有纵排吻钩 12 列，每列 6 个。颈部短。吻囊为长柱形。吻腺 2 条，呈带状，位于吻囊两侧，明显长于吻囊。虫体前部有体棘 17～18 环列。

雄虫：体长 0.72～1.03 cm，体宽 0.25～0.33 cm。吻突长宽为 0.560～0.620 mm×0.420～0.560 mm。吻钩的尖部长 0.073～0.080 mm，根部长 0.078～0.082 mm。吻囊长宽为 1.640～2.080 mm×0.214～0.240 mm。吻腺长 2.400～2.560 mm。睾丸 2 枚，呈椭圆形，前后斜列于虫体中前部，前睾丸大小为 1.120～1.200 mm×0.980～1.120 mm，后睾丸大小为 0.800～0.960 mm×0.820～0.960 mm。黏液腺 4 条，管状，弯曲并列，长 2.240～2.400 mm，宽 0.480 mm。交合伞常突出于虫体尾端。

雌虫：体长 0.88～1.40 cm，体宽 0.16～0.32 cm。吻突长宽为 0.560～0.640 mm×0.480～0.560 mm。吻突前部吻钩的尖部长 0.082～0.088 mm，根部长 0.080～0.086 mm，后部吻钩稍短，尖部长 0.070～0.074 mm。颈部长 0.240～0.320 mm，宽 0.228～0.400 mm。吻囊长宽为 1.440～1.960 mm×0.480～0.520 mm。吻腺 4 条，长 2.800～3.200 mm，宽 0.400 mm。体内充满大量虫卵，虫卵呈纺锤形，卵膜 3 层，外层薄而光滑，中层较厚，其两端有突起，虫卵大小为 78～86 μm×24～32 μm，内含胚胎幼虫。

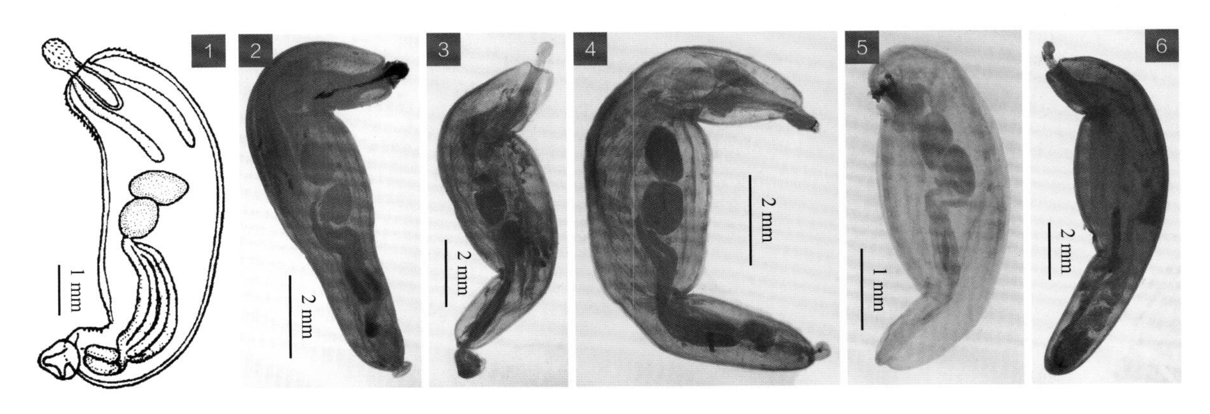

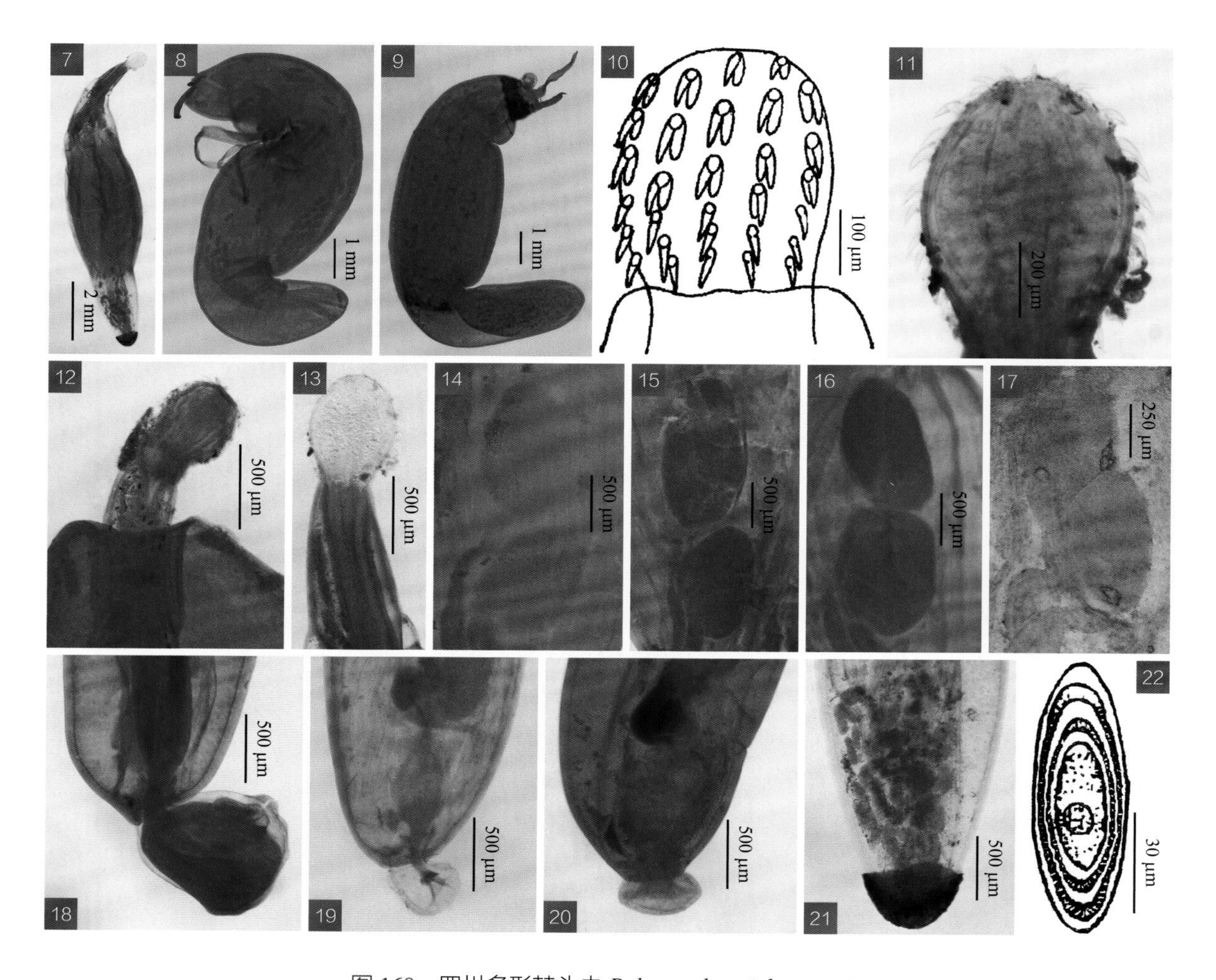

图 168　四川多形棘头虫 *Polymorphus sichuanensis*

图释

1～5. 雄虫；6～9. 雌虫；10, 11. 吻突；12, 13. 雌虫吻突与颈部；14～17. 睾丸；18～20. 雄虫尾部；21. 雌虫尾部；22. 虫卵

1, 10, 22. 仿汪溥钦和张剑英（1987）；2～4, 6, 7, 11～16, 18～21. 原图（SHVRI）；5, 8, 9, 17. 原图（SASA）

参 考 文 献

北京农业大学. 1981. 家畜寄生虫学 [M]. 北京: 农业出版社.

陈淑玉, 汪溥清. 1994. 禽类寄生虫学 [M]. 广州: 广东科技出版社: 117-186.

成源达. 2011. 湖南动物志 · 人体与动物寄生蠕虫 [M]. 长沙: 湖南科学技术出版社: 280-386, 666-690.

范树奇, 孙明芳. 1988. 在我国首次发现线中殖孔绦虫感染一例 [J]. 中国寄生虫学与寄生虫病杂志, 6 (4): 310.

冯新华, 丁兆勋. 1987. 新疆哺乳类及水禽体内的几种棘头虫 [J]. 新疆医学院学报, 10 (1): 17-22.

胡建德. 1990. 前睾属一新种 (少棘吻目: 少棘吻科)[J]. 畜牧兽医学报, 21 (1): 65-66.

胡建德, 侯光. 1987. 双扩多形棘头虫形态学地理差异比较 [J]. 中国兽医科技, (11): 61-63.

黄兵. 2014. 中国家畜家禽寄生虫名录 [M]. 第2 版. 北京: 中国农业科学技术出版社: 29-47.

黄兵, 沈杰. 2006. 中国畜禽寄生虫形态分类图谱 [M]. 北京: 中国农业科学技术出版社: 197-263.

黄德生, 解天珍. 1993. 莫尼茨属*Moniezia* 绦虫一新种 [J]. 云南畜牧兽医, (4): 44-45.

黄德生, 李松柏, 解天珍, 宋学林, 袁庆明. 1988. 云南省家畜禽寄生蠕虫区系调查 [A]. 云南省兽医防疫总站 云南省畜牧兽医科学研究所.

江斌, 吴胜会, 林琳, 张世忠, 陈琳. 2012. 畜禽寄生虫病诊治图谱 [M]. 福州: 福建科学技术出版社.

姜泰京, 崔春权, 金哲浩, 吴辉. 1986. 辽宁营口地区人兽共患伪裸头绦虫病病原形态学及其分类的探讨 [J]. 延边医学院学报, 9 (4): 193-205.

蒋学良, 官国钧, 颜洁邦. 1986. 在四川山羊体内发现球点状斯泰尔斯绦虫 [J]. 中国兽医科技, (1): 63-64.

蒋学良, 周婉丽, 廖党金, 邬捷, 官国钧, 刘思孔, 戴卓见. 2004. 四川畜禽寄生虫志 [M]. 成都: 四川科学技术出版社: 311-376.

金立群, 易世红, 刘忠. 1991. 吉林省人体感染线中殖孔绦虫病首例报告 [J]. 白求恩医科大学学报, 17 (4): 360-361 转封三.

李朝品, 高兴政. 2012. 医学寄生虫图鉴 [M]. 北京: 人民卫生出版社.

李维新, 张国才, 林宇光, 洪凌仙. 1985. 多房棘球绦虫在我国自然动物宿主的发现及其形态学研究 [J]. 动物学报, 31 (4): 365-371.

李志华, 黄振家, 林宇光, 洪凌仙. 1984. 人体及绵羊细粒棘球蚴病的病原学研究 [J]. 兽医科技杂志, (4): 6-11.

梁铬球, 郑哲民. 1963. 许壳属一新种——陕西许壳绦虫*Hsüolepis shensiensis* sp. nov. 及对该属的修订 [J]. 动物学报, 15 (2): 211-215, 图版 Ⅰ.

廖圣法, 陆凤琳, 李培英. 1991. 中国戴维属绦虫一新纪录 [J]. 动物分类学报, 16 (4): 390.

林琳. 2015. 一例猫阔节双槽头绦虫病的诊治报告 [J]. 福建畜牧兽医, 37 (6): 69.

林宇光. 1956. 福建四种带虫的生活史和形态比较研究 [J]. 福建师范学院学报, (2): 1-23.

林宇光. 1959. 福建鹅鸭绦虫研究 [J]. 福建师范学院学报 (生物专号), (S1): 193-246.

林宇光, 洪凌仙. 1986. 黄鼠带绦虫和梳状莫斯绦虫的生活史研究 [J]. 动物学报, 32 (2): 144-151.

林宇光, 洪凌仙. 1991. 我国多房棘球绦虫病的病原生物学及其在我国的地理分布 [J]. 地方病通报, 6 (2): 117-127, 图版 Ⅰ-Ⅱ.

林宇光, 李志华, 洪凌仙. 1985. 人体和绵羊细粒棘球蚴病原生物学的比较研究 [J]. 厦门大学学报 (自然科学版), 24 (4): 515-521.

刘道远, 张子琨, 张路渝. 1990. 棘头虫多形属一新种——重庆多形棘头虫 [J]. 四川动物, 9 (1): 6-7.

刘继荣, 王开胜, 薄新文. 2008. 贝氏莫尼茨绦虫与扩展莫尼茨绦虫生殖器官形态学观察与比较 [J]. 中国兽医寄生虫病, 16 (6): 6-11.
陆凤琳, 李培英, 廖圣法. 1989. 安徽省家鸡寄生蠕虫两新种 [J]. 安徽农学院学报, (3): 165-168.
陆凤琳, 李培英, 廖圣法. 1990. 安徽省家鸡寄生蠕虫调查研究 [J]. 安徽农学院学报, (2): 93-98.
穆莉李, 海云, 阎宝佐. 2009. 两种瑞利绦虫形态发育的比较研究 [J]. 中国寄生虫学与寄生虫病杂志, 27 (3): 232-236.
彭匡时, 索勋, 沈杰. 2011. 英汉寄生虫学大词典 [M]. 北京: 科学出版社.
齐普生, 李靓如. 2012. 中国草食家畜常见寄生蠕虫图鉴 [M]. 北京: 中国农业出版社: 58-77.
邱加闽, 陈鸿雏, 陈兴旺, 刘光慧, 觉呷, 刘大伦, 况光旭. 1989. 四川省石渠县牦牛与绵羊多房棘球蚴的自然感染 [J]. 地方病通报, 4 (1): 26-29, 图版.
沈杰, 黄兵. 2004. 中国家畜家禽寄生虫名录 [M]. 北京: 中国农业科学技术出版社: 60-75, 117-118.
汪溥钦, 张剑英. 1987. 我国脊椎动物寄生棘头虫五新种 [J]. 福建师范大学学报 (自然科学版), 3 (1): 62-69.
王春福, 付春江, 韩华, 王裕卿. 2007. 带状带绦虫 (带状泡尾绦虫) 形态结构观测 [J]. 畜牧兽医科技信息, (11): 48.
王春福, 付春江, 王宁宁, 金玉亮, 王裕卿. 2007. 贝氏莫尼茨绦虫 (*Moniezia benedeni*) 与扩展莫尼茨绦虫 (*Moniezia expansa*) 的形态学鉴别 [J]. 畜牧兽医科技信息, (10): 26.
王开胜, 刘继荣, 薄新文. 2010. 贝氏莫尼茨绦虫与扩展莫尼茨绦虫的形态学比较 [J]. 新疆农业科学, 47 (3): 612-618.
温廷桓. 2010. 丝绦蚴集群与猬旋宫绦虫种名有效性 [J]. 中国寄生虫学与寄生虫病杂志, 28 (6): 444-450.
邬捷, 吴大强, 周秀富. 1979. 山羊肌肉多头蚴的观察 [J]. 动物学杂志, (1): 51-52.
许绶泰. 1959. 家鸡变形带属 (*Amoebotaeina*) 绦虫一新种 [A]. 甘肃农业大学科学研究论文汇编 (纪念建国十周年 1949—1959): 525-526, 2.
杨平. 1962. 甘肃绵羊的一种中点无卵黄腺绦虫*Avitellina centripunctata* (Rivolta, 1874)[J]. 中国畜牧兽医杂志, (8): 9-10.
杨平, 钱稚骅, 陈宗祥, 罗明国, 杨坚, 张立华, 唐静成, 王希武. 1977. 绵羊无卵黄腺绦虫 (*Avitellina*) 之研究包括二新种的描述 [J]. 甘肃农大学报, (3): 50-30.
杨平, 翟旭久, 陈金水. 1957. 甘肃猪体的盛氏许壳绦虫, 新属新种 *Hsüolepis shengi* nov. gen. & sp. (绦虫纲: 膜壳科 Hymenolepididae) [J]. 微生物学报, 5 (4): 361-367, 图版Ⅰ.
杨清山, 张峰山. 1983. 拉汉英汉动物寄生虫学词汇 [A]. 浙江省科学技术协会, 浙江省农业厅畜牧兽医局.
杨清山, 张峰山. 1986. 拉汉英汉动物寄生虫学词汇 (续编)[A]. 浙江省农业厅畜牧管理局, 浙江农村技术师范专科学校.
杨文川, 洪凌仙, 林宇光. 1997. 大裸头绦虫 (*Anoplocephala magna*) 形态描述 [J]. 厦门大学学报 (自然科学版), 23 (5): 795-797.
杨祎程, 张国权, 张元来, 刘立军, 张亮, 田启会, 张进隆. 2016. 曲子宫绦虫染色标本的制作和形态学观察 [J]. 中国兽医杂志, 52 (10): 25-26.
余森海. 2018. 英汉汉英医学寄生虫学词汇 [M]. 第2 版. 北京: 人民卫生出版社.
贠莲. 1982. 山东省微山湖禽类绦虫的调查 [J]. 动物分类学报, 7 (1): 27-31.
贠莲, 成源达, 叶立云. 1993. 湖南省鹅鸭绦虫调查研究 [J]. 动物学杂志, 28 (4): 16-20.
张峰山, 杨继宗, 潘新玉, 陈永明, 廖光佩, 金美玲, 陈金水. 1986. 浙江省家畜家禽寄生蠕虫志 [A]. 杭州: 浙江省农业厅畜牧管理局: 101-138.
赵辉元. 1996. 畜禽寄生虫与防制学 [M]. 长春: 吉林科学技术出版社: 362-491.
郑润宽, 杭福德, 常建华, 赵世华, 胡明. 1988. 翘鼻麻鸭体内发现秋沙鸭双睾绦虫 [J]. 内蒙古畜牧科学, (2): 27-28.
周晓农. 2015. 中国寄生虫种质资源汇集 (绦虫分册)[M]. 上海: 上海科学技术出版社.
朱依柏, 邱加闽, 邱东川, 易德友. 1983. 多房棘球绦虫在我国的发现 [J]. 四川动物, (4): 44.

Alicata J E. 1964. Parasites of Man and Animals in Hawaii [M]. Honolulu: University of Hawaii.

Alicata J E, Chang E. 1939. The life history of *Hymenolepis exigua*, a cestode of poultry in Hawaii [J]. The Journal of Parasitology, 25(2): 121-127.

Amin O M. 2013. Classification of the acanthocephalan [J]. Folia Parasitologica, 60(4): 273-305.

Andersen K I. 1987. A redescription of *Diphyllobothrium stemmacephalum* Cobbold, 1858 with comments on other marine species of *Diphyllobothrium* Cobbold, 1858 [J]. Journal of Natural History, 21(2): 411-427.

Bâ C T, Sene T H, Marchand B. 1995. Scanning electron microscope examination of scale-like spines on the rostellumm of five Dvavineinae (Cestoda, Cyclophyllidea)[J]. Parasite, 2(1): 63-67.

Baer J G, Sandars D F. 1956. The first record of *Raillietina* (*Raillietina*) *celebensis* (Janicki, 1902), (Cestoda) in man from Australia, with a critical survey of previous gases [J]. Journal of Helminthology, 30(2/3): 173-182.

Beverley-Burton M. 1964. Studies on the cestoda of British freshwater birds [J]. Journal of Zoology, 142(2): 307-346.

Bishop C A. 1971. Helminth parasites of the common eider duck (*Somateria mollissima* L.) in Newfoundland and Labrador [D]. Newfoundland: Master Thesis of Memorial University of Newfoundland.

Bundza A, Finley G G, Easton K L. 1988. An outbreak of cysticercosis in feedlot cattle [J]. Canadian Veterinary Journal, 29: 993-996.

Burt M D B. 1967. Parasitological Studies [D]. St Andrews: PhD Thesis of University of St Andrews.

Byrd E E, Fite F W. 1955. Studies on the anatomical features of *Multiceps packi* Christenson, 1929, a cestode parasite of the dog [J]. The Journal of Parasitology, 41(2): 149-156.

Chawhan P, Singh B B, Sharma R, Gill J P S. 2016. Morphological characterization of *Cysticercus cellulosae* in naturally infected pigs in Punjab (India)[J]. Journal of Parasitic Diseases, 40(2): 237-239.

Christenson R O. 1929. A new cestode reared in the dog *Multiceps packii* sp. nov. [J]. The Journal of Parasitology, 16(1): 49-53.

Clapham P A. 1939. On the presence of hooks on the rostellum of *Hymenolepis microps* [J]. Journal of Helminthology, 17(1): 21-24.

Cobbold T S. 1883. Description of *Ligula mansoni*, a new human cestode [J]. Journal of the Linnean Society of London, Zoology, 17(98): 78-83.

Cooper A R. 1917. North American cestodes of the order pseudophyllidea parasitic in marine and fresh water fishes [D]. Springfield: PhD Thesis of the Graduate School of the University of Illinois.

da Silveira E F, Amato S B. 2008. *Diploposthe laevis* (Bloch) Jacobi (Eucestoda, Hymenolepididae) from *Netta peposaca* (Vieillot) (Aves: Anatidae): first record for the Neotropical Region and a new host [J]. Revista Brasileira de Zoologia, 25(1): 83-88.

Davidson W R, Doster G L, Prestwood A K. 1974. A new cestode, *Imparmargo baileyi* (Dilepididae: Dipylidiinae), from the eastern wild turkey [J]. The Journal of Parasitology, 60(6): 949-952.

Dimitrova Z , Genov T. 1992. Acanthocephalans from some aquatic birds from the Bulgarian Black Sea coast [J]. Folia Parasitologica, 39: 235-247.

Elce B J. 1965. The taxonomy and distribution of the helminth parasites of some Welsh birds, with observations on their dissemination [D]. London: PhD Thesis of the London School of Hygiene and Tropical Medicine.

Eom K S, Park H, Lee D, Choe S, Kang Y, Bia M M, Lee S H, Keyyu J, Fyumagwa R, Jeon H K. 2018. Molecular and morphologic identification of *Spirometra ranarum* found in the stool of *African lion*, in the Serengeti Plain of Tanzania [J]. Korean Journal of Parasitolology, 56(4): 379-383.

Essex H E. 1927. Early development of *Diphyllobothrium latum* in Northern Minnesota [J]. The Journal of Parasitology, 14(2), 106-109.

Faust E C, Campbell H E, Kellogg C R. 1929. Morphological and biological studies on the species of *Diphyllobothrium* in China [J]. The American Journal of Hygiene, 9(3): 560-583.

Fitte B, Robles M R, Dellarupe A, Unzaga J M, Navone G T. 2017. *Hymenolepis diminuta* and *Rodentolepis nana* (Hymenolepididae: Cyclophyllidea) in urban rodents of Gran La Plata: association with socio-environmental conditions [J]. Journal of Helminthology, 92(5): 549-553.

Fuhrmann O. 1933. Cestodes nouveaux [J]. Revue Suisse de Zoologie, 40(6): 169-178.

García H H, Gonzalez A E, Evans C A W, Gilman R H. 2003. *Taenia solium* cysticercosis [J]. The Lancet, 362(9383): 547-556.

Greve J H, Tyler D E. 1964. *Cysticercus pisiformis* (Cestoda: Taeniidae) in the liver of a dog [J]. The Journal of Parasitology, 50(6): 712-716.

Gupta D K, Gupta N, Kumar S. 2017. *Hymenolepis nana* from *Rattus rattus* of Rohilkhand with a note on their hazards to humans [J]. Proceedings Zoological Society of India, 16(1): 55-61.

Hall M C. 1919. The adult taenioid cestodes of dogs and cats and related carnivores in North America [J]. Proceedings of the United States National Museum, 55(2258): 1-94.

Hamilton A G. 1950. The occurrence and morphology of *Coenurus serialis* in rabbits [J]. Parasitology, 40(1-2): 46-49, Plate Ⅰ-Ⅳ.

Hutchison W M. 1958. Studies on *Hydatigera taeniaeformis* I. Growth of the larval stage. [J]. The Journal of Parasitology, 44(6): 574-582.

InfoMeds net. *Multiceps skrjabini*-Teniaty-les entozoaires à bandes. [EB/OL]. http://fr. infomeds. net/teniaty-lentochnye-gelminty-53. html. [2018-08-30]

InfoMeds net. *Paroniella urogalli*-Daveneata-Paroniella [EB/OL]. http://infomeds. net/daveneaty-paroniella-46. html. [2017-07-24]

InfoMeds net. *Raillietina penetrans*-Daveneata-Raillietina [EB/OL]. http://infomeds. net/daveneaty-raillietina-99. html. [2017-07-24]

InfoMeds net. *Raillietina shantungensis*-Daveneata-Raillietina [EB/OL]. http://infomeds. net/daveneaty-raillietina-114. html. [2017-07-24]

Jeon H K, Park H, Lee D, Choe S, Kim K H, Huh S, Sohn W M, Chai J Y, Eom K S. 2015. Human infections with *Spirometra decipiens* plerocercoids identified by morphologic and genetic analyses in Korea [J]. Korean Journal of Parasitolology, 53(3): 299-305.

Jeon H K, Park H, Lee D, Choe S Sohn W M, Eom K S. 2016. Molecular detection of *Spirometra decipiens* in the United States [J]. Korean Journal of Parasitolology, 54(4): 503-507.

Jeon H K, Park H, Lee D, Choe S, Eom K S. 2018a. *Spirometra decipiens* (Cestoda: Diphyllobothriidae) collected in a heavily infected stray cat from the Republic of Korea [J]. Korean Journal of Parasitolology, 56(1): 87-91.

Jeon H K, Park H, Lee D, Choe S, Kang Y, Bia M M, Lee S H, Sohn W M, Hong S J, Chai J Y, Eom K S. 2018b. Genetic and morphologic identification of *Spirometra ranarum* in Myanmar [J]. Korean Journal of Parasitolology, 56(3): 275-280.

John D D. 1926. On *Cittotaenia denticulata* (Rudolphi 1804), with notes as to the occurrence of other helminthic parasites of rabbits found in the Aberystwyth area [J]. Parasitology, 18(4): 436-454.

Johnston T H. 1912. On a re-examination of the types of Krefft's species of cestoda, in the Australian Museum, Sydney [J]. Records of the Australian Museum, 9: 1-36.

Johri L N. 1934. Report on a collection of cestodes from Lucknow (U. P., India) [J]. Records of the Indian Museum, 36(2): 153-177.

Jones M F. 1936. A new species of cestode, *Davainea meleagridis* (Davaineidae) from the turkey, with a key to species of *Davainea* from galliform birds [J]. Proceedings of the Helminthological Society of Washington, 3(2): 49-52.

Joyeux C. 1924. Cestodes des poules d'Indochine [J]. Annales de Parasitologie, 2(4): 314-318.

Joyeux C, Baer J G. 1936. Cestodes. Faune de France 30 [M]. Paris: Paul Lechevalier.

Kaupp B F. 1909. *Echinorhynchus canis* [J]. American Journal of Veterinary Research, 35: 154-155.

Khalil L F, Jones A, Bray R A. 1994. Keys to the Testode Parasites of Vertebrates [M]. Oxfordshire: CAB International.

Kocevski Z, Stefanovska J, Ilieski V, Pendovski L, Atanaskova E. 2010. Improved determination of macroscopic parasite preparations using S10 modified plastination procedure [J]. Macedonian Veterinary Review, 33(2): 7-14.

Kyngdon C T, Gauci C G, Rolfe R A, Velásquez Guzmán J C, Farfán Salazar M J, Verástegui Pimentel M R, Gonzalez A E, Garcia H H, Gilman R H, Strugnell R A, Lightowlers M W. 2006. *In vitro* oncosphere-killing assays to determine immunity to the larvae of *Taenia pisiformis*, *Taenia ovis*, *Taenia saginata*, and *Taenia solium* [J]. The Journal of Parasitology, 92(2): 273-281.

Leslie A S, Shipley A E. 1912. The Grouse in Health and in Disease [M]. London: Smith, Elder & Co.

Linton E. 1927. Notes on cestode parasites of birds [J]. Proceedings of the United States National Museum, 70(2656): 1-73, Plate 1-15.

Long H L, Wiggins N E. 1939. A new species of *Diorchis* (Cestoda: Hymenolepididae) from the Canvasback [J]. The Journal of Parasitology, 25(6): 483-486.

Macko J K. 1991. A revision of the species of the genus *Dicranotaenia* (Cestoda: Hymenolepididae). I. New data on the type-specimens of *Dicranotaenia querquedula* (Fuhrmann, 1921) and *D. parvisaccata* (Shepard, 1943) plus an assessment of the original description of *D. coronula* (Dujardin, 1845) [J]. Systematic Parasitology, 18(1): 51-58.

Markowski S. 1952. The cestodes of pinnipeds in the Arctic and other regions [J]. Journal of Helminthology, 26(4): 171-214.

Mayhew R L. 1925. Studies on the avian species of the cestode family Hymenolepididae [J]. Illinois Biological Monographs, 10(1):1-125.

Mayhew R L. 1929. The genus *Diorchis* with description of four new species from North America [J]. The Journal of Parasitology, 15(4): 251-258.

McDougald L R. 2013. 28 Internal parasites. *In*: Swayne D E. Diseases of Poultry [M]. 13th edition. Ames (Iowa): Wiley-Blackwell: 961-971.

McLaughlin J D, Burt M D B. 1976. A contribution to the genus *Diorchis* Clerc (Cestoda: Hymenolepididae): a redescription of *Diorchis americana* Ransom, 1909 from Fulica americana (Gm.)[J]. Canadian Journal of Zoology, 54: 1754-1759.

McLaughlin J D, Burt M D B. 1979. Studies on the hymenolepid cestodes of waterfowl from New Brunswick, Canada [J]. Canadian Journal of Zoology, 57: 34-79.

Meggitt F J. 1916. A tri-radiate tapeworm (*Anoplocephala perfoliata* Goeze) from the horse [J]. Parasitology, 8(4): 379-389, Plate VXIII.

Meggitt F J. 1925. On the life-history of an amphibian tapeworm (*Diphyllobothrium ranarum*, Gastaldi) [J]. Annals and Magazine of Natural History, (Ser. 9), 16: 654-655.

Meggitt F J. 1933. Cestodes obtained from animals dying in the Calcutta Zoological Gardens during 1931 [J]. Records of the Indian Museum, 35: 145-165.

Meggitt F J, Saw M P. 1924. XXXVIII.— On a new tapeworm from a duck [J]. Journal of Natural History, 14: 324-326.

Mir M S, Darzi M M, Kamil S A, Nashiruddullah N, Iqbal S. 2006. Pathology of *Taenia pisiformis* infestation in Angora rabbits [J]. Journal of Veterinary Parasitology, 20(2): 129-132.

Nagaty H F. 1929. An account of the anatomy of certain cestodes belonging to the genera *Stilesia* and *Avitellina* [J]. Annals of Tropical Medicine & Parasitology, 23(3): 349-380.

Nielsen M K. 2016. Equine tapeworm infections: Disease, diagnosis and control [J]. Equine Veterinary Education, 28(7): 388-395.

Oryan A, Akbari M, Moazeni M, Amrabadi O R. 2014. Cerebral and non-cerebral coenurosis in small ruminants [J]. Tropical Biomedicine, 31(1): 1-16.

Parker J W. 1909. *Echinorhynchus canis* [J]. American Journal of Veterinary Research, 35:702-704.

Polk S J. 1942a. A new hymenolepidid cestode, *Hymenolepis dafilae*, from a pintail duck [J]. Transactions of the American Microscopical Society, 61(2): 186-190.

Polk S J. 1942b. *Hymenolepis mastigopraedita*, a new cestode from a pintail duck [J]. The Journal of Parasitology, 28(2): 141-145.

Premaalatha B, Chandrawathani P, Tan P S, Tharshini J, Jamnah O, Ramlan M, Norikhmal S. 2016. *Taenia taeniaeformis* in wild rats. [J]. Malaysian Journal of Veterinary Research, 7(1): 21-23.

Prestwood A K, Reid W M. 1966. *Drepanidotaenia watsoni* sp. n. (Cestoda, Hymenolepididae)from the wild turkey of Arkansas [J]. The Journal of Parasitology, 52(3): 432-436.

Ransom B H. 1913. *Cysticercus ovis*, the cause of tapeworm cysts in mutton [J]. Journal of Agricultural Research, 1(1): 15-58, Plate 2-4.

Rausch R L. 2005. *Diphyllobothrium fayi* n. sp. (Cestoda Diphyllobothriidae)from the Pacific Walrus, *Odobenus rosmarus divergens* [J]. Comparative Parasitology, 72(2): 129-135.

Rausch R L, Hilliard D K. 1970. Studies on the helminth fauna of Alaska. XLIX. The occurrence of *Diphyllobothrium latum* (Linnaeus, 1758)(Cestoda: Diphyllobothriidae)in Alaska, with notes on other species [J]. Canadian Journal of Zoology, 48(6): 1201-1219.

Reid W M, Nugara D. 1961. Description and life cycle of *Raillietina georgiensis* n. sp., a tapeworm from wild and domestic turkeys [J]. The Journal of Parasitology, 47(6), 885-889.

Rigney C C. 1943. A new davaineid tapeworm, *Raillietina* (*Paroniella*) *centuri*, from the red-bellied woodpecke [J]. Transactions of the American Microscopical Society, 62(4): 398-403.

Schmidt G D. 1986. CDC Handbook of Tapeworm Identification [M]. Florida: CRC Press Inc.

Schmidt G D, Kuntz R E. 1967. Notes on the life cycle of *Polymorphus* (*Profilicollis*) *formosus* sp. n. , and records of *Arhythmorhynchus hispidus* Van Cleave, 1925 (Acanthocephala) from Taiwan [J]. The Journal of Parasitology, 53(4): 805-809.

Schuster R K, Coetzee L. 2012. Cysticercoids of *Anoplocephala magna* (Eucestoda: Anoplocephalidae)experimentally grown in oribatid mites (Acari: Oribatida)[J]. Vetetinary Parasitology, 190: 285-288.

Schuster R K, Sivakumar S, Wieckowsky T. 2010. Non-cerebral coenurosis in goats [J]. Parasitology Research, 107(3): 721-726.

Sey O. 1968. Cestodes from birds living along the Tisza [J]. Tiscia (Szeged), 4: 69-78.

Shahlapour A A. 1977. A note on the identification of *Stilesia vittata* (Railliet, 1896) and *Stilesia hepatica* (Wollfhuegel, 1903) in sheep and goats in Iran [J]. Archives de l'Institut Razi, 29:87-90.

Shipley A E. 1909. The tape-worms (cestoda) of the red grouse (*Lagopus scoticus*) [J]. Proceedings of the Zoological Society of London, 2: 351-363.

Siddiqi A H. 1960. Studies on the morphology of *Cotugnia digonopora* Pasquale 1890 (cestoda: davaineidae) Part I [J]. Zeitschrift für Parasitenkunde, 20(4): 368-380.

Singla L D, Aulakh G S, Sharma R, Juyal P D, Singh J. 2009. Concurrent infection of *Taenia taeniaeformis* and

Isospora felis in a stray kitten: a case report [J]. Veterinarni Medicina, 54(2): 81-83.

Skinker M S. 1935. Two new species of tapeworms from carnivores and a redescription of *Taenia laticollis* Rudolphi, 1819 [J]. Proceedings of the United States National Museum, 83(2980): 211-220, Plate 19-21.

Southwell T. 1930. Cestoda vol II [M]. London: Taylor and Francis.

Stiles C W. 1898. The flukes and tapeworms of cattle, sheep, and swine, with special reference to the inspection of meats [A]. *In*: Bulletin No. 19 the Bureau of Animal Industry of U. S. Department of Agriculture. The inspection of meats for animal parasites. Washington: Government Printing Office: 11-136.

Stunkard H W. 1934. Studies on the life-history of anoplocephaline cestodes [J]. Zeitschrift für Parasitenkunde, (6): 481-507.

Stunkard H W. 1979. *Abortilepis abortiva* (von Linstow, 1904) Yamaguti, 1959 (Cestoda: Hymenolepididae), a parasite of ducks [J]. Proceedings of the Helminthological Society of Washing, 46(1): 102-105.

Sugimoto M. 1934. Morphological studies on the avian cestodes from Formosa [J]. Journal of the Central Society for Veterinary Medicine, 47(9): 697-749. (in Japanese)

Thangapandiyana M, Balachandrana C, Preethab S P, Mohanapriyaa T, Nivethithaa R, Pavithrab S, Sridhar R. 2017. Gross, histopathological and immunohistochemical study on strobilocercus of *Taenia taeniaeformis* infection in the liver of laboratory rats (*Rattus norvegicus*) in India [J]. Veterinary Parasitology: Regional Studies and Reports, 10: 35-38.

Tseng S. 1932a. Studies on avian cestodes from China. Part I. Cestodes from Charadriiform birds [J]. Parasitology, 24(1): 87-106.

Tseng S. 1932b. Etude sur les cestodes d'oiseaux de Chine [J]. Annales de Parasitologie, 10(2): 105-128. (in French)

Van Cleave H J. 1916. *Filicollis botulus* n. sp. , with notes on the characteristics of the genus [J]. Transactions of the American Microscopical Society, 35(2): 131-134.

Van Cleave H J. 1920. Acanthocephala parasitic in the dog [J]. The Journal of Parasitology, 7(2): 91-94.

Van Cleave H J. 1947. A critical review of terminology for immature stages in acanthocephalan life histories [J]. The Journal of Parasitology, 33(2): 118-125.

Williams O L. 1931. Cestodes from the Eastern Wild Turkey [J]. The Journal of Parasitology, 18(1): 14-20.

Witenberg G. 1932. On the cestode subfamily Dipylidiinae Stiles [J]. Zeitschrift für Parasitenkunde, 4(3): 542-584.

Yamaguti S. 1959. Systema Helminthum. volume II. The cestodes of vertebrates [M]. New York: Interscience Publishers Inc.

Yamaguti S. 1963. Systema Helminthum volume V. Acanthocephala [M]. New York: Interscience Publishers Inc.

Yamashita J, Ohbayashi M, Konno S. 1957. On daughter cysts of *Coenurus serialis* Gervais, 1847 [J]. Japanese Journal of Veterinary Research, 5(1): 14-18.

Галкин А К. 2014. О валидности рода *Otidilepis* Yamaguti, 1959 (Cestoda: Hymenolepididae) иноменклатуре хоботковых крючьев его типового вида *O. tetracis* (Cholodkowsky, 1906) [J]. Паразитология, 48(6): 437-448.

Корнюшин В В. 1970. Ревизия рода ковалевскиелла-*Kowalewskiella baczynska*, 1914 (Cestoda, Cyclophyllidea) Сообщение II [J]. Вестни Кзоологии, (4): 43-49.

Нгуен Т К, Дубинина М Н. 1978. О фауне ленточных червей куриных птиц (Galliformes) Вьетнама [J]. Паразитология, 12(6): 497-504.

Протасова Е Н, Соколов С Г, Цейтлин Д Г, Казаков Б Е. 2006. *Diphyllobothrium cordatum* (Pseudophyllidea, Diphyllobothriidae) от моржа из Чукотского моря [J]. Vestnik Zoologii, 40(2): 185-187.

中文索引

A

B

C

D

F

G

H

J

K

L

M

N

P

Q

R

S

T

W

X

Y

Z

拉丁文索引

A

C

D

E

F

H

I

S

T

U

V